APM – Agiles Projektmanagement

Uwe Vigenschow ist Abteilungsleiter bei Werum IT Solutions. In das Buch sind über 25 Jahre Erfahrung in der Softwareentwicklung als Entwickler, Berater, Projektleiter und Führungskraft eingeflossen. Mit agilen Konzepten befasst er sich seit Ende der 1990er-Jahre und hat APM, Scrum und XP bei verschiedenen Firmen eingeführt und an besondere Rahmenbedingungen angepasst.

Andrea Grass arbeitet als Trainerin und Beraterin für die oose Innovative Informatik eG. Sie führt Agilitätschecks durch, unterstützt Teams darin, Agilität zum Leben zu erwecken und im Unternehmen zu verankern. Mit großer Begeisterung und Engagement begleitet sie Gruppen auf ihrem Weg, ein eingespieltes und lauffähiges Team zu werden.

Alexandra Augstin coacht agile Teams bei einem der weltweit führenden Unternehmen der Gamesbranche. Zuvor war sie lange Zeit als Trainerin und Beraterin mit den Schwerpunkten agiles Projektmanagement, Kommunikation und Change Management tätig und einige Jahre als Entwicklungsingenieurin in der Halbleiterindustrie beschäftigt.

Dr. Michael Hofmann ist Arbeits- und Organisationspsychologe. Seit 2010 hilft er als Trainer und Berater für die oose Innovative Informatik eG Unternehmen dabei, Lean, Agile und Scrum einzuführen.

Uwe Vigenschow

APM – Agiles Projektmanagement

Anspruchsvolle Softwareprojekte erfolgreich steuern

Unter Mitarbeit von Andrea Grass, Alexandra Augstin und Michael Hofmann

dpunkt.verlag

Uwe Vigenschow
uwe@vigenschow.com

Lektorat: Christa Preisendanz
Copy Editing: Ursula Zimpfer, Herrenberg
Satz: Uwe Vigenschow, Hamburg
Herstellung: Frank Heidt
Umschlaggestaltung: Helmut Kraus, www.exclam.de
Druck und Bindung: M.P. Media-Print Informationstechnologie GmbH, 33100 Paderborn

Bibliografische Information der Deutschen Nationalbibliothek
Die Deutsche Nationalbibliothek verzeichnet diese Publikation in der Deutschen Nationalbibliografie; detaillierte bibliografische Daten sind im Internet über http://dnb.d-nb.de abrufbar.

ISBN 978-3-86490-211-6

1. Auflage 2015

Wieblinger Weg 17
69123 Heidelberg

5 4 3 2 1 0

Vorwort

Warum und wann ist es für Sie sinnvoll, sich mit *APM* zu befassen? Darauf gibt es eine kurze, plakative Antwort, wie sich *APM* in die Welt der agilen Projektmanagementvorgehensweisen einordnet:

> Wenn Sie Scrum machen können, machen Sie Scrum! Wenn Ihnen Scrum als agiles Framework zu umfangreich erscheint, setzen Sie Kanban ein! Wenn Sie jedoch aus unterschiedlichen Gründen mehr brauchen als Scrum, dann ist *APM* die richtige Methode für Sie!

Was bedeutet das? *APM* steht für ein **A**giles **P**rojekt**m**anagement von anspruchsvollen Softwareprojekten. *APM* kann wesentlich umfassender eingesetzt werden, als es Scrum in seiner reinen Form ermöglicht. Sie erhalten in diesem Buch einen praxisorientierten Überblick über *APM* und seinen effizienten und erfolgreichen Einsatz in der Projektarbeit. Sie erfahren, wie von der Projektvorbereitung bis zu einem agilen Requirements Engineering und einer durchgängigen Softwarearchitektur agil entwickelt werden kann. Dabei skaliert *APM* von Sieben-Personen-Teams bis hin zu Großprojekten mit mehreren 100 Mitarbeitern in verteilten Teams. *APM* wird auch für die Softwareentwicklung in regulierten Umfeldern wie der Luftfahrt- und Automotive-Industrie oder der Medizin- oder Pharmatechnik eingesetzt, bei denen besonders hohe Sicherheitsvorgaben einzuhalten sind. *APM* kann auf Ihre spezifischen Anforderungen angepasst werden und ermöglicht Lösungswege, die in der Praxis funktionieren. Hinter dem aktuellen Stand von *APM* stecken mittlerweile über zehn Jahre Erfahrung.

APM beschreibt eine Methodik für agile Projekte, die erstmals 2006 von Bernd Oestereich und Christian Weiss veröffentlicht wurde [118]. Seitdem haben wir *APM* kontinuierlich weiterentwickelt, was letztendlich zu diesem aktuellen Buch zur *APM*-Methodik geführt hat. Bernd und Christian haben sich in den letzten Jahren anderen Aufgaben gewidmet, sodass ich als ein Wegbegleiter seit der ersten Stunde diese Aufgabe gerne übernommen habe.

Via negativa

Michelangelo soll auf die Frage, wie er seine meisterhafte Skulptur des David erschaffen habe, geantwortet haben, dass er einfach nur alles entfernt habe, was nicht nach David aussah. Man bezeichnet dieses aus der Theologie entlehnte Vorgehen als *Via negativa*, also den Weg des Verzichts und unbedingten Reduzierens auf das Minimum [45]. Das bereits den alten Griechen und Römern bekannte Prinzip beschreibt für mich sehr gut, was agiles Projekmanagement bedeutet. Ohne genau zu wissen, wie wir in einer bestimmten Situation optimal agieren, können wir zumindest mit unserem Vorgehen schädliches Handeln vermeiden. Wir besinnen uns auf die agilen Werte, Prinzipien und Praktiken.

Das klingt überschaubar. Dennoch ist die Umsetzung in der Praxis nicht trivial. *APM* unterstützt Sie dabei, die relevanten Techniken einzusetzen. Somit bietet *APM* einen gut gefüllten Werkzeugkasten für viele unterschiedliche Situationen im agilen Projektmanagement.

Begriffe und geschlechtsspezifische Bezeichnungen

In der globalen Softwareentwicklung dominiert eine englische Begriffsbildung. Diesem Fakt tragen wir Rechnung. Daher werden geläufige Begriffe in *APM* entsprechend auf Englisch benutzt. Die Bezeichnung von Rollen erfolgt wie in der Praxis oft nur in der männlichen Form, obwohl natürlich Frauen ebenso alle *APM*-Rollen erfolgreich ausfüllen.

Danksagung

Mein Dank gilt zahlreichen Personen. In alphabetischer Reihenfolge nach Vornamen sind dies: Bernd Oestereich, Carsten Bierans, Christian Weiss, Guido Zockoll, Heinrich Hambloch, Henning Landgrebe, Jan Gentsch, Jan Wegener, Klaas Reineke, Marcel Ecks, Marcus Winteroll, Markus Wittwer, Matthias Ferdinand, Nils Aue, Nils Bokholt, Oliver Busch, Oliver F. Lehmann, Stefan Toth, Stefan Zörner und Stephan Roth.

Mit Andrea Grass und Alexandra Augstin habe ich *APM* während unserer gemeinsamen Zeit bei oose intensiv weiterentwickelt. Michael Hofmann hat mich bei Kapitel 3 maßgeblich unterstützt und das Kapitel 23 geschrieben. Dafür gebührt den Dreien mein großer Dank! Ganz besonders möchte ich auch den Projektleitern, Product Ownern, Scrum Mastern, Entwicklern, Architekten und Testern, die ich in ihren Projekten beraten durfte, danken. Ines Meyrose danke ich für die Skizzen und Zeichnungen, die ich in den Abbildungen verwenden durfte.

Das Buch wäre nichts geworden ohne die tolle Unterstützung durch den dpunkt.verlag und Christa Preisendanz sowie Ursula Zimpfer. Insbesondere danke ich Prof. Dr. Heidi Heilmann und den anderen Reviewern des Manuskripts für ihre wertvollen und konstruktiven Anregungen.

Uwe Vigenschow, Hamburg, im Dezember 2014

Aufbau und Überblick

Das Projektmanagement-Framework *APM* bietet umfangreiche Praktiken, die in diesem Buch beschrieben werden. Als Navigation und Orientierung finden Sie hier eine Übersicht über die Struktur des Buchs mit seinen fünf Teilen und insgesamt 23 Kapiteln.

Teil I – Agilität und APM-Einführung

1 **Die Architektur von APM** Hier lernen Sie das Fundament und die fünf Säulen von *APM* kennen, und wir führen einige zentrale Begriffe ein, die für das Verständnis von *APM* essenziell sind. Diese Begriffe werden später noch genauer definiert. Dieses Grundverständnis benötigen wir für die ersten Darstellungen der Abläufe in agilen Projekten.

2 **Was ist Agilität?** Es gibt unterschiedliche Sichtweisen auf Agilität sowie agile Werte und Prinzipien und darauf, was das in der Praxis bedeutet. Wir werfen einen Blick auf die *APM*-Sichtweise und die systemtheoretischen Hintergründe agiler Vorgehensweisen.

3 **Die wirtschaftliche Sicht** Letztendlich zählt der wirtschaftliche Erfolg. Ein Projekt muss sich rechnen. An diesem Punkt hat sich jeder Managementansatz zu bewähren. Und genau dort können agile Ansätze Erfolg versprechend wirken. Mit *APM* steht Ihnen eine Möglichkeit bereit, Agilität auch in größeren Projekten bzw. im Umfeld großer Organisationen zu etablieren und gleichzeitig wirtschaftlich erfolgreich zu sein.

4 **Was kann Agilität leisten?** Mit Agilität erreichen wir nachweislich einen schneller nutzbaren Stand eines Softwareprodukts und wir reduzieren aktiv Risiken in der Softwareentwicklung, wodurch u. a. die Erfolgswahrscheinlichkeit erhöht wird. Hier blicken wir hinter die offensichtlichen Aussagen über Agilität und betrachten den individuellen Verbesserungsprozess und die Flexibilität, die über die Umsetzung verschiedener Konzepte gewonnen wird, ebenso wie die Risiken, die mit einer agilen Vorgehensweise verbunden sind.

5 **Die Konzepte und Methoden von APM** Sie lernen in diesem zentralen Kapitel des ersten Teils die Konzepte und Methoden in sich geschlossen im Zusammenhang kennen. Wir betrachten die Struktur und den

Umgang mit Anforderungen, die notwendigen Artefakte und die grundlegenden Meetings mit Projektbeteiligten und/oder Stakeholdern zur Sicherstellung der internen und externen Informationsflüsse und der Rückkopplungsschleifen, die essenziell sind für den wirkungsvollen Einsatz von *APM* und somit für den Projekterfolg.

6 **Das Rollenmodell** *APM* besitzt ein skalierbares und flexibles Rollenmodell, um unterschiedlich große Projekte adressieren zu können. Es gibt dafür ein einfaches Rollengrundmodell und verschiedene Ausbaustufen für unterschiedliche Projektgrößen und Rahmenbedingungen.

7 **Das Phasenmodell** In *APM* werden zwei Varianten eines Phasenmodells unterschieden, um Neuentwicklungen und Wartungsprojekte angemessen abbilden zu können. Über diese Phasen wird eine zeitliche Einteilung und Struktur des *APM*-Projekts ermöglicht.

Teil II – Das Projekt aufsetzen

8 **Ein agiles Projekt vorbereiten** In diesem Kapitel erfahren Sie, was alles zur Vorbereitung eines agilen Projekts gehört. Sie lernen außerdem das Fallbeispiel kennen, auf das wir in den folgenden Kapiteln immer wieder zurückkommen, um einzelne Aspekte zu illustrieren.

9 **Die Projektvorbereitung im Detail** Wir gehen durch die Artefakte von der Vision über die erste Releaseplanung bis zum agilen Projektstrukturplan. Hinzu kommen ein erster Blick auf das Risikomanagement und die Durchführung eines Projekt-Kick-off.

10 **Umfang und Aufwand schätzen** Die Prinzipien und Techniken der agilen Schätzweise werden erläutert und die zugrunde liegenden Konzepte aus Teil I weiter verfeinert. Konkrete Techniken zur Vorab-Projektschätzung werden ebenso beschrieben wie die Ursachen für die Schwierigkeiten dabei und das Einplanen von Risikoreserven.

Hier gehen wir primär auf die initale Schätzung ein. In agilen Projekten ist *Planung* ein regelmäßiger, beinahe schon kontinuierlicher Vorgang, der uns in jeder Iteration begleitet. Planung basiert auf Schätzungen. Damit gehören Schätzmethoden zur Projektmanagementbasis. Mit dem iterativen Schätzen beschäftigen wir uns weiter in Kapitel 15.

11 **Agile Projekte und Verträge** Agile Projekte legen den Fokus auf hohe gegenseitige Transparenz und enge, direkte Zusammenarbeit von Auftraggeber und Auftragnehmer. Das schlägt sich in der Gestaltung von Verträgen nieder und wird hier mit allen seinen möglichen Konsequenzen beschrieben. Zusätzlich ergeben sich diverse rechtliche Aspekte, für deren Klärung Sie bitte einen Experten hinzuziehen, bevor Sie einen ersten Vertrag für ein agiles Projekt abschließen!

Teil III – Agile Architektur

12 **Softwarearchitektur** Was bedeutet Softwarearchitektur für agile Projekte? Der Begriff *Architektur* wird in diesem Sinne geschärft und in den Kontext agiler Projekte gestellt. Dazu wird das Modell der *Architektur-Brezel* als Prozess- und Entscheidungsmodell erläutert. *APM* zeichnet sich durch regelmäßige Workshops zur Bewertung der Architektur aus, um technische Schulden auf der Architekturebene über das Mittel der *Tech-Story* zeitnah zu tilgen. Des Weiteren werden Techniken für gemeinsame Architekturentscheidungen vorgestellt und der Bezug zwischen Architektur und Qualität über Szenarien hergestellt.

13 **Der Architekt und die Architekturphase** Die Rolle des Architekts in einem agilen Projekt als *Architecture Owner* wird im Detail beschrieben. Er schafft einen Rahmen, um die Mitglieder der Teams direkt in die Entscheidungsfindung einzubinden, und treibt die Architekturthemen aktiv voran. Damit bedarf es für die Rolle des Architecture Owner sowohl der Fähigkeiten eines technischen Experten als auch eines Moderators und Organisators.

Teil IV – Konstruktion und Releases

14 **Struktur und Dynamik einer Iteration** In der Konstruktionsphase entfalten agile Vorgehensweisen vollends ihre Stärken und Möglichkeiten. Die Iterationen laufen nach einem festen Schema ab und wir erstellen eine Abfolge nutzbarer Releases. Die innere Struktur einer Iteration wird mit ihren Aktivitäten beschrieben. Die Planung einer Iteration wird ebenso detailliert erläutert wie der Entwicklungsmikroprozess und die testgetriebene Entwicklung. Abschließend wird die Durchführung von Retrospektiven am Ende jeder Iteration und ihr Wert für die kontinuierliche Prozessverbesserung dargestellt.

15 **Fortlaufende Backlog-Arbeit** Wir gehen in diesem Kapitel auf die fortlaufende und hierarchische Zerlegung eines Epos bis zur verfeinerten User Story über eine Reihe von *Splitting Patterns* ein. Auch die Themen agiles Schätzen, Refactoring und Planungsreserven werden wieder aufgegriffen und eingehend betrachtet.

16 **Regelmäßige hochwertige Releases** Das Schneiden von Releases sowie die Unterscheidung zwischen internen und externen Releases und deren Planung werden im Detail beschrieben. In diesem Zusammenhang gehen wir auch auf Qualitätsaspekte ein.

17 **Projektcontrolling und -steuerung** Das auf der Velocity basierende agile Projektcontrolling wird mit seinen Visualisierungen beschrieben. Dabei geht es um die Steuerung des Projekts und der Aktivitäten innerhalb ei-

ner Iteration. Metriken für agile Projekte und ihr Nutzen bei der Selbstorganisation und -steuerung der Teams werden erläutert.

18 Kanban und Lean Management Hier werden Kanban und Lean Management als eine der fünf Säulen von *APM* genauer beschrieben. Der Einsatz dieser Methoden hilft besonders bei der Ergebnisorientierung und der Früherkennung negativer Trends in der Projektumsetzung.

19 Der agile Coach im täglichen Einsatz Die vielfältigen und zahlreichen Aufgaben eines agilen Coaches werden beleuchtet und das Konzept der adaptiven Führung erläutert. Wie trägt ein agiler Coach zur Wertschöpfung bei? Welche Anforderungen werden an diese Rolle geknüpft? Was bedeuten Coaching, Mentoring und Moderation genau? Auch auf die agilen Werte und wie sie zum Leben erweckt werden können, wird in diesem Zusammenhang eingegangen.

Teil V – Agile Großprojekte

20 APM für große Projekte skalieren *APM* kann als vorskaliertes agiles Projektmanagement-Framework für mittelgroße Softwareprojekte mit zwei bis fünf parallel arbeitende Featureteams eingesetzt werden. In diesem Kapitel betrachten wir die Konzepte, um *APM* zu skalieren. Das Scrum-of-Scrums-Konzept wird auf *APM* übertragen und die Konsequenzen für die Featureteams und deren Zusammenarbeit sowie für das Projektleitungsteam werden analysiert. Die interne Struktur einer Iteration mit Fortschritts- und Orientierungsteil spielt dabei eine besondere Rolle für die Kommunikation in Großprojekten ebenso wie die Communities of Practice sowie der Einsatz von Persona und Szenarien.

21 Verteilte Teams Zuerst analysieren wir verschiedene Arten der Verteilung von Teams und betrachten mögliche Risiken, die sich daraus ergeben. Vorgehensweisen und Strategien werden erläutert und wie sie sich einzeln oder kombiniert umsetzen lassen.

22 Besonderheiten im regulierten Umfeld Erprobte agile Vorgehensweisen sind mittlerweile auch bei der Softwareentwicklung unter besonders hohen Sicherheitsvorgaben üblich und werden von den entsprechenden Richtlinien unterstützt. Wir betrachten exemplarisch an GAMP 5 und AAMI TIR45 die Konsequenzen, die sich daraus ergeben, und ergänzen die risikoorientierte Vorgehensweise in *APM* um entsprechende Vorgehensweisen.

23 Agilität im Unternehmen einführen Zum Abschluss betrachten wir die Einführung von Agilität in einem mittelständischen oder großen Unternehmen. Die Einführung von agilem Projektmanagement ist ein Change-Management-Projekt und die entsprechende Organisationsentwicklung ist nach agilen Prinzipien zu gestalten.

Inhaltsverzeichnis

II Das Projekt aufsetzen 97

III Agile Architektur 165

IV Konstruktion und Releases 197

Teil I

Agilität und APM-Einführung

1 Die Architektur von APM

Agile Vorgehensweisen sind im grundsätzlichen Ansatz einfach zu verstehen, jedoch wird die innere Komplexität ihrer Umsetzung sofort deutlich, wenn wir versuchen, detailliert zu erklären, wie ein agil durchgeführtes Projekt konkret abläuft. Bevor wir in die Tiefen von *APM* eintauchen, finden Sie hier einen kurzen Überblick über die zentralen Elemente von *APM*. Danach klären wir Begriffe aus dem agilen Projektmanagement, die wir später noch genauer definieren werden, aber bereits für die ersten Darstellungen der Zusammenhänge in ihrer grundlegenden Bedeutung benötigen.

1.1 Was ist APM?

APM steht für **A**giles **P**rojekt**m**anagement und beschreibt ein Framework, um Softwareprojekte mit der notwendigen Flexibilität umzusetzen und der hohen Dynamik des Projektumfelds angemessen begegnen zu können. Es fußt auf fünf Säulen und nutzt eine Vielzahl einzelner Best Practices aus unterschiedlichen methodischen Vorgehensweisen (Abb. 1.1):

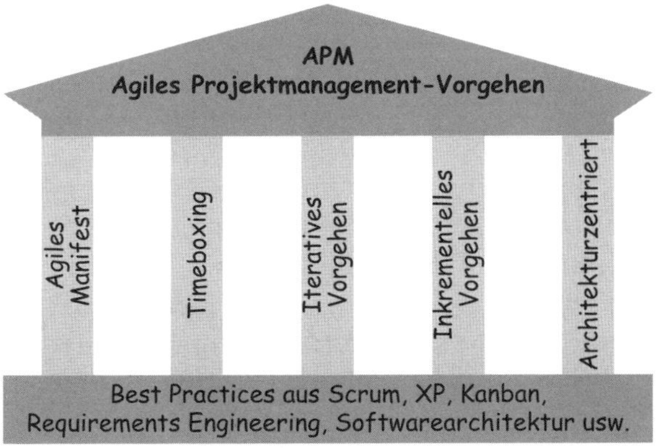

Abbildung 1.1: Das Fundament und die fünf Säulen von *APM*

- *APM* orientiert sich am Agilen Manifest, also an den beschriebenen vier Wertepaaren, und fußt auf den dort genannten zwölf Prinzipien als grundlegende Basis für das Vorgehen, die Führung und die Zusammenarbeit innerhalb des Projekts sowie mit den Stakeholdern [12].
- *APM* implementiert ein durchgängiges Timeboxing zur Planung und Steuerung von Projekten. Eine *Timebox* ist ein fester, vorab definierter Zeitabschnitt, in dem wir planen, ein inhaltliches Ergebnis zu erreichen, das wir am Ende überprüfen können. Dieses Konzept durchdringt *APM* von kleinen Abschnitten der täglichen Zusammenarbeit wie in täglichen kurzen Meetings über feste Zeitabschnitte von wenigen Wochen, Iterationen genannt, bis auf die Ebene der Auslieferungen.
- *APM* ist ein iteratives Vorgehen, d. h., der zeitliche Ablauf ist in gleich lange Iterationen von wenigen Wochen unterteilt, was einem zeitlichen Prüfraster mit festem Rhythmus entspricht.
- *APM* beinhaltet ein inkrementelles Vorgehen. In einer Iteration erarbeiten wir ein prüfbares Ergebnis von direktem Nutzen für den Kunden bzw. die Anwender, also ein Stück funktionierender Software. Das Ergebnis eines Projekts wird schrittweise erarbeitet. Ein Zwischenergebnis bezeichnen wir als Inkrement. Die Inkremente bauen aufeinander auf, sodass wir uns mit jedem weiteren Inkrement dem Projektergebnis konkret nähern. Damit ein inkrementell-iteratives Vorgehen funktioniert, strukturieren wir unser angestrebtes Projektergebnis derart, dass wir ausreichend kleine, sinnvolle Teilstücke als Inkremente innerhalb einer Iteration umsetzen können.
- *APM* ist ein architekturzentriertes Vorgehen. Die Arbeit an der Softwarearchitektur findet kontinuierlich statt, wobei regelmäßig im Projektverlauf grundlegende Architekturfragen im Vordergrund stehen.

Diese fünf zentralen Säulen von *APM* sind eingebettet in eine Vielzahl von Best Practices aus unterschiedlichen Frameworks und Methoden. Im Wesentlichen sind das Scrum, eXtreme Programming (XP), Kanban, agiles Requirements Engineering und Softwarearchitektur (Abb. 1.1). In *APM* wenden wir nicht nur neueste Techniken an, sondern nutzen die Erfahrung aus mehreren Jahrzehnten mit agilem Projektmanagement, Lean Management und inkrementell-iterativen Vorgehensweisen.

Damit ist *APM* besonders dafür geeignet, komplexe Projekte mit einem oder auch mehreren parallel arbeitenden Teams durchzuführen, in denen eine besonders hohe innere und äußere Qualität der Softwareprodukte gefordert ist. Ein wesentlicher Erfolgsfaktor liegt darin, dass die konkrete Vorgehensweise und die Ausprägung von *APM* im laufenden Projekt regelmäßig betrachtet und verbessert werden. Erfahrungen aus dem laufenden Projekt wirken so direkt auf das Projekt selbst und können sofort genutzt sowie den Projektteams kommuniziert werden.

APM stellt ein flexibles Rollenmodell bereit, über das wir weitgehend unabhängig vom Spezialisierungsgrad der einzelnen Teammitglieder crossfunktionale *Featureteams* bilden können, die jeweils gemeinsam verantwortlich einen eigenständig nutzbaren Teil des Softwareprodukts durchgängig und vollständig umsetzen [99]. So entkoppeln wir in *APM* die einzelnen Teams voneinander, sodass gegenseitig induzierte Wartezeiten zwischen den Teams minimiert werden und sich ein kontinuierlicher Projektfortschritt einstellt.

APM kann man auch als umfangreichen Werkzeugkasten um einen im Kern an Scrum angelehnten agilen Ablauf verstehen. Der Werkzeugkasten ist randvoll gefüllt mit zueinander kompatiblen, sich ergänzenden bzw. aufeinander aufbauenden Techniken, aus denen Sie sich zur Lösung bestimmter Aufgaben, Probleme oder Fragestellungen bedienen können. Die einzelnen Zutaten stammen ihrerseits aus unterschiedlichen Ansätzen. So finden sich z. B. auch traditionelle Techniken z. B. in der Projektvorbereitung oder im Risikomanagement wieder. Was zueinander passt, sich ergänzt, funktioniert und nicht den agilen Werten widerspricht, findet sich in *APM* wieder.

Daher passt *APM* erfahrungsgemäß besonders gut in Umfelder mit einer breiten Erfahrung in traditionellem Projektmanagement oder wo zusätzliche Anforderungen wie gesetzliche Auflagen oder andere Regularien zu erfüllen sind. Wenn Sie mit Scrum und Kanban an Grenzen gestoßen sind, weil die laufende Entwicklung stark gewachsen und an Komplexität zugenommen hat und Sie dafür eine Reihe ergänzender Praktiken etablieren möchten, kann Ihnen *APM* ebenfalls weiterhelfen.

Das offene Werkzeugkastenkonzept spiegelt auch die aktuelle Realität wider, in der die Gräben zwischen der agilen und der traditionellen Projektwelt langsam zugeschüttet werden und beeinträchtigende Dogmen beiseite geschoben werden. Wir können nur voneinander lernen.

Auch wenn *APM* auf den ersten Blick durch seinen umfangreichen Werkzeugkasten besticht, so ist es doch wesentlich mehr. *APM* basiert komplett auf der Umsetzung der agilen Werte und Prinzipien aus dem Agilen Manifest. *APM* ist kein traditionelles Vorgehen, das um ein paar Techniken aus Scrum erweitert wurde. Es ist ein durchweg agiles Vorgehen, bei dem vorurteilsfrei geschaut wird, was bei bestimmten Fragestellungen hilfreich sein kann. Was passt, wurde assimiliert.

APM zeichnet sich durch eine Reihe von Merkmalen gegenüber den meisten agilen Frameworks aus. Im Wesentlichen sind das:

- *APM* integriert die aktuellen Ansätze zu einem agilen Requirements Engineering sowie zu einer Use-Case-Analyse und -Modellierung und nutzt damit bewährte und verbreitete Techniken.
- Es ist kompatibel zu verbreiteten Rollenmodellen und kann daher ohne organisatorische Probleme schnell aufgesetzt werden. Es bietet damit

auch für die Mitarbeiter fachliche Karrieremöglichkeiten, die bei anderen agilen Vorgehensmodellen oft vermisst wird.

- Softwarearchitektur ist in ihrer Umsetzung und in die Entwicklungsprozesse vollständig integriert, sodass sie den Stellenwert erhält, der für langfristig erfolgreiche Produkte notwendig ist.
- *APM* beinhaltet neben einem testgetriebenen Vorgehen das agile Testkonzept nach Crispin und Gregory [37], das weit über ein rein testgetriebenes Vorgehen hinausgeht und in dem die Entwicklung begleitende Tests von Anfang an für eine hohe Qualität sorgen.
- Wege zur angemessenen Skalierung wachsender Projekte werden mitgeliefert und müssen nicht mühsam entwickelt und integriert werden.

1.2 Ein paar grundlegende Begriffe vorab

Beim Erklären und Darstellen agilen Vorgehens stoßen wir, wie wir bereits im vorherigen Abschnitt gesehen haben, schnell auf ein rekursives Problem. Wir brauchen einerseits definierte Begriffe, um das Zusammenspiel in agilen Projekten zu erklären, und andererseits das Zusammenspiel in agilen Projekten, um diese Begriffe zu definieren.

Wir versuchen auch für dieses Problem eine iterative Lösung zu finden. Daher beginnen wir mit kurzen Definitionen einiger Begriffe, um danach gleich in die Grundlagen von Agilität vorzudringen.

Eine **Iteration** ist ein vorab festgelegter, fester Zeitraum, in dem wir ein Zwischenziel erreichen wollen. Iterationen dienen uns dabei, ein Projektergebnis schrittweise zu erreichen und diese Schritte zeitlich zu gliedern. Den Teil des Projektergebnisses, der im Laufe einer Iteration neu hinzukommt, nennen wir **Inkrement**. Typische Längen einer Iteration liegen in *APM* zwischen zwei und vier Wochen. In der Regel gibt es in einem Projekt mehrere Iterationen, die direkt aneinander anschließen.

Die Anforderungen an ein Projektergebnis halten wir in einer Liste fest, dem **Backlog**. Wörtlich übersetzt bedeutet Backlog »Auftragsbestand« oder »Arbeitsrückstand«. Das Besondere an einem agilen Auftragsbestand ist seine Ordnung. Die einzelnen Aufgaben, die im Backlog stehen bzw. dort referenziert sind, haben wir eindeutig geordnet. Das wichtigste Ordnungskriterium ist dabei die Bedeutung des Eintrags für den Wert des späteren Projektergebnisses aus Kunden- bzw. Anwendersicht. Des Weiteren ist jeder Eintrag im Backlog geschätzt. Ein Backlog ist also eine geordnete Liste von geschätzen Aufgaben bzw. Anforderungen für ein Projektergebnis.

Die einzelnen geordneten Einträge im Backlog beschreiben die Anforderungen an das Projektergebnis bzw. seine fachlichen oder technischen Produktmerkmale. Eine weitverbreitete und praktikable Form der Beschreibung eines Eintrags im Backlog ist die sogenannte **User Story**. Um eine solche Anforderung umzusetzen, ist eine Reihe von Tätigkeiten durchzuführen, die **Tasks** genannt werden. Dieser Unterschied zwischen User Stories im Backlog und Tasks ist deshalb wichtig, weil wir formale Kriterien an einen Backlog-Eintrag stellen, die nicht für die Tasks gelten. Wir benötigen beide Sichten, Backlog-Eintrag und Task, um ein agiles Projekt steuern zu können oder das Projektcontrolling durchzuführen.

Einen Zwischenstand unserer kompilierten und zusammengebauten Software wird **Build** genannt. Mindestens einmal pro Tag bzw. Nacht erstellen wir einen Build auf Basis der aktuellen Versionsstände in unserer Konfigurationsverwaltung (Daily bzw. Nightly Build). Noch vorteilhafter sind kontinuierliche Build-Managementsysteme wie z. B. Jenkins. Lässt sich ein Build nicht erstellen, liegt ein sogenannter Build Breaker vor. Auf einem der letzten Builds innerhalb einer Iteration beruht dann das Inkrement. Dieser Build dient damit als Besprechungsgrundlage im Ergebnisreview. Ausgewählte Builds werden in einem **Release** freigegeben und an den Kunden als **Lieferung** (engl.: Delivery) ausgeliefert.

Am Ende einer Iteration finden zwei Meetings statt, das Ergebnisreview und die Retrospektive. Im **Ergebnisreview** demonstrieren wir Mitarbeitern der Auftraggeber- bzw. Kundenseite und anderen Stakeholdern den Fortschritt aus der gerade ablaufenden Iteration. Diese Gelegenheit für Rückmeldungen zum aktuellen Projektergebnis sind essenziell für die konkrete Planung der nächsten Iteration und darüber hinaus für die Möglichkeit, das Projektergebnis für den Kunden bezüglich Kosten, Termin oder anderer Kriterien maßzuschneidern.

Die Durchführung einer **Retrospektive** ist die letzte Aktion in einer Iteration. Wir nutzen sie, um auf den Projektverlauf und die Zusammenarbeit zurückzublicken, oft auftretende Muster zu erkennen, daraus Erkenntnisse abzuleiten und kurzfristig umsetzbare Maßnahmen zu initiieren, um den Projektverlauf zur nächsten Iteration weiter zu verbessern. Während im Review das außen sichtbare Projektergebnis im Zentrum der Betrachtung steht, liegt der Fokus der Retrospektive auf den inneren Abläufen im Projekt.

Zur Steuerung kommen noch zwei verwandte, aber doch in Wirkung und Einsatzbereich unterschiedliche Konzepte hinzu: Timebox und Meilenstein. Beide verknüpfen einen gepanten Inhalt mit einer Dauer bzw. einem Endtermin. Bei einer **Timebox** ist dabei der Termin fest. So definieren wir feste Prüfpunkte, an denen wir den erreichten Inhalt bewerten und ggf. für fehlende Teile den Restaufwand schätzen und deren Bearbeitung einplanen. Eine Iteration ist ein Beispiel für eine Timebox.

Ein **Meilenstein** definiert das Ende einer Phase oder eines Schrittes, zu dem ein bestimmter inhaltlicher Umfang erreicht sein soll. Ist der gewünschte Umfang nicht erreicht, wird der Restaufwand geschätzt und der Meilensteintermin entsprechend verschoben.

Das wird erst einmal für die Begriffserläuterung genügen. Einen ersten Überblick über das zeitliche Zusammenspiel der Begriffe sowie der dahinter stehenden Konzepte finden Sie in Abbildung 1.2. Die Vorgänger- und Folgeiterationen sind angedeutet und grau eingezeichnet. Als Vorgriff finden Sie eine Verteilung der Aufgaben bzw. Verantwortlichkeiten auf Rollen in *APM*, die links in Abbildung 1.2 dargestellt sind.

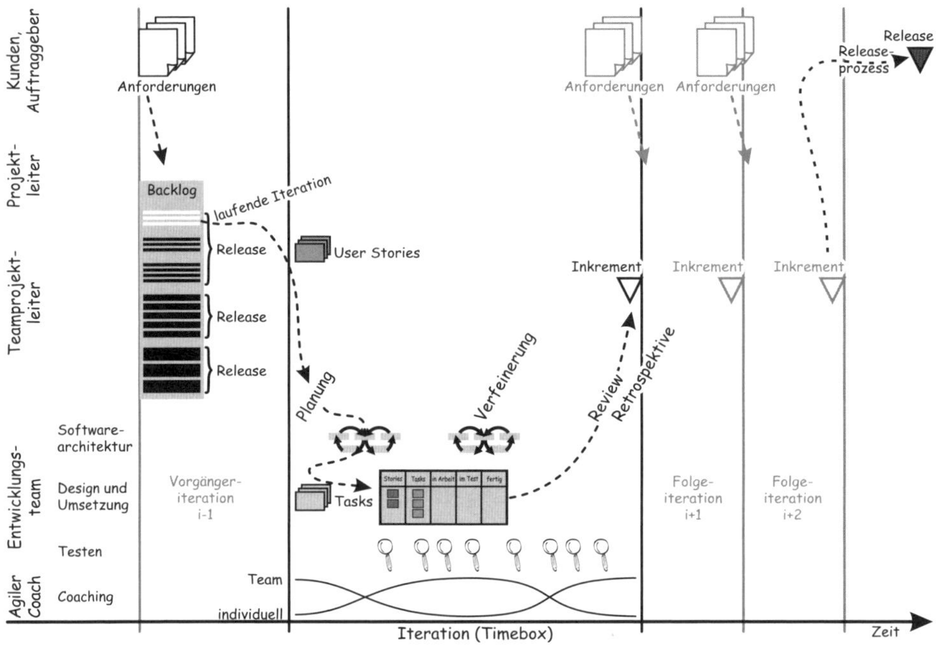

Abbildung 1.2: Das inkrementell-iterative Vorgehen in *APM*

Die **Planung** einer Iteration (engl. Planning) erfolgt in einer Timebox von wenigen Stunden. Sie kann und soll damit auch nicht vollständig sein. Um eine ausreichende Flexibilität zu erhalten, auch innerhalb einer Iteration auf unvorhergesehene Aspekte angemessen reagieren zu können, erfolgt in der zweiten Hälfte der Iteration meist eine weitere **Verfeinerung** der Planung (engl. Refinement) (Abb. 1.2).

2 Was ist Agilität?

2.1 Etwas Systemtheorie zur Einstimmung

Warum ist Agilität überhaupt ein Thema für das Projektmanagement? Weil wir es mit komplexen Projekten zu tun haben! Agilität ist die Antwort auf die Frage nach der Steuerung komplexer Systeme. Um zu beantworten, warum Agilität so wertvoll ist, stellen wir drei Fragen:

1. Was zeichnet Komplexität und komplexe Systeme aus?
2. Wieso ähneln Softwareprojekte komplexen Systemen?
3. Wie können komplexe Systeme gesteuert werden?

Wir werden dabei sehen, dass agile Vorgehensweisen wie Scrum oder *APM* auf den systemtheoretischen Prinzipien zur Steuerung komplexer Systeme beruhen. Nicht ausschließlich, aber doch fundamental. Daher tragen die folgenden Betrachtungen zu einem tieferen Verständnis von Agilität bei.

2.1.1 Komplexe Systeme und retrospektive Kohärenz

Einen Regelungskreis wie er z. B. bei einer modernen Heizungssteuerung mit Außentemperatursensor implementiert ist, bezeichnen wir als ein kompliziertes System. Es verhält sich innerhalb der spezifizierten Parameter vorhersagbar. Ein komplexes System dagegen verhält sich nicht mehr vorhersagbar. Beispiele für komplexe Systeme sind das menschliche Verhalten Einzelner oder in einer Gruppe oder ein größeres Softwaresystem. Damit ist auch ein Softwareprojekt ein komplexes und nicht vorhersagbares System. Die Theorie komplexer Systeme ist daher von zentraler Bedeutung für die Durchführung von Softwareprojekten. Glücklicherweise brauchen wir nicht zu tief in die Theorie einzusteigen, da ein agiles Framework wie *APM* die entsprechenden Grundregeln bereits umsetzt. Zum Verständnis von *APM* trägt es jedoch bei, einige dieser Regeln und Prinzipien zu kennen.

Komplexe Systeme basieren auf Kausalketten und sind damit nicht chaotisch. Die Kausalkettten sind nur derartig komplex miteinander verbunden, dass sich Ursache und Wirkung nicht vorhersagen lassen. Jede Ursache ist zugleich Wirkung und jede Wirkung wiederum Ursache. Die für eine sichtbare Wirkung relevanten Ursachen lassen sich für uns nur im Nachhinein erkennen. Solche Erkenntnisgewinne können nur rückblickend gewonnen werden. Man kann daher sagen, dass das Verhalten eines komplexen Systems erst im Rückblick kohärent[1] wird. Diesen Weg des Erkenntnisgewinns bezeichnet man daher als *retrospektive Kohärenz* [170].

Wie ist nun ein komplexes System definiert? Es verhält sich nicht vorhersagbar, basiert auf Selbstorganisation, Prozesse laufen irreversibel ab und es zeigt emergentes Verhalten. Um diese vier Eigenschaften zu beschreiben, betrachten wir ein Softwaresystem und sein Umfeld.

Obwohl wir nach den neuesten Erkenntnissen über Softwarearchitektur und -design auf der Basis von Konzepten und Modellen Software entwickeln, treffen die Eigenschaften komplexer Systeme auf moderne Softwaresysteme zu. So ist z. B. das Laufzeitverhalten **nicht vorhersagbar**. Wir müssen die Performanz unter definierten Bedingungen messen. Und wenn wir das getan haben, wissen wir immer noch nicht, wie sie sich auf einem anderen Server oder mit deutlich mehr parallelen Nutzern verhält.

Die einzelnen Teile wirken nicht linear aufeinander. So ist bei einer Messung von Antwortzeiten das Verhalten nicht linear von der Anzahl der Nutzer abhängig, sondern lässt sich meist stufenförmig beschreiben und springt schlagartig auf deutlich höhere Antwortzeiten, sobald bestimmte Schwellwerte an parallelen Benutzern erreicht sind. Auf anderer Hardware oder in einem anderen Netzwerk verändern sich diese Schwellwerte sofort. Die Software verhält sich nicht vorhersehbar. Ein anderes Beispiel sind die sogenannten Seiteneffekte, also Fehler, die sich an völlig anderen Stellen in der Software ergeben als denen, an denen wir gerade gearbeitet haben.

Die **Selbstorganisation** ist ein Aspekt, der noch selten in der Softwareentwicklung zu finden ist. Dynamische Lastverteilungslösungen sind ein Beispiel für solche Ansätze. Ebenso fallen z. B. die vielen herstellerspezifischen Lösungen zur Verteilung der Schreibzugriffe bei SSDs (Solid State Disks) in diese Kategorie. Damit wird die Lebensdauer dieser Massenspeicher verlängert, was völlig transparent für das Betriebssystem oder Anwendersoftware abläuft und je nach Art und Weise der konkreten Nutzung zu unterschiedlichen Datenverteilungen führt. Die SSD hat also eine interne Komplexität und wirkt wechselseitig mit Hard- und Software, die eine Umweltkomplexität schaffen. Weitere Beispiele sind das Event-Verhalten vieler Programmiersprachen, das nicht vorhersagbare Verhalten bei Nebenläufigkeit von Java oder die internen Abläufe des Garbage Collectors sowie die nicht vorhersagbare Reihenfolge in der Abarbeitung von Aspekten in der aspektorientierten Programmierung (AOP).

Da ist die **Irreversibilität** schon weiter verbreitet. Sonst würden wir z. B. durch das probeweise Installieren und nachfolgende Deinstallieren von

[1] lat.: cohaerere – zusammenhängen.

Softwareprogrammen nicht nach und nach die Leistung eines PC ruinieren. Zugegeben, der Grad dieses Effekts hängt vom Betriebssystem ab, doch ab und an sollte man Rechner neu aufsetzen, wenn man sie über lange Zeiträume leistungsfähig nutzen möchte. Manche Entwickler haben sich bereits mit Problemen der Irreversibilität auseinandergesetzt, wenn sie Undo-Funktionalität implemetiert haben. Oft kann ein echtes Undo nur durch die Rückführung auf gespeicherte Systemzustände angenähert werden.

Emergenz ist ein Aspekt für Software, der erst in letzter Zeit mehr und mehr Beachtung findet. Man bezeichnet mit diesem Begriff das spontane Herausbilden neuer Eigenschaften eines Systems, die sich durch das Zusammenwirken seiner einzelnen Elemente ergeben [180]. Umgangssprachlich ausgedrückt: »Das Ganze ist mehr als die Summe seiner Teile.« Emergenz kann z. B. die Architektur des Systems betreffen, wenn dieses inkrementell nach einem agilen Prozess entwickelt wird. Bestimmte Architekturaspekte ergeben sich erst aus dem Entwicklungsprozess und dem Zusammenspiel der Komponenten. Daraus entstehen interessante Möglichkeiten für die innere Qualität der Software oder auch für ihre Flexibilität, die kaum planbar sind.

Alles in allem ähnelt moderne Software in zunehmendem Maß sehr stark komplexen Systemen. Diese Eigenschaften unserer Projektergebnisse wirken sich auch auf das Projektmanagement aus. Dazu kommt, dass sich die Entwickler sowie die aus ihnen gebildeten Entwicklungsteams exakt so verhalten wie ein komplexes System. Auch hier gelten dieselben Regeln. Selbstorganisation findet stets zu einem gewissen Grad in der Interaktion innerhalb von Gruppen statt. In agilen Projekten wird diese explizit gefordert und gefördert. Jeder Mensch im Team lernt permanent und beurteilt z. B. Situationen zu späteren Zeitpunkten oft anders als zu früheren. Mit der neuen Beurteilung ändert sich meist auch die Reaktion bzw. Handlung.

Wir erkennen an diesen Beispielen auch, dass wir zwischen einer internen Komplexität und der Komplexität der Umwelt unterscheiden können. Betrachten wir also ein Softwareprojekt, so haben wir durch das Projektmanagement und die Entwicklungsteams sowie das schrittweise wachsende Softwareprodukt eine interne Komplexität. Über unsere Auftraggeber, spätere Anwender, Kunden oder andere Projekte entsteht eine Umweltkomplexität. Beide Aspekte verhalten sich nicht vorhersagbar.

2.1.2 Die Steuerung komplexer Systeme

Wenn wir das Verhalten eines komplexen Systems nicht vorhersagen können, lässt es sich auch nicht mit traditionellen Konzepten steuern. Sich hinzusetzen, einen Plan zu schmieden und den dann strikt einzuhalten, verspricht kaum Erfolg. Für die Optimierung von Abläufen oder andere Veränderungen in komplexen Systemen, wie die Durchführung eines Softwareprojekts, ist der rückblickende Erkenntnisgewinn, die retrospektive Kohärenz, die einzige Möglichkeit, Erklärungen und Zusammenhänge zu erkennen. Das hat Konsequenzen für die Strukturierung eines Projekts, die einen Großteil der *APM*-Methodik ausmacht.

Zur Steuerung benötigen wir in kurzen Abständen rückblickende Analysen auf unterschiedlichen Ebenen. Dabei unterscheiden wir zwischen direkten Rückkopplungen, wie sie z. B. über die Unit Tests in der testgetriebenen Entwicklung erfolgen, und den länger laufenden, kalibrierenden Rückkopplungsschleifen, mit denen wir uns z. B. über die Ergebnisreviews oder Retrospektiven am Ende jeder Iteration immer wieder aktuell auf den Projekterfolg ausrichten. Diese Rückkopplungen sind essenziell zur Steuerung von komplexen Projekten und damit unverzichtbar. Auf keinen Fall dürfen sie aus Bequemlichkeit oder vermeintlichen Zeitgründen gekürzt werden oder gar ganz entfallen. Über die kalibierenden Rückkopplungen vermindern wir ein häufiges Risiko in agilen Projekten, den kurzfristigen Aktionismus. Würden wir ein Projekt nur über kurze, direkte Rückkopplungen steuern, verlören wir leicht das Ziel aus den Augen und wären vorwiegend ereignisgetrieben. Über die länger laufenden Rückkopplungen erfolgen Lernschleifen, die für das Projektmanagement ebenso wichtig sind wie für die Entwicklungsteams.

2.1.3 Selbstorganisation und Führung

Selbstorganisation ist ein Merkmal komplexer Systeme. Sie kann uns helfen, z. B. mit der Umweltkomplexität angemessener zurechtzukommen. Im Vordergrund eines selbstorganisierten Teams stehen die Prozesse, die im Team ablaufen. Die innere Ordnung entwickelt sich dabei permanent weiter. Alle Strukturen haben daher nur temporären Charakter. Bis zu einem gewissen Grad ist Selbstorganisation dabei eine Eigenschaft jeder Gruppe. Der Grad und die Konsequenz ihrer Umsetzung variieren jedoch stark [75]. Typischerweise sprechen wir im agilen Projektmanagement erst ab einem deutlich sichtbaren Grad von selbstorganisierten Teams.

Solche Teams sind z. B. cross-funktional besetzt und bestehen aus vielen Teammitgliedern mit im günstigsten Fall jeweils mehreren Fähigkeiten, sodass die Aufgaben flexibel im Team übernommen werden (Abschnitt 4.4.3). Es erfolgt keine explizite Verteilung von Aufgaben durch eine Führungskraft oder einen Coach, sondern die Teammitglieder wählen sich ihre Tasks selbst aus (Pull- anstatt Push-Prinzip) (Abschnitt 18.3).

In selbstorganisierten Teams wird die innere Struktur nicht von außen z. B. über einen Projektleiter vorgegeben, sondern situativ von den Teammitgliedern gebildet. Daraus erwachsen die Stärke und die große Flexibilität selbstorganisierter Teams. Ihre Realisierung stellt jedoch hohe Ansprüche an die einzelnen Teammitglieder. Ein essenzieller Aspekt ist dabei die Orientierung anhand der Produktvision und der Projektziele, über den die Ausrichtung des selbstorganisierten Teams erfolgt.

Selbstorganisation stellt derzeit die wohl beste Lösung zur Umsetzung dynamischer und komplexer Projekte dar. Über die hohe Flexibilität und Wirk-, Handlungs- und Kommunikationsmöglichkeiten eines selbstorganisierten Projektteams können wir bestmöglich auf die Anforderungen aus dem komplexen Umfeld des Projekts reagieren.[2]

Was hat das mit agilem Projektmanagement und *APM* zu tun? Eine mit Spezialisten aufgestellte, hierarchische Projektorganisation hat eine zu geringe Flexibilität bezogen auf die Vielfalt der Anforderungen aus der Umwelt des Projekts. Die Einflüsse auf das System *Projekt* treiben eine Menge grundlegender Variablen wie Funktionalität, Termin, Qualität und Kosten aus dem gewünschten Rahmen, wenn aus dem System *Projekt* heraus nichts dagegen getan wird.

Die Lösung besteht darin, über das Mittel der Selbstorganisation die geballte Kraft des Wissens aller Teammitglieder zu nutzen, um angemessene Lösungen zu entwickeln. Damit dies funktioniert, liefert die Führung die Zusammenhänge und Rahmenbedingungen als grundlegende Orientierung. Die notwendige Flexibilität im Projektalltag, mit Störungen umzugehen, wird durch eine vergleichsweise große Anzahl an Universalisten im selbstorganisierten Projektteam durch das Team selbst erreicht.

In agilen Projekten findet also sehr wohl *Führung* statt. Sie verhält sich jedoch anders als in hierarchisch organisierten Strukturen. Die Führung in einem agilen Projekt gibt das Ziel vor, verfeinert es regelmäßig und definiert den Rahmen, in dem das Ziel erreicht werden soll. Dazu gehören die grundsätzliche Vorgehensweise sowie Zeit- und Budgetvorgaben. Der konkrete Weg zur Umsetzung des Projekts wird von den Teammitgliedern im Rahmen der inkrementell-iterativen Entwicklung gefunden. Daher sind die Lernschleifen am Ende jeder Iteration von so großer Bedeutung. Eins können wir jedoch sicher ausschließen: Einfach nur steuern werden wir ein Softwareprojekt nicht können. Sonst wäre es per definitionem kein Projekt.

2.1.4 Der Mythos von den sich ändernden Anforderungen

Als Begründung für den Wunsch nach Agilität in der Softwareentwicklung höre ich oft, dass damit besser auf die sich so oft ändernden Anforderungen reagiert werden soll. Ja, man hört und liest dieses Argument so oft, dass wir geneigt sind, es einfach hinzunehmen und nicht weiter zu hinterfragen. Es ist jedoch für ein agiles Projektmanagement wichtig, auch hier genauer hinzusehen. Ändern sich Anforderungen wirklich so oft bzw. was ändert sich bei

[2]Wir können diesen Zusammenhang als eine praktische Anwendung des Ashby'schen Gesetzes aus der Kybernetik betrachten [50].

den Anforderungen genau? Natürlich können sich im Laufe der Zeit Anforderungen inhaltlich oder vom Umfang her ändern. Viel häufiger treffen wir jedoch auf einen anderen Zusammenhang: Die Anforderungen werden im Laufe der Zeit immer detaillierter und konkreter. Nicht der Inhalt ändert sich, sondern das Abstraktionsniveau (Abb. 2.1) [118].

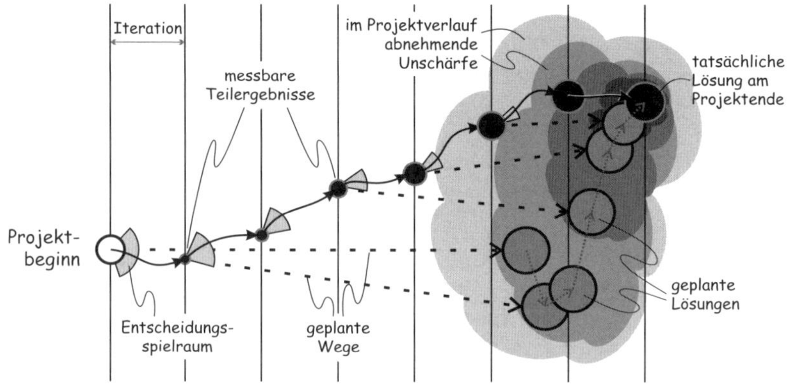

Abbildung 2.1: Schrittweise Annäherung und die Wolkenmetapher: Die Unschärfe in den Anforderungen nimmt mit jeder Iteration ab [118].

Wie wir bereits gesehen haben, ist auch die Projektumwelt ein komplexes System. Damit stehen auch die Fachexperten oder Produktmanager vor dem Problem, die Komplexität ihrer Anforderungen zu erfassen und zu beherrschen. Und dabei gehen sie automatisch vom Abstrakten zum Konkreten. Nur das, was im ersten Fokus eines neuen Produkts liegt, kann bereits tiefer erfasst werden. Bei vielen anderen Aspekten bleiben sie zwangsläufig noch an der Oberfläche. Oft müssen die Stakeholder des Projekts erst Teile der laufenden Software sehen und ausprobieren, um die nächsten Entscheidungen treffen und weitere Konkretisierungen vornehmen zu können. Genau diese *Moving-Target*-Dynamik berücksichtigen wir in einem agilen Projekt unter anderem mit dem inkrementell-iterativen Vorgehen (Abb. 2.1).

Neben dem Schema des iterativen Vorgehens ist in der Abbildung auch eine andere Konsequenz für die Softwareentwicklung angedeutet. Mit jeder Iteration schränken wir durch die in der Iteration getroffenen Entscheidungen den Entscheidungsspielraum für die folgenden Iterationen etwas ein. Dies ist ganz normal, doch sollten wir versuchen, den Verlust an Spielraum zu verlangsamen bzw. so weit wie möglich zeitlich nach hinten zu schieben. Insbesondere für Architekturentscheidungen sowie grundsätzliche Rahmenbedingungen stellt sich dieser Zusammenhang besonders einschränkend dar. Wir kommen in Abschnitt 12.3.1 darauf zurück und überlegen dort, wie wir damit umgehen können.

Zu guter Letzt erkennen wir in Abbildung 2.1 auch, warum ein starres Festhalten an dem ersten Plan, der sogenannten Baseline, so fatale Konsequenzen haben kann. Das Ziel bewegt sich und die Baseline kann nicht mehr zum Erfolg führen. Eine komplette Vorabanalyse hilft uns aber auch nicht weiter, da die Ansprechpartner ihre Anforderungen noch nicht einheitlich tief konkretisieren können. Ihnen fehlt die Information aus den Inkrementen, um ihre weiteren Entscheidungen treffen zu können. Die Baseline ist wichtig, um erste Abschätzungen machen zu können, um z. B. Wirtschaftlichkeitsbetrachtungen von möglichen Projekten durchführen zu können. Als langlebiger Plan taugt sie jedoch kaum, denn ein komplexes Projekt lässt sich nicht genau genug vorhersagen. Als Konsequenz aus dieser Erkenntnis planen wir fortlaufend bzw. iterativ und passen unseren Plan, das Ziel zu erreichen und die Produktvision umzusetzen, stets an die aktuellen Erkenntnisse an.

2.2 Agile Werte, Prinzipien und Praktiken

Wieso können wir mit agilen Ansätzen angemessener mit der Komplexität von Projekten und den Teams umgehen als auf traditionellen Wegen? Agile Rahmenwerke basieren auf einer grundsätzlich anderen Grundannahme zur Durchführung von Projekten. Die Erkenntnisse aus der Systemtheorie zur Unvorhersehbarkeit komplexer Zusammenhänge als Rahmenbedingungen werden akzeptiert und es wird nicht versucht, durch immer tieferes hierarchisches Gliedern und eine Mikroplanung die Probleme und Risiken von Softwareprojekten vorwegzunehmen.

Die Selbstorganisation der einzelnen Teams und ihrer Mitglieder sind das stärkste Werkzeug im Umgang mit unvorhersehbaren Aspekten im Projektablauf und das bestes Mittel, die Flexibilität der Projektorganisation zu optimieren. Wir versuchen, jeden beteiligten Menschen in die Lösung einzubinden und seine spezifische Erfahrung dabei zu nutzen. Kunden, Anwender und andere Stakeholder mögen vielleicht Teil des Problems sein, sie sind aber auf jeden Fall Teil der Lösung! Insofern ist ein agiles Projektmanagement wie *APM* die Umsetzung der systemtheoretischen Erkenntnisse in die Realität von komplexen Projekten.

2.2.1 Werte, Prinzipien und Praktiken im Zusammenspiel

Im Folgenden werden Werte und Prinzipien diskutiert und auch bereits einige agile Praktiken wie testgetriebenes Vorgehen oder Continuous Integration erwähnt. Wie hängt das alles zusammen?

Werte sind etwas Übergreifendes, was ein einzelner Mensch als wichtig und lohnend einzuschätzen lernt. Ein Wert kann ein Lebensprinzip sein oder etwas, was man erreichen bzw. erhalten möchte [189]. Unsere Werte bilden damit eine Art oberste Leitlinie für unsere Entscheidungen und unser Handeln. Wir können aus unseren Werten Prinzipien ableiten, also Zusammenhänge, die für uns, in einem Kontext interpretiert, konkreter als die zugrunde liegenden Werte eine Entscheidungsbasis bilden. Prinzipien manifestieren damit unsere Werte.

Praktiken sind konkrete Techniken oder Methoden, mit denen wir Prinzipien umsetzen. Es gibt damit zahlreiche Praktiken, die wir differenziert einsetzen können, und es kommen regelmäßig neue hinzu. Wir können damit allerdings nicht aus dem Einsatz einer oder mehrerer agiler Praktiken darauf schließen, dass wirklich agil vorgegangen wird. Dazu betrachten wir, inwiefern durch die agilen Praktiken die agilen Prinzipien im Sinn der agilen Werte wirklich erreicht bzw. umgesetzt werden. Dieser Zusammenhang macht auch eine objektive Bewertung agiler Vorgehensweisen so schwierig. Anders als bei einem schwergewichtigen Vorgehensmodell wie z. B. dem Rational Unified Process (RUP) können nicht alle Praktiken konkret beschrieben und in einen eindeutigen Zusammenhang gebracht werden, nach dem sie anzuwenden sind. Über die agilen Praktiken ergeben sich eine Reihe flexibel im Projektkontext nutzbarer Möglichkeiten.

2.2.2 Agile Werte

Wie alle agilen Frameworks basiert auch *APM* auf dem Agilen Manifest für agile Softwareentwicklung [12] aus dem Jahr 2001. Dazu kommen die Werte aus dem eXtreme Programming oder kurz XP.

eXtreme Programming – XP

Kent Beck, Ron Jeffries und Ward Cunningham, drei der 17 Erstunterzeichner des Agilen Manifests, setzen mit ihrem agilen Framework XP aus der zweiten Hälfte der 1990er-Jahre, das Ende 2004 noch einmal überarbeitet wurde, auf fünf Werten auf [11]:

- Kommunikation – Der Kommunikationsfluss wird über eine Vielzahl von Verfahren von Unit Tests bis hin zu regelmäßigen Meetings aufrechterhalten.
- Einfachheit – Es wird versucht, die einfachste mögliche Lösung zu finden, die vermutlich ausreichen wird, um einen unnötigen Erstellungs- und Wartungsaufwand zu vermeiden. Einfachheit wird auch oft als KISS-Prinzip (Keep it small and simple) bezeichnet. Dahinter steckt die Erkenntnis, dass Software eher selten geschrieben, dafür aber umso häufiger gelesen wird, was betriebswirtschaftlich auch dadurch sichtbar wird, dass in ein Produkt ca. 20 % der gesamten Kosten in die initiale

Erstellung fließen und der Rest in die Wartung und Erweiterung im Rahmen des Lebenszyklus einer Software [132].

- Rückmeldung – Über möglichst kurze Rückkopplungsschleifen auf verschiedenen Projektebenen wird die Funktionalität und Qualität der Software gesteuert. Dies beginnt bei kurzen Unit-Test-Schleifen von 15 Minuten, geht über automatisierte Integration und ihre Integrationstests innerhalb maximal weniger Stunden bis hin zu Kundenfeedback im Rahmen von wenigen Tagen bis maximal einer Iteration. Hier erkennen wir direkt die zentrale Technik der retrospektiven Kohärenz zur Steuerung komplexer Systeme (Abschnitt 2.1.1).
- Mut – Die ersten drei Werte erleichtern es, mutig das Projekt voranzutreiben. Bei *Mut* geht es darum, auch radikale Entscheidungen zu treffen und z. B. schwachen Code wegzuwerfen, anstatt ihn mühsam aufzupäppeln, oder ein notwendiges Refactoring sofort anzugehen, um den so geschaffenen Wert früh nutzen zu können.
- Respekt – Die Basis, in einer Gruppe ein kraftvolles Teamwork aufzubauen, ist der gegenseitige Respekt. Respektvoller Umgang mit den anderen Teammitgliedern ist besonders in heterogen besetzten agilen Teams die zentrale Voraussetzung für Kooperation. Respekt ist damit die wichtigste Konkretisierung der allgemeinen Anforderung an alle Teammitglieder, *teamfähig* zu sein. Respekt bildet auch die Basis für eine funktionierende Selbstorganisation in und zwischen den Teams.

Diese fünf Werte stellen nach Beck die Basis erfolgreicher Softwareentwicklung dar. Das Agile Manifest geht hier noch einen Schritt weiter und bildet vier zentrale Wertepaare aus komplementären positiven Werten, um ein Projekt agil durchzuführen.

Das Agile Manifest

Die vier Wertepaare aus dem Agilen Manifest sind in Abbildung 2.2 jeweils als Wertepaare dargestellt. Die dazugehörige Textstelle aus dem Agilen Manifest lautet [12]:

> Bei unserer Arbeit sind wir zu folgender Bewertung gekommen:
>
> - Menschen und deren Zusammenarbeit im Entwicklungsprozess sind höher zu gewichten als Prozesse und Werkzeuge,
> - funktionierende Software zählt mehr als eine ausführliche Dokumentation,
> - die stetige und direkte Zusammenarbeit mit den Kunden steht über Vertragsverhandlungen und Regelungen und
> - der Mut und die Offenheit für Änderungen zählen stärker als das Befolgen eines festgelegten Plans.

Wir schätzen die Aspekte auf der rechten, bewerten die Aspekte auf der linken Seite jedoch höher.

Wir erkennen also bei den Wertepaaren jeweils auf der linken Seite den positiven Wert, der Agilität ausmacht, und auf der rechten Seite den komplementären positiven Wert, der den agilen Wert unterstützt (Abb. 2.2).

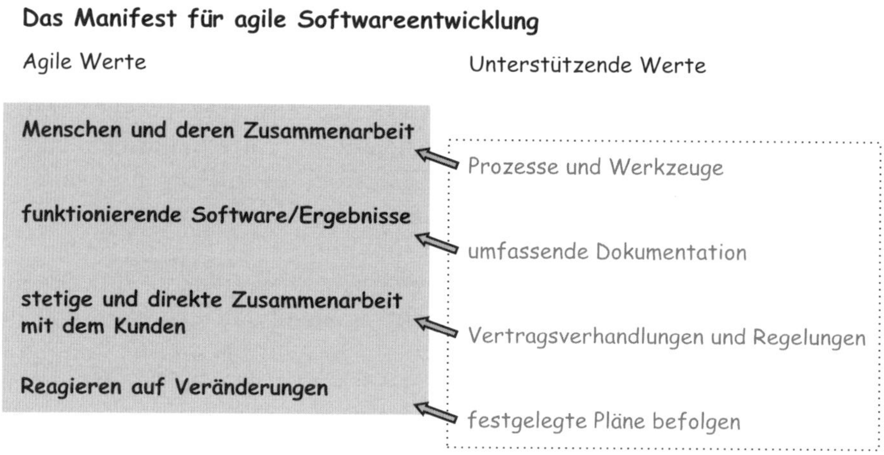

Abbildung 2.2: Die vier Wertepaare aus dem Agilen Manifest [12]

Unsere tägliche Aufgabe ist es folglich, in unserem Handeln den Schwerpunkt der Wertepaare möglichst stark auf den zuerst genannten agilen Wert zu setzen. Vor allen Dingen die ersten drei Wertepaare spiegeln das Ziel hin zu kurzen Rückkopplungsschleifen wider, das uns bereits als retrospektive Kohärenz aus der Systemtheorie bekannt ist.

Wir kommen in Abschnitt 19.5 im Zusammenhang mit dem Thema Führung wieder auf Wertepaare im Allgemeinen und die vier Wertepaare aus dem Manifest für agile Softwareentwicklung zurück. Im Augenblick reicht es, dass wir die agilen Werte kennenlernen und verinnerlichen.

In unserer täglichen Arbeit helfen uns Prinzipien, die agilen Werte umzusetzen. Sie wirken wie Leitlinien für unser Handeln. Auch diese Leitlinien können weiter konkretisiert werden. Dann sprechen wir von agilen Praktiken. Agile Planungs- und Projektmanagementpraktiken machen dieses Buch aus. Wir bleiben jedoch zunächst bei den agilen Prinzipien.

2.2.3 Agile Prinzipien

Die agilen Prinzipien von *APM* binden die Prinzipien aus dem Agilen Manifest ebenso ein wie die aus Scrum. Werfen wir nun einen Blick darauf.

Die zwölf Prinzipien aus dem Agilen Manifest

Auf der zweiten Seite des Manifests für agile Softwareentwicklung finden sich die folgenden zwölf Prinzipien [12]:

- Unsere höchste Priorität ist es, den Kunden durch frühe und kontinuierliche Auslieferung wertvoller Software zufriedenzustellen.
- Heiße Anforderungsänderungen selbst spät in der Entwicklung willkommen. Agile Prozesse nutzen Veränderungen zum Wettbewerbsvorteil des Kunden.
- Liefere funktionierende Software regelmäßig innerhalb weniger Wochen oder Monate und bevorzuge dabei die kürzere Zeitspanne.
- Fachexperten und Entwickler müssen während des Projekts täglich zusammenarbeiten.
- Errichte Projekte rund um motivierte Individuen. Gib ihnen das Umfeld und die Unterstützung, die sie benötigen, und vertraue darauf, dass sie die Aufgabe erledigen.
- Die effizienteste und effektivste Methode, Informationen an und innerhalb eines Entwicklungsteams zu übermitteln, ist im Gespräch von Angesicht zu Angesicht.
- Funktionierende Software ist das wichtigste Fortschrittsmaß.
- Agile Prozesse fördern nachhaltige Entwicklung. Die Auftraggeber, Entwickler und Benutzer sollten ein gleichmäßiges Tempo auf unbegrenzte Zeit halten können.
- Ständiges Augenmerk auf technische Exzellenz und gutes Design fördert Agilität.
- Einfachheit, also die Kunst, die Menge nicht getaner Arbeit zu maximieren, ist essenziell.
- Die besten Architekturen, Anforderungen und Entwürfe entstehen durch selbstorganisierte Teams.
- In regelmäßigen Abständen reflektiert das Team, wie es effektiver werden kann, und passt sein Verhalten entsprechend an.

Natürlich spielen diese Prinzipien mehr oder weniger stark zusammen und sind nicht trennscharf formuliert. Für unsere Arbeit ist das auch nicht notwendig. Ob wir eine konkrete Praktik wie Continuous Integration einsetzen, weil ein, zwei oder mehr der agilen Prinzipien davon unterstützt werden, spielt kaum eine Rolle. Um Ihren Blick auf die zwölf Prinzipien zu festigen, können Sie die folgende Übung durchführen. Versuchen Sie, die zwölf Prinzipien aus dem Agilen Manifest für ein konkretes Projekt in eine Reihenfolge nach ihrer Wichtigkeit zu ordnen! Versuchen Sie zusätzlich dabei, den Zusammenhang der Prinzipien zu den systemtheoretischen Aspekten aus Abschnitt 2.1 herzustellen. Sie werden sich dabei automatisch mit Ihrem Verständnis dieser Werte und Prinzipien befassen.

Die Prinzipien von Scrum

Werfen wir noch kurz einen Blick auf vier agile Prinzipien von Scrum. Auch sie gelten grundsätzlich für agile Projekte.

Inspect and adapt

Mit *Inspect and adapt* beschreibt Ken Schwaber, einer der Väter von Scrum und wie Kent Beck einer der Erstunterzeichner des Agilen Manifests, einen Regelkreis, um die retrospektive Kohärenz zu nutzen (Abb. 2.3, Abschnitt 2.1.1) [143, 144].

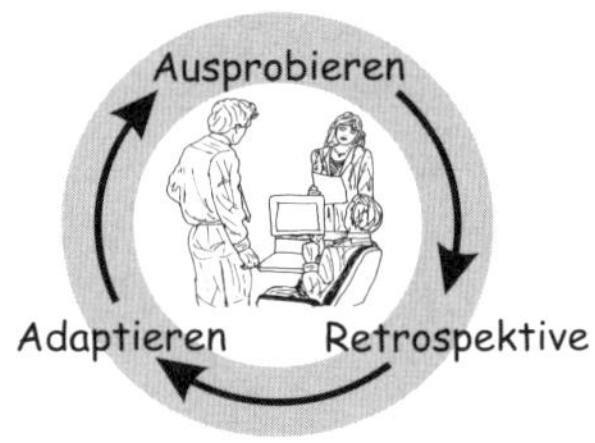

Abbildung 2.3: Inspect and adapt: Etwas wird ausprobiert und dann bewertet. Danach wird entschieden, was ggf. wie weiter umgesetzt wird.

Diese Regelkreise greifen auf den unterschiedlichsten Projektebenen. Die Entwickler gehen so in kurzen Zyklen von wenigen Minuten nach testgetriebener Entwicklung vor. Alle Meetings wie Daily Standup, Iterationsplanung, Ergebnisreview oder Retrospektive bilden solche Regelkreise von einem Tag bis hin zu 2 bis 4 Wochen. Der mit bis zu drei Monaten wohl am längsten dauernde Regelkreis in *APM* entsteht durch die Releases, wobei auch hier die kürzeste sinnvolle Dauer zu wählen ist.

Ask the team

Das Team der Entwickler ist für die Realisierung verantwortlich, was sich z. B. darin äußert, die Schätzungen gemeinsam vorzunehmen und den Umfang der Aufgaben für eine Iteration zu bestimmen. Wenn Probleme zu lösen sind und z. B. durch Entwickler, den Product Owner oder Scrum Master benannt werden, so wird zuerst das gesamte Team gefragt, ob sie eine Lösung sehen bzw. welchen Weg sie vorschlagen zu gehen. So bilden wir die Basis für die Selbstorganisation im Team.

In der Praxis gestaltet sich dieses Prinzip oft als recht anspruchsvoll für den Scrum Master, der die Findung von Lösungsideen oder eine Entscheidung moderiert. Ein einfaches »Was würdet ihr tun?«, greift zu kurz, wenn Ideenmangel herrscht. Hier sind die Moderationskunst und Fragetechnik des Scrum Master gefordert. Dabei schlägt er keine Lösung vor, sondern öffnet den Blick der Teammitglieder für kreative Ideen. So kommen z. B. Prozessfragen zum Einsatz, die so aufgebaut sind, dass danach gefragt wird, was benötigt wird, um die Ursprungsfrage zu beantworten. Natürlich gibt es viele andere Wege, in so einer Situation vorzugehen. Allgemein können wir festhalten, dass ein Scrum Master über tiefe Moderations- und Fragekompetenz verfügen muss, um im Alltag anspruchsvoller Projekte eine wertvolle unterstützende Dienstleistung für das Team zu erbringen.

Deliver

Es ist ein zentrales Ziel, früh und in möglichst kurzen Abständen regelmäßig Software an den Kunden zu liefern, die jeweils einen zusätzlichen Wert für den Auftraggeber oder die Anwender hat. Darüber wird ein besonders kraftvoller Regelkreis implementiert, der direktes Feedback der Anwender und des Kunden liefert. Wenn es unser höchstes Ziel ist, den Kundennutzen zu optimieren, so ist »Deliver early and often« der Königsweg dahin. Im Idealfall ist der gesamte Entwicklungs- und Auslieferungsprozess so weit automatisiert und durch automatische Tests abgesichert, dass er von einer Continuous Integration in ein Continuous Deliver übergeht. Im Webumfeld wird dieser Automatisierungsgrad bereits von einigen Firmen erreicht.

Dafür legen wir in unserer Releaseplanung eine Reihenfolge von inhaltlich definierten Inkrementen fest, die vom Umfang her möglichst klein sind und dennoch von nutzbarem Wert für den Kunden. Ein solches Anforderungsbündel wird als *minimal marktfähiges Release* bezeichnet.

Dieses Prinzip ist so wertvoll, dass es auch angewendet wird, wenn z. B. aus regulativen Gründen gar nicht wirklich ausgeliefert werden soll. Dennoch ist dieser Regelkreis so wichtig, dass es sich lohnt, immer wieder die Auslieferungsprozesse möglichst weit zu durchlaufen, ohne tatsächlich auszuliefern, um die Rückmeldungen aus Betrieb, Qualitätssicherung und von den Anwendern zu erhalten. Es geht bei diesem Prinzip wiederum um die Implementierung kraftvoller und möglichst kurzer Rückkopplungsschleifen im Projektverlauf.

Treat people as adults

Die Menschen im Entwicklungsteam sind ebenso wie die Anwender oder andere Stakeholder auf Kundenseite sowie alle anderen am Projekt beteiligten Personen Experten auf ihrem Gebiet. Entsprechend kommen wir ihnen mit Wertschätzung und Respekt entgegen und nehmen sie in die Verantwortung. Wir brauchen niemanden stark zu schützen oder abzuschirmen. Wir bringen ihnen Vertrauen entgegen und belehren oder prüfen sie nicht.

So erhalten wir ein Team von Mitarbeitern, die sich verantwortlich für ihre Arbeit fühlen und sich engagieren. Das trägt im Endeffekt zu einer höheren Produktivität bei und führt zu erfolgreicheren Projekten. Keiner ist ein König oder Professor, sondern alle haben auf ihrem Gebiet Wertvolles beizutragen. So unterstützen wir auch die Selbstorganisation im Team.

2.2.4 Die Werte und Prinzipien von APM

Mit *APM* beschreiben wir agile Softwareentwicklung in mittleren und größeren Projekten. Damit kommt eine weitere Dimension hinzu:

- Das Fundament von *APM* bildet das Agile Manifest.
- Die technische Umsetzung orientiert sich an eXtreme Programming und seinen Werten und Techniken.
- Das Projektmanagement basiert auf den Prinzipien von Scrum.
- Die Ergebnisfokussierung und Prozessoptimierung nutzt Kanban und basiert auf den Werten des Lean Management.
- Die Skalierung erfolgt mit *APM* auf Basis der Werte:

Disziplin und Selbstsdisziplin: In großen Projekten mit zahlreichen Projektmitgliedern in mehreren, verteilten Teams und vielen Stakeholdern haben wir durch die reine Anzahl an Menschen eine hohe Anforderung an die Disziplin und Selbstdisziplin jeder einzelnen Person. *APM* basiert auf Vertrauen und stellt kein Mikromanagement bereit. Agilität im Allgemeinen und *APM* im Besonderen stellen damit hohe Anforderungen an jede beteiligte Person und ihre Disziplin in der Umsetzung der agilen Werte, Prinzipien und Praktiken.

Fertig bedeutet fertig! Offene, nicht abgeschlossene Themen belasten große Projekte noch stärker als überschaubare Vorhaben. Daher ist es essenziell, dass Aufgaben, sobald sie angegangen werden, auch vollständig im Sinne der gewünschten Produktqualität bearbeitet werden. Anderenfalls gefährden wir die Basis des inkrementell-iterativen Vorgehens.

Nachhaltigkeit: Anspruchsvolle Projekte sind mit Investitionen verbunden, die es zu schützen gilt. Daher ist eine architekturzentrierte, gut wartbare und damit nachhaltige Software unser Ziel. Technische Schulden werden sofort abgebaut oder gar nicht erst gemacht.

Risikobewusstsein: Projekte sind stets mit großen Risiken verbunden. Diese gehen wir aktiv an und schaffen ein durchgängiges Risikobewusstsein bei allen beteiligten Personen.

Verantwortung und eigenverantwortliches Arbeiten

Wer Softwareprodukte erstellt, übernimmt damit automatisch Verantwortung für das Produkt und mögliche Folgen seines Einsatzes. Die Anwender und Kunden vertrauen uns, dass wir ausreichend sorgfältig gearbeitet haben. Auch die Anwender übernehmen einen Teil der Verantwortung. Das ist hoffentlich jedem klar, der eine Betatestversion im Einsatz hat. Doch das Gros dieser Verantwortung liegt aufseiten der Entwicklungsorganisation.

Wie groß diese Verantwortung ist, hängt im Wesentlichen davon ab, welche Konsequenzen ein Problem haben kann. Je größer die sich daraus ergebende Verantwortung ist, desto mehr Aufwand stecken wir in die Produkterstellung und desto mehr formale Prozesse haben wir zu durchlaufen. Damit kommen wir schnell in einen scheinbaren Widerspruch zwischen Agilität und Formalität. Tatsächlich steckt dahiner jedoch eine Balance zwischen komplementären Werten, die wir für jedes Projekt individuell finden und herstellen [21]. Grundsätzlich gilt, dass je höher die Risiken eines Projekts bzw. je größer die Konsequenzen aus möglichen Problemen im Einsatz unseres Produkts sind, desto stärker ergänzen wir unser agiles Vorgehen mit formalen Prozessen und Prüfungen. Wir kommen sowohl auf diese formalen Ergänzungen (Abschnitt 22.1) als auch auf das Thema Risikomanagement (Abschnitt 9.5) sowie auf die Führungsaspekte einer solchen Wertebalance (Abschnitt 19.5) noch zurück. Hier geht es jetzt nur um den grundsätzlichen Zusammenhang.

Doch das Thema *Verantwortung* betrifft auch jeden einzelnen Mitarbeiter im Projektteam. Da wir in agilen Projekten jeden Mitarbeiter in die Entscheidungsprozesse einbinden, erwächst daraus auch eine größere Verantwortung für jedes Teammitglied. Dieses stark eigenverantwortliche Arbeiten ist ein zentrales Merkmal agiler Projekte. Es gibt keinen *Arbeitsvorbereiter*, der die Aufgaben fein säuberlich zerlegt und dann einzelnen Personen zuweist. Die Zerlegung erfolgt auf verschiedenen Ebenen, aber stets unter Einbeziehung aller relevanten Personen als Gruppenergebnis. Ebenso lösen wir uns in agilen Projekten vom Push-Prinzip und bringen die Ausgaben *nur* in eine passende Reihenfolge. Die Entwickler nehmen sich dann die jeweils nächste passende Aufgabe (Pull-Prinzip).

Ein agiles Vorgehen stellt also hohe Ansprüche an das eigenverantwortliche Arbeiten jedes Teammitglieds. Gleichermaßen braucht es ein entsprechendes Vertrauen der Projektleitung in das angemessene Arbeiten der Teammitglieder. Das geht jedoch mit den meisten Softwareentwicklern sehr gut, da sie Spaß an ihrer Arbeit haben. Wenn Softwareentwickler keinen Spaß mehr an ihrer Arbeit haben, läuft etwas Grundsätzliches schief.[3] Ingenieure und Informatiker haben in der Regel eine hohe intrinsische Motivation, sind von sich heraus motiviert, einen guten Job zu machen.[4]

[3] Oder wie im Scrum-Umfeld oft zu hören oder lesen ist: »If it is no fun it is no Scrum!«, z. B. in [166].

[4] »Have fun and do good work!« ist nach Larry Constantine die zentrale Motivationsquelle in der IT [33, 170].

Das eigenverantwortliche Arbeiten jedes Teammitglieds gibt der Projektleitung in agilen Projekten die Möglichkeit, sich auf das Produkt bzw. die Reihe von Zwischenergebnissen (Inkremente) zu konzentrieren und entbindet von einem zeitraubenden Mikromanagment. Die Projektleitung ist darauf ausgerichtet, das Produkt zu optimieren und nicht die Auslastung der Teammitglieder. Nur über das Produkt entsteht die Kundenzufriedenheit und der Projekterfolg. Wie konkret gearbeitet wird, obliegt allein der eigenen Verantwortung der Mitarbeiter im Projekt.

Diese starke Eigenverantwortung ist Fluch und Segen zugleich. Die Kraft und Leistungsfähigkeit agiler Projekte ist zu einem großen Teil in ihr begründet. Gleichzeitig kann sie zu einer Überforderung der Teammitglieder führen. In Abschnitt 4.4.1 kommen wir darauf zurück.

Trennung von Verantwortlichkeiten

In agilen Konzepten erfolgt eine klare Verteilung bestimmter Verantwortlichkeiten, um einerseits für mehr Transparenz zu sorgen und andererseits die Möglichkeit für Interessenkonflikte, die sich *innerhalb* einer Person ergeben, zu minimieren und dafür *zwischen* zwei Personen deutlich zutage treten zu lassen. Erkennbar wird dies z. B. in Scrum an der Auftrennung von typischen Verantwortlichkeiten eines Projektleiters auf zwei Rollen: *Scrum Master* und *Product Owner*. In *APM* heißen die entsprechenden Rollen Projektleiter bzw. Teamprojektleiter und agiler Coach. Der agile Coach ist für die Entwicklungsprozesse verantwortlich und unterstützt das Team dabei moderierend. Er kümmert sich auch um die Auflösung von Hindernissen, die außerhalb der Verantwortlichkeit des Projektteams liegen. Der Projektleiter sorgt für die Qualität der Anforderungen und ihre Priorität bzw. zeitliche Ordnung. Er entscheidet über fachliche Fragen.

Warum ist es so wichtig, die beiden Rollen zu trennen? Vereinigt man beide Rollen z. B. in einem traditionellen Projektleiter, so werden die sich aus den unterschiedlichen Verantwortlichkeiten ergebenden Interessenkonflikte nicht offen ausgetragen und für alle beteiligten Personen transparent gelöst, sondern oft aus dem Druck des Tagesgeschäft heraus zulasten des Entwicklungsprozesses und der langfristigen Qualität des Produkts vom Projektleiter entschieden. Oder sie kommen gar nicht ans Licht und richten Schaden im Verborgenen an.

Auch in der Umsetzung erfolgt eine Auftrennung von Verantwortlichkeiten, indem das Entwicklungsteam als Ganzes für die Realisierung des Projekts und seine Aufwandsschätzungen verantwortlich ist. In Zusammenarbeit mit dem (Team-)Projektleiter, der den geschäftlichen Nutzen einer Anforderung im Auge behält, entstehen die konkreten Pläne, was in einer Iteration und für ein Release vorgesehen ist.

3 Die wirtschaftliche Sicht

Letzten Endes zählt nur der wirtschaftliche Erfolg. Genau dort muss sich jeder Projektmanagementansatz bewähren. Und genau dort können agile Ansätze besonders wertvoll sein. Mit *APM* steht Ihnen ein Weg offen, dies auch in anspruchsvollen Projekten bzw. im Umfeld großer Organisationen zu schaffen. Wir behandeln in diesem Kapitel unterschiedliche Aspekte, die sich äußerst positiv auf die Wirtschaftlichkeit von Softwareprojekten auswirken. Unter einem betriebswirtschaftlichen Druck geht es nicht um die Frage, ob Sie in Ihrer Organisation agiler werden wollen, sondern darum, wie schnell und in welchem Umfang Ihnen das gelingt.

3.1 Nur implementieren, was notwendig ist

Martin Fowler führt in seinem Bericht von der XP2002-Konferenz aus, dass Jim Johnson, Vorsitzender der Standish Group, eine Studie präsentiert hat, nach der von der umgesetzten Funktionalität eines Softwareprojekts nur 55 % benötigt werden. Häufig oder stets genutzt würden sogar nur 20 % der Funktionalität. Von der jedoch benötigten Funktionalität fehlten allerdings 39 % (Abb. 3.1, links) [52].

Mike Cohn berichtet vom CHAOS Report 2011 der Standish Group, dass im Betrachtungszeitraum von 2002 bis 2010 agile Projekte etwa drei Mal erfolgreicher waren als traditionelle (Abb. 3.1, rechts) [32]. Auch wenn die Berichte der Standish Group aufgrund der unklaren statistischen Rahmenbedingungen stets mit Vorsicht zu betrachten sind, kann der Trend sicherlich ernst genommen werden und er deckt sich mit den Ergebnissen einer Studie der oose Innovative Informatik GmbH von 2009, die ebenfalls agile Projekte als deutlich erfolgreicher ausgewiesen hat [172].

Durch die starke Einbindung der Kundenseite, also Auftraggeber, Entscheider und Anwender, und die kurzen Releasezyklen kann der Funktionsumfang der Software deutlich schneller und erfolgreicher an den benötigten Umfang angepasst werden. In der oose-Projektmanagementstudie zu Erfolgsfaktoren in Softwareprojekten ergab sich die stärkste Korrelation zwischen einer einzelnen Projektmanagementtechnik und dem Projekterfolg bei der Einbindung der Kundenseite [172]. Dabei erfolgt die direkte Zu-

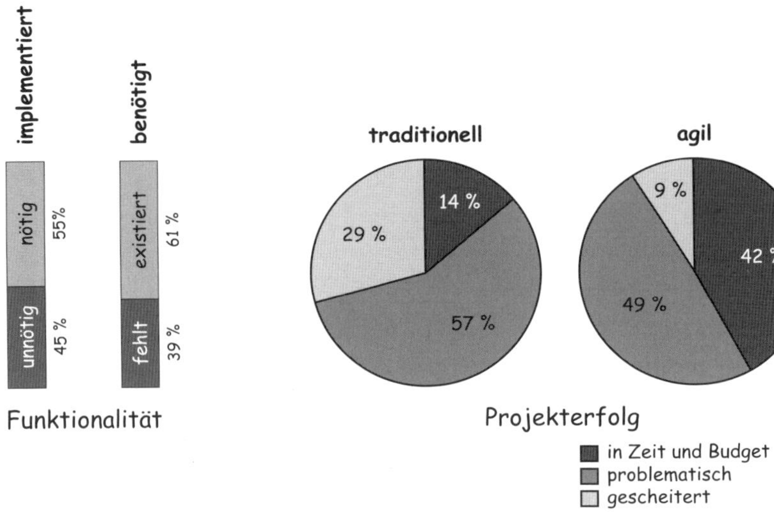

Abbildung 3.1: Ergebnisse der Standish Group 2002 (links) und 2012 (rechts)

sammenarbeit allerdings mindestens einmal in der Woche. Durch täglichen Kontakt kann die Erfolgswahrscheinlichkeit noch weiter gesteigert werden.

Dadurch ergibt sich eine Reihe von Folgeeffekten, d. h., es wird leichter sein, im Zeitrahmen und Budget zu bleiben, und auch die Lebenszykluskosten werden geringer ausfallen. Es fließen ca. 80 % der Kosten im Lebenszyklus einer Software in deren Wartung [132]. Der Löwenanteil wird dabei durch nicht ausreichend getroffene Entscheidungen und zusätzliche Anforderungen erzeugt. Wird der passende Funktionsumfang erreicht und unnötiger Ballast vermieden, bleiben die Wartung und die Erweiterung länger flexibel und minimieren Kosten.

3.2 Einen schnellen Return on Investment forcieren

Der Schlüsselfaktor der Kundeneinbindung in den Entwicklungsprozess ermöglicht es nicht nur, die Anforderungen besser zu fokussieren, sondern auch den kleinstmöglichen sinnvollen Releaseumfang, das minimal marktfähige Release (MMR – Minimal Marketable Release), schärfer zu definieren. Dadurch ergibt sich die Chance, die Software in verschiedenen Ausbaustufen bereitzustellen und so zum frühest möglichen Zeitpunkt bereits sinnvoll produktiv zu nutzen. Teile des Gegenwerts einer Investition kommen so früher zum Einsatz, was einem schnelleren ersten Return on Investment (ROI) entspricht.

Damit verzinst sich das eingesetzte Kapital zwar nicht höher, aber schneller, was auch einen spürbaren Zinsgewinn ergeben kann. Dieser Effekt ist überall dort besonders stark, wo auch in kurzen Zyklen inkrementell Software produktiv ausgeliefert werden kann, wie bei Inhouse-Entwicklungen oder webbasierten Produkten. Im regulierten Umfeld kommen eher Effekte zum Tragen, die zwar auch zu einer verkürzten Entwicklungsdauer beitragen, aber diesen Vorteil geringer ausfallen lassen. Ein lohnender Effekt kann sich jedoch auch dort einstellen.

3.2.1 Wirtschaftliche Aspekte der Projektdurchführung

Agiles Projektmanagement wird häufig im Kontext einer erfolgreichen Projektdurchführung genannt. Was *erfolgreich* bedeutet, wird selten explizit dargelegt. Im Allgemeinen wird darunter verstanden, dass ein Projekt termingerecht zum vereinbarten Preis liefert, was anfänglich spezifiziert wurde. Damit sind drei von vier Projektsteuerungsparametern fixiert (Zeit, Aufwand bzw. Kosten sowie Leistungsumfang) – zur Steuerung bleibt somit in solchen Fällen nur noch der nicht explizit erwähnte Parameter Qualität (Abb. 10.2). Traditionelle Projekte über die Qualität zu steuern, ist meist ein nicht gewünschtes Ziel, sondern eine Folge davon, dass

- das Qualitätsniveau nicht explizit verhandelt wurde und
- qualitätssichernde Aufgaben am Ende der Projektlaufzeit gehäuft auftreten

und somit zur Abwendung eines Terminverzugs aufgegeben werden. Die Erfahrung zeigt auch, dass sich Qualität in eine Software nicht nachträglich *hineintesten* lässt. In welchem Maße ein sequenzielles Projektvorgehen angemessen oder nicht angemessen ist, lässt sich aus folgenden Untersuchungen ablesen:

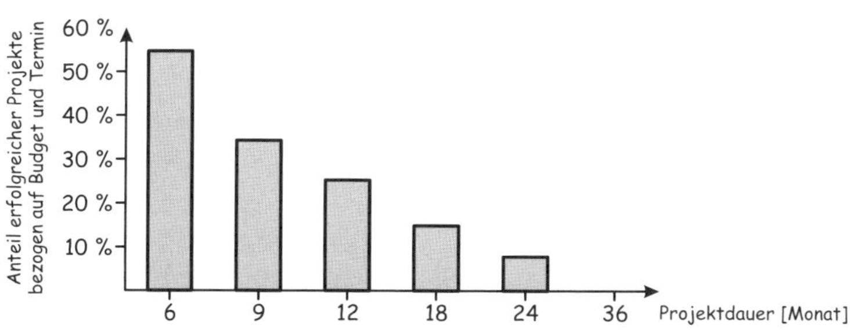

Abbildung 3.2: Anteil erfolgreicher Projekte in Abhängigkeit der Projektlaufzeit [154]

- So fand Jim Johnson auch heraus, dass die relative Häufigkeit von erfolgreichen Projekten im oben genannten Sinn abnimmt, wenn die Projektlaufzeit zunimmt (Abb. 3.2) [154]. Die logische Konsequenz daraus ist, dass mehrere kleine Projekte, ggf. nacheinander durchgeführt, den Gesamterfolg eher sichern als ein großes Projekt in einem Wurf. Damit diese Teilprojekte sich von einfachen Phasen unterscheiden, haben sie anstatt traditioneller Prozessartefakte, wie z. B. ein Konzept, produktionsreife Software als Ergebnis.
- Capers Jones fand heraus, dass sich der relative Anteil der sich während der Projektlaufzeit ändernden Anforderungen mit zunehmender Produktgröße erhöht. Für mittelgroße Produkte sollte man von mind. 25 – 30 % geänderter Anforderungen ausgehen (Abb. 3.3) [81]. Somit ist eine Projektorganisation hilfreich, die ein großes Produkt in Form mehrerer kleinerer Inkremente ausliefert, sodass für die Erstellung der Inkremente jeweils von stabilen Anforderungen ausgegangen werden kann. Ferner kann man davon ausgehen, dass große Produkte mit längeren Projektlaufzeiten korrelieren, sodass die Forderung nach kurzen sequenziellen Teilprojekten ihre Entsprechung in der Erstellung von Produktinkrementen findet.

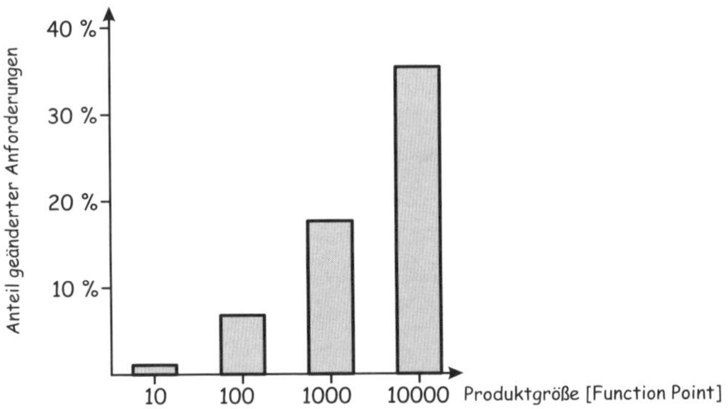

Abbildung 3.3: Häufigkeit von Anforderungsänderungen in Bezug auf die Produktgröße [81]

Wie wir bereits links in Abbildung 3.1 gesehen haben, liegt der Anteil von spezifizierten, jedoch nicht genutzten Produktmerkmalen bei ca. 45 % und ist damit keineswegs vernachlässigbar.[1] Bei herkömmlicher Projektorgani-

[1]Die Werte, die Jim Johnson im Einzelnen für die Nutzung geforderter Softwaremerkmale nennt, lauten: immer 7 %, oft 13 %, manchmal 16 %, kaum 19 % und niemals 45 %.

sation kommt es somit offensichtlich zu einer Überfrachtung der Spezifikation, was schließlich eine Verschwendung von Ressourcen in der Projektdurchführung verursacht. Dessen ungeachtet kommt noch eine potenzielle Gefährdung der Terminziele des Projekts durch einen unnötig großen Leistungsumfang hinzu, sodass nicht nur das Projektbudget verschwendet wird, sondern auch die dahinter liegenden geschäftlichen Ziele gefährdet werden. Demgegenüber stellt sich agiles Projektmanagement genau den hier aufgezeigten Problembereichen der sich ändernden bzw. konkreter werdenden Anforderungen, zu umfangreicher Spezifikationen und der zu langen Projektlaufzeiten.

3.2.2 Wirtschaftliche Aspekte des Produkteinsatzes

Wendet man nun den Blick in die Zukunft, in Richtung der Nutzung dessen, was im Projekt erstellt wurde, so bleiben im Kontext agiler Entwicklung folgende Aspekte erwähnenswert. Zum einen ermöglicht die agile, d. h. inkrementell-iterative Produkterstellung eine schnellere Inbetriebnahme und frühere Nutzung der Projektergebnisse als über traditionell durchgeführte Projekte. Es ist somit nicht nur so, dass durch die agile Projektdurchführung die Auftraggeber ein Produkt erhalten, was näher ist an dem, was tatsächlich benötigt wird, sondern dieses Produkt kann – zumindest in Teilen – schon früher in der Praxis eingesetzt werden. Damit können die Ziele, die sich mit diesem Einsatz verknüpfen, früher erreicht werden wie z. B. die Reduzierung von Aufwand samt Kostenersparnissen oder die Generierung von Umsatz. Oder anders formuliert: Die Zeit bis zur Marktreife (Time-to-Market) wird reduziert und die Ertragsphase im Produktlebenszyklus früher erreicht.

Aber nicht nur das vordere Ende des Produktlebenszyklus profitiert von agiler Entwicklung, auch das hintere Ende wird positiv beeinflusst: Durch den Fokus auf den expliziten Abgleich von geschäftlichem Nutzen durch den Projektleiter einerseits und die innerer Qualität z. B. durch Refactorings seitens des Teams wird die langfristige Marktfähigkeit des Projektprodukts gestützt. Dies fördert eine auch langfristig gute Erweiterbarkeit, was direkt die sogenannte *Cashcow*-Phase, wenn die Erlöse die Aufwendungen weit übersteigen, des Produktlebenszyklus verlängert. Kurz zusammengefasst wird durch agiles Projektmanagement somit Folgendes ermöglicht:

- eine termin- und budgetgerechte Lieferung von Produkten, die
- früher zum Einsatz kommen und länger genutzt werden können als vergleichbare traditionell entwickelte Produkte.

Genau deshalb setzt sich agiles Projektmanagement immer weiter durch. Es ist meist wirtschaftlicher als traditionelle Vorgehensweisen.

4 Was kann Agilität leisten?

Mit Agilität erreichen wir nachweislich eine ganze Menge wie z. B. einen schneller nutzbaren Stand eines Softwareprodukts, das für den Kunden wertvoll ist, denn es kann eingesetzt werden und trägt so zur Kundenzufriedenheit bei. Mit dieser Vorgehensweise reduzieren wir ganz allgemein Risiken. Mit dieser Art von Antworten bleiben wir jedoch an der Oberfläche agiler Entwicklungsprozesse und ihrer Möglichkeiten. Wenn wir Agilität einführen oder kontinuierlich weiterentwickeln, treffen wir häufig auf Effekte oder Mechanismen, die wir so nicht erwartet haben und die uns ganz neue Möglichkeiten eröffnen, noch erfolgreicher zu arbeiten. Agilität ist kein starres Gerüst, sondern es lässt viel Freiraum, Probleme zu lösen. Eine agile Vorgehensweise unterstützt uns besonders dabei, Probleme frühzeitig zu entdecken. Und das gehört zum Kern jedes Projektmanagements.

4.1 Die richtigen Fragen aufwerfen

Wenn wir Projektmanagementtechniken betrachten, so haben sie meist zum Ziel, mögliche Probleme frühzeitig zu erkennen. Dann ist der Handlungsspielraum für Lösungen noch groß, was die Wahrscheinlichkeit für kostengünstige und besonders wirkungsvolle Maßnahmen deutlich erhöht. Die vielen, auf unterschiedlichen Projektebenen installierten Rückkopplungsschleifen im agilen Vorgehen zielen ebenfalls darauf ab. Das ist so gesehen nichts Neues im Projektmanagement und spielt im agilen Vorgehen eine ebenso zentrale Rolle wie im eher traditionellen Kontext.

Durch die Komplexität und Einmaligkeit von Projekten stoßen wir jedoch auf eine grundsätzliche Fragestellung. Was kann für ein konkretes Projekt mit einer konkreten Projektorganisation in seinem speziellen Umfeld zum Problem werden? Aufgrund ihrer Individualität können wir Projekte nicht gut miteinander vergleichen. Natürlich gibt es einige grundlegende Problemstellungen, die sich aus der Definition des Projektbegriffs ergeben, wie das Termin- oder Budgetmanagement. Aber die spezifischen Probleme eines Projekts können wir eben kaum vorhersehen. Es ist und bleibt komplex. Agile Vorgehensweisen haben gegenüber traditionellen Konzepten einen wertvollen Vorteil: Wir nähern uns den Problemen ebenso wie ihrer Lösung und dem Projektergebnis schrittweise und können Ideen ausprobieren. Über die kurzen Rückkopplungsschleifen erhalten wir ausreichend Information, einen schnellen und tragfähigen Weg zu finden. Wir hangeln uns also von einer aktuell wichtigen Frage zur nächsten.

4.1.1 Schlank beginnen und dann gezielt ergänzen

Im Beratungsgeschäft werden wir oft mit konkreten Fragen konfrontiert, ob ein bestimmter Aspekt, wie z. B. geografisch verteilte Teams oder ein reguliertes Umfeld, agile Vorgehensweisen nicht besonders negativ beeinflusst oder gar unmöglich machen. In der Regel sind die Kunden dann von unserer Antwort enttäuscht, weil sich die Frage nicht pauschal beantworten lässt. Jede Situation und jeder Kontext wird einen Einfluss auf das agile Vorgehen haben, doch in welche Richtung und wie stark er ausfallen wird, hängt eben genau von der Situation und dem Kontext ab. Eine Organisation und ihr Umfeld sind eben komplex.

Daher bietet es sich an, auch bei der Einführung oder Weiterentwicklung von Agilität die Mechanismen der Regelkreise über Rückkopplungsschleifen sowie die Selbstorganisation der beteiligten Teams zu nutzen. In *APM* beginnen wir stets mit der einfachsten Projektimplementierung: so nah wie möglich an Scrum angelehnt mit der kleinstmöglichen Anzahl an Teams mit einer Teamgröße zwischen sieben und neun Personen. Auf dieser Basis können Sie in einem agilen Vorgehen laufend herausfinden, wo der Schuh am stärksten drückt, um dann gezielt dagegen etwas zu unternehmen. Dadurch wird die Komplexität in der Projektorganisation zunehmen. Jedoch erfolgt dies gezielt an den Stellen, wo es Probleme löst und dem Projektfortschritt und der Ergebnisqualität hilft.

Das zentrale Mittel dazu ist die Retrospektive. Dort werden die passenden Fragen aufkommen, die dann häufig auch gleich adressiert werden können. Die Mitarbeiter in den Teams wissen meist am besten, wo der *Hund begraben ist,* und haben oft auch Ideen oder zumindest Hinweise, wie wir damit umgehen können. »Ask the team« (Abschnitt 2.2.3) funktioniert auf zwei Ebenen: Zum einen werden die wertvollen Fragen gefunden und zum anderen können sie gleich gestellt und beantwortet werden.

4.1.2 Schlüsselelement Retrospektive

Das zentrale Element, um in einem agilen Prozess auf die *richtigen* Fragen zu stoßen, ist die Retrospektive. Wir beschäftigen uns in Abschnitt 5.4.5 noch genauer mit Retrospektiven. Hier geht es darum, den enormen Wert für den Entwicklungsprozess und die Wichtigkeit für den Projekterfolg zu erkennen. Leider werden allzu oft Retrospektiven zeitlich zu knapp gehalten oder es wird nur an der Oberfläche der relevanten Themen gekratzt.

Die Retrospektive ist auch der Ort, wo man am schnellsten erkennt, ob und wie die Werte in den Teams gelebt werden. Die offene, direkte und damit sehr anspruchsvolle Kommunikation, die in einer Retrospektive notwendig ist, um sie erfolgreich zu gestalten, beruht auf Respekt und Mut. Wir werden dabei immer wieder mit der Wirkung unseres Handelns auf die anderen Teammitglieder konfrontiert.

Werte leben bedeutet eben nicht, darüber zu reden, sondern danach zu handeln. Wenn also z. B. ein Problem besprochen wird, was sich daraus ergeben hat, dass ein Entwickler in der Iteration mehrmals den Build gebrochen hat, erkennen alle Anwesenden sofort, ob ein Schuldiger gesucht wird oder versucht wird, das Problem einzuordnen und ggf. eine Lösung zu finden. Dreht es sich in der Diskussion nur um den Entwickler und seinen vermeintlichen Fehler oder blicken wir tiefer? Was braucht jeder einzelne Entwickler, um Build Breaker zu minimieren? Welche Umfeldbedingungen wie z. B. Zeitdruck oder aussageschwache Rückmeldungen aus unseren Toolketten erhöhen die Wahrscheinlichkeit dafür? Was können wir gemeinsam dagegen unternehmen? Nur mit einer solchen lösungsorientierten Grundhaltung wird es uns gelingen, dass offen in den Teams kommuniziert wird, um Probleme erkennen und in Muster einordnen zu können. Auf dieser Basis entwickeln wir unsere Abläufe im Projekt schrittweise weiter.[1]

In der Retrospektive versuchen wir, die aktuellen Muster im laufenden Projekt zu erkennen, und daraus Handlungen abzuleiten. Damit arbeiten wir dort auf der tiefsten Ebene der Selbstorganisation (Abschnitt 2.1.3). Dieses Werkzeug dürfen wir nicht abstumpfen lassen, sondern schärfen es im Gegenteil permanent.

4.2 Ein kontinuierlicher Verbesserungsprozess

4.2.1 Die Beteiligten treiben den Verbesserungsprozess voran

Wenn es uns im Projektverlauf immer wieder gelingt, die richtigen Fragen aufzuwerfen, haben wir auch die Möglichkeit, unsere Entwicklungsprozesse, deren Werkzeugunterstützung und die Projektorganisation kontinuierlich an die Anforderungen anzupassen. Die implementierten Regelkreise und die Retrospektiven geben uns den Hebel in die Hand, um einen kontinuierlichen Verbesserungsprozess zu gestalten.

[1]Es gibt in komplexen Projekten eben keine einfachen Ursache-Wirkungs-Ketten. Sie sind komplex miteinander vernetzt und Wirkungen sind wiederum Ursachen usw. Damit gibt es ebenso wenig *einen* Schuldigen, wie es *einen* Retter gibt. Eine vermeintliche Antwort auf eine Schuldfrage kann uns bei der Lösung von Problemen also nicht ausreichend weit bringen. Diese Frage kann daher ersatzlos entfallen.

Im Unterschied zu vielen anderen traditionellen Verbesserungsprozessen entspringt dieser nicht einer Analyse, die mit etwas Abstand auf ein Projekt schaut und ein vorgefertigtes Prozessideal im Kopf hat, sondern wird direkt von allen Beteiligten getrieben. Und das betrifft Stakeholder von Kundenseite, aus der Entwicklung und dem Betrieb. Damit ist der Ausgangspunkt für Verbesserungen dort, wo diese Verbesserungen meist umgesetzt werden, und ihr Erfolg auch direkt sichtbar wird. Die Wirkung auf die Motivation und das Engagement aller, sich an diesem Verbesserungsprozess zu beteiligen, ist daher naturgemäß hoch.

4.2.2 Werte als Basis von schrittweisen Verbesserungen

Nicht zuletzt hängt der Wert dieses Verbesserungsprozesses auch wiederum von den im Unternehmen und im Team gelebten Werten ab. Es gilt das Gleiche, was bereits zur Retrospektive gesagt wurde. Die Retrospektive ist der Dreh- und Angelpunkt für diesen Verbesserungsprozess.

Im Gegensatz zu den traditionellen Verbesserungsprozessen arbeitet ein agiler Verbesserungsprozess weniger mit großen Würfen als mit vielen kleinen, sofort umsetzbaren Schritten. Dies ist wiederum durch die Komplexität der Materie bedingt. Auch der Verbesserungsprozess unterliegt der Selbstorganisation der Teams und erfolgt über viele kleine Regelkreise nach dem Prinzip: »Inspect and adapt« (Abschnitt 2.2.3).

4.3 Flexible Lösungen – Satisficing

4.3.1 Satisficing: ausreichend gut und agil

Die nach der *APM*-Methodik entstehenden Lösungen kommen mit möglichst wenig Vorabanalyse und -architektur aus. Dabei wird das Konzept des *Satisficing* angewendet. *Satisficing* ist eine Wortschöpfung von Herbert A. Simon, die sich aus den englischen Begriffen *satisfying* und *suffice* zusammensetzt [111]. Damit wird eine Strategie bezeichnet, in der die erste *ausreichend befriedigende* Lösung umgesetzt wird, die den Zweck erfüllt, und nicht weiter nach einer optimalen Lösung gesucht wird [138].

Der Begriff Satisficing ist u. a. auch deswegen eingeführt worden, um diese Vorgehensweise vom Prozess einer Optimierung abzugrenzen. Bei einer Optimierung wird so lange nach Lösungsalternativen gesucht, bis die bestmögliche gefunden ist. Beim Satisficing dagegen werden nur wenige, meist sogar nur zwei Alternativen betrachtet, bis eine ausreichend befriedigende Lösung gefunden wurde. Der Fokus liegt hierbei auf einem guten Aufwand-Nutzen-Verhältnis, weshalb zwar nicht perfekte, aber sehr kostengünstige Lösungen verfolgt werden. Gerade in komplexen Softwareprojekten sind Entscheidungsfindungen wie das Satisficing sinnvoll, bei denen der Realisierungsaufwand eher überschaubar und vergleichsweise gering bleibt, was die Kosten minimiert und es leichter macht, Termine einzuhalten.

Im eXtreme Programming wird dieses Vorgehen mit dem Wert der Einfachheit adressiert: »What is the simplest thing that could possibly work?« [11]. Dadurch, dass die Lösungen schneller fertig sind, bekommen wir schneller eine Rückmeldung vom Auftraggeber. Gerade dann, wenn dem Auftraggeber viele Aspekte und Konsequenzen seines Anforderungsbereichs noch nicht ganz klar sind, führt dieses Vorgehen der frühen Konkretisierung schneller zur Klarheit auf Auftraggeberseite. Das ist selbst dann ein Vorteil, wenn sich herausstellt, dass die Lösung anders aussehen muss.

Auf einen tückischen Fehler bei der Umsetzung des XP-Werts der Einfachheit gilt es noch kurz hinzuweisen. Wir erkennen daran, dass es für wirklich gute Entscheidungen sehr von Vorteil ist, reichlich Erfahrungen gemacht zu haben. Der Wert von Retrospektiven kann dabei nicht überschätzt werden. Ein falsch verstandener XP-Wert der Einfachheit kann, wenn *einfach mal drauflos* programmiert wird, zu einem *naiven* bzw. gar keinem Design führen, das uns viele Probleme bereiten wird [184]. Mit einem *einfachen* Design dagegen werden möglichst einfache Strukturen angestrebt, sodass sich der Designaufwand besser über die Entwicklungszeit verteilen lässt. Damit ist explizit nicht gemeint, sich nur daran zu orientieren, was im Augenblick mit dem geringsten Aufwand erzielt werden kann.

4.3.2 Erweiterbarkeit und Änderbarkeit

Bei den Qualitätskriterien an Software gibt es einige, die schnell von den Anwendern wahrgenommen werden wie z. B. das Antwortzeitverhalten oder die Ergonomie der Benutzerschnittstelle. Ein agiles Vorgehen achtet aber auch auf die innere Qualität, und das auf zwei Ebenen: den Umgang mit Anforderungen und das Softwareprodukt selbst.

Die Erweiterbarkeit und Änderbarkeit erkennen wir erst dann, wenn es zu Änderungen und Erweiterungen kommt. Und selbst dann erleben wir zu Beginn des Projekts oder in frühen Phasen des Softwareproduktlebenszyklus, dass alles noch auf eine brauchbare Qualität hindeutet, doch diese sich mit laufendem Fortschritt immer mehr verschlechtert.

Auf die meisten Anforderungsänderungen sind wir bereits in Abschnitt 2.1.4 eingegangen. Im Projektverlauf spiegelt sich das in der Arbeit mit den Backlogs wider und in dem Ordnen der Einträge darin. Das schauen wir uns später noch genauer an. Wir erreichen damit eine ausreichende Flexibilität bezüglich der Anforderungsdynamik.

Durch das Satisficing bleibt auch unsere Software länger einfach strukturiert und damit länger änderbar und erweiterbar, weil wir so eine bessere Übersicht über unser Softwareprodukt haben und eher aufwendige, komplizierte Lösungen vermieden werden. Dies ist auch ein Nebeneffekt der Tatsache, dass wir nur umsetzen, was wirklich gebraucht wird, und wir keine Wünsche oder Ideen auf Vorrat oder ohne entsprechenden Wert für den Kunden realisieren.

4.4 Risiken von Agilität

4.4.1 Anspruchsvolles Vorgehen

Der Einsatz agiler Vorgehensweisen stellt große Ansprüche an jedes Teammitglied und die Stakeholder. Dies betrifft einerseits die Kommunikation und den konstruktiven Umgang mit Konflikten und andererseits die aktive Übernahme von Verantwortung.

In einem agilen Vorgehen werden nicht nur die anstehenden Fragen früh aufgeworfen, sondern auch Konflikte sichtbar gemacht. Damit müssen alle Beteiligten ausreichend umgehen können. Nicht jeder kann oder möchte das. Das haben wir als Projektverantwortliche zu akzeptieren. Es ist dann unsere Aufgabe, für betroffene Personen einen passenden Platz im Projekt zu finden, der sie nicht derart unter Druck setzt, oder gemeinsam zu schauen, wie sie sich in Richtung eines agilen Vorgehens entwickeln können. In extremen Fällen wird dann eine Person auch das Projekt verlassen.

Nicht nur bestimmte, sondern jedes Teammitglied trägt eine große Verantwortung für den Projekterfolg. Auch gibt der klarere traditionelle Rahmen den Mitarbeitern gefühlt mehr Sicherheit. Beides dürfen wir nicht leugnen und ist in der Auswahl unserer Teammitglieder zu beachten. Dabei ist die messbare Sicherheit in einem inkrementell-iterativen Vorgehen deutlich höher als im traditionellen. Nur fühlt sich das für einige Menschen bei der größeren eigenen Verantwortung und der Offenlegung von Konflikten nicht unbedingt auch so an. Ein begleitendes Coaching kann hier bei Problemen unterstützen.

4.4.2 Agile Werkzeuge und Toolketten

Agilität ist anspruchsvoll und braucht eine ausreichende Unterstützung durch Entwicklungswerkzeuge und Toolketten, um auf Entwicklerebene die Rückkopplungsschleifen so kurz und aussagekräftig wie möglich zu halten. Dies betrifft die Entwicklungsumgebung mit Coding-Style-Unterstützung und integriertem Unit-Test-Framework und den Build-Prozess inklusive einer Continuous Integration oder zumindest automatischen Nightly Builds inklusive automatisierter Integrationstests. Das sind keine technischen Spielereien, sondern wertvolle Bestandteile der Rückkopplungsschleifen.

Wie passen diese anspruchsvollen technischen Toolketten zu den agilen Werten? Im agilen Vorgehen werden Menschen und ihre Zusammenarbeit als wertvoller erachtet als Werkzeuge und Prozesse (Abschnitt 2.2.2). Ein agiles Wertepaar bildet jedoch keine »Entweder-oder«-Beziehung, sondern ein »Sowohl-als-auch«. Die Prozesse und Werkzeuge sollen die Menschen bei der Arbeit und ihrer direkten Zusammenarbeit gut unterstützen. Genau das leisten die oben genannten Konzepte und Werkzeuge. Ohne eine entsprechende Werkzeugunterstützung stoßen die Rückkopplungszyklen in der Entwicklung und damit der Grad unserer Agilität bereits nach kurzer Zeit an stark einengende Grenzen.

Um schnell Entscheidungen treffen zu können, bedarf es einer aktuellen Übersicht des Istzustands des Projekts. Die notwendigen Controlling-Werkzeuge wie Taskboards, Burndown-Diagramme oder Risikoboards, auf die wir später noch eingehen werden, sind daher jederzeit sichtbar. Diese Infrastruktur ist ebenfalls sicherzustellen, damit die Kommunikation im Projekt schnell, direkt und ausreichend umfassend ist.

4.4.3 Cross-funktionale Featureteams und Universalisten

Agile Vorgehensweisen leben von cross-funktional aufgestellten Teams mit einem eher hohen Anteil an Universalisten oder T-Shapes. Von einem T-Shape-Mitarbeiter spricht man, wenn das Teammitglied nicht nur sein spezielles Fachgebiet beherrscht, sondern auch in angrenzenden Randgebieten tätig wird und damit das Verständnis im Team fördert (Abb. 4.1) [5].

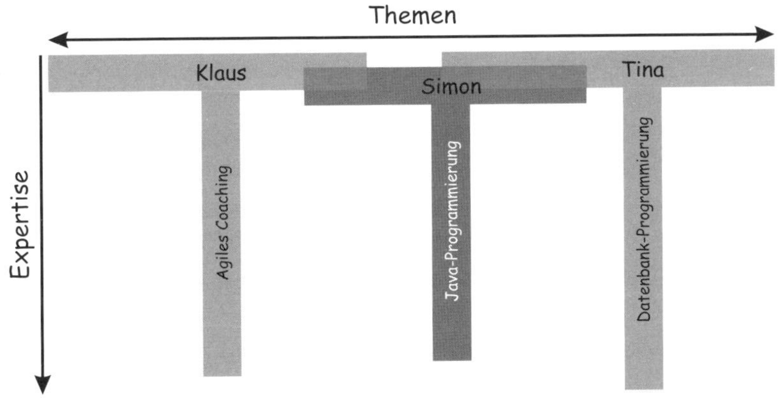

Abbildung 4.1: T-Shape-Mitarbeiter: Die Wissensgebiete überlappen sich gegenseitig.

Hier ist in Teams mit vielen Spezialisten eine aufwendige Verbesserung der Zusammenarbeit zu leisten und nicht jeder Mitarbeiter freut sich darauf. Auch erfolgt mit einer solchen Veränderung ein Wertewandel in einer Organisation, worauf wir noch zurückkommen werden. Gelingt dies, so können eigenständige Teams parallel weitgehend unabhängig voneinander als sogenannte *Featureteams* arbeiten und ein Feature eigenständig bearbeiten und bereitstellen. Dies erhöht die Leistungsfähigkeit und Steuerbarkeit von großen Projekten mit mehreren Featureteams erheblich [99].

4.4.4 Auswirkungen auf die Kundenseite und den Betrieb

Agilität lässt sich nicht sinnvoll auf die reine Softwareentwicklung begrenzen. Die angrenzenden Bereiche sind auch von der agilen Vorgehensweise betroffen (Abb. 4.2). Denn wenn wir über Agilität nachdenken, denken wir stets auch über Organisationsveränderung nach. Das muss uns klar sein, damit wir diese Veränderungen entsprechend begleiten können. Sie könnte bei Kunden, im Betrieb und der Führungsorganisation mehr Irritationen hervorrufen, als uns lieb ist.

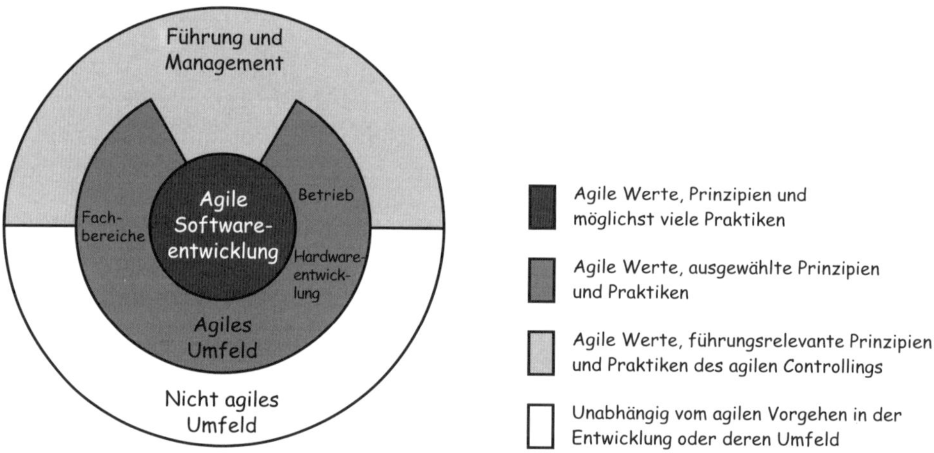

Abbildung 4.2: Die Reichweite agiler Ansätze anhand eines einfachen Ringmodells für eine Organisation

Der Betrieb einer Softwarelösung ist dabei noch der offensichtliche angrenzende Bereich, der von einer Integration agiler Vorgehensweisen profitiert. Die Diskussion zu den DevOps spiegelt das gut wider. Inwieweit die Unternehmensführung und das Topmanagement sich wirklich auf ein durchgängig agiles Vorgehen einlassen, ist da meist spannender. Dies ist von so großer Bedeutung, weil, wie wir im nächsten Abschnitt sehen werden, die Unterstützung aus dem Topmanagement der zentrale Erfolgsfaktor bei der Einführung eines agilen Vorgehens in einem Unternehmen ist.

Eine agile Softwareentwicklung führt zu einer engen Zusammenarbeit mit den Fachexperten auf der Kundenseite. Wie wir bereits in Abschnitt

3.1 gesehen haben, ist die tägliche Abstimmung mit den Fachbereichen ein wesentlicher Erfolgsfaktor. Dazu braucht es aufseiten der Fachbereiche den Willen, sich auf diese Form der Zusammenarbeit einzulassen und für die notwendigen fachlichen Entscheidungen die volle Verantwortung zu übernehmen. Einfach nur vorab ein mehr oder weniger passendes Konzept schreiben und dann auf das Prinzip Hoffnung setzen, reichen für ein erfolgreiches Softwareprojekt nicht aus. Zu einem gewissen Grad werden die Fachbereiche auch agil oder zumindest inkrementell-iterativ arbeiten.

Eine Inhouse-IT als interner Dienstleister steht hierbei vor denselben Herausforderungen wie ein reine Softwareschmiede. Anders als im Projektgeschäft kann eine Inhouse-IT seine langjährigen und stabilen Beziehungen zu denselben Entscheidern und Fachexperten oft dafür einsetzen, den Weg für die agile Form der Zusammenarbeit zu ebnen.

Spannend wird es sicherlich auch, wenn Marketing, Vertrieb oder andere Bereiche agile Konzepte übernehmen möchten. In Softwarehäusern mit einem agilen Topmanagement kann dieser Wunsch z. B. auftauchen. Der Einsatz von Kanban kann hier als Einstieg gut funktionieren.

Zumindest die angrenzenden Bereiche sind also möglichst früh einzubeziehen. Die agilen Werte dienen dabei durchgängig der Handlungsorientierung. Die jeweils für Nicht-IT-Bereiche passenden Prinzipien und für deren Umsetzung geeigneten Praktiken sind gemeinsam zu klären und einzuführen (Abb. 4.2). Dafür brauchen die beteiligten Personen neben ihrer Motivation auch ausreichend zeitlichen Freiraum. Mal so eben nebenbei wird das nicht gehen. Timing und eine ausreichende Managementunterstützung sind hier die Schlüssel zum Erfolg.

4.4.5 Unternehmenskultur und Managementunterstützung

Die Bedeutung der Managementunterstützung kommt auf zwei Ebenen zum Tragen. Zum einen wird sie für den Organisationsentwicklungsprozess benötigt, da ansonsten die Führungskräfte bewusst oder unbewusst gegen die agile Vorgehensweise arbeiten. Zm anderen findet dabei ein mehr oder weniger großer Wertewandel im Unternehmen statt. Diese Änderung der Firmenkultur kann nur erfolgreich verlaufen, wenn die Führungskräfte auf allen Ebenen diese neue Wertebalance auch vorleben und danach handeln.

Ohne diese Unterstützung und den gemeinsamen Wertewandel werden viele agile Ansätze kaum ihre Wirkung entfalten. Eine Einführung oder Weiterentwicklung agiler Vorgehensweise wird dann scheitern oder zum Schattendasein verurteilt sein.

Doch ist die Managementunterstützung wirklich so wichtig? Klappt eine Einführung von *APM* oder Scrum nicht auch ganz passabel von unten, also von den Entwicklern ausgehend? Das kommt darauf an, wie man *klappt* definiert. Wir betrachten sowohl die Einführung von agilem Vorgehen in einem Unternehmen sowie umfangreiche Weiterentwicklungen z. B. von Scrum zu *APM* als ein Veränderungsprojekt [169]. Nicht nur die Projekte, die wir nach *APM* abwickeln, unterliegen damit der Dynamik komplexer Systeme, sondern auch dessen Einführung. Wenn wir die kritischen Erfolgsfaktoren von Projekten betrachten, treffen wir zwangsläufig auf den Faktor der *Topmanagementunterstützung*. Die Managementunterstützung stellt nicht nur einen kritischen Erfolgsfaktor dar, sie ist der zentrale Erfolgsfaktor. Sie wirkt sogar als *Meta-Erfolgsfaktor* und beeinflusst damit maßgeblich die Erfolgswahrscheinlichkeit der anderen Faktoren [187, 188].

In Abbildung 4.2 sehen wir, dass die Führungsaspekte alle von Agilität berührten Bereiche durchdringen. *APM* macht also nicht an der Bürotür eines Entwicklers Halt, sondern dehnt sich weit über die Grenzen der Entwicklung ins Unternehmen aus. Dabei werden die Werte des Unternehmens hin zu den agilen Werten verschoben. Wenn wir die gelebten Werte im Unternehmen verändern, kann dies nicht ohne eine entsprechende Veränderung im Führungsverhalten aller Führungskräfte erfolgen. Für das Verhalten der Führungskräfte ist das Verhalten des Topmanagements essenziell. Daher sind bei der Einführung und Umsetzung von *APM* alle beteiligten bzw. davon betroffenen Führungskräfte direkt einzubinden. Mit ihrem Verhalten stecken sie den Rahmen ab, innerhalb dessen das Projekt läuft.

Besonders deutlich werden diese Aspekte beim Controlling und Reporting. Hier erfolgt mit der Einführung von *APM* eine Orientierung nach agilen Werten und es findet die Umsetzung agiler Prinzipien mit agilen Praktiken statt. Kommt ein agiles Projekt oder die Einführung von *APM* ins Stocken, gilt es als Erstes, zu prüfen, ob nicht quer zur Agilität stehende Forderungen einer Führungskraft an die Projektdurchführung dahinter stecken.

Wie können wir in so einer Situation vorgehen? Wir beziehen uns auf *APM* und das darin vorgestellte Vorgehen. Es klingt erst einmal einfach: Was nicht dazu passt, können wir entweder passend machen oder es wird nicht gemacht. Hierbei sind die agilen Coaches besonders gefragt, das Management persönlich und direkt zu betreuen. Der Wechsel im Mindset der Führungsebene äußert sich in einem Wechsel von einer Optimierung der Auslastung der Mitarbeiter hin zu einer Optimierung des Wertes, den ein Team in jeder Iteration erschafft. Mikrocontrolling wird durch Vertrauen und transparente, tagesaktuelle Sichten auf diverse Statusinformationen und Visualisierung von zeitlichen Trends ersetzt. Dafür setzt das Topmanagement wertvolle Rahmenbedingungen für das Projekt und die Selbstorganisation der Teams. Es legt Prioritäten fest, sodass eine sinnvolle Serialisierung der Projekte im Rahmen eines Projektprogramms erfolgt, aus der die Projektleiter ihre Backlogs ableiten können. Im Topmanagement wird die Basis dafür geschaffen, ob im Unternehmen agiles Projektmanagement eingesetzt wird oder ob das Unternehmen wirklich agil ist.

5 Die Konzepte und Methoden von APM

5.1 Vertiefung der Definitionen

5.1.1 Projekt und Produkt

In Anlehnung an eine weitverbreitete Definition ist ein **Projekt** ein zeitlich begrenztes Vorhaben mit dem Ziel, ein einmaliges Produkt zu schaffen. Aufgrund seines einmaligen Charakters ist ein Projekt stets mit Risiken behaftet und wird meist mit einer eigenen, dafür speziell aufgebauten Organisationsstruktur umgesetzt [133]. Wir setzen in diesem Buch *Projekt* stets mit *Softwareprojekt* gleich. Auch wenn man *APM* in anderen Kontexten anwenden kann, so ist es für Softwareprojekte konzipiert.

Mit **Produkt** bezeichnen wir ein klar definiertes Stück nutzbare Software sowie alle notwendigen Artefakte und spezielle Hardware, die für den Betrieb dieser Software notwendig sind. Dabei ist es unerheblich, ob das Produkt autark lauffähig sein soll oder als Komponente nur im Zusammenspiel mit anderen Soft- und Hardwarekomponenten einsetzbar ist.

Damit erkennen wir, dass wir, auch wenn nur Softwareprojekte im Fokus der Betrachtung stehen, unter Umständen zumindest die Schnittstellen zur Hardware- und Treiberentwicklung oder zum Betrieb mit in den Projektkontext einzubeziehen haben. Das Produkt definiert also den Projektkontext und seine Schnittstellen.

Dieser Zusammenhang ist nicht neu, aber für agil durchgeführte Projekte von besonderer Bedeutung, da die Projektschnittstellen, z. B. zur Hardwareentwicklung, an die besonderen Anforderungen agilen Vorgehens anzupassen sind. Damit greift agile Softwareentwicklung stets auch in die Vorgehensweisen benachbarter Entwicklungen, bei zuliefernden Elementen und des Betriebs des Produkts ein (Abschnitt 4.4.4). Die ganzen Schnittstellen sind in der Projektvorbereitung zu klären.

5.1.2 Timebox und Meilenstein

Um die Ergebnisse zu erreichen, stukturieren wir die zu erbringenden Inhalte. Zur Steuerung dieses Prozesses kommen Meilensteine und Timeboxen zum Einsatz. Ein **Meilenstein** ist ein weitverbreitetes Konzept. Dazu wird ein fest umrissenes Ergebnis mit einem Termin verbunden. Dies ist nützlich, um entweder anzuzeigen, dass ein definierter Abschluss erreicht ist, oder um einen inhaltlich wichtigen Synchronisationspunkt zwischen verschiedenen Bereichen eines Projekts oder zwischen dem Projekt und seinem Umfeld abzusichern. So kann ein Meilenstein den Abschluss einer Phase definieren oder genutzt werden, um zwei Teams bezüglich ihrer Ergebnisse zu synchronisieren. Meilensteine können auch hierarchisch heruntergebrochen werden. Dann wird oft von Zwischenmeilensteinen gesprochen.

Bei Problemen mit der Erreichung des definierten Umfangs des Meilensteins wird typischerweise der Termin verschoben. Der inhaltliche Umfang bleibt bei einem Meilenstein fest. Dieser Mechanismus gehört zur Definition des Meilensteins dazu. Genau hier kommen wir zum zweiten Konstrukt, das uns dabei unterstützt, die Ergebnisse auch zu erreichen, der Timebox.

Auch bei einer **Timebox** werden inhaltlicher Umfang und geplanter Termin miteinander verbunden. Hier bleibt jedoch der Zeitrahmen unverändert. Eine Timebox ist somit ein fester Zeitraum bzw. -rahmen, dem gewünschte Ergebnisse zugeordnet sind, deren Umsetzung für diesen zeitlichen Rahmen geplant worden ist. Wenn der Zeitrahmen erreicht ist, werden die Ergebnisse bewertet. Eine Timebox bildet also ein zeitliches Prüfraster für den Projektfortschritt und unterstützt uns bei der Fortschrittskontrolle.

Für unfertige Ergebnisse erfolgt eine Restaufwandsbetrachtung, sodass diese unfertigen Teile als neue Aufgaben wieder eingeplant werden können. Falls das Ergebnis bereits vor Ende der Timebox erreicht wird, kann entweder mit neuen anstehenden Aufgaben begonnen werden oder die Timebox wird beendet, um keine Zeit zu verschwenden. Dieses agile Controlling-Instrument ist für eine inkrementell-iterative Entwicklung essenziell. Sinnvolle Timeboxen gehen von 5 Minuten z. B. im Rahmen von Besprechungen bis zu einem Monat bei langen Iterationen.

5.1.3 Iteration und Inkrement

Eine **Iteration** ist eine Timebox, um einen definierten Inhalt zu erarbeiten, der einen messbaren bzw. prüfbaren Kundennutzen ergibt. Dieses neu hinzugekommene, auslieferbare und geprüfte Ergebnis einer Iteration wird als **Inkrement** bezeichnet. Mit dieser inkrementellen Entwicklung wird das Produkt also schritt- bzw. scheibchenweise entwickelt.

Über die einzelnen Schritte, also die Inkremente, erfolgt eine belastbare Fortschrittskontrolle, da jedes Inkrement einen Mehrwert für den Kunden liefert und damit von ihm prüfbar ist. Das Controlling eines agilen Projekts erfolgt ausschließlich über *fertige* Software, also auslieferbare Inkremente.

Damit das Controlling über die Inkremente funktioniert und in ausreichend kurzen Zeiträumen erfolgt, wird eine Reihe von Anforderungen an die

Iteration gestellt, also die auf die Inkremente bezogene Timebox. So dauern die Iterationen eines konkreten Projekts stets gleich lang. Für fast jedes Projekt liegt dabei die erfolgversprechende Iterationsdauer zwischen zwei und vier Wochen [172]. Wir erreichen so effiziente Rückkopplungsschleifen zwischen Entwicklung und Kunde und sind gezwungen, den Gesamtumfang des Projekts in viele kleine prüfbare Schritte zu zerlegen, was meist auch die Reaktionsfähigkeit und -geschwindigkeit des Projektteams erhöht.

Wird die Iterationsdauer noch kürzer, und damit die Rückkopplungsschleifen, besteht die Gefahr, dass ein zu wenig prüfbares Ergebnis erstellt wird und damit der Rückkopplungsoverhead im Vergleich zum Nutzen zu groß wird. Wir führen das Projekt dann ineffizient durch. Bei Iterationslängen über einen Monat Dauer kommt hingegen das belastbare Feedback oft zu spät, sodass Arbeiten wieder zurückgenommen werden müssen oder wir zu lange auf Antworten warten müssen. Hier ist der Overhead für die notwendigen Rückkopplungen zwar eher niedrig, jedoch entsteht viel zu viel Mehraufwand in der Entwicklung für unnötige Korrekturen. Auch so entfernen wir uns vom betriebswirtschaftlichen Optimum. Es bleibt dabei: Zwei bis vier Wochen sind die anzustrebende Dauer für eine Iteration. Ausnahmen von dieser Regel sind sehr selten.

5.1.4 Iterationsebenen

Es gibt in einem *APM*-Projekt mindestens drei aufeinander aufbauende Ebenen, in denen wir iterativ vorgehen. Wir bezeichnen die auf die Erstellung des Inkrements bezogene Timebox als **Iteration** (Abb. 5.1, Mitte). Damit ergibt sich darunter mindestens eine weitere Ebene iterativen Vorgehens für die einzelnen Entwickleraufgaben, die **Tasks**, und eine Ebene darüber für das **Release** bzw. die Auslieferung (Abb. 5.1, oben bzw. unten).

Beginnen wir mit der Entwicklersicht (Abb. 5.1, unten). Um eine Iteration selbst aus Projektmanagementsicht steuern zu können, werden die einzelnen Aufgaben für einen Entwickler, die Tasks, möglichst klein geschnitten. Diese Zerlegung erfolgt durch die Entwickler selbst, da sie am besten wissen, wie sie eine Anforderung umsetzen möchten. Damit wir dort ebenfalls kleine, überschaubare, oft durch Unit Tests überprüfbare Schritte durchführen können, lautet die Rahmenbedingung für diese Zerlegung, dass deren Umsetzung nur ca. einen Tag dauern darf.

Damit sehen alle Beteiligten tagtäglich den konkreten Fortschritt. Der überschaubare zeitliche Horizont ist dabei häufig eine Arbeitswoche. Auf dieser Detaillierungsebene kann die Iterationsdauer für eine zielführende inhaltliche Aufgabenzerlegung einfach zu lang sein, um als Entwickler den Fokus halten zu können. Daher erfolgt dafür die Zerlegung in kleine Tasks, die eine tägliche Fortschrittsbetrachtung erlauben.

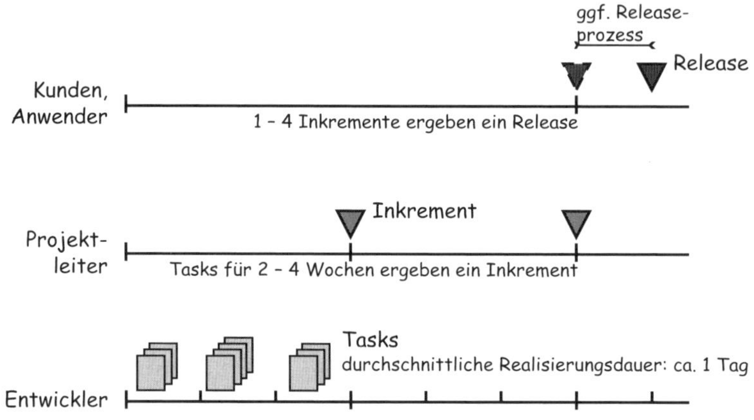

Abbildung 5.1: Die drei wesentlichen Iterationsebenen im Zusammenspiel

Diese Art des Arbeitens mit tagtäglichen oder besser kontinuierlichen Rückkopplungsschleifen für jeden einzelnen Entwickler stellt Bedingungen an die technische Infrastruktur. Vom in Arbeit befindlichen Gesamtsystem werden mindestens einmal täglich, besser kontinuierlich neue Arbeitsstände benötigt. Diese Arbeitsstände werden als **Builds** bezeichnet.

Damit ein Build als Element einer Rückkopplungsschleife für die Entwickler sinnvoll genutzt werden kann, benötigen wir eine integrierte Build-Umgebung. Diese erlaubt es, am besten kontinuierlich (Continuous Integration), neu in das Versionskontrollsystem eingecheckte Versionen zu kompilieren, automatisch mit Unit Tests zu prüfen, zusammenzubauen und das Ergebnis, den Build, ebenfalls einer kurzen automatischen Prüfung zu unterziehen. Der maximal gerade noch sinnvolle Rhythmus für einen Build-Zyklus beträgt einen Tag, sodass wir mindestens einmal in der Nacht unseren aktuellen Stand erzeugen (**Nightly Builds**).

Kommen wir nun zur Kundensicht (Abb. 5.1, oben). In der Regel bilden die Inkremente aus ein bis vier Iterationen eine Auslieferung (Release). Warum kann es sinnvoll sein, ein Release aus mehreren Iterationen zusammenstellen zu lassen? Anders als ein Inkrement, das eng an den Timebox-Charakter der Iteration gebunden ist, hat ein Release eher Meilenstein-Charakter. Da Kunden, also Auftraggeber, Fachexperten und Anwender, sowohl den Projektfortschritt als auch die Qualität des Ergebnisses im Wesentlichen über den Einsatz der aktuellen Releases bewerten können, ist es sinnvoll, sowohl den Umfang als auch die Qualitäten der Auslieferung über den Rückkopplungseffekt von ein bis drei Iterationen abzusichern. Durch die Rückmeldung zum Inkrement können wir die Inhalte der folgenden Iteration(en) so steuern, dass die Kundenzufriedenheit maximiert und der angestrebte Releaseumfang erreicht wird.

Neben dieser Risikosteuerung kommen noch zwei weitere Gründe für die Aufteilung in Inkrement- und Releaseebene hinzu. Zum einen möchten wir die Iterationsdauer (Abb. 5.1, Mitte) möglichst kurz halten, um eine optimale Rückkopplung durch das Kundenfeedback in unser Projekt zu erreichen. Ein Inkrement bietet damit aber oft zu wenig inhaltlichen Umfang, um ein Release zu rechtfertigen. Wir benötigen zwei bis vier Iterationen dafür. Dazu kommt oft, dass für ein Release ein zusätzlicher betrieblicher Aufwand notwendig wird, um eine ausgelieferte Software oder ein Softwareteilprodukt in Betrieb zu nehmen (Abb. 5.1, oben rechts). Auch dieser Aufwand kann durch die zusätzliche Ebene wieder in ein ausgewogenes Kosten-Nutzen-Verhältnis gebracht werden.

5.1.5 Interne und externe Releases – üben, üben, üben

Die im letzten Absatz dargelegten Argumente können dazu führen, dass z. B. in einem regulierten Umfeld ein Release erst nach ein bis zwei Jahren erfolgt. Die entsprechenden Abnahmen durch externe Gremien, wie z. B. die FDA (Food and Drug Administration[1]) im medizinischen Kontext, sind besonders aufwendig und dauern alleine oft mehrere Wochen. Das würde die aussagekräftigste Rückkopplung in unserem iterativen Ansatz verhindern.

Zur Lösung dieses Problems führen wir eine zusätzliche Ebene zwischen Inkrement und Release ein, die **interne Releaseebene** (Abb. 5.2). Dazu werden die Abnahmekriterien für ein Release so aufgeteilt, dass möglichst viele aussagekräftige, aber zeitlich gut machbare Aspekte dem internen Release zugeordnet werden und nur wenige, extrem aufwendige Aspekte noch zusätzlich für das eigentliche, externe Release hinzukommen.

Für die internen Releases gilt nun alles, was im Standardfall aus Abbildung 5.1 auf das Release zutrifft. Insbesondere liegt der Rhythmus der internen Releases bei ein bis vier Iterationen. Erst wenn es zur tatsächlichen Auslieferung kommt, wird der komplette Freigabeprozess angestoßen. Durch die vielen Durchläufe von weiten Teilen dieses Freigabeprozesses im Rahmen der internen Releases wird so die Gefahr unangenehmer Überraschungen und damit verbundener zeitlicher Verzögerungen minimiert. Dieses Vorgehen mit internen und externen Releases ist generell sinnvoll anzuwenden, wenn durch äußere Vorgaben eine inkrementelle Inbetriebnahme über regelmäßige Releases in kurzen Abständen nicht möglich ist. Die internen Releases sind dann unsere beste Annäherung an das Ideal.

Warum können wir nicht einfach auf die internen Releases verzichten und uns nur auf die echten, externen Releases konzentrieren. Interne Releases klingen doch nach einer enormen Verschwendung. Die externen Releases sind für unsere Kunden das Wichtigste am ganzen Projekt. Jetzt be-

[1]Behörde für Lebensmittelüberwachung und Arzneimittelzulassung der USA.

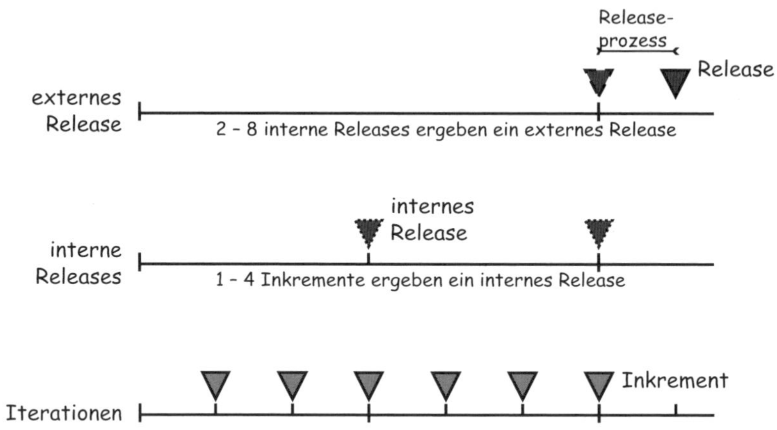

Abbildung 5.2: Interne Releases zur Entkoppelung des inkrementell-iterativen Entwicklungsprozesses von externen Vorgaben zu Releases im regulierten Umfeld

kommen sie den Gegenwert für ihre Investition. Dadurch lastet ein großer Druck auf allen Beteiligten. Stress, Nervereien und Überstunden stehen an, wo es doch eigentlich die Früchte unserer Arbeit zu feiern gilt. Wie so oft, wenn uns etwas schwer fällt und wir schnell unter Druck geraten, hilft es, die Abläufe zu üben. Nicht nur ein- oder zweimal, sondern so lange, bis jeder Handgriff automatisch sitzt. Was für Feuerwehrleute oder Leistungssportler angemessen ist, hilft uns auch: üben, üben, üben.

Die internen Releases sind wie Vorbereitungswettkämpfe vor einem wichtigen Großereignis. Wenn es dann so weit ist, sind alle Beteiligten ruhig, fokussiert und eingespielt. Das iterative Vorgehen gibt uns einen großartigen Rahmen dafür, regelmäßig alle wichtigen Abläufe intensiv zu üben. Bei den Releases wird dieser Zusammenhang besonders deutlich. Er gilt aber auch ebenso für die Reviews, Retrospektiven oder interne Abnahmeprozesse sowie für die Softwareentwicklung selbst. Letzteres wird im Software-Craftsmanship-Gedanken und der Clean-Code-Bewegung z. B. durch Code-Katas aufgegriffen, in denen regelmäßig Codingtechniken und die Anwendung von Mustern und Prinzipien geübt werden [112, 160].

5.2 Anforderungen – User Stories und Story Map

»In agilen Projekten arbeitet man mit User Stories!« Diesen Satz haben Sie vielleicht auch schon gehört. Doch was sind User Stories und wofür sind sie gut geeignet? Wie spielen die User Stories mit der Anforderungsanalyse

z. B. mit Use Cases bzw. der Unified Modeling Language (UML) zusammen? Den Antworten auf diese Fragen widmen wir uns in diesem Abschnitt.

5.2.1 User Stories

User Stories liefern einerseits analytische Aspekte, andererseits dienen sie uns als zentrale Elemente der Projektsteuerung. Das liegt daran, dass in einer User Story Analyse- und Planungsaspekte vermischt sind. *APM* zeichnet einen Weg auf, ihre Vorteile zu nutzen, ohne von den Nachteilen behindert zu werden. Was ist also eine User Story?

Eine **User Story** beschreibt aus der Perspektive eines Nutzers des von uns entwickelten Produkts, was das System machen soll. Formal besteht sie aus einem Titel und der Beschreibung einer Nutzer-System-Interaktion. Mit einer User Story beschreiben wir zusammengehörige Anforderungen, die in funktionierender Software umsetzbar und ausführbar sind, die wir eigenständig testen können und die einen Wert (Business Value) bzw. Produktcharakter für den Anwender bzw. Kunden haben. Das allgemeine Muster und ein Beispiel können Sie Abbildung 5.3 entnehmen.

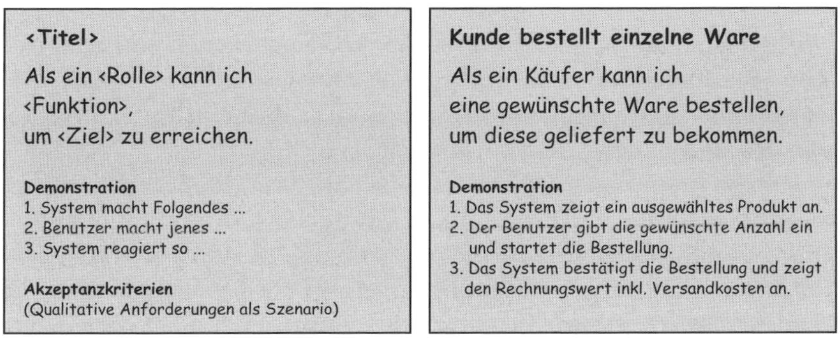

Abbildung 5.3: Muster und Beispiel einer User Story

Zwei Regeln sind für User Stories noch relevant: CCC und INVEST. CCC steht für **C**ard, **C**onversation, **C**onfirmation, also Karteikarte, Gespräch und Bestätigung durch Abnahmekriterien [80]. An eine User Story stellen wir also nicht den Anspruch, eine vollständige Beschreibung zu liefern. Sie ist vielmehr ein Merker dafür, dass Entwickler, Projektleiter und Fachexperten gemeinsam darüber reden, was genau gewünscht ist. Neben einer kurzen inhaltlichen Beschreibung in Form einer Demonstration finden wir auf der Karte noch die Akzeptanzkriterien, um das Ziel besser verstehen zu können. Damit *repräsentiert* eine User Story eher eine Anforderung, als dass sie diese dokumentiert [27].

Mit dem Akronym INVEST werden bestimmte Anforderungen an eine *gute* User Story bezeichnet. Im Einzelnen sind dies [173]:

I ndependent – unabhängig: Können die repräsentierten Anforderungen in mehreren User Stories unabhängig voneinander umgesetzt, getestet und ausgeliefert werden?

N egotiable – verhandelbar: Eine User Story stellt einen Platzhalter für eine Anforderung dar. Die eigentlichen Inhalte und Details werden in direkten Gesprächen zwischen Entwickler, Projektleiter und Fachexperte bestimmt und ausgehandelt.

V aluable to users or customer – von geschäftlichem Wert für Anwender oder Kunde: Lässt sich mit der repräsentierten Anforderung ein geschäftlicher Wert erreichen? Worin besteht der Wert und kann er quantitativ bestimmt werden?

E stimatable – abschätzbar: Kann das Entwicklerteam den Aufwand für die Umsetzung relativ zu anderen User Stories abschätzen?

S mall – klein: Ist die repräsentierte Anforderung innerhalb einer Iteration realisierbar?

T estable – testbar: Wie lässt sich überprüfen, ob die Anforderung auch wie gewünscht umgesetzt wurde? Welche Akzeptanzszenarien gibt es?

Jetzt wissen wir vorerst genug, um User Stories bewerten zu können. Doch warum werden auch die bewährten Analysemethoden wie Use Cases bzw. UML noch eingesetzt? User Stories haben auch ihre Nachteile, insbesondere, wenn die analytische Sichtweise gefordert ist.

Sie sind so klein, dass es schwierig ist, über sie den Überblick über die übergeordneten Abläufe zu bekommen bzw. zu behalten. Sie fördern nicht den Blick auf das Ganze. User Stories geben auch kein Abstraktionsniveau vor, was das gemeinsame Verständnis erschwert, wenn verschiedene Personen User Stories schreiben. Sie unterstützen uns auch nicht dabei, komplexe Abläufe zu durchdringen. Dabei helfen uns dann Use Cases.

5.2.2 Use Cases

Ein Anwendungsfall oder englisch Use Case ist in der UML etwas *schwammig* definiert, weil die UML keine Methodik vorgibt und daher das Konstrukt des Use Case offen hält. Wenn wir eine weitverbreitete Methodik hinzunehmen, können wir einen **Use Case** pragmatisch in folgender Weise definieren [117]:

> Ein Anwendungsfall beschreibt eine *zeitlich zusammenhängende* und zielgerichtete Interaktion eines Akteurs mit einem System, an deren Anfang *ein fachlicher Auslöser* steht und an dessen Ende ein definiertes *Ergebnis von fachlichem Wert* entstanden ist.

Im Unterschied zu Prozessen, die in der Regel zeitlich unterbrechbar definiert sind, befindet sich ein Use Case auf dem Abstraktionsniveau eines Prozessschrittes (Abb. 5.4, links). Da sein Anfang und Ende über den fachlichen Auslöser und geschäftlichen Wert definiert sind, beschreiben wir in einem Use Case meist längere Interaktionen weitgehend voll umfassend, in denen mehrere mögliche Varianten und Ausnahmen betrachtet werden.

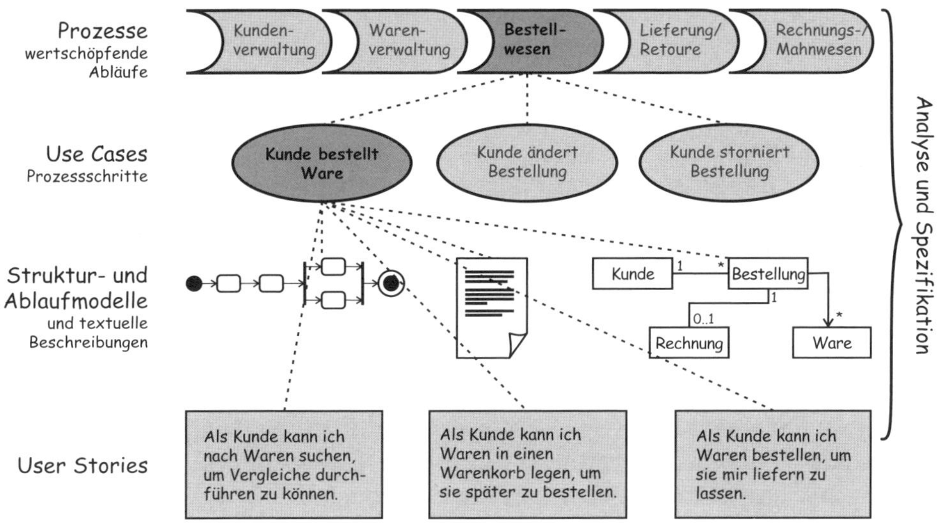

Abbildung 5.4: Use Case: Prozessschritt und Klammer über User Stories

Use Cases sind also meist umfangreicher als User Stories. Sie haben einen klaren Bezug zu übergeordneten Prozessen und lassen sich relativ eindeutig und damit einheitlich beschreiben. Mit Use Cases in der detaillierten Projektplanung und -steuerung zu arbeiten, ist möglich, aber oft zu grob, da ihre Umsetzung meist nicht ganz in unsere möglichst kurzen Iterationen passt und damit *unhandlich* ist.

Was allerdings gut zusammenpasst, ist die Kombination aus Use Cases und User Stories. So können wir methodisch sauber und effizient auf Basis von Use Cases und der UML unsere Anforderungen beschreiben, um dann die Use Cases in User Stories zu zerlegen. Dies erfolgt, bevor sie zu ihrer Umsetzung in der nächsten Iteration anstehen. Use Cases und User Stories sind also kein Widerspruch, sondern eine perfekte Ergänzung (Abb. 5.4). Damit bilden die Use Cases das Äquivalent zum Begriff **Epos** (engl.: epic) in Scrum. Use Cases können in der UML in fachlich zusammenhängenden Paketen gruppiert werden. Der dazu äquivalente Begriff in Scrum lautet **Thema** (engl.: theme) (Abb. 5.7).[2]

[2]Wie auch im beigefügten Poster *Product-Owner-Werkzeugkoffer* dargestellt.

5.2.3 Story Map

Für User Stories und meist auch eine Abstraktionsebene höher für Anwendungsfälle gilt, dass wir damit eine einzelne Anforderung beschreiben. Um zu erkennen, wie diese in den Gesamtzusammenhang der Menge an Anforderungen passen, stellen wir sie in einen gemeinsamen Kontext, d. h. zueinander in Bezug. In einem eher traditionellen Projektrahmen erfolgt das z. B. durch eine Geschäftsprozessmodellierung. Dabei stoßen wir bei einem agilen Projekt auf das Problem, dass eine typische Geschäftprozessmodellierung meist bereits zu detailliert ist und daher auch zu viel Zeit für die Erstellung benötigt, als dass wir sie in unsere agile Vorgehensweise integrieren könnten.

In einem agilen Projekt wird der Kontext über das Backlog für das Produkt geschaffen. Das reicht aber meist nicht aus. Wir können jedoch das Backlog anders strukturieren, um den Kontext für die einzelnen Anforderungen herzustellen, und transformieren das Backlog in eine Story Map.

Eine **Story Map** ist die visuelle Darstellung der geordneten Anforderungen (Backlog) entlang von zwei Achsen (Abb. 5.5). Horizontal läuft eine grob zeitlich geordnete Sicht auf unsere Anforderungen und vertikal die Wichtigkeit einer Aufgabe oder einer Detailaufgabe für das Produkt [124]. Die Aufgaben aus unserem Backlog sind also ihrer Ordnung nach von links nach rechts und dann von oben nach unten angeordnet.

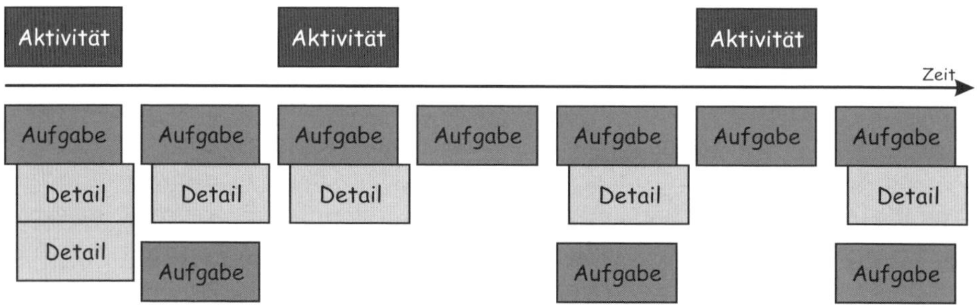

Abbildung 5.5: Das Prinzip einer Story Map [124]

Die allgemeine Beschreibung einer Story Map verwendet die drei Abstraktionsstufen Aktivität, Aufgabe und Detail. Das Prinzip lässt sich auf jede hierarchische Form von Aufgaben anwenden. Werden auf der Ebene der Aufgaben User Stories verteilt, so entsprechen die Details zusätzlichen Anforderungsdetails zu den Stories. Die Aktivität als Bündelung von zugeordneten User Stories kann als Epos bezeichnet werden. Zur besseren Übersicht werden die Details meist unter ihre zugehörige Aufgabenkarte geschoben [181].

Im Kontext von *APM* werden wir auf der obersten Ebene der Aktivitäten statt Epen meist Themen, also Prozesse bzw. Use-Case-Pakete, finden. Der Aufgabenebene ordnen wir Use Cases bzw. Epen zu und setzen User Stories auf der Detailebene ein. Für kleinere Projekte kann auch der Use Case auf der oberen Aktivitätsebene liegen und die User Stories auf der Ebene der Aufgaben. Diese Form der Darstellung ist vielseitig einsetzbar und erlaubt es, jederzeit den Überblick zu haben.

Der Bezug zwischen Story Map und Backlog wird offensichtlich, wenn wir der Story Map zusätzlich zur horizontalen Gliederung noch eine vertikale Achse hinzufügen (Abb. 5.6). So erhalten wir die Möglichkeit, auch die Wichtigkeit bzw. Priorität der einzelnen Stories auszudrücken. Die Priorität entspricht eher Prioritätskategorien, denen die Stories zeilenweise zugeordnet sind. Innerhalb einer Zeile läuft die innere Ordnung der Stories von links nach rechts. Sammeln wir die Stories also von links nach rechts zeilenweise ein, erhalten wir die Reihenfolge für unser Backlog.

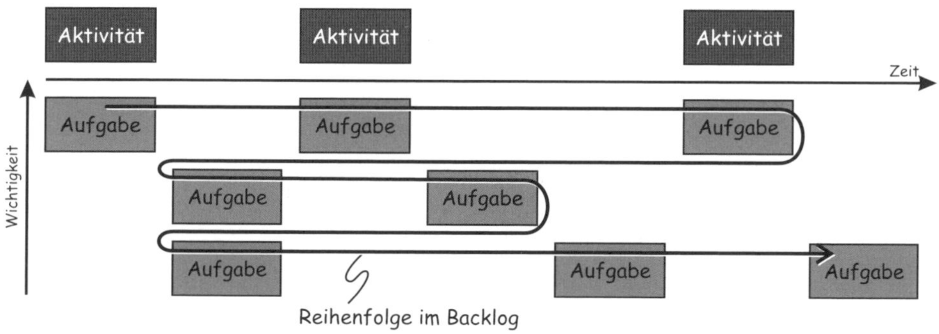

Abbildung 5.6: Die zeilenweise Anordnung der User Stories in einer Story Map ergibt die Reihenfolge im Backlog unseres Produkts [124].

5.2.4 Features, Themen und Epen

Da *APM* zwar gut zu einer Analyse mithilfe von Use Cases und User Stories passt, aber nicht darauf angewiesen ist, verwenden wir oft den Feature-Begriff, um verschiedene Abstraktionsebenen in der Analyse den Planungsebenen zuzuordnen. Im Einzelnen sind dies [118]:

Produktfeature oder *nur* Feature bezeichnet ganz allgemein eine Anforderung an eine als eigenständig zu betrachtende Funktionalität eines Produkts.

Releasefeature bezeichnet ein Feature, das einem konkreten Release zugeordnet ist. Dabei sind zwei Randbedingungen zu beachten:

1. Vom Realisierungsaufwand her ist ein Releasefeature innerhalb der Iterationen für dieses Release vollständig umsetzbar.
2. Ein Releasefeature liefert einen wertvollen Nutzen für den Kunden und ist von der Reihenfolge der Releasefeatures in den zugeordneten Releases sowohl für den Kunden als auch aus Projektsicht sinnvoll.

Iterationsfeature ist ein bereits vom Realisierungsumfang her heruntergebrochenes Teil eines Releasefeatures, das

- vom Umfang her in eine Iteration passt,
- für sich alleine von Kundenseite prüfbar ist und
- den Kunden bzw. Anwendern einen Mehrwert bietet.

Diese Sicht auf Features passt damit gut zu den Ebenen aus Abbildung 5.1, wobei die Kundensicht mit der Ebene der Releasefeatures korrespondiert und die Projektleitersicht eher auf der Iterationssicht mit den Iterationsfeatures liegt.

Doch wie beschreiben wir Features im Zusammenhang? Wie passen Features und die Use-Cases-Analyse aus Abschnitt 5.2.2 zusammen? Und wie stellen wir sicher, dass die Analyseergebnisse mit der späteren Software in Design und Architektur zusammenpassen? Doch der Reihe nach ...

Features lassen sich meist gut im Zusammenspiel beschreiben. Eine solche textuelle Beschreibung nennt man je nach Abstraktionsebene ein Epos [103] oder ein Thema. Epen liegen etwa auf dem Abstraktionsniveau von Use Cases und damit von Release- oder Iterationsfeatures. Themen korrespondieren dagegen eher mit einem Produktfeature und damit mit Use-Case-Paketen bzw. Prozessen (Abb. 5.7).

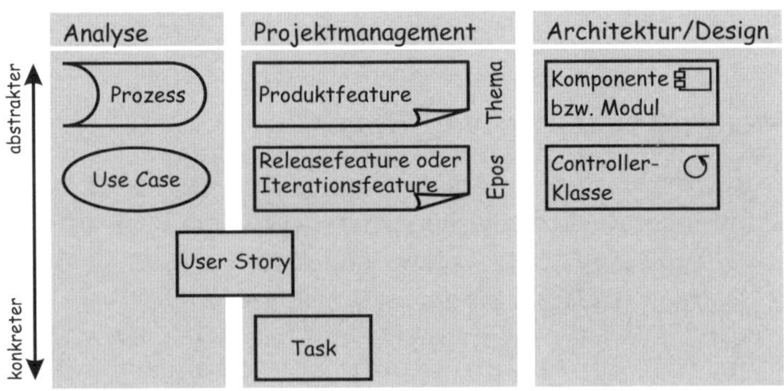

Abbildung 5.7: Analyse-, Projektmanagement und Architekturartefakte im Zusammenspiel

Aus diesem Bezug ergibt sich ein interessanter Aspekt. Es besteht aus der Use-Case-Analyse auch ein grober Bezug zu Architektur und Design der Software bzw. zum Entity-Control-Boundary-Architekturmuster [117]. Alle drei Sichten sind in Abbildung 5.7 im Zusammenhang dargestellt.

Noch eine abschließende Anmerkung zum Feature-Begriff in *APM*: In der weitverbreiteten Analysemethodik von Dean Leffingwell wird nicht zwischen Produkt-, Release- und Iterationsfeature unterschieden. Leffingwell verwendet den Begriff *Feature* nur im Sinne eines Releasefeatures. Das Produktfeature entspricht bei ihm meist einem Epos und wird daher dort oft synonym gebraucht, was sicher oft als Struktur ausreichend ist [103]. In *APM* lassen wir mit dem Iterationsfeature eine weitere Differenzierung zu. Sie kann bei Projekten mit mehreren Featureteams hilfreich sein, um eine möglichst unabhängige Verteilung der Arbeit auf die einzelnen Teams zu unterstützen. Dadurch verschieben sich jedoch die Abstraktionsebenen im Vergleich zu Leffingwells Methode, die ansonsten gut zu *APM* passt.

5.3 Artefakte

5.3.1 Backlog, Anforderungen und Tasks

Mit dem Begriff **Backlog** wird eine geordnete Liste von Anforderungen bezeichnet, deren Umsetzung für das Produkt relevant ist. Im Backlog finden wir also alle notwendigen Aufgaben für die Produkterstellung. Dabei ist das Backlog ein Planungsartefakt und entspricht nicht der Anforderungsspezifikation, sondern wird aus ihr gefüllt (Abb. 5.8, unten). Dabei werden nicht alle Anforderungsdetails in das Backlog übertragen, sondern nur eine entsprechende Angabe oder ein Verweis auf einem Backlog-Eintrag vermerkt, der den Bezug zur Spezifikation herstellt. Die Ordnung des Backlogs erfolgt in der Regel derart, dass die anstehenden Aufgaben oben stehen und nachfolgende darunter.[3]

Da wir in *APM* wie in anderen agilen Vorgehensweisen davon ausgehen, dass die Anforderungsspezifikation fortlaufend vertieft, aktualisiert und erweitert wird, folgt das Backlog dieser Dynamik. Wir erkennen dies daran, dass weiter unten stehende Einträge weniger detailliert sind und größere Anforderungsblöcke zusammenfassen (Abb. 5.8, links). Die Arbeitsschritte Analyse, Implementierung und Test erfolgen eng verschachtelt und möglichst zeitnah und weitgehend innerhalb einer Iteration, um eine optimale Rückkopplung zu ermöglichen (Abb. 5.8, rechts oben und 5.9).

[3]In Abbildung 5.8 wird auch eine sogenannte Tech-Story dargestellt. Diese Stories sind ausschließlich als Merker für umfangreichere Refactoring-Aufgaben zu sehen (Abschnitt 12.2.4).

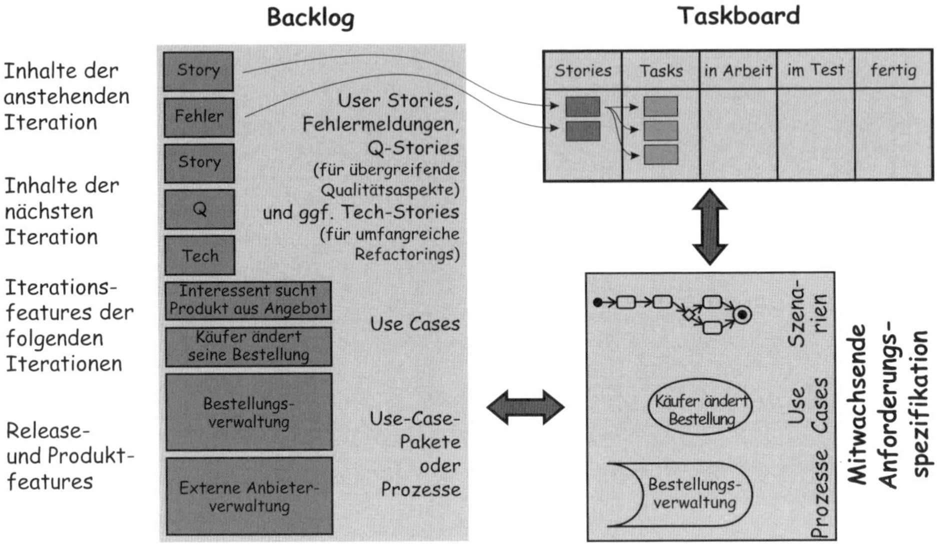

Abbildung 5.8: Das Backlog (links) als zentrale geordnete Liste aller relevanten Anforderungen an das Produkt

Das Backlog in *APM* spielt dabei optimal mit Anforderungsartefakten der UML zusammen. Use-Case-Pakete bzw. Prozessbeschreibungen finden sich weiter unten im Backlog wieder und werden in der Analyse erst tiefer betrachtet, wenn sie weiter nach oben kommen. Dann werden sie in Use Cases zerlegt. Diese werden dann weiter verfeinert, um daraus User Stories abzuleiten. Auf diesem Weg zerfallen vormals einzelne grobe in mehrere detaillierte Anforderungen. Dabei »wandern« die Anforderungen weiter im Backlog nach oben, bis sie ausreichend für die Umsetzung zerlegt und erfasst sind (Abb. 5.8, links).

Eine Grundvoraussetzung dafür, dass ein neuer Eintrag in das Backlog kommt, ist, dass er vom Entwicklerteam schätzbar ist. Hierfür reicht allerdings eine Schätzung auf Basis von Komplexitätsvergleichen relativ zu den anderen Einträgen aus. Alle Einträge im Backlog sind zu jeder Zeit relativ zueinander geschätzt. Diese Schätzwerte in Form von Schätzpunkten (Story Points) oder idealen Tagen bleiben in der Regel unverändert und werden nicht regelmäßig neu geschätzt. Was relatives Schätzen, Story Points und ideale Tage sind, wird in Abschnitt 10.2 genau beschrieben.

Beim Zerlegen einer groben Anforderung wird diese aus dem Backlog entfernt und die neuen, zerlegten Aufgaben werden entsprechend ihrer Priorität in das Backlog einsortiert. Beim Zerlegen erfolgt für diese neuen Aufgaben eine neue relative Schätzung, sodass beim Zerlegen größerer Aufgaben stets auf der dann aktuellen Informations- und Erfahrungsbasis geschätzt wird. Der gesamte Schätzumfang des Backlogs, also die Summe der Komplexitätspunkte oder der idealen Tage, variiert daher stets etwas.

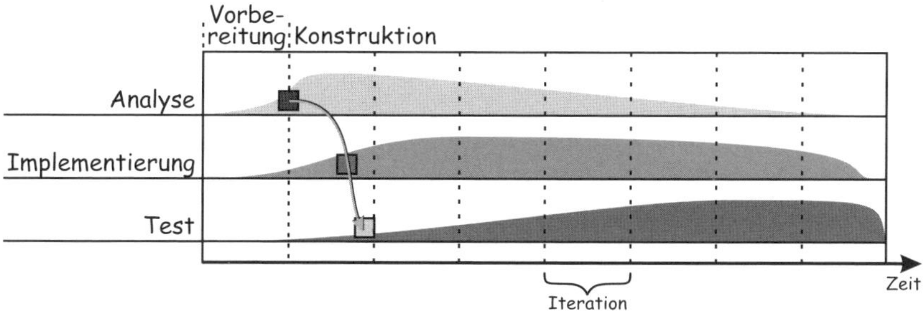

Abbildung 5.9: Das Zusammenspiel analytischer, umsetzender und testender Aktivitäten geschieht verschachtelt und möglichst zeitnah innerhalb einer Iteration (Weg vom dunklen Quadrat oben links zum hellen Quadrat unten links). Die Zerlegung großer Backlog-Einträge in ausreichend kleine User Stories erfolgt dabei mit dem kleinstmöglichen Vorlauf. Die hell-, mittel- und dunkelgrauen Flächen symbolisieren die Verteilung und zeitliche Verschiebung der Arbeitsschwerpunkte über die Iterationen hinweg.

Werden oben stehende Aufgaben zur Umsetzung ausgewählt, so werden sie aus dem Backlog entfernt und auf die Taskboards der Entwicklerteams verteilt (Abb. 5.8, oben). Dort werden die Backlog-Einträge, also die Aufgaben, weiter in Entwickleraufgaben, die Tasks, zerlegt. Dabei kommen auch alle relevanten technischen Aspekte zum Tragen. Nur nicht umgesetzte Anforderungen, die nicht in der Folgeiteration eingeplant werden, wandern, meist neu formuliert und relativ geschätzt, wieder zurück in das Backlog und werden dort einsortiert.

Da alle fachlich für unser Produkt notwendigen Aufgaben im Backlog zu finden sein sollen, werden dort auch noch nicht behobene Fehlermeldungen oder spezielle Qualitätsanforderungen in Form von sogenannten Q-Stories eingeordnet und gelistet. In einer Q-Story beschreiben wir eine qualitative Anforderung, die für mehrere User Stories gilt, aber nicht als allgemeine Anforderung in die *Definition of Done*[4] aufgenommen werden soll. Typische Beispiele für Inhalte einer Q-Story sind qualitative Anforderungen an die Benutzerschnittstelle oder an die zu verarbeitenden Mengengerüste und die notwendigen Durchsätze oder das Antwortverhalten. Über das Backlog haben wir also stets die vollständige Übersicht, was noch im Projekt ansteht und ab der nächsten Iteration umgesetzt werden soll (Abb. 5.8, links).

[4]Die Definition of Done ist die generelle Beschreibung, wann bestimmte Artefakte als fertiggestellt gelten. In Abschnitt 5.3.4 gehen wir genauer darauf ein.

Eine Besonderheit stellen große technische Aufgaben wie z. B. ein notwendiges, sehr umfangreiches Refactoring dar, die unter bestimmten Bedingungen als sogenannte Tech-Story in das Backlog aufgenommen werden können. Wir gehen auf diese Ausnahme in Abschnitt 12.2.4 genauer ein.

5.3.2 Planungshorizonte

In *APM* gibt es drei Planungshorizonte, auf denen wir unterschiedlich weit in die Zukunft blicken. Gleichzeitig ist der Detaillierungsgrad der Planung auf jedem Horizont unterschiedlich. Je weiter wir in die Zukunft blicken, desto geringer wird der Detaillierungsgrad. Die drei Planungshorizonte ergeben sich aus den iterativen Ebenen von Task, Inkrement und Release (Abb. 5.1). Schematisch sind die Horizonte in Abbildung 5.10 dargestellt.

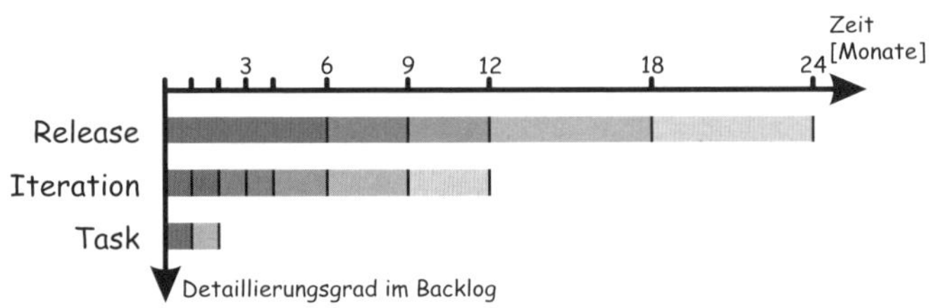

Abbildung 5.10: Planungshorizonte – das Zusammenspiel von Planungsdetaillierung und Betrachtungszeitraum. Je dunkler eine Fläche dargestellt ist, desto höher ist ihr relativer Detaillierungsgrad.

Wenn wir ein Projekt komplett und detailliert vorab planen würden, wäre dies eine enorme Verschwendung von Arbeitszeit für die Erstellung von Artefakten, die später anders oder gar nicht benötigt werden. Aufgrund der Komplexität von Softwareprojekten können wir die Dynamik des Projekts nicht konkret vorhersehen (Abschnitt 2.1.1). Daher betrachten wir, wenn wir auf der Releaseebene weit in die Zukunft schauen wollen, auch nur mehr oder weniger große und abstrakte Blöcke von Aufgaben, die sich an den zu unterstützenden Prozessen und Abläufen orientieren. Erst wenn wir die nächste oder maximal die nächsten beiden Iteration betrachten, brauchen wir mehr Anforderungsdetails. Konkret benötigen wir alle Informationen erst, wenn eine Aufgabe zur Umsetzung direkt ansteht.

Auf diese Art und Weise halten wir den Anteil später in dieser Form nicht benötigter Detaillierungen gering, die später wieder überarbeitet und angepasst werden müssen oder im schlimmsten Fall gar nicht mehr notwendig sind. Auch minimieren wir so die Rückkopplungsschleifen und nehmen die nächste Detaillierung auf der Basis des aktuellen Wissens über die laufende Software vor.

Der aus unserer Erfahrung maximale Zeithorizont für die Grobplanung agiler Softwareprojekte liegt bei 18 bis 24 Monaten. Umfangreichere Projekte können auf noch abstrakterer Ebene strukturiert und dann in ein bis zwei Jahresprojekte zerlegt werden. Dabei ist es wichtig, dass jedes dieser Teilprojekte einen einsetzbaren und nutzbaren Wert für den Kunden liefert. Auf diese Art wird das Folgeprojekt durch konkrete Erfahrung aus dem Vorgängerprojekt abgesichert.

Wenn wir die Releaseplanung mit einer Vorlaufzeit von 12 bis 24 Monaten iterativ entwickeln, dann hat die Iterationsebene, auf der wir die Inkremente definieren, einen Zeithorizont von 6 bis maximal 12 Monaten. Die Tasks innerhalb einer Iteration werden nur für die anstehende Iteration aus den Aufgaben aus dem Backlog heruntergebrochen bzw. abgeleitet. Bei Projekten mit mehreren Teams und einer Lookahead-Planung kann diese Vorlaufzeit maximal acht Wochen betragen. Auf das *Lookahead* gehen wir in Abschnitt 5.4.1 genauer ein. Meist werden bei Iterationen von drei oder vier Wochen Dauer noch nicht einmal alle Tasks für die Iteration erstellt und nach etwa der Hälfte der Iteration ergänzt und nachgearbeitet, was als Taskboard-Pflege und Verfeinerung bezeichnet wird (Abschnitt 5.4.2).

5.3.3 Planungsebenen

Aus den mindestens drei iterativen Ebenen von Task, Inkrement und Release aus Abbildung 5.1 und den Planungshorizonten aus Abbildung 5.10 ergeben sich mindestens drei damit zusammenspielende Planungsebenen (Abb. 5.11). Entlang dieser Ebenen erhalten wir stets den jeweils notwendigen Überblick oder können schrittweise die Anforderungen konkretisieren und detaillieren.[5]

In Abbildung 5.11 erkennen wir auch die verschiedenen Rückkopplungsschleifen, die uns unter anderem dazu dienen, Auswirkungen auf unsere bisherige Planung früh zu erkennen, um diese an die aktuellen Gegebenheiten anzupassen. So erfolgt die Steuerung des Projektfortschritts hin zum tatsächlich benötigten Produkt (Abb. 2.1 auf Seite 14).

Dazu kommt noch eine übergeordnete Sichtweise auf das ganze Produkt, also die Summe aller Releases. Wir beginnen unsere Betrachtungen zu den Planungsebenen und den sich daraus ergebenden Artefakten auf der übergeordneten, abstraktesten Ebene, der Produktvision (Abb. 5.12).

Produktvision, Projekt-Charta und Projektkontext

Eine Projekt-Charta bildet die oberste Leitlinie eines Projekts. Das klingt jetzt sehr gewichtig und ihre Erstellung kostet auch etwas Mühe. Sie sollte

[5] Wie im beigefügten Poster *Product-Owner-Werkzeugkoffer* dargestellt.

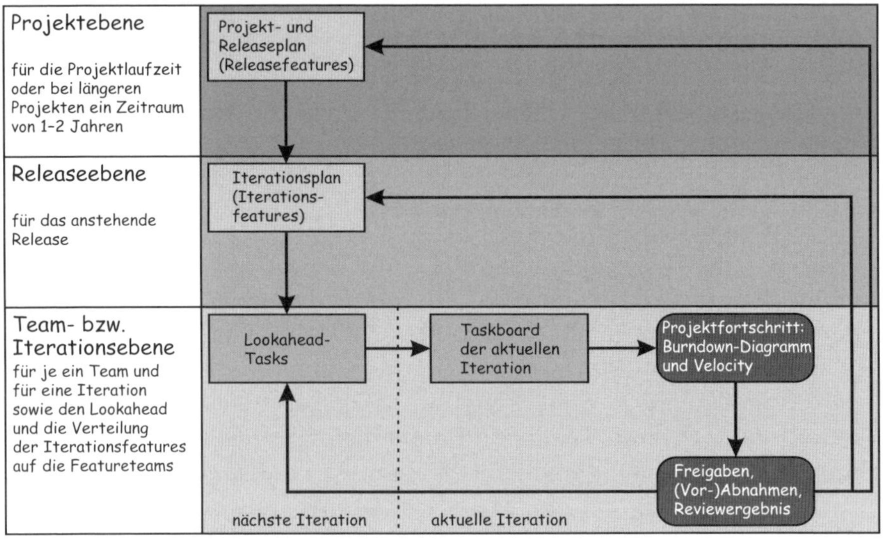

Abbildung 5.11: Rückkopplungsschleifen innerhalb der Iteration und über Release- und Produktebene hinweg [118]

jedoch auch bei großen Projekten übersichtlich bleiben, mit geringem Aufwand überarbeitet werden können und daher auf ein Blatt Papier passen. Eine **Projekt-Charta** besteht aus drei Teilen [64]:

Produktvision: die Antwort auf die Frage nach dem Grund für das Projekt

Mission: die Antwort auf die Frage, was getan wird, um die Ziele des Projekts zu erreichen

Erfolgskriterien: außerhalb des Projektkontextes sichtbaren Aspekte und Faktoren, an denen das Management den Erfolg des Projekts überprüfen kann

In der Produktvision (Abb. 5.12, oben) können wir uns der Frage auch spielerisch nähern und versuchen, den Produktkarton, also die Verpackung, für das erwartete Ergebnis des Projekts inhaltlich zu gestalten. Auch wenn unser Produkt nie im Regal eines Händlers stehen wird, erlaubt dieser Betrachtungswechsel eine schnelle und motivierende Beschreibung der zentralen Inhalte einer Projekt-Charta. Wir finden in der Beschreibung des Produktkartons die zentralen Features, die wertvollsten Aspekte für den Kunden und eine Reihe von Rahmenbedingungen sowie möglichen Schnittstellen zu anderen Softwareprodukten. Es lohnt sich, mit der Metapher des Produktkartons in der frühen Projektphase zu arbeiten, da sie uns schnell auf die essenziellen Bestandteile des Projekts führt und sich die Projekt-Charta daraus ableiten lässt (Abb. 9.1 auf Seite 106). Zusätzlich ist es sinn-

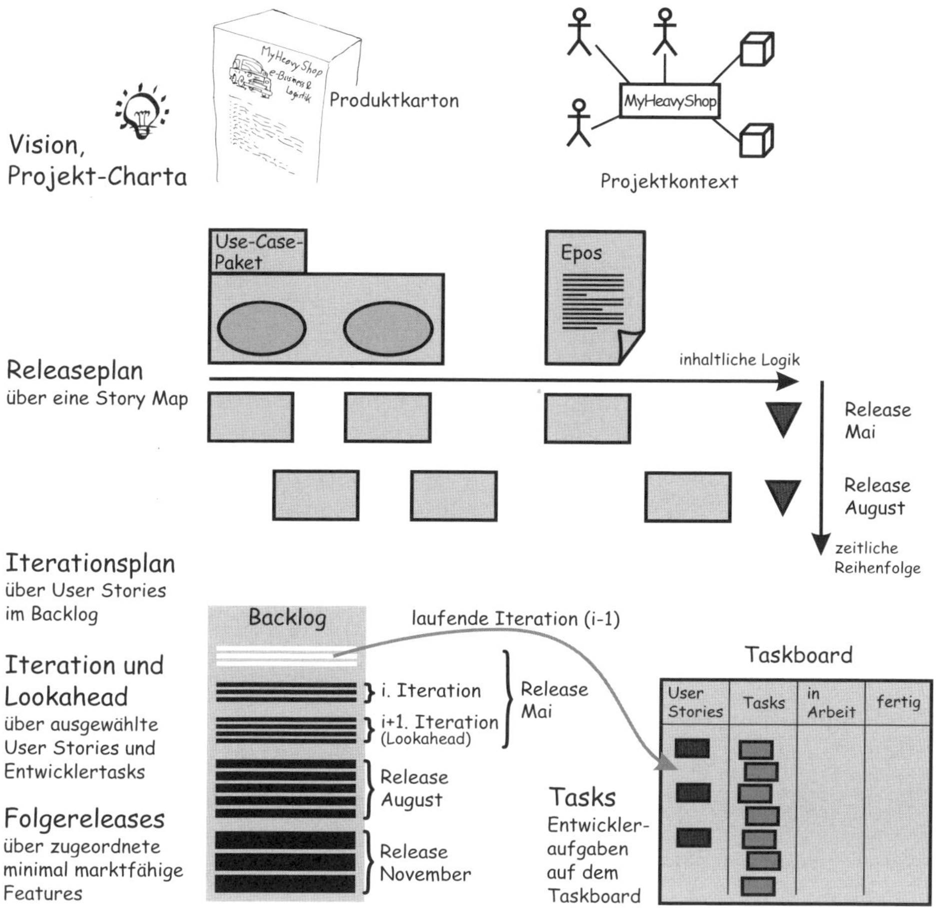

Abbildung 5.12: Planungsebenen – das Zusammenspiel von Vision, Release und Iteration

voll, ein Diagramm des Systemkontextes zu erstellen. Darin steht das Projektergebnis als Blackbox im Zentrum der Darstellung und alle Schnittstellen nach außen werden vereinfacht modelliert. Dabei werden sowohl technische Schnittstellen zu Umfeldsystemen[6] betrachtet als auch die direkten Zugriffe durch menschliche Akteure (Abb. 5.12, oben rechts).

Releaseplan und minimal marktfähiges Release

Aus den zu Projektbeginn noch überwiegend groben Anforderungen kann ein erster Releaseplan abgeleitet werden, indem die Anforderungen einer-

[6]Andere Softwaresysteme, mit denen unser Projektergebnis interagiert.

seits in eine fachliche Reihenfolge nach ihrer inhaltlichen Logik gebracht werden und andererseits nach einer fachlichen Priorität eine Gruppierung in einzelne fachliche Releases erfolgt.

Da die Genauigkeit auch bei einer solchen groben Planung abnimmt, je weiter in die Zukunft geplant wird, werden meist nur die ersten Releases genau betrachtet und spätere Releases nur grob oder gar nicht weiter ausdifferenziert. Für die Zusammenstellung eines ersten oder zweiten Releases gilt die Vorgabe, die vom Umfang her kleinste sinnvoll mögliche und für den Kunden eigenständigen Nutzen liefernde Menge an Anforderungen zu wählen. Es wird daher als minimal marktfähiges Release bezeichnet. Auf diesem Weg kommen wir zu möglichst kurzen Lieferzyklen.

Ein minimal marktfähiges Release beinhaltet also die kleinste Menge an Funktionalität, die umgesetzt sein muss, damit ein Kunde einen zusätzlichen Wert erhält. Es ist *minimal*, weil es nicht marktfähig wäre, wenn es kleiner wäre, und es ist *marktfähig*, weil es Anwender nutzen und Kunden kaufen würden, wenn es als Teil eines Produkts ausgeliefert werden würde. Methodisch kann uns bei dieser Arbeit unsere Story Map unterstützen. Neben der Zeitachse kommt senkrecht dazu die Wichtigkeit als zweite Achse. Jetzt können wir einzelne Aufgaben herausziehen und nach unten verschieben. So ergeben sich mehrere Zeilen, die jeweils für ein minimal marktfähiges Release stehen (Abb. 5.13). Die obere Zeile der Aktivitäten bildet das *Rückgrat* unserer inhaltlichen Entwicklung und das erste minimal marktfähige Release. Die erste Zeile der Aufgaben beschreibt das erste lauffähige *Skelett* unseres Produkts [124].

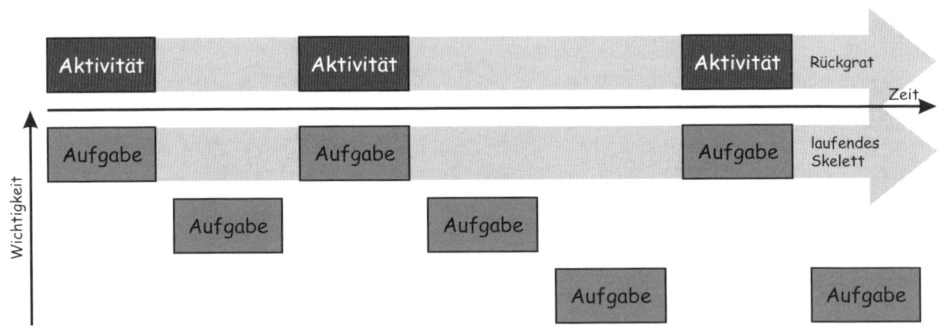

Abbildung 5.13: Über die Story Map minimal marktfähige Releases zusammenstellen [124]

Da es in der Regel nicht möglich ist, alle Anforderungen vorab detailliert zu erfassen, was ja einen der zentralen Ausgangspunkte agilen Vorgehens darstellt, spiegelt sich das iterative Klären und Ordnen von Anforderungen auch im Releaseplan wider. Den Effekt, dass nur die ersten Releases vergleichsweise klar sind, haben wir bereits beschrieben. Dies schlägt jedoch auch auf die Definition der minimal marktfähigen Releases durch. Zu Beginn des Projekts ist die konkrete Bedeutung von *minimal* für Teile des Produkts noch schwammig. Im Laufe der Analyse und der daraus resultierenden Zerlegung der oberen Anforderungen im Backlog wird auch das minimal marktfähige Release immer klarer. Die Releaseplanung unterliegt also den gleichen Rhythmen und Effekten wie die Iterationsplanung und sie geht Hand in Hand mit dem Erstellen des initialen Backlogs.

Iterationsplan

Der Iterationsplan beinhaltet die Anforderungen, die den nächsten Iterationen zugeordnet sind. Auch hier sind nur die nächsten beiden Iterationen bereits mit auf User-Story-Niveau zerlegten Anforderungen inhaltlich geplant. Nachfolgende Iterationen haben nur einen gröber zugeordneten Inhalt (Abb. 5.12, unten links).

Die Stories der anstehenden Iteration werden zu Beginn aus dem Backlog entnommen und auf die Taskboards der einzelnen Teams verteilt. Die Ordnung bzw. Reihenfolge der Stories bleibt dabei erhalten (Abb. 5.12, unten rechts). Auf den Taskboards erfolgt dann die Zerlegung in einzelne Tasks, die im Laufe der Iteration abgearbeitet werden. Der Projektplan besteht also aus dem geordneten Backlog, dessen Einträge anhand der Schätzungen den nächsten Iterationen bzw. Releases zugeordnet sind, und den aktuellen Taskboards der Teams. Letztere sind auf dem tiefsten Detaillierungsniveau, betrachten aber nur den Zeithorizont einer Iteration. Im Backlog finden wir die Übersicht über das Projekt oder bei großen Projekten über ca. ein Jahr der Projektlaufzeit, ohne jedoch eine zu feine Detaillierung zu haben.

5.3.4 Definition of Done

Da es unter Umständen sehr unterschiedliche Sichtweisen unter den Projektteammitgliedern gibt, wann eine Aufgabe fertig ist, kann es in der Kommunikation darüber leicht zu Missverständnissen kommen, die oft die Qualität des Produkts betreffen. Damit sind die allgemeinen Abnahmekriterien für eine Aufgabe auf einer Iterationsebene essenziell für ihren Umfang und beeinflussen so die Schätzungen.

Der Konsens im Projektteam über die notwendigen, allgemeingültigen Abnahmekriterien einer Aufgabe auf einer der Iterationsebenen ist daher wertvoll und wird in der *Definition of Done* (DoD) schriftlich festgehalten. Es gibt also für jede Iterationsebene einen eigenen, diesbezüglichen Teil in der Definition of Done. Damit haben wir bei der Definition of Done mindestens die folgenden drei Ebenen zu betrachten (Abb. 5.14):

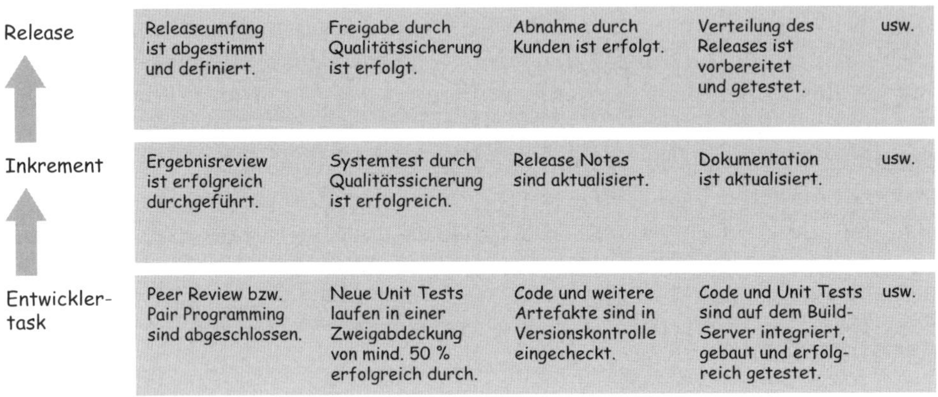

Abbildung 5.14: Beispiel für die drei Ebenen einer Definition of Done

- Entwicklertaskebene: Tasks abarbeiten, Komponenten integrieren und Unit Tests durchführen
- Inkrement- bzw. Iterationsebene: System integrieren, Integrations- und Systemtests durchführen und Review des Inkrements
- Releaseebene: Release definieren und erstellen sowie Freigabe- und Abnahmetests durchführen

Grundsätzlich gilt eine Definition of Done speziell für ein Projekt und ist dort allerdings allgemeingültig. Sie wird in der Projektvorbereitung und Architekturphase vom Projektteam erarbeitet und verbindlich beschlossen. Bei Bedarf erfolgen Erweiterungen oder Änderungen, was jedoch im laufenden Projekt nur eher selten der Fall ist.

Als Anregung, wie eine Definition of Done konkret für ein Projekt auszugestalten ist, dient uns ein Denkraster: das sogenannte *Done Thinking Grid* [16, 66]. Das 5×5-Raster gibt uns fünf Spalten vor, die sich an den Entwicklungsprozessschritten orientieren: Anforderungen, Entwicklungsumfeld, Entwicklungsergebnis (Code), Prüfung und Qualitätssicherung (QS) (Tab. 5.1). In jeder Spalte stehen fünf grundsätzliche Bedingungen, die erfüllt sein müssen, um den entsprechenden Arbeitsschritt abzuschließen. Wir haben die Basis einer Definition of Done und laufen nicht Gefahr, ein wichtiges Kriterium zu vergessen.

Die Definition of Done ist ein grundlegendes Dokument, das deshalb im Konsens vom ganzen Projektteam erstellt wird. Es gibt für alle Entwicklungsschritte die Qualitätsvorgaben für die entsprechenden Arbeitsergebnisse vor und steuert damit die grundsätzliche Produktqualität, die angestrebt wird. Damit beeinflusst die Definition of Done auch wesentlich den Entwicklungsprozess und damit den Gesamtaufwand.

Anforderung	Umfeld	Code	Prüfung	QS
User Stories sind klar.	Entwicklungs-umgebung ist bereit.	Code ist fertig.	Automatische Codeprüfungen sind erfolgt.	Funktionale Tests sind durchgeführt.
Aufgaben sind identifiziert.	Design ist fertig.	Unit Tests laufen.	Peer Reviews sind erfolgt.	Regressions-tests sind durchgeführt.
Build-System ist angepasst.	Unit Tests sind erstellt.	Refactoring ist erfolgt.	Code-Testabdeckung ist ermittelt.	Performanz-tests sind durchgeführt.
Projektleiter hat Stories bewilligt.	Dokumentation ist aktualisiert.	Code ist eingecheckt.	Burndown-Diagramm ist aktualisiert.	Akzeptanz-tests sind durchgeführt.
Backlog ist aktualisiert.	Pre-Release-Builds laufen.	Code ist gemergt und getaggt.	Release bzw. Inkrement ist gebaut.	Release bzw. Inkrement ist abgeschlossen.

Tabelle 5.1: Denkraster für die Definition of Done [66]

5.4 Meetings

Im Rahmen des iterativen Vorgehens nach *APM* gibt es eine Reihe regelmäßig in einer Iteration vorkommender Besprechungen und Zusammenkünfte (Abb. 5.15). Betrachten wir sie der Reihe nach.

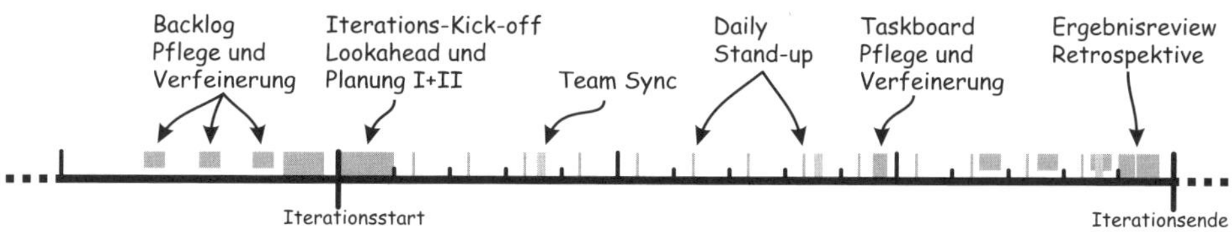

Abbildung 5.15: Verteilung der regelmäßigen Meetings in einer Iteration

5.4.1 Mehrstufige Iterationsplanung und Lookahead

Die Iteration beginnt mit einem gemeinsamen Kick-off von wenigen Minuten und der konkreten Planung der Iteration für den Rest des Tages. Diese Planung erfolgt in drei Schritten, dem Lookahead, der Planung I und der Planung II, die auf dem aktuellen Stand des Backlogs aufsetzen (Abb. 5.16).

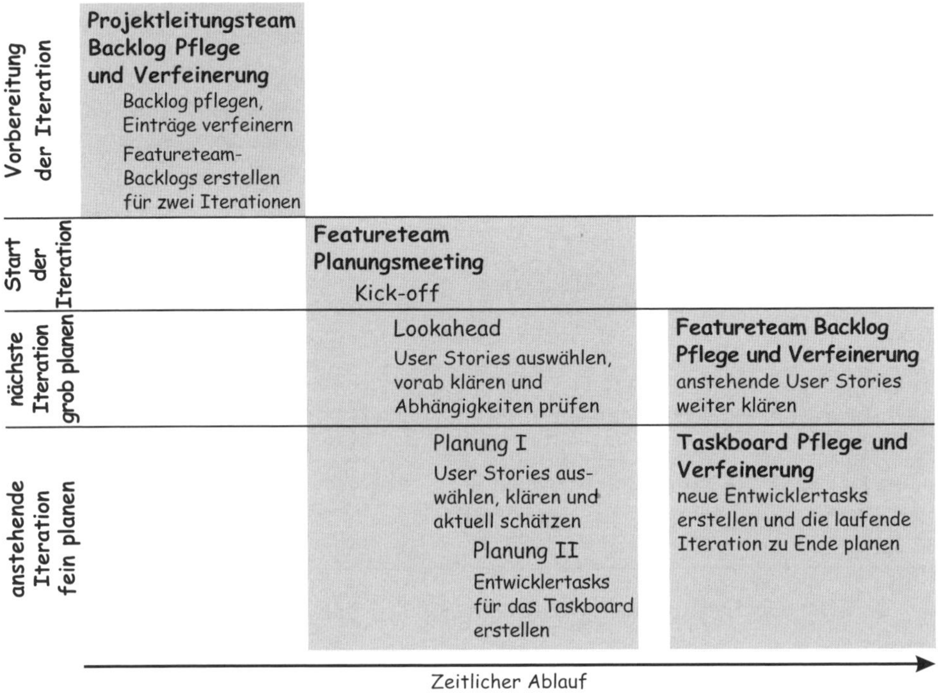

Abbildung 5.16: Prinzip der mehrstufigen Iterationsplanung und ihrer Vorbereitung in der Backlog-Pflege und Verfeinerung

Kick-off: Jede Iteration ist ein kleines Projekt

Man kann die Zerlegung eines Projekts in Releases und Iterationen auch als Zerlegung eines großen Projekts in viele aufeinander aufbauende, kleine Projekte mit einem eigenen prüfbaren Ergebnis, dem Inkrement, verstehen. Infolgedessen gibt es zum Beginn einer Iteration einen kurzen Kick-off mit allen Beteiligten. Das bedeutet, bei mehreren parallel arbeitenden Featureteams ein gemeinsames Meeting zu gestalten.

Ziel dieser Veranstaltung ist, für alle Projektbeteiligten die übergeordneten Zusammenhänge und Abhängigkeiten darzustellen und die Wünsche an das Ergebnis zu äußern. Gerade bei größeren Projekten mit mehreren Teams ist der Kick-off für die gemeinsame Identität des gesamten Projektteams besonders wichtig. Die Dauer des Kick-off beträgt nur maximal 15 Minuten, gerne weniger. Es ist jedoch als gefühlter Startpunkt für die Iteration die zentrale Informationsveranstaltung und für den Zusammenhalt im gesamten Team wertvoll.

Die folgenden Planungsbesprechungen schließen direkt an den Kick-off an und finden in den jeweiligen Featureteams statt (Abb. 5.16). Dazu muss als Voraussetzung das Backlog auf einem aktuellen und ausreichend detaillierten Stand sein. Zusätzlich hat bei mehreren Featureteams die Verteilung von Features auf die Teams bereits stattgefunden.

Rolling Lookahead: der Blick über den Tellerrand

Die Planungen beginnen mit dem Lookahead, das auch als *Rolling Lookahead*, *Rolling Wave* bzw. *Progessive Elaboration* oder *Zwei-Bugwellen-Planung* bekannt ist [28, 64, 118, 133]. Dabei werfen wir zuerst einen Blick hinter die anstehende, d. h. auf die nachfolgende Iteration (Abb. 5.16).

Dabei werden im ganzen Featureteam fachliche Fragen geklärt und es folgt eine erste grobe Zerlegung der zugeordneten Backlog-Einträge in Entwickleraufgaben, die *Tasks*. Damit erreichen wir bei größeren Projekten mit mehreren parallel arbeitenden Featureteams eine bessere Möglichkeit, die groben Aufgaben mit geringst möglichen Abhängigkeiten zwischen den einzelnen Teams zuzuordnen. Auch bei sehr risikoreichen Projekten kann sich diese Planungstechnik bereits bei nur einem Featureteam lohnen. Die riskanten Aspekte können besser herausgearbeitet und dann zum Teil bereits in der anstehenden Iteration, z. B. in einem angemessenen Design durch die Auswahl eines speziellen Entwurfsmusters, angegangen werden.

Damit das Lookahead nicht zum unnützen Overhead verkommt und somit Verschwendung wäre, ist es wichtig, das Meeting fokussiert zu halten. Dabei hilft eine feste Timebox. Das Lookahead kann je nach Teamgröße und Iterationsdauer ein bis zwei Stunden dauern. Da es hierbei primär um Informationsgewinn für die anstehende Iteration geht, müssen in der Regel nicht alle Themen abschließend behandelt werden. Einen Teil dieses Aufwands bekommen wir wieder herein, weil wir in Planung I der *nächsten* Iteration von dieser Vorarbeit profitieren sollten. Wichtig ist allerdings dafür, dass das Backlog entsprechend vorbereitet ist. Das gilt jedoch in noch viel stärkerem Maße für das direkt nachfolgende *Planung-I*-Meeting.

Planung I: funktionaler Umfang und Iterationsziel

An Planung I nehmen das ganze Team mit dem Projektleiter und bei Bedarf fachliche Ansprechpartner und Experten teil. Es geht darum, die Backlog-Einträge für die anstehende Iteration auszuwählen. Dafür braucht das Entwicklerteam in der Regel weitere Informationen und Hintergrundwissen über die einzelnen Einträge im Backlog. Das Ziel dieses Meetings ist es, dass die Entwickler genau verstehen, was von ihnen erwartet wird.

Erst dann kann ggf. eine neue Schätzung durch die Entwickler erfolgen. Auf deren Basis wählen diese dann die Aufgaben unter Berücksichtigung der Reihenfolge aus dem Backlog aus, von denen die Entwickler meinen, sie in der Iteration umsetzen zu können. Hierbei kann es auch vorkommen, dass neue Aufgaben erkannt oder bestehende erneut weiter zerlegt werden. Der Projektleiter ist dafür verantwortlich, dass diese an die passende Stelle ins Backlog kommen.

Wichtig bei der Auswahl des funktionalen Umfangs für die anstehende Iteration ist die Betrachtung des Nutzens für den Kunden. Das geplante Iterationsergebnis muss einen Wert für den Kunden liefern und von Kundenseite prüfbar sein. Nur dann funktionieren die Rückkopplungsschleifen!

Bei dieser Betrachtung ist es nützlich, gleichzeitig das Iterationsziel zu schärfen. Das Iterationsziel ist nicht einfach nur die Menge aller Backlog-Einträge, die das Team für die Iteration ausgewählt hat. Damit wäre kaum ein Iterationsziel je wirklich erreicht. Irgendetwas kommt in Projekten immer dazwischen. Das Iterationsziel ist vielmehr die Beschreibung des Nutzens für den Kunden. Diese Sichtweise hilft beim Fokussieren der Entwickler und unterstützt auch beim Schneiden der Backlog-Einträge für die einzelnen Featureteams.

Ein Iterationsziel kann also sein, dass ein Kunde mit unserer Software Bestellungen tätigen und verwalten kann. Diese Sicht hilft bei der Auswahl der passenden User Stories aus dem Backlog, und das Ziel kann auch mit einer gewissen Unabhängigkeit von der konkreten Umsetzung einzelnen User Stories erreicht werden. Wir haben also zwei Vorteile: Jeder Entwickler kann in der konkreten Ausgestaltung seiner Tasks auf das Ziel hin arbeiten und wir gewinnen etwas Spielraum in der Zielerreichung bezogen auf die Umsetzung einzelner Stories. Wir können also das Iterationsziel erreichen, obwohl nicht alle für die Iteration ausgewählten User Stories erfolgreich umgesetzt wurden.

Die Planung I dauert je nach Teamgröße und Iterationsdauer zwei bis vier Stunden. Auch hier hilft eine Timebox beim Fokussieren. Jedoch bedarf es einer gewissen inhaltlichen Durchdringung der Anforderungen durch das Entwicklerteam, um mit der Planung II weitermachen zu können.

Planung II: die Arbeit strukturieren

Die Planung II findet nur noch im Entwicklerteam statt ohne die Fachexperten und meist auch ohne den Projektleiter. Dieses Meeting erfolgt am Taskboard. Die Entwickler zerlegen jetzt gemeinsam die der Iteration zugeordneten Anforderungen und technischen Aufgaben in einzelne Tasks. Neue Tasks werden sofort auf das Taskboard aufgenommen. Die Dauer dieses Planungsteils liegt zwischen drei und vier Stunden.

Der zeitliche Umfang eines Tasks sollte ca. einen Arbeitstag nicht überschreiten. Diese feine Zerlegung hilft also beim Strukturieren und Fokussieren und ermöglicht gleichzeitig ein tagesaktuelles Controlling der Tasks, ohne dass genauere Schätzungen erforderlich sind. Wir brauchen in der laufenden Iteration nur täglich die Anzahl der fertigen Tasks zu betrachten.

Leider findet in Planung II oft eine implizite Zuordnung der Tasks zu einzelnen Entwicklern statt. Dies ist jedoch nur im Einzelfall erwünscht. In der Regel sollten die Tasks von mehreren Entwicklern umsetzbar sein. Da auf dem Taskboard das Pull-Prinzip gilt, um einen gleichmäßigen Fluss der Tasks über das Taskboard zu erreichen, ist die Flexibilität der Entwickler der Performanzfaktor für den Projektfortschritt (Abschnitt 18.3.2).

Commitment oder Forecast?

Wie ist die Auswahl der Backlog-Einträge für die anstehende Iteration zu bewerten? Auch hier hat in den letzten Jahren ein Umdenken stattgefunden. Aufgrund des Projektcharakters unserer Arbeit kann kein echtes Commitment, also eine Verpflichtung der Entwicklerteams, erfolgen. Dafür kann selbst bei Iterationen unter einem Monat Dauer zu viel Unvorhergesehenes passieren. Die Folge war häufig eine eher defensive Planung durch die Entwickler, damit ihnen das Commitment nicht regelmäßig *um die Ohren fliegt*. Eine solche defensive Planung führt allerdings zu einer unnötig niedrigen Geschwindigkeit des Teams und widerspricht einem mutigen Vorgehen, wie es einer agilen Vorgehensweise entspricht.

Von daher wird z. B. im Scrum Guide [144] nur noch von *Forecast*, also Vorhersage bzw. Prognose, gesprochen. Das erscheint auf den ersten Blick schwächer, ermöglicht aber ein mutiges Vorgehen mit einer hohen Geschwindigkeit im Team. Daher verwenden wir auch in *APM* den Forecast.

5.4.2 Grooming oder Refinement?

Grooming und Refinement sind Begriffe aus Scrum, wobei Refinement dort Grooming abgelöst hat. Grooming bedeutet *Putzen* bzw. *Aufräumen* und ist damit etwas grundsätzlich anderes als das Planen. Im Grooming organisieren wir unsere Arbeit im Projekt und bereiten die noch nicht ausreichend vorbereiteten, aber demnächst anstehenden Aufgaben vor, indem wir sie in verständliche Arbeitspakete zerlegen (Refinement: Verfeinerung, Zerlegung).

In *APM* sehen wir beides als sinnvoll und notwendig an und verwenden daher die beide Begriffe *Pflege* und *Verfeinerung*, um damit auszudrücken, dass es sich bei dieser Arbeit sowohl um ein Aufräumen als auch um eine Verfeinerung der Inhalte handelt. Beides erfolgt auf zwei Ebenen, im Backlog für das Produkt und auf dem Iterations-Taskboard.

Backlog-Pflege und Verfeinerung

Mit der Backlog Pflege und Verfeinerung erfolgt die wesentliche Vorarbeit, damit Lookahead und Planung I effizient und in der geplanten Zeit durchgeführt werden können und die erwartete Ergebnisqualität geliefert werden kann. Daher wird es parallel zum Ende der vorhergehenden Iteration, aber vor Ergebnisreview und Retrospektive durchgeführt (Abb. 5.15).

In der Backlog Pflege und Verfeinerung steht die aktuelle Qualität des Backlogs für das Produkt im Zentrum. Die für uns oberste relevante Ebene ist das aktuelle Release. Dann betrachten wir die zwei anstehenden Iterationen (Lookahead) und verteilen danach ggf. die einzelnen Aufgaben auf die Featureteams. Wir klären also, welche Fachlichkeit im Release genau umgesetzt werden soll, und schnüren Aufgabenpakete daraus. Diese verfeinern wir bis auf User-Story-Niveau, sodass die Teams auf diesem Level mit ihren Planungen aufsetzen können. Dabei werden automatisch notwendige Informationen gegeben oder zumindest als zu klären identifiziert sowie die Reihenfolge an die Prioritäten und Rahmenbedingungen angepasst.

An der Backlog Pflege und Verfeinerung nehmen neben dem Projektleiter ggf. alle Teamprojektleiter und das Entwicklerteam bzw. Vertreter der Featureteams sowie ausgewählte Fachexperten teil. Eine einzelne Pflegesession dauert meist nur 60 bis 90 Minuten. Meist braucht es aber mehr als ein Meeting, um das Backlog auf den gewünschten Stand zu bringen. Zu einem gewissen Teil ist die Pflege des Backlogs eine Daueraufgabe des Projektleiters bzw. des Projektleitungsteams. Zur Vorbereitung der nächsten Iteration bedarf es expliziter Meetings mit Entwicklern und fachlichen Ansprechpartnern, um diese Aufgabe rechtzeitig und angemessen zu erfüllen. Gerade diese Meetings, die am Ende der vorhergehenden Iteration erfolgen, um die nachfolgende Iterationsplanung vorzubereiten, werden rechtzeitig vorher geplant und die Entwickler dazu eingeladen. Damit können alle relevanten Personen teilnehmen.

Wie viele dieser einzelnen Pflegesessions notwendig sind, hängt vom Zustand des Backlogs und der Anzahl paralleler Featureteams ab. Ist eine sehr aufwendige Backlog Pflege und Verfeinerung abzusehen, kann auch bereits zwei Wochen vor Iterationsende mit den ersten Pflegeessions begonnen werden. Wichtig ist es dabei jedoch, so spät wie möglich die Backlog-Pflege durchzuführen, um den Anteil der Vorabplanung minimal zu halten. Ansonsten entsteht hierbei unnötige Verschwendung von wertvoller Arbeitszeit.

Taskboard-Pflege und Verfeinerung

Das Aufräumen des Taskboards kann bei längeren Iterationen von drei bis vier Wochen ab etwa 2/3 der Iteration wertvoll sein. Bei diesen Iterationslängen kann es schwerfallen und ist es kaum sinnvoll, in Planung II bereits alle Tasks für die Aufgaben aus dem Backlog herunterzubrechen. Insbesondere bei erkannten Abhängigkeiten zwischen einzelnen Aufgaben wäre dies eine unnütze Verschwendung der Arbeitszeit in Planung II.

Diese Defizite müssen allerdings zum Ende hin beseitigt werden, damit die Iteration mit gleichmäßig hoher Geschwindigkeit zu Ende gebracht werden kann. Und genau dazu dient die Taskboard-Pflege und Verfeinerung. Es findet nur bei Bedarf statt und dauert meist etwa eine Stunde in Abhängigkeit von der verbleibenden Iterationsdauer. Dieses Meeting wird von allen Entwicklern eines Teams durchgeführt. Parallel arbeitende Featureteams führen die Taskboard-Pflege und Verfeinerung voneinander unabhängig durch.

5.4.3 Daily Standup – Synchronisation im Team

Beim Daily Standup treffen sich alle Mitglieder eines Entwicklerteams untereinander, um den gegenseitigen Status abzugleichen und Probleme zu identifizieren bzw. bekannt zu machen. Die Entwickler synchronisieren dabei ihre Aktivitäten und gleichen ihre individuellen Pläne bis zum nächsten Daily Standup ab. Dabei orientieren sich alle Teilnehmer bei ihren kurzen Statements an dem aus Scrum bekannten Fragenkatalog:

1. Was habe ich seit dem letzten Daily Standup getan?
2. Was plane ich, bis zum nächsten Daily Standup zu tun?
3. Welche konkreten Probleme sind dabei aufgetreten oder habe ich?

Das Daily Standup findet täglich stets zur gleichen Zeit statt und gibt damit dem Arbeitstag einen Rhythmus. Es dauert nur 10 bis maximal 15 Minuten. Mehrere parallele Featureteams sollten ihre eigentlich voneinander unabhängigen Daily Standups zeitlich nah beieinander führen, damit sie bei nachfolgenden Treffen zur Abstimmung zwischen den Teams auf dem aktuellen Stand sind.

Eine Falle bei den Daily Standups ist, dass dabei gerne begonnen wird, Probleme zu diskutieren. Dafür ist dieses Treffen allerdings nicht gedacht. Der zeitliche Rahmen wäre auch zu kurz und die Anzahl der Teilnehmer zu groß. Ein solches Vorgehen wäre also wiederum Verschwendung von wertvoller Arbeitszeit. Der agile Coach als Moderator hat darauf zu achten, dass das nicht passiert, und ggf. dafür zu sorgen, dass nachfolgende Treffen zur Problemlösung mit den beteiligten Personen anberaumt werden.

5.4.4 Teamsynchronisation bei mehreren Featureteams

Die *Team-Sync-Meetings* dienen der Koordination von mehreren Teams in einem Projekt. Wir dehnen damit das Konzepts des Daily Standup auf teamübergreifende Themen aus.[7] Sie sind also nur notwendig, wenn mehrere parallele Featureteams im Projekt arbeiten. Für jeden Themenbereich, der einer Synchronisation zwischen den Featureteams bedarf, gibt es ein

[7] Das Konzept der Team-Sync-Meetings basiert auf der Idee des Scrum of Scrums.

eigenes Team-Sync-Meeting. Diese Meetings sind voneinander unabhängig und haben in der Regel auch eigene Rhythmen und zeitliche Dauer.

Typische Themen für Team-Sync-Meetings sind Architektur und Test, um eine zueinander passende und weitgehend aufeinander abgestimmte Architektur im ganzen Projekt zu erzielen sowie aufeinander abgestimmte Systemtests und daraus abgeleitete Tests für die einzelnen Featureteams. Auch die agilen Coaches halten regelmäßig Team-Sync-Meetings ab, um das Lernen zwischen den Teams und untereinander zu fördern und so die Entwicklungsprozesse kontinuierlich weiterentwickeln zu können.

Der Rhythmus für die jeweiligen Team-Sync-Meetings kann zwischen täglich, wöchentlich und einmal pro Iteration schwanken, bleibt jedoch für jedes Team-Sync-Meeting gleich. Er kann ggf. an veränderte Gegebenheiten angepasst werden. Es nehmen jeweils ein, maximal zwei Vertreter aus jedem Featureteam daran teil. Diese Rollen können je nach der Qualifikationsverteilung in den Teams wechseln oder eher fest einzelnen Personen zugeordnet werden. So ist z. B. die Tester-Rolle meist festgelegt, wohingegen die Architekten-Rolle häufiger wechselt und von möglichst vielen Teammitgliedern wahrgenommen werden sollte.

5.4.5 Iterationsende: Review und Retrospektive

Am Ende einer Iteration erfolgen noch zwei Meetings, die essenziell für den Projekterfolg sind: das Ergebnisreview und die Retrospektive.

Ergebnisreview

Das Ergebnisreview ist eine weitgehend offene Veranstaltung, bei der das Inkrement Vertretern der Kundenseite und des Managements vorgestellt wird. Ziel des Reviews ist es, Rückmeldung zum aktuellen Stand zu bekommen, um die Entwicklung optimal an die aktuellen Anforderungen und Bedürfnisse anzupassen.

Das Review hat damit eher Demonstrationscharakter und darf auf keinen Fall mit der Freigabe oder Abnahme verwechselt werden. Freigabe- und Abnahmeprozesse sind in der Regel vor dem Review für das Inkrement abgeschlossen. Während des Reviews werden nur qualitätsgesicherte Funktionen gezeigt. Die Features werden vom Projektleiter und den Entwicklern, die in der Iteration für bestimmte neue Features verantwortlich waren, vorgestellt. So können auch aufkommende Fragen sofort kompetent beantwortet werden.

Weil das Review eher eine Demonstration des Projektfortschritts als eine Prüfung darstellt und möglichst viele verschiedene Stakeholder anwesend sind, um ihre Rückmeldungen zu geben, ist es wichtig, dass es entsprechend sorgfältig vorbereitet wird:

- Der oder die Demonstrationsrechner sind vorbereitet, konfiguriert und eingeschaltet.
- Die Software ist in der korrekten Version installiert.
- Der Demonstrationsrechner ist an den Beamer angeschlossen.
- Die Listen über die neue Funktionalität sind im Zugriff und optisch ansprechend aufbereitet, sodass die Demonstration systematisch durchgeführt werden kann.
- Ein Flipchart zum Festhalten von wertvollen Rückmeldungen ist gut sichtbar aufgestellt und Stifte liegen bereit.

Meist wird die Vorbereitung reihum durch einen Entwickler geleistet und überschreitet kaum eine halbe Stunde Dauer. Das Review selbst dauert meist zwischen einer und drei Stunden, je nach Umfang des Projekts und Engagement der Stakeholder.

Falls es im Review auf einigen Testrechnern auch zum Ausprobieren der aktuellen Entwicklungsversion inklusive des neuen Inkrements kommen sollte, so sind die entsprechenden Rechner ebenfalls einheitlich vorbereitet und einsatzfähig. Wichtig ist, dass das Ausprobieren der Software, z. B. durch spätere Anwender, *nach* der Demonstration der neuen Features durch den Projektleiter und die Entwickler erfolgt. Es steht zusätzlich jeweils ein Entwickler pro Testrechner als Ansprechpartner bereit, um Fragen zu klären [171]. Das *begleitete Ausprobieren* kann gut in einer Timebox von 30 Minuten ablaufen.

Retrospektive

Im Gegensatz zum Review ist die Retrospektive eine rein projektteaminterne Veranstaltung. Hier geht es um eine sehr ehrliche und offene Erörterung der aktuellen Abläufe und Probleme im Projekt. Die Retrospektive ist das Schlüsselelement zur permanenten Verbesserung der Entwicklungsprozesse im laufenden Projekt.

Wir haben bereits die Analogie benutzt, dass eine Iteration als kleines Projekt betrachtet werden kann. Die Retrospektive entspricht dann den traditionellen *Lessons Learned* zum Projektabschluss. Der wesentliche Vorteil der Retrospektiven am Ende jeder Iteration liegt darin, dass die darin gewonnenen Erkenntnisse bereits ab der nächsten Iteration dem laufenden Projekt zugute kommen.

Jedes Featureteam führt seine eigene Retrospektive durch. Bei Bedarf, aber spätestens nach einem externen Release erfolgt eine teamübergreifende Gesamtprojektretrospektive. Jede Retrospektive dauert typischerweise ca. drei Stunden. Die Grundstruktur einer Retrospektive orientiert sich an vier Fragenblöcken [43]:

- Was ist in der Iteration bzw. im Betrachtungszeitraum passiert?
- Was lief besonders gut? Was wollen wir feiern? Was war schwierig?
- An welchen Stellen können wir uns Verbesserungen vorstellen?
- Was wollen wir konkret ab sofort anders machen?

Wichtig ist es dabei, alle Mitglieder des Featureteams einzubinden. Das Ziel einer Retrospektive ist, Ursachen zu ergründen. Es werden also nicht nur Symptome bearbeitet. Das braucht seine Zeit!

Der agile Coach moderiert die Retrospektive und wählt dabei immer wieder unterschiedliche Moderationsmethoden, um jede Retrospektive abwechslungsreich und anregend zu gestalten. Der Ablauf einer Retrospektive orientiert sich an den folgenden fünf Schritten [43]:

1. Ankommen und Rahmen schaffen.
2. Information sammeln.
3. Erkenntnisse produzieren.
4. Entscheiden, was gemacht wird.
5. Die Retrospektive abschließen.

Die Retrospektive ist wohl die anspruchsvollste Veranstaltung, die der agile Coach moderiert. In Abschnitt 14.5 gehen wir tiefer darauf ein.

6 Das Rollenmodell

Als Nächstes betrachten wir die Rollen in *APM*. Aufgrund der Skalierbarkeit und Anpassungsmöglichkeit an konkrete Rahmenbedingungen in Organisationen gibt es ein einfaches Grundmodell und verschiedene Ausbaustufen für unterschiedliche Projektgrößen und Rahmenbedingungen.

Der Begriff *Rolle* ist aus dem Theater entliehen und bezeichnet in unserem Kontext die Gesamtheit der an einen gegebenen Status geknüpften Erwartungen, Werte, Handlungsmuster und Verhaltensweisen [180]. Mit einer Rolle gehen Rechte und Pflichten einher sowie eine rollenspezifische Verantwortung, die eine Person übernimmt, wenn sie eine Rolle antritt.

Im Gegensatz zu anderen Projektmethodiken oder Vorgehensmodellen hat *APM* einen festen Kern von Rollen, der nach Bedarf um definierte Rollen ergänzt wird. So kann über ein konkretes Rollenmodell in einem Projekt eine einfache Anpassung von *APM* an die Projektgröße, die Qualifikation der Mitarbeiter und die Rahmenbedingungen erfolgen.

6.1 Das Rollenmodell nach Scrum

Betrachten wir zuerst kurz das Rollenmodell von Scrum. Wir finden dort einen minimalistischen Kern vor, dessen dahinter stehende Ideen auch in den *APM*-Rollenmodellen wiederzufinden sind. Diese Ideen verstanden zu haben, ist daher besonders wichtig, wenn Sie eigene Anpassungen am Rollenmodell vornehmen.

In Scrum gibt es nur drei Rollen. Diese enorme Vereinfachung kann so unserer Meinung nach nur für eher kleine Projekte funktionieren. Doch bilden die drei Scrum-Rollen das prototypische Gerüst für die meisten Rollenmodelle in agilen Vorgehensweisen und gerade auch für *APM*. Werfen wir also einen Blick auf ein Scrum-Team (Abb. 6.1 [144]):

Product Owner: An dieser Rolle haftet die Verantwortung für den Wert des Produkts und der Arbeit, die das Entwicklungsteam leistet. Dieser Wert ist zu maximieren. Die wesentliche Steuerungsmöglichkeit erlangt der Product Owner über das Product Backlog. Nur der Product Owner verwaltet es und ordnet seine Elemente. Dazu nimmt er alle relevanten In-

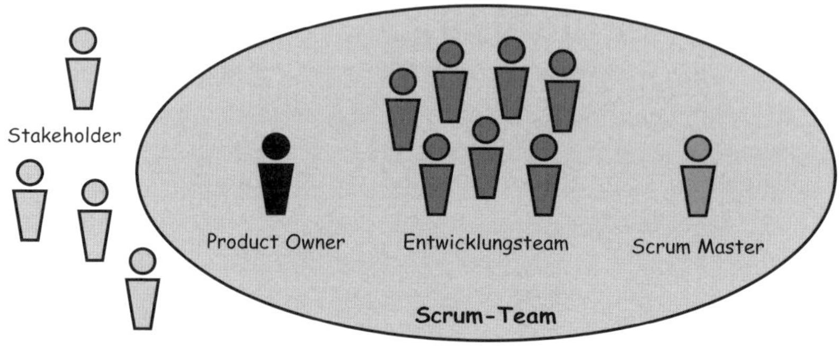

Abbildung 6.1: Das Scrum-Team mit Product Owner, Entwicklungsteam und Scrum Master sowie den Stakeholdern außerhalb des Scrum-Teams

formationen von den Stakeholdern und seinem Entwicklungsteam entgegen und bewertet sie.

Des Weiteren ist der Product Owner für die klare Formulierung der Einträge verantwortlich und stellt sicher, dass sie für alle Beteiligten einsehbar und verständlich sind. Er kann diese und weitere Aufgaben z. B. an das Entwicklungsteam delegieren, bleibt jedoch stets in der Verantwortung für deren Ausführung und fachliche Qualität.

Ein Product Owner ist *eine* natürliche Person und kein Ausschuss oder Gremium. Von allen gewünschten Änderungen am Backlog muss er von der betreffenden Person überzeugt werden. Ansonsten bleibt dieser Änderungswunsch unberücksichtigt.

Entwicklungsteam: Es besteht aus allen Fachexperten, die für die Umsetzung der ausgewählten Anforderungen in ein potenziell auslieferbares Inkrement am Ende einer Iteration notwendig sind. Das Entwicklungsteam verwaltet seine Arbeit in Eigenverantwortung.

Einzelne Mitglieder können spezialisierte Fertigkeiten und Kenntnisse haben, die sich auf bestimmte Arbeitsinhalte beziehen. Dennoch verantwortet das ganze Entwicklungsteam die Realisierung und technische Qualität des Arbeitsergebnisses. Ein Entwicklungsteam hat jedoch keine Unterteams, die ausschließlich in eingeschränkten definierten Arbeitsbereichen wie Analyse oder Test arbeiten.

Scrum Master: Beim Scrum Master liegt die Verantwortung für den Entwicklungsprozess, also dafür, dass Scrum verstanden wird und die Prozesse vom Scrum-Team wie vorgegeben umgesetzt werden. Der Scrum Master unterstützt das Scrum-Team dabei, zu erkennen, welche Vorgehensweisen ergebnisorientiert sind und welche zu unerwünschten Konsequenzen führen, und hilft dem Team dabei, seine Verhaltensweisen so zu verändern, dass ein maximaler Geschäftswert erzeugt wird.

6.2 Mögliche Rollen in APM

6.2.1 Ein agiles Rollenmodell!?

Es ist ohne Weiteres möglich, *APM* nur mit den Scrum-Rollen durchzuführen. *APM* entspricht dann in etwa einem durch zusätzliche Techniken erweiterten Scrum. Falls der Bedarf nach Ansprechpartnern für bestimmte Aspekte entsteht, kann das Entwicklungsteam dafür in Anlehnung an das nachfolgende Rollenmodell selbstorganisiert aus seinen Reihen Personen dafür benennen.

Der besondere Wert von *APM* entsteht aber gerade, wenn es darum geht, ein agiles Vorgehen bestimmten Rahmenbedingungen anzupassen. Wenn z. B. der Anteil an Universalisten in den Featureteams gering ist oder Regeln bzw. Vorschriften den Einsatz einer spezialisierten Qualitätssicherung und von Testern notwendig machen, kann es weiterhin sinnvoll sein, Spezialisten im Team zu haben. Das wird dann meist am Rollenmodell sichtbar.

Allerdings besteht bei jedem Rollenmodell, das über die drei Scrum-Rollen hinausgeht, die Gefahr, sich damit von der Umsetzung der agilen Werte und Prinzipien zu entfernen. Ein agiles Rollenmodell unterliegt daher einer regelmäßigen Veränderung und Anpassung an die aktuellen Gegebenheiten. Ein Rollenmodell, wie das hier vorgestellte, kann daher nur als Ausgangspunkt für die Teams gelten. Die weitere konkrete Ausprägung entwickelt sich im Rahmen der Sebstorganisation der Teams weiter.

Diese Dynamik wird umso größer werden, je flexibler die Teammitglieder einsetzbar sind. Das Rollenmodell stellt dabei sicher, dass alle relevanten Aufgaben und Verantwortungen dem Team bekannt sind und wahrgenommen werden. Im Projektverlauf werden sich in wirklich agilen Teams immer wieder Veränderungen ergeben, die Rollen überflüssig machen oder neu hinzukommen lassen. Auch kann eine konkrete Person eine Rolle über längere Zeit wahrnehmen, während andere Rollen regelmäßig getauscht werden.

Zusammenfassend erfüllt das *APM*-Rollenmodell daher zwei Aufgaben. Zum einen stellen wir darüber sicher, dass alle wichtigen Aufgaben und Verantwortungen in den Teams wahrgenommen werden. Zum anderen stellt es einen Ausgangspunkt dar, um mit einem konkreten Rollenmodell ein Projekt aufsetzen und starten zu können. Danach unterliegt es der Selbstorganisation der Teams, die das Projekt umsetzen.

6.2.2 Die Grundlagen des APM-Rollenmodells

Ein minimales *APM*-Rollenmodell besteht aus den drei Scrum-Rollen, die in *APM* Projektleiter, Entwickler und agiler Coach heißen. In dem Minimalmodell entspricht der Projektleiter dem Product Owner, die Entwickler dem Entwicklungsteam und der agile Coach dem Scrum Master (Abb. 6.2).

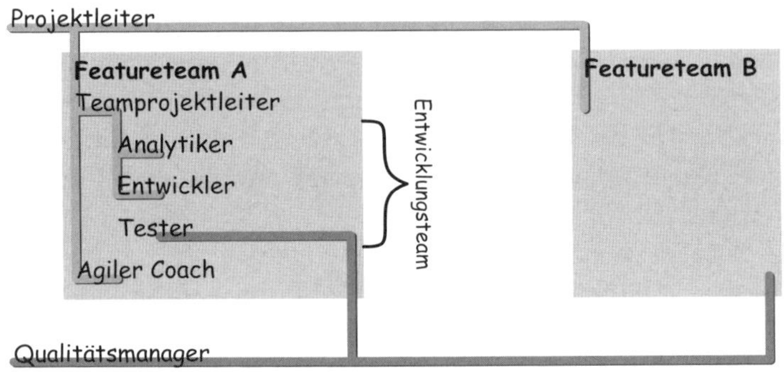

Abbildung 6.2: Ein einfaches *APM*-Rollenmodell für kleine Projekte

Warum benutzen wir in *APM* nicht einfach die Scrum-Rollen? Weil *APM* zwar u. a. auf den Ideen von Scrum aufsetzt, aber kein *reines* Scrum ist. Deshalb werden unterschiedliche Bezeichnungen für die Rollen gewählt. In *APM* können entgegen Scrum sehr wohl spezialisierte Rollen in der Entwicklung zum Einsatz kommen. Eine typische Rolle ist z. B. der Tester und oder der Analytiker für komplexere Rahmenbedingungen (Abb. 6.2). Der Tester ist in der Regel einem Qualitätsmanager unterstellt und der Analytiker kennt sich fachlich und in der Systemanalyse bestens aus, wird aber selten selbst Software entwickeln.

Wir erkennen an diesem ersten Beispiel in Abbildung 6.2 auch die Aufteilung in mehrere Featureteams mit jeweils einem eigenen Teamprojektleiter und einem agilen Coach. Über allem steht dann der Projektleiter auf meist gleicher Hierarchieebene wie der Qualitätsmanager. Es hat sich bereits eine differenzierte Struktur gebildet, die oft weiterentwickelt wird. Häufig kommen noch zwei weitere Rollen innerhalb des Entwicklungsteams ins Spiel: der Architekt und der Testautomatisierer (Abb. 6.3). Mit dieser Rollenmodellvariante können bereits viele Großprojekte aufgesetzt und Featureteams gebildet werden, ohne die bisherigen Arbeitsplatzbeschreibungen auszuhebeln. Gehen wir die Rollen im Detail durch. Worin liegt ihr Wert für das Projekt?

Projektleiter: Hier liegt die Gesamtverantwortung für das Projekt bzw. das Projektergebnis. Die Steuerung erfolgt primär über das Backlog für das Produkt. Der Projektleiter ist auch die oberste Entscheidungsstufe bei Konflikten zwischen den Featureteams. Der Projektleiter und seine Teamprojektleiter für die Featureteams bilden das Projektleitungs-

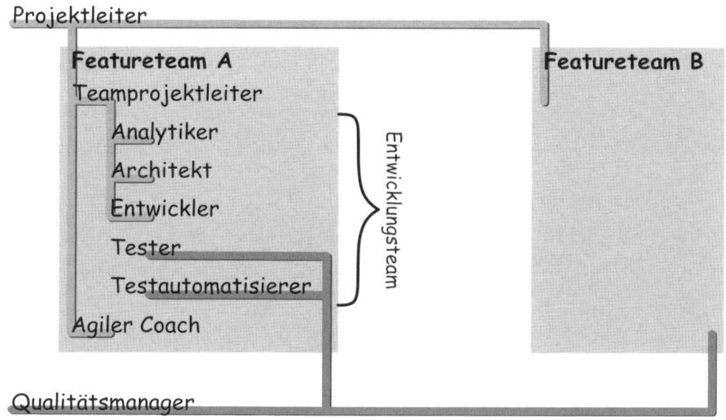

Abbildung 6.3: Das *APM*-Rollenmodell skaliert mit dem Projekt und den Rahmenbedingungen.

team, in dem alle für das Backlog relevanten Entscheidungen getroffen werden. Dazu führt das Projektleitungsteam regelmäßig entsprechende Team-Sync-Meetings durch, in denen als eine der wichtigsten Aufgaben die Verteilung der Backlog-Einträge auf die Featureteams erfolgt (Abschnitt 5.4.4).

In der Zusammenarbeit mit dem Qualitätsmanager, dessen Rolle weiter unten erläutert wird, werden für das Projekt relevante Aspekte aus dem Qualitätsmanagement erarbeitet und integriert. Organisatorisch gibt es zwei Varianten. Entweder sind beide in der Hierarchie gleichgestellt oder der Projektleiter ist dem Qualitätsmanager überstellt. Bei Konflikten zwischen Projektleiter und Qualitätsmanager muss im ersten Fall ggf. ein übergeordneter Programmmanager oder eine andere Führungskraft hinzugezogen werden. Im zweiten Fall gilt es, in der Projektvorbereitung gemeinsam eine Regelung für solche Fälle zu erarbeiten und zu implementieren.

Teamprojektleiter: Hier liegt die Teilproduktverantwortung für die Umsetzung der Features des jeweiligen Featureteams. Gemeinsam mit den anderen Teamprojektleitern und dem Projektleiter werden die entsprechenden Abstimmungen für das Backlog getroffen. Der Teamprojektleiter ist dabei für das Featureteam-Backlog verantwortlich, also für die Aufgaben aus dem Backlog, die seinem Team für die nächsten beiden Iterationen zugeteilt sind. An dieser Zuteilung ist jeder Teamprojektleiter beteiligt. Danach kann er die Reihenfolge, Pflege und notwendige zusätzliche Verfeinerungen der Aufgaben in seinem zugeordneten Teil, dem Featureteam-Backlog, eigenständig verantworten und in Abstimmung mit dem Entwicklungsteam durchführen.

Analytiker: In komplexen Projekten mit mehreren Featureteams wird es für die Teamprojektleiter schwierig, allen analytischen Aufgaben nachzukommen, um die Fragen der Entwickler zeitnah beantworten zu können. Auch haben sie oft nicht das ausreichende analytische Können und fachliche Prozesswissen, um tief genug in die Details gehen zu können. Der Analytiker übernimmt daher diese Aufgaben, arbeitet einerseits bei der Feature-Backlog-Pflege dem Projektleiter zu und übernimmt andererseits die Detaildiskussionen und fachlichen Vorabnahmen mit den Entwicklern. Dazu braucht er fachliches und methodisches Know-how, aber nur wenig bis gar kein technisches Implementierungswissen.

Architekt oder Architecture Owner: In der Softwareentwicklung lässt sich zwischen übergeordneten Architekturaspekten und eher kleinteiligeren Design- und Implementierungsthemen unterscheiden. Die Softwarearchitektur zeichnet sich dabei dadurch aus, dass sie die später nur schwer änderbaren und damit teuren Aspekte betrifft. Von daher kann es in großen Projekten mit mehreren Teams sinnvoll sein, für die Softwarearchitektur eine eigene dafür verantwortliche Rolle zu besetzen.

Die Architekten aus den Featureteams stimmen sich in übergreifenden Team-Sync-Meetings zu gemeinsamen, teamübergreifenden Softwareaspekten ab und bringen die Ergebnisse in ihre Teams. Die Architekten tragen die Verantwortung dafür, dass eine durchgängige Architektur von den Featureteams implementiert wird.

Die Architekten implementieren in der Regel mit den Entwicklern gemeinsam das Produkt. Ein Architekt ist also stets auch Entwickler. Gleichzeitig stehen sie teamintern für die anderen Entwickler als technische Coaches und Ansprechpartner bereit. Der Architekt wird auch dem Teamprojektleiter als technischer Ansprechpartner dienen, z. B. um Refactoring-Zyklen im Team festzulegen.

Entwickler: Bei den Entwicklern liegt die Verantwortung für die Aufwandsschätzung und Implementierung der Anforderungen. Letztendlich sind sie auch verantwortlich für die Produktqualität, obwohl sie häufig nur bis zur Komponentenebene (Abb. 6.4) umfassend und automatisch testen können. Die Entwickler arbeiten testgetrieben und kleinteilig. Eine konkrete Aufgabe wird so lange in kleinere Tasks zerlegt, bis jeder Task zumindest an einem Tag umsetzbar ist.

Tester: Über die Rolle des Testers wird die Verantwortung für die höheren Teststufen, d. h. Integrations- und Systemtest, sowie die Begleitung von Kundenvertretern bei Abnahmetests sichergestellt (Abb. 6.4). Damit ein Tester seinen Aufgaben nachkommen kann, braucht er fachliche Informationen von der Kundenseite und vom Projektleiter und, falls die Rolle besetzt ist, vom Analytiker zeitgleich zu den Entwicklern. Seine Aufgabe ist die Erstellung und Pflege übergreifender, testmethodisch aussagekräftiger Abflauftests für das Produkt bzw. Inkrement. Damit bringt der Tester eine Sicht auf das Produkt ein, die häufig von den Entwicklern nicht ausreichend wahrgenommen werden kann. Gleichzeitig gibt er mit der frühzeitigen Bereitstellung von Testszenarien den Entwicklern wertvolle Informationen für ihre Entwicklung [37].

Durch das iterative Vorgehen entstehen mit jeder Iteration neue Regressionstests, über die sich mit fortschreitendem Projektverlauf ein hoher Druck auch zur Testautomatisierung auf der Integrations- und Systemtestebene aufbaut. Wichtig ist, dass solche automatisierten Ablauftests in die Build-Umgebung integriert werden, um automatisch mitzulaufen und jederzeit den Entwicklern wertvolle Informationen über die Qualität des aktuellen Builds rückzukoppeln.

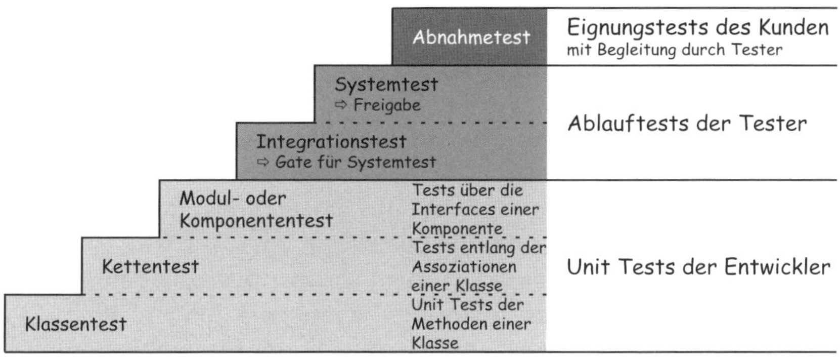

Abbildung 6.4: Überblick über die gängigsten Teststufen [167]

Testautomatisierer: Da die Tester selten in der Lage sind, ihre stabilen Regressiontests selbst zu automatisieren, übernehmen entweder Entwickler oder dedizierte Testautomatisierer diese Aufgabe. Testautomatisierer sind also auch Entwickler, die jedoch mit einer eigenen Entwicklungsumgebung Systemtests meist über simulierte User-Interface-Interaktionen programmieren und pflegen. Je nach Umfang dieser Arbeit kann ein Testautomatisierer einem oder zwei Featureteams zugeordnet sein. Die Testautomatisierer pflegen also ihr eigenes Testautomatisierungsprojekt im Rahmen des Gesamtprojekts.

Agiler Coach: Ähnlich einem Scrum Master begleitet der agile Coach sein Featureteam durch den agilen Entwicklungsprozess nach *APM*. Er moderiert die Meetings, achtet darauf, dass die agilen Werte in der täglichen Arbeit ausreichend berücksichtigt werden, und sorgt für die Einhaltung der *APM*-Regeln und Methodik. Wie ein Scrum Master kümmert er sich auch um die Beseitigung von Hindernissen und ist wie eine Art agiler Change Agent für die kontinuierliche Weiterentwicklung der Vorgehensweise und der Teamentwicklung verantwortlich [1].

Meist ist es sinnvoll, den agilen Coach auf gleicher hierarchischer Ebene wie die Teamprojektleiter anzusiedeln. So kann der agile Coach seiner Prozessverantwortung auch kraftvoll nachkommen, wobei er sich durch eine *konstruktive* Konfliktfähigkeit auszeichnet. Gegebenenfalls von einem Featureteam nicht selbst lösbare Konflikte zwischen Teamprojektleiter und agilem Coach sollten vom Projektleiter auf der nächsthöheren Hierarchieebene geklärt werden.

Qualitätsmanager: Der Qualitätsmanager ist eine Rolle, die meist nur in einem Umfeld mit besonderen Anforderungen an die Qualität der Software und der Erstellungsprozesse notwendig ist. Er verantwortet die Richtungsentscheidungen der Qualitätssicherung für das gesamte Unternehmen oder eine Produktfamilie derart, dass er den Testern einen organisatorischen Rahmen gibt, innerhalb dessen sie selbstorganisiert arbeiten können. Er plant und steuert gemeinsam mit den Testern die Teststrategie und entwickelt dafür aussagekräftige Qualitätsmetriken. Seine Aufgabe ist es dabei im Wesentlichen, den Überblick über die Testaktivitäten in den einzelnen Teams und im zugeordneten Projekt zu halten und koordinierend tätig zu werden, wenn Bedarf erkannt wird. Die Tester sind in alle Entscheidungsfindungen eingebunden und setzen die Vorgaben innerhalb ihrer Featureteams um.

Der Qualitätsmanager sorgt auch dafür, dass regelmäßige Team-Sync-Meetings der Tester stattfinden, damit aus den einzelnen Testfällen der Tester ein sinnvoller und angemessener Gesamtsystemtest entsteht. Gleichzeitig ist er auch Ansprechpartner und methodischer Coach für die Tester in den Featureteams. Die konkrete Umsetzung dieser Rolle kann z. B. als Leiter der *Community of Practice* für das Testen erfolgen, zu der alle Tester aktiv beitragen.

Der Qualitätsmanager ist *Sparringspartner* für den Projektleiter und achtet auf eine ausreichende Berücksichtigung qualitativer Aspekte im Projekt. Dabei ist es meist sinnvoll, die Rolle Qualitätsmanager in der Hierarchie der Rolle des Projektleiters gleichzusetzen, damit der Qualitätsmanager seine Aufgaben eigenverantwortlich erledigen kann.

Zusätzlich zu diesen Rollen kann es in größeren Firmen analog zum *Qualitätsmanager* auch einen *Architekturmanager* geben, der die Community of Practice für die Architekturthemen organisatorisch leitet, zu der alle Teams über ihre Architekten bzw. Architecture Owner aktiv beitragen.

Die Community of Practice (CoP) als Mittel zum gemeinsamen Lernen und Weiterentwickeln von übergreifenden Ideen und Konzepten geht auf Jean Lave und Étienne Wenger zurück [100]. Eine CoP bezeichnet eine praxisbezogene Gemeinschaft von Personen, die sich mit ähnlichen Themen befassen und in dieser Gruppe Erfahrungen austauschen und voneinander lernen wollen. In Abschnitt 20.3 gehen wir tiefer auf dieses Konzept ein.

6.3 Trotz differenzierter Rollen agil bleiben

Die Voraussetzungen in den Firmen sind oft derart, dass die zuvor beschriebenen Rollen benötigt werden, um Featureteams zu bilden. Wie kann es uns gelingen, trotz so vieler Rollen agil zu bleiben?

6.3.1 Team-Sync-Meeting

Nur die Rollen alleine reichen allerdings nicht aus. Die Koordination zwischen den Featureteams ist der Schlüssel zum Erfolg. Hier kommen die regelmäßigen Team-Sync-Meeting zum Tragen, in denen Vertreter aus den einzelnen Featureteams zusammenkommen (Abschnitt 5.4.4). Für jede Rolle in den Featureteams gibt es bei Bedarf ein eigenes Team-Sync-Meeting, wobei sich jedoch deren Häufigkeit unterscheidet.

Um bei den festgelegten Zeiten der Team-Sync-Meetings flexibel zu bleiben, ist es wichtig, dass es bei den jeweiligen Featureteamvertetern in den teamübergreifenden Synchronisationen keine Engpässe gibt. Dies kann über zwei Wege erreicht werden. Entweder gibt es in jedem Featureteam mindestens zwei Personen, die eine solche Vertretung in den Team-Sync-Meetings leisten. Dies ist oft bei den technischen Themen möglich, z. B. für die Rolle Architekt, indem mehrere Entwickler diese Rolle einnehmen oder der Architekt mindestens einen Vertreter unter den Entwicklern hat.

Der zweite Weg besteht darin, dass eine Absicherung über die Mitarbeiter aus den benachbarten Featureteams erfolgt. Dies ist oft bei den Testern und Analytikern der Fall. Durch ihre enge Zusammenarbeit kennen sich diese Personen thematisch gut in den benachbarten Featureteams aus, um hier unterstützen zu können. Das gilt auch für Spezialisten, von denen wir jedoch möglichst wenige im Projekt haben sollten, um flexibel zu bleiben.

Dabei ist es essenziell, dass die Arbeitsweisen zumindest in den thematisch benachbarten Featureteams ähnlich sind. Und hier schließt sich der Kreis. Die Team-Sync-Meetings sind genau dafür da, dass sich die einzelnen Featureteams über ihre internen Arbeitswege und -prozesse austauschen und die breit gefächerten Erfahrungen der anderen nutzen, um aus den Teilprojekten ein Gesamtprojekt zu bilden.

6.3.2 Redundanzen im Featureteam

Eine gewünschte Redundanz in einem Projektergebnis, einer Projektorganisation oder im Projektablauf hat stets das Ziel, sich gegen Risiken zu wappnen. Wir nutzen dieses Prinzip in agilen Projekten ganz bewusst. So wird z. B. eine Anforderung auf mehreren Wegen spezifiziert: innerhalb des Kontextes über User Stories und Use Cases, im Detail über statische oder dynamische Wireframes[1], kurze Texte, Detaillierungen spezieller Zusammenhänge mit Ablaufdiagrammen usw. sowie über die Anwendungs- und Prüfungssicht mit Akzeptanzkriterien, Einsatzszenarien und Testfällen.

Das ist redundant, aber hochgradig praktisch und trotz der Redundanz weitgehend effizient, weil die aufwendigen Anpassungs- und Korrekturschleifen in der Entwicklung minimiert werden. Wir analysieren und beschreiben auf zwei Ebenen den Fakt an sich und die Prozesse bzw. Abläufe, die mit dem Fakt in Zusammenhang stehen. Dies erfolgt meist noch auf verschiedenen Abstraktionsebenen. Das ist ein Grundmuster bei der analytischen Aufgabe einer Beschreibung [9].

Ebenso vermeiden wir Engpässe im Projekt, indem wir für so gut wie jede Aufgabe Redundanzen bei ihrer Umsetzung haben bzw. aufbauen. Die Teammitglieder sind also weniger Spezialisten als Universalisten. Zumindest haben wir ausreichend viele Mitglieder im Team, um alle wesentlichen Aufgaben doppelt abzusichern. Es ist wichtig, diese Redundanzen möglichst schnell aufzubauen, da wir in einem Projekt nicht vorhersehen können, wann und wo Probleme auftreten werden. Was wir wissen, ist, dass wir ein hohes Maß an Flexibilität in jedem Featureteam brauchen, um aufkommende Probleme lösen zu können.

Unsere Redundanzen in den Featureteams stellen eine Art Versicherung für unseren Projekterfolg dar. Ähnlich wie bei einer Versicherung zahlen wir auf sie ein, ohne zu wissen, ob und wann wir sie wirklich brauchen. Wie bei unseren Versicherungen gilt es, ein angemessenen Maß zu finden, um bestehende Risiken sinnvoll abzusichern, sich aber gleichzeitig nicht über- oder unterzuversichern.

6.3.3 Fallback-Lösungen erhöhen die Flexibilität

Redundanzen im Projektverlauf und in der Projektorganisation schaffen Stabilität in der Projektdurchführung, weil sie bei Problemen eine Art Standard-Fallback-Lösung erlauben. Diese Fallback-Lösungen sind essenziell für einen kontinuierlichen Projektfortschritt. Nur so sind z. B. Urlaubs- oder Krankheitsausfälle zu kompensieren und einer temporären Überlast bei einer Aufgabe innerhalb eines Featureteams erfolgreich zu begegnen. Wenn also in einem Projekt solche Vertretungsprinzipien noch nicht umsetzbar sind, kann und sollte schnellstmöglich je nach Arbeitsinhalt durch Pair Programming oder Pair Working dieses Defizit beseitigt werden.

Beim Pair Programming oder Pair Working programmieren bzw. arbeiten zwei Mitarbeiter eine Zeit lang *gemeinsam* an einer Aufgabe. Implizit wechseln sie dabei regelmäßig alle paar Minuten zwischen den Rollen *Bearbeiter* und *Reviewer* hin und her. Damit erzielen wir zwei Effekte. Innerhalb

[1] Meist rudimentäre, konzeptionelle Entwürfe eines Frontends.

kurzer Zeit kann so eine praxisbezogene Einarbeitung eines Mitarbeiters erfolgen. Dazu kommt, dass durch das laufende Review und den häufigen Wechsel ein reger Gedankenaustausch stattfindet, in dessen Verlauf Erfahrungen und neue Ideen dazu führen können, dass sich Arbeitsabläufe sowohl vereinheitlichen lassen als auch optimiert werden.

6.3.4 End-to-End-Umsetzung innerhalb einer Iteration

Damit wir mit den definierten Rollen für Analytiker, Entwickler, Tester usw. wirklich agil arbeiten können, ist es zwingend notwendig, dass ein entsprechender Zyklus innerhalb einer Iteration durchlaufen wird. Nur so können brauchbare kurze Rückkopplungsschleifen und damit die notwendige Geschwindigkeit und Flexibilität sichergestellt werden.

Hinter der End-to-End-Umsetzung von der Analyse bis zur Abnahme einer Aufgabe innerhalb einer Iteration steckt das Prinzip, den Prozess *from concept to cash* so kurz wie möglich zu gestalten, um so schnell wie möglich den Return on Investment zu erhalten. Voraussetzung dafür ist die feine Zerlegung von Aufgaben im Entwicklungsprozess im Backlog und dann für die Iteration auf dem Taskboard. Wir kommen in Kapitel 18 darauf zurück.

In diesem Zusammenhang tauchen häufig zwei Abwandlungen dieser Idee auf. Die eine Variante versucht das Problem der Zerlegung durch die Verlängerung der Iterationsdauer zu vereinfachen. Das sollte aber nur im Rahmen erfolgen, den *APM* dafür vorsieht. Aus unserer Erfahrung verlängert eine Iterationsdauer von über einem Monat die Rückkopplungsschleifen zu stark und ist daher zu vermeiden.

Die andere Variante legt die Analyse in die Iteration i und deren Umsetzung, Test und (Vor-)Abnahme in die nachfolgende Iteration $i + 1$. Diese Idee kommt oftmals dann auf, wenn die analytische Arbeit nicht klar hierarchisch gegliedert ist und damit im Backlog entweder vom Umfang her sehr große Blöcke stehen oder bereits komplett zerlegte und analysierte kleine Aufgaben auf User-Story-Niveau. Ein anderer, oft damit in Kombination anzutreffender Grund ist eine Teamstruktur mit einer festen Trennung zwischen Analytikern und Entwicklern. Die Analyse braucht dann sehr viel Zeit, weshalb mit einem Vorlauf gearbeitet wird. Neben dem Problem, dass ein solches Vorgehen oft dazu führt, dass Leerlauf und unnötige Wartezeiten in der Zusammenarbeit von Analytikern und Entwicklern entstehen, ist auch diese Idee im Rahmen von *APM* nur sinnvoll, wenn die Dauer der *beiden* Iterationen einen Monat nicht überschreitet. Ansonsten bleibt es dabei, besser echte Featureteams aufzubauen und sich bei der Analyse strenger an den Abstraktionsebenen zu orientieren. Diese schrittweise Zerlegung und Detaillierung der Anforderungen sind essenziel für ein agiles Vorgehen.

7 Das Phasenmodell

Zum Abschluss des Einstiegs in *APM* betrachten wir das Phasenmodell. Mit dem Begriff *Phase* bezeichnen wir einen zeitlichen Abschnitt im Projektverlauf mit jeweils ähnlichen, inhaltlich zusammenhängenden Arbeitsschritten. Über Phasen erhalten wir einen zeitliche Einteilung eines Projekts.

7.1 Traditionelle Phasenmodelle

Lassen Sie uns zuerst einen Blick auf eher traditionellere Phasenmodelle werfen, damit wir das *APM*-Phasenmodell später besser einordnen können. So fällt es uns leichter, zu erkennen, was den Kern von *APM* ausmacht und warum gewisse Vorgehensweisen nicht dazu passen.

7.1.1 Wasserfälle

Das Wasserfallmodell (Abb. 7.1) geht auf Winston Royce (1929 – 1995) zurück, der es als einfachen Grenzfall für kleine Projekte in einer von ihm entwickelten Vorgehensweise mit zwei Iterationen sah (Abb. 7.2) [139]. Der Name *Wasserfallmodell* ist erst 1981 von Barry Boehm benutzt worden [6].

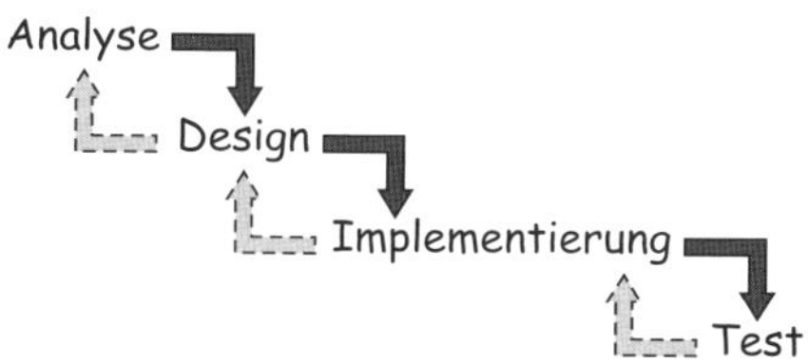

Abbildung 7.1: Das einfache Wasserfallmodell

Das Modell von Royce besitzt also explizite Rückkopplungen. Sie sind jedoch stets nur auf die angrenzende Stufe bezogen, um aufwendige Korrekturen zu begrenzen. Ein weiterer wichtiger Aspekt dieser Vorgehensweise ist es, dass alle Aktivitäten in der vollen Breite vollständig durchzuführen sind, bevor es einen Schritt weiter geht [6]. Barry Boehm drückt es mit seiner Namensgebung aus: Es ist einfach, einen Wasserfall herunterzukommen, aber schwer bis unmöglich, sich in die entgegengesetzte Richtung zu bewegen.

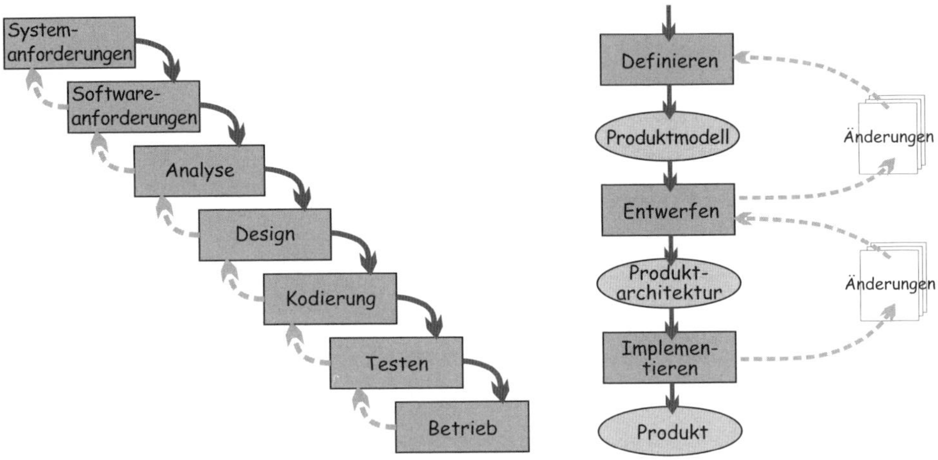

Abbildung 7.2: Das ursprüngliche Wasserfallmodell mit zwei Iterationen (rechts) von Winston Royce [6]

Dass es zu der weiten Verbreitung des einfachen Wasserfallmodells gekommen ist, beruht auf einem Missverständnis, das u. a. Walker Royce, der älteste Sohn von Winston, aufgeklärt hat. Die vereinfachte Version ist als US-Militär-Standard DoD-STD-2167 von David Maibor verwendet worden, ohne dass dieser die Zusammenhänge der iterativen Ideen von Winston Royce zu dem Zeitpunkt kannte [98, 118]. An diesem Standard haben sich dann allerdings weltweit viele Organisationen und Berater orientiert, weil jeder das Vorgehen sofort versteht. Es funktioniert jedoch nur als Grenzfall für kurze, kleine, überschaubare Projekte und damit so gut wie nie für echte Softwareentwicklung. Es ist einfach zu starr für komplexe Projekte.

Nichtsdestotrotz wurde das Wasserfallmodell weiterentwickelt. Weite Verbreitung hat Barry Boehms Idee gefunden, die Qualitätssicherung in das Vorgehen zu integrieren. In der grafischen Darstellung ergibt sich neben dem absteigenden Wasserfall-Ast ein aufsteigender Test-Ast, der damit ein V formt (Abb. 7.3). Daher wird diese Vorgehensweise V-Modell genannt. Validierung bezeichnet die Feststellung der Eignung bzw. des Werts eines Produkts bezogen auf seinen Einsatzzweck. Unter Verifikation wird die Prüfung der Übereinstimmung des Softwareprodukts mit seiner Spezifikation verstanden (Abb. 7.3, rechts oben) [167].

Es bleiben allerdings dieselben Nachteile wie bereits für das Wasserfallmodell beschrieben. Das V-Modell funktioniert gut, wenn der zeitliche

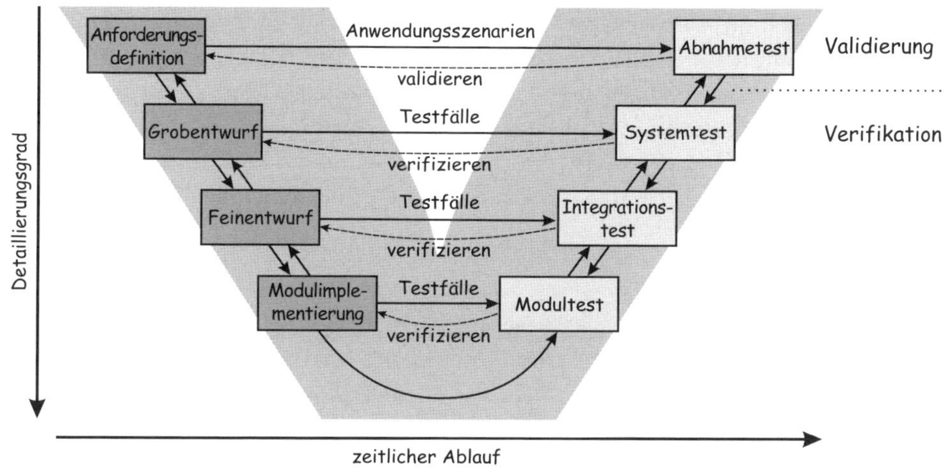

Abbildung 7.3: Das V-Modell (schematisch) [167]

Abstand zwischen der Anforderungsdefinition links oben in Abbildung 7.3 und seiner Abnahme bzw. der Validierung (rechts oben) kurz ist. Ansonsten sind Phasen, die in der Breite vollständig erfüllt sein müssen, bevor es weitergehen kann, der Komplexität von Softwareprojekten nicht angemessen. Mit dieser Erkenntnis kam dann auch Barry Boehm zu den ersten iterativen Modellen.

7.1.2 Spiralen, Inkremente und Iterationen

Boehm hat das viel beachtete, aber in der Praxis von Softwareprojekten kaum relevante Spiralmodell Mitte der 1980er-Jahre entwickelt und vorgestellt [23]. Als ein Rudiment dieser Ideen finden wir heute noch kreisförmige Mikroprozesse in inkrementell-iterativen Verfahren wie z. B. Scrum (Abb. 7.5), *APM* (Abb. 14.4 auf Seite 210) und eXtreme Programming (Abb. 14.5 auf Seite 211). Dem Spiralmodell ist bereits von 1977 bis 1980 die Softwareentwicklung für das Space Shuttle in iterativer Form vorausgegangen. Die Länge der Iterationen war dabei schwankend und betrug im Durchschnitt über das Projekt ca. acht Wochen [108].

In der Praxis breite Verwendung finden inkrementell-iterative Vorgehensweisen erst zum Ende der 1990er-Jahre. Im Zusammenhang mit der Verbreitung der Unified Modeling Language (UML) fiel durch die methodischen Veröffentlichungen zum Unified Software Development Process durch Ivar Jacobsen [79] das Interesse darauf. Besonders erfolgreich war dessen Konkretisierung im Rational Unified Process (RUP) durch Philippe Kruchten [96].

Diese Prozesse sind eher schwergewichtig und noch nicht agil, obwohl sie bereits inkrementell-iterativ vorgehen und z. B. mit gleich langen Iterationen arbeiten (Abb. 7.4). In der Prozessbeschreibung sind sie jedoch sehr umfangreich und versuchen weitgehend vollständig jede Eventualität zu berücksichtigen. Damit soll das Vorgehen abgesichert werden, was nicht einer mutigen, eher minimalistischen, agilen Vorgehensweise entspricht.

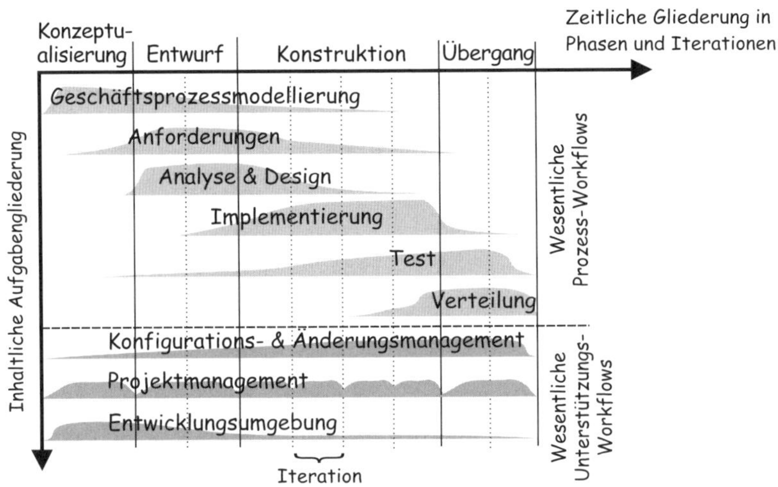

Abbildung 7.4: Der Rational Unified Process (RUP) (schematisch)

Der recht abstrakte Unified Software Development Process und seine bekannteste Konkretisierung, der Rational Unified Process, haben eine Reihe interessanter Charakteristika, die auch für *APM* gelten:

- iterativ und inkrementell
- Use-Case-getrieben
- architekturzentriert
- risikofokussiert

Der große Fortschritt, den diese Modelle mit sich gebracht haben, war, dass die Phasen nicht mehr abgeschlossene Schritte bezeichnen, sondern vielmehr nur den Fokus auf bestimmte Aktivitätsschwerpunkte setzen. Es wird mit dem Rational Unified Process ein Überlappen der einzelnen Aktivitäten in jeder Iteration dahingehend gefordert, dass am Ende jeder Iteration lauffähige und lieferbare Software das Inkrement definiert. Eine Iteration ist dabei wie eine Timebox zu sehen. Diese Konzepte finden sich auch in den agilen Vorgehensweisen wieder.

7.2 Agile Phasenmodelle

Wir haben uns bei dieser kurzen historischen Betrachtung bis in die Gegenwart vorangearbeitet und schauen kurz, wie die Phasenmodelle im eXtreme Programming und in Scrum aussehen.

7.2.1 eXtreme Programming – Wartung als Normalzustand

Kent Beck beschreibt sein Phasenmodell von eXtreme Programming als Lebenszyklus mit den folgenden Phasen [11]:

Erforschung: In dieser Vor-Projekt- bzw., wie Beck es sagt, Vor-Produktionsphase gilt es, den Glauben an und ausreichend Vertrauen in das Projekt zu erhalten. Die Anforderungen an die erste Version sind ausreichend gegliedert, detailliert und umfassend und die Aufwandsschätzungen der Entwickler können ohne Implementierung des Produkts nicht genauer geschätzt werden.

Verschiedene Möglichkeiten für die Systemarchitektur werden erkundet und alle Technologien für das spätere Produktionssystem werden ausprobiert. Dabei werden Risken identifiziert und genauer betrachtet bzw. minimiert.

Planung: Hiermit wird die Basis geschaffen, dass sich Kunde und Entwicklung auf einen realistischen Termin für die Lieferung einer ersten Version einigen. Der Zeithorizot der Planung liegt zwischen zwei und sechs Monaten.

Iterationen bis zur ersten Version: Der Terminplan wird in ein- bis vierwöchige Iterationen unterteilt. Für die Iterationen werden jeweils funktionale Testfälle für jedes Leistungsmerkmal erstellt, das für die Iteration geplant ist. Das Controlling des Projektverlaufs erfolgt über fertige, umgesetzte Software für jede einzelne Story. Am Ende dieser Phase kann mit dem Produkt in Produktion bzw. in Betrieb gegangen werden.

Produktionsübergang: Zum Ende einer Versionserstellung wird die Übergabe in den produktiven Betrieb geleistet. Dazu werden die Iterationslängen verkürzt, um optimale Rückkopplungszyklen aus den Tests zu erreichen. Gegebenenfalls ist das Leistungsverhalten weiter zu optimieren.[1]

Die Weiterentwicklung der Software verlangsamt sich deutlich, wird aber nicht ganz heruntergefahren. Es kommen jedoch nur noch weniger riskante Elemente neu hinzu.

[1] XP orientiert sich an der Entwicklungsreihenfolge: »Make it run, make it right, make it fast!«

Wartung: Diese Phase ist der *Normalzustand* eines XP-Projekts. Mit Bedacht, weil das Produkt bereits in Produktion ist, kommt neue Funktionalität hinzu und das System wird in Ausbauversionen gegliedert und so weiterentwickelt. Die Wartung unterteilt sich ansonsten ähnlich der bisherigen Entwicklung in die Phasen Erforschung, Planung, Iterationen bis zur nächsten Version und Produktionsübergang.

Tod: Der Projektabschluss bedeutet, dass die Wartung beendet wird. Es kommen keine neuen Anforderungen mehr hinzu oder das Produkt ist veraltet und entspricht nicht mehr den Erwartungen.

7.2.2 Scrum – alles ist im Fluss

Ken Schwaber beschreibt die Phasen von Scrum als Scrum-Fluss (Abb. 7.5) [143]. Im Einzelnen sind dies:

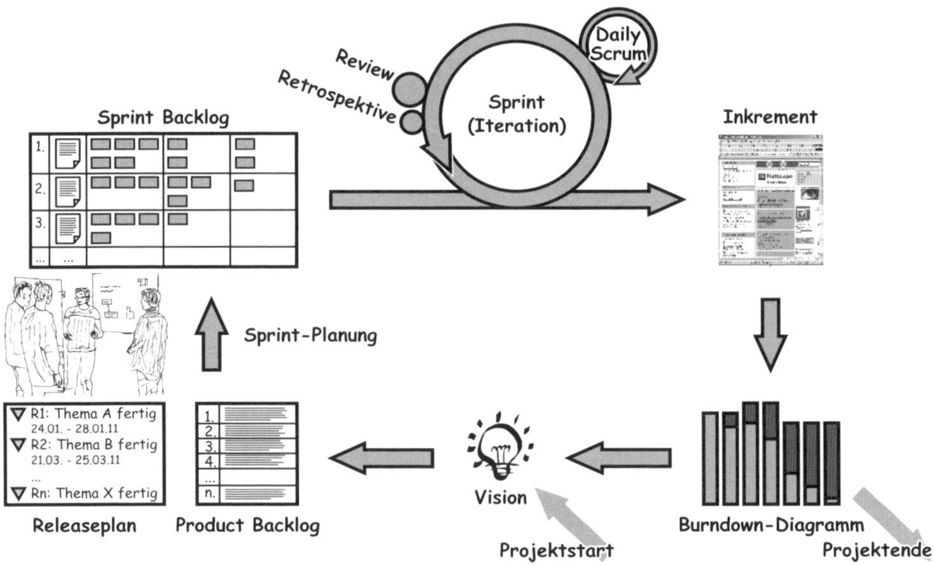

Abbildung 7.5: Der Scrum-Fluss (schematisch)

Produktvision: Ein Projekt beginnt mit einer Zielvorstellung, der Vision. Sie ist zuerst meist noch vage und wird im laufenden Projekt weiter konkretisiert. Der erste Zwischenschritt ist dann das initiale Product Backlog, mit dem dann in den weiteren Prozess eingestiegen wird. Auf dieser Basis entsteht auch ein erster Releaseplan, der ebenfalls im laufenden Prozess angepasst und verfeinert wird.

Sprint-Planung: Das Team wählt in einem ersten Schritt aus dem geordneten Product Backlog so viele Einträge von oben aus, wie es schätzt, im nächsten Sprint[2] umsetzen zu können. Danach zerlegt es die ausgewählten Einträge aus dem Product Backlog in die zu leistenden Aufgaben und füllt damit das Sprint Backlog.

Sprint: Alle Arbeit erfolgt in den Iterationen von fester Länge, die direkt nach ihrer Sprint-Planung beginnen und maximal 30 Tage bzw. einen Monat dauern. Zur Koordination des Entwicklerteams innerhalb eines Sprints kommen alle täglich zum Daily Scrum zusammen.

Daily Scrum: Tägliches, 15 Minuten dauerndes Abstimmungsmeeting der Entwickler. Es gilt dabei kurz zu reflektieren, was seit dem letzten Daily Scrum passiert ist, was bis zum nächsten geplant ist und welche Hindernisse aufgetreten sind oder gesehen werden.

Sprint-Review: Am Ende der Iteration wird die neue Funktionalität allen Stakeholdern gezeigt. Auf diesem eher informellen Meeting erfolgt die erste Abstimmung und Reflexion über den aktuellen Stand bzw. Projektfortschritt und wie es weitergehen kann. Dafür notwendige Artefakte sind das Product Backlog und für das Controlling das aktuelle Burndown-Diagramm. Wenn das Projekt als abgeschlossen erkannt wird, erfolgt sofort der Projektabschluss.

Retrospektive: In jeder Iteration findet zuletzt ein Scrum-Team-internes Meeting mit dem Ziel statt, die internen Abläufe weiterzuverbessern und Hindernisse zu identifizieren.

Auf Basis dieses zyklischen Vorgehens erfolgen die empirische Inspektion und Anpassung des Entwicklungsprozesses und des Produkts. Explizite Phasen sieht Scrum im Kern nicht vor.

7.3 Das APM-Phasenmodell

Obwohl die Iterationen von ihrer Struktur her stark an Scrum angelehnt sind, sieht *APM* ein zusätzliches Phasenmodell vor, in das die Iterationen eingepasst werden. Genau genommen sind es sogar zwei Phasenmodelle, die auf die Produkterstellung bis zum Betrieb (Abb. 7.6) und die Produktpflege und -erweiterung im laufenden Betrieb (Abb. 7.7) ausgelegt sind.

Die wesentliche Erweiterung im *APM*-Phasenmodell ist die explizite Berücksichtigung einer kurzen Architekturphase bzw. der regelmäßige Einbau von Refactoring-Zeiten für umfangreichere Redesigns der Software. *APM* ist damit wesentlich stärker als Scrum oder XP eine architekturzentrierte Vorgehensweise.

[2]Der Scrum-Begriff *Sprint* kann mit *Iteration* gleichgesetzt werden.

7.3.1 Produkterstellung bis zum vollen Betrieb

In diesem Abschnitt befassen wir uns mit Projekten, die neu aufgesetzt werden. Ihre Dauer liegt zwischen 9 und 18 Monaten, und es sind eine Reihe von Risiken zu adressieren. Größere Projekte werden in Teilprojekte zerlegt, die wieder in das zeitliche Raster fallen und sequenziell abgearbeitet werden. Betrachten wir die einzelnen Phasen nacheinander (Abb. 7.6):

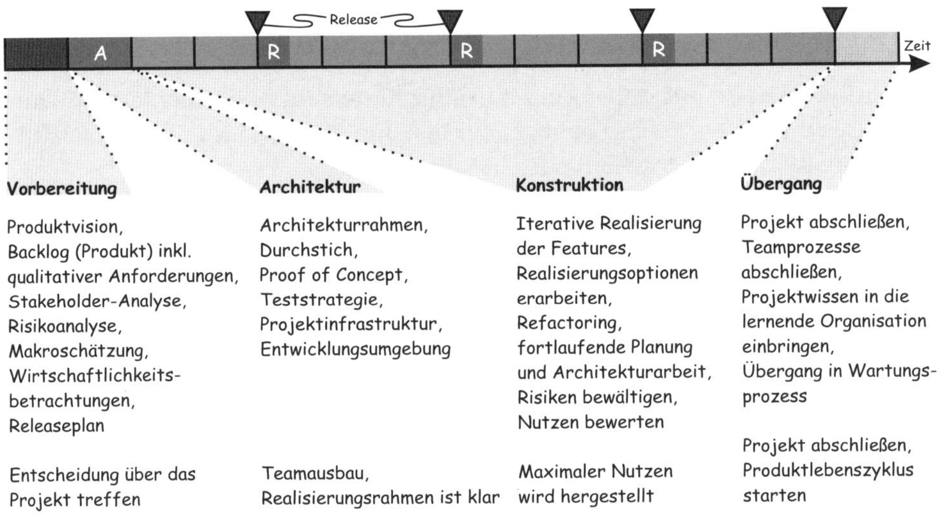

Abbildung 7.6: Das *APM*-Phasenmodell für die Projektdurchführung bzw. die Produktentwicklung (A: Architekturphase, R: umfassendes Refactoring)

Vorbereitung: Das anstehende Projekt wird in dieser Phase vorbereitet. Sie dauert typischerweise eine halbe bis eine Iterationslänge, übersteigt aber nie die Dauer von zwei Iterationen. Das Ziel der Vorbereitung ist es, die grundlegenden Entscheidungen über das Projekt zu treffen, also ob und in welchem Rahmen es durchgeführt werden soll. Hierbei spielen sowohl betriebswirtschaftliche wie technische und auch organisatorische Aspekte eine Rolle. Von daher sind die beteiligten Personen in dieser Phase bereits sehr heterogen aufgestellt.

Im Einzelnen gilt es, die Produktvision so weit zu entwickeln, dass ein erstes Backlog für das Produkt inklusive qualitativer Anforderungen initial erstellt werden kann. Des Weiteren kommen eine initiale Stakeholder-Analyse, erste Risikobetrachtungen, eine erste Makroschätzung mit anschließender Wirtschaftlichkeitsbetrachtung sowie ein erster Releaseplan hinzu. Auf dieser Basis können jetzt die Entscheidungen über das Projekt getroffen werden.

Aufgrund der vielfältigen Anforderungen hat der Projektleiter hier bereits die Zügel für das Projekt fest in der Hand und ist entsprechend von den Verantwortlichen in der Organisationsstruktur eingesetzt worden. Der Projektleiter stellt dann sein Kernteam zusammen, mit dem gemeinsam die technischen und organisatorischen Fragen geklärt werden. Zusätzlich arbeiten von Kundenseite Fachexperten und Entscheider bereits hier intensiv zusammen, damit sowohl der Anforderungsüberblick und die erste Anforderungszerlegung als auch die Wirtschaftlichkeitsbetrachtungen erfolgen können.

Es ist hilfreich, wenn im Kernteam bereits alle später im Projekt erforderlichen Rollen vertreten sind. So werden unnötige Verzögerungen vermieden und das spätere Kernteam kann schon zu einem frühen Zeitpunkt die konkrete Zusammenarbeit üben. Mit der Vorbereitung ist dann auch die Kernteambildung abgeschlossen.

Architektur: In dieser Phase geht es darum, das Kernteam zur vollen Projektteamstärke auszubauen und den Realisierungsrahmen zu klären. Dazu werden gezielt technische Durchstiche durch die geplanten Architekturschichten vorgenommen, ggf. ein Proof of Concept erstellt und so der Architekturrahmen gebildet. Des Weiteren wird die Projektinfrastruktur mit der Entwicklungsumgebung aufgesetzt. Parallel zu diesen Tätigkeiten wird die Teststrategie entwickelt und notwendige Automatisierungswerkzeuge werden in die Projektumgebung integriert.

Alle diese Tätigkeiten sind nicht abschließend, sondern initial gemeint. Es wäre ein großes Missverständnis, wenn es das Ziel wäre, am Ende der Architekturphase die Architektur und Infrastuktur bereits komplett fertig erstellt zu haben. In einem agilen, iterativen Vorgehen gilt es, nur insoweit vorzuarbeiten, dass die nachfolgende Konstruktionspase ohne Probleme beginnen kann. Noch fehlende Architektur und zusätzlich notwendige Anpassungen an der Projektinfrastruktur erfolgen bei Bedarf in der Konstruktionsphase.

Die Dauer der Architekturphase ist auf eine Iterationslänge begrenzt, um wirklich nur auf die notwendigen Aspekte zu fokussieren. In sehr großen, verteilten Projekten mit weit über drei Featureteams und besonders aufwendigen Abstimmungsverfahren kann diese Phase auf den maximal sinnvollen Rahmen von zwei Iterationslängen ausgedehnt werden.

Konstruktion: In dieser längsten Phase im Projekt gilt es, den maximalen Nutzen für den Kunden herzustellen. Nach jeweils ein bis vier Iterationen erfolgt ein evtl. auch nur simuliertes, internes oder besser bereits externes Release. Die Realisierung der Features erfolgt nach der Ordnung im Backlog in inkrementell-iterativer Weise. Die Risiken werden dabei fortlaufend untersucht und eingeschränkt und ggf. werden dazu Realisierungsoptionen erarbeitet.

Die Planung und Architektur erfolgen fortlaufend in den Iterationen. Dazu wird regelmäßig der Nutzen der Features neu bewertet und die Detaillierung der anstehenden Features rechtzeitig, aber so kurz wie möglich vor der Iteration, in der sie umgesetzt werden sollen, vorangetrieben. Die Iterationsdauer liegt zwischen zwei und vier Wochen und überschreitet auch bei sehr großen, verteilten Projekten mit starkem Abstimmungsaufwand nicht eine Maximallänge von sechs Wochen.

Um auch größere Architekturthemen angehen und bewältigen zu können, wird direkt nach jedem internen oder externen Release ein umfassendes Refactoring eingeplant. Es dauert die Hälfte einer Iteration. Dafür werden im Backlog entsprechende Refactoring-Aufgaben gesammelt und zum Refactoring nach oben priorisiert. Liegt weniger oder kein Bedarf für ein Refactoring seitens der Entwickler und der Architekten vor, kann das Refactoring entsprechend verkürzt werden oder ganz entfallen. Es schließt sich dann eine normale Iteration an das Release an.

Übergang: Im Übergang wird das Projekt abgeschlossen und der Produktlebenszyklus gestartet. Damit findet auch der Übergang in den Softwarebetrieb und die Wartung mit seinem modifizierten Phasenmodell statt.

Neben dem Projekt ist auch der Teamprozess abzuschließen. Das gesammelte Projektwissen geht spätestens jetzt in die lernende Organisation über. Eine kleine Projektfeier mit allen Projektteammitgliedern und den ggf. neuen Mitarbeitern im Softwarebetrieb und der Wartung machen diesen Übergang auch für jedermann deutlich sichtbar.

7.3.2 Softwarebetrieb und Wartung

Der Begriff *Softwarebetrieb* bezeichnet die zusätzlich zur Wartung für den weiteren erfolgreichen Betrieb notwendigen Anpassungen und Erweiterungen mit Projektcharakter, aber nicht die administrativen oder infrastrukturellen Maßnahmen zum Betreiben der Software. Unter Wartung verstehen wir die Modifikation eines Softwareprodukts nach seiner Auslieferung, um Fehlerzustände zu korrigieren, Merkmale wie z. B. die Performanz zu verbessern oder das Produkt für eine andere Umgebung zu adaptieren [62].[3]

Typischerweise setzt sich das Softwarebetriebs- und Wartungsteam aus einigen erfahrenen Mitarbeitern aus dem ursprünglichen Projekt und Entwicklern, die neu ins Team hinzukommen, zusammen. Grundsätzlich ist der Anspruch an die Fähigkeiten dieser neu hinzukommenden Entwickler sehr hoch, da sie sich schnell in eine Menge Code anderer Entwickler einzuarbeiten haben. Außerdem können die zwar von der Dauer her eher kurzen Softwarebetriebsprojekte inhaltlich besonders anspruchsvoll sein. So geht

[3] Diese Definition ist konform zum IEEE-Standard 1219.

es z. B. darum, komplett neue Anforderungsbereiche in die Software zu integrieren und an vielen qualitativen Aspekten wie Durchsatz oder Laufzeiten deutliche Optimierungen vorzunehmen. Betrachten wir nun die Phasen im Einzelnen (Abb. 7.7).

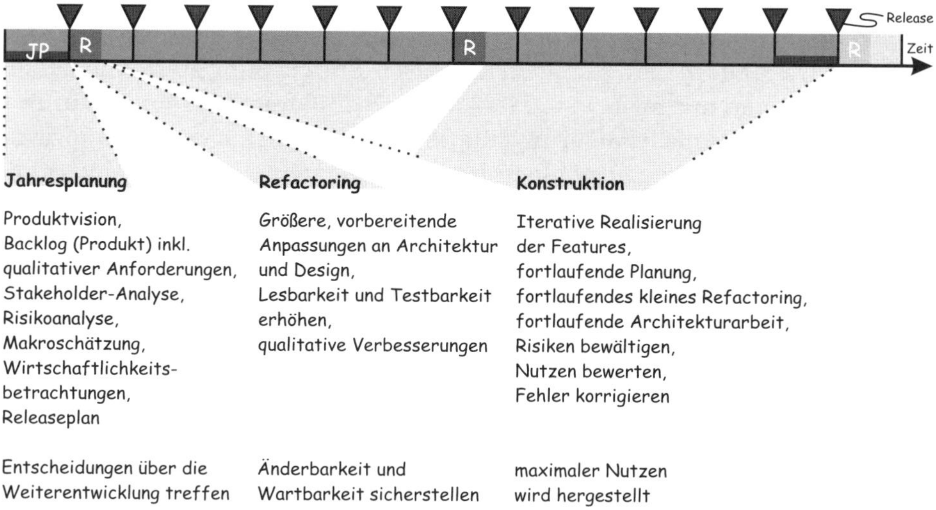

Abbildung 7.7: Das *APM*-Phasenmodell für den Softwarebetrieb und die Produktwartung (JP: Jahresplanung, R: umfassendes Refactoring)

Jahresplanung: In einem festen Rhythmus von ca. 12 Monaten erfolgt die Jahresplanung im Sinne einer Projektvorbereitung. Diese Jahresplanung läuft parallel zur letzten Iteration des letzten Planungszyklus. Hier werden die größeren anstehenden Themen strukturiert und aufbereitet, sodass sie auch zeitnah angegangen werden können. Es können hier alle grundsätzlichen Entscheidungen über die Weiterentwicklung des Produkts getroffen werden.

Dazu wird die Produktvision weiterentwickelt, das Backlog für das Produkt grundsätzlich überarbeitet und die anderen Artefakte aus der Stakeholder-Analyse und dem Risikomanagement grundsätzlich gepflegt und aktualisiert. Für die größeren Projektthemen erfolgt eine erste Makroschätzung, die entsprechenden Wirtschaftlichkeitsbetrachtungen und eine erste Zuordnung auf die Releases am Ende jeder Iteration, sodass ein aktueller Releaseplan entsteht.

Konstruktion mit fortlaufenden Releases: Die aktuellen Wartungsaufgaben und die anstehenden Aspekte aus den Softwarebetriebsprojekten werden in einzelnen Iterationen erarbeitet und am Ende jeder Iteration mit einem Release ausgeliefert. Falls kein *echtes* Release erfolgen kann, werden dennoch die Releases so weit wie technisch und operativ möglich simuliert und dann ein *internes* Release durchgeführt.

Damit stellen wir den maximalen Nutzen für den Kunden her und sichern somit seine Investition. Ansonsten verhalten sich die Konstruktionsiterationen analog zu denen in der Produkterstellung.

Refactoring: Aufgrund der Kleinteiligkeit der meisten Aufgaben finden viele Refactorings in der laufenden iterativen Entwicklung statt. Von daher besteht meist nur noch wenig Bedarf nach größeren Zeiträumen für ein Refactoring. Je nach Änderungsumfang werden ein bis vier Refactoring-Blöcke von jeweils einer halben Iterationslänge ungefähr gleichverteilt eingeplant. Ansonsten verhält es sich mit diesen Refactoring-Blöcken analog zum Refactoring in der Produkterstellung.

7.3.3 Agile Architektur?!

Die explizite Architekturphase bzw. die Architektur-Refactoring-Phasen werden sicher bei vielen Scrum- und XP-versierten Leserinnen und Lesern für Verwunderung sorgen. Ist das noch agil?

Ja, ist es! *APM* legt einen besonderen Fokus auf lang laufende, wartungsintensive Projekte und/oder Projekte mit einem hohen Legacy-Anteil. Es geht in diesen Phasen nicht darum, eine Architektur *vorab* zu erstellen, sondern darum, für die nächsten Iterationen architekturelle Risiken zu entschärfen oder durch umfangreiche Refactorings die Basis für eine effektive Weiterentwicklung zu legen.

APM zeigt damit eine Lösung auf, wie Architekturaufgaben in ein agiles Vorgehen integriert werden können. In Teil III des Buchs zeichnen wir diesen Weg genauer auf.

Teil II

Das Projekt aufsetzen

8 Ein agiles Projekt vorbereiten

Es ist eines der vielen Missverständnisse zu Agilität, denen man immer wieder begegnet: Agile Projekte brauchen keine Vorbereitung. Das ist falsch! Jedes Projekt braucht eine Vorbereitung!

8.1 Inhalte der Vorbereitungsphase

Am Scrum-Prozess in Abbildung 7.5 auf Seite 90 erkennen wir, was wir mindestens vorbereiten sollten, bevor wir in einen iterativen Umsetzungsprozess einsteigen. Wir brauchen danach eine Produktvision und ein daraus abgeleitetes, erstes Backlog für unser Produkt, in dem eine ausreichende Anzahl an anstehenden Aufgaben bis auf User-Story-Niveau heruntergebrochen sind, um mit der ersten Iterationsplanung beginnen zu können.

Für *APM* mag das als minimaler Grenzfall ausreichend sein. Meist benötigen wir aber doch noch etwas mehr als Ausgangsmaterial für die Architekturphase zu Beginn unseres Projekts:

- Eine Produktvision in schriftlicher Form auf maximal einer Seite Papier
- Ein initial mit Aufgaben für das Produkt gefülltes Backlog und folgenden Eigenschaften:
    - Die Releasefeatures für das erste Release sind zugeordnet und entsprechen den Kriterien eines minimal marktfähigen Releases.
    - Die Aufgaben sind für die erste Iteration für alle beteiligten Teams ausreichend von den Prozessen über Use Cases auf User Stories heruntergebrochen.
    - Alle Einträge im Backlog sind auf Basis von Komplexitätspunkten relativ zueinander geschätzt.
- Priorisierte Risiken des Projekts in einer Risikoliste oder auf einem Risikoboard
- Eine erste Stakeholder-Analyse, auf deren Grundlage die Teilnehmer der regelmäßigen iterativen Besprechungen eingeladen werden
- Die wesentlichen Qualitätsszenarien, um die qualitativen, also nicht funktionalen Anforderungen bewerten und einordnen zu können

In den allermeisten Fällen werden wir auch eine grobe Aufwandsschätzung benötigen, die über die relativen Schätzungen hinausgeht. Wir brauchen sie, um z. B. Wirtschaftlichkeitsbetrachtungen anzustellen oder die optimale Teamgröße bzw. Anzahl der Teams abzuschätzen.

Unter bestimmten Rahmenbedingungen unseres Projekts erweitern wir den Kern der Projektvorbereitung um zusätzlich geforderte bzw. benötigte Aspekte. Die Dauer der Vorbereitung verlängert sich dadurch. Jedoch bleibt auch unter sehr fordernden Rahmenbedingungen die maximale Dauer der Projektvorbereitung bei maximal zwei Längen der später für die Umsetzung angestrebten Iterationen. Das sind längstens zwei Monate. Meist läuft eine normale Vorbereitung in ca. zwei Wochen ab, wenn besondere Risiken vorhanden oder die Rahmenbedingungen anspruchsvoller sind, in ca. vier Wochen.

Besondere Risiken können auf zwei Wegen auftreten. Einerseits kann die Anzahl großer Risiken hoch sein, sodass wir ein besonderes Augenmerk auf Indikatoren legen, um nicht überrascht zu werden. Andererseits kann bereits ein einzelnes Risiko eine solche Komplexität und mögliche Wirkung aufweisen, dass es bereits alleine besondere Maßnahmen rechtfertigt.

In der Vorbereitung werden wir nur in Ausnahmefällen risikominimierende Maßnahmen durchführen. Vorgezogene Machbarkeitsstudien oder Prototypen sind Beispiele dafür. Meist gestaltet sich das initiale Risikomanagement deutlich aufwendiger, und die grobe Releaseplanung spiegelt eine Reihe von planerischen Risikomaßnahmen wider. Insbesondere versuchen wir dabei, riskante Anteile möglichst früh anzugehen. Um diese Anteile so verteilen zu können, dass wir später gut kontinuierlich ohne Überlast arbeiten können, zerlegen wir die Risiken entsprechend fein. Wir kommen in Abschnitt 9.5 darauf zurück.

Häufig treffen wir bei Projekten mit besonderen Risiken auch auf ein reguliertes Umfeld. Dann haben wir weitere, über den reinen Projektfokus hinausgehende Aufgaben aufgrund erweiterter Rahmenbedingungen zu erledigen. Diese Aufgaben liegen oft in der Dokumentation und in der Nachverfolgbarkeit von Anforderungen über die Modellierung bis hinunter in den Code und zurück, der sogenannten *Traceability*. Dann berühren sie die Vorbereitung nur insoweit, als dass wir einen entsprechenden Entwicklungs- bzw. Modellierungsrahmen zu setzen haben.

Es gibt aber auch zusätzliche Anforderungen zu den initialen Vorbereitungstätigkeiten. So wird dann ein gewisses Maß an Upfront-Design bzw. -Architektur gefordert. Wir finden dazu im Team in Diskussionen mit den relevanten Stakeholdern wie z. B. Testmanagern heraus, wie weit wir dabei gehen können, um die Anforderungen zu erfüllen und einen Mehrwert für das Projekt zu haben. Wir möchten uns dabei möglichst wenige Entscheidungen, die wir später noch zu treffen haben, verbauen. Wenn dieses Maß gut getroffen wird, können solche vorbereitenden Maßnahmen durchaus sogar für das Projekt nützlich sein. So sind oftmals die darauf aufbauenden Testkonzepte früher einsetzbar und deutlich aussagekräftiger. Zumindest behindern diese Maßnahmen dann unser weiteres Vorgehen nicht.

8.2 Wer bereitet das Projekt vor?

Hier kommen wir zu dem Hauptproblem der Projektvorbereitung. Es ist sehr wohl klar, was alles zu tun ist, aber oft ist niemand da, der die Arbeit sinnvoll durchführen kann. Dabei sind zwei Aspekte wichtig. Wir brauchen bereits vor Projektbeginn bestimmte Projektmitarbeiter. Es reicht also nicht, irgendwelche freie Kapazitäten für die Aufgaben zu haben. Wir nutzen die Projektvorbereitung, um das Kernteam aufzubauen und die Mitarbeiter untereinander abzustimmen.

Leider hören unsere Anforderungen nicht bei dem Kernteam auf, sondern fangen erst an. Damit in der Vorbereitung auch die passenden Entscheidungen getroffen und notwendigen Prioritäten gesetzt werden können, benötigen wir auch die zentralen Stakeholder aus den Fachbereichen, dem Management und dem Betrieb.

8.2.1 Das Projekt und die Zusammenarbeit vorbereiten

In der Projektvorbereitung versuchen wir zwei Dinge vorzubereiten:

- den Projektablauf mit den Plänen und Analysen sowie
- das Kernteam bilden und die Zusammenarbeit mit den Stakeholdern etablieren, indem gemeinsam initiale Aufgaben bearbeitet werden.

Dazu ist es wichtig, dass die zentralen Rollen in den Projektteams und aufseiten der Stakeholder bereits durch die später im Projekt eingesetzten Personen erfolgt. Die Vorbereitung gehört bereits zum Projekt!

In der Architekturphase wird dann die spätere Teamgröße erreicht. Aber alles bildet sich um die Mitarbeiter aus dem initialen Kernteam. Sie dienen als zentrale Ansprechpartner, Informationsgeber und Schaltzentralen im späteren Projektverlauf.

8.2.2 Das Kernteam für die Vorbereitung

Das Kernteam besteht aufseiten der Entwicklung meist nur aus dem Projektleiter, dem Architekten und einem analytisch starken Entwickler sowie einem Tester für die testkonzeptionelle Sicht. Bei sehr großen Projekten, bei denen in der Vorbereitung bereits spezielle Risiken über kleinere Machbarkeitsstudien oder Prototypen behandelt werden, können mehrere Entwickler dazugehören.

Aufseiten des Kunden bzw. der fachlichen Stakeholder werden für die Vorbereitung feste Ansprechpartner gestellt, die dem Kernteam mit Informationen und fachlichen Entscheidungen zuarbeiten. Bei sehr großen Projekten können einige wenige dieser kundenseitigen Mitarbeiter auch dauerhaft dem Kernteam zugeordnet werden. Sie koordinieren die Vorbereitung und spätere fachliche Projektbegleitung, sodass der Entwicklung stets zum passenden Zeitpunkt die richtigen Ansprechpartner zur Verfügung stehen. Damit unterstehen sie als Kernteammitglieder dem Projektleiter, arbeiten aber fachlich eng mit ihm zusammen und entlasten ihn bei seiner Arbeit.

Auch wenn das vorzubereitende Projekt eher vergleichsweise klein ist, gehören jedoch stets mindestens drei Personen entwicklungsseitig zum Kernteam:

- Projektleiter
- Architekt bzw. ein erfahrener Entwickler
- Tester bzw. der Testmanager

Damit sind alle relevanten Sichten bereits in der Vorbereitung vertreten. Sobald nur einer dieser drei Blickwinkel in der Vorbereitung fehlt, mindert sich die Qualität der Vorbereitungsergebnisse spürbar und die fehlenden Aspekte müssen in der Architekturphase nachgearbeitet werden, was wiederum zulasten der dann eigentlich anstehenden Aufgaben geht.

8.2.3 Was tun, wenn wir das Kernteam nicht bilden können?

Hier sehen wir oft zwei *Fehlerbilder*. Entweder gibt es kein Team, sondern nur den Projektleiter, oder die vorbereitenden Mitarbeiter stehen dem Projekt später nicht mehr zur Verfügung. Das letzte Pattern findet sich oft auf Stakeholder-Seite, betrifft aber auch einzelne technische Mitarbeiter mit einem Wissensmonopol. Sie sind dann später überall unentbehrlich, weshalb sie kaum zur richtigen Zeit am richtigen Ort sein können.

Es gibt zwei grundsätzliche Strategien, damit umzugehen. Entweder können Sie argumentativ den entsprechenden Entscheidern klarmachen, dass das Projekt unter diesen Rahmenbedingungen unwirtschaftlich ist, und es ggf. zeitlich verschieben. Manchmal lassen sich Engpässe so lösen.

Oder die Rahmenbedingungen bleiben so und Sie müssen damit leben. Dann ist die unzureichende Projektvorbereitung ein Risiko, das entsprechend gehandhabt werden muss. Insbesondere spiegelt sich das Risikomanagement in der Releaseplanung derart wider, dass am Anfang eine deutlich geringere Produktivität angenommen wird. Wir berücksichtigen dabei auch, dass wir mit dem Team die fehlenden Aufgaben aus der Vorbereitung abzuarbeiten haben bzw. sich das Team einarbeiten und zusammenarbeiten kann. Die Vorbereitung verteilt sich dann meist auf die ersten ein bis drei Iterationen. Die nachzuholenden Aufgaben werden ins Backlog aufgenommen und entsprechend hoch eingeordnet. Das erste Release verzögert sich dann um die *zusätzlichen* ein bis drei Iterationen verglichen mit einem vorbereiteten Projektablauf.

Diese Verzögerung ist nicht einfach eine kostenneutrale Verschiebung von Kapazitäten aus der Projektvorbereitung in die ersten Iterationen, sondern birgt zusätzliche Risiken und versteckte Kosten. Die belastbaren Rückkopplungsschleifen verlängern sich, was zu früherem und zusätzlichem Refactoring-Aufwand, erschwerter Teameinarbeitung oder schwer zu korrigierenden Fehlentscheidungen bei den Rahmenbedingungen des Projekts führen kann. Eine agile Projektvorbereitung ist zwar eher kurz, aber von besonderer Bedeutung für den späteren Projekterfolg. Probleme in der Vorbereitung können später im Projekt nur teuer kompensiert werden!

8.3 MyHeavyShop – unser Fallbeispiel

Bevor wir tiefer in die einzelnen Techniken von agilem Projektmanagement und *APM* einsteigen, betrachten wir kurz unser Fallbeispiel. Es ist für ein *APM*-Projekt eher klein gehalten, damit es stets übersichtlich und nachvollziehbar bleibt. Dennoch bietet es anspruchsvolle Aspekte, um die Techniken ausreichend zu beleuchten und zu motivieren. Wenn in diesem Buch Bezug zum Fallbeispiel genommen wird, ist das, wie hier am Rand zu sehen, durch ein Ausrufungszeichen hervorgehoben.

Die besondere Problemstellung des Beispiels beruht auf den engen wirtschaftlichen Rahmenbedingungen. Daraus resultiert u. a. auch der Druck, bereits früh den Betrieb aufzunehmen und dann das Produkt kontinuierlich zu verbessern. Ein weiterer Aspekt, der sich daraus ergibt, ist das wachsende Team. Aufgrund des engen finanziellen Rahmens werden wir mit einem minimalen Team beginnen und dann schrittweise mit dem Ausbau des Produkts auch die Anzahl der Teammitglieder bzw. der Featureteams steigern. Daraus ergeben sich zusätzliche Anforderungen an die Einarbeitung der Mitarbeiter und das Wissensmanagement.

Als Beispiel zur Illustration der konkreten agilen Projektmanagementtechniken in *APM* betrachten wir einen kleinen Webshop (Verkauf und Auktion), der sich auf Waren spezialisiert hat, die schwierig zu transportieren sind, weil sie besonders schwer oder groß sind. Daraus ergibt sich die besondere Dienstleistung der Anlieferung per Spedition.

Konkret wird *MyHeavyShop* inkrementell auf Basis der Dienstleistung *Spedition* als weiterer Betriebszweig einer internationalen Spedition entwickelt, die auf Schwer- und Großtransporte spezialisiert ist und über derzeit nur wenig genutzte Lagerkapazitäten an mehreren Standorten in Deutschland verfügt.

Der finanzielle Spielraum des Auftraggebers *HeavyTrans* ist gering, sodass mit einer ersten schnellen Lösung bereits früh Umsatz erzielt werden soll, über den dann die weitere Entwicklung finanziert wird. Die erste Ausbaustufe von MyHeavyShop wird daher eine Verkaufs- und Versteigerungsplattform für Anbieter schwerer oder sperriger Güter sein, die an Privatkunden verkaufen möchten. HeavyTrans übernimmt dabei den Transport und ggf. damit verbundene Zusatzaufgaben wie Aufbau und verdient gleichzeitig an Vermittlungsprovisionen von den Anbietern.

Die Geschäftsidee basiert darauf, dass solche Güter in der Regel eher hochpreisig sind und daher sowohl bei Provisionen als auch beim Transport entsprechende Margen realisiert werden können. Als erste Partner, die als Anbieter die neue Plattform nutzen möchten, sind bereits Verträge mit zwei Billardtischgroßhändlern, drei Herstellern von Steinen, Platten und Fliesen und einem Carportlieferanten geschlossen worden. Weitere Verhandlungen laufen.

Als weitere Ausbaustufe ist eine Auftragsverfolgung sowohl für Käufer und Anbieter als auch für die Fahrer bzw. Lieferanten als Android- und iOS-App geplant, damit Käufer genau sehen, wann geliefert wird, und Anbieter eine Lieferübersicht z. B. zur Rechnungsstellung haben. Danach ist der Einstieg von HeavyTrans selbst in den Vertrieb angedacht, der in Kooperation mit einem namhaften Hersteller für Garten- und Hausbaumaterialien erfolgen soll. Dazu werden eigene Lagerbestände aufgebaut und verwaltet.

9 Die Projektvorbereitung im Detail

Die Aspekte, zu denen Sie in der Vorbereitung eines *APM*-Projekts Aussagen treffen sollten, schauen wir uns genauer an. Sicherlich muss nicht jeder Aspekt gleich umfassend betrachtet werden und je nach Kontext können Themen hinzukommen. Mit den folgenden Punkten schaffen Sie eine praktikable und aussagekräftige Basis.

9.1 Produktvision und Systemkontext

9.1.1 Vision – wissen, wo es hingeht

Den Ausgangspunkt eines Projekts bildet die Produktvision. Sie wird mit den zentralen Stakeholdern auf der Auftraggeberseite erarbeitet und abgestimmt. Das Ergebnis ist ein kurzes Dokument von maximal einer Seite, auf der wir die Antworten auf folgende Fragen erhalten [64]:

- Worum geht es in diesem Projekt:

  Produktvision: Was ist der Grund für das Projekt?

  Mission: Was wird getan, um die Absichten des Projekts zu erreichen?

  Erfolgskriterien: An welchen außerhalb des Projekts sichtbaren Faktoren kann der Erfolg des Projekts überprüft werden?

- Aus welchen wirtschaftlichen Gründen bzw. mit welchen wirtschaftlichen Zielen wird das Projekt angegangen?
- Wie sieht der gewünschte zeitliche Rahmen aus?
- Wer ist beteiligt oder hat wesentliche Interessen an dem Projekt?
- Wo wird das Projektergebnis für Anwender, den Betrieb oder die Auslieferung sichtbar bzw. nutzbar?
- Wie soll das Projekt durchgeführt werden?
  Hier sind Betrachtungen darüber wertvoll, wie erfahren eine Organisation bereits mit agilen Vorgehensweisen ist und welche bisherigen Standards und eingespielten Abläufe davon betroffen sind.

Natürlich sind diese Antworten abstrakt und auf einem hohen Beschreibungsniveau. Dennoch ist eine solche Projekt-Charta enorm wertvoll, um den Kern des Projekts zu erarbeiten und kommunizieren zu können. Wir orientieren uns immer wieder in den Iterationen bei den Vorbereitungen der Planungsmeetings in der Backlog-Pflege und Verfeinerung daran und prüfen, ob die aktuelle Sicht auf das Projekt, wie sie sich im Backlog unseres Produkts zeigt, mit der ursprünglichen Vision übereinstimmt. Gegebenenfalls passen wir die Reihenfolge im Backlog an oder ändern in Abstimmung mit den auftraggebenden Stakeholdern die Vision an die aktuellen Gegebenheiten an. Eine beispielhafte Produktvision für unser Fallbeispiel finden Sie im Kasten auf Seite 107.

Eine Metapher, um sich einer Produktvision etwas spielerischer zu nähern, ist der Produktkarton (Abb. 9.1). Dabei wird von den auftraggebenden Stakeholdern ein Karton gestaltet, der als spätere Verpackung für das Projektergebnis dienen könnte, wenn das Softwaresystem im freien Handel zu kaufen wäre [118, 171, 191].

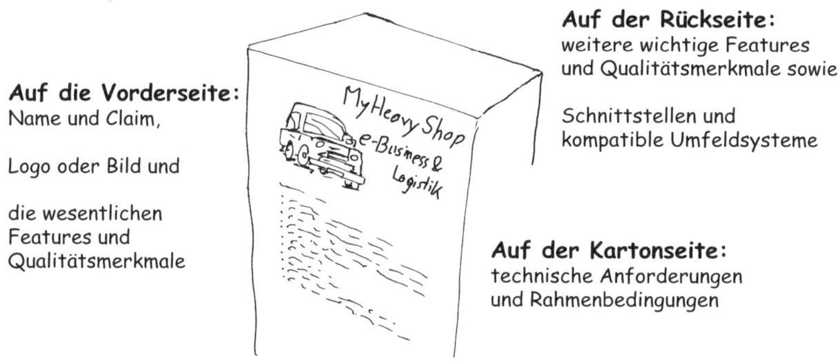

Abbildung 9.1: Der Produktkarton als Metapher und Ausgangspunkt für eine ausgereifte Produktvision [118, 171, 191]

Solche spielerischen Herangehensweisen sind typisch für agile Projekte, weil sie die übergreifende Kommunikation fördern. Zusätzlich helfen uns solche *ernsthaften Spiele* dabei, die ausgetretenen Gedankenwege zu verlassen und auf neue, kraftvolle Ideen zu kommen. Das macht diese Herangehensweisen so wertvoll.

9.1.2 Systemkontext – die Grenzen finden

Wir können jetzt einen ersten Schritt konkreter werden und den Systemkontext betrachten. Wir grenzen so unser Projekt von außen ein, indem wir klären, welche Akteure *direkt* mit unserem Projektergebnis arbeiten und welche Umfeldsysteme *indirekt* über eine Schnittstelle mit unserem System interagieren. Weiter als über diese direkten Schnittstellen oder die

Produktvision MyHeavyShop

MyHeavyShop ist ein in 18 Monaten rentabler Online-Bestellversand mit Auktionsplattform für Waren, die für die üblichen Vertriebswege zu schwer oder sperrig sind. Kunden können über die Plattform in von anderen Onlinehändlern gewohnter Form Waren bestellen bzw. ersteigern und liefern lassen, die über andere Plattformen nicht oder nur für Selbstabholung angeboten werden.

Die Waren werden von Partnerfirmen wie z. B. Herstellern oder Großhändlern über MyHeavyShop angeboten. Die Lieferung erfolgt über die eigene Spedition. Die Lieferkosten werden bei der Bestellung aus den Angaben des Kunden und hinterlegten Informationen der Partnerfirmen errechnet und dem Kunden zusammen mit dem Preis der Ware angezeigt. Der Kunde kann Parameter der Lieferung variieren und so den Preis bzw. die Dienstleistung der Lieferung verändern.

Die Abrechnung der Zahlungen wird intern zwischen den Partnerfirmen und der Spedition entsprechend den Bestellungsparametern aufgeteilt und getrennt verrechnet, sodass jederzeit Transparenz über die finanziellen Daten vorliegt.

Die Anwendung MyHeavyShop ist webbasiert. Spezielle Apps für Android und Apple OS lassen sich zu einem späteren Zeitpunkt erstellen und in das System integrieren. Die Kunden benötigen für Bestellungen ein passwortgeschütztes und sicheres Konto, in dem sie die Zahlungsinformationen hinterlegen. Über das Konto können später auch Informationen zum Status der Bestellung abgefragt werden. Die Abrechnungen mit den Partnerfirmen erfolgen monatlich.

Verträge mit den ersten Partnerfirmen sind bereits geschlossen, wobei regelmäßig weitere Anbieter hinzukommen. Eine Möglichkeit zur Anbindung eines eigenen Lagers als Auslieferungslager für Waren der Partnerfirmen lässt sich bei Bedarf einfach umsetzen.

Eine erste produktive Version ist neun Monate nach Projektbeginn im Betrieb. So werden erste Umsätze und Gewinne realisiert und die Weiterentwicklung gesteuert und finanziert. Die weitere Entwicklung erfolgt regelmäßig und in möglichst kleinen Schritten, um kontinuierlich den Funktionsumfang erweitern zu können.

Benutzerschnittstelle hinaus betrachten wir das Umfeld hierbei nicht. Es geht uns beim Systemkontext darum, unsere Projektsystemgrenze von außen betrachtet festzulegen und Schnittstellen unseres Systems zu identifizieren. Als Notation des Systemkontexts hat sich eine Anlehnung an UML bewährt, wie sie auch in Abbildung 9.2 für unser Fallbeispiel zu sehen ist. Sie ist einfach zu erfassen, bei Bedarf gut erweiterbar und so kompakt, sodass der Systemkontext jederzeit sofort einsichtig ist.

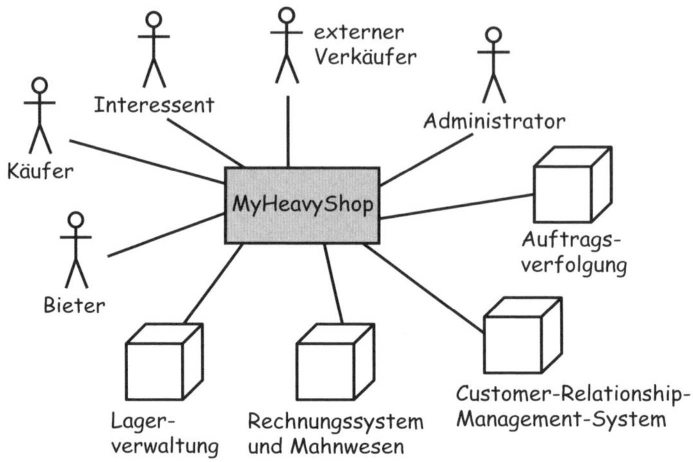

Abbildung 9.2: Der Systemkontext für unser Fallbeispiel

9.2 Externe Stakeholder und Kommunikationsplan

Mit der Entwicklung eines Softwaresystems befriedigen wir die Bedürfnisse von Personen, Gruppen oder Institutionen. Dabei haben wir entsprechende Rahmenbedingungen zu beachten, die für diese Personen, Gruppen oder Institutionen wichtig sind. Wir treten daher in Kontakt mit diesen Personen bzw. Repräsentanten der Gruppen und Organisationen. Diese Personen machen einen großen Anteil der Stakeholder aus.

Als *Stakeholder* bezeichnen wir Rollen bzw. Personen, die diese Rollen wahrnehmen, die ein Interesse an dem Projektverlauf und/oder am Projektergebnis haben oder davon betroffen sind. In der Produktvision aus Abschnitt 9.1.1 haben wir bereits eine erste Liste mit wichtigen Stakeholdern erstellt. Darauf setzen wir auf und vervollständigen diese Liste sukzessive. Als Anregung, welche Interessengruppen dabei zu betrachten sind, kann die folgende, sicherlich unvollständige Liste dienen:

- Auftraggeber und Budgetverantwortliche
- Anwender, Käufer oder Kunden unseres Kunden
- Fachbereiche bzw. Fachexperten und deren Führungskräfte
- Gesellschafter oder Shareholder
- Projektverantwortliche für die Umfeldsysteme
- Administratoren und Betrieb
- Datenschutzbeauftragte, Betriebs- oder Personalrat
- Unsere Projektteams und deren Führungskräfte
- Führungskräfte auf Auftragnehmerseite
- Mitarbeiter der abzulösenden Systeme

Diese Liste ist wie ein Backlog geordnet: Die wichtigsten Stakeholder finden wir weiter oben. Woran machen wir deren Bedeutung für unser Projekt fest? Wir betrachten dazu das Risiko für unser Projekt, wenn wir gar nicht oder nicht ausreichend Informationen von diesem Stakeholder erhalten oder diesen nicht ausreichend informieren können.

9.2.1 Stakeholder bewerten

Worin kann dieses Risiko bestehen? Eine einfache und gleichzeitig wirkungsvolle Sichtweise ergibt sich aus einer Einteilung nach zwei Achsen: Wirkung bzw. Macht auf der einen Seite und Kooperation bzw. Interesse auf der anderen. Wir erhalten damit vier Grundkategorien für Stakeholder (Abb. 9.3) [133]:

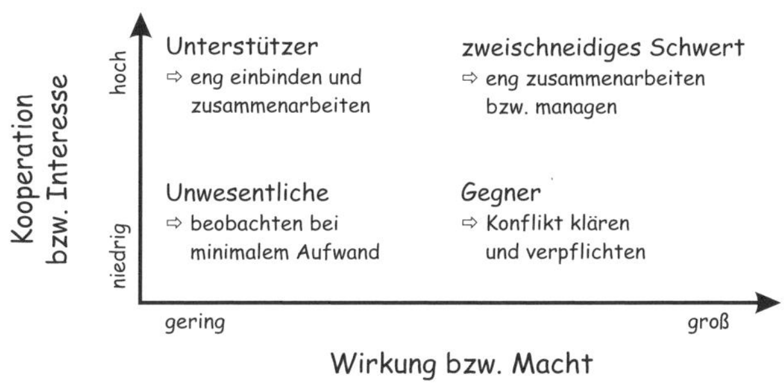

Abbildung 9.3: Bewertung von Stakeholdern nach zwei Achsen [133]

Zweischneidiges Schwert: In dieser Kategorie finden wir Menschen, die ein großes Interesse am Projekt haben und gleichzeitig aufgrund ihrer Rolle oder internen Anerkennung für die Zusammenarbeit wichtig sind, also die sogenannten Promotoren bzw. Machtpromotoren. Wegen ihrer großen Wirkung auf unser Projekt sind wir eng mit ihnen verbunden und versuchen, so intensiv wie möglich mit ihnen zusammenzuarbeiten. Sie sind besonders wertvoll für den Projektfortschritt und -erfolg, können aber für viel Unruhe sorgen, wenn sie ihre Ansichten oder Meinungen ändern. Daher arbeiten wir nicht nur eng zusammen, sondern organisieren regelmäßige Treffen zum gegenseitigen Austausch und für Feedback und betreuen sie intensiv.

Unterstützer: Hier finden wir oft die Personen, die eng am oder für das Projekt arbeiten, ohne aber über großen Einfluss im Unternehmen zu verfügen. Wir binden sie eng in die Kommunikation ein und arbeiten intensiv mit ihnen zusammen, weil wir mit ihnen viele Elemente erarbeiten, die für den Projekterfolg und die Akzeptanz der Projektergebnisse von besonderer Bedeutung sind.

Unwesentliche: Diese Stakeholder spielen kaum eine Rolle für unser Projekt. Dennoch beobachten wir auch diese Personen, wenn auch mit minimalem Aufwand, da sich einzelne Veränderungen bei ihnen im Verlauf des Projekts sonst unbemerkt abspielen und dann zu Problemen führen können. Eine Beförderung in der Organisation oder eine interne Reorganisation im Unternehmen kann hier die Karten neu verteilen.

Gegner: Ein Projekt trifft nicht bei jedem Stakeholder auf Gegenliebe. Ein durchgeführtes IT-Projekt sorgt fast immer für interne Veränderungen in der Kundenorganisation. Deshalb gehört auch zu jedem IT-Projekt ein entsprechendes Veränderungsmanagement. Wir kommen darauf in Abschnitt 9.5.5 zurück. Die Projektgegner gilt es zu identifizieren, damit wir konstruktiv mit dem Konflikt umgehen können. Wir versuchen, den Konflikt oder zumindest die unterschiedlichen Sichten zu klären und über entsprechende Vereinbarungen klare, verpflichtende Regeln für das gemeinsame Miteinander festzulegen.

In unserem Fallbeispiel treffen wir auf folgende Situation: Unser Auftraggeber Herr Müller, der Geschäftsführer von HeavyTrans, ist eine stark extravertierte Persönlichkeit, der gerne überall mitredet und sich vorbehält, letztendlich jede Entscheidung selbst zu treffen. Unsere fachliche Projektleiterin Frau Schmidt, Abteilungsleiterin bei HeavyTrans und Initiatorin der Idee für MyHeavyShop, macht einen sehr kompetenten und ruhigen Eindruck, kann sich jedoch nur begrenzt gegen ihren Chef durchsetzen.

Damit fällt Herr Müller in die Kategorie *zweischneidiges Schwert* und Frau Schmidt unter die *Unterstützer*. Das kann z. B. bedeuten, dass unser Projektleiter stark auf die Komunikation und Diskussion mit Herrn Müller fokussiert, während seine Teamprojektleiter so eng wie möglich mit Frau Schmidt zusammenarbeiten.

9.2.2 Wer gehört zu welchem Meeting?

Als Nächstes klären wir, welche Stakeholder für welche Besprechungen oder andere Projektveranstaltungen relevant sind und dazu eingeladen werden. Die konkreten Lösungen sind von Projekt zu Projekt unterschiedlich, orientieren sich aber an folgenden allgemeingültigen Regeln:

- Der Teilnehmerkreis bei Besprechungen und Meetings sollte so klein wie sinnvoll möglich sein (Abschnitt 5.4).
- Zur Backlog-Pflege und Verfeinerung sowie zum Planungsmeeting *Planung I* können Stakeholder explizit mit eingeladen werden, um eventuell notwendige Klärungen zu beschleunigen. Welche Stakeholder infra-

ge kommen, hängt von den zu diskutierenden Themen aus dem Backlog ab und wird bei der Planung der jeweiligen Veranstaltung vom Projektleiter bzw. Teamprojektleiter berücksichtigt. Das Meeting *Planung II* ist eine entwicklungsteaminterne Veranstaltung, bei der der (Team-)Projektleiter und der Tester eher passiv bleiben und nur für Rückfragen zur Verfügung stehen.

- Die Klärung von User Stories in der laufenden Iteration findet direkt zwischen Stakeholder und Entwickler statt. Projektleiter und Tester sollten dabei sein, um direkte Informationen zu erlangen. Der Projektleiter kann nach Rücksprache mit einem Stakeholder diesen vertreten.
- Das Ergebnisreview ist eine offene Veranstaltung, zu der auch nicht explizit eingeladene Stakeholder willkommen sind.
- Die Retrospektive ist eine rein teaminterne Veranstaltung, zu der keine weiteren Teilnehmer zugelassen sind. Eine Ausnahme gibt es nur auf Initiative des Teams hin, wenn es z. B. Probleme mit einem Stakeholder oder einem anderen Featureteam gibt.

Grundsätzlich stehen alle relevanten Informationen für alle Stakeholder tagesaktuell als *Information Radiator* zur Verfügung.

9.2.3 Information Radiator im War Room

Die Metapher des *Information Radiator* vergleicht den Fluss von Informationen mit der Ausbreitung von Wärme durch eine Heizung (Radiator). Es finden dafür keine zusätzlichen Besprechungen statt, und es wird auch keine Flut von Statusberichten angefertigt. Über die Offenlegung der Artefakte aus dem Projekt an Pinnwänden, Whiteboards oder über elektronische Medien breitet sich die notwendigen Informationen zu den relevanten Personen aus, die sich bei Bedarf schnell und einfach mit den gewünschten Informationen versorgen können. Typische Information Radiators sind also Artefakte sowie die Orte, an denen sie einsehbar sind und wo die Treffen der Entwickler und Stakeholder stattfinden [149]:

- Projektvision
- Produkt-Roadmap und Releaseplan (Story Map)
- Iterationsziele
- Backlog des Produkts
- Taskboards, Burndown-Diagramme und Statusampeln für den Build-Zustand
- Regelmäßige Meetings wie Daily Standup, Retrospektive und Review sowie die räumlich nahe Zusammenarbeit
- Einbeziehung von Stakeholdern in die direkte Zusammenarbeit zur Anforderungsklärung und für Abnahmen sowie das Ergebnisreview

- Informationen über das oder die Teams und die Räume, in denen die Teams arbeiten
- Orte und Zeiten der regelmäßigen Meetings
- Links zu Online-Informationsquellen und Statusberichte für Stakeholder, die nicht vor Ort sind

Dabei sind analoge Medien wie eine Planungswand oder Flipcharts elektronischen vorzuziehen. Ihre direkte und sofort für jeden einsichtige Wirkung kann von keinem elektronischen Hilfsmittel erreicht werden.

Einen Großteil der Information Radiators findet man in speziellen Räumen oder Bereichen, den Kommandozentralen (engl.: War Room). Jedes Featureteam hat eine eigene Teamkommandozentrale. Bei mehr als einem Featureteam hat die Projektleitung ebenfalls eine eigene Projektkommandozentrale. Diese Kommandozentralen dienen auch als Platz für die Daily-Standup-Meetings, um direkt auf die aktuellen Informationen Zugriff zu haben bzw. die Artefakte in den aktuellen Zustand zu bringen. Bei Bedarf steht mit den Kommandozentralen ein Besprechungsraum zur Verfügung, um z. B. Klärungen und Abstimmungen mit anderen Stakeholdern oder die Pflege und Verfeinerung durchzuführen.

Die Projektvision, die Produkt-Roadmap und der Releaseplan befinden sich in der Projektkommandozentrale. Ebenso finden sich dort die Artefakte von teamübergreifenden Arbeitsgruppen wie den Architekten oder den Testern. Alle teamrelevanten Information Radiators stehen in den jeweiligen Teamkommandozentralen. Die Kommandozentralen sind offen und können jederzeit, solange dort keine teaminterne Veranstaltung stattfindet, von jedem Stakeholder betreten werden. So kann sich jeder schnell einen tagesaktuellen Überblick verschaffen. Gleichzeitig sind diese Räume für die teaminterne Kommunikation unerlässlich und damit unverzichtbar.

Das Konzept der Information Radiators und der Kommandozentrale ist grundlegend bei der agilen Zusammenarbeit mit Stakeholdern. Wir schaffen darüber eine maximale Transparenz, die uns erlaubt, die Meetings mit so wenigen Menschen wie möglich durchzuführen und trotzdem jedem die Möglichkeit zu geben, ausreichend informiert zu sein, und bei Bedarf auf übersehene Aspekte hinweisen zu können.

9.3 Produkt-Roadmap und Releaseplanung

Die initiale fachliche Releaseplanung ist sicherlich eine der anspruchsvollsten Aufgaben in der Vorbereitung. Sie ist eng verknüpft mit der Idee der minimal marktfähigen Features, aus denen dann ein minimal marktfähiges Release zusammengestellt wird. Dabei unterstützen uns zwei Techniken, die Geschäftsdimensionen und die Story Map.

9.3.1 Geschäftsdimensionen

Als Vorgedanken zur Struktur unseres Produkts kann uns die Darstellung von Geschäftsdimensionen helfen, die auch im beigefügten Poster zu finden ist. Eine Geschäftsdimension ist ein Aspekt unseres Produkts, bei dem eine klare Differenzierung stattfindet. Diese Differenzierung kann uns später bei der Zerlegung unseres Produkts helfen. Wir finden die Geschäftsdimensionen, wenn wir uns tiefer mit den ersten Anforderungen befassen. Meist werden sie bereits von unseren fachlichen Ansprechpartnern selbst ins Spiel gebracht, weil diese Unterteilung schon fachlich getroffen wurde und z. B. der internen Kommunikation oder Struktur der Organisation dient.

Bei einer Kfz-Versicherung könnten solche Dimensionen z. B. der Vertriebskanal oder die Sparte sein. Wir hören dann von Partnern und Direktvertrieb oder Haftpflicht, Kasko und Schutzbrief. Für unser Fallbeispiel sind die Geschäftsdimensionen die Art der Waren oder der Lieferung, die Verkaufsart, der Bezahlweg und die Art des Anbieters (Abb. 9.4).

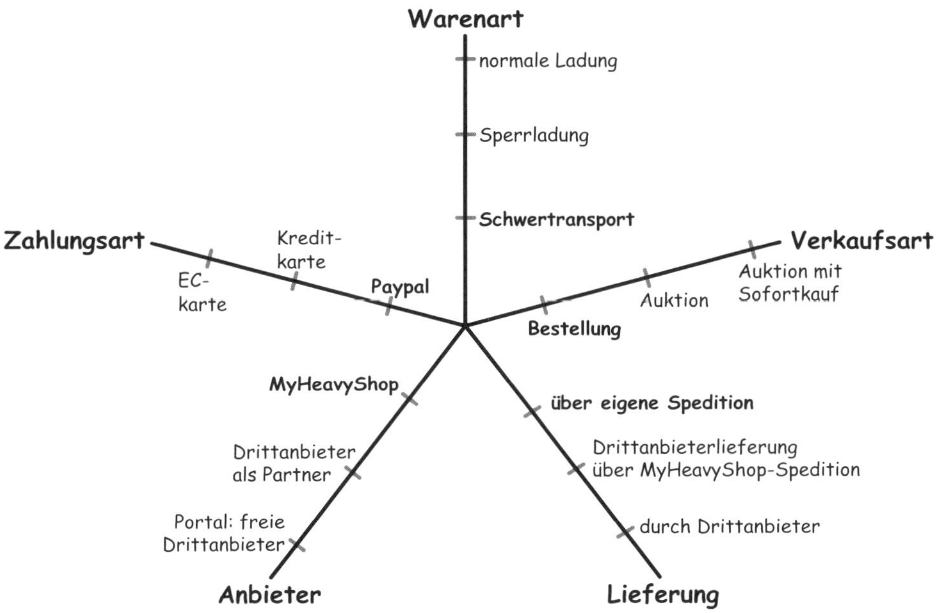

Abbildung 9.4: Geschäftsdimensionen für unser Fallbeispiel

Um erste Ideen für mögliche Releases zu entwickeln, wählen wir Kombinationen entlang der Achsen aus. Als minimales erstes Release bietet sich zum Beispiel als Zahlungsart Paypal, als Warenart Schwertransport, als Verkaufsart Bestellung, eine Lieferung über die eigene Spedition und als

Anbieter MyHeavyShop an, die in der Abbildung 9.4 innen liegen und fett hervorgehoben sind. Mithilfe der Geschäftsdimensionen lassen sich vor allem erste Kandidaten für Releases entwickeln, die dann mit Story Maps weiter verkleinert werden, bis schließlich ein minimal marktfähiges Release (MMR) entsteht. Für ein erstes minimal marktfähiges Release ist es manchmal noch nicht einmal notwendig, dass wie im obigen Beispiel bereits alle Achsen berücksichtigt werden.

Die Visualisierung als Spinnennetzdiagramm kann uns dabei helfen, die Prioritäten sichtbar zu machen. So setzen wir die wichtigeren Aspekte eines Astes näher ans Zentrum. Diese Visualisierung zählt auch zu den Information Radiators und ist in der Projektkommandozentrale einzusehen.

9.3.2 Minimal marktfähige Features definieren

Ein minimal marktfähiges Feature ist eine Anforderung, die

- einerseits so klein vom Umfang her ist, dass sie nicht mehr marktfähig wäre, wenn sie geringer wäre, und
- andererseits inhaltlich so wertvoll ist, dass ein Kunde oder Nutzer dafür Geld zahlen würde, um sie zu nutzen [126].

Wie so oft in agilen Projekten gilt es auch hier, eine passende Balance zu finden. Dabei hilft es uns, ein eher größeres Feature in seine einzelnen funktionalen Teile zu zerlegen. So können wir ein minimales Teileset finden, mit dem wir die Entwicklung beginnen können.

9.3.3 Features zu Releases und einem Produkt bündeln

Ein minimal marktfähiges Release besteht aus einem oder mehreren minimal marktfähigen Features. Deren Gemeinsamkeit liegt vor allen Dingen darin, dass sie im selben zeitlichen Rahmen ausgeliefert werden können.

Wenn wir diesen Gedanken weiter verfolgen, kommen wir zu einer Zerlegung nach Releases, die uns zu einem minimal marktfähigen Produkt führt. Dieser Gesichtspunkt ist auch aus Sicht des Risikomanagements sinnvoll. Daher ist es zentral für ein Projekt nach *APM*, dass sich die Ergebnisse dieser Betrachtungen in der initialen Releaseplanung widerspiegeln.

Ein neues Produkt birgt viele Risiken. Sonst würden wir kein Projekt dafür aufsetzen, um es zu realisieren. Um ein minimal marktfähiges Produkt zu schneiden, hilft es uns, sich zu vergegenwärtigen, wie ein solches schlankes und minimales Produkt mit dem kleinstmöglichen Satz an Features aussehen kann. Diese Produktvision, die bei großen Projekten stets nur einen Teil der Gesamtvision ausmacht, beschreibt das minimal marktfähige Produkt. Ein größeres angestrebtes Gesamtergebnis setzt sich dann aus einer Abfolge mehrerer minimal marktfähiger Teilprodukte zusammen.

Ein minimal marktfähiges Produkt beinhaltet gerade so viel Funktionalität, dass es am Markt existenzfähig ist. Das bedeutet, dass es eingeführt und erfolgreich abgesetzt bzw. verkauft werden kann. Diese Sichtweise ist auch für Inhouse-Entwicklungen sinnvoll, um kurze Releasezyklen zu erreichen und stets auf das Notwendige zu fokussieren, ohne sich von emotionalen Diskussionen mit fachlichen Führungskräften zu einer zu starken individuellen Optimierung auf Kosten der gesamten Wirtschaftlichkeit des Produkts verleiten zu lassen.

Auch wenn ein Feature, Release oder Produkt minimal marktfähig ist, so orientiert sich seine Qualität stets an der geforderten Produktqualität. Die Basis dafür bildet die Definition of Done. Inbesondere werden Prototypen auf keinen Fall zu Produkten weiterentwickelt. Prototypen sind zum Lernen und Absichern von Risiken da, Produkte, um damit Geld zu verdienen! Daher werfen wir in *APM* Prototypen weg, nachdem sie ihre Aufgabe erledigt haben. Als Idee, wie wir zu einem minimal marktfähigen Produkt kommen, können wir meist zwei Schritte nutzen [18]:

1. Die Zielgruppe möglichst klein halten. Dafür minimieren wir die Beschreibungen einzelner Zielgruppen so weit, bis keine sinnvolle Verfeinerung mehr möglich ist[1]. Dazu beantworten wir immer wieder die folgenden beiden Fragen:
   - Welcher Teil der Zielgruppe kann weggelassen werden und das Produkt würde sich immer noch verkaufen lassen?
   - Welche Konsequenzen ergeben sich daraus? Was kann danach am Produktumfang verringert werden?
2. Den Feature-Umfang an die verkleinerte Kernzielgruppe anpassen. Dabei ist darauf zu achten, dass das Produkt nicht für die Anwender vom Leistungsumfang her uninteressant oder in seiner Handhabung unattraktiv wird, sondern dass es auf seinen Kern fokussiert wird. Das Produkt bleibt klar entwickelbar und auch den Kunden bzw. Anwendern gegenüber kommunizierbar. Wir gelangen dahin über zwei Schritte:
   - Wir identifizieren essenzielle Features für die minimale Zielgruppe.
   - Alle anderen Features werden weiter nach unten im Backlog verschoben, sodass die essenziellen Features in der Ordnung des Backlogs klar herausgestellt sind.

Als Anhaltspunkt für die minimale Zielgruppe bei der initialen Einführung eines neuen oder stark modifizierten Produkts können wir uns an einer einfachen Einteilung unserer Kunden bzw. Anwender orientieren (Abb. 9.5). Wir unterscheiden dazu nach [18]:

[1] Das Persona-Konzept aus Abschnitt 20.4 kann dabei hilfreich sein.

- Early Adapter
  - Technikenthusiasten bzw. unter einem Problem besonders leidende Anwender
  - Visionäre oder inhaltliche Treiber
- Mainstream des Marktes oder der Anwender
  - Pragmatiker
  - Konservative
- Skeptiker

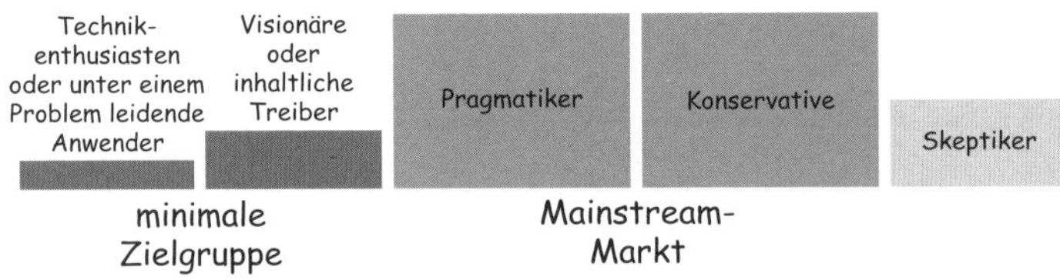

Abbildung 9.5: Eine einfache Einteilung von Zielgruppen [18]

Die minimale Zielgruppe für die ersten minimal marktfähigen Produkte finden wir unter den Early Adapters, also bei den Visionären und den Produktenthusiasten bzw. den Personen, für die wir ein dringliches Problem mit dem Produkt lösen können. Die agile Sichtweise auf die minimale Marktfähigkeit spiegelt ein Zitat von Antoine de Saint-Exupéry (1900 – 1944) wider:

> »Perfektion ist nicht dann erreicht, wenn es nichts mehr hinzuzufügen gibt, sondern wenn man nichts mehr weglassen kann.«

9.4 Agiler Projektstrukturplan

9.4.1 Die Projektstruktur fortlaufend entwickeln

Die Begriffe Projektstrukturplan (PSP) bzw. Work Breakdown Structure (WBS) entstammen dem traditionellen Projektmanagement. Darin werden die Liefergegenstände des Projekts in kleinere Komponenten bis auf die Ebene der Arbeitspakete heruntergebrochen [133]. Eine solche Detailtiefe vorab zu erreichen, ist für ein agiles Projekt wenig sinnvoll und sogar behindernd. Dennoch ist die dahinter liegende Grundidee, dem Projekt über die Strukturierung seiner Ergebnisse einen Rahmen zu geben, für jedes Projekt wertvoll. Doch wie kann eine agile Projektstruktur aussehen? Eine agile Projektstruktur erfüllt folgende Anforderungen und wird iterativ aufgebaut:

- Die hierarchischen Strukturebenen sind zumindest Release, Feature und Iteration. Tiefere Strukturen wie Paket, Use Case oder User Story können bei Bedarf hinzugefügt werden.
- Aspekte wie z. B. Featureteams können hinzugenommen werden.
- Die Detaillierungen wachsen fortlaufend im Projektverlauf mit.
- Es kann zwischen Detailsichten und dem Überblick gewechselt werden.

Als Lösung ergibt sich daraus, eine Mindmap aufzusetzen, deren oberste Äste den Releases entsprechen (Abb. 9.6). Dieser Projektstrukturplan kann im Zusammenspiel mit der Story Map dafür genutzt werden, diese vorzubereiten bzw. deren Ergebnisse zusammenzufassen. Die Story Maps und der PSP wirken im Wechsel miteinander. Der agile Projektstrukturplan bildet daher häufig den Einstieg in die Releaseplanung. Gleichzeitig können wir die Erkenntnisse aus der Releaseplanung im PSP wiederfinden.

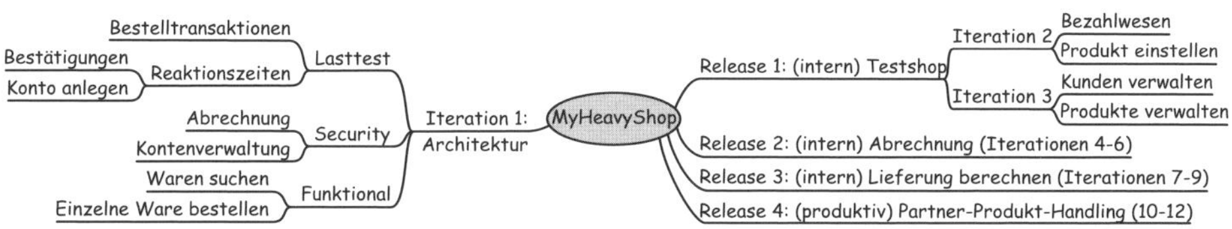

Abbildung 9.6: Eine Mindmap als Form eines agilen Projektstrukturplans

Ein Vorteil der Darstellung als Mindmap liegt darin, dass neben den Stärken der Mindmap-Darstellung auch mit den meisten Werkzeugen Konvertierungen bzw. Exporte erstellt werden können. Wenn vom Projektlenkungskreis konventionellere Sichten auf den Projektstand gefordert werden, so können wir mit geringem Aufwand aus dem PSP Exporte in Tabellenkalkulationen oder Standardprogramme wie MS Project erzeugen. Wichtig ist dabei, dass diese Programme nur zur Erzeugung von Grafiken verwendet werden und kein Reimport nach Änderungen stattfindet. Traditionelle Projektmanagementwerkzeuge sind meist ungeeignet für die Unterstützung agiler Projekte.

Auf keinen Fall darf ein Projektstrukturplan vollständig vorab erstellt werden. Auch dieses Artefakt wächst mit dem Projektfortschritt, und die Detaillierungstiefe verringert sich, je weiter wir die zukünftige Entwicklung betrachten (Abb. 9.6). Anders als bei einer Story Map finden wir zum Abschluss eines Projekts im PSP eine Projektdokumentation.

9.4.2 Die richtigen Leute im Team

Ein agiler Projektstrukturplan enthält auch Teamaspekte. Agile Projekte verfolgen einen menschenzentrierten Ansatz. Da ist es nur logisch, dass die Teamstruktur zur Projektstruktur gehört. In jedem Projekt ist die Zusammenstellung der *richtigen* Personen in den Teams essenziell für den Projekterfolg. Es gibt eine Reihe von grundsätzlichen Unterschieden zwischen einem eher kapazitätsorientierten Ansatz und einem menschenzentrierten Ansatz, die genau hier in der Teamzusammenstellung klar erkennbar sind (Tab. 9.1) [61].

	Agiler Weg	**Traditioneller Weg**
Grundannahmen	Hoch qualifizierte, adaptive Software kann nur durch kleine Teams nach dem Prinzip der ständigen Designverbesserung sowie des ständigen Testens entwickelt werden und basiert auf schneller Rückmeldung und schneller Veränderung.	Systeme sind im Gesamten vorab spezifizierbar, vorhersagbar und können durch ausreichend intensive Planung erzeugt werden.
Steuerung und Management	Menschenzentriert, Führung und Zusammenarbeit	Prozessorientiert, *Command-and-control*-Pattern
Rollenzuteilung	Selbstorganisierte, cross-funktionale Teams, in denen jeder unterschiedliche Aufgaben übernehmen kann (T-Shapes)	Individuelles Spezialistentum mit expliziten Rollen und Verantwortlichkeitsbereichen
Kommunikation	Informell, Programmierung als kooperativer, kommunikativer Prozess, Wissensmanagement durch Weitergabe in der Zusammenarbeit	Formell, Programmierung als isolierter geistiger Prozess mit explizit geregeltem Wissensmanagement

Tabelle 9.1: Agile und traditionelle Teamaspekte im Vergleich [61]

Natürlich gilt es auch die Schlüsselrollen des Projektleiters, der Teamprojektleiter und der agilen Coaches zu besetzen. Ebenso wertvoll ist eine Teamzusammenstellung, die einzelne, cross-funktionale Featureteams ermöglicht. Hier entsteht im Projekt die Effizienz und die Geschwindigkeit. Eine zentrale Fragestellung aus einem agilen Projektstrukturplan lautet daher: Wie teilen wir die Aufgaben und die einzelnen Personen auf die Teams auf, sodass wir Featureteams bilden können? Die Antwort darauf ist nur temporär für den Einstieg in das Projekt gültig und wird später angepasst. Doch wir haben einen sinnvollen Ausgangspunkt gebildet.

Wenn wir die obige Frage nicht dahingehend beantworten können, dass wir Featureteams bilden können, so gilt es als Erstes, genau dafür die Voraussetzungen zu schaffen. Die Frage verändert sich dann zu: Wie stellen wir die Teams so zusammen, dass die Teammitglieder untereinander durch Pair Programming oder ähnliche Vorgehensweisen einen ausreichenden Wissensaustausch erreichen, sodass wir innerhalb weniger Iterationen Featureteams aufbauen können?

Unsere beiden Stellschrauben sind dafür stets die Zuordnung und Zerlegung der Aufgaben sowie die Teamzusammensetzung. Anhand eines agilen PSP machen wir uns dazu für die ersten bzw. nächsten Iterationen Gedanken. Eine durchgängige Detaillierung findet dabei nicht statt, sondern wir beachten bei unserer Arbeit an und mit einem agilen PSP die unterschiedlichen Planungs- und Detaillierungshorizonte (Abb. 5.10 auf Seite 56).

9.5 Risikomanagement

»Optimismus ist nur ein Mangel an Information.« Dieses Zitat des Schriftstellers Heiner Müller (1929 – 1995) gibt eine Grunderkenntnis beim Umgang mit Risiken wieder. Um Risiken frühzeitig erkennen und Maßnahmen zur Minderung oder zum Umgang mit einem Risiko finden und aufsetzen zu können, brauchen wir die richtigen Informationen zum richtigen Zeitpunkt. Gerade beim Risikomanagement haben agile Vorgehensweisen gegenüber traditionelleren Verfahren klare Vorteile, weil ein grundlegendes Risikomanagement über die kurzen Rückkopplungsschleifen bereits eingebaut ist. Allerdings sind traditionelle Risikomanagementverfahren kompatibel zu einem agilen Vorgehen und können bei Bedarf integriert werden.

9.5.1 Eingebautes Risikomanagement

Warum ist in vielen Veröffentlichungen zu agilem Projektmanagement kein Abschnitt zum Risikomanagement zu finden? Es ist ja nun nicht so, dass wir in agilen Projekten keine Risiken hätten. Ganz im Gegenteil! Und über diesen Gedanken kommen wir auch zur Antwort auf die Frage. Agiles Vorgehen kann bereits eine Risikomaßnahme sein. Eine Reihe von risikomindernden Vorgehensweisen sind bereits ins Vorgehen eingebaut.

Zum einen haben wir eine Reihe von risikominimierenden Effekten durch das iterative Vorgehen selbst. Damit verbunden ist die iterative Planung, in der wir nach jeder Iteration eine aktuelle Bewertung der anstehenden Aufgaben vornehmen und die Planung iterativ verfeinern. So erkennen wir eine Reihe von Risiken früh und können angemessen agieren.

In den Reviews erfolgen regelmäßige Demonstrationen des Projektfortschritts vor einem breiten Teilnehmerkreis aus unterschiedlichen Stakeholdern. Die Schärfung des Projektziels einerseits und essenzielles Feedback andererseits lassen konzeptionelle und andere übergreifende und damit vom Team nur schwer erkennbare Fehler und Lücken früh erkennen. All das schlägt sich dann im Backlog nieder z. B. durch Änderungen in der Reihenfolge der Einträge oder neue, relativ hoch positionierte Aufgaben.

Das agile Controlling über funktionierene Software und die Trendanalysen z. B. der Geschwindigkeit oder tägliche Betrachtungen der Taskboards liefern ebenfalls Hinweise auf gerade eintretende Risiken und wirken wie alle anderen *Information Radiator*s als eingebaute Indikatoren. Unterstützt wird diese Wirkung durch Betrachtungen zur Vorhersage des zu leistenden Umfangs in der Iterationsplanung sowie in der Pflege und Verfeinerung. Bei der Frage nach Hindernissen in den Daily-Standup-Meetings und Retrospektiven betrachten wir explizit mögliche Risiken.

Das Risiko der Abhängigkeit von einzelnen Personen als einzige Wissensträger wird in agilen Projekten mit Featureteams direkt angegangen, indem aktiv Wissenstransfer z. B. durch Pair Programming geleistet wird. Unterstützt wird diese Aktivität durch die gemeinsame Verantwortung des Teams für die Produktqualität. Jedes Teammitglied kann diese nur sinnvoll tragen, wenn es über den eigenen Tellerrand hinaus auch andere Aufgaben zumindest teilweise übernehmen kann. Als Kernpunkte und Grundlagen eines agilen Risikomanagements können wir vier Punkte festhalten [64]:

- Risikomanagement ist die Aufgabe des ganzen Teams und erfolgt regelmäßig.
- Das Monitoring von Risiken erfolgt in den Regelterminen unter Nutzung der Information Radiators.
- Im Rahmen des Controllings kommt über die Information Radiators eine Reihe eher qualitativer Methoden zum Einsatz, aus denen Trends und Hinweise abgelesen werden können.
- Risiken werden in allen Meetings identifiziert, in denen es um Planung, Abstimmung oder rückblickende Analysen geht. Bei Bedarf werden sie dort analysiert und entsprechend behandelt.

Diese ganzen Maßnahmen gehören zu *APM* und bilden gemeinsam das Gerüst des inhärenten Risikomanagements. Für viele Projekte z. B. in der Inhouse-Entwicklung reicht das aus.

9.5.2 Agiles Risikomanagement als Erweiterung

Wie können wir vorgehen, wenn uns die im agilen Vorgehen bereits eingebauten Maßnahmen für unser Projekt nicht angemessen erscheinen? Wir können es sukzessive um weitere agile Techniken ergänzen und gelangen so vom organischen zum offenen agilen Risikomanagement.

Der erste Schritt zu einem offenen agilen Risikomanagement ist es, auf allen Meetings direkt nach Risiken zu fragen. Zusätzlich können wir nach jedem Daily Standup ein kurzes Risiko-Standup ergänzen. Dazu führen wir neben dem Taskboard ein Risikoboard und sammeln bzw. priorisieren dort die gefundenen Risiken (Abb. 9.7) [65]. Dabei können besondere Maßnahmen oder Erkenntnisse mit zusätzlichen kleineren, farbigen Klebezetteln dokumentiert und hervorgehoben werden.

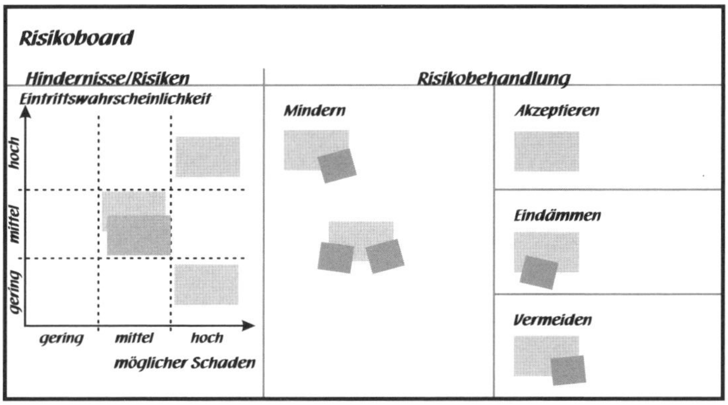

Abbildung 9.7: Struktur eines Risikoboards [65]

Wir können die Erkenntnisse, die wir in unseren Risikobetrachtungen vor dem Risiko-Board machen, nutzen, um daraus eine risikoorientierte Reihenfolge der Einträge in dem Backlog für das Produkt zu finden. Dazu stellen wir für die Backlog-Einträge fest, welches Risiko sie bergen und welchen Wert sie gleichzeitig für den Kunden bzw. die Anwender schaffen. Aus einer solchen Risiko-Wert-Matrix können wir direkt auf eine sinnvolle Reihenfolge schließen bzw. haben einen weiteren Parameter, den wir bei der Reihenfolge beachten können (Abb. 9.8) [28].

Das offene Risikomanagement ist eine Aufgabe des gesamten Teams. In allen Meetings erfolgen dazu Risikobetrachtungen. Ergänzt wird diese analytische Arbeit durch besonders gut sichtbare Information Radiators wie einem Risikoboard oder einer Risiko-Wert-Matrix.

Kommen wir zurück zum Fallbeispiel und betrachten die Risiken, die aus der Stakeholder-Analyse für unseren Auftraggeber, Herrn Müller, und die fachliche Projektleiterin, Frau Schmidt, hervorgegangen sind. Im Wesentlichen müssen wir mit zwei Szenarien rechnen: Entscheidungen werden von Frau Schmidt verzögert, weil sie sich erst intern abstimmen möchte, oder Entscheidungen werden von Herrn Müller später revidiert.

Abbildung 9.8: Aus der Risiko-Wert-Matrix leitet sich eine Reihenfolge von Aufgaben im Backlog ab (Pfeil). Aufgaben mit hohem Risiko und geringem Wert (oben links) sind dagegen zu vermeiden [28].

Beides führt zu Verzögerungen, wobei im ersten Fall das Risiko meist dadurch umgangen werden kann, dass andere, bereits geklärte Aufgaben vorgezogen werden. Dadurch entsteht jedoch das Folgerisiko, dass im Einzelfall zu wichtigen Features das notwendige Feedback von Kundenseite verspätet erfolgt. Dies kann dann wie im zweiten Fall dazu führen, dass neben der Verzögerung auch Mehraufwand und damit Zusatzkosten entstehen, weil bestehende Lösungen umgebaut werden müssen.

Wir können dieses Risiko weder akzeptieren noch vermeiden. Der Schaden wäre unter den Rahmenbedingungen des Projekts erheblich. Daher achten wir als Indikator darauf, wie schnell fachliche Entscheidungen kundenseitig herbeigeführt werden. Dazu schreiben wir alle solche Entscheidungen auf einen roten Klebezettel, die nicht binnen eines Arbeitstages von Frau Schmidt getroffen werden. Wir können so jederzeit auch für Frau Schmidt die Situation darstellen und die Konsequenzen aufzeigen. Präventiv versuchen wir Herrn Müller die Konsequenzen von später revidierten Entscheidungen zu verdeutlichen und ihn dazu zu bewegen, sich frühzeitig bei Bedarf selbst in den Meetings einzubringen.

Die wichtigste Risikomaßnahme besteht allerdings darin, größere Entscheidungen in viele kleine Teilentscheidungen herunterzubrechen. Die Abhängigkeit von einzelnen Entscheidungen wird dadurch minimiert und wir kommen in einen kontinuierlichen Entscheidungsfluss. Dadurch wird auch unser Klebezettelindikator besonders wirksam. Gleichzeitig fördern wir so die direkte Zusammenarbeit und die kurzen Rückkopplungsschleifen, weil es regelmäßig Inhalte abzustimmen gilt. Sichtbar wird dies z. B. durch sehr fein zerlegte User Stories.

9.5.3 Traditionelles Risikomanagement integrieren

Wenn neben dem eingebauten ein zusätzliches offenes Risikomanagement immer noch nicht ausreicht, um die Projektrisiken angemessen zu behandeln, können wir unsere Prozesse auch um ein eher traditionelles Risikomanagement erweitern. Dabei werden die folgenden Risikomanagementmaßnahmen in die Iteration integriert und damit zyklisch durchgeführt.

Bevor wir die Maßnahmen weiter betrachten, werfen wir zuerst einen Blick darauf, wie wir ein Risiko pragmatisch definieren können: Ein Risiko ist ein mögliches, zukünftiges Ereignis, das zu unerwünschten Folgen führt. Ein Risiko ist also ein Problem, das auftreten kann. Ein Problem ist ein Risiko, das bereits eingetreten ist. Beim Risikomanagement geht es nun darum, Ursachen von Risiken zu managen und/oder deren Folgen zu beherrschen.

Sich beim Risikomanagement nur defensiv auf die Vermeidung oder Minimierung von Risiken oder deren möglicher Wirkung einzustellen, wäre aber kaum agil und vor allen Dingen nicht sehr mutig. Es kann daher hilfreich sein, Risiken auch immer darauf zu prüfen, welche Chancen sich daraus für das Produkt oder den Projektverlauf ergeben [64, 133]. So kann z. B. bei einer risikoorientierten Betrachtung der Auswahl eines Frameworks die differenzierte Sicht auf die Risiken *und* die Chancen zu anderen Ergebnissen führen als eine reine Risikosicht. Die in das iterative Vorgehen zu integrierenden Risikomanagementmaßnahmen lassen sich in vier Schritten zusammenfassen [41, 133]:

1. Risiko identifizieren: das Auffinden und Sichtbarmachen von Risiken für das Projekt in allen Meetings
2. Risiko analysieren und die Risikopriorität bestimmen:
   - Analyse der Eintrittswahrscheinlichkeit w und Schwere s der Auswirkungen:
     - Bewertung der Eintrittswahrscheinlichkeit w in Prozent oder nach drei bis fünf Wahrscheinlichkeitskategorien
     - Bewertung der Schwere s der Auswirkungen in Euro oder nach drei bis fünf Schadenskategorien
   - Liste der Risiken geordnet nach Priorität $p = w \times s$
3. Risikomaßnahmen planen: gemeinsame Entwicklung von Strategien zum Umgang mit den Risiken
   - Präventivmaßnahmen zur Reduktion der Eintrittswahrscheinlichkeit und/oder der Schadenshöhe
   - Notfallmaßnahmen zum Umgang mit einem Problem, das eingetreten ist
   - Risikoindikatoren finden und aufsetzen, um den Eintritt von Risiken möglichst früh zu erkennen
   - Risikobewältigungsmaßnahmen lassen sich in fünf Kategorien einteilen (Abb. 9.9)

a. Vermeidung – Umgehen des Risikos, z. B. indem ein bekanntes anstatt ein neues Framework gewählt wird
b. Übertragung – Die Risikomaßnahmen werden an Dritte übergeben, z. B. wird ein Spezialist für ein neues Framework als externer Experte für eine Zeit des Projekts mit hinzugezogen. Zu beachten ist dabei, dass nur die Maßnahmen übertragen werden können. Das Risiko selbst und damit die möglichen Konsequenzen bleiben weiterhin bestehen und werden ggf. vom Projektteam oder seinem Auftraggeber getragen und nicht von den hinzugezogenen Dritten.
c. Minderung – Maßnahmen, die die Wirkung oder Eintrittswahrscheinlichkeit reduzieren
d. Eindämmen – Zeit oder Geld bereithalten, um ein Risiko auszugleichen, sobald es eintritt
e. Akzeptanz – mit und ohne Notfallmaßnahmen (Notfallplan)

4. Risiko überwachen: Verfolgen der eingeleiteten Risikomaßnahmen mit ggf. Anpassung der bekannten Risiken und ihrer Priorität, Überwachung der Risikoindikatoren, um früh zu erkennen, ob ein Risiko eintritt, und Identifikation neuer Risiken

Nicht für jedes Risiko werden alle Bewältigungsmaßnahmen aufgesetzt. Dieser Aufwand wäre reine Verschwendung. Die Auswahl der Maßnahmen erfolgt gezielt und in Abhängigkeit von der Priorität des Risikos. Als Orientierung dient dabei Abbildung 9.9.

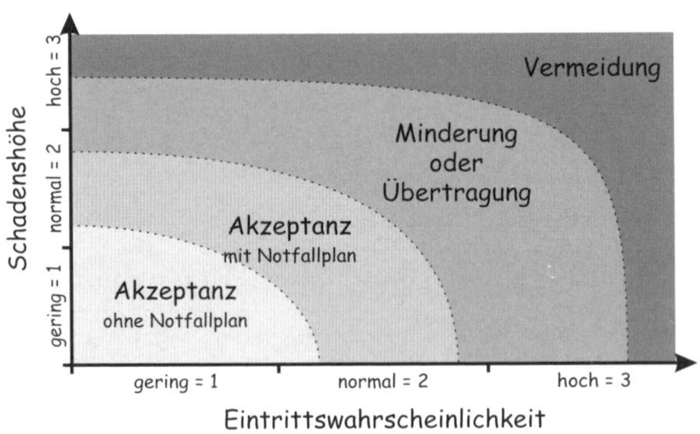

Abbildung 9.9: Die sinnvollsten Risikobewältigungsmaßnahmen hängen von der Priorität des Risikos ab [41, 133].

Risiken mit hoher Eintrittswahrscheinlichkeit und hoher Schadenshöhe gilt es durch geeignete Maßnahmen zu vermeiden. Dies gilt auch in Sonderfällen, in denen die Eintrittswahrscheinlichkeit eines Risikos zwar eher gering ist, aber die Schadenshöhe extrem, wie z. B. im medizinischen Bereich. Der Aufwand für die Risikovermeidung ist sehr unterschiedlich. Er kann enorm hoch sein, aber auch nahe null, wenn z. B. Anforderungen an unsere Software, die zu einem so hohen Risiko führen würden, weggelassen oder entsprechend verändert werden können.

Unterhalb dieser besonders großen Risiken versuchen wir die mittleren bis großen Risiken zu mindern oder zu übertragen. Dafür ist in der Regel ein hoher Aufwand für die entsprechenden Maßnahmen notwendig. Für die verbliebenen mittleren Risiken entwickeln wir einen Notfallplan und verlassen uns wie für die geringen Risiken auf die Problemlösungskompetenz unserer Teams und Stakeholder. Die Maßnahmen zur Minderung eines Risikos machen also normalerweise den größten Anteil zur Risikobewältigung aus. Grundsätzlich ist es dabei meist erfolgversprechender, frühzeitig Maßnahmen zur Reduktion der Eintrittswahrscheinlichkeit durchzuführen, als zu versuchen, die Auswirkungen zu minimieren.

9.5.4 Strategien zur Risikoabsicherung

Werfen wir abschließend einen Blick auf die Möglichkeiten, mit Risiken umzugehen, und wie das zu einem agilen Kontext passt. Bislang haben wir zwei Wege näher betrachtet: das implizite und explizite Einarbeiten in die Planung und die Akzeptanz.

Einarbeitung: Unsere Risikobetrachtungen führen uns zu einer bestimmten Reihenfolge und Zerlegung der Aufgaben im Backlog unseres Produkts. Daneben entstehen auch zusätzliche Aufgaben im Backlog, die der Minderung von Eintrittswahrscheinlichkeit oder Schadenshöhe von Risiken dienen. Die Einarbeitung von Risiken in die Planungsprozesse wird auch als *Containment* bezeichnet.

Akzeptanz: Wir verlassen uns auf unsere gemeinsame Kompetenz, mit geringeren Risiken im Verlauf des Projekts angemessen umgehen zu können. Wir betrachten die Lösungskompetenz in den Teams als ausreichend und akzeptieren, dass gewisse Risiken auftreten können. Wir kümmern uns an dieser Stelle nicht weiter um diese Risiken, sondern handeln, sobald diese eingetreten sind. An der Grenze zur Einarbeitung stehen dabei die Notfallpläne, die wir als einzige Maßnahme vorab für bestimmte ausgewählte Risiken aufstellen (Abb. 9.9).

Neben Containment und Akzeptanz gibt es noch drei weitere Möglichkeiten, mit Risiken grundsätzlich umzugehen [41, 133]:

Vermeidung: Wir können versuchen, einige große Risiken zu vermeiden, indem wir die Aufgaben oder Lösungswege grundsätzlich verändern. In

Abbildung 9.8 ist dieser Weg z. B. für den Quadranten *hohes Risiko – geringer Wert* aufgezeigt. Bestimmte Aufgaben werden gar nicht oder stark reduziert angegangen.

Einige technische oder organisatorische Risiken können ebenfalls vermieden werden, indem z. B. nicht zu viele technische oder organisatorische Aspekte für das Projektteam neu sind. Wir führen also nicht *APM* mit einem überfrachteten Pilotprojekt ein, in dem wir z. B. gleichzeitig große fachliche Risiken zu bewältigen haben, mit einer für das Team neuen Programmiersprache und neuem Environment arbeiten und zusätzlich ein neues kommerzielles Framework nutzen möchten, das gerade in der Version 1.0 auf den Markt gekommen ist.[2]

Risikovorbehalt: Wir sichern uns entweder rein finanziell oder mit zusätzlichen Kapazitäten und damit auch mit zeitlichen Reserven ab. Natürlich kosten die zusätzlichen Kapazitäten, die sich durch eine zeitliche Reserve ergeben, auch Geld. Somit ist ein Risikovorbehalt bzw. *Contingency* letztlich stets ein zusätzliches finanzielles Kontingent.

Ein Risikovorbehalt kann sich allgemein auf das ganze Projekt oder für einzelne Teile daraus beziehen. Was wir dafür abschätzen, ist die Höhe bzw. der zeitliche Umfang der Reserve. Was wir nicht einschätzen können, sind die Zeitpunkte, wann wir diese Reserven im Projektverlauf anzapfen müssen. Wie wir mit einem zeitlichen Risikovorbehalt in der Projektplanung umgehen, betrachten wir in Abschnitt 15.5.

Transferieren: Wir übertragen die Ausführung der risikobehafteten Aufgaben extern an einen oder eine Gruppe von Spezialisten. Dies kann bei Sonderaufgaben, für die wir nur wenig bis keine Vorerfahrung in unseren Teams haben, eine sinnvolle Lösung sein. Unter Umständen kann dieses Vorgehen auch bei Terminrisiken funktionieren. Stets sollen Sie aber daran denken, dass Sie zwar die Umsetzung transferieren können, aber weiterhin Träger des Risikos und seiner Konsequenzen bleiben. Wenn die Experten versagen oder der Koordinationsoverhead einen möglichen zeitlichen Vorteil wieder aufbraucht, haben Sie nichts gewonnen, sondern nur Geld verpulvert. Mit Bedacht und gezielt eingesetzt kann der Risikotransfer jedoch sehr sinnvoll sein.

9.5.5 Akzeptanzrisiko – Veränderung beim Kunden begleiten

Mit Retrospektiven kümmern wir uns regelmäßig um die Anpassung und Weiterentwicklung der Personen und Prozesse in unserem Projekt, um auf

[2]So in einem Satz dargestellt, wird der Wahnsinn einer solchen Aufgabe klar. Leider wird so etwas Ähnliches immer wieder versucht, was letztendlich zu enormen wirtschaftlichen Risiken führt, die man besser nicht eingehen sollte.

Veränderungen im Projekt oder Umfeld schnell und angemessen reagieren zu können. Eine der riskantesten Veränderungen findet häufig außerhalb des Fokus der einzelenen Featureteams bei den Anwendern des Softwareprodukts statt. In *APM* adressieren wir auch diesen Veränderungsprozess.

Grundsätzlich binden wir in agilen Projekten die Stakeholder des Kunden z. B. in die Review-Meetings, d. h. in die Rückkopplungsschleifen, ein. Um die Veränderung bei den Anwendern zu begleiten, bedarf es jedoch mehr. Wie viel mehr notwendig ist, hängt von verschiedenen Parametern unseres Projekts und Produkts ab. Grundsätzlich sind dabei Inhouse-, Individualprojekt- und Produktentwicklungen zu unterscheiden.

Inhouse-Entwicklung Wie so oft haben es auch hier Inhouse-Entwicklungen einfacher, weil der direkte Kontakt zu den Anwendern gut herzustellen ist und wir durch die Firmenstrukturen auf Probleme in der Regel schnell aufmerksam gemacht werden. Da eine Inhouse-Entwicklung mit *APM* regelmäßig alle zwei bis vier Wochen ein neues Inkrement ausliefert, sind die Veränderungsschritte auch meist klein. Durch kurze Vorstellungsveranstaltungen, Anwenderschulungen oder Informationen wie Beschreibungen oder Videos im Intranet können wir die Zielgruppe meist schnell und direkt ansprechen.

Diese Aufgaben gehören als feste Tasks zum Release eines Inkrements. Zusätzlich zur kundenorientierten Einführung ist jeder Kontakt mit den Anwendern auch als Möglichkeit zur Rückkopplung zu sehen. Wenn die Nutzer unserer Software sehen, dass sie ernst genommen werden und ihre Anmerkungen zumindest teilweise in die Umsetzung der nächsten Releases einfließen, wird der Wert einer individualisierten Inhouse-Entwicklung gegenüber eingekauften Produkten oder extern durchgeführten Projekten deutlich. Die Anwender nehmen auch ihre Rolle als Stakeholder bewusster wahr, und unsere Zusammenarbeit und damit auch unsere Software wird besser.

Produktentwicklung Die Einführung beim Kunden ist häufig bereits Teil des Produktkonzepts und eine gute Möglichkeit, um zusätzlich Umsatz zu machen. Leider beschränken sich die Projektaktivitäten häufig auf das Handbuch und eine Onlinehilfe. Sicherlich ist beides wichtig. Dennoch ist hier das Produktmanagement gefordert, kreativer zu werden.

Vorabversionen, Produktvorstellungen und Seminare bzw. Workshops sowie User Groups sind hier nur die gängigsten Möglichkeiten. Gerade bei der agilen Produktentwicklung ist es besonders wertvoll, diese Kommunikationskanäle zu den Kunden bidirektional zu gestalten, um wichtige Rückmeldungen zu erhalten. Je besser es gelingt, diese Rückmeldungen für die Anwender sichtbar in das Produkt einfließen zu lassen, desto enger wird der Kundenkontakt und damit die Bindung zum Produkt. Auch hier ist es meist wichtiger, Fortschritt sichtbar zu machen, als die exakte Darstellung des tatsächliche Umfangs bzw. die Reihenfolge der so erfolgten, kundengetriebenen Anpassungen und Änderungen.

Individualprojekte Hier stoßen wir auf die größten Probleme, da der Fokus der Projektarbeit und der Unterstützung durch Auftraggeber und andere Stakeholder primär auf der Projektdurchführung und seinen Kernrisiken liegt. Wenn hier nicht bereits ab der Vorbereitung des Projekts bewusst auf die Akzeptanzrisiken durch die späteren Anwender geschaut wird, machen wir als Projektverantwortliche einen groben Fehler.

Die Besonderheit bei Individualprojekten ist oft, dass die Budgetknappheit und die Fokussierung auf die technische Umsetzung als größter Kostenfaktor die Sicht auf andere Risiken verstellen. Wenn zur Einführung Akzeptanzprobleme offensichtlich werden, haben wir kaum noch finanziellen Spielraum, diese angemessen anzugehen. Das ist ein Beispiel dafür, dass sich zu spät erkannte Risiken oft nur noch durch finanzielle Mittel eindämmen lassen, während eine rechtzeitige Betrachtung häufig eine Reihe parallel begleitender Aktivitäten ermöglicht, die nur eine geringe finanzielle Belastung darstellen.

Ein Teil eines Individualprojekts besteht deshalb in der Durchführung eines begleitenden Veränderungsprojekts mit den zukünftigen Anwendern. Über deren Beteiligung an den regelmäßigen Review-Meetings finden wir einen Einstieg, über den wir den Umfang und die Risiken abschätzen können. Dennoch braucht es in vielen Individualprojekten weitere Maßnahmen, um den Veränderungsprozess beim Kunden zu forcieren. Agile Konzepte, wie sie z. B. in [109, 169] beschrieben sind und auf die wir in Kapitel 23 noch eingehen werden, können dabei helfen, ein solches Veränderungsprojekt aufzusetzen.

In Kapitel 23 kommen wir auf die Aspekte der Einführung und der mit der Einführung agilen Vorgehens verbundenen Organisationsentwicklung zurück. Agiles Projektmanagement erfordert eine andere Führungs-, Management- und Prozesskultur (Abschnitt 19.4).

9.6 Projekt-Kick-off durchführen

Wenn die Projektvorbereitung zum Ende kommt und das Projekt durchgeführt werden soll, bildet der Projekt-Kick-off den Abschluss der Vorbereitung und gleichzeitig den Startschuss für unser Projekt.

9.6.1 Ziele des Kick-off

Inhaltlich geht es darum, die Projektvision an alle Teilnehmer zu vermitteln sowie die weiteren Ergebnisse der Vorbereitung zu kommunizieren. Diese

Inhalte sollten durch die Mitglieder des Kernteams kurz und bündig aufbereitet werden, sodass die Vermittlung der inhaltlichen Themen eine Dauer von insgesamt einer Stunde nicht überschreitet.

Das zweite, mindestens ebenso wichtige Ziel ist das gegenseitige Kennenlernen der für das Projekt relevanten Personen. Bei verteilten Projekten ist dies oft sogar der wertvollste Effekt für das Projekt. Die ganze spätere Kommunikation wird dadurch verbessert, dass sich die Menschen zu Beginn persönlich kennengelernt haben. Da bei verteilten Projekten ein Großteil der Kommunikation später über entsprechende Medien wie Video- oder Telefonkonferenz, Chat oder E-Mail abläuft, fehlen uns wichtige Kanäle aus der direkten Kommunikation wie Mimik, Gestik oder Tonalität. Wenn wir jedoch die andere Person kennen, können wir diese Aspekte teilweise ergänzen und unsere Interpretation und Bewertung der Kommunikation deutlich verbessern. Missverständnisse werden dadurch verringert, was besonders bei großen, verteilten Projekten die Performanz spürbar verbessert.

Neben diesen eher weichen Zielen können wir das Projekt-Kick-off auch dazu nutzen, bereits erste Ansprechpartner zu definieren. In einem selbstorganisierten Projekt stellen wir die Teilnehmer vor die Aufgabe, einen ersten Entwurf für die Kommunikationswege und konkreten Ansprechpartner zu erstellen, der als Ausgangspunkt für die weiteren Anpassungen im Projektverlauf dient. Bei dieser Aufgabe können sich die späteren Kommunikationspartner gleich kennenlernen.

Über einen Zeitraum von mehreren Stunden kann in einem eher zwanglosen Rahmen das gegenseitige Kennenlernen erfolgen. Wir unterstützen das, indem wir dafür sorgen, dass in disjunkten Gruppen kleinere Aufgaben wie das obige Beispiel gemeinsam bearbeitet werden, aus denen sich z. B. aus der Vision die ersten Schritte des Projekts ergeben bzw. abgeleitet werden. So erhalten wir für das Projekt weitere wertvolle Information und bringen die Menschen gleichzeitig in einen direkten Kontakt. Gruppenmoderationsformen wie World Café oder eine Open-Space-Veranstaltung forcieren diese gemeinsame, immer wieder durchmischte Arbeit [169]. Bei großen Projekten kann sich die Organisation und Durchführung des Kick-off durch einen professionellen Moderator daher lohnen. Ein solcher Kick-off dauert dann ein bis zwei Tage und entfaltet noch etliche Monate lang im Projekt seine positive Wirkung.

9.6.2 Teilnehmer, Agenda und Ablauf

Wichtig ist es bei einem Projekt-Kick-off, nur den Rahmen und die bisherigen, in der Vorbereitung erarbeiteten Ergebnisse wie z. B. die Vision vorzugeben. Alle weiteren inhaltlichen Lösungen kommen von den Teilnehmern. Eine Agenda beginnt daher mit einigen wenigen konkreten Punkten, um dann über sie eine Reihe von zu bearbeitenden Aufgaben den Teilnehmern zu stellen. Der Projektleiter führt die Begrüßung und den Abschluss durch. Dabei wird er von einem Vertreter des Auftraggebers unterstützt. Es nehmen also neben den Projektteams auch möglichst viele weitere Stakeholder bzw. Kundenvertreter am Kick-off teil. Konkret kann das z. B. so aussehen:

1. Projektleiter und Auftraggeber begrüßen alle Teilnehmer
2. Das Projektteam stellt sich vor.
3. Die Vision und die Ziele werden durch den Projektleiter, die Mitglieder der Projektvorbereitung und den Auftraggeber bzw. einen Kundenvertreter vorgestellt.
4. Weitere Ergebnisse der Vorbereitung werden durch die Mitglieder der Projektvorbereitung vorgestellt.
5. Der Projektleiter erläutert die Vorgehensweise nach *APM*.
6. Gemeinsam Aufgaben bearbeiten, wie z. B.
   - Die Kommunikationswege und Ansprechpartner initial festlegen.
   - Regeln für die Zusammenarbeit zwischen den Teams aufstellen.
   - Regeln für die Zusammenarbeit mit den Kundenvertretern bzw. Anwendern aufstellen.
   - Kritische Erfolgsfaktoren identifizieren.
   - Die Risikoanalysen weiter vorantreiben.
   - Rollen von Beratern oder anderen Stakeholdern mit besonderen Aufgaben klären.
7. Projektleiter und Auftraggeber schließen den Kick-off ab, fassen die Ergebnisse zusammen und danken den Teilnehmern für ihr Engagement.

9.6.3 Nach dem Spiel ist vor dem Spiel

Wenn wir ein sehr großes Projekt in einzelne Projekte von 12 bis 15 Monaten Laufzeit unterteilt haben oder unsere Projekte typischerweise aufeinander aufbauen, besteht die Möglichkeit, den Projektabschluss und den neuen Kick-off gemeinsam nacheinander durchzuführen. Dann kommen gerne zwei bis drei Tage für diese kombinierte Veranstaltung zusammen, die sich jedoch in zweierlei Hinsicht lohnen.

Zum einen erreichen wir die Vorteile des Kick-off, wobei jedoch die gemeinsame Arbeit in den möglichst heterogen zusammengestellten Gruppen noch intensiver und ausgiebiger erfolgt und damit effektiver ist. Zum anderen bleiben die Ergebnisse aus der Projektabschlussbetrachtung im Kontext des nachfolgenden Projekts besonders wertvoll. Dadurch steigert sich die Motivation, am Projektabschluss auch teilzunehmen, und der direkt nachfolgende Kick-off kann sich gleich konstruktiv mit den Ergebnissen aus der Abschlussbetrachtung befassen.

10 Umfang und Aufwand schätzen

In agilen Projekten ist *Planung* ein regelmäßiger, beinahe schon kontinuierlicher Vorgang, der uns in jeder Iteration begleitet. Planung basiert auf Schätzungen. Damit gehören Schätzmethoden zur Projektmanagementbasis. In *APM* treffen wir zwei verschiedene Sichten auf das Schätzen an. Einerseits stellen wir uns der initialen Schätzung in der Projektvorbereitung und andererseits betrachten wir den interativen Schätzprozess in den Planungsmeetings der Iterationen. Hier gehen wir auf die initale Schätzung ein. Das iterative Schätzen betrachten wir in Kapitel 15. Doch bevor wir uns mit agilen Schätztechniken befassen, beleuchten wir das Thema noch unter dem besonderen Licht der Projektvorbereitung.

10.1 Investitionen, Budgets und Nutzen

10.1.1 Am besten gar nicht vorab schätzen

Warum brauchen wir überhaupt vor Beginn eines Projekts eine Schätzung? Das kann doch nur danebengehen. Unsere Ungewissheit über den Aufwand und damit auch die Kosten ist zu Beginn eines Softwareprojekts so hoch, dass unsere Schätzungen bis zu einem Faktor 4 nach oben oder unten von den tatsächlich ermittelten Werten am Ende des Projekts abweichen können (Abb. 10.1) [22].

Mit dieser recht alten Erkenntnis, die auf Barry Boehm zurückgeht, kommen wir zu einer interessanten Antwort auf die Frage nach einer Projektschätzung. Am besten schätzen wir nicht vorab, sondern beginnen gleich in enger Zusammenarbeit mit den Stakeholdern mit der Entwicklung, wobei wir die Entwicklung so aufsetzen, dass wir nach jeder Iteration, also nach maximal einem Monat, einen Zwischenstand in Produktqualität ausliefern.

Damit sind alle Probleme einer Vorabschätzung elegant umgangen. Diese Antwort ist wirklich ernst gemeint! Wo ihre Umsetzung möglich ist, wie z. B. in einer Inhouse-Entwicklung, wenden wir sie auch an. Der Aufwand, den wir in die Aufwandsschätzung investieren würden, ist deutlich besser in der Priorisierung und Zerlegung der Backlog-Einträge angelegt.

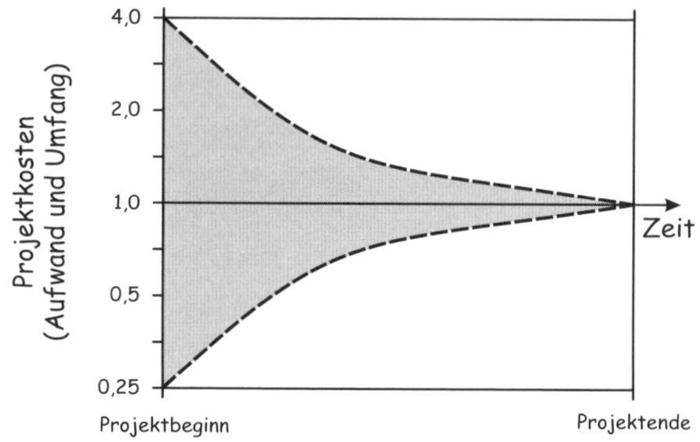

Abbildung 10.1: Kegel der Schätzungenauigkeit nach Barry Boehm [22]

10.1.2 Besser mit Budgets arbeiten als mit ROI

Was machen wir, wenn das leider nicht möglich ist? Die Stakeholder auf Auftraggeberseite fordern dringend Aufwands- oder Kostenschätzungen und brauchen Aussagen zu Lieferterminen für ihre begleitenden Arbeiten z. B. in Marketing und Vertrieb. Und das Hauptargument, das wir immer wieder hören, dreht sich um den Return on Investment (ROI): »Wie sollen wir ohne eine Schätzung entscheiden können, in welche Projekte wir investieren? Wir möchten doch eine Kosten-Nutzen-Betrachtung durchführen!«

Den ROI haben wir bereits mehrmals bemüht, um die Vorteile von Agilität herauszustellen. Jetzt wollen wir einen genaueren Blick darauf werfen. Der Return on Investment für eine Einzelinvestition kann ohne Betrachtung von Inflationsraten und ggf. Kreditzinsen als einfache Division berechnet werden: $ROI = \frac{Gewinnanteil}{Kapitaleinsatz}$. Wir betrachten dazu also die Kosten eines Softwareprojekts und den Gewinn, den wir damit erzielen [64, 180].

Den ROI nach Auslieferungen oder in gewissen Zeitabständen in Wartung und Betrieb einer Software zu betrachten, kann sicherlich wertvolle Informationen liefern. Hier haben wir jedoch die Aufgabe, eine Kosten-Nutzen-Betrachtung vorab durchzuführen auf Basis von Schätzungen. Da sehen sich IT-Projektleiter aufgrund der großen Schwierigkeiten beim Schätzen komplexer IT-Projekte schnell in die Ecke gedrängt und unter Druck gesetzt. Ob das Projekt gemacht wird, hängt anscheinend ausschließlich von ihrer Schätzung ab. Das ist jedoch nur die halbe Wahrheit, denn auch der Nutzen, also der Gewinnanteil, muss ja vorab geschätzt werden. Mögliche Absatzzahlen oder Einsparungen werden ebenso geschätzt und bewegen sich ähnlich wie die Schätzung von Entwicklungsarbeit in einer breiten, für uns nebulösen Zone. Einen Return on Investment als Entscheidungsbasis für den Start von IT-Projekten ist also oft nur eine Scheinlösung, die es Managern ermöglicht, ihre Interessen durchzusetzen.

Doch wie machen wir es besser? Schätzungen sollen uns dabei helfen, wichtige Entscheidungen besser treffen zu können. Da der Return on Investment von zwei Parametern abhängt, die beide eher ungenau sind, kann ein Vorab-ROI als Entscheidungsbasis kaum wertvoll sein. Ändern wir also unsere Sichtweise und fragen uns, was wir gerne bereit und maximal bereit sind, für eine bestimmte Softwarelösung auszugeben? Was ist das maximal zur Verfügung stehende Budget [55, 136]?

Mit diesem Sichtwechsel schlagen wir zwei Fliegen mit einer Klappe. Wir umgehen das Vorab-ROI-Problem und können uns mit einem zweiten Effekt konstruktiv auseinandersetzen. Die Schätzung aus der Projektvorbereitung definiert unseren Zielraum für das Projekt. Damit wird es, solange die Parameter nicht völlig unrealistisch sind und nicht extreme Risiken eintreten, auch in diesem Rahmen ablaufen. Gerade eine agile Vorgehensweise lässt uns in der intensiven Zusammenarbeit mit Vertretern der Kunden- und Anwenderseite das Projektergebnis weitgehend maßschneidern. Dieser Rahmen sollte nun so gewählt sein, dass wir auch den sinnvollsten Nutzen und Wert für unseren Kunden erreichen. Kundenzufriedenheit ist das höchste Ziel einer agilen Entwicklung.

Wenn wir diesen Rahmen aufgrund ungenauer Schätzungen festlegen würden, gehen wir ein unnötiges Risiko ein. Es ist sicher besser, den Rahmen aus dem Maximalbudget abzuleiten, der für den Kunden für das Projekt sinnvoll ist. Mit diesem Budgetansatz kann ein agiles Projekt seine Stärken voll zur Geltung bringen. Wir entwickeln jetzt schrittweise die bestmögliche Lösung für das Budget unseres Auftraggebers.

Unser Schätzproblem hat sich dadurch verändert und ist deutlich einfacher geworden. Wir haben jetzt die Frage zu beantworten, ob wir in dem avisierten Rahmen eine brauchbare Lösung bereitstellen können. Das verhält sich meist deutlich einfacher als die Antwort auf die Frage, wie viel die Umsetzung noch unvollständig bekannter Anforderungen denn Kosten wird.

Nur mit einem maximalen Budget zu arbeiten, birgt auch Risiken in sich. Was passiert z. B., wenn es überzogen wird? Daher bietet es sich an, eine Investitionsentscheidung zweistufig zu budgetieren und zwischen Ziel- sowie Maximalbudget zu differenzieren. Dabei liegt der Unterschied zwischen Ziel- und Maximalbudget meist zwischen 10 % und 20 %. Haben wir z. B. einen Zielwert von 400 000 Euro für ein Projekt, so kann das Maximalbudget beispielsweise 450 000 Euro betragen.

Die Orientierung im Projekt erfolgt stets am Zielwert. Wenn Probleme auftreten, weil größere Risiken eintreten, hat der Projektleiter einen Spielraum, um sofort handeln zu können. Das spart wertvolle Zeit, die in die Problemlösung gesteckt wird anstatt in langwierige Nachverhandlungen. Ein Teil der Erfolgsbewertung des Projekts findet dann auf Basis der Betrachtung der tatsächlichen Kosten in Bezug auf Ziel- und Maximalbudget statt.

10.1.3 Releases und Terminzusagen

Wie verhält es sich mit den Terminzusagen? Danach wird sicherlich ebenso oft gefragt wie nach der Kosten-Nutzen-Betrachtung. Brauchen wir die Schätzungen nicht für unsere Produkt-Roadmap? Ja und gleichzeitig bereiten uns die Schätzungenauigkeiten dafür nicht so viele Probleme. Ähnlich wie mit dem Wechsel von Vorab-ROI zum Ziel- und Maximalbudget haben wir hier auch nur das Problem, einen festen Parameter im Teufelsquadrat zu haben (Abb. 10.2). Damit können wir in einem agil durchgeführten Projekt gut arbeiten.

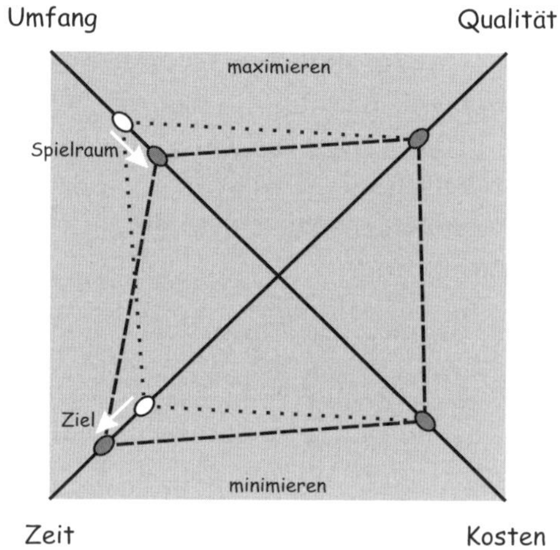

Abbildung 10.2: Teufelsquadrat nach Harry Sneed [150, 151]

Der in den meisten Projekten wertvollste Spielraum beim termingerechten Liefern ist der Umfang der Auslieferung (Abb. 10.2, links). Hier kommen unsere Aufteilungen in minimal marktfähige Features (MMF) zum Tragen bzw. das Schnüren eines minimal marktfähigen Releases (MMR) (Abschnitt 9.3.2). Solange sichergestellt ist, dass die Rahmenbedingungen für deren termingerechte Lieferung passen, können wir beginnen. Wenn wir mehr MMF realisieren, wird das Release eben umfangreicher oder früher geliefert. Je nachdem, was unserem Kunden wichtiger ist.

Bei der Termin- bzw. Releaseplanung ist die Bestimmung des jeweils notwendigen Umfangs der Schlüssel zum Erfolg. Für einen bestimmten Termin wie z. B. eine wichtige Messe oder der Start einer neuen gesetzlichen Regelung brauchen wir möglichst viele Informationen, was genau wirklich unbedingt benötigt wird. Das definiert dann den Umfang unseres MMR. Bei unserer Abschätzung prüfen wir also, welche Risiken einer termingerechten Lieferung des MMR im Wege stehen können, und weiter, ob unter den bekannten Rahmenbedingungen eine Umsetzung auch mit einer hohen Wahrscheinlichkeit zu leisten ist.

Eine solche Schätzaufgabe gestaltet sich meist deutlich einfacher, weil der zu betrachtende Umfang geringer und nach den Vorarbeiten auch konkreter vorliegt, als es für die restlichen Anforderungen der Fall ist. Auch beschränken wir uns oft auf eine Teilmenge der Risiken, was deren Wechselwirkung einfacher analysieren lässt. Insgesamt wird die Schätzaufgabe einfacher und besser leistbar. Außerdem passt ein solches Vorgehen ausgezeichnet zu einem agilen Vorgehen wie *APM*.

10.2 Agile Aufwandsschätzung

Die Aufwandsschätzung ist ein zentrales Thema bei Projekten. Projekte sind per definitionem risikobehaftet und haben den Charakter des Einmaligen. Damit ist die Gesamtaufwandsschätzung unabhängig von der Vorgehensweise schwierig und nicht beliebig genau machbar.

Agile Vorgehensweisen wenden hierfür einen Kniff an, um sich diesem Problem angemessen zu nähern. Weil absolute Schätzungen kaum exakt genug möglich sind, versuchen wir es mit relativen Schätzungen. Wir schätzen dabei weniger den möglichen Aufwand, sondern versuchen, den Umfang des Projekts zu betrachten. Neben vielen anderen Vorteilen sind die Schätzergebnisse aus einem solchen Schätzworkshop unabhängig von der später implementierenden Person, was gerade in der Vorbereitung eines Projekts wertvoll ist, wenn wir noch gar nicht wissen können, wer später was umsetzt.

10.2.1 Relatives Schätzen und nicht lineare Skalen

Wie groß ist die Fläche des Bundeslands Sachsen? Wie, Sie wissen das nicht? Nun, kaum jemand kennt die Fläche aus dem Kopf! Wenn ich Sie jedoch frage, welches Bundesland flächenmäßig größer ist: Bayern oder Sachsen, dann haben Sie vermutlich die richtige Antwort in Sekundenbruchteilen im Kopf.[1]

Nun kann es sein, dass Sie einfach wussten, dass Bayern das flächenmäßig größte Bundesland der Bundesrepublik Deutschand ist. Daher noch eine andere kleine Schätzaufgabe: Ordnen Sie die folgenden Elbstädte ihrer Einwohnerzahl nach: Cuxhaven, Hamburg, Magdeburg, Dresden, Königstein! Auch das wird Ihnen vermutlich gelingen, auch wenn Sie von keiner Stadt die genaue Einwohnerzahl kennen. Wir können Dinge ganz gut im Vergleich zueinander schätzen, auch wenn wir sie nur schwer absolut schätzen können. Diesen Aspekt machen wir uns zunutze.

[1]Bayern: 70 551,57 km^2, Sachsen: 18 415,51 km^2 [180].

Bleiben wir noch kurz beim letzten Beispiel. Wenn Sie dabei ins Grübeln gekommen sind, dann vermutlich bei zwei Vergleichen: Magdeburg und Dresden sowie Cuxhaven und Königstein in der sächsischen Schweiz. Die ersten beiden sind bekannte Städte und unterscheiden sich in ihrer Einwohnerzahl nur um etwa den Faktor 2. Von Cuxhaven oder Königstein haben Sie vielleicht vorher noch nicht einmal gehört. Dennoch wird auch hier ihre Schätzung meistens passen, wenn Sie sich daran orientieren, welche Orte Sie überhaupt bereits kennen und wie viel Sie darüber wissen. Von großen Städten hören wir meist mehr als von kleinen.[2]

Wenn Sie hingegen ca. 50 deutsche Städte bezüglich ihrer Einwohnerzahl schätzen sollten, würden Sie vermutlich beginnen, diese in Kategorien zu ordnen. München und Köln kämen wohl in dieselbe Schublade und Hannover, Bremen, Düsseldorf und Stuttgart lägen vermutlich auch in einem gemeinsamen Fach.[3] Genau dieses Vorgehen nutzen wir für Schätzungen.

Die Einträge im Backlog für unser Produkt werden alle relativ zueinander geschätzt und dabei auf ca. sieben bis zehn Kategorien verteilt. Damit haben wir jedem Schätzobjekt seine *Schublade* zugewiesen. Um später besser hochrechnen zu können, ordnen wir jeder Kategorie einen einheitenlosen Wert zu. Wir könnten dazu die Kategorien einfach von eins bis maximal zehn durchnummerieren. Das entspräche einer linearen Skala. Meist ist es sinnvoller, die komplexen Zusammenhänge mit einfließen zu lassen. Komplexität bedeutet ja eben eine Kopplung der einzelnen Systemteile über nicht lineare Zusammenhänge. Daher sind für diese Skala nicht lineare Verteilungen angemessener. Weit verbreitet, aber nicht notwendigerweise der einzig sinnvolle Weg, ist eine Verteilung von Werten in Annäherung an die Fibonacci-Folge[4] nach Mike Cohn [28]: 0, 1, 2, 3, 5, 8, 13, 20, 40, 100. Diese einheitenlosen Werte werden als **Story Points** bezeichnet.

Cohn weicht bei den größeren Werten von der Fibonacci-Reihe ab, weil wir anderenfalls eine Genauigkeit vorgaukeln würden, die nicht existieren kann. Wir passen damit sozusagen unseren Maßstab an die Größe des Schätzobjekts an. Das kennen wir auch aus den traditionellen, aufwandsbezogenen Schätzmethoden: Eine kleine Aufgabe kann in Stunden oder Tagen geschätzt werden, eine große in Wochen oder Monaten. Ein kleines Beispiel macht diesen Zusammenhang deutlicher. Wenn Sie die Länge einer Postkarte schätzen, werden Sie das Ergebnis vermutlich in Zentimeter angeben. Wenn Sie dagegen die Länge des Raums, in dem Sie sich gerade befin-

[2]Hamburg: 1 738 366, Dresden: 525 105, Magdeburg: 228 910, Cuxhaven: 48 829, Königstein: 2 231 [180].

[3]München: 1 388 308, Köln: 1 024 373, Düsseldorf: 593 682, Stuttgart: 591 015, Bremen: 546 451 und Hannover: 509 485 [180].

[4]Leonardo Fibonacci (um 1180 – nach 1241), ital. Mathematiker; in der Fibonacci-Folge ergibt sich die folgende Zahl aus der Summe der beiden vorhergehenden.

den, schätzen, werden Sie vermutlich die Einheit Meter wählen. Sie wären vermutlich sehr irritiert von einer Schätzung, die dafür Zentimeter wählen würde: »Dieser Raum ist vermutlich 623 Zentimeter lang!« Anders verhält es sich bei einer Messung, da hängt die Einheit von Ihrer Messmethode ab. Ein Messergebnis für den Raum kann daher sehr wohl sinnvoll in Zentimeter angegeben werden. Schätzen ist aber nicht messen!

10.2.2 Warum nicht Aufwand schätzen?

Wir könnten uns doch den Umweg über einheitenlose Komplexitätspunkte als Schätzgrößen sparen und gleich den Aufwand betrachten. Welche Vorteile bringen uns Komplexitätspunkte? Und warum sind Personentage auf einmal nicht mehr tauglich?

Eine Aufwandsschätzung geht von einer Reihe von Annahmen aus. Die offensichtlichsten sind die Implementierungsreihenfolge und die konkrete Person, die eine Aufgabe umsetzt. Wir können und wollen in dieser frühen Phase aber genau solche Annahmen nicht treffen. Meist sind solche Annahmen auch gar nicht möglich, weil z. B. die Teamzusammensetzung noch nicht endgültig feststeht. Selbst wenn das der Fall wäre, führe diese Vorab-Mikroplanung zu starken Einschränkungen der Flexibilität unseres Projekts. Der Aufwand einer Vorab-Mikroplanung für komplexe Entwicklungsprojekte wird und kann sich nicht lohnen.

Dazu kommt, dass die einzelnen Blöcke, die wir in der Vorbereitung schätzen, noch recht groß sind, und viele noch gar nicht auf das notwendige Niveau von User Stories heruntergebrochen sind. Für eine belastbare Aufwandsbetrachtung liegen damit zu wenige Anforderungsdetails vor. Mit denen befassen wir uns bewusst erst später im Verlauf des Projekts. Eine traditionelle Aufwandsschätzung zu diesem Zeitpunkt bringt uns nicht weiter, sondern würde nicht belastbare Aussagen schaffen, die später zwangsläufig zu Problemem mit unserem Auftraggeber führen.

Von daher ist eine relative Schätzung mit abstrakten Komplexitätspunkten viel realistischer. Der Punkt ist dabei, dass relative Schätzungen eher ein Umfangsmaß für unsere Anforderungen sind und kein Aufwand. Falls bereits Vorerfahrung in ähnlichen Kontexten vorliegt oder wir *APM* einführen und die Entwickler es bislang gewohnt sind, in Personentagen zu denken, kann sich der berechtigte Wunsch ergeben, bereits in der Vorbereitung eher den Aufwand zu betrachten. In diesem Fall kann das Konzept der *idealen Tage* verwendet werden, auf das wir in Abschnitt 10.3 eingehen.

10.2.3 Team Estimation Game

Ein konkreter Weg für die erste Schätzung eines Backlogs ist das *Team Estimation Game*. Es geht auf Steve Bockman zurück [20, 60]. Der Ablauf ist so simpel wie ergebnisreich und führt auf einem schnellen und effizienten Weg zu einer ersten frühen relativen Einordnung und Schätzung eines Projekts. Es funktioniert folgendermaßen (Abb. 10.3 und 10.4):

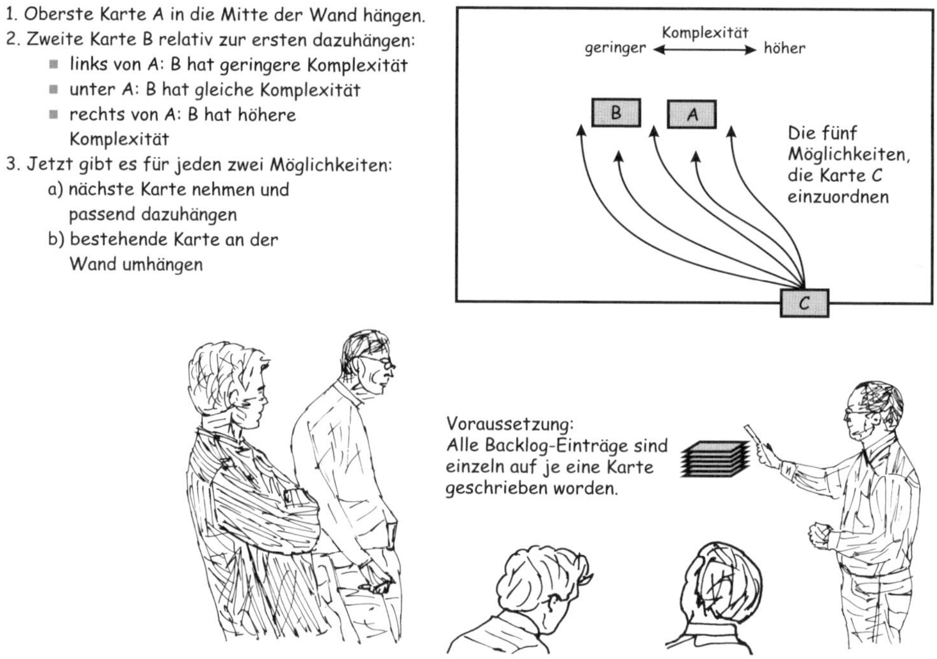

Abbildung 10.3: Ablauf des Team Estimation Game

- Vorbereitung: Alle Backlog-Einträge werden auf einzelne Karten (oder große Klebezettel) geschrieben und zu einem Stapel verdeckt zusammengeschoben. Eine große Pinnwand mit Nadel steht zur Verfügung.
- Das Team kommt zusammen und stellt sich in fester Reihenfolge auf.
- Ablauf der relativen Schätzung durch das Team.:
  1. Der Erste aus der Gruppe nimmt die oberste Karte, liest sie laut vor und hängt sie oben in die Mitte der Pinnwand.
  2. Der Zweite aus der Gruppe nimmt die nächste Karte, liest sie laut vor und hängt sie nach seiner Einschätzung der Komplexitäten der beiden sichtbaren Karten entweder
     - unter die erste Karte, wenn er sie für ähnlich komplex hält,
     - links neben die erste Karte, wenn er sie für weniger komplex hält, oder
     - rechts neben die erste, wenn er sie für komplexer hält.

Er erläutert kurz, warum er die zweite so in Bezug zur ersten eingeordnet hat. Es findet aber keine Diskussion darüber zwischen den Teammitgliedern statt.

3. Ab jetzt läuft das Team Estimation Game nach den gleichen Schritten ab, bis alle Karten auf der Wand einsortiert sind und keiner mehr etwas umhängen möchte. Der Nächste in der Gruppe hat die Auswahl zwischen zwei Möglichkeiten:
   - Entweder nimmt er die nächste Karte, liest sie laut vor und ordnet sie entsprechend seiner Einschätzung relativ zu den bestehenden Karten ein, wobei es vorkommen kann, dass mehrere Karten verschoben werden müssen, um ggf. Platz für die neue Karte zu schaffen (Abb. 10.3), oder
   - er ordnet eine bereits an der Wand hängende Karte dort um.

   In beiden Fälle erläutert er kurz, warum er die Karte so eingeordnet hat. Eine Diskussion in der Gruppe ist weiterhin nicht erlaubt.

Nachdem das Bild an der Pinnwand vollständig ist und sich stabilisiert hat, werden über die Spalten von links nach rechts nach einer nicht linearen Skala Komplexitätspunkte hinzugefügt. Im Beispiel aus Abbildung 10.4 werden dafür die Werte aus der verbreiteten modifizierten Fibonacci-Folge genommen.

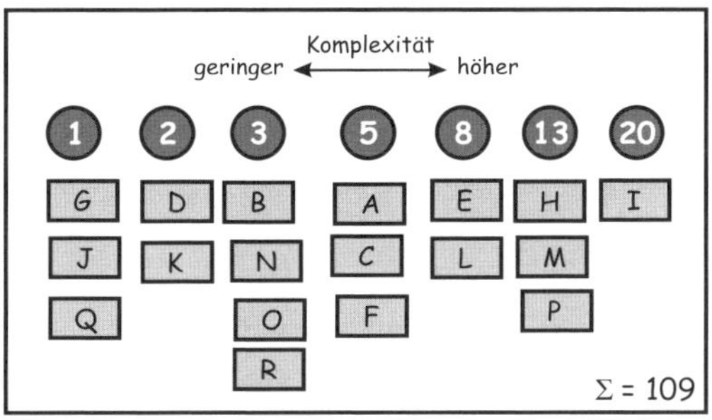

Abbildung 10.4: Nach dem Ende der relativen Sortierung der Backlog-Einträge durch das Team Estimation Game werden den Spalten die Komplexitätswerte nach einer nicht linearen Reihe zugeordnet und die Gesamtpunktzahl ermittelt (unten rechts).

Nun kann die Gesamtanzahl der Komplexitätspunkte ermittelt werden, indem für alle Karten der Punktwert der Spalte angenommen und deren Summe ermittelt wird. Wir haben so eine Komplexitätsmatrix für die Backlog-Einträge geschaffen und jeder Eintrag ist relativ zueinander geschätzt.

10.3 »Ideale Tage« oder Komplexitätspunkte?

Wie lange dauert ein Eishockeyspiel? Jeder, der in seinem Leben mindestens einmal diesem schnellen, körperbetonten Mannschaftssport beiwohnte, weiß, dass es darauf zwei Antworten gibt: eine genaue und eine ungefähre. Wie kann das sein? Das ist doch eine einfache Frage.

Die genaue Antwort lautet: 60 Minuten, unterteilt in drei Drittel zu je 20 Minuten. Diese Aussage betrifft die effektive Spielzeit. Dazwischen liegen zwei Drittelpausen ca. 15 bis 20 Minuten. O.K., dann dauert ein Spiel also 90 bis 100 Minuten? Das kann man so genau leider nicht sagen, außer, dass es sicherlich länger als 90 bis 100 Minuten dauert. Eishockey ist ein Spiel mit einer effektiven Spielzeit von 60 Minuten. Es gibt einen offiziellen Zeitnehmer, der die Uhr bei Unterbrechungen durch die Schiedsrichter anhält. Wir können auf die obige Frage also nur antworten, dass die effektive Spielzeit 60 Minuten ist und das Spiel mit Pausen und Unterbrechungen meist zwischen zwei und zweieinhalb Stunden dauert. Kurz gesagt, ein Spiel dauert so lange, bis es fertig ist[5]. So genau kann man das also nicht vorhersagen, bringen Sie also ausreichend Zeit mit, wenn Sie sich ein Eishockeyspiel anschauen möchten.

10.3.1 Ideale und reale Tage

Fühlen Sie sich bei der obigen Diskussion um Eishockey nicht auch an leidige Gespräche mit Auftraggebern erinnert, die wissen wollen, wann sie das Projektergebnis nutzen können? Mike Cohn verwendet ähnliche Beispiele, um das Konzept der idealen Tage einzuführen [28]. Die ideale Dauer entspricht dabei der effektiven Spielzeit. Sie wird in idealen Tagen angegeben, ist personenunabhängig und bezieht sich daher stets auf eine durchschnittliche Umsetzung. Ein idealer Tag entspricht also der Leistung eines durchschnittlichen Entwicklers über genau acht Stunden.

Sind wir jetzt nicht wieder bei einer traditionellen Aufwandsschätzung angelangt? Nein, denn wir schätzen immer noch den Umfang unseres Projekts ab. Anders als die sehr abstrakten Komplexitätspunkte orientiert sich unsere Sichtweise auf den Umfang nur an traditionelleren Schätzgrößen. Und das fällt unserem Kernteam in der Vorbereitung meist leichter. Auch Einsteigern in das agile Projektmanagement fallen Schätzungen auf Basis idealer Tage oft leichter als mit Komplexitätspunkten.

Ähnlich wie die effektive Spielzeit beim Eishockey entspricht ein idealer Tag auf keinem Fall einem realen Acht-Stunden-Arbeitstag. Beim Eis-

[5] Noch schwieriger wird eine Aussage zur Dauer in der deutschen ersten Bundesliga. Um taktische Spielereien zu vermeiden, gibt es dort kein Unentschieden und es wird stets ein Sieger ausgespielt.

hockey beträgt das Verhältnis von effektiver zu realer Dauer wie gesehen etwa 1:2 bzw. 1:2,5. Wie verhält sich das bei unseren Arbeitstagen? Es gibt eine Reihe zusätzlicher Tätigkeiten an einem Arbeitstag, die nicht direkt am Projektfortschritt beteiligt sind, wie z. B.:

- Besprechungen wie das Daily Standup,
- Zeiterfassung,
- eine kleine Pause zwischendurch,
- ein Anruf aus dem Support, der ein dringendes Problem hat,
- mehr oder weniger wichtige E-Mails zu anderen Firmenthemen,
- andere Telefonanrufe,
- die Organisation privater Dinge und
- Urlaub, Weiterbildung und Krankheitszeiten, die wir bei der Laufzeit von Projekten als Erfahrungswerte gleichmäßig über die Dauer verteilen und damit unsere effektive Arbeitszeit pro Tag reduzieren.

Wenn wir an verschiedenen Projekten beteiligt sind oder eine Arbeitsumgebung mit zahlreichen Unterbrechungen bzw. Störungen pro Tag vorfinden, wirken sich auch die geistigen Rüstzeiten beim Taskswitch, also dem Wechsel zwischen zwei verschiedenen Aufgaben, deutlich aus und reduzieren unsere nutzbare Zeit pro Arbeitstag weiter. Ebenso verhält es sich mit Versuchen, mehr als zwei Aufgaben parallel abzuwickeln. Multitasking ist nur dann bei zwei Aufgaben sinnvoll, wenn eine der beiden Handlungen weitgehend automatisiert zu leisten ist. Zwei oder mehr anspruchsvolle Aufgaben parallel oder zeitlich sehr eng verschachtelt zu bearbeiten, ist sehr ineffizient und daher im Projektgeschäft zu vermeiden [170].

Das Verhältnis $\frac{idealeTage}{realeTage}$ kann nach jeder Iteration neu bestimmt werden und hilft uns, Aussagen zu Terminen zu machen. Es ist kaum realistisch, dass das Verhältnis über 0,8 liegt. Wenn wir uns anschauen, wie viel Zeit wir in der Woche für Abstimmungen, Zeiterfassung, kleine Pausen zwischendurch, Unterstützung projektfremder Kollegen bei Problemlösungen, Wartezeiten oder geistige Rüstzeiten bei Taskwechseln verlieren, so werden wir bei einem Acht-Stunden-Arbeitstag kaum mehr als 6,5 Stunden Nutzzeit für unser Projekt erreichen. Realistischer sind meist fünf bis sechs Stunden, sodass wir auf Verhältnisse zwischen 0,6 und 0,75 kommen.

Erreichen wir hingegen Faktoren um 0,5 oder gar darunter, werden die Teammitglieder bereits vorher Äußerungen wie »Ich schaffe überhaupt nichts!« von sich gegeben haben. Wir stoßen bei der Betrachtung der Ursachen für einen großen Unterschied zwischen idealen zu realen Tagen automatisch auch auf die täglichen Hindernisse in unserer Arbeit. Damit liefert diese Sichtweise wertvolle Punkte für die Hindernisliste in unseren Retrospektiven (Abschnitt 14.5), was einen weiteren Vorteil der Schätzung mit idealen Tagen darstellt.

10.3.2 Mit idealen Tagen schätzen

Dean Leffingwell verbindet das Konzept der idealen Tage mit der nicht linearen Skala aus dem Team Estimation Game aus Abschnitt 10.2.1 [103]. Er schlägt vor, als Schätzwerte nur die Zahlen der vereinfachten Fibonacci-Folge zu nutzen, also 0, 1, 2, 3, 5, 8, 13, 20, 40 und 100.

Das bietet einen wesentlichen Vorteil. Was wir über Komplexitätspunkte und nicht lineare Skalen festgestellt haben, bleibt erhalten, ohne uns zwangsweise auf das abstrakte Konzept der Komplexitätspunkte einlassen zu müssen. Die idealen Tage bauen uns eine gangbare Brücke. Gleichzeitig vermeiden wir ermüdende und uns nicht weiterbringende Diskussionen, ob eine Aufgabe nun einen Umfang von 17 oder 22 idealen Tagen hat. So genau können wir in der Vorbereitung nicht schätzen und ein Wert von 20 reicht uns völlig. Auch umgehen wir zu diesem Zeitpunkt noch unnütze Zerlegungen auf Einheiten von Arbeitsstunden. Ein idealer Tag bleibt ein Tag.

Gleichzeitig reduziert dieser Trick ein wenig das Problem der personenabhängigen Schätzungen in idealen Tagen. Wir möchten bei unseren Schätzungen von einem durchschnittlichen Entwickler ausgehen, betrachten aber meist doch nur unsere eigene Leistungsfähigkeit. Techniken wie das Team Estimation Game aus Abschnitt 10.2.3 oder Planning Poker aus Abschnitt 14.3 lassen sich mit Leffingwells Vorschlag gut einsetzen und reduzieren diesen individuellen Störeffekt weiter, sodass wir gut auf Basis der idealen Tage weiterarbeiten können.

10.4 Velocity – Wann sind wir fertig?

Sobald wir erste Iterationen durchlaufen haben, ermitteln wir, wie viele ideale Tage oder Komplexitätspunkte in einer Iteration durchschnittlich erbracht werden. Daraus ergibt sich ein projekt- und teamspezifisches Verhältnis von idealen zu realen Tagen bzw. ein durchschnittlicher Wert an Komplexitätspunkten pro Iteration. Das ergibt die Fortschrittsgeschwindigkeit bzw. Velocity. Sie wird dann in $\frac{kPunkte}{Iteration}$ oder in $\frac{idealeTage}{Iteration}$ angegeben.

10.4.1 Rahmenbedingungen für die Aussagekraft der Velocity

Damit die Betrachtung einer Velocity überhaupt sinnvoll ist, bedarf es einiger Rahmenbedingungen. Einige sind offensichtlich:

- Möglichst gleich lange Iterationen, wobei ± 1 Tag kein Problem darstellt
- Stabile Teams bezüglich ihrer Zusammenstellung und Personenanzahl
- So weit heruntergebrochene Aufgaben, dass eine zweistellige Anzahl an User Stories in einer Iteration umgesetzt werden kann
- Eine angemessen stabile Velocity über mehrere Iterationen hinweg

Wenn der Wert der Velocity von Iteration zu Iteration stark schwankt, so sind meist eine oder mehrere der anderen Rahmenbedingungen verletzt. Eine konstante Velocity ist jedoch die grundlegende Voraussetzung für das spätere Projektcontrolling und für die Vermeidung von Überlastungen der Teams. Daher gilt für agile Projekte meist der Grundsatz, erst die Velocity zu stabilisieren, bevor über die Steigerung der Projektperformance nachgedacht werden kann. Geringe Schwankungen der Velocity um 10 % sind dabei in der Praxis tolerierbar, mehr als 30 % sicher nicht.

Die Velocity ist kein absolutes, sondern ein individuelles, auf ein Team bezogenes Maß. Das liegt daran, dass jedes Team seinen eigenen Referenzwert für die Komplexitätspunkte bzw. idealen Tage hat. Die Werte können und dürfen daher **auf keinen Fall** zu teamübergreifenden Vergleichen herangezogen werden! Die Velocity ist ein Maß für die Konstanz des Arbeitsflusses eines Teams. Nicht mehr und nicht weniger.

Bei zwei Projekten, die von jeweils einem Team realisiert werden, ist dies offensichtlich. Aber auch bei größeren Projekten, die mit mehreren Teams umgesetzt werden, gilt diese Nichtvergleichbarkeit zwischen den Teams. Wie wir in Abschnitt 13.2.6 sehen werden, wird das gemeinsame Backlog für das Projekt in einzelne Team-Backlogs aufgeteilt, die eine möglichst unabhängige Arbeit der Teams ermöglichen. Da hierfür jedes Team seine Backlog-Einträge selbst über Komplexitätspunkte oder ideale Tage auf der Basis eigener, unterschiedlicher Referenzpunkte schätzt, sind die einzelnen Schätzungen und damit auch die Velocities nicht vergleichbar.[6]

10.4.2 Burndown-Diagramm – Visualisierung der Velocity

Die Darstellung der Velocity eines Teams ist ein essenzieller Information Radiator. Probleme im Projekt oder im Team werden daran schnell sichtbar. Die gebräuchlichste Visualisierung erfolgt in Form eines Burndown-Diagramms (Abb. 10.5).

Dazu wird für jede Iteration der am Ende noch anstehende Restaufwand äquidistant aufgetragen. Es sieht also so aus, als ob wir wie bei einem hochgehaltenen Steichholz den Aufwand von oben abbrennen. Die Velocity entspricht der negativen Steigung einer gemittelten Geraden entlang der oberen Kante der Restaufwände jeder fertigen Iteration. Die Extrapolation dieser Geraden für die durchschnittliche *Abbrennrate* lässt uns Aussagen

[6] Auch Versuche z. B. mit Umrechnungsfaktoren eine Vergleichbarkeit herzustellen, werden scheitern, da die realen Aufgaben der Teams und ihre konkrete Zusammensetzung unterschiedlich sein werden. Es kann prinzipiell nicht gelingen, komplexe Systeme durch eine einfache Beziehung vergleichbar zu machen, weil komplexe Systeme nicht einfach sind.

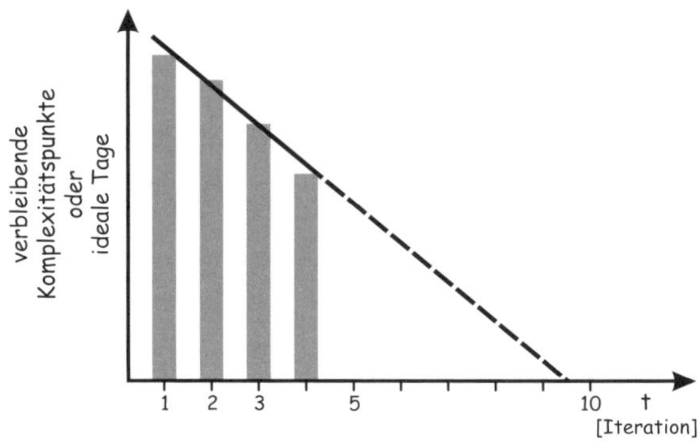

Abbildung 10.5: Schema des Burndown-Diagramms mit der Velocity als negative Steigung der gemittelten Burndown-Rate

zum Fertigstellungstermin machen (Abb. 10.5). Dafür ist jedoch eine ausreichend konstante Velocity notwendig.

10.4.3 Die Velocity innerhalb einer Iteration

Wir haben bislang das Konzept der Velocity auf der Ebene der Iterationen betrachtet. Das ist in der Vorbereitung eines Projekts auch ausreichend. Im späteren Projektverlauf können wir die teamspezifischen Betrachtungen auch zur Visualisierung innerhalb einer Iteration nutzen.

Da wir die Einträge im Backlog in der Planung einer Iteration auf kleine Tasks herunterbrechen, die ca. einen Tag dauern, ist dies sogar recht einfach möglich. Auf der Y-Achse stehen jetzt nicht die verbleibenden Komplexitätspunkte, sondern die Anzahl der noch offenen Tasks. Als Zeiteinheit wählen wir dann die Tage innerhalb der Iteration. In Abschnitt 17.2 finden Sie mehr dazu.

10.5 Grobe Projektschätzung – Kosten und Dauer

Wenn wir die Velocity hätten, wäre unsere grobe Projektschätzung eine einfache geometrische Betrachtung nach dem Schema aus Abbildung 10.5. Leider verhält es sich damit wie bei einer Hochrechnung am Wahlsonntag. Sie funktioniert erst, sobald erste Wahlkreise ausgezählt sind bzw. erste Iterationen durchlaufen wurden. Dennoch können uns, ähnlich wie bei den Wahlprognosen, die Ergebnisse aus der Schätzung mit Komplexitätspunkten bzw. idealen Tagen dabei helfen, eine bessere Projektprognose zu erstellen.

10.5.1 Komplexitätspunkte hochrechnen

Wenn wir davon ausgehen, dass der geschätzte Umfang in irgendeiner Form mit dem Aufwand proportional ist, können wir die Schätzergebnisse als Basis für eine Hochrechnung nutzen. Dazu versuchen wir, die Proportionalität an mehreren Stellen über eine Expertenschätzung zu ermitteln.

Wir wählen einige Aufgaben aus dem Backlog aus, die in unterschiedlichen niedrigen oder mittleren Punktespalten liegen. Ob wir auch die hohen Spalten berücksichtigen, ist Geschmackssache. Hier sind die zugrunde ligenden Unschärfen bereits so groß, dass ihre Einbindung kaum etwas zur Genauigkeit der Hochrechnung beitragen kann.

In den Expertenschätzungen versuchen wir, den *Aufwand* für die durchschnittliche Umsetzung der geschätzten Aufgabe zu ermitteln. Daraus können wir einen Proportionalitätsfaktor für die Umrechnung unserer Umfangsschätzungen in Bezug zum Realisierungsaufwand ableiten. Für jede Schätzung erhalten wir einen anderen Proportionalitätsfaktor und versuchen, einen geeigneten Wert für unsere Hochrechnung zu ermitteln. Betrachten wir dazu ein kurzes Rechenbeispiel.

Wir haben drei Stories ausgewählt, die wir A, B und C nennen. A kommt aus der Spalte 2, B aus der Spalte 5 und C aus der Spalte 13 der Komplexitätspunkte. Die Expertenschätzung lieferte für A einen Aufwand von 3 Tagen, für B 8 und für C 23 Tage (Tab. 10.1).

	Story A	**Story B**	**Story C**
Komplexitätspunkte	2	5	13
Expertenschätzung des Aufwands [Tag]	3	8	23
Verhältnis $kPunkte/Aufwand$	0,667	0,625	0,565

Tabelle 10.1: Ermittlung der Umrechnung von Umfang zu Aufwand

Eine Hochrechnung kann jetzt z. B. mit dem Faktor 0,6 auf der Gesamtzahl der idealen Tage erfolgen. Für unser Beispiel ergibt sich dann bei der Summe von 302 idealen Tagen ein zeitlicher Umsetzungsaufwand von ca. 500 Personentagen.

Bevor wir uns die Frage stellen, wir wir jetzt auf Teamgröße und Dauer kommen, bleiben wir noch einen Augenblick bei der obigen Umrechnungsschätzung. Ein Ergebnis wie in Tabelle 10.1 ist eher typisch. Wir haben drei Expertenschätzungen durchgeführt und bekommen drei Umrechnungsfaktoren. Wir haben also erhebliche Unsicherheiten bei der Betrachtung und Interpretation der Ergebnisse. Warum mit einem Wert von 0,6 rechnen und nicht z. B. mit dem höchsten oder niedrigsten?

In eine einzelne Schätzung fließen verschiedene Annahmen ein. Auch eine eher optimistische oder eher defensive Einstellung gegenüber einer konkreten Aufgabe verändert unsere Einschätzung. Meist ist es sinnvoller, explizit verschiedene Varianten durchzuspielen. Ein einfaches Werkzeug dafür ist die Dreipunktschätzung.

10.5.2 Dreipunktschätzung – Varianten betrachten

Was ist eigentlich eine Schätzung? Wir wissen bereits, dass eine Schätzung keine Messung ist. Was ist sie dann? Bei einer Schätzung betrachten wir Wahrscheinlichkeiten für den späteren Wert einer Schätzgröße. Eine professionelle Schätzung sagt daher etwas über Wahrscheinlichkeiten und deren Verteilung aus. Wenn wir als Ergebnis einer Schätzung nur einen einzelnen Wert nennen oder gesagt bekommen, so hat dies eher den Charakter einer Zielvorgabe denn einer Schätzung [113]. Zu einem einzelnen Wert gehört also mindestens seine geschätzte Eintrittswahrscheinlichkeit!

Die Verteilung der Wahrscheinlichkeiten einer Softwareschätzung ist in der Regel keine gleichmäßige Glockenkurve um den Wert mit der höchsten Wahrscheinlichkeit, sondern eine mehr oder weniger stark in Richtung des höheren Aufwands verschobene Kurve (Abb. 10.6). Damit fällt aber leider der Wert, der einer 50:50-Wahrscheinlichkeit entspricht, nicht mit dem Scheitelpunkte der Kurve zusammen. Dieser Wert liegt dort auf der Kurve, an dem mit einem senkrechten Schnitt die Fläche unterhalb der Kurve in zwei gleich große Hälften geteilt wird (Abb. 10.6) [113].

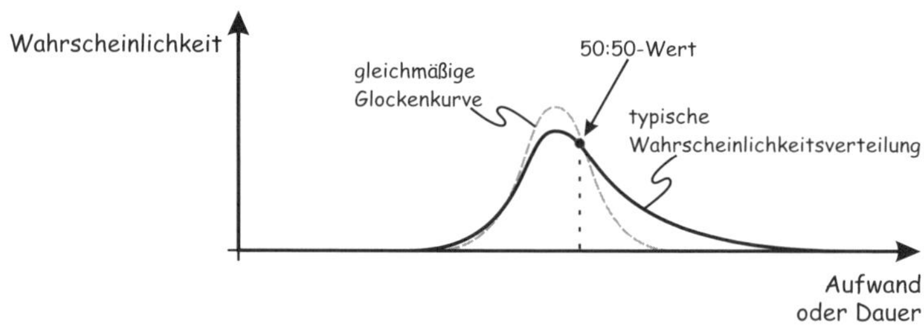

Abbildung 10.6: Schema einer typischen Verteilung der Wahrscheinlichkeiten für den Aufwand einer Softwareentwicklungsaufgabe [113]

Wie kommen wir zu einer solchen Kurve? Stellen wir uns einen Schätzworkshop mit sehr vielen Teilnehmern vor. Nach einiger Diskussion um die zu schätzende Aufgabe gibt jede Person eine Schätzung ab, indem sie ihren Schätzwert auf eine Moderationskarte schreibt. Nehmen wir weiterhin an, wir würden in ganzen idealen Tagen schätzen. Dann können wir die Karten an einer Wand wie in Abbildung 10.7 anordnen. Die meisten haben sieben

Tage geschätzt, ein optimistischer Teilnehmer vier und der größte Pessimist 13 Tage. Jetzt haben wir in unserem Gedankenexperiment unsere Verteilungskurve erzeugt. Doch wie kommen wir auf den 50:50-Wert. Dabei hilft uns eine Näherung, die Dreipunktschätzung. Bei einer Dreipunktschätzung gehen wir von drei besonderen Werten für die Wahrscheinlichkeit aus [133]:

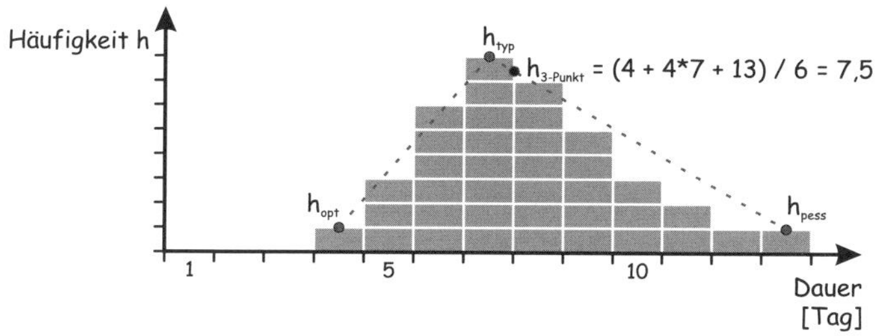

Abbildung 10.7: Schema einer Dreipunktschätzung am Beispiel einer Häufigkeitsverteilung von einzelnen Schätzwerten

- Was ist der optimistische Wert w_{opt} für die Schätzung, der gerade noch wahrscheinlich ist?
- Was ist der pessimistische Wert w_{pess}, der auch bei besonders vielen Problemen in der Umsetzung noch zu einem erfolgreichen Ergebnis führt?
- Was ist der typische (häufigste) Wert w_{typ}, wenn unser Team eine solche Aufgabe umsetzt?

Mit diesen drei Werten können wir den 50:50-Wert ausreichend gut näherungsweise mit der folgenden Formel bestimmen:

$$w_{50:50} = \frac{w_{opt} + (4 \cdot w_{typ}) + w_{pess}}{6}$$

Wie in dem Beispiel aus Abbildung 10.7 bereits angedeutet, ist die Dreipunktschätzung die ideale Technik für Schätzungen über ideale Tage. Wir nähern die Verteilungskurve durch die Betrachtung der obigen drei Werte an und können über eine einfache Formel den 50:50-Wert berechnen. Auch können wir damit viel bewusster mit unseren Unsicherheiten in Schätzungen umgehen. Wir können die Spanne unserer Schätzungen für eine Aufgabe betrachten und analysieren. Haben wir eine geringe Spanne, so scheinen wir uns relativ sicher zu sein. Verläuft die Kurve dagegen vergleichsweise breit, sind wir eher unsicher, was auf ein Risiko hindeutet, mit dem die Umsetzung der Aufgabe behaftet ist.

Wir können auch mit den drei Werten weiterarbeiten und optimistische, typische und pessimistische Betrachtungen anstellen. Passt die pessimistische Sicht noch in unser Budget oder den vorgegebenen Zeitrahmen? Oder müsste dazu schon beinahe alles perfekt laufen[7]. Oder liegt unser Ziel sogar links vom optimistischen Wert und ist damit in der Form unerreichbar?

10.5.3 Mythos Personentag

Es gibt leider keinen einfachen Bezug zwischen Aufwand und Dauer der Umsetzung. Über die Velocity können wir diesen im Nachhinein statistisch ermitteln. Das hilft uns bei den Schätzworkshops im laufenden Projekt. Bei der Vorabschätzung bleibt uns nichts anderes übrig, als für diesen Bezug ebenfalls eine Schätzung vorzunehmen. In Tabelle 10.1 haben wir ein Beispiel dafür betrachtet.

Warum ist das eigentlich so schwierig und mit großen Unsicherheiten behaftet? Der Bezug zwischen Aufwand und Dauer ist nicht linear. Hierbei spielen viele Faktoren eine Rolle. Besonders starke Aspekte sind einerseits die individuelle Leistungsfähigkeit der Entwickler und andererseits die Teamgröße und Teamstruktur. Da wir in agilen Projekten an diesen Stellen gute Möglichkeiten zur Verbessung haben, lohnt sich ein kurzer Blick darauf [25, 40].

Individuelle Leistungsfähigkeit der Entwickler

Auf Tom DeMarco und Tim Lister gehen Veröffentlichungen zur individuellen Leistungsfähigkeit von Softwareentwicklern zurück. Die Untersuchungen sind über mehrere Jahre von 1984 – 1986 mit über 600 Programmierern erhoben worden. Danach lassen sich drei Thesen über eine größere Anzahl von Entwicklern aufstellen (Abb. 10.8) [40]:

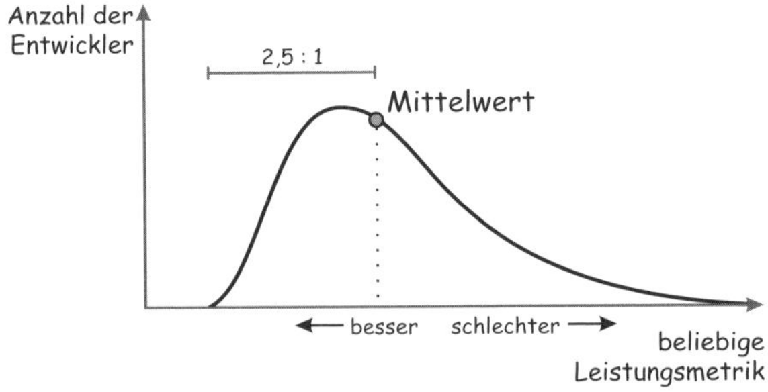

Abbildung 10.8: Die individuelle Leistungsfähigkeit von Entwicklern im Vergleich [40]

[7] Was ja bekanntermaßen kaum der Fall sein wird ...

- Die besten Mitarbeiter sind um einen Faktor 10 besser als die schlechtesten Entwickler.
- Die besten Mitarbeiter sind um einen Faktor 2,5 besser als die durchschnittlichen Entwickler.
- Die Leistung der überdurchschnittlichen Mitarbeiter wird etwa doppelt so hoch sein wie die der unterdurchschnittlichen Entwickler.

Die letzte Aussage mag etwas überraschend sein. Der Effekt liegt daran, dass die Verteilungskurve in Abbildung 10.8 keine Gleichverteilung beschreibt. Der Mittelwert ist, wie bereits in den Schätzverteilungen gesehen, der Wert, durch den eine senkrechte Linie die Flächen unterhalb der Kurve in zwei gleich große Hälften teilt. Die schlechten Entwickler im Team sind eben deutlich schlechter als der Durchschnitt. Daher reichen wenige schwache Entwickler aus, um die Kurve so aussehen zu lassen.

Zum einen stellt die Kurve aus Abbildung 10.8 einen für uns sehr angenehmen Zusammenhang dar. Unsere Teams sind im Großen und Ganzen leistungsfähig. Dennoch sind die Unterschiede zwischen einzelnen Entwicklern deutlich. Damit bekommt die teaminterne Weiterentwicklung der einzelnen Mitarbeiter eine besondere Bedeutung.

Im Kontext von Expertenschätzungen sowie dem Zusammenhang zwischen Aufwand und Dauer eines Projekts bedeutet das allerdings eine große Abhängigkeit davon, wer an den Schätzungen beteiligt ist und wer später wirklich die Umsetzung der Aufgaben vornimmt. Dazu kommt, dass die Leistungsfähigkeit eines Entwicklers neben individuellen Faktoren auch von zahlreichen Aspekten aus dem Projektumfeld abhängt. Ein ruhiges bzw. lautes Umfeld kann ebenso einen erheblichen Unterschied ausmachen wie z. B. die persönliche Erfahrung eines Entwicklers mit der Programmierumgebung und der Programmiersprache.[8]

Teamgröße

Warum werden Projekte, wenn sie personell aufgestockt werden, nur so wenig schneller, obwohl ja mehr Entwickler an den Ergebnissen arbeiten? Natürlich nimmt die Gesamtkapazität des Projektteams zu, jedoch sinkt die Produktivität jedes einzelnen Mitglieds. Der Grund liegt in dem wachsenden Overhead für Kommunikation und Koordination. Ein einfaches Rechenbeispiel macht das deutlich [25, 113].

Die Anzahl der möglichen Kommunikationspfade in einer Gruppe von Menschen ist proportional zum Quadrat der Anzahl der Gruppenmitglieder

[8] Die Untersuchungen von DeMarco und Lister haben deshalb in für die Entwickler vertrauten Umgebungen und Programmiersprachen stattgefunden.

(Abb. 10.9).[9] Das heißt, dass mit jedem zusätzlichen Teammitglied ein ganzes Bündel zusätzlicher Kommunikationspfade entsteht. Das ist der Grund für das bekannte Zitat von Frederick Brooks: »Adding manpower to a late project makes it even later!«

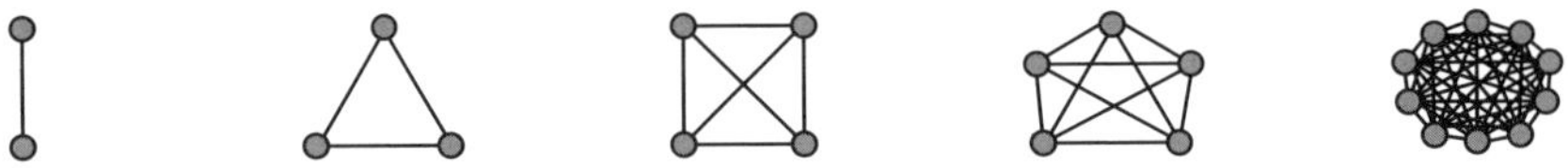

Abbildung 10.9: Die Anzahl der Kommunikationspfade in Abhängigkeit von der Gruppengröße

Dieses Kommunikationsproblem kann für große Projekte durch das Aufteilen in verschiedene Teilteams nicht vollständig gemindert werden, da die Kommunikationsschnittstellen zwischen den Teilteams weiterhin notwendig bleiben. Eine Aufteilung der Teilteams in cross-funktionale Featureteams minimiert jedoch die Kommunikationsschnittstellen zwischen den Teams, sodass die meiste Kommunikation innerhalb jedes Featureteams erfolgt und damit ein möglichst geringer Kommunikationsoverhead entsteht.

10.5.4 Umfang, Dauer und Teamgröße

So weit sind die Betrachtungen in sich geschlossen und hoffentlich auch nachvollziehbar. Es bleibt noch die Frage nach den Kosten bzw. der Teamgröße und Projektdauer zu beantworten. Hierbei helfen uns die Betrachtungen zur Schätzung in idealen Tagen als Ausgangspunkt.

Wenn wir den Bezug zwischen den idealen und den realen Tagen herstellen, können wir auf den Gesamtaufwand in Personentagen [PT] schließen. Das kann über Expertenschätzungen erfolgen, wie wir es für die Komplexitätspunkte in Tabelle 10.1 auf Seite 145 bereits gesehen haben. Eine andere Möglichkeit besteht darin, aus bereits abgeschlossenen und vergleichbaren Projekten deren Umrechnungsfaktor zu bestimmen. Aus der Analyse geschätzter und errechneter Werte können wir für unser anstehendes Projekt den Aufwand hochrechnen. So werden dann z. B. aus ca. 300 idealen Tagen ein Gesamtaufwand von ca. 500 PT. Aus dem Gesamtaufwand können wir auf die Dauer eines Projekts schließen.

Der Bezug zwischen Aufwand und Dauer eines Projekts ist in der Regel nicht linear. Diese Erkenntnis ist z. B. bereits 1981 von Barry Boehm

[9] Die Anzahl der Pfade p berechnet sich aus der Anzahl der Gruppenmitglieder n nach: $p = n \times (n - 1)/2$.

veröffentlicht worden [22]. Er hat den folgenden Bezug als typisch für ein gesamtes Projekt statistisch ermittelt: $Dauer = k \times Aufwand^{1/3}$, wobei die $Dauer$ in Monaten und der $Aufwand$ in Personenmonaten [PM] angegeben werden und $k = 2,5$ als allgemeiner Komprimierungsfaktor angenommen werden kann (Abb. 10.10). Aus einem Umfang von $500PT = 25PM$ ergibt sich danach eine Dauer von 7,3 Monaten. Da wir bei der Umrechnung von idealen in reale Tage bereits die nicht produktiven Zeiten berücksichtigt haben, können wir hier bei der Umrechnung von Personentagen in Personenmonaten von 20 Tagen pro Monat ausgehen.

Da wir im vorherigen Abschnitt bereits gesehen haben, dass der Kommunikationsoverhead überproportional mit der Anzahl der Teammitglieder wächst, versuchen wir in *APM* die Teamgröße so klein wie möglich zu halten, um so effizient wie möglich zu arbeiten. Wenn wir also von einer Dauer von 8 Monaten ausgehen, kommen wir auf eine durchschnittliche Teamgröße s von $s = Aufwand/Dauer = 25PM/8Monate = 3,125$.

Auf Basis der errechneten Werte können wir im Team, das die Projektvorbereitung durchführt, eine konstruktive Diskussion über die Vorabschätzwerte führen. Die Parameter Umfang, Dauer und Teamgröße hängen voneinander ab und lassen sich, wie gesehen, nutzen, um die für die erwarteten Projektkosten relevanten Parameter zu bestimmen.

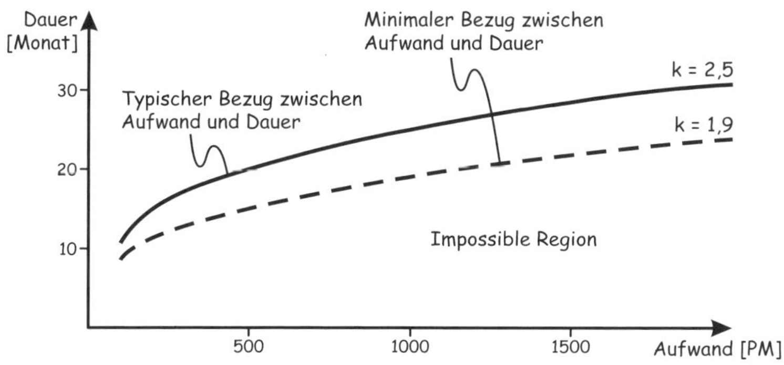

Abbildung 10.10: Darstellung der statistisch ermittelten Beziehung zwischen Aufwand und Dauer [22]

Abschließend noch ein paar Bemerkungen zu der empirisch ermittelten Formel von Boehm, die in Abbildung 10.10 dargestellt ist. Der Komprimierungsfaktor k kann im Durchschnitt über alle Projektphasen mit 2,5 angenommen werden. Um die minimal mögliche Dauer zu ermitteln, wird er auf einen Wert von 1,9 reduziert. In unserem Beispiel minimiert sich die Projektdauer dann auf 5,6 Monate. Unterhalb dieser Minimalkurve lag keins der für die Statistik untersuchten Projekte, weshalb Boehm diesen Bereich die *Impossible Region* nennt. Diese Formel ist statistisch aus der Auswertung von Großprojekten entstanden. Damit lässt sie sich nur bedingt auf kleine Projekte wie unser Zahlenbeispiel anwenden. Dennoch kann man über den aufgezeigten Weg zumindest einen Beitrag zur Diskussion über die Projektdauer leisten.

10.6 Risikoreserven vorsehen

Eines ist sicher bei einem Projekt: Es kommt anders, als man denkt! Wir wissen nicht, was auf uns zukommen wird, wir wissen aber, dass etwas passieren wird. Darauf können wir uns nur prinzipiell vorbereiten und genau dafür können wir eine Risikoreserve vorsehen.

10.6.1 Brauchen wir überhaupt eine Risikoreserve?

Wir haben die Risikoreserve bereits unter dem Begriff *Risikovorbehalt* in Abschnitt 9.5.4 kennengelernt. Doch brauchen wir so eine Absicherung überhaupt in agilen Projekten? Auf Basis der agilen Werte lässt sich eine Risikoreserve doch kaum begründen, oder?

In der Tat finden wir in agilen Projekten meist eine Time-to-Market-minimierende Planung. Wir möchten den Kunden in kurzer Folge mit neuen nutzbaren und für ihn wertvollen Inkrementen zufriedenstellen. Dabei bauen wir keine Reserven ein, sondern arbeiten mit einer konstanten Geschwindigkeit die geordneten und priorisierten Aufgaben ab, die vorher zu minimalen Releases gebündelt worden sind. Ganz im Gegenteil, explizite Reserven wären dabei sogar schädlich.

Doch wie gehen wir vor, wenn das höchste Kundenziel die termingerechte Lieferung eines bestimmten Umfangs an Funktionalität ist? Nach einem Blick auf das Teufelsquadrat aus Abbildung 10.2 auf Seite 134 wird schnell klar, dass wir dafür auf keinen Fall die innere oder äußere Qualität unseres Produkts opfern wollen. Der Spielraum setzt daher bei den Kosten an. Wir verlängern die Laufzeit in der Planung und bauen explizite Reserven als Risikovorbehalte ein, um einen Liefertermin abzusichern, den wir unserem Kunden zusagen möchten. Wenn wir darüber die höchste Kundenzufriedenheit erreichen, ist das unser Weg dahin. Wenn wir eher auf Time-to-Market oder Kostenminimierung achten sollen, werden wir kaum oder gar nicht mit expliziten Risikoreserven planen.

10.6.2 Wie viel darf es sein?

Wir können uns die Risikoreserve als Blackbox-Aufgabe am unteren Ende unseres Backlogs für das Produkt vorstellen. Da jeder Eintrag im Backlog geschätzt sein muss, schätzen wir auch eine Risikoreserve. Ihre Größe hängt von unseren bisherigen Risikobetrachtungen ab. Grundsätzlich macht der Umfang einer Risikoreserve mindestens 20 % des bekannten Backlog-Umfangs aus (Abb. 10.11). Reserven unter 20 % sind meist nur pro forma einbezogene Werte, die unter politischem Druck minimalistisch bzw. überhöht optimistisch in die Planung eingebaut werden.

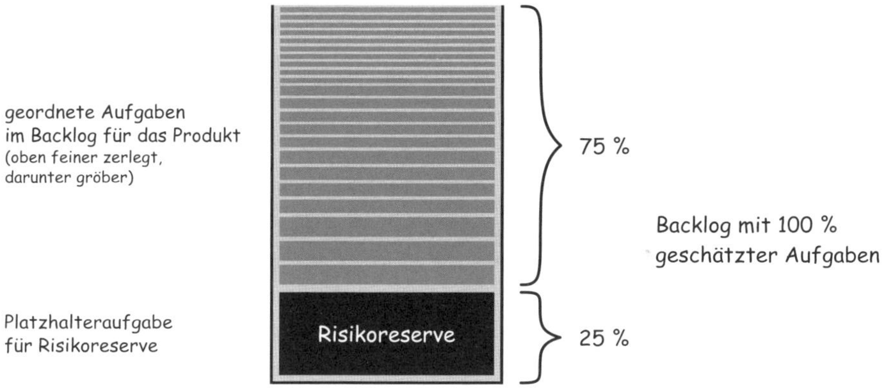

Abbildung 10.11: Die Risikoreserve kann prozentual bestimmt werden.

Wenn wir viele bzw. große Risiken für den Projektverlauf oder unser Produkt sehen, kann dieser Wert deutlich steigen. Für eher explorative Projekte oder Planungen, in denen Sie viele Abhängigkeiten zu anderen Projekten bzw. zu Ihnen unbekannten Produkten haben, kann dieser Wert bis auf 50 % des gesamten Backlog-Umfangs ansteigen. Das klingt viel, ist es aber nicht, wenn wir bedenken, dass 25 % bereits der Normalwert ist.

Der für viele Manager überraschend große Wert ergibt sich aus verschiedenen Erfahrungswerten. Zum einen sind viele der sich im Mittelfeld und darunter befindlichen Aufgaben nur grob beschrieben. In der späteren Zerlegung können sich hier noch größere, zusätzliche Aufwände ergeben. Gleichzeitig können einige der Risiken, die sich bei der Umsetzung dieser Aufgaben ergeben, nicht vorab erkannt werden, was ebenfalls zu den 25 % als Standardwert beiträgt. Dennoch ist es wertvoller, ggf. mit einer solchen Reserve zu arbeiten, als versuchen zu wollen, durch eine tiefere Vorabzerlegung mehr Sicherheit zu erhalten. Das wird nicht funktionieren, da wir die Rückkopplungen aus der Umsetzung der anstehenden Aufgaben benötigen, um gezielt weiterzuarbeiten und auch konkret mit den Risiken umgehen zu können.

Ein weiterer Punkt, warum viele Manager ihre Schwierigkeiten mit pauschalen Risikoreserven haben, ist der mangelnde Schutz der teuren Reserven vor unnötigem Verbrauch. Doch das sind zwei unterschiedliche

Aspekte. Einerseits sind Risikoreserven wichtig, wenn die Einhaltung von Terminen bei definiertem Produktumfang oberste Priorität besitzt. Daher sehen wir dann solche Reserven vor. Andererseits gilt es ebenso, diese vor sinnlosem Verbrauch zu schützen. Das Letztere lässt sich in *APM* gut bewerkstelligen und wird in Abschnitt 15.5 näher beschrieben.

11 Agile Projekte und Verträge

Wenn wir uns vergegenwärtigen, dass eines der vier agilen Wertepaare aus dem Agilen Manifest die Zusammenarbeit mit den Kundenvertretern höher bewertet als die vertragliche Gestaltung, verwundert es nicht, dass sich aus einem agilen Vorgehen Konsequenzen für die Vertragsgestaltung ergeben. Diese Aspekte betrachten wir in diesem Kapitel. Zusätzlich ergeben sich wie für jede vertragliche Regelung diverse rechtliche Aspekte. Die Anregungen in diesem Kapitel ersetzen keine Rechtsberatung. Bitte ziehen Sie bei Bedarf einen in IT-Vertragsrecht erfahrenen Anwalt hinzu, bevor Sie erste Verträge für agile Projekte schließen!

11.1 Kernstück eines Vertrags für agile Projekte

Ausgangspunkt eines Vertrags für agile Projekte ist die aktuelle Vision für das Projektergebnis mit den daraus abgeleiteten Erfolgsfaktoren. Damit wird der Bezug für die weiteren vertraglichen Regelungen festgelegt. Das Kernstück eines Vertrags für ein agiles Projekt basiert auf dem Agilen Manifest. Danach gestalten wir damit die vertraglichen Regelungen der Zusammenarbeit mit den Kundenvertretern. Im Vertrag stellen wir also die Weichen für die spätere Zusammenarbeit, Kommunikation und ggf. für die Möglichkeiten zur Eskalation.

In der Studie zu den Erfolgsfaktoren von IT-Projekten der oose Innovativen Informatik GmbH aus dem Jahr 2009 ergab sich die stärkste Korrelation zwischen Projekterfolg und einer einzelnen Projektmanagementtechnik für die Zusammenarbeit zwischen Entwicklung und Kundenvertretern (Abb. 11.1) [164, 172]. Mindestens wöchentlich, aber besser mehrmals in der Woche oder kontinuierlich sollte die Zusammenarbeit zwischen Kundenvertretern mit Projektvertretern erfolgen, um die Erfolgswahrscheinlichkeit des Projekts zu maximieren.

Es ist also essenziell, eine enge Zusammenarbeit bereits vertraglich zu regeln, damit diese auch wirklich in ausreichendem Maß erfolgt. Wer nimmt wann an welchen Besprechungen teil? Was passiert, wenn derjenige seiner Verantwortung nicht nachkommt? Wer kann und darf welche Entscheidungen treffen? Wie gehen wir damit um, wenn wichtige Entscheidungen nicht

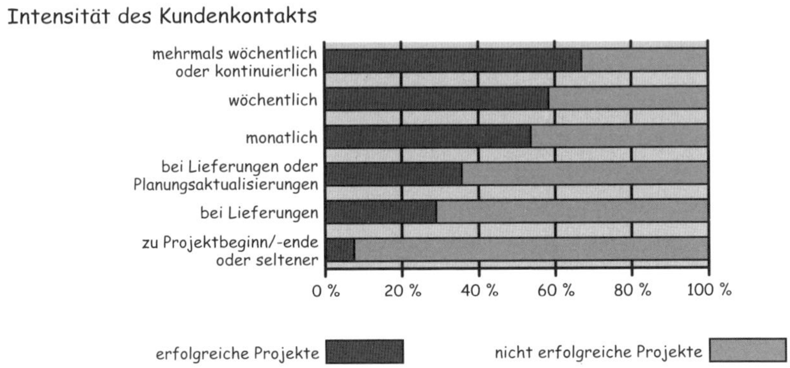

Abbildung 11.1: Erfolgsfaktor Zusammenarbeit mit Kundenvertretern: der Zusammenhang zwischen der Intensität des Kundenkontakts und des Projekterfolgs [164]

rechtzeitig getroffen werden? Wie und wann werden die Auftraggeber über den Fortschritt informiert? Diese und damit zusammenhängende Fragen sind im Vertrag zu beantworten bzw. zu regeln. Sie werden dazu zwischen Auftraggeber und Auftragnehmer im gegenseitigen Interesse verhandelt.

11.2 Kostenfaktoren ermitteln

Bevor wir Aussagen zu Kosten treffen können, müssen wir unsere Hausaufgaben machen. Wie teuer ist eigentlich das Projekt? Da fallen uns natürlich als größter Posten sofort die Personalkosten ein. Dazu kommt dann noch unsere Infrastrukturkosten wie Hardware, Lizenzen, Raummiete und Personalkosten für Personen, die indirekte Wertschöpfung leisten, wie z. B. im Vertrieb und in der Geschäftsführung, die meist über Deckungsbeiträge finanziert werden. Das kann pauschalisiert werden und von einer Person, die das Finanzcontrolling leistet, genau genug für unsere Abschätzungen benannt werden. Doch wie steht es mit den weiteren Kosten, die durch das Projekt entstehen? Hier lohnt sich ein genauer Blick.

11.2.1 Personalkosten

Über die Betrachtung der Zeitschiene aus unserer Aufwandsschätzung haben wir einen der Parameter erkannt. Mit der geplanten Teamgröße gelangen wir zum zentralen Kostenfaktor, den Personalkosten. Doch leider ist es meist nicht ganz so einfach. Wir haben es mit komplexen Projekten zu tun und da überrascht es uns nicht, dass der Bezug zwischen Teamgröße und Projektlaufzeit nicht linear ist. In Abschnitt 10.5.3 haben wir uns dazu bereits erste Gedanken gemacht. Jetzt wird es Zeit, damit weiterzumachen.

Wir leisten die Projektvorbereitung mit einem Kernteam, das später im Projektverlauf auch den Ausgangspunkt für unser Projektteam bildet. Für kleine Projekte mit nur einem Featureteam stocken wir zu Beginn des Projekts in der Architekturphase auf unsere geplante Teamgröße auf. Alle neuen Mitarbeiter werden durch das Kernteam mit den Ergebnissen der Vorbereitung vertraut gemacht und wir können mit der Entwicklung beginnen.

Anders sieht das bei größeren Projekten mit mehreren Featureteams aus. Da würden sich die vielen Entwickler zu Beginn wahrscheinlich gegenseitig im Weg stehen. Idealerweise benötigen wir dann ein personelles Mitarbeiter-Ramp-up, also eine personelle Verstärkung im Laufe des ersten Drittels eines Projekts. Diese Idee ist bereits in den 1960er-Jahren von Peter V. Norden untersucht und in der Norden-Rayleigh-Verteilung für die ideale Projektbesetzung beschrieben worden [93]. Wenn wir diese Kurve, die ihr Maximum t_D um den Zeitpunkt der ersten Lieferung besitzt, mit einer konstanten Teamgröße vergleichen, kommen wir zu bedeutsamen Fehlkapazitäten (Abb. 11.2) [118].

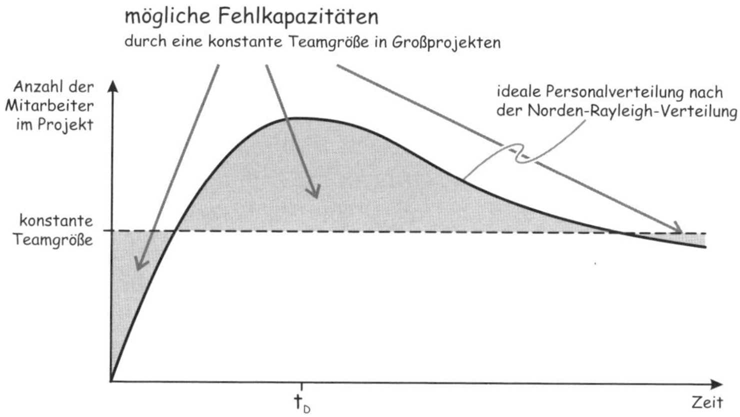

Abbildung 11.2: Ideale und typische Personalverteilung in einem größeren Projekt mit mehreren Featureteams: Die drei dunklen Flächen weisen auf mögliche Fehlkapazitäten hin, die sich bei konstanter Teamgröße in Großprojekten ergeben [93, 118].

Peter V. Norden hat erkannt, dass die ideale Projektbesetzung mit der Verteilung der Wahrscheinlichkeit korreliert, mit der die große Zahl einzelner, voneinander unabhängiger Aufgaben in einem Projekt abgearbeitet werden. Diese Verteilung ähnelt einer sogenannten Rayleigh-Verteilung. Eine konstante Projektbesetzung kann demnach zu spürbaren zeitlichen

Verzögerungen führen, weil zu Beginn nicht effizient gearbeitet werden kann (Abb. 11.2, dunkle Fläche links). Für die Zeiten, in denen viele Aufgaben parallel abgearbeitet werden könnten, stehen uns jedoch zu wenige eingearbeitete Entwickler zur Verfügung stehen (Abb. 11.2, dunkle Fläche oben). Je nach Umfang des Folgeaufwands in Betrieb und Wartung kann es später wieder zu Überkapazitäten kommen (Abb. 11.2, dunkle Fläche rechts) [93, 118].

Dabei sind die Einarbeitungsaufwände für später ins Team kommende Mitarbeiter genau zu beachten. Daher gilt als Faustregel, dass das Ramp-up nach dem ersten Drittel des Projektzeitraums abgeschlossen sein sollte, damit die später hinzugekommenen Entwickler über eine ausreichend lange Zeit produktiv sein können. Bei größeren Projekten kann ein Ramp-up zu Projektbeginn sinnvoll sein. Leider ist das nicht in jeder Organisation gut möglich, weshalb davon abweichende Projektbesetzungen entsprechende Kosten und ggf. Verzögerungen mit weiteren Kosten erzeugen, die wir grob abschätzen und berücksichtigen sollten.

11.2.2 Feste Termine einhalten

Bleiben wir noch etwas bei den mathematischen Betrachtungen aus den 1960er- bis 1980er-Jahren. Diese statistischen Betrachtungen mögen heute nicht mehr so stark gelten wie früher, weisen aber dennoch auf Effekte komplexer Systeme hin, die wir immer noch antreffen.

Basierend auf Nordens Ergebnissen und eigenen Untersuchungen hat Lawrence Putnam in den 1970er-Jahren die sogenannte Softwaregleichung aufgestellt: $S = E \times K^{1/3} \times t_D^{4/3}$ mit S als Produktgröße in LOC (Lines of Code), K als Aufwand als $Anzahl_{MA} \times Dauer$, t_D als Dauer von Projektbeginn bis zur Lieferung und E als ein Umgebungsfaktor für die Softwareentwicklung. Die für unseren Kontext relevante Aussage aus diesem empirischen Modell erhalten wir, wenn wir die Gleichung nach der Zeit differenzieren: $\frac{dK}{K} = -4\frac{dt}{t}$. Eine Reduktion der idealen Projektlaufzeit bei gleichem Umfang um 1 % erhöht den Aufwand um 4 %. Diese Zeitabhängigkeit gilt für Projekte, die keine dafür vorgesehenen Reserven nutzen und auch keine Verkürzung durch zusätzliche Parallelisierung von Aufgaben erreichen können. Für agile Projekte sollte das der Fall sein. Dieser Mehraufwand entsteht durch die Einarbeitung zusätzlicher Mitarbeiter, deren zusätzliche Arbeitsleistung und den erhöhten Anteil an Kommunikation zur Abstimmung untereinander. Dieser deutliche Mehraufwand ist damit proportional zu den zusätzlichen Kosten, die dabei entstehen [93].

Ein terminlicher Spielraum, der es uns ermöglicht, mit einem eher kleinen Projektteam zu arbeiten, verlängert zwar die Projektlaufzeit, kann aber die gesamten Kosten minimieren. Den möglichen Spielraum für Verkürzungen der Projektdauer bezogen auf diese ideale Dauer hat Barry Boehm bereits in den 1980er-Jahren betrachtet [22]. Er fand in seinen statistischen Untersuchungen eine Untergrenze für die Laufzeit von Projekten, die bei etwa 75 % der durchschnittlichen Laufzeit lag. Schneller geht es einfach nicht!

Wir haben also die Möglichkeit, innerhalb bestimmter Grenzen die Projektlaufzeit bei gleichem Umfang zu verkürzen, was jedoch bei gleicher Qualität die Kosten überproportional erhöht (Abb. 10.2). Der agile Weg, frühe Lieferungen in Produktqualität sicherzustellen, ist daher, den betrachteten Umfang zu minimieren. Erst wenn dieser Weg ausgeschöpft ist, denken wir über die teure Parallelisierung von Aufgaben über das ideale Maß bzw. die ideale Teamgröße hinaus nach. Der Kunde muss dazu wissen, was ihn ungefähr erwartet, um seine Kosten-Nutzen-Betrachtung anstellen zu können. Sowohl das Vorgehen, über die Reduktion des Umfangs Termine einzuhalten, wie auch die ersten Abschätzungen von Lieferterminen gehören in den Vertrag.

Neuere Untersuchungen von Doug Putnam bestätigen diese Erkenntnisse. Mit einer Projektbesetzung von maximal 10 Mitarbeitern werden bis zu 75 000 ESLOC (Equivalent Software Lines of Code) in einem Jahr entwickelt. Typischerweise haben diese Projektteams sogar nur eine Größe von drei bis sechs Personen. Teams, die zwischen 75 000 und 400 000 ESLOC pro Jahr entwickelt haben, waren zwischen 20 und 100 Personen stark [134]. Wir sehen auch hier den Effekt, dass die Einzelproduktivität in großen Projekten deutlich sinkt und es anscheinend eine Obergrenze für die Produktivität bzw. eine Untergrenze für die Dauer von Softwareprojekten gibt.

11.2.3 Reisen und Kommunikationsinfrastruktur

Kehren wir nach diesem Ausflug in die Statistik zurück zu einfacher bestimmbaren Kostenfaktoren. Wenn wir ein Projekt mit mehr als einem Featureteam haben, treten nicht nur Kosten für den Kommunikationsoverhead auf, sondern auch für die dafür notwendige Infrastruktur. Diese ist zu vernachlässigen, wenn alle Teams nah beieinander an einem Ort arbeiten. Ganz anders sieht das bei verteilten Teams aus.

Können wir an einem Ort auch noch mit mehreren Featureteams gut mit Karten und Taskboards arbeiten, so werden wir bei verteilten Teams bereits viel früher auf elektronische Werkzeuge setzen müssen, um die Kommunikation zeitnah bewerkstelligen zu können. Kommerzielle Lösungen sind dafür vorhanden, die aber eher teuer und damit in der Kostenbetrachtung zu berücksichtigen sind.

Noch größer werden bei verteilten Projekten die Reisekosten sein. Der direkte Kontakt ist durch nichts zu ersetzen, was zwangsläufig zu vielen Reisen führt. Zu Projektbeginn ist ein gemeinsamer Projekt-Kick-off durchzuführen (Abschnitt 9.6). Dazu reisen alle Projektteammitglieder sowie alle wichtigen Stakeholder, mit denen wir direkt zusammenarbeiten, an einen gemeinsamen Ort.

Danach arbeiten wir iterativ, und es treffen sich nur noch Vertreter aus den Projektteams und von Stakeholdern zum gemeinsamen Ergebnisreview sowie zur Retrospektive und zur Planung. Zu den wichtigen Reviews oder vor Releases kann es wichtig sein, wieder mit mehr externen Stakeholdern zusammenzukommen. Diese Reisen mit den damit verbundenen Kosten fallen regelmäßig zu jeder Iteration an. Dennoch darf die Iterationsdauer im Allgemeinen vier Wochen und bei besonders großen Projekten sechs Wochen nicht überschreiten!

Um den Reisestress angemessen zu verteilen, finden die gemeinsamen Veranstaltungen wechselseitig an den jeweiligen Standorten statt. Um Kosten zu sparen, kann es hierbei zu ungleichen Verteilungen kommen. Jedoch sollte jeder Standort so oft wie möglich die gemeinsamen Treffen ausrichten. Nur so finden Sie heraus, was wirklich vor Ort abläuft. Sowohl das Vorgehen wie die zu erwartenden Kosten werden im Vertrag abgesichert.

11.2.4 Werkzeugkette und zusätzliche Lizenzen

Auch wenn das agile Wertepaar Menschen und ihre Zusammenarbeit höher bewertet als Prozess und Werkzeuge, zeichnen sich agile Projekte durch eine durchgängige Kette aufeinander abgestimmter Werkzeuge aus. Den Werkzeugen aus dieser Kette gemeinsam ist, dass sie die kurzen Rückkopplungsschleifen unterstützen oder erst ermöglichen.

Nightly Builds sind das absolute Minimum, Continuous Integration eher der Standard und so manche Firma macht bereits erste Erfahrungen mit einem Continuous Delivery, also der automatischen Auslieferung neuer oder geänderter Software über ausschließlich automatisierte Build- und Testprozesse. Dafür ist dann aber als Fallback-Lösung ein automatisierter Rollback notwendig.

Wir haben in der unterstützenden Werkzeugkette und ihrer Pflege bestimmte regelmäßige Aufgaben wahrzunehmen sowie die Installations- und Wartungskosten zu tragen. Diese Kosten fließen auch in unsere Projektkalkulation ein. Bei verteilten Projekten können diese Anteile durchaus spürbar werden und werden explizit in unsere Kalkulation für den Vertrag aufgenommen.

11.2.5 Testlabor und Testautomatisierung

Am ehesten werden in der Praxis die Kosten für die Tests der Qualitätssicherung bzw. der Tester vergessen. Dabei können diese Anteile durchaus in der Größenordnung der reinen Entwicklungskosten liegen. Damit dürfen sie auf keinen Fall unter den Tisch fallen. Diese Kosten teilen sich grob in drei Teile auf:

- Personalkosten für die Tester in den Featureteams und das Testmanagement
- Kosten für das Testlabor bzw. die *test stage*, also Rechner, Infrastruktur und Einbindung in die automatisierte Werkzeugkette der Entwicklung bzw. des Build-Managements
- Kosten für die Automatisierung und Wartung automatisierter Tests für die Simulation von Systemtests als Integrationstests und bei Continuous Delivery sogar als Freigabetests.

Falls eine Automatisierung von Systemtests mit entsprechenden Werkzeugen erfolgt, fallen zusätzlich Lizenzkosten und Einarbeitungsaufwand für die Testautomatisierer an. Diese Testautomatisierung können wir wie ein eigenes Teilprojekt innerhalb unseres Gesamtprojekts betrachten und steuern [167].

So oft, wie diese Kosten vergessen werden, so umfangreich können sie werden. Der Gesamtanteil der qualitätssichernden Maßnahmen kann in einem Projekt gerne 20 bis 25 % und bei sicherheitskritischen Systemen bis zu 50 % der Gesamtkosten betragen [95]. Es lohnt sich also, hier genau hinzuschauen und die Werte in der Kalkulation zu berücksichtigen.

11.3 Vertragsgestaltung für agile Projekte

Ein Vertrag für ein agiles Projekt beinhaltet die Vision, definiert Erfolgsparameter und gibt die Spielregeln für das Projekt vor. Wie erreichen dadurch beide Parteien, Auftraggeber wie Auftragnehmer, eine ausreichende Sicherheit?

11.3.1 Grundidee: Tit for tat

Andreas Opelt und seine Koautoren haben die Idee hinter IT-Projektverträgen für agile Projekte treffend beschrieben [121]: Es geht um ein Schritt-für-Schritt-Vorgehen, das in der Spieltheorie als *Tit for tat* bekannt ist.

»Tit for tat« kann mit »Wie du mir, so ich dir« übersetzt werden. In kleinen Schritten geht es dabei abwechselnd hin und her. Der erste Spieler beginnt mit einem ersten, kooperativen Schritt. Daraufhin führt der zweite Spieler seinen ersten Schritt durch. Der erste Spieler geht nun mit seinem nächsten Schritt so kooperativ vor, wie er es im vorherigen Schritt von seinem Gegenüber erlebt hat. Solange der zweite Spieler kooperiert, kooperiert auch der erste Spieler. Kooperiert der zweite Spieler nicht, erfolgt eine Strafe durch den ersten Spieler. Kooperiert der zweite Spieler daraufhin wieder, kooperiert der erste Spieler weiter. Kooperiert der zweite Spieler dauerhaft nicht, bricht der erste Spieler das Spiel ab oder eskaliert auf eine andere Art und Weise [44]. Dieses Konzept ist symmetrisch, wenn also der erste Spieler bereits nicht kooperiert, verhält sich der zweite in seiner Reaktion analog zum oben beschriebenen Vorgehen wie der erste Spieler.

»Tit for tat« ist eine, wenn nicht sogar die erfolgreichste Strategie für die Zusammenarbeit zwischen voneinander abhängigen Partnern. Sie weist vier grundlegende Eigenschaften einer wirkungsvollen Strategie auf [44]:

- Klarheit – Die Regeln sind sehr einfach.
- Nettigkeit – Es wird sich nie als Erstes unkooperativ verhalten.
- Provozierbarkeit – Unkooperatives Verhalten bleibt nicht ungestraft.
- Nachsichtigkeit – Bereitschaft, das kooperative Verhalten wieder aufzunehmen

Wie kann so ein Vorgehen in einem IT-Projektvertrag geregelt werden? Dazu klären wir zuerst, was die einzelnen Schritte unseres *Spiels* sind. Die Iterationen mit ihren Inkrementen stellen das Äquivalent zum Schritt dar. Das Projektteam geht also in eine erste Vorleistung und liefert ein Inkrement an den Kunden. Aus dessen Reaktion kann auf seinen Willen zur Kooperation und seine Zufriedenheit geschlossen werden. Außerdem bezahlt ein zufriedener Kunde ja in der Regel für ein wertvolles Inkrement als Zwischenergebnis der Arbeit.

Ist der Kunde unzufrieden, wird das Inkrement durch die Entwicklung nicht zurückgebaut. Gegebenenfalls wird es zur Zufriedenheit weiter bzw. umgebaut, sodass der Kunde die nächsten Inkremente wieder zahlt. Fühlen sich die Projektteams nicht fair behandelt, können sie nach jeder Iteration das Spiel bzw. das Projekt verlassen. Fühlt sich der Kunde nicht fair behandelt, braucht er für ein Inkrement nicht zu zahlen.

Aus diesem Ansatz ergibt sich eine interessante Dynamik, die auf der gegenseitigen Abhängigkeit voneinander beruht. Der Kunde braucht wertvolle, nützliche Software, kann diese aber nicht selbst herstellen oder einkaufen. Das Projektteam kann wertvolle Softwareprodukte entwickeln, braucht aber dafür einen Geldgeber und fachliche Ansprechpartner.

11.3.2 Umsetzung der Grundidee auf ein APM-Projekt

Wie kann diese Idee für ein *APM*-Projekt funktionieren? Für größere Projekte mit mehreren parallelen Featureteams kann die Schrittweite Iteration bzw. Inkrement für einen Zug im »Tit for tat« zu klein sein. Hier ist es besser, auf die Ebene der Releases zu wechseln. Solange nur wenige Iterationen für ein Release notwendig sind, reden wir nur über zeitliche Blöcke von einigen Wochen bis wenigen Monaten.

Neben dem reinen Schwarz-Weiß-Denken können wir auf Releaseebene einzelne Teile betrachten und so auch Teilzahlungen zulassen. Dadurch wird das über die längere Laufzeit gesteigerte Kostenrisiko für das Projektteam wieder auf ein mit der Grundidee vergleichbares Maß reduziert. Ansonsten lässt sich das Vorgehen nach Opelt und seinen Koautoren auch auf *APM* gut anwenden bzw. adaptieren [121]:

1. Der Vertragsgegenstand wird auf Basis der Produktvision und des initial gefüllten Backlogs für das Produkt definiert.
2. Je nachdem, wie genau der Umfang und damit die Kosten vorab geschätzt werden sollen, erfolgen weitere Verfeinerungen der Backlog-Einträge auf User-Story-Niveau, bis eine Umfangsschätzung auf Basis idealer Tage oder Story Points ausreichend gut möglich ist.
3. Ein erster Kostenrahmen im Sinne eines Budgets wird abgeschätzt und festgelegt, wobei die Abschätzung im Wesentlichen darauf beruht, zu prüfen, ob der gewünschte Inhalt in dem Budgetrahmen umsetzbar erscheint. Ansonsten werden an Budget und/oder Umfang entsprechende Anpassungen vorgenommen.
4. Die Schrittweite des Tit-for-tat-Vorgehens wird festgelegt. Sie kann entweder das Inkrement jeder Iteration oder die Releases betreffen. Können aufgrund der Rahmenbedingungen nur selten externe Releases erfolgen, so ist ein fester Rhythmus interner Releases hilfreich und kann als Basis dienen, solange nur zwei bis vier Iterationen zu einem internen Release führen. Am Ende jedes Schritts erfolgt eine Prüfung und Bewertung des erreichten Ergebnisses von beiden Seiten durch Kundenvertreter und das gesamte Projektteam.
5. Die Bewertungskriterien und der Prozess, wie in Zukunft Bewertungskriterien erstellt und kommuniziert werden, werden gemeinsam ausgehandelt und vertraglich festgehalten.
6. Die Risikoverteilung ist auch vorab zu regeln. Wie genau sind mögliche Misserfolge zu bewerten und wie kann das entsprechende Risiko zwischen Kunden- und Projektseite ausgewogen und gerecht verteilt werden? Die Antwort ist zu verhandeln und das Ergebnis Teil des Vertrags. Ebenfalls ist ein vernünftiger beiderseitiger Ausstiegsmodus zu verhandeln. Typischerweise beträgt die beiderseitige *Kündigungsfrist* zwei bis vier Iterationen, die auch entsprechend ihrem Wert und Nutzen für den Kunden und entsprechend der vereinbarten Risikoverteilung bezahlt werden.
7. Die Verfeinerung der Anforderungen, diesbezügliche Entscheidungsprozesse und die genaue Beauftragung im Laufe des Projekts sind ebenfalls zu klären. Auch diese Ergebnisse der Verhandlung kommen in den Vertrag, denn sie regeln einen Großteil der Zusammenarbeit zwischen Kundenvertretern und Projektteam.

8. Optional können neben den Mindestzielen noch Idealziele vereinbart werden, die entsprechend bewertet und zusätzlich bezahlt werden. Daraus ergibt sich eine Reihe von Möglichkeiten für beide Seiten. Der Kunde bekommt mehr und das Projektteam erhält dafür mehr.

Dieses Schema kann uns helfen, in Zukunft tragfähigere Verträge für agile Projekte auszuhandeln und gleichzeitig eine dauerhafte Kooperation zwischen Kunde und Entwicklung zu unterstützen. Damit legen wir die Grundlage für eine Zusammenarbeit im Sinne der agilen Werte und Prinzipien.

Verträge sind rechtlich verbindliche Vereinbarungen. Daher ist es wichtig, dass jemand mit juristischem Sachverstand an den Vertragsverhandlungen beteiligt ist oder die Ergebnisse vor einer Unterschrift prüft. Es ist meist besser, ein Rechtsanwalt verdient zu Beginn eines Projekts etwas Geld, als dass er am Ende eines gescheiterten Projekts als Einziger ein Plus auf dem Konto verzeichnet.

Teil III

Agile Architektur

12 Softwarearchitektur

Was bedeutet Softwarearchitektur für agile Projekte? Wir brauchen eine pragmatische und agile Antwort darauf, wie wir den Gefahren, die aus einer Architektur aus dem *Elfenbeinturm* heraus oder einer Architektur *upfront* entstehen, entgegnen können. Deshalb hat *APM* eine eigene kurze Architekturphase.

12.1 Was ist eigentlich Softwarearchitektur?

Diese simple Frage ist tatsächlich nicht einheitlich zu beantworten. Man hat den Eindruck, jeder hat seine eigene Lieblingsdefinition.

12.1.1 Pragmatische Sicht

Kent Beck hat in seiner klaren Art und Weise folgende Definition in die Welt gebracht: »Software architecture is what software architects do.« Was auf den ersten Blick nur nach einer simplen Selbstreferenz aussieht, liefert bei näherem Hinsehen deutlich mehr an Substanz.

Es gibt keine einheitliche Definition von Softwarearchitektur. Das Software Engineering Institute der Carnegie Mellon Universität sammelt die verschiedenen Ideen dazu [152]. Eine bildhafte kommt von Eoin Woods, Lead Software Architect der UBS Investment Bank, London:

> »Software architecture is the set of design decisions which, if made incorrectly, may cause your project to be cancelled.«[1]

Kommen wir zurück zur Definition von Beck. Wir können daraus schließen, dass wir Architekten bei der Arbeit zusehen sollten, um zu erfahren, was Architektur ist. Am besten wählen wir dafür Architeken aus erfolreichen Projekten, um den Aspekt von Woods nicht zu vergessen. Aus Projektmanagementsicht bedeutet das, dass wir zumindest einen Kern erfahrener Ent-

[1] Softwarearchitektur ist die Menge an Entwurfsentscheidungen, die, wenn sie falsch getroffen werden, Ihr Projekt zum Scheitern bringen können.

wickler im Team brauchen, um die Erfolgswahrscheinlichkeit des Projekts deutlich zu erhöhen.

Aus betriebswirtschaftlicher Sicht haben wir es dann mit Architekturaspekten zu tun, wenn spätere Änderungen daran aufwendig und damit teuer werden. Da es nun anscheinend sehr viele Architekturaspekte gibt, was die vielen verschiedenen Definitionen für Architektur belegen, bieten einerseits Erfahrung im Entwicklungsteam und andererseits ein evolutionärer Ansatz zur Entwicklung der Architektur in einem Projekt Möglichkeiten, sinnvoll mit dieser Aufgabe umzugehen.

12.1.2 Versuche einer Definition

Wie wird nun versucht, *Architektur* zu definieren? Gerne wird dabei Bezug genommen auf Len Bass, Paul Clements und Rick Kazman [7]:

> Die Softwarearchitektur eines Softwaresystems [...] sind die Strukturen des Systems und umfasst die Softwarekomponenten, die extern sichtbaren Eigenschaften dieser Komponenten und ihre Beziehungen untereinander.

Johannes Siedersleben versteht daher Softwarearchitektur eher als Softwarestruktur, verwendet aber, um kompatibel zu bleiben, den Begriff Architektur [147]. Gernot Starke weist darauf hin, dass Architektur sowohl statische als auch dynamische Aspekte beschreibt. Sie liefert damit Bauplan und Ablaufplan für die Software. Dazu nennt er insgesamt acht Aspekte von Architektur [155]:

- Architektur besteht aus Strukturen.
- Architektur beschreibt Lösungen.
- Architektur basiert auf Entwurfsentscheidungen.
- Architektur bildet den Übergang von der Analyse zur Realisierung.
- Architektur besteht aus verschiedenen Sichten.
- Architektur schafft Verständlichkeit.
- Architektur ist der Rahmen für flexible Systeme.
- Architektur ist Abstraktion.
- Architektur schafft Qualität.

Werfen wir noch einen Blick auf die Sicht von Philippe Kruchten [96]. Danach umfasst Architektur die »[...] signifikanten Entscheidungen über:

- die Organisation eines Softwaresystems
- die Auswahl der Strukturelemente und deren Schnittstellen, durch die das System zusammengesetzt wird, zusammen mit dem Verhalten, das bezüglich des Zusammenspiels obiger Elemente definiert wurde

- die Zusammensetzung dieser Elemente zu zunehmend größeren Subsystemen
- den Architekturstil, der Softwareentwicklungsabteilungen hinsichtlich dieser Elemente und Schnittstellen, deren Zusammenspiel und deren Zusammensetzung weiterhilft«.

Stefan Zörner hat das Ganze treffend zusammengefasst [190]. Er fand bei seiner Sichtung von Definitionen für Architektur drei Bereiche, die beinahe durchgängig enthalten waren:

- Strukturierung eines Systems, Zerlegung in Teile, Verantwortlichkeiten und Zusammenspiel dieser Teile sowie die Schnittstellen zwischen den Teilen
- Aspekte, die im Nachhinein nur schwer bzw. aufwendig änderbar sind
- Entscheidungen und ihre Begründungen zu dem Zeitpunkt der Entscheidung

Weiter brauchen wir nicht in die Definitionen einzutauchen, um die Projektmanagementsicht auf Softwarearchitektur von *APM* nachvollziehen zu können. Doch bevor wir das Zusammenspiel von Agilität und Architektur weiter betrachten, gilt es, die Grenze zwischen Architektur und Design zu definieren.

12.1.3 Abgrenzung zwischen Architektur und Design

Häufig fällt eine klare Abgrenzung zwischen Softwarearchitektur und Design schwer. Das mag daran liegen, dass die jeweils verwendeten Mittel gleich oder zumindest sehr ähnlich sind. Der Unterschied liegt daher nicht in der Arbeitsweise begründet, sondern in der Reichweite der dabei getroffenen Entscheidungen [163].

Bei Designentscheidungen sind ihre Auswirkungen und ihr Fokus begrenzt. Nachträgliche Änderungen sind eher lokal und durch Refactoring, also eine Designänderung ohne funktionale Änderungen, gut möglich. Auch sind normalerweise von Designänderungen nur wenige Entwickler betroffen. Aufgrund der geringen Reichweite müssen auch nur wenige Entwickler bzw. nur das eigene Team darüber informiert werden, und es entsteht oft kein großer Abstimmungsaufwand. Das alles macht Designänderungen billiger und Designentscheidungen damit weniger riskant.

Anders bei Architekturentscheidungen: Sie bilden den Rahmen, in dem Designentscheidungen getroffen werden, oder geben Vorgaben dafür. Damit sind Änderungen meist durchgängig oder zumindest in weiten Teilen der Software notwendig. Damit sind viele Entwickler und mehrere, wenn nicht sogar alle Teams betroffen. Das macht Architekturentscheidungen so riskant und ihre Änderungen so teuer bzw. aufwendig.

Trotz dieser vermeindlichen Klarheit ist die Grenze zwischen Architektur und Design verschwommen. Wie viele von einer Änderung betroffene Entwickler sind denn viele? Auch eine Änderung durch Entwickler aus zwei Teams muss nicht automatisch teuer sein. Die Grenze ist fließend und hängt von den konkreten Rahmenbedingungen im Projekt ab. Eine kurze Fragenliste kann uns bei der Beurteilung helfen [48]:

- Ist die Entscheidung später nur schwer änderbar?
- Ist die Umsetzung der Entscheidung eher teuer?
- Werden sehr hohe, qualitative Anforderungen gestellt? (Hochsicherheit, Hochverfügbarkeit, Hochperformanz etc.)
- Lassen sich Anforderungen nur schwer in die bestehenden Strukturen abbilden?
- Ist die eigene Erfahrung im Lösungsspektrum schwach?

Werden die Fragen mehrheitlich mit *ja* beantwortet, handelt es sich vermutlich um eine Architekturentscheidung. Dann sollten auch die entsprechenden Maßnahmen Anwendung finden. Das sind z. B. die genauere Analyse nicht funktionaler Anforderungen, die Konzeption und ggf. Modellierung möglicher Lösungen, die Definition von Prinzipien, die Erstellung von Durchstichen und Prototypen oder die breite Vermittlung und Etablierung von Entscheidungen.

12.1.4 Brauchen wir überhaupt eine Softwarearchitektur?

Wenn das nun so schwierig und teuer ist mit der Softwarearchitektur, warum können wir nicht einfach darauf verzichten? Scrum sieht ja noch nicht einmal mehr die Rolle *Architekt* vor. Eine Art Architektur ergibt sich ja auch von alleine und wir nennen sie dann Accidental Architecture [24]. Geht es dann nicht auch ohne das ganze Brimbamborium?

Martin Fowler hat eine spannende Antwort darauf [53]. Wir haben bereits erkannt, dass Softwaresysteme komplex sind. Wir haben auch gesehen, dass ein wichtiger Aspekt komplexer Systeme ihr teilweise irreversibles Verhalten ist (Abschnitt 2.1.1). Fowler sieht daher eine Aufgabe von Architekten darin, Wege zu finden, diese Irreversibilität zu minimieren.

Doch damit begeben wir uns in einen Kreislauf, den wir leider nicht vollständig auflösen können. Wenn wir einen Teil der Software leicht änderbar gestalten und damit der Irreversibilität entgegentreten, erhöhen wir damit lokal die Komplexität unseres Softwaresystems. Wenn wir nun weite Teile oder gar unsere gesamte Software leicht änderbar gestalten, erhöhen wir die Komplexität gewaltig. Die Komplexität ist aber genau der Grund dafür, dass unsere Software schwer änderbar wird. Es wird also stets Architekturaspekte in Softwaresystemen geben. Das bedeutet, dass wir unabhängig, ob wir explizite Rollen wie *Architekt* oder *Architecture Owner* in unseren Teams nutzen, stets Architekturaufgaben zu bewältigen haben. Genau dafür brauchen wir einen angemessenen Weg.

Dennoch werden wir wohl immer auch mit einem Anteil *zufälliger Architektur* leben müssen. Grady Booch weist darauf hin, dass alleine durch die Einbindung von Systemen in andere parallele oder Obersysteme zwangsläufig ungeplante Architekturaspekte entstehen [24]. Er sieht darin auch nichts Schlimmes. Es scheint nur dann problematisch zu werden, wenn wir uns bewusst mit einer gewachsenen Architektur befassen. Dies ist jedoch ein völlig normaler Lernvorgang, in dem wir mehr und mehr über unser Softwaresystem erfahren. Seine minimale Anforderung an zufällige Architekturen sind jedoch, getroffene Architekturentscheidungen zu dokumentieren und die wesentlichen dieser Entscheidungen auch über den gesamten Lebenszyklus der Software präsent zu haben. Nur dann können wir beurteilen, ob etwas ein Problem ist bzw. zum Problem wird.

12.2 Architektur und Agilität

Wenn Architektur, wie wir gesehen haben, auch bedeutet, den Übergang von der Analyse zur Realisierung zu bilden, dann ist klar, dass in einen Architekturprozess Analyseartefakte einfließen und Entscheidungen herauskommen, die sich direkt in der Realisierung wiederfinden. Dieser Ablauf lässt sich nach Stefan Toth als *liegende Acht* bzw. *Brezel* darstellen.

12.2.1 Die Architektur-Brezel

Die geordneten und ausgewählten Anforderungen speisen den Entwicklungsprozess. Bei einer agilen Architektur ist die Architekturarbeit in dieser stetigen Bearbeitung priorisierter Anforderungen integriert. Wird eine Anforderung als architekturrelevant erkannt, durchläuft man den linken Architekturzyklus (Abb. 12.1, links). Unsicherheiten, Unvereinbarkeiten und konzeptionelle Probleme werden behandelt. Die Erkenntnisse fließen zurück, werden analysiert und im rechten Umsetzungszyklus in der Programmierung beachtet. In diesen Umsetzungszyklus kann man auch direkt laufen, wenn Anforderungen sofort umsetzbar sind oder nur Designfragen beinhalten (Abb. 12.1, rechts) [162, 163, 190].

Wer führt einen Architekturzyklus durch? Natürlich sind der Architekt oder bei mehreren Teams die Architekten dabei. Doch es wäre ein Fehler, den Teilnehmerkreis darauf zu beschränken. Bei einem Team sind (fast) alle Entwickler eingebunden, bei mehreren Teams sind einige delegierte Entwickler aus den Teams mit dabei. Architekturentscheidungen werden durch eine Gruppe im Konsens getroffen. Die Architekten oder Architecture

Owner sind für die Workshop-Moderation, den Entscheidungsprozess und den bestmöglichen Wissenstransfer verantwortlich.

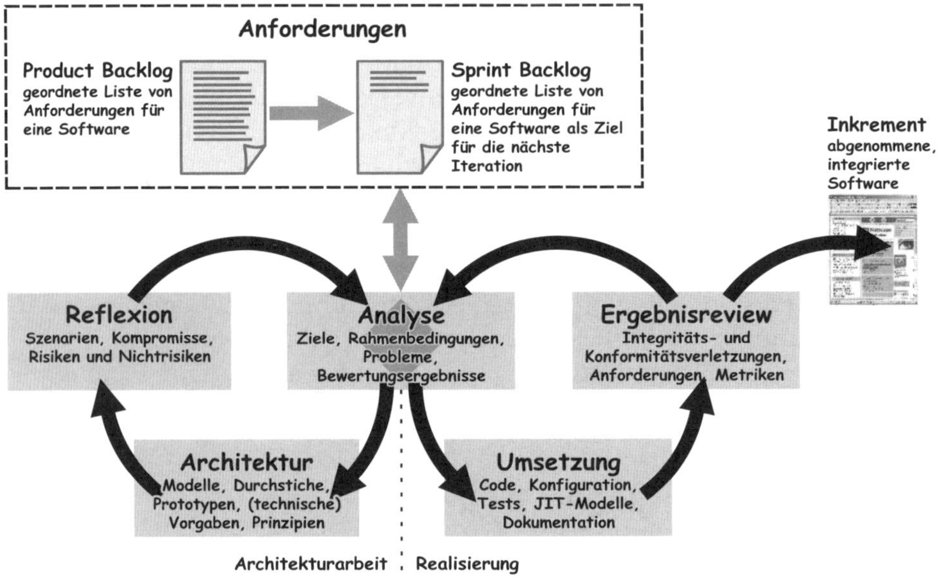

Abbildung 12.1: Architekturarbeit und Realisierung im Wechselspiel: die Architektur-Brezel [162, 190]

Im Schritt *Analyse* treffen wir auch die Entscheidung, ob architekturrelevante Aspekte betroffen sind (Abschnitt 12.1.3). Dann durchläuft ein Task bzw. ein Teil davon erst den linken Zyklus *Architekturarbeit* aus Abbildung 12.1. Zur Architekturarbeit gehören zwei Schritte. Im Schritt *Architektur* werden Modelle erstellt, Durchstiche programmiert oder Prototypen entwickelt. Aus diesen werden dann meist technische Vorgaben oder übergreifende Prinzipien für die Entwicklung im Projekt abgeleitet. Danach erfolgt die gemeinsame *Reflexion* über die Ergebnisse des vorhergehenden Schritts. Dazu werden ähnlich einer einfachen Architekturbewertung Szenarien durchgespielt, Risiken und Nichtrisiken betrachtet und ggf. Kompromisse im Konsens getroffen.

Wann müssen Fragestellungen aus der Analyse durch den Architekturzyklus laufen? Diese Frage zielt darauf ab, die Priorisierung von Anforderungen zu beeinflussen, um Architekturarbeit zum richtigen Zeitpunkt zu machen. Es ist risikoreich, wichtige Entscheidungen, die das gesamte Projekt beeinflussen, spät zu treffen, da die konzeptionelle Manövrierfähigkeit mit der Zeit abnimmt. Architekturentscheidungen werden dann oft implizit und zufällig getroffen. Das konträre Vorgehen, alle Anforderungen mit architekturrelevanten Teilen hoch priorisiert am Anfang umzusetzen, ist jedoch ebenfalls problematisch. Man trifft die wichtigsten konzeptionellen Entscheidungen zu einem Zeitpunkt, an dem man zu wenig über das Projekt weiß, und verliert die Vorteile iterativen Vorgehens. Diesen Faden nehmen wir gleich wieder auf. Vorher schließen wir diesen Teil mit einer Betrachtung zur Reflexion über Architekturentscheidungen ab.

12.2.2 Architektur – Wie geht das?

Was passiert nun genau im Schritt *Architektur* unten links in der Abbildung 12.1? Es gibt eine Reihe von Schritten, die wie eine klare Abfolge aussehen, zwischen denen aber in der Praxis immer wieder hin und her gesprungen wird, bis die Umsetzung einer Entscheidung und damit die getroffene Entscheidung selbst steht. Die Schritte im Einzelnen lauten [162]:

Fragestellung analysieren: Einsatzszenarien erstellen, die gewünschte Qualitätsmerkmale herausarbeiten und die betroffenen Teile bzw. Aspekte identifizieren.

Kontext schaffen: Prüfen, ob Rahmenbedingungen oder bereits gesetzte Prinzipien zu berücksichtigen sind und eine erste Idee für einen möglichst späten Entscheidungszeitpunkt entwickeln, den *Last Responsible Moment*, auf den wir in Abschnitt 12.3.1 eingehen werden.

Alternativen suchen: Lösungsoptionen entwickeln und Satisficing nutzen, um handhabbare Optionen zu finden und nicht in die Falle des Over-Architecturing zu fallen.

Alternativen ausschließen: Risiken der Alternativen betrachten, die Ideen erneut gegen die Rahmenbedingungen prüfen und Annahmen über die Ideen transparent machen.

Gezieltes Lernen: Umsetzung ausprobieren und lauffähigen Code prüfen, um Annahmen zu verifizieren, Wissen über die Alternativen aufzubauen und Indikatoren für den Last Responsible Moment zu entwickeln.

Entscheidung treffen: Architekturentscheidungen sind für alle Entwickler bindend. Daher ist es wichtig, Entscheidungen schnell, zum richtigen Zeitpunkt und im Konsens zu treffen. Auf diese Aspekte gehen wir in Abschnitt 12.3 ein.

Anschließende Reflexion und Testbarkeit sicherstellen: Feedback sicherstellen und gezielte Rückmeldungen aus der Umsetzung ableiten wie Tests, Metriken usw.

Entscheidung umsetzen und testen: Den Produktivcode erstellen, automatisch und manuell testen und Metriken erheben.

Dieser Ablauf kann je nach Fragestellung innerhalb weniger Tage in einer Iteration durchlaufen werden oder, wenn das nicht möglich ist, zyklisch zu einer feineren Zerlegung der Fragestellung führen. So können wir uns dann schrittweise den Architekturentscheidungen widmen und iterativ arbeiten.

Diese Vorgehensweise, mehrere Lösungsalternativen parallel zu betrachten *und* umzusetzen, ist an die Praktik des *Set Based Design* aus dem Lean-Werkzeugkoffer von Toyota für Produktentwicklung angelehnt [85]. Im Kontext der Softwarearchitektur entwickeln wir danach ein *Set* von Alternativen und beginnen damit, diese möglichen Maßnahmen umzusetzen. Die Entscheidung fällt erst, wenn das Ergebnis offensichtlich ist und Testergebnisse, Messungen und Kundenfeedback vorliegen.

Dieses Vorgehen kann manchmal Zeit verschwenden, wir kommen aber zu einer sehr robusten und leistungsfähigen Arbeitsweise, bei der zusätzlich viel gelernt wird. Außerdem werden Sie durch die Betrachtung mehrerer Alternativen in Ihren Handlungen schneller, wenn Risiken bei ursprünglich favorisierten Lösungen eintreten oder später ein großes Refactoring ansteht [162]. Das Mittel der Timebox ist hierbei ebenfalls sinnvoll und hilfreich.

12.2.3 Reflexion – Architekturbewertung light

Nach dem Treffen von Entscheidungen im Schritt *Architektur* der Brezel erfolgt dann eine erste Prüfung der dort entwickelten Ideen und Ansätze. In Abbildung 12.1 links heißt dieser Schritt *Reflexion*. Damit ist eine einfache Architekturbewertung gemeint, die jedoch eher in Form einer gemeinsamen Reflexion im Team abläuft [162].

Ein weiteres Missverständnis, das sich aus der Darstellung in Abbildung 12.1 ergeben kann, betrifft die Häufigkeit der Reflexion. Sie findet nicht mehrmals pro Iteration statt, sondern gebündelt für drei bis vier Stunden Dauer in jeder Iteration oder später im Projekt in jeder zweiten Iteration. Zum Ende der Architekturphase erfolgt auf jeden Fall eine intensive Reflexion. Die Teilnehmer an der Reflexion sind bewusst eher heterogen zu wählen und auch von Zeit zu Zeit etwas zu verändern, um alle Aspekte ausreichend zu betrachten, ohne die Durchgängigkeit zu verlieren. Folgende Rollen bzw. Vertreter sind einzuladen:

Alle Entwickler, die Architekturarbeit geleistet haben
Einige Entwickler, die nicht an der Architekturarbeit beteiligt waren
Architekten oder Architecture Owner aus den Featureteams
Experte aus dem Betrieb der Software
Kundenvertreter aus den Fachbereichen und Anwender

Als Input für die Reflexion fließen einerseits die getroffenen Entscheidungen ein sowie die daraus resultierenden Architekturskizzen, Annahmen und Messergebnisse und andererseits die Einsatzszenarien und bekannte *technische Schulden* (Abschnitt 12.2.4). Zusätzlich werden die aktuelle Vision und die Produktziele ausgehängt sowie Rahmenbedingungen und Aussagen zu den gewünschten Qualitätsmerkmalen. Meist haben wir dazu zwei Pinnwände im Besprechungsraum, eine für die Entscheidungen und eine für die Szenarien (Abb. 12.2).

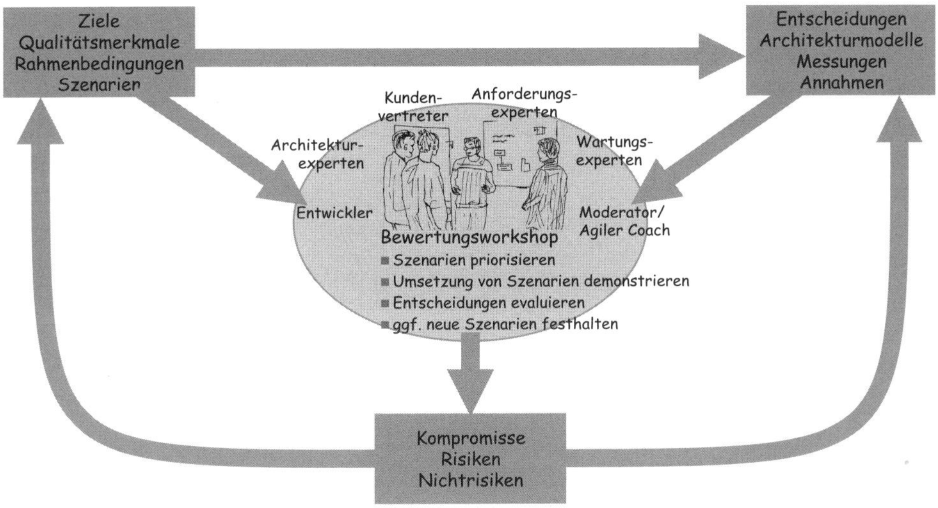

Abbildung 12.2: Struktur einer Architekturreflexion [163]

Zu Beginn wird der Blick auf die Architektur als Ganzes geworfen. Was hat sich verändert? Was ist passiert? Dann wechseln wir auf die Szenario-Seite und betrachten die Anforderungen. Was ist neu hinzugekommen? Was hat sich verändert? Welche noch nicht weiter behandelten Szenarien sind besonders kritisch oder risikoreich?

Die Szenarien werden dann von den Teilnehmern kurz priorisiert (Kasten auf Seite 176). So können sie in der Timebox der Besprechung sinnvoll nacheinander durchgegangen werden, ohne dass am Ende Probleme entstehen, falls nicht alle Szenarien behandelt werden konnten [169]. Die Szenarien werden jetzt nach ihrer Priorität durchgesprochen und dabei gegen die Architekturansätze und Entscheidungen gehalten. Dabei gewinnen wir Erkenntnisse über unsere Architekturentscheidungen und erfahren gleichzeitig, wo die Prioritäten auf Kunden- und Anwenderseite wirklich liegen.

12.2.4 Tech-Story – mit technischen Schulden umgehen

Was verbirgt sich hinter dem Begriff *technischen Schulden* und dem Konzept der Tech-Story, das wir bereits in Abbildung 5.8 auf Seite 54 als An-

Prioritäten finden durch Punktekleben

Wenn wir eine längere Liste möglicher Themen zu bearbeiten haben und diese in eine Reihenfolge bringen möchten, damit die wichtigsten Themen auf jeden Fall in einer begrenzten Zeit bearbeitet werden können, hilft uns das *Punktekleben*. Jeder Teilnehmer bekommt eine bestimmte Anzahl an Klebepunkten und darf diese frei den einzelnen Themen zuordnen, wobei vorab zu klären ist, ob auch mehrere Punkte von einer Person auf ein Thema vergeben werden dürfen. Die Summe der Klebepunkte entspricht dann unserer Gruppenpriorität.

Diese Anzahl kp der Klebepunkte pro Person lässt sich grob nach folgender Formel bestimmen:

$$\frac{Anzahl_{Themen}}{Anzahl_{Personen}} + 1 = kp_{proPerson}$$

und das Ergebnis auf ganze Punkte zu runden. Haben wir sehr viele Aspekte zu priorisieren, bietet es sich oft an, lieber abzurunden, um die Gesamtzahl überschaubar zu halten [169].

deutung gesehen haben? Im Backlog stehen alle notwendigen Aspekte, um das Produkt erfolgreich umzusetzen. Das betrifft funktionale und qualitative Anforderungen oder auch Bugfixes. Der Projektleiter hat damit stets die Übersicht, was insgesamt und als Nächstes zu tun ist. Doch wie gehen wir mit Aufgaben um, die technisch motiviert sind und vom Entwicklerteam bzw. Architekten herangetragen werden? Normalerweise tauchen diese Themen *nicht* im Backlog auf, sondern nur als Tasks auf dem Taskboard. Diese Tasks entstehen im Planung-II-Meeting beim Zerlegen einer User Story und beeinflussen den Aufwand zur Umsetzung der Story. Typische Aufgaben, die so behandelt werden, sind das Aufsetzen eines Servers oder die Erweiterung der technischen Infrastruktur (Abschnitt 13.2.3).

Doch wie gehen wir mit übergreifenden, sehr umfangreichen technischen Aufgaben um, die nicht mit wenigen Tasks auf dem Taskboard umzusetzen sind? Diese Aspekte betreffen meist größere Refactoring-Aufgaben, die nicht einfach in der normalen Entwicklungstätigkeit im Rahmen des testgetriebenen Designs mit erledigt werden können. Solche Themen werden als technische Schulden[2] bezeichnet. Damit sind Entwurfs- und Konstruktionsansätze gemeint, die »kurzfristig brauchbar sind, aber einen technischen Kontext schaffen, in dem die gleiche Arbeit später teurer ist als jetzt« (Steve McConnell nach [162]).

[2]Die Metapher geht auf einen Vortrag auf der OOPSLA 1992 von Ward Cunningham zurück.

Für solche größeren Refactorings, die wir meist als Architektur-Refactorings bezeichnen, ist die Tech-Story gedacht. Die Themen eines solchen Refactorings sind wichtig, haben aber keine hohe Dringlichkeit und besitzen *keinen* direkten Bezug zu *einer* anderen User Story. Und nur dafür kommen Tech-Stories infrage!

Auf der Basis solcher Tech-Stories können die Entwickler und Architekten mit dem Projektleiter diskutieren, wann geeignete Zeitpunkte für deren Umsetzung sind. Wenn bereits Refactoring-Zeiten in den Phasen eingeplant sind, werden die Tech-Stories meist bis dahin gesammelt und dann gebündelt abgearbeitet (Abschnitt 7.3). Ausnahmen kann es geben, wenn sich im Rahmen der Umsetzung anderer Anforderungen ein großer Mehrwert durch ein vorgezogenes Refactoring ergibt. Genau das gilt es zu diskutieren und dann vom Projektleiter abschließend zu bewerten. Damit diese Refactoring-Aufgaben nicht störend früh oder unkoordiniert ablaufen und gleichzeitig nicht immer wieder vom Projektleiter aus fachlichen Gründen verschoben werden, gibt es die Tech-Story im Backlog.

Noch einmal zur Klarstellung: Auf gar keinen Fall ist eine Tech-Story eine normale technische Aktivität aus der Entwicklung wie das Einrichten eines Servers oder die Konfiguration der Umgebung. Diese Tätigkeiten stehen im Zusammenhang mit User Stories, fließen dort in die Schätzung mit ein und werden im Rahmen ihrer Umsetzung meist als eigener Task auf dem Taskboard mit dokumentiert und erledigt. Auch einzelne, normale Refactoring-Aufgaben, die sich im Rahmen der Umsetzung einer User Story erledigen lassen, bilden *keine* Tech-Story, sondern nur einen normalen Task. Die Tech-Story ist nur für die Abarbeitung technischer Schulden in Form eines größeren Architektur-Refactoring gedacht!

Diese Sicht hängt auch damit zusammen, dass eine User Story stets unabhängig von anderen Stories geschnitten sein soll. Das steckt hinter dem I von INVEST (Abschnitt 5.2.1). Damit wird sichergestellt, dass der (Team-) Projektleiter jederzeit die Reihenfolge der Einträge im Backlog verändern darf und auch kann, ohne implizite Abhängigkeiten betrachten zu müssen. Auch eine Tech-Story unterliegt dieser Regel. Eine technische Aufgabe, wie einen Server aufzusetzen, steht aber in Abhängigkeit zu einer bestimmten User Story. Immer, wenn wir solche Abhängigkeiten im Backlog erkennen, haben wir den Schnitt der User Stories bzw. der Backlog-Einträge zu prüfen. Meist ist uns dann eine solche *falsche* Tech-Story ins Backlog gerutscht.

12.3 Entscheidungen treffen

Softwarearchitektur und -design bedeuten, täglich Entscheidungen zu treffen. Dabei gibt es eine Menge zu beachten.

12.3.1 Timing ist alles – Last Responsible Moment

Wann ist der richtige Moment für eine Architekturentscheidung? Das Timing ist deshalb so wichtig, weil darauf das Lernfenster beruht. Von dessen Länge hängt oft ab, wie gut wir es nutzen können und welche anderen relevanten Erkenntnisse bereits vorliegen. Dieser ideale Zeitpunkt ist also von besonderer Bedeutung. Wir nennen ihn den *Last Responsible Moment* (LRM) oder auf Deutsch den letzten vernünftigen Moment (Abb. 12.3) [130, 162].

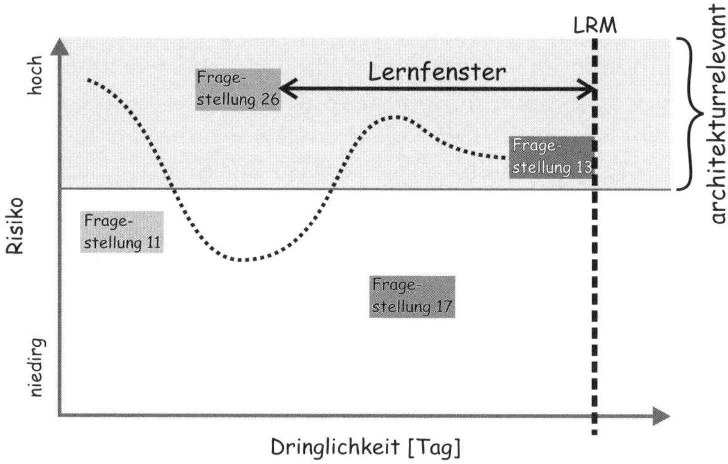

Abbildung 12.3: Idee des Last Responsible Moment (LRM) [162, 163]

Entscheidungen werden dabei möglichst spät getroffen, auch wenn das Problem selbst schon früher bekannt ist. Diese zeitliche Verzögerung dient dem Erkenntnisgewinn und ermöglicht bessere Entscheidungen. Gleichzeitig wird ein virtueller Moment definiert, an dem eine Entscheidung spätestens getroffen werden muss, um negative Effekte zu vermeiden, die den Lerneffekt zunichte machen. Im Zweifel wandert eine entsprechende Fragestellung lieber zu früh in den Architekturzyklus. Wenn dies dort erkannt wird, wird der entsprechende Task oder die User Story wieder zurück ins Backlock des Produkts an die angemessene Stelle verschoben, um dann bei passenderer Gelegenheit wieder betrachtet zu werden.

Fragestellungen wandern mit der Zeit zum LRM (Abb. 12.3). Dieser Moment ist für jede Fragestellung individuell und eher metaphorisch zu verstehen. Für Architekturentscheidungen ist es der Zeitpunkt, an dem mindestens eine wichtige Entscheidungsalternative wegbricht bzw. eine Option *abläuft*. Will man z. B. mit mehreren Teams in die Implementierung starten, ist die Plattformentscheidung nahe am letzten vernünftigen Moment. Das Optionsfenster für jede andere Plattform schließt sich.

Wovon hängt jetzt die Platzierung einer Fragestellung auf den beiden Achsen aus Abbildung 12.3 ab? Da spielen verschiedene Aspekte eine Rolle [162]. Für die Risikoachse sind das:

- Später nur aufwendig änderbar
- Die Umsetzung ist eher aufwendig bzw. teuer.
- Sehr hohe qualitative, also nicht funktionale Anforderungen
- Die Integration in die bestehenden Teile ist schwierig bzw. aufwendig.
- Bei den Entwicklern und Architekten liegt nur wenig Erfahrung im Lösungsspektrum vor.

Auf der Dringlichkeitsachse finden wir die folgenden Bewertungsaspekte:

- Termindruck aus unserer Organisation oder von Kundenseite
- Wenn wir die Fragestellung weiter offen lassen, stellen sich negative Seiteneffekte ein.
- Ein weiteres Nichtentscheiden erhöht die Gefahr von impliziten Defacto-Entscheidungen.
- Interne oder externe Abhängigkeiten zu anderen Entwicklungen oder Projekten
- Es ist eigentlich alles so weit klar und es kann guten Gewissens entschieden werden.

Für jede Entscheidung können wir darüber ein gutes Gefühl unter den beteiligten Entwicklern und Architekten entwickeln, ob eine Fragestellung Architekturrelevanz besitzt und wann wir eine Entscheidung darüber treffen sollten. Wie bereits gesagt: Timing ist alles!

12.3.2 Gut genug sein – Satisficing

Bis jetzt haben wir über den richtigen Zeitpunkt für Entscheidungen diskutiert. Nun werfen wir noch einen Blick auf die Entscheidungsfindung. Hierbei besteht die Gefahr, dass wir uns so verzetteln oder zu perfektionistisch sind, sodass wir den Last Responsible Moment verpassen.

Das Entscheidungsproblem verstärkt sich schnell dadurch, dass wir in agilen Projekten so kleinschrittig vorgehen und daher jeden Tag Entscheidungen zu treffen haben. Hier kommt dann die Definition of Done zum Einsatz. Die Inkremente orientieren sich stets an der angestrebten Produktqualität. Nur dann ist ein aussagekräftiges Feedback durch Kundenvertreter und Qualitätssicherung möglich. Daher werden wir in agilen Projekten vergleichsweise wenig prototypische Entwicklung finden. Dieses Ziel führt gleich zum nächsten Problem: Wie können kleine Inkremente und Releases gebaut werden, wenn von Anfang an Produktqualität gefordert ist?

Die Lösung dieses Dilemmas heißt Satisficing, was wir bereits in Abschnitt 4.3 kennengelernt haben. Wir wählen dabei die erste erkannte, ausreichend befriedigende und zweckerfüllende Lösung für die Umsetzung. Es wird also eine Gut-genug-Strategie verfolgt und keine Zeit auf der Suche nach einer möglichen perfekten Lösung verschwendet. So kann Software mit einem großen Kosten-Nutzen-Verhältnis eingesetzt werden, die sich auf das Wesentliche konzentriert, schnell umzusetzen ist und eine vergleichsweise einfache Struktur aufweist. Natürlich bleibt die Struktur immer noch anspruchsvoll, jedoch wird ein Over-Architecturing vermieden. Dadurch bleibt dann auch ausreichend Flexibilität, um eine später doch nicht mehr ausreichende Lösung zu erweitern oder durch eine anspruchsvollere Idee zu ersetzen [170].

12.3.3 Tragkraft entwickeln – Konsens finden

Was ist ein Konsens? Hier stellt sich leicht ein entscheidendes Missverständnis ein. Konsens über etwas in einer Gruppe zu haben, bedeutet, dass keiner aus der Gruppe mehr ein Veto gegen einen Vorschlag hat. Das wird leicht verwechselt mit Aussagen wie »Alle sind dafür!« oder gar »Alle halten das für die ideale Lösung!«. Einen Konsens zu finden ist gerade bei Architekturentscheidungen von so großer Bedeutung, weil alle Entwickler diese Entscheidungen tragen und umsetzen müssen.

Wie können wir durch eine Abstimmung innerhalb eines Teams oder einer Gruppe einen Konsens erreichen? Natürlich können wir einfach nach einem möglichen Veto fragen. Es gibt aber auch Variationen einer Meinungsäußerung per Handzeichen, die einen schnelle Überblick über die Meinung einer ganzen Gruppe ermöglichen.

Die Daumenabfrage

Natürlich können wir die einfache Veto-Frage noch verfeinern. Als einfache Form können wir die Daumenabfrage machen. Die Regeln können jederzeit schnell umgesetzt werden [170]:

Daumen runter: Veto – ich trage den Vorschlag nicht mit.
Daumen zur Seite: Der Vorschlag ist O.K., ich bin bereit, ihn mitzutragen.
Daumen hoch: Ich stehe voll und ganz hinter dem Vorschlag.

Wir können die Daumenabfrage weiter differenzieren. Eine Technik dazu nennt sich Fist-to-Five.

Fist-to-Five

Nachdem wir zur Abstimmung aufgerufen haben, streckt jeder Teilnehmer eine Hand nach oben. Diese ist entweder zur Faust geformt oder zeigt ein bis fünf Finger. Die Bedeutung der Handzeichen ist die folgende [170]:

Geschlossene Faust: Veto – so kann ich nicht mitgehen und an diesem Vorschlag ist noch viel zu ändern.
Ein Finger: Ich habe noch größere Punkte zu diskutieren und an dem Vorschlag zu ändern.
Zwei Finger: Ich habe noch Kleinigkeiten, die ich an dem Vorschlag ändern möchte.
Drei Finger: Ich bin nicht begeistert, aber kann mit dem Vorschlag leben, sodass wir zum nächsten Punkt kommen können.
Vier Finger: Ein guter Vorschlag und ich bringe mich ein, ihn umzusetzen.
Fünf Finger: Ein optimaler Vorschlag, den ich mit aller Kraft umsetze.

Eine Entscheidung ist gefallen, wenn jeder drei Finger oder mehr zeigt. Dieses Vorgehen ist dann besonders wirkungsvoll, wenn wir verschiedene Vorschläge zu bewerten haben und die Information über das Maß des Widerstands dabei hilfreich ist.

Die soziokratische Wahl

So viel zu den Grundtechniken. Doch wie kommen wir genau zu einer Entscheidung? Dabei hilft uns der Prozess der soziokratischen Wahl [182]. Dieser Ablauf wird typischerweise gewählt, um eine Person im Konsens zu finden, die eine Rolle übernimmt. Wir können aber auch auf diese Art zu Architekturentscheidungen im Konsens kommen. Wichtig ist, dass dieser Prozess von einem Moderator geleitet wird.

Angenommen wir haben vier alternative Wege gefunden, um ein Problem zu lösen, und es gibt keinen klaren Favoriten, der vielleicht besonders einfach und schnell umsetzbar wäre. Dann bekommt jeder in der Gruppe einen Stimmzettel und notiert dort verdeckt, welche Option er bevorzugt. Sind alle fertig, nennt jeder reihum seinen Kandidaten und begründet seine Wahl kurz mit den wesentlichen Argumenten. Es findet dabei keine Diskussion zwischen den Teilnehmern statt.

Nachdem alle mit der Vorschlagsrunde durch sind, beginnt die Änderungsrunde und jeder schreibt seinen jetzt aktuellen Kandidaten auf den Zettel. Dabei kann sich jeder wieder geheim und völlig unabhängig entscheiden. Erneut nennt jeder seinen Kandidaten mit einer kurzen Begründung. Danach schlägt der Moderator einen seiner Meinung nach konsensfähigen Vorschlag aus der Menge der genannten Kandidaten vor und führt eine Konsensabfrage über eine Handzeichentechnik durch.

Nach ein bis drei Durchgängen stellt sich meist ein Konsens ein. Ist dies nicht der Fall, werden die Alternativen ggf. erweitert oder verändert, bis sie konsensfähig sind. Dabei werden die Einwände durch die Vetos natürlich besonders beachtet. Ganz selten gibt es keine Basis für einen Konsens. Dann ist der Architekt als letzte Instanz der Entscheidungsträger, damit das Team handlungsfähig bleibt.

Abschließend noch ein paar Best Practices für die soziokratische Wahl. In der Begründung wird nur konstruktiv für eine Person oder einen Vorschlag argumentiert, nicht gegen einen. Man kann sich gerne selbst oder seine Lösungsidee vorschlagen. Es darf explizit nicht vorab versucht werden, zu klären, wer an einer Rolle Interesse hat oder wie jemand zu einer Idee steht. Perfektion wird ebenfalls nicht angestrebt sondern Satisficing. Sowohl eine Wahl wie auch eine Entscheidung muss nicht zeitlich unbegrenzt sein. Ganz im Gegenteil, eine zeitliche Begrenzung ist zumindest bis zu einem erneuten Betrachten der Zusammenhänge meist zielführend, um einen Konsens zu finden.

Das Thema *Konsensfindung* und die einzelnen Techniken illustrieren die Aufgaben der Rolle *Architecture Owner*. Er ist eben **nicht** der bestimmende Architekt, der alle wesentlichen Entscheidungen selbst trifft. Er führt Entscheidungen herbei, die tragfähig sind und die alle Entwickler selbstdiszipliniert befolgen wollen und werden. Selbstverständlich ist er mehr als ein Moderator. Seine Meinung wird ein entsprechendes Gewicht haben und er gibt den Entwicklern Orientierung. Dennoch unterscheidet sich die Rolle eines traditionellen Architekten grundsätzlich von der Rolle eines Architecture Owner.

12.4 Architektur und Qualität

Sobald als architekturrelevant erkannte Anforderungen nahe an den Last Responsible Moment kommen, laufen sie in den Architekturzyklus. Aber welche Anforderungen sind architekturrelevant? Dies sind Anforderungen, deren Lösung schwer änderbar ist oder viele Projektmitglieder betrifft. Diese breite Wirkung entfalten nicht alle Fragestellungen. Qualitative Aspekte wie Wartbarkeit, Verfügbarkeit oder Sicherheit gehören eher dazu als fachliche Anforderungen. Man arbeitet dann mit generell zu befolgenden Entwicklungs- und Designprinzipien, entwickelt Schichten oder entscheidet über die Hardwareauslegung und die Verwendung von zentralen Frameworks. Qualitative Anforderungen werden deshalb als Grundlage und Treiber für Architekturarbeit gesehen (Abb. 12.4) [163, 167].

Leider können wir diese Aspekte, die wir in Abschnitt 16.3 noch etwas eingehender betrachten werden, für ein ganzes Projektergebnis noch nicht sinnvoll nutzen. Eine Frage, ob für den Kunden z. B. die Bedienbarkeit oder

Abbildung 12.4: Qualitative Anforderungen nach ISO/IEC 25000 (ehem. ISO 9126) [167]

das Zeitverhalten wertvoller ist, kann auf dieser Abstraktionsebene kaum sinnvoll beantwortet werden, da beide für unterschiedliche Teile der Software jeweils hohe Priorität haben. Die Qualitätsaspekte werden daher im Kontext weiter heruntergebrochener Anforderungen z. B. für Szenarien betrachtet. Wir kommen auf Seite 185 darauf zurück.

12.4.1 Abnahmekriterium, Q-Story und Definition of Done

Ein Problem, das die Architekturdisziplin im agilen Kontext häufig hat, ist die funktionale Ausrichtung der Anforderungsseite. Daher legt man einen besonderen Fokus auf die Verankerung qualitativer Aspekte durch Szenarien [161]. Dazu werden nach Stefan Toth drei Beschreibungskonzepte genutzt, um Qualitätsszenarien zu kategorisieren. Darüber decken wir den nicht funktionalen Teil von Anforderungen ab und schaffen eine Basis für agile Architekturarbeit (Abb. 12.5) [162]:

Akzeptanzkriterien (Abb. 12.5, Mitte) sind direkte Erweiterungen von User Stories und werden z.B. auf der Rückseite der Story-Karte notiert. Sie eignen sich vor allem für Qualitäten, die den Benutzer bei der Ausführung genau dieser Funktionalität direkt ansprechen: Benutzbarkeit, Performanz etc. Akzeptanzkriterien können im Analyseteil des Prozesses aus Abbildung 12.1 ad hoc gefunden werden und führen meist nicht zu grundlegenden Architekturfragen.

Akzeptanzkriterien werden über Akzeptanzszenarien und Akzeptanztestfälle weiter beschrieben. In den folgenden beiden Abschnitten gehen wir auf die Gestaltung von Szenarien und Testfällen ein.

Qualitätsgeschichten oder kurz Q-Stories (Abb. 12.5, oben) sind Anforderungen, die weitgehend unabhängig von funktionalen Anforderungen sind, wie z.B. Skalierbarkeit und Verfügbarkeit, und eigenständig

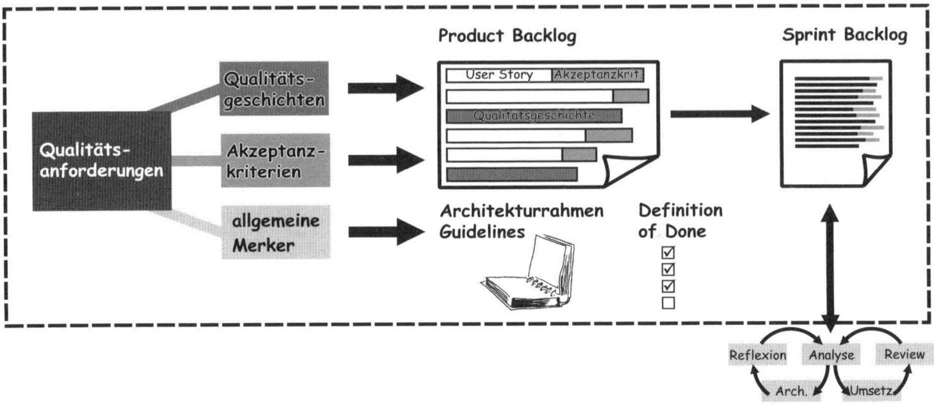

Abbildung 12.5: Die drei Wege, um Qualität in agilen Vorgehensweisen zu verankern [162, 163]

in die Backlogs aufgenommen werden. Soll eine Webseite eine hohe Verfügbarkeit haben, sind die Erkennung von Serverausfällen, die redundante Auslegung von Systemteilen und Diensten, Replizierungs- und Rollback-Mechanismen oder Monitoringlösungen zu schaffen. Würde man nur für User Stories nach Akzeptanzkriterien suchen, würden diese Aspekte leicht übersehen.

Allgemeine Merker (Abb. 12.5, unten) sind omnipräsente Erinnerungen für die Projektmitarbeiter. Sie werden eingesetzt, um anzuwendende Prinzipien oder definierte Rahmenbedingungen zu kommunizieren. In agilen Projekten bietet es sich an, hierfür auch einen Vermerk in der Definition of Done zu setzen. Wartbarkeit, Wiederverwendbarkeit oder Sicherheit sind typische Qualitätsmerkmale, die diese Art der Behandlung nach sich ziehen. Anders als bei Qualitätsgeschichten ist die eigentliche Entscheidung relativ einfach wie z.B. ein Verbot der Verwendung von Bibliothek XY wegen Sicherheitsbedenken. Die Entscheidung muss danach jedoch breite Beachtung finden.

Akzeptanzkriterien und Qualitätsgeschichten können sehr gut gemeinsam mit fachlichen Anforderungen priorisiert werden (Abb. 12.5). Insbesondere Qualitätsgeschichten speisen so iterativ den Architekturzyklus. Allgemeine Merker sind dagegen meist eher früh zu entscheiden, da eine breite Anwendung sonst kaum erreicht wird.

Während der Architekturarbeit und besonders in der Umsetzung werden Fragen und Probleme offensichtlich, die häufig qualitative Aspekte betreffen. Wichtig ist dabei, dass diese Fragen und Probleme mit dem Kunden abgestimmt und über die drei genannten Techniken auf Anforderungen zurückgeführt werden. Stellen wir beispielsweise fest, dass die vorgesehene Datenbank mit der erwarteten Datenmenge nicht zurechtkommt, stimmen wir uns mit dem Kunden ab, um die Erwartungen bezüglich Latenz, Durchsatz, Skalierbarkeit, Sicherheit und Verfügbarkeit zu verstehen. Entsprechende Qualitätsgeschichten werden priorisiert und führen zur besseren Entscheidung und letztendlich auch zu transparenten und nachvollziehbaren Entscheidungen.

12.4.2 Szenariobasierte Architektur

Sowohl für die Entscheidungsfindung als auch die Reflexion bzw. Bewertung sowie für die Dokumentation sind Qualitätsszenarien von besonderer Bedeutung. Damit umgehen wir auch das Problem, dass allgemeine Qualitätskriterien auf der Ebene von Performanz oder Bedienerfreundlichkeit viel zu oberflächlich sind, um damit architekturell arbeiten zu können [162]. Ein weiterer Vorteil liegt darin, dass wir so klar definieren, wie Akzeptanzkriterien bei User Stories aussehen. Es gibt die folgenden sechs Aspekte als mögliche Elemente eines Qualitätsszenarios, die durch ein Akzeptanzkriterium für unser Fallbeispiel illustriert sind (Abb. 12.6) [7]:

- Quelle, z. B. ein entfernter eingeloggter Kunde
- Auslöser oder Stimulus, Ereignis wie z. B. eine gesendete Anfrage
- Artefakt, z. B. in Form einer Bestellung
- Umgebung, z. B. bei Hochauslastung über das Internet
- Antwort, z. B. eine gesendete Bestellbestätigung
- Antwortmaß, die Antwort wird z. B. innerhalb von 2 Minuten gesendet

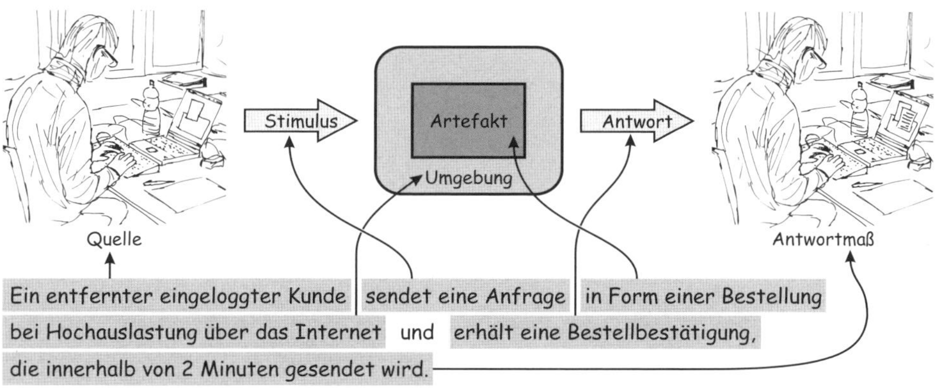

Abbildung 12.6: Die Elemente einer Szenariobeschreibung [7, 163]

Über Szenarien erwecken wir User Stories zum Leben und können so auch mit fachlichen Stakeholdern über Architekturaspekte reden. Auf diesem Detaillierungsgrad können wir auch mit den Stakeholdern eine lokale Priorität über Qualitätsaspekte erarbeiten. Auf diesem Niveau sind Vergleichsfragen sinnvoll, wie z. B.: »Ist es wertvoller, dass die Ergonomie des Bestellvorgangs eine schnelle Bedienung durch einen erfahrenen Kunden unterstützt oder dass die Bestellbestätigung per E-Mail innerhalb von zwei Minuten gesendet wird?«

Wenn bei der Beschreibung von Szenarien ein Antwortmaß definiert wird, so ist es meist hilfreicher, dieses stärker auszudifferenzieren, als es in dem einfachen Szenariobeispiel oben der Fall ist. Tom Gilb hat dafür eine Struktur für eine Beschreibung entwickelt. Eine strukturierte Beschreibung von Qualitätsmerkmalen gibt die Antworten auf folgende Fragen:

- Kontext
  - Welcher Systemteil ist betroffen?
  - Welche Rollen interagieren mit diesem Systemteil?
  - Wann erfolgen diese Interaktionen?
- Anforderung
  - Was genau wird gemessen?
  - Wie lauten die Grenzwerte?
- Maß
  - Wie wird es gemessen?
  - Mit welcher Genauigkeit können wir messen?

Für die Definition der Grenzwerte nennt Gilb ein vierstufiges Muster, um Ziel- und Fehlerwerte genau festzulegen. Die Grenze zwischen erfolgreicher Umsetzung und Fehler wird durch die zwei Werte für den Mindestzielwert und den Fehlerwert gegeben. Zusätzlich ist es hilfreich, noch zwei weitere Werte zu definieren, den idealen Wunschwert und den Katastrophenwert. Wir erhalten damit die Antworten auf die folgenden vier Fragen:

- Was ist der ideale Wunschwert als Maß für eine spezifische Anforderung? (z. B. 5 Sekunden)
- Was ist der Mindestzielwert, der noch als erfolgreich gilt? (z. B. 120 Sekunden)
- Was ist definitiv der Fehlerwert für dieses Maß? (z. B. 121 Sekunden)
- Und wann haben wir ein Maß erreicht, dass wir nicht mehr von einem funktionierenden System sprechen können? (z. B. 8 Stunden)

In Klammern finden Sie mögliche Beispielwerte für das Beispielszenario mit der Bestellanfrage und ihrer Bestätigung. Hierbei ist die Grenze zwischen Fehler und Erfolg sehr klar gegeben. Oft finden wir in den Diskussionen mit den Stakeholdern an diesem Punkt eine Grauzone, sodass z. B. erst fünf Minuten als Fehlerwert genannt werden. Wir können diese Grauzone zwischen zwei und fünf Minuten natürlich als Spielraum interpretieren, den wir noch als erfolgreich werten. Im Sinne des agilen Werts der Kundenzufriedenheit ist es meist erfolgversprechender, diese Grauzone dem Fehlerbereich zuzuordnen.

Warum sind der Wunsch- und der Katastophenwert so bedeutsam? Der Wunschwert gibt das gewünschte Ziel an. Eine weitere Steigerung der Qualität über diesen Wert hinaus hat für unseren Kunden keinen Mehrwert. Der Wunschwert ist also gleichzeitig Ziel und Obergrenze. Auch technisch mögliche Realisierungen, mit denen wir den Wunschwert deutlich übertreffen können, haben damit für dieses Projekt keinen Mehrwert.

Der Katastrophenwert beschreibt dagegen die Untergrenze für den sinnvollen Einsatz unserer Software. An ihm können wir Go-Live-Kriterien festmachen. Wird der Katastrophenwert erreicht oder gar überschritten, ist es nicht sinnvoll, mit dieser Version in Betrieb bzw. Produktion zu gehen.

Diese Konzepte der Beschreibung von Qualitätsszenarien lassen sich in allen drei Kategorien einsetzen. So werden sowohl die Q-Stories als auch die Akzeptanzkriterien in User Stories aussagekräftig beschrieben. Allgemeine Aspekte, wie sie als Merker in der Definition of Done zu finden sind, profitieren ebenfalls deutlich von dieser Klarheit.

12.4.3 Akzeptanzszenarien testen

Akzeptanzkriterien, die über entsprechende Akzeptanzszenarien getestet werden, gehören zum Umfang einer User Story. Wir machen uns also ganz im Sinne des Test-First-Ansatzes vor der Umsetzung Gedanken dazu, wie wir eine neue oder veränderte Funktionalität später prüfen wollen. Die Beschreibung von Testfällen ist also ein Teil der analytischen Arbeit in der Softwareentwicklung. Wie beschreiben wir aber einen Testfall einfach, gut strukturiert und aussagekräftig, sodass wir darüber auch den Informationsgehalt einer Story erhöhen? Dan North hat im Rahmen seiner Weiterentwicklung der testgetriebenen Entwicklung hin zum Behavior Driven Development und des Testwerkzeugs *JBehave* die Given-When-Then-Struktur als Rahmen zur Beschreibung von Akzeptanztests einer User Story entwickelt [115]. Was steckt dahinter? Das dreiteilige Muster ist einfach:

Given: der initiale Kontext des Akzeptanzszenarios
When: das auslösende Ereignis
Then: die zu prüfenden, sichtbaren Merkmale

An einem Beispiel wird seine Verwendung schnell deutlich. Gehen wir von der folgenden User Story für unser Fallbeispiel MyHeavyShop aus:

> Als regelmäßiger Kunde von MyHeavyShop möchte ich für meine Einkäufe belohnt werden, um meine Kundentreue zu festigen.

Über die Akzeptanzkriterien wird deutlicher, wie diese Story umzusetzen ist. Nach dem obigen Muster kommen wir zu:

Given: Ein Kunde hat im laufenden Kalenderjahr mindestens zwei erfolgreiche Einkäufe vorgenommen **And** dabei einen Umsatz von 2000 Euro erreicht oder überschritten.
When: am ersten Werktag im November
Then: Auf seinem Konto erfolgt eine Gutschrift von 50 Euro **And** er erhält eine E-Mail mit dem Hinweis auf diese Gutschrift

Mehrere Bedingungen werden durch **And** oder andere logische Operatoren miteinander verknüpft. Dabei ist auf die Übersichtlichkeit der Kriterien zu achten, damit sie auch von allen sofort erfasst werden können. Im Zweifel ist das Akzeptanzkriterium über mehrere, kombinierte Given-When-Then-Beschreibungen zu detaillieren.

Häufig ist das aber eher ein Hinweis darauf, die ursprüngliche User Story selbst aufzuteilen. Im obigen Beispiel wäre das z. B. bei einer weiteren Anforderung der Fall wie einem Gültigkeitszeitraum der Gutschrift. Diese Regeln könnten auch über weitere Given-When-Then-Beschreibungen ergänzt werden. Sinnvoller ist aber eine Zerlegung der User Story in zwei Stories, eine zum Erzeugen der Gutschrift und eine zu ihrer Gültigkeitsdauer, damit eine User Story auch für unser Projektmanagement und die Realisierung klein genug bleibt bzw. wird. Wir gehen im Zusammenhang mit den Splitting Patterns in Abschnitt 15.3 auf die Zerlegung zu großer User Stories genauer ein.

13 Der Architekt und die Architekturphase

13.1 Der agile Architekt als Architecture Owner

Die Rolle eines Architekten in agilen Projekten scheint besonders oder zumindest heikel zu sein. In Scrum ist diese Rolle explizit nicht vorhanden und die Architekturaufgaben werden vom Entwicklerteam übernommen. Wenn die Entwickler Willens und dazu in der Lage sind, ist das sicherlich eine funktionierende Idee. Doch wie gehen wir vor, wenn dies aufgrund fehlender Erfahrung im Team nicht möglich ist oder Architekturaspekte eine besondere Rolle in der Produktentwicklung spielen, ohne gleich die Agilität unnötig einzuschränken oder gar aufzugeben?

Scott Ambler hat dazu eine bemerkenswerte Antwort gegeben und die Rolle des Architecture Owner eingeführt [2]. Wie ein Product Owner in Scrum oder der Projektleiter bzw. die Teamprojektleiter in *APM* für die Bewertung, Zerlegung und Reihenfolge der Anforderungen verantwortlich sind, ist der Architecture Owner für die Architektur des Ergebnisses verantwortlich. Die *APM*-Rolle *Architekt* lebt die Idee des *Architecture Owner* nach den agilen Werten und Prinzipien.

13.1.1 Die Aufgaben des agilen Architekten

Die Aufgaben eines agilen Architekten sind vielfältig. Er verantwortet deutlich mehr, als eine Softwarearchitektur zu entwerfen. Ein Architekt ist ebenso *Anwalt des Kunden* und *Berater der Projektleiter* [155]. Ein Architekt hat in Richtung des Entwicklerteams vier Haupt- und zwei Nebenaufgaben. Beginnen wir mit den Hauptaufgaben [2]:

Unterstützung der Entwickler: Der Architekt unterstützt die Entwickler bei den Architekturaufgaben. Er fördert dafür die Zusammenarbeit im Team und zwischen den Entwicklerteams, damit gemeinsam eine übergreifende sowie von allen Beteiligten verstandene und akzeptierte Architektur im laufenden Entwicklungsprozess entsteht.

Know-how-Transfer: Architekten haben meist besonders tiefe technische Skills und nutzen einen breiten Erfahrungsschatz. Architekten brauchen daher eine ausgeprägte Kommunikationsstärke, um dafür sorgen zu können, dass ihr Wissen und ihre Erfahrung z. B. durch Pair Programming im Team verteilt wird. Bei größeren Erfahrungsabständen führt er auch Workshops und kurze Trainingssessions durch, um die Entwickler im Team kontinuierlich flexibler und technisch schlagkräftiger zu machen. Man kann den agilen Architekten daher auch als technischen Entwicklerteam-Coach auffassen.

Durchstich, Proof of Concept und Machbarkeitsstudie: Um die technischen Risiken zu minimieren, werden rechtzeitig Durchstiche (engl.: Spike) vorgenommen. In der Vorbereitung eines Projekts oder vor großen Refactoring-Aufgaben kann dies auch eine umfangreichere Machbarkeitsstudie (engl.: Proof of Concept) sein. Für diese Aufgaben ist er direkt verantwortlich und meist federführend beteiligt. Dabei führt er diese Aufgaben in der Regel nicht alleine, sondern mindestens zu zweit durch, um das erlangte Wissen sofort im Team zu streuen. Ein einzelner Architekt darf nicht selbst aufgrund seines Wissens zum Risiko werden!

Dieser Aufgabenblock ist unter agiler Sicht sicherlich der problematischste. Natürlich müssen die Aufgaben angemessen umgesetzt werden. Sie sind jedoch Kernaufgaben des Entwicklerteams und essenziell beim Aufbauen von Wissen und Erfahrung. Ein agiler Architekt nimmt sich hier eher zurück und unterstützt das Team darin, diese Aufgaben immer besser selbst durchzuführen.

Mentor: Die Rolle als Teammentor ist umfangreicher, als nur sein Wissen zu verteilen und seine Erfahrung anderen zur Verfügung zu stellen. Er hilft auch technisch, wenn es darum geht, übergreifende Regeln für Entwicklungsaspekte wie den Code selbst, den Datenbankeinsatz oder die Sicherheit aufzustellen und einzuhalten.

Zusätzlich sind noch zwei weitere Nebenaufgaben wichtig [2]:

Entscheidungsparalysen aufbrechen: Es ist notwendig, Architekturentscheidungen im Konsens zu fällen, da ihre Umsetzung und Konsequenzen von jedem Entwickler getragen werden. Die Konsensfindung kann etwas dauern, wird aber meist gut gelingen (Abschnitt 12.3.3). Wenn das Team jedoch trotz Moderation durch den Architekten zu keiner Einigung kommt, braucht es einen Defaultmechanismus, damit kein Stillstand entsteht. Der Architekt kann und muss dann eine Entscheidung treffen. Wichtig ist, dass dies nur in Ausnahmefällen geschieht.

Reviews: Von Zeit zu Zeit, z. B. um ein Architektur-Refactoring zu planen, kann es sinnvoll sein, die Architektur einem Review zu unterziehen. Diese Aufgabe nimmt der Architekt wahr, der seine Erkenntnisse dann sofort wieder ins Team zurückgibt, damit alle davon profitieren.

Wie weit diese Aufgaben dem Architecture Owner direkt zugeordnet sind oder auf die Entwickler verteilt werden, hängt von der Teamzusammensetzung und deren Erfahrung ab. Im agilen Idealfall ist der Architekt primär Moderator, Mentor und dient als Eskalationsstufe bei im Team bzw. zwischen den Teams strittigen technischen Fragen. Gerade wenn mit eher unerfahrenen Teams gearbeitet wird, kann es zum Problem werden, dass mit der zunehmenden Erfahrung und Stärke des Teams der Wechsel von einem stärker führenden Architecture Owner im Sinne von Ambler hin zu einem agileren Architekten schwierig ist. Hier ist der agile Coach gefordert, gemeinsam mit dem ganzen Team Wege zu finden.

Dieses Aufgabenbündel bedeutet, dass ein Architekt neben seinen technischen Skills und seiner Erfahrung auch in der Lage ist, Workshops zu moderieren, Konsens im Team zu entwickeln und auf allen Ebenen mit den Teammitgliedern und anderen Stakeholdern angemessen zu kommunizieren. Zusätzlich versteht er sich als *Servant Leader*, also eine die Teams unterstützende Führungspersönlichkeit [169, 170, 171].

13.1.2 Der agile Architekt als Ansprechpartner

Stefan Toth betont in seiner sehr schlanken und agilen Sicht auf die Rolle *Architecture Owner* stark den Aspekt, als Ansprechpartner nach innen für das Entwicklerteam, zur Seite für die anderen agilen Architekten im Projekt und nach außen für den Projektleiter und ggf. für weitere Stakeholder zu fungieren [162]. Neben dem festen fachlichen Ansprechpartner des Projektleiters bzw. der Teamprojektleiter gibt es damit auch einen oder bei größeren Projekten mehrere feste technische Ansprechpartner.

Ein agiler Architekt unterstützt damit den Projektleiter bei seiner Arbeit und stellt technische Zusammenhänge für die Projektleitung oder andere Stakeholder nachvollziehbar dar. Dies ist z. B. wichtig, um den Grund für die regelmäßigen Refactoring-Blöcke verständlich zu machen.

Auch hier merken wir, dass wir mit der Rolle eines agilen Architekten etwas Agilität einbüßen. Idealerweise stehen die Entwickler direkt für diese Aufgaben zur Verfügung. Wenn Ihr Projekt dafür klein genug ist, kann das auch gut funktionieren. Wird Ihr Projekt jedoch größer und es gilt, mehrere Entwicklerteams zu koordinieren oder mit technisch eher wenig erfahrenen Entwicklern im Team zu arbeiten, wird die Rolle des agilen Architekten sinnvoll. Die agilen Coaches achten dabei stets darauf, dass die agilen Architekten den agilen Werten und Prinzipien folgen und ihre Entwicklerteams optimal in die Architekturarbeit und -entscheidungen einbinden.

Ein agiler Architekt bildet damit auch eine Eskalationsstufe oberhalb der Entwickler bei strittigen technischen Fragestellungen. Er kann diese auf Augenhöhe mit den Projektleitern und anderen Stakeholdern wie Produktmanagern oder Fachbereichsleitern klären und so dafür sorgen, dass z. B. eine Tech-Story für ein Architektur-Refactoring nicht immer wieder aus fachlichen Gründen verschoben wird und sich so technische Schulden anhäufen [162], die später die Wirtschaftlichkeit des Produkts gefährden.

Auch wenn er zum Abwenden von Entscheidungsparalysen befugt ist, Entscheidungen zu treffen, so darf er diese Befugnis nicht in den alltäglichen Diskussionen etwa aus Bequemlichkeit oder zum Durchsetzen seiner eigenen Ideen missbrauchen. Ein agiler Architekt hält sich mit eigenen Entscheidungen eher zurück und versetzt die Entwickler in die Lage, die Architektur im Rahmen eines evolutionären Prozesses gemeinsam mit dem entstehenden Produkt zu entwickeln.

13.2 Die Aufgaben in der Architekturphase

In der kurzen Architekturphase haben wir eine Reihe wichtiger Aufgaben zu erfüllen, auf die wir kontinuierlich den Fokus richten:

- Architekturrahmen schaffen
- Teams auf- und ausbauen
- Infrastruktur initial aufbauen
- Zentrale Risiken minimieren
- Initialen Softwareentwurf schaffen
- Backlog schärfen und Teams zuordnen

13.2.1 Architekturrahmen schaffen

Ein Architekturrahmen ist so klein wie möglich! Wir vermeiden eine komplette Architektur vorab. Es werden aus bestehenden Artefakten des Projekts Konsequenzen für die Architektur abgeleitet und die Lösungsideen anhand eines technischen Durchstichs geprüft. Konkret bedeutet das, dass wir ein Architekturboard für das Projekt initial aufsetzen, befüllen und pflegen (Abb. 13.1) [162]. Wir bilden die Struktur, um die aktuell erkannten Fragen, Risiken und Probleme angemessen anzugehen.

Wir erkennen am Architekturboard, was die Architektur unseres Produkts formt, wie sie grob aussieht und wie es aktuell um sie steht. Das Architekturboard steht in der Kommandozentrale des Projekts. Es hat allgemeine Anteile sowie ggf. teamspezifische. Die agilen Architekten sind bei mehreren Featureteams dafür verantwortlich, dass spezifische Informationen aus dem Architekturboard in jedes Featureteam kommen.

13.2.2 Teams auf- und ausbauen

In der Vorbereitung arbeitet ein Kernteam unter Leitung des späteren Projektleiters u. a. daran, die Anforderungen ausreichend zu verstehen, um den

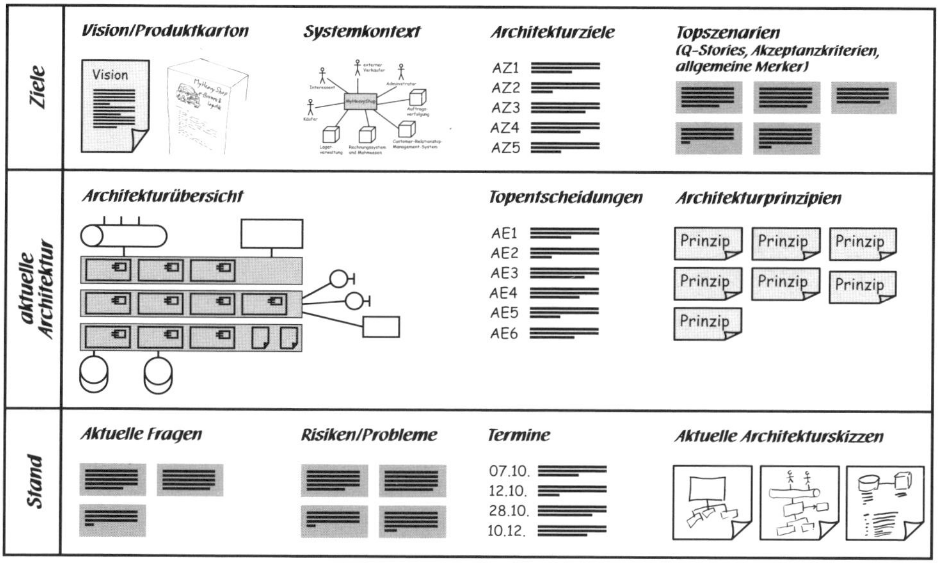

Abbildung 13.1: Muster eines Architekturboards [162]

Projektrahmen festzulegen, das Backlog in den Ausgangszustand zu bringen, mit dem begonnen werden kann, und die wirtschaftlichen Rahmenbedingungen zu klären. Dieses Kernteam besteht gemäß Abschnitt 8.2.2 meist nur aus dem Projektleiter, dem Architekten und einem analytisch starken Entwickler sowie einem Tester für die testkonzeptionelle Sicht. In der Architekturphase haben wir bereits die volle Teamstärke in der Entwicklung oder stehen kurz davor.

Die Mitarbeiter lernen das Projekt kennen, verstehen, wie das Produkt aussehen soll und was für Rahmenbedingungen zu beachten sind. Der Architekt ist dabei für die Entwickler der zentrale Orientierungspunkt, da über ihn in dieser frühen Phase die Transformation der Aspekte des Projekts in die technische Lösungssicht erfolgt. Der agile Coach steht federführend in der Verantwortung für die Aufgabe des Teamauf- und -ausbaus.

Wichtig ist es bei diesem Teamaufbau um ein bestehendes Kernteam herum, den Teamzyklus nach Bruce W. Tuckman zu beachten. Jede Gruppe durchläuft diesen Zyklus, sodass wir in den ersten gemeinsamen Teamzeiten darauf achten sollten. Im Einzelnen durchlaufen wir dabei mit der Gruppe die folgenden Phasen (Abb. 13.2) [170].

In der meist kurzen *Forming*-Phase lernt sich das Team erstmals in dieser Zusammensetzung kennen. Danach rüttelt sich die innere Struktur der Gruppe in der *Storming*-Phase zurecht. Jeder versucht, seinen Platz im Team zu finden. In der *Norming*-Phase werden die internen Prozesse und

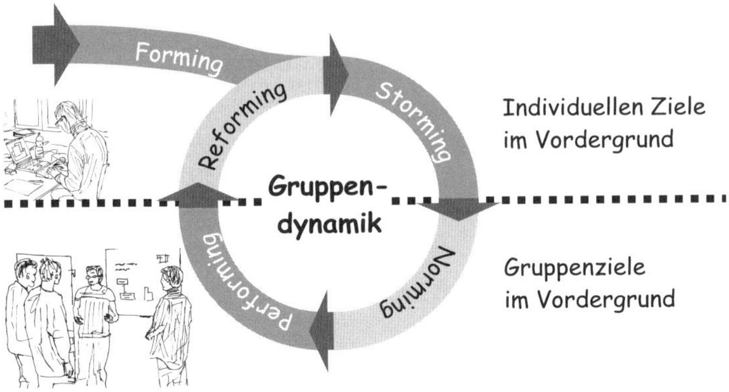

Abbildung 13.2: Die gruppendynamischen Phasen nach Tuckman [170]

Abläufe entwickelt und gefestigt. Wenn wir der *Storming*-Phase die anstehenden Konflikte konstruktiv aufgelöst haben, erreicht die Gruppe über die *Norming*-Phase hinaus die *Performing*-Phase, in der auf höchstem Niveau und mit optimaler Kooperation besonders effektiv gearbeitet wird.

Irgendwann drängen die eigenen Ziele der Teammitglieder wieder nach vorne und verlangen, verfolgt zu werden. Dieser Zeitpunkt markiert den Eintritt in die Phase *Reforming*, und die Gruppe strukturiert sich typischerweise um. Einige verlassen das Team, andere übernehmen deren Aufgaben oder neue Mitglieder kommen hinzu.

Dadurch, dass die im Projekt beteiligten Teammitglieder wechseln oder andere Aufgaben übernehmen, kann es sehr vorteilhaft sein, im *Storming* und *Norming* die bestehenden Teamprozesse genau zu durchleuchten und wieder neu auf die aktuell beteiligten Teammitglieder zuzuschneidern. Jedes Teammitglied hat individuelle Stärken, die es zu nutzen gilt.

Wie in Abbildung 13.2 dargestellt, wirkt die Dynamik vielleicht etwas deprimierend bzw. sie vermittelt das Gefühl einer Sisyphusarbeit, als ob wir als Team nicht vorankämen, wenn sich nach einem Projekt oder einer längeren Zeit die Zusammensetzung im Team wieder ändert. Dies ist glücklicherweise so nicht ganz richtig! Durch den permanenten Lernprozess, den sowohl das Team wie auch die einzelnen Individuen durchleben, werden wir im Laufe der Zeit besser. Dies geschieht sprunghaft und mit Rückschritten oder einem Einbruch in der *Storming*-Phase, doch es geht voran.

13.2.3 Infrastruktur initial aufbauen

Die Projektinfrastruktur in agilen Projekten ist durchaus aufwendig und ihre einzelnen Teile sind fein aufeinander abgestimmt. Sie dient dazu, die agilen Praktiken optimal umzusetzen. Dafür ist eine umfangreiche Automatisierung von Entwicklungsschritten hilfreich. Dies beginnt bei einer einheitlichen IDE mit integrierten automatischen Unit Tests und endet in den Möglichkeiten der Continuous Integration auf Basis einer Versionskontrolle bzw. vielleicht auch erst im Continuous Delivery mit einer notwendigen durchgängigen Testautomatisierung.

Auch hier gilt es, nichts auf Vorrat anzulegen, sondern auch die Infrastruktur nur so weit aufzubauen, wie sie jetzt bzw. in der anstehenden ersten Konstruktionsiteration benötigt wird. Jede weitere Infrastrukturmaßnahme ist dann aus dem Projekt heraus motiviert. So wächst auch unsere Infrastuktur mit dem Produkt mit.

Damit ist die initiale Infrastruktur klein genug, damit sie auch für jedes Teammitglied gut erfassbar ist, und kann sofort durchgängig und diszipliniert genutzt werden. Es gibt damit für einzelne Teammitglieder keine Ausrede, um sich nicht an vorgegebene agile Praktiken zu halten.

Der weitere Aufbau der Infrastruktur in den folgenden Iterationen ist dann so gut wie immer an die Umsetzung einzelner User Stories oder Q-Stories gebunden. Infrastrukturaufgaben tauchen damit *nicht* als Tech-Story im Backlog auf, sondern nur als Tasks auf dem Taskboard des Teams, das diese Maßnahme für eine Story aus dem Backlog umsetzt. Die Infrastruktur folgt damit streng den Anforderungen an das Produkt und ist kein Selbstzweck. Der Aufwand für diese technischen Tasks wird bei der Planung der Iteration im Planung-II-Meeting geschätzt und berücksichtigt.

13.2.4 Zentrale Risiken minimieren

Die wesentliche Motivation in *APM* für die Architekturphase ist es, zentrale Risiken zu adressieren. Dabei kann es sich prinzipiell um jedes als besonders wichtig erachtete Risiko handeln. Meist werden zumindest die wesentlichen Architekturrisiken dabei mitbetrachtet.

Dadurch, dass die Umsetzung einer Lösung in funktionierende Software zur Prüfung der Lösungsideen mit betrachtet wird, können auch die entsprechenden Risiken neu eingeordnet werden. Architekturrisiken ergeben sich meist aus qualitativen Anforderungen, die dazu vorab genauer beleuchtet werden. Überprüft werden sie durch die erste Implementierung ausgewählter funktionaler Anforderungen als Durchstich durch alle Architekturschichten. Dazu wird meist der funktionale Umfang der ersten Implementierung so weit reduziert, dass Messungen und eine Beurteilung des Risikos erfolgen können, aber die Umsetzung möglichst schnell und sicher innerhalb der Architekturphase, also einer Iteration, vollzogen werden kann. Wenn wir Architekturrisiken in den Griff bekommen wollen, ist es wichtiger, möglichst kurze Rückkopplungsschleifen zu schaffen, als den funktionalen Umfang weitgehend vollständig zu betrachten. Die meisten architekturellen und damit zentralen Risken ergeben sich aus den nicht funktionalen, qualitativen Anforderungen und weniger aus den funktionalen.

13.2.5 Den initialen Softwareentwurf schaffen

Anders als in Upfront-entwickelten Softwarearchitekturkonzepten, in denen versucht wird, alle zentralen Architekturfragen vorab zu beantworten, stellt ein agiler Entwurf am Ende der Architekturphase den lauffähigen und funktionierenden Ausgangspunkt für die weitere Entwicklung dar. Mehr ist in einer Iteration auch kaum zu leisten.

In der folgenden Konstruktionsphase wird dann sowohl unser Produkt als auch seine Architektur fortlaufend weiterentwickelt. Das Konzept der *Brezel* ist dabei besonders wertvoll. Ein agiler Entwurf bezeichnet damit eher einen ersten Rahmen, in dem die Entwicklung ihren Anfang nimmt.

Für diesen Rahmen ist es wichtig, dass damit Risiken adressiert werden, die als besonders schwerwiegend erkannt wurden. Die daraus resultierenden Konzepte und Ideen sind initial umgesetzt und durch technische Durchstiche als tragfähig geprüft. Damit ist ein agiler Entwurf deutlich mehr als ein Konzept. Er beinhaltet auch einen lauffähigen Rahmen und funktionierende Durchstiche, aus denen über Messungen qualitativer Anforderungen wie Durchlaufzeiten oder Durchsatzraten belastbare Aussagen abgeleitet werden können.

13.2.6 Das Backlog schärfen und den Teams zuordnen

Die Erkenntnisse aus der Arbeit in der Architekturphase wirken direkt auf das Backlog für unser Produkt. Projektleiter und Entwicklungsteam treffen sich in der Architekturphase regelmäßig, um die Aufgaben weiter zu zerlegen und über Risiken zu sprechen. Der Projektleiter kann daraufhin die Reihenfolge im Backlog anpassen.

Bei größeren Projekten mit mehreren Teams erfolgt dabei parallel zum Auf- und Ausbau des Teams die Verteilung der Backlog-Einträge auf die Featureteams. Auch dafür treffen sich Projektleiter und die Entwickler. Sie diskutieren eine Aufteilung, die ein weitgehend unabhängiges Arbeiten der einzelnen Featureteams voneinander ermöglicht.

Das Backlog wird dazu nicht physikalisch zerlegt, sondern die Einträge werden den Featureteams zugeordnet. Diese Zuordnung erfolgt nur für die nächsten ein bis maximal zwei Iterationen (Lookahead). So hat jedes Featureteam sein Team-Backlog, das es dann in seiner weiteren Iterationsplanung betrachtet. Diese Verteilungsaufgabe ist dann Bestandteil der regelmäßigen Backlog-Pflege und Verfeinerung. In der Architekturphase wird diese Aufteilung nur initial durchgeführt.

Teil IV

Konstruktion und Releases

14 Struktur und Dynamik einer Iteration

In der Konstruktionsphase sind wir im Projektverlauf nun dort angelangt, wo Agilität vollends ihre Stärke zeigt. In dieser längsten Phase eines Projekts laufen die Iterationen nach einem festen Schema ab und wir erstellen eine Abfolge nutzbarer Releases.

14.1 Schema einer Iteration

In Abbildung 14.1 ist das Schema einer Iteration für ein Featureteam eines mittleren Projekts dargestellt. Unser Beispiel umfasst mit vier Wochen eine Dauer am oberen Ende der sinnvollen Möglichkeiten. Welche Anpassungen für große Projekte vorzunehmen sind, betrachten wir in Kapitel 20.

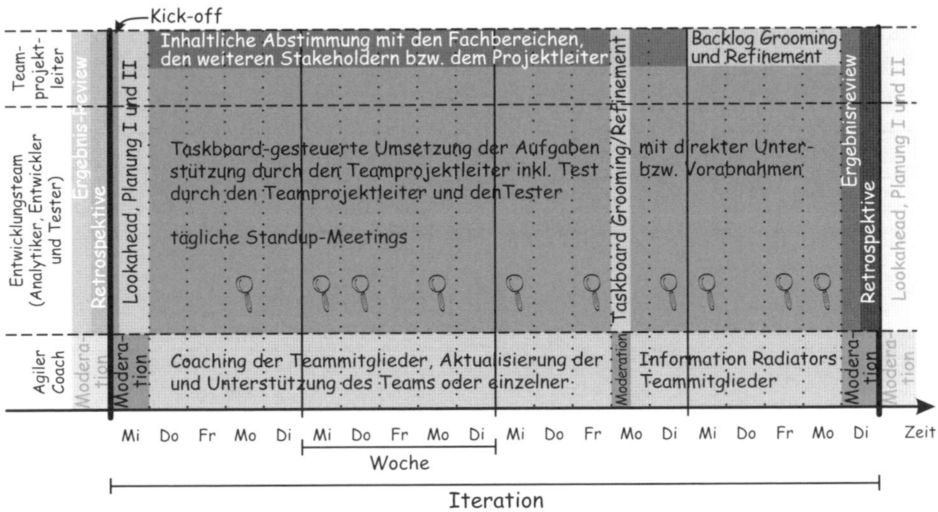

Abbildung 14.1: Schema einer Iteration von vier Wochen

Ein Iteration dauert, wie in Abbildung 14.1 dargestellt, eine exakte Anzahl von Wochen. Es ist natürlich auch eine feste Anzahl von Tagen denkbar, jedoch in den allermeisten Fälle aus organisatorischen Gründen ungünstig. Obwohl eine Iteration zwei, drei oder vier Wochen dauert, ist es meist praktischer, sie nicht am Wochenbeginn zu starten, sondern in der Mitte der Woche. So liegen alle wichtigen Meetings zwischen Dienstag und Donnerstag, also an den Wochentagen, an denen wir die höchste Wahrscheinlichkeit haben, dass alle relevanten Personen auch anwesend sein können.

Tests und Vorabnahmen finden so weit wie möglich bereits parallel zur Entwicklung statt. In Abbildung 14.1 ist das durch die kleinen Lupen in der unteren Hälfte angedeutet. Diese Prüfungen finden bei Bedarf statt und werden meist nicht explizit eingeplant.

14.1.1 Eine Iteration beginnen

Eine Iteration beginnt mit einem gemeinsamen Kick-off der Featureteams, dem direkt die Iterationsplanung der jeweiligen Featureteams folgt (Abb. 14.1, links). Sie besteht, wie in Abschnitt 5.4.1 beschrieben, aus drei Teilen:

- Lookahead
- Planung I
- Planung II

Die Iterationsplanung muss dafür vom Teamprojektleiter in Abstimmung mit dem Team, den anderen Teamprojektleitern, dem Projektleiter und anderen Stakeholdern vorher vorbereitet werden. Dazu finden zum Ende einer Iteration oder für die erste Iteration am Ende der Vorbereitung Treffen statt, in denen basierend auf dem letzten Lookahead die Einträge im Backlog für das Produkt bezüglich Reihenfolge, Inhalt und sinnvoller weiterer Zerlegungen bearbeitet werden (»Backlog Pflege und Verfeinerung«, in Abbildung 14.1 oben rechts). Die agilen Coaches bereiten den Kick-off vor und moderieren ihn. Danach moderiert jeder agile Coach den Planungsworkshop seines Teams.

14.1.2 Die inhaltliche Arbeit

An die Planung schließt sich direkt die inhaltliche Arbeit an. Die Basis dafür bilden die vom Teamprojektleiter geordneten Aufgaben und die von den Entwicklern daraus abgeleiteten Tasks auf dem Taskboard. Der Teamprojektleiter verbringt an jedem Tag ein paar Stunden seiner Zeit beim Team, um weitere Aufgabenklärungen vorzunehmen, erste Ergebnisse zu begutachten, Prioritäten zu setzen und das Team fachlich zu unterstützen.

Das Entwicklungsteam trifft sich jeden Tag um die gleiche Zeit zu einem kurzen Standup-Meeting, um sich abzustimmen und zu koordinieren. Der agile Coach moderiert das Meeting. Der Teamprojektleiter darf als Gast zuhören, jedoch dient dieses Meeting primär den Entwicklern und nicht der Information des Teamprojektleiters. Bevor das Standup-Meeting beginnt, wurden spätestens die Karten auf dem Taskboard aktualisiert, sodass das Taskboard zu diesem Meeting stets aktuell ist.

Dieser Teil der Iteration ist bei Weitem der längste und umfangreichste (Abb. 14.1, Mitte). Der Teamprojektleiter unterstützt und begleitet sein Team die ganze Zeit lang. Jedoch nutzt er etwa die Hälfte bis 2/3 seiner Zeit, um das Projekt inhaltlich weiter voranzubringen. Dazu trifft er sich mit anderen Stakeholdern wie fachlichen Vertretern usw. Die Ergebnisse dieser Meetings dokumentiert er im Backlog und ggf. in weiteren Modellen oder Dokumenten, auf die in den Backlog-Einträgen verwiesen wird.

Zum Ende der Iteration bereitet er den nächsten Planungsworkshop und Kick-off inhaltlich vor, mit dem die nächste Iteration beginnt (»Backlog Pflege und Verfeinerung«, in Abbilung 14.1 oben rechts). Dazu holt er sich punktuell Unterstützung aus dem Entwicklungsteam, um wichtige Themen vorab gemeinsam zu durchdenken und zu zerlegen. Außerdem stimmt er sich an diesen Tagen mit seinen Teamprojektleiterkollegen und dem Projektleiter über die Inhalte und ihre Prioritäten ab, sodass keine wichtige Arbeit vergessen wird und keine versehentlichen Aufgabendopplungen entstehen.

Von besonderer Bedeutung ist, dass der Teamprojektleiter gemeinsam mit seinen Kollegen und dem Projektleiter dafür sorgt, dass es keine äußeren Störungen für das Team in der laufenden Iteration gibt. Für Änderungen an den Anforderungen gibt es ein definiertes Vorgehen und für den Abbruch einer Iteration, eines Releases oder des Projekts ebenfalls. Wir kommen in Abschnitt 17.7 darauf zurück. Weitere Verfeinerungen und Klärungen erfolgen in der laufenden Iteration in den Gesprächen der Entwickler mit dem Teamprojektleiter und ggf. mit fachlichen Stakeholdern. Das geschieht aber alles im Rahmen des geplanten Vorgehens für die laufende Iteration. Wenn eine Anforderung noch zu instabil ist, bleibt sie im Backlog und kommt nicht auf das Taskboard.

Der agile Coach unterstützt in der Zeit das Team und hierbei insbesondere einzelne Teammitglieder, die auf Schwierigkeiten stoßen. Dies macht er nicht technisch, sondern auf der Ebene der Zusammenarbeit und Arbeitsabläufe. Der agile Coach versucht also die Abläufe weiter im Sinne der agilen Werte zu verbessern und die Zusammenarbeit zu optimieren. Er sorgt auch für die regelmäßige Aktualisierung der Information Radiators und ermittelt statistische Werte wie die Velocity für das Projektcontrolling.

14.1.3 Vorabnahmen und Tests

Parallel zur laufenden inhaltlichen Arbeit erfolgen die Vorabnahmen und Tests der bereits fertiggestellten Tasks und Aufgaben. Die integrierten automatisierten Tests geben dabei den Entwicklern eine erste, direkte Rückmeldung zu möglichen Seiteneffekten ihrer Arbeit. Durch Pair Programming bei besonders wichtigen, schwierigen Tasks und gegenseitige, formlose Peer-Reviews der Softwareentwickler untereinander findet eine laufende interne erste Qualitätskontrolle der Projektarbeit statt.

Der Tester prüft abgeschlossene Aufgaben über die Akzeptanzkriterien und betrachtet das fachliche Zusammenspiel der umgesetzten User Stories. Nach diesem Prüfschritt kommt es zusätzlich zu Vorabnahmen der umgesetzten Aufgaben durch den Teamprojektleiter und ggf. zusätzliche fachliche Stakeholder. Dies ist insofern wichtig, als dass zum Ergebnisreview nur bereits als fertig erkannte Teile in das zu demonstrierende Inkrement aufgenommen werden.

14.1.4 Taskboard-Pflege und Verfeinerung

Die Iterationsplanung zu Beginn einer Iteration ist ein Meeting mit einer Timebox. Es kann daher sein, dass nicht alle Tasks in der notwendigen Weise heruntergebrochen sind. Da in der Planung streng priorisiert vorgegangen wird, betrifft dieses Manko erst Tätigkeiten, die zum Ende der Iteration relevant werden.

Dazu kommt, dass es bei längeren Iterationen von drei bis vier Wochen auch nicht sinnvoll sein kann, alle Tasks bereits komplett vorab zu definieren. Abhängigkeiten zwischen den Tasks und die Auswirkungen von Risiken können z. B. gar nicht vorab genau vorgedacht werden bzw. wir möchten diese Zeit nicht in der Planung investieren. Erst die Umsetzung der ersten Tasks wird uns die notwendige Klarheit dafür geben.

Damit das Entwicklungsteam aber auch im letzten Drittel einer Iteration kontinuierlich arbeiten kann, ergänzen und verfeinern wir diese Tasks in einem Meeting von ein bis zwei Stunden, der *Taskboard-Pflege und Verfeinerung*. Es handelt sich dabei um die Fortsetzung des Planung-II-Meetings vom Beginn der Iteration zu dem Zeitpunkt, wo es notwendig wird und wir ausreichend Neues gelernt haben, um die Tasks sinnvoll erstellen zu können. Meist liegt dieser Zeitpunkt zwischen der Hälfte und $2/3$ Dritteln der Iterationsdauer. Dieses Meeting wird also bei Bedarf durchgeführt. Sowohl das Entwicklungsteam als auch der agile Coach sowie der Teamprojektleiter haben ein Auge darauf zu richten, ob und wann eine Taskboard-Pflege und Verfeinerung notwendig wird.

14.1.5 Ergebnisreview

Das Ergebnisreview (Abb. 14.1, rechts) wird entsprechend seiner Bedeutung als offizielle Vorstellung und Demonstration der in der Iteration erreichten Ergebnisse vorbereitet. Die dafür notwendigen Rechner und zusätzliche Infrastruktur wie Beamer, Flipcharts und aktualisierte Information Radiators sind vorzubereiten und der Raum entsprechend herzurichten. Die Teilnehmer werden vorab dazu eingeladen. Dabei sind eher mehr als zu wenige Stakeholder zu berücksichtigen, um ein möglichst breites Feedback zu erhalten.

Der Charakter des Ergebnisreviews ist eher der einer Demonstration der Software denn der eines harten Reviews. Die neuen Features werden gezeigt und die Teilnehmer werden um Feedback gebeten. Dabei sollte es nur wenige Überraschungen geben, da die Vorabnahmen bereits weitestgehend erfolgt sind. Dennoch sind die Rückmeldungen und Anmerkungen der Stakeholder von besonderer Bedeutung. Zum einen nimmt eine Reihe von Managern und Führungskräften daran teil, die in der Regel nicht an den Vorabnahmen beteiligt sind. Zum anderen können die gezeigten Ergebnisse in einen größeren Kontext gebracht werden und dadurch von den kundenseitigen Entscheidern wertvolle Aussagen zu den fachlichen Prioritäten und Bedürfnissen gemacht werden. Letztere Informationen sind besonders für den Projektleiter und seine Teamprojektleiter von Bedeutung.

Der Demonstration der neuen Features kann sich eine kurze Testphase durch die Teilnehmer anschließen. Gerade wenn auch viele Anwender der zu erstellenden Software anwesend sind, ergeben sich daraus viele Möglichkeiten, zu lernen, was für die Nutzer des Produkts wirklich wichtig ist. Dazu werden entsprechende Testrechner vorbereitet und jeweils ein Mitglied aus den Entwicklungsteams begleitet diesen explorativen, also ungeplanten und eher erforschenden Test durch die Anwender. Die dabei gemachten Erkenntnisse sind für die spätere Akzeptanz des Produkts von besonderer Bedeutung und führen oft zu Ergänzungen in den User Stories bzw. deren Akzeptanztests.

Die agilen Coaches moderieren diese Veranstaltung und unterstützen die Präsentatoren des Reviews. Die Präsentation der Ergebnisse erfolgt dabei idealerweise durch die Entwickler, die zentral an den neuen Features gearbeitet haben, oder anderenfalls durch die Teamprojektleiter. So findet eine ideale Identifikation der Entwickler mit dem Produkt statt, die dann auch sofort versuchen können zu verstehen, welche Intention und welcher Nutzen sich aus den Anmerkungen der Stakeholder ergeben kann und welche technischen Implikationen damit verbunden sind. Eine entsprechende Diskussion sollte aber nur wenige Minuten dauern und sich ausschließlich auf Kosten-Nutzen-Betrachtungen beschränken. Der agile Coach unterbindet technische Diskussionen in diesem Rahmen sofort.

14.1.6 Retrospektive

Als letztes Element einer Iteration findet die Retrospektive statt (Abb. 14.1, rechts). Die einzelnen Featureteams führen dazu jeweils einen eigenen Workshop durch, der durch die agilen Coaches vorbereitet und moderiert wird. Damit die für eine Retrospektive notwendige Atmosphäre auch erreicht wird, ist es wichtig, sie in einem abgeschlossenen Rahmen durchzuführen. Nur die Mitglieder des Featureteams nehmen daran teil. Es gibt explizit keine Zuschauer oder Besucher dieser Veranstaltung.

Die Retrospektive ist sicherlich einer der herausfordernsten Workshops für den agilen Coach. Gleichzeitig ist sie der stärkste Hebel zur Verbesserung der Zusammenarbeit im Team. Eine zu kurze Retrospektive von unter zwei Stunden kann den notwendigen Grad der inhaltlichen Tiefe kaum erreichen und ist daher meist Zeitverschwendung. Die Kraft einer Retrospektive entfaltet sich, nachdem die Ebene der Symptome durchdrungen und die Ebene der Ursachen von Problemen erreicht ist. Erst dann stellen sich wertvolle Erkenntnisse und wirkungsvolle Ideen für neue Maßnahmen ein.

14.2 Die Iteration planen

14.2.1 Lookahead – der Blick auf die nächste Iteration

Der Teamprojektleiter stellt die infrage kommenden Einträge im Backlog vor, die zuerst nur grob der anstehenden Iteration und dem Lookahead, also der übernächsten Iteration, zugeordnet werden. Danach beginnt die Timebox für den Lookahead und die ihm zugeordneten Anforderungen werden tiefer erläutert und diskutiert, um herauszufinden, wie die Aufgaben für die anstehende Iteration optimal zwischen den Featureteams aufgeteilt werden können und welche Risiken wir im Auge haben sollten.

Erkenntnisse und Zwischenergebnisse sowie weitere Zerlegungen der Aufgaben werden dabei sofort erfasst und entweder auf Karten, im Planungswerkzeug oder auf dem Risikoboard festgehalten. Spätestens nach dem Ablaufen der Timebox wird der Lookahead beendet.

14.2.2 Planung I – der inhaltliche Umfang der Iteration

In Planung I werden nun die möglichen Aufgaben für die Iteration weiter betrachtet, diskutiert und zerlegt. Auch hier werden alle neuen Erkenntnisse sofort auf den Karten oder im Planungswerkzeug sowie am Risikoboard festgehalten. Nun erfolgt die Schätzung mit Komplexitätspunkten oder idealen Tagen durch das Entwicklungsteams, also alle Teammitglieder außer dem Teamprojektleiter und dem agilen Coach. Als Schätztechnik wird Planning Poker eingesetzt, das in Abschnitt 14.3 genauer beleuchtet wird.

Über die Ermittlung der aktuellen Geschwindigkeit durch den agilen Coach ist die Kapazität für Aufgaben aus dem Backlog vorgegeben. Der Teamprojektleiter kann nun gemäß den Ergebnissen aus dem Schätzen der

Teammitglieder so lange Aufgaben aus dem Backlog auf das Taskboard des Teams übertragen, bis die sich aus der Geschwindigkeit ergebende Kapazität der Iteration erreicht ist. Das Entwicklungsteam betrachtet nun abschließend die Zusammenstellung und prüft mögliche Abhängigkeiten zu anderen Aufgaben, die noch im Backlog verblieben sind, und mögliche Risiken, um eine weitgehend verlässliche Vorhersage für die anstehende Iteration zu machen.

Bei störenden Abhängigkeiten zwischen Aufgaben kann der Teamprojektleiter noch die Auswahl verändern, solange die Summe der Schätzungen der ausgewählten Aufgaben die Kapazität nicht überschreitet. Diese Verhandlung läuft so lange hin und her, bis das Entwicklungsteam eine positive Vorhersage für die Aufgabenauswahl trifft.

14.2.3 Planung II – die Tasks und das Taskboard

Im dritten Teil des Planungsmeetings geht es darum, die Aufgaben, die sich das Entwicklungsteam für diese Iteration vorgenommen hat, in einzelne Tasks herunterzubrechen. Die Umsetzung dieser Tasks sollte ungefähr einen Tag dauern, sodass eine feine Aufteilung der einzelnen Tasks in der Regel auf eine Person möglich ist und auf einem Board wie z. B. in Abbildung 14.2 visualisiert wird.

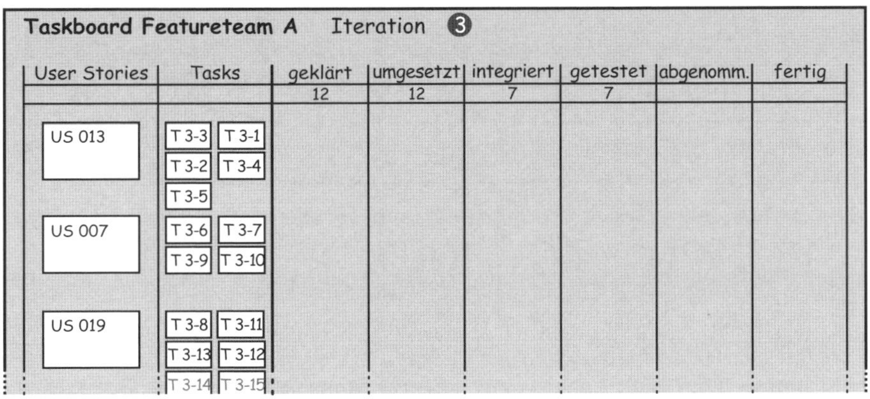

Abbildung 14.2: Das Schema eines Taskboards für ein Featureteam mit einem beispielhaften Entwicklungsprozess

Damit wird auch das spätere Controlling innerhalb der Iteration stark vereinfacht. Es setzt auf der Anzahl abgearbeiteter Tasks auf. Diese werden tagesaktuell auf dem Taskboard über die einzelnen Schritte des Entwicklungsprozesses geschoben. Das Taskboard wird dann mit den ausgewählten

User Stories (in der Abbildung 14.2 ganz links außen) in der Reihenfolge der Ordnung aus dem Backlog bestückt. Die daraus abgeleiteten Tasks kommen direkt rechts daneben, sodass der Zusammenhang zu den zugrunde liegenden User Stories gut sichtbar ist. Daneben fängt dann das eigentliche Taskboard mit den einzelnen Arbeitsschritten an, die die Tasks durchlaufen werden (Abb. 14.2).

Die Tasks für die Umsetzung einer User Story laufen während der Iteration entsprechend ihrem Bearbeitungszustand von links nach rechts auf der imaginären Bahn. So kann jeder sofort sehen, wie weit das Featureteam bereits ist und ob die gewünschte Reihenfolge in technisch sinnvoller Weise eingehalten wird.

14.3 Planning Poker

James Grenning, einer der Erstunterzeichner des Agilen Manifest hat das Planning Poker erfunden, das Mike Cohn populär gemacht hat [28]. Es ist die favorisierte Form der Schätzung in der Iterationsplanung zum Abschätzen des konkreten Umfangs für die Iteration und basiert auf der bereits bekannten relativen Schätzung mit Komplexitätspunkten oder idealen Tagen (Kap. 10). Dazu erhält jedes Mitglied des Entwicklungsteams einen eigenen Satz von Karten (Abb. 14.3).

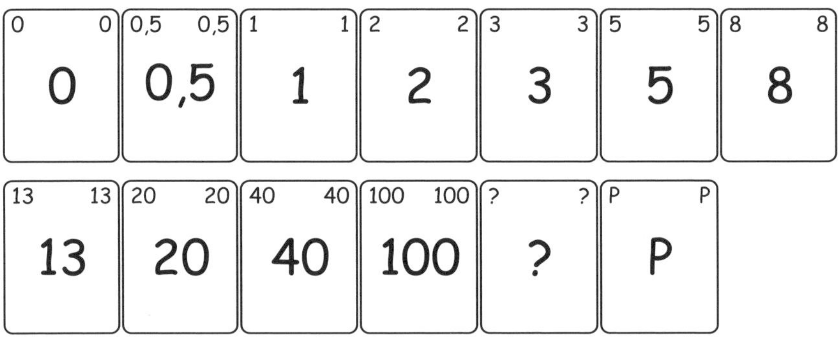

Abbildung 14.3: Das Schema eines Satzes Karten für Planning Poker

Neben den bereits bekannten Werten befinden sich in einem Satz meist noch drei weitere Karten (Abb. 14.3), die das von Mike Cohn vorgestellte Konzept erweitern:

- Ein zusätzlicher Wert von 0,5, falls er bei besonders kleinen Umfängen notwendig ist. Von vielen Teams wird dieser Wert meist einfacherweise vor dem Schätzen aussortiert.

- Ein »?«, falls jemand gar keine Einschätzung geben kann und damit für dieses Schätzobjekt aussetzt.
- Ein »P« oder auch gerne eine Kaffeetasse, um den Bedarf für eine kurze Pause zu signalisieren.

Die Werte über acht sind in der Regel dafür da, wenn Planning Poker anstelle von Team Estimation Game zur initialen Abschätzung des Backlogs für das Produkt eingesetzt wird oder zur Abschätzung einer neuen Aufgabe, die später in das Backlog aufgenommen werden soll. Auch dafür kann Planning Poker eingesetzt werden. Wenn Planning Poker zur initialen Schätzung der Backlog-Einträge durchgeführt wird, muss als Erstes eine Referenzaufgabe ausgewählt werden, die dann einer Fünf oder Acht entspricht. Die folgenden Schritte orientieren sich dann an dieser Referenzgröße für den relativen Vergleich.

Erfolgt das Planning Poker für spätere Einträge in das Backlog, dann liegen bereits die anderen Schätzungen vor und der neue Eintrag kann entsprechend relativ zu den bestehenden Einträgen ermittelt werden. Kommt das Planning Poker in der Iterationsplanung zum Einsatz, liegen ebenfalls die bisherigen Schätzwerte als Ausgangspunkt vor.

14.3.1 So läuft Planning Poker

Alle Teilnehmer, also das Entwicklungsteam eines Featureteams, treffen sich und nehmen an einem Tisch Platz. Jeder hat einen eigenen Satz an Karten dabei. Alle für die Iteration gewünschten und vielleicht möglichen User Stories sind vom Teamprojektleiter vorausgewählt und entsprechend auf Karten oder in einem agilen Planungswerkzeug vorbereitet worden, sodass sie sofort im Zugriff sind und alle relevanten Informationen abrufbar sind. Der generelle Ablauf sieht dann wie folgt aus:

1. Der Teamprojektleiter stellt die nächste User Story vor und erläutert den letzten Stand der inhaltlichen Abstimmung sowie die Akzeptanzkriterien.
2. Sobald die Fragen dazu geklärt sind, wählt jeder Teilnehmer aus seinem Kartensatz unter Berücksichtigung des bisherigen Werts als Referenz seinen neuen Schätzwert aus.
3. Auf ein Zeichen des Moderators legen alle Teilnehmer zeitgleich ihre Karte offen auf den Tisch.
4. Liegen dort nur Karten mit demselben Wert, ist das der neue Schätzwert. Befinden sich unterschiedliche Kartenwerte darunter, werden die Teilnehmer mit den extremen Werten gebeten, ihre Gründe dafür offenzulegen.

5. In einer kurzen Diskussion werden Missverständnisse geklärt, Annahmen abgeglichen und Inhalte sowie offene Punkte abgestimmt. Dabei findet bereits in der Diskussion eine Zerlegung in mögliche Tasks statt.
6. Es erfolgen jetzt so lange weitere Schätzrunden für das Schätzobjekt, bis nur noch dieselben Werte auf dem Tisch liegen. Meist ist dies nach ein oder zwei weiteren Schätzdurchgängen der Fall.
7. Kann sich das Entwicklerteam nicht einigen, ist die User Story noch nicht ausreichend vorbereitet und muss vom Teamprojektleiter entweder direkt weiter zerlegt werden, damit zumindest Teile noch in der Iteration geschätzt und umgesetzt werden können, oder die User Story ist ganz für diese Iteration zurückzuziehen.
8. Es geht mit der nächsten User Story wieder von vorne los, solange es noch freie Kapazität für die Iteration gibt.

14.3.2 Die Besonderheiten von Planning Poker

Die Vorteile des Planning Poker liegen darin, dass alle Teilnehmer ein gemeinsames Bild über die relevanten Aspekte einer zu schätzenden Aufgabe erhalten und ihre Sichten darauf austauschen. So werden Informationen über Risiken und Erfahrungswissen über Lösungswege zwischen den Teammitgliedern ausgetauscht und zwar tiefgehender, als es beim schnelleren Team Estimation Game aus Abschnitt 10.2.3 der Fall ist. Das führt einerseits zu differenzierten Schätzungen und andererseits wird das nachfolgende Zerlegen der Aufgabe in Tasks vorbereitet. Damit ist das Planning Poker dann dem Team Estimation Game vorzuziehen, wenn eher umfangreichere Informationen über das Schätzobjekt vorliegen. Das Team Estimation Game spielt seine Vorteile dagegen in den frühen Phasen wie in der Vorbereitung aus, wo eher größere Teile geschätzt werden und der Gesamtüberblick wichtig und hilfreich ist.

Beim Planning Poker kommen ebenso wie zum Team Estimation Game alle verfügbaren Entwicklungsteammitglieder und damit eine Gruppe heterogener Experten zusammen. Das führt in der Regel zu besonders aussagekräftigen Schätzergebnissen. Durch die gemeinsame Diskussion werden alle bekannten relevanten Aspekte bei der Schätzung beachtet. Dennoch kann es zu sehr unterschiedlichen Werten für die Schätzung bei Teilnehmern kommen. Diese sind zu diskutieren und auf keinen Fall rechnerisch zu mitteln. Wenn einer eine 2 legt, einer eine 13 und die fünf anderen Teilnehmer je eine 5, so ist das Ergebnis keine 6, sondern ein noch im Konsens zu ermittelnder Wert, der irgendwo liegen kann. Die ersten Schätzungen liefern die Basis für die Diskussion und eine Mittelung würde diesen Effekt zunichtemachen. Ein Moderator sollte eher stutzig werden, wenn alle Teilnehmer beim ersten Durchgang den gleichen Wert aufdecken, weil es dann meist kaum zu einer wertvollen Diskussion kommt. Es besteht dann die Gefahr, dass ein wichtiger Aspekt bei der Schätzung übersehen wird.

Hierbei sind noch zwei Dinge vom Moderator zu beachten. Zum einen beginnt die Diskussion stets mit den beiden Teilnehmern, die die extremen Werte aufgedeckt haben. So werden die besonders wirkungsvollen Aspekte zuerst diskutiert. Dies ist wichtig für den zweiten Punkt, die Dauer der Diskussion. Das Planning Poker tendiert dazu, recht lange zu dauern, weil die Diskussionen schwer zu moderieren sind und gerne in technische Details abdriften. Hier gilt es immer wieder, zu erkennen, ob eine Diskussion noch zielführend ist. Im Zweifel kann einfach eine neue Schätzrunde eingeläutet werden, um zu sehen, ob es überhaupt noch relevante Unterschiede in den Sichtweisen gibt. Zusätzlich können kurze Diskussions-Timeboxen von wenigen Minuten z. B. mit einer Eieruhr definiert und beendet werden, was die Fokussierung der Diskussion unterstützt.

Meist moderiert der Teamprojektleiter das Planning Poker, da er auch die Informationen über die User Stories liefert. In diskussionsfreudigen Teams kann dies auch der agile Coach übernehmen. Letzteres ist meist auch von Vorteil, wenn ausgesuchte Fachexperten dem Planning Poker beiwohnen, um aktuelle oder spezielle Details zu erklären.

14.4 Mikroprozess und testgetriebene Entwicklung

In einem *Mikroprozess* wird beschrieben, wie die Umsetzung von Entwicklungsaufgaben im Entwicklungsteam prinzipiell erfolgt. Grundsätzlich ist dabei jede sinnvolle Vorgehensweise möglich. *APM* favorisiert einen Test-First-Ansatz bzw. ein testgetriebenes Vorgehen. Ein entsprechender Mikroprozess dazu ist in Abbildung 14.4 dargestellt.

In *APM* ist der Test-First-Ansatz der Standardmikroprozess. Wenn er in einer frühen Phase noch nicht möglich ist, können sich die Featureteams schrittweise im Laufe der Zeit dorthin entwickeln. Wir sind aus der Erfahrung eigener Projekte und aus der Beratung diverser Kunden fest davon überzeugt, dass ein testgetriebenes Vorgehen ohne merkliche Leistungsverluste sowohl zu einer besser wartbaren und änderungsfreundlicheren Software führt als auch die für Nutzer sichtbare Qualität von Inkrementen und Releases hebt. Insbesondere die Fehlerdichte, also die Anzahl der Fehler pro 1000 Lines of Code, ist bei einem testgetriebenen Vorgehen deutlich geringer als bei anderen Verfahren.

14.4.1 Grundsätzliches testgetriebenes Vorgehen

Zu jedem Task überlegt sich ein Entwickler, der diese Aufgabe übernommen hat, zuerst, noch bevor er mit der Implementierung beginnt, wie sich das

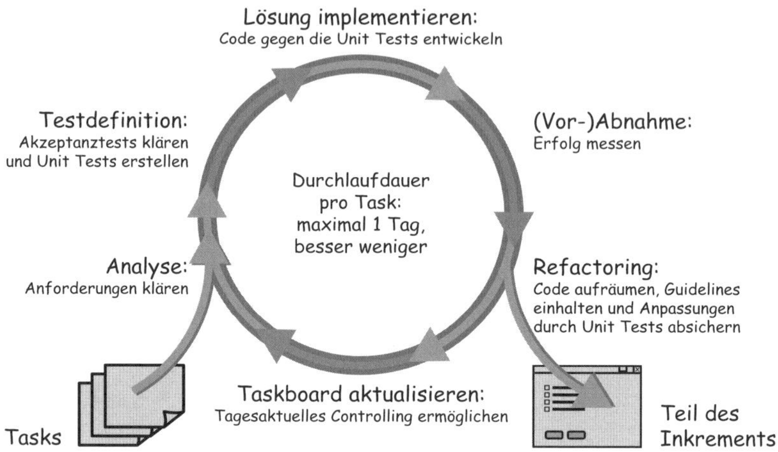

Abbildung 14.4: Mikroprozess für die Entwicklung innerhalb einer Iteration

Ergebnis des Tasks hinterher prüfen lässt. Das gilt auch für Tasks, die als Ergebnis keine lauffähige Software liefern, sondern z. B. ein Konzept oder ein Modell. Dazu muss die Aufgabe ausreichend verstanden und analysiert worden sein (Abb. 14.4, links).

Ein testgetriebenes Vorgehen ist auf die Entwicklung von Software ausgelegt. Es werden zuerst noch offene Aspekte unserer Aufgabe analysiert, dann die Akzeptanzkriterien geklärt und daraus aussagekräftige Unit Tests entwickelt. Das passiert alles, bevor auch nur eine Zeile Nutzcode für den Task geschreiben wurde. Das kommt erst jetzt, indem die Lösung gegen die Unit Tests entwickelt wird. Dazu werden alle Tests gegen den Nutzcode ausgeführt und ggf. auch noch die weiteren Aspekte der Definition of Done für die Bearbeitung von Tasks sichergestellt (Abb. 14.4, oben).

Sobald so dafür gesorgt wurde, dass inhaltlich bzw. funktional alles zielgemäß umgesetzt ist, wird die innere Qualität und Konformität zu den gemeinsamen Guidelines des neuen Nutzcodes betrachtet. Dazu werden ggf. die notwendigen Refactoring-Maßnahmen durchgeführt und diese Codeänderungen über die Unit Tests abgesichert (Abb. 14.4, rechts). Jetzt wird der neue Code sowie alle neuen bzw. angepassten Unit Tests in die Versionsverwaltung eingecheckt, sodass die Integration und weitere automatisierte Tests auf dem dann aktuellen Zustand der Software durchgeführt werden. Zuletzt wird das Taskboard aktualisiert.

Die testgetriebene Entwicklung im Detail ist von Kent Beck genauer beschrieben worden. Ein konkreter Arbeitszyklus eines Softwareentwicklers besteht dabei aus neun einzelnen Schritten [10, 167] (Abb. 14.5).

Nachdem ein Entwickler weiß, was zu tun ist (Schritt 1), überlegt er zuerst, wie er das Ergebnis sinnvoll testen kann (Schritt 2), und setzt den

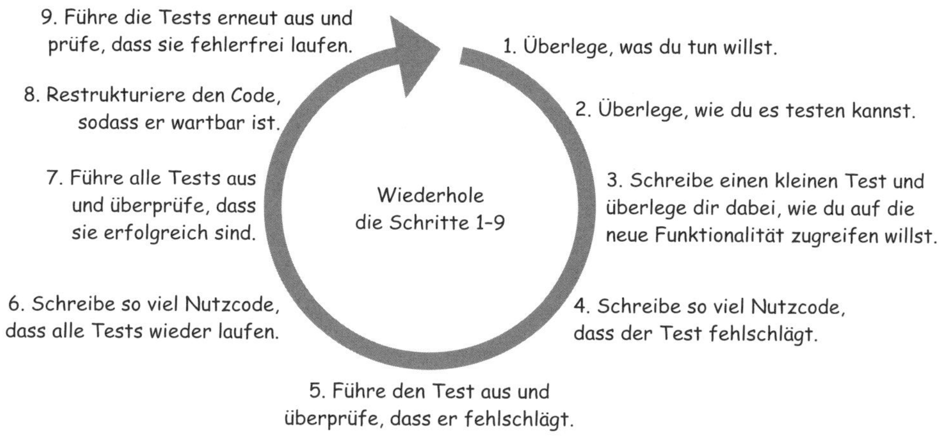

Abbildung 14.5: Testgetriebenes Vorgehen im Detail [10, 167]

Test auch sofort um (Schritt 3). Gegenüber einer direkten Umsetzung der Aufgabe ergibt sich aus diesen drei Schritten der Vorteil, dass der Entwickler zuerst wie ein späterer Nutzer des Codes denkt. Dies hat positive Auswirkungen auf die Gestaltung der Methodenschnittstellen von Klassen und deren Prüfbarkeit. Wir entwickeln die Software nicht so, wie wir sie am schnellsten schreiben, sondern wie wir später am besten damit arbeiten können. Da Software ja wesentlich häufiger gelesen und angepasst als initial erstellt wird, gewinnen wir daraus bereits einen ersten Vorteil.

Die Schritte 4 und 5 dienen nur der Sicherstellung, dass neue Tests auch korrekt in das Unit-Test-Framework eingehängt worden sind. Danach erfolgt in den Schritten 6 und 7 die Programmierung der Nutzfunktionalität. Die *normalen* Refactoring-Arbeiten erfolgen im Anschluss (Schritte 8 und 9). Durch die Unit Tests sichern wir grundsätzlich normale und auch größere Refactoring-Arbeiten vor unerwünschten Seiteneffekten ab.

Die Entwicklungsarbeit erfolgt in solchen Durchläufen mehrmals am Tag. Idealerweise geht ein Entwickler in 15-30 Minuten durch die neun Schritte. Das erfordert reichlich Erfahrung. Mehrmals am Tag sollte der Zyklus jedoch stets möglich sein. Die Kunst liegt in der Zerlegung der umzusetzenden Aufgabe in Teilschritte.

14.4.2 Debuggen Sie noch oder testen Sie schon?

Ein testgetriebenes Vorgehen ist in jeder professionellen Entwicklungsumgebung umsetzbar. Die Vorteile dieses Vorgehens sind eindeutig und nachprüfbar. Dennoch treffen wir es nur vergleichsweise selten in der Projektumsetzung an.

Es sind meist zwei Gründe, die eine Umsetzung erschweren. Zum einen fühlt sich ein testgetriebens Vorgehen für die Entwickler langsam an. Zum anderen profitieren die Entwickler erst mit einer deutlichen zeitlichen Verzögerung direkt von diesem Vorgehen. Gerade unter Zeitdruck brechen die gut gemeinten Vorsätze in den Teams so schnell zusammen und es wird wieder direkt und ohne Unit Tests programmiert.

Zu einer professionellen Entwicklung gehört es jedoch auch, über den Tellerrand der aktuellen Aufgabe bzw. der aktuellen Iteration hinaus zu blicken. Häufig ist eine schnell entwickelte Lösung in einem Projekt nur eine technische Schuld, die später teuer bezahlt wird. Wir kommen in Abschnitt 17.1.2 auf das Zusammenspiel von technischen Schulden und der Velocity zurück. Im Augenblick reicht der Zusammenhang zwischen den aufwendigen Fehlersuchen und mangelnden Tests als Begründung aus. Anstatt den Debugger stundenlang laufen zu haben, wären ein paar Unit Tests zur initialen Umsetzung deutlich weniger zeitraubend. Und selbst wenn wir debuggen müssen, helfen uns Unit Tests, den Fehler schneller zu lokalisieren.

14.4.3 Eine testgetriebene Entwicklung ist kein Dogma

Der Test-First-Ansatz ist grundlegend für *APM*. Wir machen uns im Rahmen der Analyse von Anforderungen dazu Gedanken, wie wir deren Erfüllung umsetzen wollen. In die Akzeptanzkriterien einer User Story fließt diese Information direkt ein. Das bedeutet aber nicht, dass damit auch immer eine Umsetzung in Unit Tests nach einer testgetriebenen Entwicklung (Test Driven Development, TDD) erfolgen muss. Zur Überprüfung stehen uns alle Teststufen zur Verfügung. Insbesondere Integrationstests sind ein guter Kandidat als Ergänzung oder gar Ersatz für Unit Tests.

Wann ist eine testgetriebene Entwicklung sinnvoll?

Eine testgetriebene Entwicklung ist die Umsetzung eines Behavior Driven Development. Mit Unit Tests testen wir das erwartete Verhalten einer Methode bzw. der Methoden einer Klasse. Insbesondere simple Basisfunktionalität wie Getter- bzw. Setter-Methoden lassen wir dabei aus und testen sie nur indirekt im Zusammenhang mit den anderen Unit Tests.

Dieser Ansatz ist wichtig, da wir die Unit Tests im weiteren Projektverlauf pflegen müssen, um dauerhaft alle Tests erfolgreich laufen lassen zu können und damit auch die Aussagekraft dieser Rückkopplungsschleife zu erhalten. Daher setzen wir Unit Tests nur an den Stellen ein, wo sie uns nützlich erscheinen und wartbar sind.

Unit Tests sind schnell ablaufende Tests. Anderenfalls liegt eher ein Integrationstest vor, den wir nicht als Unit Test implementieren. Alle in einer Entwicklung relevanten Unit Tests müssen daher in wenigen Sekunden bis maximal einer halben Minute durchlaufen [146]. Gegebenenfalls bilden wir Cluster von Unit Tests und lassen die problematischen nur im Build-Prozess laufen.

Wir halten uns dabei immer wieder vor Augen, dass das Testen für sich genommen die Qualität unseres Produkts nicht verbessert. Die Qualität entsteht und wächst durch die Programmierung, Design und Softwarearchitektur. Das Testen dient dazu, entsprechene Erkenntnisse zu gewinnen, sodass die Entwicklung qualitativ angemessen und hochwertig erfolgen kann.

Wann kann es mit TDD kritisch werden?

Legacy-Code, also bereits bestehender Code, auf dem wir aufsetzen und für den keine sinnvollen Unit Tests vorliegen, ist für eine testgetriebene Entwicklung immer hoch problematisch [146, 49]. Hier können Unit Tests meist nur an den Stellen implementiert werden, an denen wir gerade Veränderungen vornehmen. Selbst dann können Unit Tests wenig sinnvoll sein, wenn die Abhängigkeiten im Legacy-Code ein isoliertes Testen verhindern. Ein umfangreiches Refactoring durchzuführen, um die Testbarkeit durch Unit Tests zu verbessern, ist aufgrund der fehlenden Unit Tests riskant.

Die Wartbarkeit der Unit Tests genießt höchste Priorität. Ansonsten *erodieren* unsere Unit Tests mit der Zeit und werden unbrauchbar. Als Faustregel gilt, dass nach anforderungsbedingten Änderungen nach einem Tag der Nutzcode und alle alten wie neuen Unit Tests wieder laufen sollten. Ist dies nicht möglich, werden die Unit Tests zu einem Wartungsproblem.

Daher ist auch eine hohe Codeüberdeckung kein sinnvolles Qualitätsmaß für Unit Tests. Nützliche und wartbare Unit Tests und ein gekapseltes, flexibles und wartbares Design unseres Nutzcodes schließen meist eine hohe Codeüberdeckung aus. Die Qualität unserer Unit Tests zeigt sich in einer niedrigen Fehlerdichte und im Erkennen von Seiteneffekten nach größeren Änderungen.

Der intensive Einsatz von Interfaces und Mock-Objekten[1] zum isolierten Testen mit Unit Tests kann ab einer bestimmten Intensität mehr schaden als nutzen. Eine testgetriebene Entwicklung führt zu einem lose gekoppelten, wartbaren Design mit einer hohen Kohäsion innerhalb von Komponenten, Klassen und Methoden, bildet jedoch nicht das alleinige Kriterium für gutes Design und ordnet sich ggf. auch anderen Zielen unter.

Als grobe Leitlinie können wir davon ausgehen, dass wir keinen Unit Test mehr vor uns haben, wenn der Test mit Datenbanken oder über ein Netz kommuniziert, auf das Filesystem zugreift oder das Umfeld anzupas-

[1] Mock-Objekte ersetzen bzw. simulieren eine bestehende oder noch zu erstellene Funktionalität für Testzwecke und lassen sich in der Regel für bestimmte Tests parametrieren [167].

sen ist, damit der Test durchläuft. Solche Tests liegen eher auf der Ebene der Integrationstests.

14.4.4 Erweitertes reviewgetriebenes Vorgehen

Prinzipiell können wir alle anderen Tasks wie oben beschrieben angehen, wobei aber nicht direkt lauffähige Software erstellt wird, sondern andere prüfbare Artefakte entstehen bzw. verändert werden. Auch dabei ist es hilfreich, sich zu Beginn über die Testbarkeit und Akzeptanzkriterien Gedanken zu machen. Bei Artefakten wie Texten oder Modellen wird das Peer-Review, also die informelle Prüfung durch einen Kollegen, meist die erste Wahl sein. Manchmal ist auch der Empfänger der erzeugten Artefakte ein anderer als der, der das Artefakt ursprünglich erstellt hat. Dann ist dieser Empfänger ein sinnvoller und motivierter Reviewer, da er bei seinen folgenden Aufgaben von der Qualität der Artefakte abhängig ist, die er einem Review unterzieht. Häufig kann diese Rolle auch der Auftraggeber bzw. der Teamprojektleiter oder Tester wahrnehmen, wenn es sich um eher fachlich-analytische Tätigkeiten handelt. Grundsätzlich bewährt sich bei Übergaben jeglicher Art das Prinzip des doppelten Reviews (Abb. 14.6).

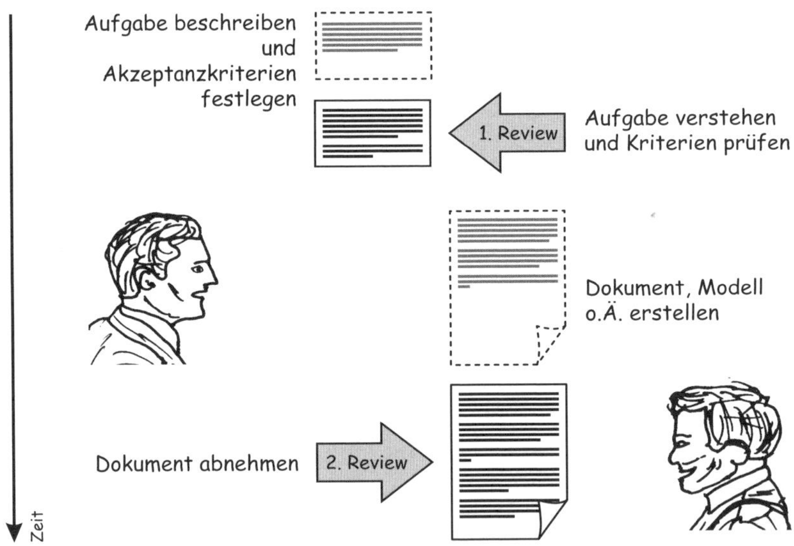

Abbildung 14.6: Das Prinzip des doppelten Reviews bei der Übergabe von Aufgaben, Texten, Modellen oder Folgeaufgaben

Beim doppelten Review prüft der Empfänger einer Aufgabe, ob diese ausreichend klar ist und ob die Akzeptanzkriterien nachvollziehbar und prüfbar sind (1. Review in Abb. 14.6). Allgemein kann man dies als Prüfung verstehen, ob eine Aufgabe bereit für die Umsetzung ist (Definition of Ready). Nach der Umsetzung der Aufgabe prüft derjenige, der die Aufgabe beschrieben hat, ob das Ergebnis den Anforderungen ausreichend genügt (2. Review in Abb. 14.6). Dies entspricht der Prüfung, ob eine Aufgabe fertig ist (Definition of Done).

Dieses Konzept lässt sich auf jede Übergabe im Entwicklungsprozess ausdehnen. Das obige Beispiel passt gut zur Zusammenarbeit des Teamprojektleiters oder eines Analytikers mit einem Entwickler. Es lässt sich auch auf andere Aufgaben übertragen, wie z. B. zwischen Tester und Testautomatisierer oder Tester und Entwickler oder auch zwischen verschiedenen Entwicklern, deren Aufgaben aufeinander aufbauen.

14.5 Retrospektiven durchführen

Zur Durchführung von Retrospektiven gibt es eine Reihe sehr guter Bücher [4, 43, 87, 107]. Hier betrachten wir daher nur die Grundstruktur einer Retrospektive.

14.5.1 Struktur und erste Direktive

Die wichtige Grundhaltung aller Teilnehmer, die auch als *erste Direktive* bezeichnet wird, bildet die Basis für eine effektive, ehrliche und damit wertvolle Retrospektive. Nur so kommt die Gruppe in eine konstruktive Grundhaltung, die notwendig ist, um wertvolle Ergebnisse zu erreichen. Die erste Direktive lautet:

> »Ganz egal was wir herausfinden, wir müssen es verstehen und fest davon überzeugt sein, dass wir alle angesichts des momentanen Wissensstands, unserer individuellen Fähigkeiten und Möglichkeiten, der verfügbaren Ressourcen und der vorliegenden Situation unser Bestes gegeben haben« [87].

Der Ablauf einer Retrospektive folgt fünf Schritten. Diese lauten [86]:

1. Ankommen und den Rahmen schaffen
2. Daten sammeln
3. Erkenntnisse produzieren
4. Entscheiden, was passieren soll
5. Die Retrospektive abschließen

Die Retrospektive selbst beantwortet in ihrem Verlauf nacheinander vier Fragen. Im Einzelnen sind dies [43, 86]:

- Was ist im Betrachtungszeitraum wie z. B. der vergangenen Iteration passiert?
  - Wir sammeln die Ereignisse z. B. auf Karten horizontal entlang eines Zeitstrahls oder einer ähnlichen Visualisierung und
  - bewerten diese hinsichtlich ihrer Wirkung als positiv, neutral oder negativ z. B. vertikal über, auf und unter dem Zeitstrahl (Abb. 14.7).
- Was lief dabei besonders gut?
- Was war besonders schwierig?
- Was wollen wir im nächsten Betrachtungszeitraum anders machen?
  - Welche Maßnahmen wollen wir ergreifen? Hier konzentrieren wir uns auf wenige, sofort umsetzbare Schritte oder Handlungen.
  - Welche Hindernisse innerhalb der Gruppe bzw. außerhalb, z. B. bei den Rahmenbedingungen oder Vorgaben, haben wir erkannt?

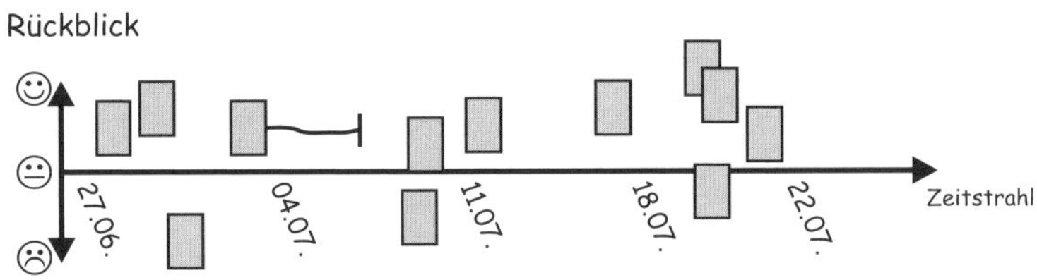

Abbildung 14.7: Der Teil des Rückblicks innerhalb einer Retrospektive kann mit einem Zeitstrahl visualisiert werden.

14.5.2 Tipps für die Durchführung

Nehmen Sie sich aus einer Retrospektive nur wenige, vielleicht sogar nur eine Maßnahme vor, die Sie ab sofort verändern möchten, damit Sie oder das Team sich nicht verzetteln. Priorisieren Sie ggf. die Hindernisse und finden Sie entweder verantwortliche Personen, die sich darum kümmern, oder stellen Sie klar, dass ein Hindernis als Rahmenbedingung akzeptiert werden muss, um sich daran nicht aufzureiben. Versuchen Sie nur zu verändern, was verändert werden kann. Dazu gehören alle Aspekte im Verantwortlichkeitsbereich des Teams oder die im Fokus eines Auftrags liegen. Hindernisse, die außerhalb dieses Spektrums liegen, können Sie nur ansprechen und bestenfalls langfristig verändern.

Zwei wichtige Grundregeln sind zu beachten. Erstens nehmen möglichst alle im betrachteten Zeitabschnitt beteiligten Personen an der Retrospektive teil. Zweitens ist das Ziel einer Retrospektive, Ursachen zu ergründen und nicht nur einfach Symptome aufzulisten. Wenn wir also z. B. als Problem erkennen, dass immer wieder Teilnehmer unpünktlich zum Standup-Meeting kommen, so wäre eine Maßnahme auf der Ebene der Symptome, in jeden Outlook-Kalender der Mitarbeiter eine tägliche Erinnerung zu setzen. Solange der Grund für die Verspätungen nicht in der Vergesslichkeit der Mitarbeiter liegt, geht diese Maßnahme aber vermutlich an den wirklichen Ursachen vorbei. Mit Fragen nach dem Muster »Was brauchst du, damit du in Zukunft ...« können wir in dem Beispiel besser erkunden, warum das Meeting nicht die ausreichend hohe Priorität bei den Mitarbeitern genießt und warum es ihnen anscheinend zu wenig Nutzen bringt.

Danach können wir im Team Maßnahmen entwickeln, um den Prozess weiter zu verbessern und das Problem an der Ursache zu lösen. Vielleicht hilft bereits eine organisatorische Maßnahme wie das Verschieben des Standup-Meetings auf einen passenderen Zeitpunkt? Vielleicht bedarf es einer schärferen Fokussierung auf die Themen, die von Wert und Interesse für die beteiligten Personen sind, und damit einer verbesserten Vorbereitung oder Anpassung der Leitfragen bzw. Agenda des Standup-Meetings? Vielleicht passt aber auch der Rhythmus der Meetings nicht zur Länge des Betrachtungszeitraums? Wir erforschen die Ursachen, um daraus Maßnahmen abzuleiten, die zu einer Verbesserung in der Zusammenarbeit führen.

Zwei weitere Regeln gilt es bei der Durchführung einer Retrospektive noch zu beachten: Bei den Maßnahmen sind nur wenige und möglichst kleine, konkrete Schritte anzustreben. Das erhöht die Wahrscheinlichkeit einer erfolgreichen und kurzfristigen Umsetzung der Maßnahmen. Die Maßnahmen sollten idealerweise sofort umsetzbar sein.

Wenn wir Störungen bzw. Hindernisse innerhalb der Teamarbeit oder aus dem Umfeld des Projekts finden, erfassen wir sie ebenfalls. Aus den internen Hindernissen können wiederum Maßnahmen abgeleitet werden, um diese *Impediments* zu verringern. Häufig sind solche Maßnahmen organisatorischer Natur, um die Zusammenarbeit der Menschen im Projekt weiter zu verbessern.

Stoßen wir auf Hindernisse, die den Charakter von Rahmenbedingungen haben und die wir nicht innerhalb des Teams auflösen können, werden diese bei einem Teilnehmer an der Retrospektive, der eine passende Managementrolle innehat, in einer fortlaufenden, geordneten Liste, der *Impediment List*, gesammelt, um sich deren meist langfristiger Lösung zu widmen. Je nach Art des Problems und der hierarchischen bzw. agilen Rollen und Verantwortlichkeiten in der Organisation kommen dafür Projektleiter, Linienführungskräfte oder der agile Coach infrage. Das Team muss bis zur Auflösung des äußeren Hindernisses Wege finden, damit umzugehen.

Wichtig ist es, in der Moderation einer Retrospektive diese Schritte mit ihren Ergebnissen zu visualisieren. Über ein Fotoprotokoll kann dann in der nächsten Retrospektive die Umsetzung der Maßnahmen analysiert werden.

15 Fortlaufende Backlog-Arbeit

15.1 Timeboxing – Ziele erreichen

Timeboxing gehört zum essenziellen Kern von *APM*. Eine Iteration ist eine Timebox und wir haben für regelmäßige Besprechungen die Größenordnungen sinnvoller Timeboxen beschrieben. Doch was macht dieses Konzept so besonders wertvoll?

15.1.1 Das Teufelsquadrat auf den Kopf stellen

Timeboxing bildet die Basis des Projektcontrollings und unserer Terminzusagen. Diese Terminzusagen, wie in Abschnitt 10.1.3 beschrieben, haben in *APM* oberste Priorität bei unserer Projektsteuerung.

Ist das nicht in jedem Projekt der Fall? Nein, und hier unterscheiden sich agile Projekte maßgeblich von traditionellen Konzepten. Deutlich wird dies am Teufelsquadrat aus Abbildung 10.2 auf Seite 134. Darin stehen vier Aspekte in Bezug zueinander:

- Der Funktionsumfang des zu erstellenden Produkts
- Die innere und äußere Qualität des zu erstellenden Produkts
- Die Kosten für die Erstellung
- Der Termin der Fertigstellung und Lieferung bzw. des ersten Einsatzes des zu erstellenden Produkts

Im traditionellen Ansatz wird versucht, den Funktionsumfang vorab genau festzulegen und zu beschreiben. Darauf basieren dann die umfangreichen Schätzungen, die wiederum zum Projektplan mit einer Kostenübersicht und Terminaussagen führen. Bei Problemen im laufenden Projekt kann kaum auf der funktionalen Seite mit Reduktionen gearbeitet werden, da deren Bearbeitungsreihenfolge sich meist an technischen Anforderungen orientiert und nicht auf viele kurze Releaseschritte ausgerichtet ist. Es bleibt also nur, Termine zu verschieben und damit meist auch die Kosten der Entwicklung zu erhöhen, wenn Probleme nicht zulasten der Qualität des zu erstellenden Produkts gehen sollen (Abb. 15.1, links). Leider ist dies meist der Fall, sodass sich die Kosten für Wartung und Erweiterung im späteren

Lebenszyklus unseres erstellten Produkts deutlich erhöhen. So wird dann jede Kosten-Nutzen-Betrachtung bei der Beauftragung des Projekts ad absurdum geführt.

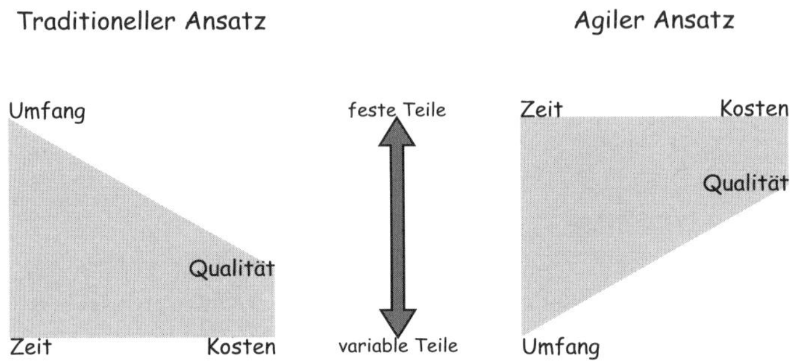

Abbildung 15.1: Konsequentes Timeboxing führt dazu, dass die Prioritäten im Teufelsquadrat aus Abbildung 10.2 verschoben werden.

Ein agiles Projekt dreht diese Strukturen um (Abb. 15.1, rechts). Die Prioritäten im Teufelsquadrat werden auf den Kopf gestellt. Zeit und Kosten genießen die oberste Priorität in *APM*. Auch bei der Qualität machen wir nur wenige Abstriche, die sich meist auf die Ausgestaltung gering priorisierter Anforderungen beziehen, nicht aber auf Aspekte der inneren Qualität wie Wartbarkeit und Änderbarkeit. Unsere Stellschraube zur Anpassung des Projektergebnisses an den Verlauf und die Rahmenbedingungen ist damit so gut wie ausschließlich der Umfang der Funktionalität.

Wenn der termingerechten Lieferung die höchste Priorität gehört, ist es nur logisch und konsequent, das Projektcontrolling ausschließlich auf fertige Inkremente zu stützen. Nur so können wir die inhaltlichen Umfänge auf die Lieferzeitpunkte hin optimieren und die Kosten im Griff behalten. Auch entschärfen wir so die immanente Schätzproblematik, da wir fortlaufend unsere Schätzungen wie bei einer Hochrechnung aktualisieren.

15.1.2 Überprüfbare und schätzbare Arbeiten

Damit ein Timeboxing überhaupt funktionieren kann, ändern sich auch die Arbeitsschritte, in die wir unsere Projektarbeit zerlegen. So verhindern wir es, bereits beim Festlegen der Dauer der Timebox zu scheitern.

Die Arbeiten, die wir in einer Timebox bewältigen wollen, sollten im gesteckten Rahmen realistisch sein. Die Timebox hilft uns dabei, sich besser auf den Kern der Arbeit zu fokussieren, macht uns aber ansonsten nicht schneller. Wir brauchen also Arbeitsschritte, die wir gut hinsichtlich ihrer Dauer abschätzen können.

Damit Timeboxing effektiv wird, ist ein weiteres Kriterium für die zugeordneten Arbeiten wichtig, und zwar ihre Überprüfbarkeit. Zu jedem Arbeitsschritt in einer Timebox gehört auch die Definition ihres Ergebnistyps. Für eine Entwicklungaufgabe (Task) ist dies typischerweise

- funktionierende Software als Ergebnis,
- die Erfüllung der Definition of Done für den Entwicklungsschritt sowie
- die Erfüllung der Akzeptanzkriterien der User Story dieses Tasks.

Jeder Arbeitsschritt in einer Timebox hat ein überprüfbares und messbares Ergebnis. Wir wissen sonst nicht, wann wir fertig sind. Auch können wir erst mit der Kenntnis des geforderten Ergebnistyps wirklich eine Aufgabe oder Task schätzen. Also haben auch technische Tasks wie das Aufsetzen bzw. Ausbauen der Entwicklungsinfrastruktur oder analytische Tasks wie die Modellierung einer Anforderung einen eigenen Ergebnistyp. Da hierfür die Definition of Done kaum weiterhilft, legen wir den gewünschten Ergebnistyp individuell oder nach anderen, in unserem Projekt gültigen Kriterien fest.

Bereits bei Entwicklungsaufgaben hat sich zur Abnahme einer Aufgabe das Vieraugenprinzip bewährt. Dafür haben wir zwei Alternativen: Pair Programming bzw. Pair Working oder Ergebnisreviews. Durch Pair Programming erfolgt das Ergebnisreview implizit und es ergibt sich eine Reihe von nutzbaren Effekten wie z. B. eine breite Streuung von Information im Team. Beim Ergebnisreview nimmt ein anderer Entwickler, der Tester oder Projektleiter das Ergebnis ab. Wer die Rolle des *Prüfers* übernimmt, ist bereits bei der Erstellung der Aufgabe festzulegen. Die Paare für das Pair Programming/Working werden in Planung II gefunden, bleiben für diese Iteration fest zusammen und wechseln dann typischerweise im Team durch. Bei der Bearbeitung einer Aufgabe werden dann beide Namen darauf vermerkt.

Wer ist dafür verantwortlich, dass ein Ergebnistyp und ein Prüfer einer Aufgabe festgelegt werden? Bei Aufgaben im Backlog unseres Produkts ist dies der Projektleiter. Stehen die Aufgaben als Tasks auf dem Taskboard eines Teams, ist das Entwicklungsteam dafür verantwortlich, einen Prüfer für jeden Task zu definieren. Natürlich kann und sollte sich der Projektleiter darüber mit seinem Entwicklungsteam abstimmen, was meist während der Zerlegung der Aufgaben im Backlog erfolgt. Spätestens in Planung II legt das Team für die Tasks Ergebnistyp und Prüfer fest und dokumentiert das auf der Taskkarte.

15.1.3 Agiles Projektcontrolling

Jetzt haben wir alle Zutaten für ein agiles Projektcontrolling zusammen. Es setzt ausschließlich auf umgesetzten und abgenommenen Aufgaben auf.

Nur was fertig ist, zählt zum Projektfortschritt. Auch hier erkennen wir den enormen Wert unserer Definition of Done für den Projekterfolg. Es gibt kein *teilfertig* für eine Aufgabe. Die Fortschrittskontrolle basiert ausschließlich auf fertigen Arbeitsschritten, also umgesetzten Anforderungen aus dem Backlog für unser Produkt oder Tasks auf dem Taskboard.

Natürlich ist es für unsere Projektsteuerung wichtig, zu wissen, wie viele Aufgaben gleichzeitig *in Arbeit* sind. Darüber können wir z. B. unsere Entwicklungsprozessqualität verbessern. Für den Fortschritt des Projekts hat dieser Wert jedoch keine Aussagekraft.

Dieser enorme Druck hin zu fertigen Aufgaben stellt für unser Projektcontrolling kein Problem dar, weil wir von kleinteilig zerlegten Aufgaben sprechen. Die Umsetzung einer User Story in einer Iteration dauert in der Regel nur einen Bruchteil der Iterationsdauer, also einige Tage. Ein Task auf dem Entwicklertaskboard dauert im Schnitt nur einen Tag. Damit ist das Projektcontrolling in einer laufenden Iteration tagesgenau und das der Aufgaben aus dem Backlog für eine Iteration meist wochengenau.

Damit können wir am Ende einer Iteration stets ein Inkrement liefern. Dieses Inkrement bietet einen Nutzen für unseren Kunden bzw. die Anwender unseres Produkts. Unabhängig davon, ob es tatsächlich ausgeliefert bzw. in Betrieb genommen wird bzw. werden kann, ist es durch die Stakeholder bewertbar und wir erhalten wertvolles Feedback über unser Projekt. Wenn Aufgaben nicht umgesetzt werden konnten, so sind diese im Kontext der Iteration oder des Releases nur niedrig priorisiert gewesen und gefährden damit nicht die Lieferung. Das reicht zur Steuerung und Einhaltung von Terminen aus.

Eine Frage bleibt noch zu klären: Wie lang dauert eine geeignete Timebox? Das hängt sowohl von unserem Bedarf nach Steuerung als auch von den Zielen für die Timebox ab. Zu den Zielen kommen wir gleich. Doch was bedeutet Bedarf nach Steuerung? Wie eng ein Projekt gesteuert werden sollte und wie klein die einzelnen Schritte dafür dann sein müssen, hängt im Wesentlichen von den Risiken des Projekts ab.

Das mag jetzt den einen oder anderen Leser überraschen, da meist die Teamgröße und organisatorische Rahmenbedingungen als Faktoren für die Dauer einer Iteration und damit die bestimmende Größe für die Längen der davon abhängigen Timeboxen wie Releasezyklen oder die Dauer der regelmäßigen Besprechungen genannt werden. Doch es wäre in der Tat seltsam, wenn ein so zentraler Parameter für unser Projektmanagement direkt von externen Faktoren abhängen würde, die zwar einfach zu bestimmen sind, aber sich oft kaum durch die Projektleitung beeinflussen lassen.

Die Erfahrung des Teams mit dem Thema und der Vorgehensweise oder seine Zusammensetzung hängt ebenso von den Risiken und dem Wert des Projekts ab wie die Häufigkeit, an der Stakeholder an Reviews oder Anforderungsworkshops teilnehmen möchten. Durch diese Rahmenbedingungen entstehen dann unter Umständen weitere Risiken, weil unser Team unerfahren ist und die Zusammenarbeit mit den Vertretern der Kundenseite nur geringe Priorität genießt. Machen Sie sich diese Zusammenhänge deutlich und wählen Sie dann eine angemessene Iterationsdauer zwischen zwei und vier Wochen. Je höher Sie die Risiken einschätzen, desto kürzer sollte die Iterationsdauer sein.

Nach dieser Entscheidung organisieren Sie dann Ihr Projekt. Steht Ihnen z. B. ein Entwicklungsteam von zehn Personen zur Verfügung und Sie möchten mit Vier-Wochen-Iterationen arbeiten, können Sie vermutlich mit einem Team das Projekt bewältigen. Bei Zwei-Wochen-Iterationen teilen Sie es unter Umständen besser in zwei Teams auf. Der dadurch entstehende zusätzliche Overhead kann dann auch als Teil des Risikomanagements verstanden werden.

Als Faustregel gilt daher unabhängig von anderen Parametern, dass Sie bei einer Iterationsdauer von zwei bis vier Wochen die Erfolgswahrscheinlichkeit Ihres Projekts maximieren [164]. Bei sehr großen Projekten, zu deren Steuerung mehrere Ebenen notwendig sind, kann die Iterationsdauer auf maximal sechs Wochen verlängert werden, um den Kommunikationsoverhead zu minimieren. Ansonsten gilt in dem genannten Rahmen: Je größer die Risiken und damit der Steuerungsbedarf ist, desto kürzer wählen wir die Iterationsdauer.

15.1.4 Das Ziel ist mehr als die Summe der Aufgaben

Jede Iteration hat ein Ziel, das wir mit dem Inkrement erreichen wollen. Dieses Ziel wird durch den Mehrwert bzw. zusätzlichen Nutzen für die Kunden oder Anwender der neuen Eigenschaften des Inkrements der Iteration bestimmt. Die dafür umzusetzenden Aufgaben aus dem Backlog definieren den geplanten Weg dahin. An einem Beispiel wird dieser Unterschied deutlich. Die geplanten User Stories für eine Iteration könnten beschreiben, wie bereits angemeldete Nutzer unserer Verkaufsplattform ihre persönlichen Daten ändern oder sich wieder abmelden können. Das Ziel der Iteration wäre dann, dass die Nutzer unseres Systems ihre hinterlegten Daten verwalten können. Warum ist diese Unterscheidung wichtig?

Das Ziel ist ein maßgeblicher Faktor für die Priorität der Aufgaben und der daraus abgeleiteten Tasks. Für welchen Mehrwert ist unser Kunde bereit zu zahlen? Da unsere Timebox fest ist, möchten wir möglichst viel dieses Mehrwerts darin erreichen. Danach richtet sich die Priorität der User Stories. Doch auch bei der Zerlegung einer User Story in ihre Tasks und der konkreten Ausgestaltung eines Tasks haben wir noch etwas Spielraum, den wir nutzen können, um einen maximalen Mehrwert zu liefern. Dieser Spielraum ist wichtig, wenn wir nicht einfach alle Tasks in einer Iteration abarbeiten können, weil z. B. ein Risiko eingetreten ist.

Nehmen wir an, ein wichtiger Mitarbeiter ist schwer erkrankt und fällt drei der vier Wochen einer Iteration aus. Es ist klar, dass wir nicht alle Tasks wie geplant bearbeiten können. Wir werden Abstriche am Umfang machen müssen. Dennoch bleibt das Ziel erhalten. Das ganze Team richtet seine tägliche Arbeit danach aus, möglichst gut das Ziel der Iteration zu erreichen, auch wenn nicht alle Tasks umgesetzt werden können.

Teile des geplanten Umfangs der Iteration werden also in die nächsten Iterationen verschoben. Das können User Stories, Tasks oder technische Schulden sein. Die entsprechenden Aufgaben fließen in das Backlog für unser Produkt zurück und werden im Gesamtzusammenhang des Projekts bewertet. Nicht selten werden funktionale Aspekte, die so wieder ins Backlog zurückkommen, deutlich niedriger eingeordnet, als sie es bisher waren. Eine Ausnahme bilden die technischen Schulden, die möglichst schnell, z. B. über eine hoch priorisierte Tech-Story, wieder aufgelöst werden.

Jetzt haben wir den Unterschied zwischen dem Ziel und den umzusetzenden Arbeiten herausgearbeitet. Was hat das mit der Dauer von Timeboxen zu tun? Die Iterationsdauer ist ja fest. Sie hängt primär vom Steuerungsbedarf und den gewünschten Releasezyklen ab. Andere Timeboxen können wir freier wählen. Hier kommt auch das Ziel für die Arbeit innerhalb der Timebox zum Tragen. Es sollte möglich sein, das Ziel innerhalb der Timebox zu erreichen. Bei den gleich lang dauernden Iterationen passen wir das Ziel an die Dauer bzw. den leistbaren Umfang an. Andere Timeboxen z. B. für Besprechungen können wir dagegen flexibler gestalten. Auch risikoreiche Aufgaben oder die Pflegearbeiten profitieren von einer Timebox. Timeboxing durchdringt unser ganzes agiles Arbeiten. Und zu jeder Timebox gehören ein Ziel und die erwarteten Ergebnistypen.

15.1.5 Muster für Iterationsziele

Auf Roman Pichler geht ein einfaches Muster zurück, mit dem sich das Ziel einer Iteration erarbeiten lässt [129]. Ein Iterationsziel wird darin über drei Fragenblöcke beschrieben:

Ziel der Iteration: Warum ist es sinnvoll und für den Kunden von Wert, diese Iteration durchzuführen? Was soll erreicht werden? Mögliche Antworten beziehen sich meist auf die Fertigstellung von Features für den Kunden, aber auch auf adressierte Risiken oder die Überprüfung von Annahmen.

Methoden, um es zu erreichen: Wie soll das Ziel erreicht werden? Welche Artefakte sollen erzeugt und welche Verifikations- und Validierungstechniken sollen zum Einsatz kommen? Antworten können sich auf technische Durchstiche oder auch Papierprototypen beziehen, mit denen

Usability-Tests oder Produktdemonstrationen vor bestimmten Stakeholdern erfolgen.

Metriken, um die Erreichung zu überprüfen: Wie können wir feststellen, ob das Ziel erreicht wurde? Oft erfolgen dazu Abnahmen oder entsprechende Tests. Hinweise kann die Definition of Done liefern.

Die Antworten werden von den Projektleitern für jedes Team und die anstehende Iteration erarbeitet. Sie werden an das Taskboard links außen gehängt, sodass sie dem Entwicklungsteam stets präsent sind. Gerade in schwierigen Situationen ist es hilfreich, sich auf das ursprüngliche Ziel zu besinnen, um Lösungsideen entwickeln und bewerten zu können.

15.1.6 Ausnahmen – iterative Forschungsaufgaben

Keine Regeln ohne Ausnahme. Ja, es kann vereinzelt Tasks geben, zu denen die Ergebnistypen schwammig bleiben. Wohlgemerkt Tasks, keine Aufgaben aus dem Backlog unseres Produkts! Diese Tasks haben meist einen Forschungscharakter und entstehen häufig aus Architekturthemen. Hier ist es kaum möglich, klare Ergebnistypen vorzugeben.

In solchen Fällen ist es daher um so wichtiger, ein überprüfbares Ziel und Akzeptanzkriterien genau zu definieren. So ersetzen wir die Klarheit, die sonst durch die Ergebnistypen erreicht wird. Die Schwierigkeit, Ziele oder Ergebnistypen für eine Arbeit klar zu definieren, entbindet nicht davon, mit Timeboxen zu arbeiten. Ganz im Gegenteil ist hierbei der Einsatz einer Timebox besonders wichtig, um regelmäßig Klarheit über den Fortschritt und die nächsten Schritte zu erlangen. Je unklarer das Ziel einer Aufgabe ist, desto wichtiger ist es also, mit Timeboxen zu arbeiten.

15.1.7 Was tun, wenn das Ziel nicht erreicht wird?

Wenn wir zum Ende einer Timebox feststellen, dass wichtige Aspekte nicht erreicht worden sind oder gar das Ziel verfehlt wurde, ist der Druck enorm, das feste Zeitraster der Timebox aufzubrechen. Diesem Druck dürfen wir auf keinen Fall nachgeben. Eine noch so gut gewählte Timebox gibt uns leider nicht die Garantie, alle Aufgaben erfolgreich umsetzen zu können. Sie gibt uns nur ein Prüfraster.

Am Ende jeder Timebox gilt es, das Erreichte genau zu bewerten. Meist genügt es, um die nächsten Schritte gehen zu können. Werden fehlende bzw. neu erkannte Arbeiten identifiziert, werden sie geschätzt, bewertet und in die entsprechenden geordneten Listen auf unserem Taskboard oder in das Backlog für unser Produkt eingeordnet. Wir betrachten also den noch fehlenden Restaufwand. Wir haben die Freiheit, gleich damit weiterzumachen oder die Arbeiten auf einen späteren Zeitpunkt zu verschieben. Vielleicht werden sie auch nie wieder aufgenommen, weil andere Punkte wichtiger waren. Durch das Timeboxing haben wir stets Übersicht und Klarheit über die Ordnung in unseren Aufgaben und Tasks. Wir treffen bewusste Entscheidungen über Arbeitsreihenfolgen und Prioritäten. Nicht mehr und nicht weniger.

15.2 Vom Epos zur User Story

15.2.1 Agiles Produktmanagement

Ein agiles Produktmanagement unterscheidet sich wesentlich von vielen traditionellen Ansätzen. Insbesondere sind essenzielle Teile des Produktmanagements als Aufgaben zum Projektteam gewandert und werden gemeinsam mit den Teams entwickelt. Der Projektleiter bzw. die Teamprojektleiter haben damit die Rolle des Produktmanagers weitgehend übernommen. Falls es ein Produktmanagement als eigene Organisationseinheit gibt, so arbeiten die Projektleiter intensiv mit den Produktmanagern zusammen. In Tabelle 15.1 sind die einzelnen Aspekte eines agilen bzw. traditionellen Produktmanagements gegenübergestellt [60, 128].

Der Einstieg in ein agiles Produktmanagement kann über eine Business Model Canvas erfolgen, also eine Wand, auf der wir die wesentlichen Geschäftsaspekte unseres Projekts im Zusammenhang entwickeln und darstellen (Abb. 15.2) [122].

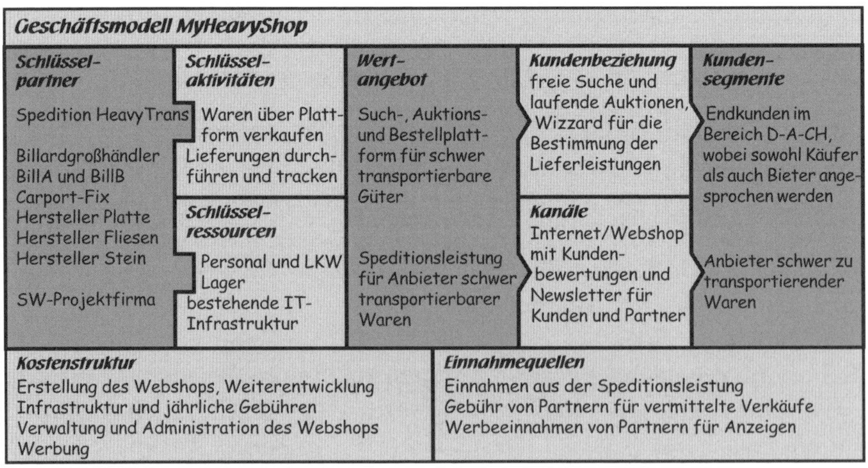

Abbildung 15.2: Business Model Canvas für das Fallbeispiel MyHeavyShop

Agiles Produktmanagement	Traditionelles Produktmanagement
Der Projektleiter ist der Unternehmer im Unternehmen. Er ist letztendlich für den Erfolg des Projekts verantwortlich. Seine Teamprojektleiter unterstützen ihn dabei.	Mehrere Rollen mit unterschiedlichen Befugnissen sind für den Projekterfolg verantwortlich. Sie arbeiten im Produkt- und Projektmanagement miteinander zusammen.
Das Produktmanagement ist über den Projektleiter und die Teamprojektleiter im Projekt und in den einzelnen Entwicklungsteams platziert.	Das Produktmanagement arbeitet weitgehend unabhängig und räumlich wie organisatorisch getrennt von den Entwicklungsteams.
Jegliche Vorarbeiten werden schrittweise zerlegt und möglichst zeitnah zu den umsetzenden Entwicklungstätigkeiten durchgeführt.	Umfangreiche Analyse, Planungen und Marktforschungen werden zu Beginn des Entwicklungsprozesses durchgeführt.
Die Produktdefinition ist ein das Projekt begleitender Prozess. Die Anforderungen werden zu Beginn nur grob erhoben und erst jeweils kurz vor ihrer Realisierung in mehreren Schritten heruntergebrochen und detailliert.	Die Funktionalität des Produkts wird bereits vorab oder zu Beginn des Projekts festgelegt und dann eingefroren.
Das inkrementelle Vorgehen ermöglicht regelmäßig und von Projektbeginn an Rückmeldungen durch Kunden, Anwender und weitere Stakeholder.	Rückmeldung durch Anwender und Kunden kommen erst spät bei der Einführung des Produkts.

Tabelle 15.1: Agiles vs. traditionelles Produktmanagement [128]

Die vorgegebene Struktur hilft uns dabei, alle relevanten Bereiche zu betrachten. Eine erste Idee, wie eine Business Model Canvas für unser Fallbeispiel aussehen kann, finden Sie in Abbildung 15.2.

Nach diesem Schema betrachten wir neun Aspekte im Zusammenhang. Im Einzelnen sind das:

- Grundlage aus miteinander verzahnten Schlüsselpartnern, Schlüsselaktivitäten und Schlüsselressourcen (Abb. 15.2, links)
- Kernprozesse ausgehend vom Wertangebot über die Kundenbeziehungen bzw. Kanäle in die Kundensegmente (Abb. 15.2, rechts)
- Finanzielle Basis aus Kostenstruktur und Einnahmequellen (Abb. 15.2, unten)

Mit dieser Struktur kann das Geschäftsmodell detailliert geschärft und dokumentiert werden. Wir haben so den geschäftlichen Rahmen gesteckt und können darauf aufbauend konkreter werden.

Ein Produktboard kann uns dabei helfen, einerseits Übersicht über die verschiedenen Produktsichten zu gewinnen und andererseits den Übergang von elektronischen Werkzeugen für die Backlog-Verwaltung zum Taskboard eines Entwicklungsteams zu erleichtern [128]. Doch der Reihe nach ...

Roman Pichler beschreibt unter dem Namen *Product Canvas* ein Board, an dem verschiedene Sichten auf das Produkt transparent gemacht werden (Abb. 15.3). Dabei können die Vision, Personas[1], Wireframes, Rahmenbedingungen, Zusicherungen usw. parallel visualisiert bzw. in den direkten Zugriff gebracht werden. Dieses Board hilft den Teams z. B. bei der Pflege und Verfeinerung der Einträge im Backlog unseres Produkts.

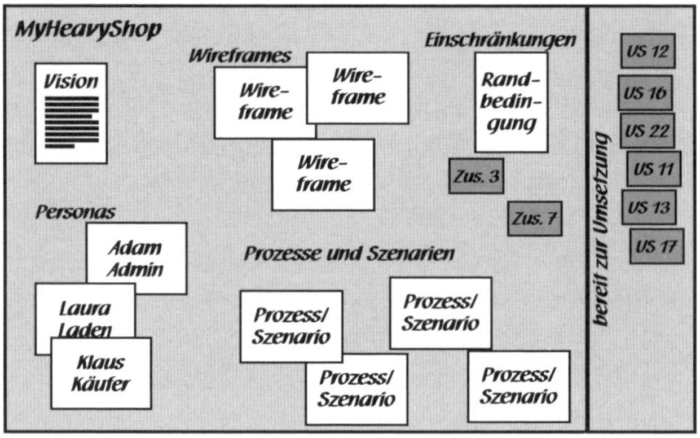

Abbildung 15.3: Struktur der verschiedenen Sichten auf das Produkt auf einem Produktboard (Zus.: Zusicherung, US: User Story) [128]

Wenn wir nun, wie Pichler es vorschlägt, eine Spalte für User Stories anlegen, die bereit sind für eine Umsetzung durch das Entwicklungsteam, so haben wir neben der Übersicht über die Menge möglicher Aufgaben für die nächste Iteration auch einen Übergang von einem Issue Tracker wie z. B. Jira/Greenhopper zu den Taskboards der Entwicklungsteams (Abb. 15.3, rechts). Das Backlog unseres Produkts wird dann komplett in einem elektronischen Werkzeug verwaltet. Erlangen die Aufgaben im Rahmen der regelmäßigen Verfeinerungen in der Pflege und Verfeinerung einen ausreichenden Detaillierungsgrad, sodass sie in der nächsten Iteration vermutlich umgesetzt werden können, werden sie einzeln ausgedruckt und an das Produktboard gehängt. Jede weitere Zerteilung oder Verfeinerung erfolgt ab dann nur noch mit Karten auf den Taskboards. Diese Taskboards bilden das Iterations-Backlog ab. Erlangen User Stories im laufenden Entwicklungsprozess gemäß der Definition of Done den Status *fertig*, braucht nur noch

[1]Erläuterungen zum Persona-Konzept finden Sie in Abschnitt 20.4.

dieser Statuswechsel im Issue Tracker nachgehalten zu werden, sodass dort auch das übergreifende Controlling erfolgen kann. Das Controlling in der laufenden Iteration auf Basis der umgesetzten Tasks erfolgt dann nur auf bzw. abgeleitet aus den Taskboards.

15.2.2 Anforderungen analysieren

Ein Backlog für das Produkt ersetzt keine Anforderungsanalyse. Die Anforderungsanalyse bzw. das Requirements Engineering ist eine eigenständige Disziplin. Ein für *APM* passender methodischer Werkzeugkoffer schafft den Oberbau für eine Use-Case-Analyse mit der Beschreibung von Akteuren und Aktivitäten bzw. essenziellen Schritten und den daraus abgeleiteten User Stories [117]. Eine dazu passende und verbreitete Struktur ist in Abbildung 15.4 dargestellt.

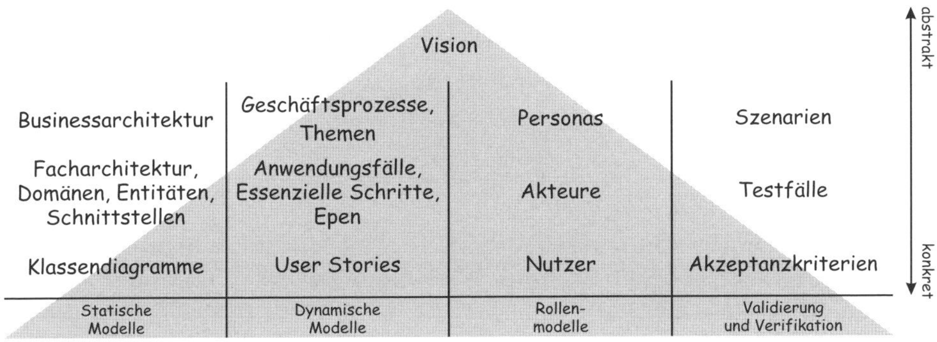

Abbildung 15.4: Hierarchische Struktur von Analyseartefakten [117]

In größeren Organisationseinheiten oder bei sehr umfangreichen Produkten reicht die Steuerung eines Softwareprojekts nicht aus, um die gesamte Komplexität zu betrachten. Es gilt eine Reihe solcher, meist voneinander abhängiger Projekte zu koordinieren. Diese zusammengehörigen Projekte werden oft als *Programme* bezeichnet und die entsprechende Koordination und Priorisierung daher als Programmmanagement (Abb. 15.5, Mitte) [103].

Wie wir bereits in Abschnitt 4.4.4 und Abbildung 4.2 auf Seite 38 gesehen haben, führt ein konsequentes agiles Projektmanagement dazu, dass sich das Umfeld entsprechend anpasst und sich ebenfalls in Richtung Agilität verändert. Ein agiles Programmmanagement arbeitet daher ebenfalls mit einem Backlog, um eindeutige Prioritäten und Reihenfolgen sichtbar zu machen. Aus diesem *Programm-Backlog* leiten sich dann die einzelnen Backlogs für die Produkte ab (Abb. 15.5, Mitte). Wenn es eine eigene Orga-

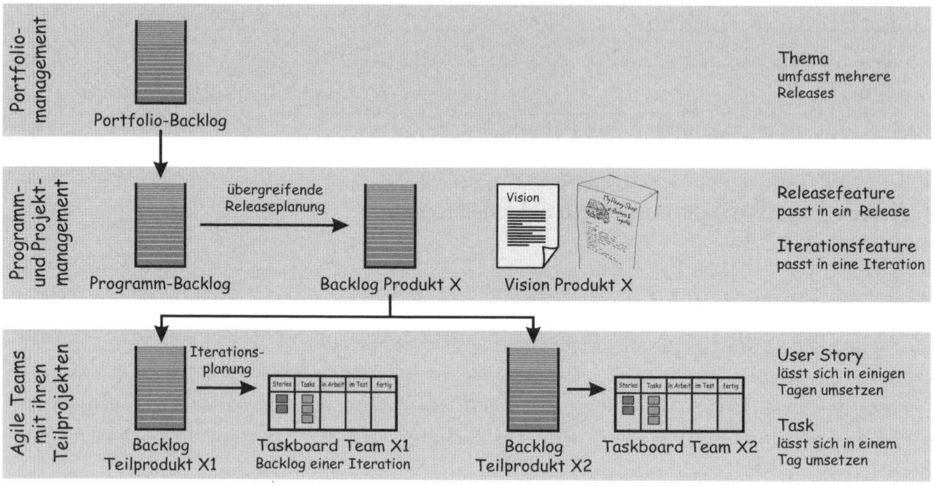

Abbildung 15.5: Zusammenspiel der drei Ebenen Portfoliomanagement, Programmmanagement und Projektmanagement über die Zerlegung und Aufteilung von Backlogs [103]

nisationseinheit *Produktmanagement* in der Organisation gibt, ist sie meist auf dieser Ebene angesiedelt [103].

Wenn ein Entwicklungsvorhaben betrachtet wird, das über ein einzelnes Programm hinausgeht, kommen wir auf eine weitere, noch abstraktere Managementebene, das *Portfoliomanagement* (Abb. 15.5, oben). Den jeweiligen Programm-Backlogs ist dann ein Portfolio-Backlog übergeordnet, aus dem sich die Programme ableiten lassen. Dabei betrachten wir auf lange Zeiträume ausgelegte Szenarien wie Geschäftsprozesse oder Themen und schaffen eine übergeordnete Struktur, um Reihenfolgen festlegen zu können [103]. Die Zerlegung geschieht nur insoweit, als dass Prioritäten gesetzt werden können und eine Verteilung auf verschiedene parallele und nacheinander ablaufende Programme erfolgen kann. Auch hier finden wir das agile Prinzip wieder, wonach wir den Detaillierungsgrad von Anforderungen an den zeitlichen Betrachtungshorizont anpassen, um unnötige Arbeit zu vermeiden.

Diese drei Managementebenen spielen auch ungefähr mit den drei Abstraktionsebenen in der Anforderungsanalyse aus Abbildung 15.4 zusammen. In *APM* gehen wir nicht weiter auf die Methodik der Anforderungsanalyse bzw. des Requirements Engineering ein und verweisen auf die entsprechende Literatur wie z. B. [103, 117, 174]. Eine strukturierte Anforderungsanalyse, deren Artefakte in Form einer aufeinander aufbauenden Hierarchie von Abstraktionsstufen vorliegt, ist bei Projekten mit mehreren Featureteams essenziel für ein erfolgreiches Projekt.

15.2.3 Die Komplexität grober Anforderungsblöcke schätzen

Da wir auch auf übergeordneten Ebenen mit geordneten Listen wie z. B. einem Portfolio- oder Programm-Backlog arbeiten, kann es notwendig sein, für Themen, Epen und Releasefeatures relative Schätzungen der Komplexität vorzunehmen. Um hier keine Verwechslungen mit den Story Points auf Iterationsfeature- und User-Story-Niveau zu bekommen, wenden wir dafür andere Skalen an. Ansonsten wäre jeder große Block entweder mit 100 oder 40 bezogen auf Referenz-User-Stories zu bewerten, was uns nicht weiterbringen würde. Wir kommen in Abschnitt 16.2 wieder darauf zurück. Im Kasten auf Seite 264 lernen wir dafür z. B. das Konzept der T-Shirt-Größen kennen.

Wir schätzen mit Vertretern aus den Featureteams die Themen, Epen und Releasefeatureblöcke in einer ersten groben Form auf Basis linearer (T-Shirt-Größen) oder nicht linearer Zahlenfolgen wie der vereinfachten Fibonacci-Folge in fünf bis sieben Kategorien ein. Mit dieser ersten Schätzung können wir die Backlog-Einträge in eine erste Reihenfolge bringen. Diese Schätzungen dienen nur der ersten Orientierung und werden durch die Schätzungen in Story Points ersetzt, sobald eine entsprechende Zerlegung und Schätzung erfolgt ist.

15.2.4 Kano-Modell – Anforderungen aus Kundensicht

Professor Noriaki Kano hat bereits Ende der 70er-Jahre ein Qualitätsmodell aus Kundensicht entworfen und 1984 das sogenannte Kano-Modell der Kundenzufriedenheit veröffentlicht. Darin finden sich auch die Qualitätsaspekte aus Abbildung 12.4 auf Seite 183 wieder. Deren Wirkung auf die Kundenzufriedenheit wird jedoch aus subjektiver Kundensicht beurteilt und nach drei Anforderungskategorien unterschieden (Abb. 15.6) [141, 171]:

Basisanforderungen: Diese Eigenschaften muss ein Produkt haben, um überhaupt auf dem Markt platzierbar und erfolgreich sein zu können. Sie machen sozusagen den *Eintrittspreis* aus, um überhaupt konkurrenzfähig zu sein. Wenn diese Eigenschaften nicht erfüllt sind, wird ein Kunde in keiner Weise an dem Produkt interessiert sein. Auch wird ein Kunde bezüglich dieser Eigenschaften stets neutral bleiben, egal wie gut wir sie verbessert haben. Die Basisanforderungen sind so selbstverständlich, dass sie nur äußerst selten überhaupt spezifiziert werden.

Eindimensionale Anforderungen: Diese Produktcharakteristika sind direkt und linear mit der Kundenzufriedenheit verbunden. Je mehr und besser diese Anforderungen erfüllt sind, desto zufriedener wird unser Kunde sein. Das gilt natürlich auch umgekehrt beim Fehlen oder bei Fehlern in der Realisierung solcher Anforderungen. Die eindimensionalen Anforderungen korrelieren meist direkt mit dem Preis des Produkts.

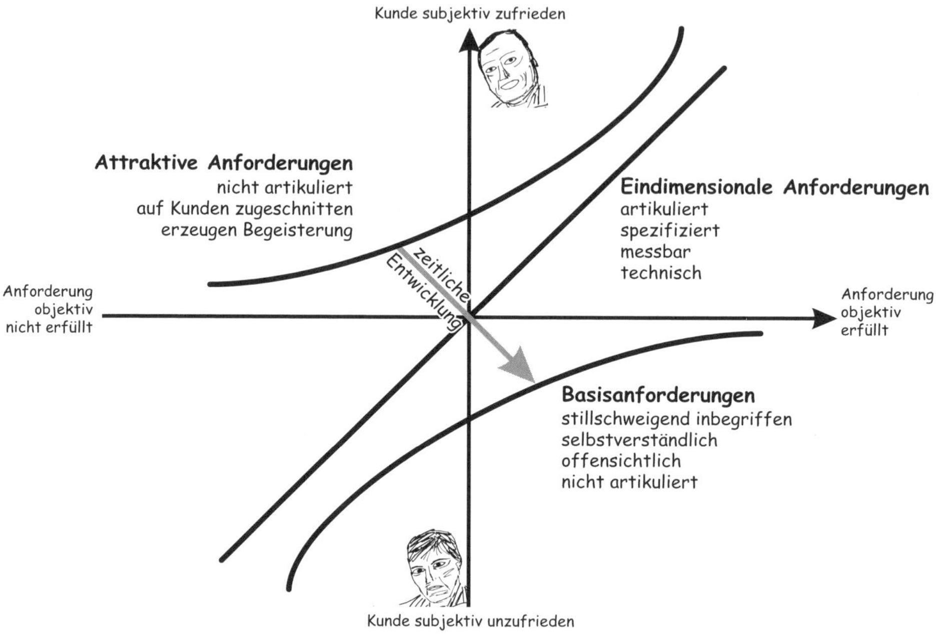

Abbildung 15.6: Das Kano-Modell für Kundenzufriedenheit

Attraktive Anforderungen: Diese Anforderungen bilden die Kriterien, die den größten Einfluss auf die Kundenzufriedenheit haben. Da sie weder zu den Basis- noch zu den eindimensionalen Anforderungen gehören, kann ein Fehlen von attraktiven Anforderungen nicht zur Unzufriedenheit führen. Ihr Fehlen schafft ein eher neutrales Kundengefühl. Attraktive Anforderungen sind weder von Kunden spezifiziert noch erwartet. Sie können daher kaum vorab erfasst werden. Solche Features sind meist unerwartet und führen zu einer überproportionalen Kundenzufriedenheit.

Mit der Zeit werden aus den attraktiven Anforderungen eindimensionale und aus den eindimensionalen Basisanforderungen. So begeisterte z. B. eine Klimaanlage Anfang der 1990er-Jahre noch die Autokäufer, während sie heute bereits zu den Basisanforderungen zählt.

Wie könnten sich Anforderungen aus unserem Fallbeispiel auf das Kano-Modell verteilen? Für eine Verkaufs- und Auktionsplattform wie MyHeavyShop sind z. B. eine personifizierte Anmeldung und eine Kontenverwaltung Basisanforderungen, ohne die der Kunde kein marktfähiges Produkt hätte. Auch eine Bezahlfunktion über Kreditkarte gehört dazu. Welche einzelnen Möglichkeiten wie Paypal oder EC-Karte usw. es darüber hinaus gibt, kann derzeit noch zu den eindimensionalen Anforderungen zählen.

Auch Möglichkeiten zur Kundenbewertung oder die Anzeige vergleichbarer Produkte fällt in diese Kategorie.

Das zentrale Feature von MyHeavyShop ist eine attraktive Anforderung und begeistert die Nutzer: Der Transport sperriger oder schwerer Güter ist sichergestellt. Natürlich unterscheiden sich vergleichbare Produkte über die Anzahl und Ausprägung der eindimensionalen Anforderungen. Den für die Nutzer wesentlichen Unterschied machen aber die attraktiven Anforderungen aus. Sie begeistern die Anwender.

Die Begeisterungsqualität erreichen wir also nur über die attraktiven Anforderungen. Doch gerade an diese kommen wir in unserer Analyse nur heran, wenn wir eng mit den Anwendern zusammenarbeiten und ihre täglichen Probleme selbst miterleben. Das Hospitieren bei den Anwendern und das daraus abgeleitete tiefe Verständnis der Abläufe und täglichen Schwierigkeiten ist der Schlüssel zu einer Software, die die Nutzer begeistert. So erreichen wir eine enge Zusammenarbeit mit zufriedenen Kunden.

15.2.5 Value Points – Anforderungen bewerten

Auf Jim Highsmith geht eine pragmatische Form der Value Points zurück, die Ideen von Mark Denne und Jane Cleland-Huang aufgreift [42, 72]. Damit sind wir in der Lage, den Wert von User Stories ebenso zu betrachten, wie wir deren Komplexität über Story Points abschätzen können. Beide Betrachtungen zusammen ermöglichen es uns, eine frühzeitige Kosten-Nutzen-Analyse transparent zu machen.

Genauso wie Story Points sind auch Value Points eher ein relatives als ein quantitatives Maß. Die Produktmanager bzw. die Personen, die für die inhaltlichen Anforderungen an das Produkt verantwortlich sind, vergeben auch die Value Points. Die Value Points werden User Stories oder Features zugeordnet und sollten zur Releaseplanung als Information zur Verfügung stehen. Anders als Story Points sind Value Points in ihrer Anzahl begrenzt. Die Produktverantwortlichen verteilen ein festes Mengenverhältnis an Wertepunkte auf die Anforderungen, obwohl sich die Anforderungen vom Umfang her im Laufe des Projekts verändern können.

Bei dieser Bewertung wird keine feste Summe an Value Points vergeben, sondern das Verhältnis der vergebenen Value Points muss dem Verhältnis der groben Schätzungen auf Epos- bzw. Releasefeature-Niveau entsprechen. Ein Beispiel erläutert dieses Verfahren. Angenommen, wir haben sieben solche geschätzten großen Blöcke (A – G) und haben ihnen die ersten sechs Werte der modifizierten Fibonacci-Folge zugeordnet, so könnte sich folgende Zuordnung ergeben haben: A: 3, B: 2, C: 13, D: 3, E: 5, F: 1 und G: 8. Die Summe an Werten beträgt 35, sodass sich die folgende ungefähre prozentuale Verteilung ergibt: A: 9 %, B: 6 %, C: 37 %, D: 9 %, E: 14 %, F: 3 % und G: 22 %. Die Value Points, die wir in Summe den User Stories eines solchen Blocks zugeordnet haben, dürfen den gerade ermittelten prozentualen Wert an der Summe aller zugeordneten Value Points nicht überschreiten. Mit dieser prozentualen Verteilung begrenzen wir also die Value Points. Falls wir insgesamt 200 Value Points verteilt haben, darf die Summe der Value Points der User Stories für Block A einen Wert von 18 nicht überschreiten.

Damit können wir eine wertvolle Diskussion zu Kosten-Nutzen-Verhältnissen in den Planungsmeetings führen und auch eine einfache Visualisierung des gelieferten Werts erstellen. Dazu tragen wir in ein Burnup-Diagramm neben den gelieferten und abgenommenen Story Points aus einer Iteration auch deren Value Points entsprechend skaliert auf. Bei einer Kosten-Nutzen-orientierten Vorgehensweise in der Planung und Organisation der Backlogs sollte der gelieferte Wert in der ersten Hälfte eines Projekts schneller ansteigen als die Story Points (Abb. 15.7).

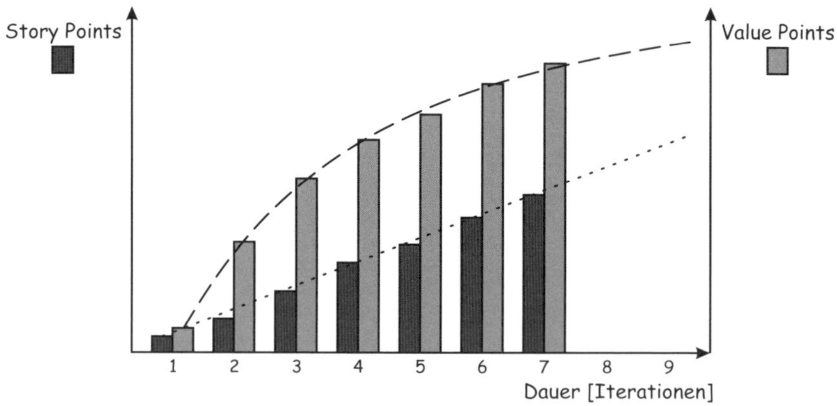

Abbildung 15.7: Gelieferte Story Points (gepunktete Linie als Velocity) und Value Points (gestrichelte Linie) im Vergleich [72]

15.2.6 Definition of Ready

Wann darf eine Aufgabe ins Backlog für das Produkt aufgenommen werden? Wann darf ich sie einem Release zuordnen? Und wohl am Wichtigsten: Wann ist eine Aufgabe bereit, umgesetzt zu werden? Die Antworten auf diese Fragen werden analog zur Definition of Done gerne als *Definition of Ready* bezeichnet [16]. Mit der Definition of Ready legen wir eine Leitlinie fest, an der sich jeder Teamprojektleiter bei seiner Backlog-Arbeit orientieren kann. Ähnlich wie die Definition of Done erfolgt auch eine Definition of Ready auf mehreren Ebenen:

- Was darf in das Backlog für das Produkt aufgenommen werden?
- Was darf in das nächste Release aufgenommen werden?
- Was darf in die nächste Iteration aufgenommen werden?

Anders als bei der Definition of Done werden bei der Definition of Ready nur wenige Kriterien benötigt. So können wir die folgenden Antworten auf die obigen drei Fragen als Ausgangspunkt verwenden:

- Backlog
  - Ein fachlicher Ansprechpartner ist definiert.
  - Die Aufgabe ist vom Team schätzbar und eine Schätzung relativ zu den anderen Backlog-Einträgen ist erfolgt.
- Release
  - Der Bezug zu den ergänzenden Analyseergebnissen oder Anforderungen ist eindeutig hergestellt.
  - Die Anforderungen und damit auch die zugehörigen Einträge im Backlog sind auf der Ebene von Use Cases zerlegt und beschrieben.
  - Der Teamprojektleiter kann die Inhalte und Zusammenhänge der Aufgaben gegenüber dem Entwicklungsteam ausreichend erläutern.
  - Erste Testfälle und Abnahmekriterien liegen für die Aufgaben vor.
  - Alle zugehörigen Einträge im Backlog sind durch das Team nach der Zerlegung neu relativ zu den anderen Einträgen geschätzt worden.
- Iteration
  - Die Aufgaben liegen weiter in User Stories zerlegt vor.
  - Zu jeder User Story gibt es einen fachlichen Ansprechpartner.
  - Die Akzeptanzkriterien liegen als Szenarien für jede Story vor.

Diese Leitlinie hilft dem Teamprojektleiter und allen Beteiligten bei der Backlog-Pflege und Verfeinerung, die anstehenden Aufgaben angemessen zu zerlegen und inhaltlich weiter voranzubringen. Die Detaillierungen erfolgen schrittweise und möglichst kurz, bevor sie benötigt werden.

Wie jedes Werkzeug kann auch die Definition of Ready missbraucht oder falsch angewendet werden. Die Definition of Ready ist keine Ausrede für das Entwicklungsteam, um nicht in Kontakt mit den fachlichen Ansprechpartnern zu treten. Ohne diesen direkten Kontakt würden wir die Agilität massiv einschränken. Eine User Story ist auch weiterhin das Versprechen, dass Entwickler und fachliche Ansprechpartner die Details der Aufgabe noch gemeinsam besprechen werden [13]. Das Prinzip:

> »Fachexperten und Entwickler arbeiten während des Projekts täglich zusammen«

hat eine deutlich höhere Priorität als eine Definition of Ready oder ähnliche nachgelagerte Regeln (Abschnitt 2.2.3). Eine Definition of Ready ist eine Leitlinie für die vorbereitenden Arbeiten in der Pflege und Verfeinerung. Sie hilft uns, zur rechten Zeit mit den fachlichen Ansprechpartnern in Kontakt zu treten, und erfüllt so ihren Zweck.

15.2.7 User Stories abnehmen und freigeben

Einer der wertvollsten Rückkopplungszyklen für die Qualität der Entwicklungsarbeit ergibt sich durch die Abnahme umgesetzter User Stories. Eine User Story beschreibt die kleinste Einheit einer in sich geschlossenen Anforderung, die von Wert für den Kunden bzw. die Anwender ist. Fertige User Stories bilden die Grundlage für das Controlling des Projektfortschritts und damit zur Steuerung unseres Projekts.

Es ist daher von essenzieller Bedeutung, dass die beteiligten Entwickler möglichst kurz nach der Fertigstellung einer User Story eine qualifizierte Rückmeldung über ihre Arbeit erhalten. Die Befolgung der Regeln und die Prüfung der Kriterien aus der Definition of Done stellen sicher, dass wir eine definierte Produktqualität erreichen. Ob wir mit der Entwicklung im Sinne des Kunden auf dem richtigen Weg sind, kann jedoch nur die Abnahme der User Stories durch den Projektleiter bzw. Teamprojektleiter zeigen. Hier zeigt sich, ob wir in unserem Projekt beides schaffen, nämlich die Dinge richtig zu machen *und* die richtigen Dinge zu machen.[2]

Der (Team-)Projektleiter prüft dabei, inwieweit die Umsetzung der User Story zum bereits fertigen Teil des Projektergebnisses passt und die Bedürfnisse des Kunden bzw. der Anwender trifft. Er validiert damit die Umsetzung einer Anforderung. Die Verifikation hat bereits über die Einhaltung der Definition of Done stattgefunden (Abb. 7.3 auf Seite 87). Die Validierung erfolgt innerhalb der laufenden Iteration möglichst kurz nachdem eine User Story fertiggestellt wurde, damit bei notwendigen Anpassungen und Änderungen noch ausreichend Zeit bis zum Ergebnisreview bleibt.

Hier wird auch noch einmal der Unterschied zwischen der Abnahme von User Stories und dem Ergebnisreview deutlich. Beide Schritte dienen der Validierung, jedoch betrachten wir im Ergebnisreview das Inkrement der Iteration auf einer eher informellen Basis, um ein möglichst vielfältiges Feedback zum Inkrement zu erhalten. Die Abnahme einer User Story ist dagegen deutlich fokussierter, detaillierter und auch formaler. An dieser Stelle kommen auch ggf. einzuhaltende Prozesse bzw. Regularien zum Tragen. Nur dabei kann eine User Story formal freigegeben werden. Im Ergebnisreview stünde dafür auch zu wenig Zeit zur Verfügung.

---

[2] Oder in der weit verbreiteten, englischen Variante: Doing the things right and doing the right thing.

Damit der (Team-)Projektleiter für die Abnahmen nicht zum Engpass wird, kann er in Absprache mit dem Qualitätsmanager die Abnahme der User Stories zumindest teilweise an den Tester delegieren. Daran wird erneut die Bedeutung dieser Rolle in *APM* deutlich. Der Tester kann den (Team-) Projektleiter spürbar entlasten.

15.3 Anforderungen zerlegen – Splitting Pattern

Die wesentliche Aufgabe bei der regelmäßigen Arbeit mit dem Backlog für das Produkt und den darin enthaltenen Aufgaben ist die Verfeinerung bzw. Zerlegung der Aufgaben. Diese Verfeinerung erfolgt in mehreren Schritten, wenn eine Aufgabe von Iteration zu Iteration weiter an das obere Ende des Backlogs wandert. Aus Themen werden Use Cases, die ihrerseits zu User Stories zerlegt werden. Hier geht es um die Verfeinerung der User Stories.

15.3.1 Vom Groben zum Feinen

Nach den INVEST-Kriterien erfüllt eine User Story (Abschnitt 5.2.1) folgende Eigenschaften:

- unabhängig
- verhandelbar
- von Wert für den Nutzer
- abschätzbar
- klein
- testbar

Bei der Verfeinerung der Aufgaben im Backlog für unser Produkt während der Pflege führen wir deshalb immer wieder Zerlegungen von Aufgaben durch. Nachdem wir eine gröbere Anforderung, wie z. B. eine zu große User Story, in mehrere User Stories aufgeteilt haben, werden die neuen Stories geschätzt. Danach nehmen wir die alte, zu große Anforderung aus dem Backlog und fügen die neuen Stories ein. Die neuen zerlegten Anforderungen müssen nicht direkt untereinander an die Stelle der herausgenommenen groben Anforderung eingefügt werden, sondern können frei nach ihrer Priorität und ggf. anderen Aspekten in die Liste eingeordnet werden. Wichtig ist dabei nur, dass es danach wieder eine vollständige Sicht mit einer eindeutigen Reihenfolge bzw. Ordnung gibt.

Beim Zerlegen durchdringen Projektleiter und Team die Aufgabe weiter und entwickeln ein tieferes Verständnis. Das führt oft dazu, dass nach der neuen Schätzung der zerlegten Anforderungen deren Summe nicht dem ursprünglichen Schätzwert der groben Anforderung entspricht. So kann z. B. eine gröbere User Story mit 13 Komplexitätspunkte in drei feinere User

Stories zerlegt worden sein, die jetzt mit 3, 5 und 8 Punkten geschätzt sind. Nach einer Verfeinerung kann sich die Summe der Komplexitätspunkte des Backlogs ändern. Das ist kein Fehler, sondern entspricht dem aktuellen Wissensstand des Teams: Die Schätzung ist genauer geworden.

15.3.2 Splitting Patterns – Zerlegemuster

Es gibt eine Reihe von Möglichkeiten, eine zu große User Story in kleinere aufzuteilen. Als Anregung und Ausgangspunkt für ihre Arbeit betrachten wir jetzt acht grundsätzliche Möglichkeiten für die Zerlegung von Anforderungen. Damit haben wir eine gute Basis, ohne dass hier der Anspruch auf Vollständigkeit erhoben wird. Das sind einfach nur die Zerlegemuster, von denen wir initial in *APM* ausgehen. Zur Illustration gehen wir von einer zu großen User Story in unserem Fallbeispiel aus, in deren Kontext wir dann die meisten Splitting Patterns anwenden:

> Als Nutzer der Auktionsplattform möchte ich Auktionen verwalten, um Sperrgüter kaufen und verkaufen zu können.

Diese User Story ist zwar verhandelbar und von Nutzen für den Kunden, aber weder abschätzbar, klein oder testbar. Als Verwaltungs-User-Story bestehen Abhängigkeiten von der Verkaufen- und Kaufen-User-Story bzw. deren Trennung ist unklar. Betrachten wir nun die acht Zerlegemuster.

Workflowschritte

Große Abläufe in weiterhin Nutzen bringende Teile zerlegen: Wir beginnen dabei mit dem Anfang und dem Ende des Ablaufs und fügen die dazwischen liegenden Teile mit weiteren User Stories und/oder über zusätzliche Akzeptanzkriterien hinzu. Für das obige Beispiel kommen wir damit zu drei Stories für das »Kaufen« und »Verkaufen« sowie für die »Verwaltung« von Auktionen, die wir über zusätzliche Abnahmekriterien weiter zerlegen können. Für die Verkaufen-User-Story sieht das wie folgt aus:

> Als Verkäufer kann ich eine Auktion einstellen, um meine Sperrgüterprodukte zu verkaufen.

Hierbei können wie in unserem Beispiel auch Formulierungsschwächen mit korrigiert werden. Die Abfolge der weiteren Aufteilung über Abnahmekriterien könnte dann so aussehen:

1. Es gibt nur feste Defaultwerte für das Startangebot von 1 € Mindestgebot und 7 Tagen Laufzeit für die Auktion.
2. Das Startgebot ist variabel.

3. Die Laufzeit der Auktion ist variabel einstellbar von 1-30 Tage.
4. Sofortkauf ist zugelassen und entsprechend einstellbar.

Varianten

Einen variantenreichen Ablauf in seine Varianten zerlegen: Wir beginnen mit der einfachsten Variante und ergänzen die anderen Varianten oder besondere fachliche Fehlerfälle usw. über weitere User Stories wie z. B.:

> Basis-User-Story wie zuvor: Als Verkäufer kann ich eine Auktion einstellen, um meine Sperrgüterprodukte zu verkaufen.
> Variations-User-Story: Als Verkäufer kann ich meinen Auktionsartikel mit Bildern ergänzt einstellen, um den Interessenten einen besseren Eindruck über den Artikel zu bieten.

Operationen

Eine Anforderung mit mehreren Operationen in User Stories mit jeweils einer Operation zerlegen: Diese Zerlegeidee betrifft z. B. den Lebenszyklus von Objekten. Betrachten wir auch hier unser Beispiel:

> Basis-User-Story wie zuvor: Als Verkäufer kann ich eine Auktion einstellen, um meine Sperrgüterprodukte zu verkaufen.
> Änderungs-User-Story: Als Verkäufer kann ich meine Auktion ändern, um den Interessenten aktuelle Informationen bereitzustellen.
> Sperr-User-Story: Als Administrator kann ich eine Auktion sperren, um den Verkauf illegaler Produkte zu unterbinden.

Geschäftsregeln

Eine Anforderung mit umfangreichen Geschäftsregeln in User Stories mit jeweils einer Geschäftsregel zerlegen: Geschäftsregeln, die als Kandidaten für dieses Zerlegemuster dienen, können wir z. B. bei unterschiedlichen Abläufen für verschiedene Nutzergruppen oder über gesetzliche Grundlagen finden. Im Beispiel kann das folgendermaßen aussehen:

> Privatverkäufer-User-Story: Als privater Verkäufer kann ich meine private Adresse als Kontaktadresse angeben, damit Interessenten mit mir in Kontakt treten können.
> Profiverkäufer-User-Story: Als gewerblicher Händler kann ich meine Umsatzsteuernummer angeben, damit sie auf der Rechnung gemäß den steuerrechtlichen Anforderungen erscheint.

Datentypen

Eine Anforderung mit vielen unterschiedlichen Datentypen oder Objekten nach ihren Datentypen bzw. Objekten zerlegen: Da bereits für die erste Implementierung einer zerlegten User Story der zentrale Ablauf stehen muss, hängt bei diesem Zerlegemuster der Realisierungsaufwand der einzelnen Stories von ihrer Reihenfolge ab.

Die zuerst umgesetzte Story wird dabei den wesentlichen Aufwand benötigen. Diese Abhängigkeit ist bei späteren Änderungen in der Reihenfolge in der Pflege zu beachten. Ein typisches Beispiel in unserem Beispielkontext für diese Form der Zerlegung erfolgt wieder über die Aufteilung der Akzeptanzkriterien:

> User Story: Als Käufer kann ich mit Kreditkarte zahlen, um im Missbrauchsfall nur geringfügig zu haften.

Eine Abfolge der Akzeptanzkriterien kann dann folgendermaßen aussehen:

1. Es ist nur die fest vorgegebene Kreditkartenfirma XY-Card bei Kreditkartenzahlung möglich.
2. Es sind bei Kreditkartenzahlung auch die folgenden Kreditkartenfirmen möglich: ZZ-Card, YXZ-Card und ABC-Card.

Schnittstellen

Eine Anforderung mit gleichen Informationen, die über unterschiedliche Schnittstellen ausgetauscht bzw. bereitgestellt werden, in User Stories mit jeweils einer Schnittstelle zerlegen: Hier sind typischerweise die Mensch-Maschine-Schnittstellen betroffen, aber auch technische Systemschnittstellen sind für eine Zerlegung gut möglich. In unserem Beispiel erfolgt die Zerlegung wieder über Akzeptanzkriterien:

> User Story: Als Bieter kann ich auf eine Auktion bieten, um einen Artikel ersteigern zu können.

Eine Abfolge der Akzeptanzkriterien kann dann folgendermaßen aussehen:

1. Browserbasiert mit Firefox (ab Version 4.0), IE (ab Version 6.0) und Chrome (ab Version 4.0)
2. Über mobileWeb, also mit entsprechenden mobil-optimierten Sichten
3. Über eine App für Android (ab Version 2.3) und iOS (ab Version 5.0)

Kerngeschichte

Eine durch starke innere Abhängigkeiten komplexe Anforderung in ihren Kern und verschiedene *Rand-User-Stories* zerlegen: Eine Anforderung kann z. B. durch eine komplexe fachliche Logik oder eine umfangreiche Mensch-Maschine- bzw. Systemschnittstelle eine Reihe interner Abhängigkeiten aufweisen. Wir versuchen dann, den Kern so herauszuarbeiten, dass das Entwicklungsteam bei der Umsetzung dieser User Story möglichst viel über das Produkt bzw. Projekt lernt. Auch hier finden wir im Beispiel eine Zerlegung über Akzeptanzkriterien:

> User Story: Als Interessent kann ich vor Abgabe eines Gebots angezeigt bekommen, welche zusätzlichen Kosten für Lieferung bzw. Versand entstehen, um eine Entscheidung für oder gegen ein Gebot treffen zu können.

Eine Abfolge der Akzeptanzkriterien kann dann folgendermaßen aussehen:

1. Feste Defaultwerte für die Berechnung: 2 Fahrer, 1 Lkw, Lieferung binnen einer Woche an Bordstein, Lieferweg ab Verkäuferstandort innerhalb von 300 km mit unserem eigenen Logistikunternehmen.
2. Dem Lieferweg liegt die Länge der schnellsten Wegstrecke laut Google Maps zugrunde.
3. Die Größe und das Gewicht des Artikels werden in die Berechnung mit einbezogen.
4. Der Logistiker ist vom Käufer frei wählbar.
5. Weitere Möglichkeiten: Selbstabholung, frei wählbarer Liefertermin, inklusive Aufbau, Lieferung hinter erste verschließbare Tür, zusätzliche Verpackung, Verzollung, Kühlung auf dem Transportweg usw.

Rein funktionale Story

Bei Anforderungen mit aufwendigen Qualitätsanforderungen zuerst die Funktionalität umsetzen und dann schrittweise die Qualitätsanforderungen ergänzen: Dieses im eXtreme Programming verbreitete Zerlegemuster birgt eine Reihe technischer Risiken, die dazu führen können, dass einige Qualitätsanforderungen nicht oder nur teilweise erfüllt werden können.

Dennoch hat auch diese Zerlegung ihre Stärken, wenn z. B. noch unklar ist, wie aufwendig die Umsetzung einer Qualitätsanforderung ist, oder wenn es wertvoller ist, ein Produkt schnell auf den Markt zu bringen. Häufig findet sich diese Zerlegung wie in unserem Beispiel im Bereich der Performanzanforderungen:

User Story: Als Bieter kann ich in Echtzeit über das aktuelle Gebot anderer Interessenten informiert werden, um den Zeitpunkt meines Gebots taktisch bestimmen zu können.

Eine Abfolge der Akzeptanzkriterien kann dann folgendermaßen aussehen:

1. Ein Update der Anzeige des aktuell höchsten Gebots erfolgt so oft, wie es in der ersten Umsetzung möglich ist.
2. Ein Update der Anzeige des aktuell höchsten Gebots erfolgt alle 10 s.
3. Ein Update der Anzeige des aktuell höchsten Gebots erfolgt in *Echtzeit*, also unter 1 s nach Einstellen des neuen Gebots.

15.3.3 Fallen beim Zerlegen vermeiden

Wenn wir eine zu große User Story zerlegen und dabei durch mehrere neue, kleinere ersetzen, orientieren wir uns, wie wir gerade bei den Splitting Patterns gesehen haben, meist an fachlichen Schritten und Akzeptanzkriterien. Dabei gilt es, zwei typische Fallen zu vermeiden. Eine betrifft die neue Schätzung der Story Points, die andere die Aussagekraft einer Story. Doch der Reihe nach ...

Eine zu große Story erkennen wir daran, dass sie noch mit zu vielen Story Points versehen ist. Was zu groß bedeutet, ist dabei abhängig von den Referenz-User-Stories, auf deren Basis ein Team schätzt. Meist werden dabei die Referenz-User-Stories im mittleren Niveau, also bei fünf oder acht Story Points, in unser Schätznetzwerk eingehängt. Da die initialen Schätzungen früh im Projektverlauf erfolgen, werden wir spätestens zur Planung zu Beginn einer Iteration User Stories auf Referenzniveau weiter zerlegen müssen, um eine für die Iterationsdauer brauchbare Größe zu erhalten.

So weit, so gut, doch bei dieser Zerlegung entstehen zwei oder mehr neue User Stories, die neu vom Team geschätzt werden müssen. Dabei darf die Summe der Story Points der zerlegten Stories **ungleich** der Story Points der Ausgangsstory sein. Im Gegenteil gibt es dabei oft leichte Veränderungen, weil erst bei der Zerlegung wichtige Anforderungsdetails geklärt werden. Damit verändert sich auch die Summe der Story Points des Backlogs unseres Produkts. Das verursacht meist nur geringe Schwankungen und ist daher unproblematisch. Aber auch größere Differenzen sind möglich und stellen den aktuellen Erkenntnisstand im Projekt dar. Das ist kein Fehler, sondern wichtig und wertvoll. Ein Fehler wäre es dagegen, die Schätzungen der neuen, zerlegten Stories in das Schätzkorsett der ursprünglichen, zwangsläufig ungenaueren Schätzung der zu großen Ursprungsstory zu zwängen.

Die zweite Falle liegt in der Aussagekraft von zerlegten User Stories. Es besteht die Gefahr, Trivialitäten hervorzuheben und zu beschreiben, um der

Form einer User Story zu genügen. Damit beleidigen wir aber den gesunden Menschenverstand unserer Entwickler und gewöhnen ihnen im schlimmsten Fall sogar das eigenständige Denken ab.

An zwei Beispielen aus dem Kontext der Bezahlvorgänge lässt sich das leicht nachvollziehen. Bei einer User Story zum Bezahlen mit EC-Karte ist die Prüfung auf eine gültige Kontoverbindung sicherlich kein geeignetes Akzeptanzkriterium, sondern eine implizite Selbstverständlichkeit. Ebenso verhält es sich mit der Prüfung auf den Gültigkeitszeitraum der hinterlegten Kreditkarteninformationen. Wäre dem nicht so, wäre es angebracht, die User Story über diese Akzeptanzkriterien aufzuteilen und eine weitere Story zum Umgang mit ungültigen Kontoverbindungen bzw. abgelaufenen Kreditkarteninformationen zu schreiben. Dies kann fachlich gewünscht sein, wenn z. B. dadurch weitere fachliche Schritte eingeleitet würden wie der Eintrag in eine interne *schwarze Liste*. Meist verbirgt sich aber einfach nur eine simple Fehlermeldung hinter diesen Standardausnahmen. Und damit sind beide Beispiele auch eher implizite Anforderungen, die nicht in einer User Story erwähnt werden, und keine aussagekräftigen, fachlich motivierten Akzeptanzkriterien.

Es hängt also stets von der Fachlichkeit ab, was ein sinnvolles Akzeptanzkriterium ist. Sie zeichnen sich daher durch ihre individuelle Besonderheit aus und sind damit ein wichtiger Bestandteil der Beschreibung fachlich relevanter Zusammenhänge. Allgemeinplätze haben hier nichts verloren.

15.4 Refactoring im Großen wie im Kleinen

Seit der Veröffentlichung von Martin Fowler aus dem Jahr 1999 bzw. 2000 in der deutschen Übersetzung ist das Thema *Refactoring* zum festen Bestandteil der Softwareentwicklung geworden. Als Refactoring wird eine Designänderung im Code bezeichnet, bei der dessen Funktionalität nicht verändert wird[3]. In einem agilen Kontext gibt es dabei einige Aspekte zu beachten, auf die wir jetzt genauer eingehen werden.

15.4.1 Bad Smells können überall sein

Einige Stellen in unserer Software *riechen* bereits stark, andere *müffeln* nur ein wenig. Die Metapher des *Bad Smell* ist von Kent Beck und Martin Fowler sehr treffend gewählt, denn an solchen Codeteilen kann es demnächst zu Problemen kommen. Am Beispiel des duplizierten Codes, der sogenannten *Klone*, ist dies z. B. in den letzten Jahren genauer untersucht worden.

[3] Die exakte Definition lautet: Refactoring ist eine semantikerhaltende, restrukturierende Codetransformation für objektorientierte Programme mit dem Ziel, deren Wartbarkeit zu erhöhen [92].

So sind je nach Untersuchung 13 bis 27 % aller Klone, deren Bezeichner inkonsistent umbenannt wurden, fehlerhaft. 11 % aller Klone mit weiter gehenden Inkonsistenzen sind ebenso fehlerhaft, wie es 7 % aller Änderungen an identischen Klonen im Laufe der Zeit werden [63, 69, 83, 106]. Es lohnt sich also, unserer Nase zu folgen.

Was genau lässt den Code denn schlecht riechen? Bad Smells sind weitverbreitete Antipatterns zur Lösung bestimmter Probleme. Sie können auf allen Ebenen der Entwicklung auftreten [92]:

Im Softwaredesign in Form der über 20 *schlechten Gerüche*, die Fowler aufgelistet hat, und weiterer Antipatterns [51]. Die Liste reicht von dupliziertem Code über *Gott-Klassen* bis zu reinen Datenklassen.

In der Softwarearchitektur in Form von Verletzungen abgestimmter Architekturregeln, falsch implementierten oder unpassend gewählten Entwurfsmustern, hoher Kopplung, geringer Kohäsion usw.

In der Vorgehensweise und der Art und Weise, wie wir Entscheidungen treffen. Beispiele dafür sind die lähmende Analyse-Paralyse oder ein Design by Committee.

Werfen wir einen kurzen Blick darauf, wie wir auf den einzelnen Ebenen mit solchen Problemen umgehen können. *APM* stellt dafür zielgerichtete Möglichkeiten bereit.

15.4.2 Fortlaufendes Refactoring im Kleinen

Wenn wir über Refactoring sprechen, meinen wir meist die über 70 Vorgehensweisen zu Designverbesserung, die Martin Fowler in seinem Buch vorstellt [51]. Sie lassen sich in sieben Gruppen einteilen:

Methodenzusammenstellung wie z. B. das Extrahieren oder Integrieren von Methoden

Eigenschaften zwischen Klassen verschieben wie z. B. das Verschieben von Attributen oder Methoden

Datenorganisation wie z. B. das Kapseln eines Felds oder einer Collection

Vereinfachung bedingter Ausdrücke wie z. B. das Zerlegen komplexer Bedingungen

Vereinfachung von Methodenaufrufen wie z. B. das Trennen von Abfrage- und Veränderungszugriffen

Generalisierungen wie z. B. das Auf- oder Abwärtsbewegen von Attributen oder Methoden in einer Vererbungshierarchie

Der grundsätzliche Ablauf eines solchen Refactorings besteht aus fünf Schritten [51]:

1. Einen Bad Smell bemerken und identifizieren.
2. Das Refactoring durchführen.
3. Den Code kompilieren und testen.
4. Die eigentliche Änderung durchführen.
5. Erneut den Code kompilieren und testen.

Doch wie kommt es im laufenden Projekt dazu, dass ein Entwickler einen Bad Smell bemerkt? Das geschieht von ganz alleine im Rahmen seiner täglichen Entwicklungsarbeit. Bei der Umsetzung einer neuen User Story stößt man immer wieder auf mögliche Schwachpunkte. Diese sind dann sofort zu bereinigen, bevor die eigentliche Anpassung des Codes erfolgt. Das Refactoring des Designs ist also eine permanente Aufgabe der Entwickler. Sie kann und wird daher nicht explizit über das Backlog des Produkts eingeplant, sondern kann erst frühestens bei Planung II im Rahmen der Zerlegungen und einzelnen Schätzungen der benötigten Tasks berücksichtigt werden. Oft wird ein Bad Smell sogar erst bei der Umsetzung des Tasks gefunden. Stets läuft das Vorgehen aber nach den obigen fünf Schritten ab und das Refactoring erfolgt zeitnah zum Auffinden von Bad Smells. Der Aufwand für das Design-Refactoring macht sich also in der Velocity eines Teams bemerkbar und kann nicht explizit geplant werden.

Warum ist es für unser Projekt essenziell, dass ein erkanntes Problem auf Designebene sofort beseitigt wird? Wir möchten das *Broken-Window*-Phänomen vermeiden und die innere Produktqualität stets auf dem gewünschten Niveau halten (siehe Kasten auf Seite 246). Nur so können wir über die Projektdauer und den nachfolgenden Lebenszyklus des Produkts eine ausreichend konstante Velocity für die Wartbarkeit und Erweiterbarkeit sicherstellen.

Jedes Teammitglied, das etwas sieht, was so nicht in Ordnung ist, hat die Verantwortung, das Problem sofort zu beseitigen. Diese Pflicht ist unabhängig davon, wer der Verursacher ist. Diese Regel bezieht sich auf den Quellcode ebenso wie auf die Entwicklungsumgebung und das ganze Büroumfeld. Es ist egal, ob eine benutzte Tasse oder ein leerer Pizzakarton herumliegt, ein Build Breaker aufgetreten ist oder ein Bad Smell identifiziert wurde: Wer ein Problem findet, beseitigt es sofort! Treten bestimmte Probleme öfter auf oder lässt sich gar ein Muster erkennen, so kann dieses Thema in der nächsten Retrospektive grundsätzlich angegangen werden.

15.4.3 Wann ist ein Smell bad?

Nicht jeder Smell ist gleich ein Bad Smell und erfordert sofortiges Eingreifen der Entwickler. Der Grund, einen Bad Smell mit einem Refactoring auszubauen, ist seine erhöhte Fehleranfälligkeit in der Weiterentwicklung der Software. Gerade die stark inkrementelle Vorgehensweise agiler Prozesse

Zerbrochene Fenster und die Null-Toleranz-Strategie

Vielleicht kennen Sie das Problem auch: Sie sind auf einer größeren Veranstaltung und haben in einer Pause gerade Ihren Kaffee genossen. Wohin jetzt mit der benutzten Tasse? Eine Reihe von Stehtischen befindet sich in Sichtweite. An einigen diskutieren zwei oder drei Personen angeregt, andere sind noch frei. Leider entdecken Sie immer noch keinen geeigneten Ort, wo Sie Ihre Tasse lassen können. Da fällt Ihnen in einer Ecke ein leerer Tisch auf, auf dem bereits eine leere Wasserflasche steht. Sofort stellen Sie Ihre leere Tasse dazu. Wenn Sie nach wenigen Minuten erneut auf den Tisch schauen, ist dieser voll gestellt mit Tassen und leeren Flaschen. Sobald eine erste leere Flasche oder Tasse abgestellt ist, wird dieser Ort zum Abstellplatz.

George Kelling und James Wilson haben dieses Phänomen 1982 beschrieben und als *Broken Windows* bezeichnet [84]. Ist in einem Problemstadtteil an einem baufälligen Gebäude erst mal ein Fenster eingeschlagen, sind Tage später alle Fenster kaputt. Um also einer weiteren Zerstörung entgegenzuwirken, muss eine zerbrochene Scheibe sofort repariert werden. So können eine fortschreitende Verwahrlosung und damit verbundene Großstadtkriminalität durch eine Null-Toleranz-Strategie eingedämmt werden.

Ähnlich verhält es sich in unserem Projekt. Ohne auf die sozialen Vor- und Nachteile der Null-Toleranz-Strategie in der Verbrechensprävention weiter einzugehen, können wir eine vergleichbare Dynamik in der Software und im Entwicklungsumfeld entdecken. Wenn wir der *Verwahrlosung* unserer Software oder unseres Projektumfelds begegnen wollen, müssen entdeckte Probleme sofort aus der Welt geschafft werden. Sonst drohen unsere Schreibtische zu Müllhalden und unsere Software zu einer prototypischen Spielwiese zu verkommen.

Die Broken-Window-Theorie sagt nichts über die Ursachen aus, sondern beschreibt eine Handlungsweise auf der Ebene der Symptome. Daher ist es für unsere Projekte essenziell, dass erkannte Probleme zusätzlich analysiert und am Kern der Ursache behoben werden.

wie *APM* ist für Bad Smells besonders anfällig, weshalb ihre Auflösung für uns besonders wichtig ist. Dennoch gibt es für die Bewertung der Stärke eines Smells noch eine ganze Reihe weiterer Kriterien, die zu berücksichtigen sind.

Zum einen können die Entwickler die Notwendigkeit eines Refactorings im Einzelfall in der Regel gut bewerten. Der bei der Bewertung im Wesentlichen zu berücksichtigende Aspekt ist die Ballung von Bad Smells. Besonders gefährlich für unser Projekt werden Bad Smells, die gehäuft in wenigen Methoden oder Klassen auftreten. Weitere Aspekte, die betrachtet werden können, sind die Änderungshäufigkeit und die Persistenz von Klassen. Beide erhöhen die Dringlichkeit des Refactorings [92].

Wenn die Entwickler z. B. Änderungsmuster für einen bestimmten Bad Smell betrachten, können wiederum verschiedene Aspekte eine Rolle spielen. Neben der Änderungshäufigkeit und dem Datum der letzten Änderung ist auch die Anzahl der ändernden Entwickler ein wertvoller Parameter. Dazu kommen für einen Bad Smell spezifische Aspekte. Bei dupliziertem Code, dem sogenannten Klon, sind das z. B. die Inkonsistenz bzw. Konsistenz von Änderungen an einzelnen Klonen, die Migration, also das Verschieben von einzelnen Klonen an andere Stellen, oder die Mutation, also die Veränderung einzelner Klone.

Auch die Erfahrung der Entwickler spielt bei der Beurteilung von Bad Smells eine Rolle. So ist z. B. eine Gott-Klasse aufgrund ihrer zwangsläufig hohen Änderungsfolge stets kritisch, kann jedoch von unerfahrenen Entwicklern oft besser und schneller inhaltlich erfasst werden als ein sauber verteiltes Design [120]. Letzten Endes nehmen daher stets die Entwickler die Bewertung von Bad Smells vor und entscheiden eigenverantwortlich über die Notwendigkeit eines Refactorings. Grundsätzlich lässt sich festhalten, dass unter folgenden Rahmenbedingungen ein Refactoring angebracht ist [92]:

- Eine notwendige Änderung von betroffenen Codeteilen ist ohne ein vorhergehendes Refactoring schwierig.
- Eine Codestelle erweist sich als fehlerträchtig oder unnötig kompliziert.
- Eine Codestelle muss regelmäßig und immer wieder neu für verschiedene Kundenwünsche bzw. Anforderungen angepasst werden.

In jedem Fall gehört diese Art der *normalen* Refactorings ebenso zu den täglichen Entwicklungsarbeiten wie die Pflege und Weiterentwicklung der Entwicklungsumgebung oder der Projektinfrastruktur und wird wie diese nicht explizit im Backlog des Produkts eingeplant.

15.4.4 Testautomatisierung und Refactoring

Es klingt klar und logisch, wie ein Refactoring durchzuführen ist. Die fünf Schritte des Ablaufs von Seite 244 lassen sich doch einfach umsetzen. Diese Aussage gilt allerdings nur, wenn wir eine durchgängige Testautomatisierung über aussagekräftige Unit Tests und zusätzliche automatisierte Ablauftests über das User Interface oder andere Systemschnittstellen ablaufen lassen können. Nur dann ist der im Ablauf zweimal vorkommende Schritt »Den Code kompilieren und testen« einfach durchführbar. Ansonsten machen unerkannte Seiteneffekte das Refactoring zäh und unsicher.

Eine durchgängige Testautomatisierung bildet also die Basis für ein regelmäßiges, bedarfsorientiertes Refactoring. Ohne nicht mindestens ausreichende Unit Tests werden sich die Entwickler kaum an ein Refactoring wagen. Die Entwicklung würde dann von dem Leitsatz »Never touch a running system!« dominiert, was uns die durch ein agiles Vorgehen angestrebte Flexibilität durch eine hohe innere Qualität, also Erweiterbarkeit und Übertragbarkeit, kaum erreichen lässt.

Was eine ausreichende automatisierte Testbarkeit für Ihr Projekt bedeutet, hängt von verschiedenen Faktoren ab. Sind Regularien einzuhalten oder liegen große Risiken vor? Solche und ähnliche Fragen gilt es dabei zu beantworten. Über die Antworten legen Sie dann gemeinsam mit dem Team fest, wie hoch Ihre Qualitätsmesslatte für dieses Projekt liegt. Die Definition dieser Messlatte finden wir in der Definition of Done, die wir bereits zu Beginn des Projekts initial festlegen.

Doch unabhängig davon, wie hoch Ihre einzelnen Qualitätsansprüche sind, geht es nicht ohne eine ausreichende Testautomatisierung von Beginn an. Über die Definition of Done legen Sie nur fest, wie umfangreich sie erfolgt. Wenn wir nachhaltige Softwareprodukte erstellen wollen, kommen wir um ein Mindestmaß an Unit Tests und anderen automatisierten Tests nicht vorbei. Alles andere wäre fahrlässig und kostet unseren Auftraggeber unnötig Geld.

15.4.5 Ein großes Refactoring einplanen

Manchmal können massive Änderungen innerhalb von Teilen unseres inkrementell entwickelten Softwareprodukts anstehen oder Änderungen an der bestehenden Softwarearchitektur notwendig werden, um die Erweiterbarkeit der Software sicherzustellen. Diese Anpassungen können wir anders als die bisher betrachteten, *normalen* Refactorings nicht im Rahmen der täglichen Entwicklungsarbeit durchführen. Hierfür sind meist mehrere Entwickler über mehrere Tage notwendig.

Als Projektleiter möchten Sie diesen Aufwand steuern können. Glücklicherweise ist die Dringlichkeit großer Refactorings meist an andere fachliche Anforderungen geknüpft. Sie können daher gemeinsam betrachtet und geplant werden. Wann steht also ein großes Refactoring an? Auch hierfür gibt es mehrere Indikatoren wie z. B. [92]:

- Es sind substanzielle Erweiterungen in einem oder mehreren Subsystemen geplant. Dies steht häufig im Zusammenhang mit den Inhalten von Releases.
- Das bisherige Softwareprodukt soll in ein anderes System oder mit anderen Subsystemen zu einem Gesamtsystem integriert werden.

- Die Indikatoren für unsere Wartbarkeit weisen auf eine Verschlechterung hin. So steigen z. B. die Anzahl der Escaped Defects oder die Durchlaufzeiten für Fehlerkorrekturen von Iteration zu Iteration an.

Um bei Bedarf auch ausreichend Zeit für ein großes Refactoring zu haben, planen wir in *APM* nach größeren Releases, wie in Abschnitt 7.3 bereits erläutert, entsprechende Architektur- bzw. Refactoring-Iterationen ein. Das bedeutet nicht, dass in diesen Iterationen ausschließlich Refactoring durchgeführt wird. Umfangreiche Refactoring-Aufgaben genießen in dieser Zeit nur die höchste Priorität. Stehen entsprechende Tech-Stories ausreichend detailliert und zu den nächsten fachlichen Aufgaben passend im Backlog unseres Produkts, so werden sie in diesen Iterationen umgesetzt.

Auch für Architektur- bzw. Refactoring-Iterationen gelten die Regeln einer Timebox. Die Aufgaben sind zum zur Verfügung stehenden Zeitraum und der entsprechenden Entwicklerkapazität bzw. Velocity passend auszuwählen. Ist diese Iteration zu Ende, stehen wieder die fachlichen Aufgaben in der vom Projektleiter vorgegebenen Reihenfolge zur Umsetzung an.

Meist füllen die anstehenden Tech-Stories die zur Verfügung stehende Kapazität nicht aus, sodass auch fachliche User Stories umgesetzt werden. In einer Refactoringiteration liegt der Fokus jedoch stets auf den eingeplanten Tech-Stories und nicht auf dem fachlichen Fortschritt.

Den Erfolg eines großen Refactorings können wir in zwei Stufen beurteilen. Grundbedingung für ein erfolgreiches Refactoring ist, dass alle automatisierten und zusätzliche manuell durchgeführten Tests erfolgreich durchlaufen werden. Im weiteren Verlauf der nächsten Iterationen müssen sich die Indikatoren für unsere Wartbarkeit wieder auf dem gewünschten Niveau stabilisieren.

15.4.6 Tech-Stories richtig einsetzen

Eine Tech-Story bildet in *APM* eine seltene Ausnahme in Backlogs unserer Produkte. In Abschnitt 12.2.4 sind wir bereits darauf eingegangen. An einem Beispiel aus dem Blickwinkel eines umfangreichen Refactorings können wir zu dieser Ausnahmestellung noch etwas Klarheit gewinnen.

Im Laufe der Entwicklung der Software für MyHeavyShop stellen wir fest, dass die Performanz unserer Webclients von Iteration zu Iteration nachlässt und sich der festgelegten Untergrenze nähert. Weder das Controlling der Performanz über entsprechende automatisierte Tests noch die Ursachenforschung tauchen als Tech-Stories im Backlog auf. Wir sehen sie nur als kurze Tasks in der Iterationsplanung auf dem Taskboard. Solche Arbeiten werden fortlaufend bei Bedarf von den Entwicklern und Testern vorgenommen und gehören zur normalen Entwicklungsarbeit.

Bei der Problemanalyse ist herausgekommen, dass unsere Daten bzw. Objekte, die wir über das Internet austauschen, in letzter Zeit stark an Umfang zugenommen haben, was die zur Verfügung stehende Bandbreite mittlerweile stark belastet. Weiterhin zeigt die Analyse, dass in den meisten Anwendungsfällen mit der Clientsoftware nur ein geringer Teil der Informationen wirklich benötigt wird und nur wenige User Stories den ganzen Umfang der Objekte nutzen. Als Lösung möchten die Entwickler das Proxy-Pattern nach Gamma et al. nutzen und dazu virtuelle Proxy-Objekte für den Datentransfer einführen, mit denen zuerst nur die typischerweise notwendigen Informationen eines Objekts übermittelt werden [58]. Wenn im Proxy fehlende Teile des Objekts benötigt werden, lädt das Proxy-Objekt das eigentliche Objekt nach. So sollte das Bandbreitenproblem gelöst werden.

Der Umfang dieser Änderung liegt bei mehreren Tagen nur für das Refactoring selbst, da z. B. der genaue inhaltliche Umfang der Proxy-Objekte noch bestimmt und der Mechanismus sorgfältig für eine Reihe von Klassen implementiert werden muss. Dies ist ein Kandidat für eine Tech-Story, die in einer Refactoring-Iteration umgesetzt werden sollte. Über die konkrete Einordnung tauschen sich der Projektleiter und die Entwickler aus, um den idealen Zeitpunkt zu finden.

Bei Bedarf könnte diese Tech-Story auch weiter aufgeteilt werden. So kann die konkrete Lösung in einem ersten Schritt nur für eine Klasse umgesetzt und ausprobiert werden. Dabei werden sowohl Erfahrung mit der Umsetzung dieses Ansatzes und seinen lösungsbedingten Nachteilen gemacht als auch erste Messungen ermöglicht, um die Qualität der Lösungsidee genau beurteilen zu können. In weiteren Folge-Tech-Stories können jetzt weitere Klassen hinzugenommen werden. Unterschreiten diese einzelnen Tech-Stories einen Aufwand von mehreren Tagen, so werden sie wieder aus dem Backlog unseres Produkts entfernt und als normale Refactorings als Tasks auf dem Taskboard geplant und umgesetzt.

15.4.7 Die Zusammenarbeit fortlaufend weiterentwickeln

Als letzte Ebene für ein Refactoring können wir unsere Zusammenarbeit und methodischen Ansätze betrachten. Dies erfolgt in den Retrospektiven. Wertvolle Informationen und Anregungen dazu können Trendanalysen aus unseren Information Radiators oder eine Value Stream Map liefern, auf die wir in Kapitel 17 bzw. in Abschnitt 18.6 noch genauer eingehen werden.

Grundsätzlich gibt es zwei Richtungen, in die wir die Zusammenarbeit weiterentwickeln können. Zum einen können wir innerhalb unseres Projekts den *APM*-Prozess kontinuierlich weiterentwickeln und an die Projektgegebenheiten anpassen. Dabei sind die agilen Werte und Prinzipien aus dem Agilen Manifest zu beachten, um nicht die Vorteile eines agilen Verfahrens sukzessive wieder einzubüßen.

Meist deutlich anspruchsvoller ist die zweite Entwicklungsrichtung. Dabei geht es um die Projektschnittstellen zu anderen Organisationseinheiten des Kunden. Wir treffen dabei auf Mitarbeiter der Fachbereiche, des Marketings oder Vertriebs, des Betriebs oder auch des Topmanagements. Da hier agile Werte und Prinzipien nicht oder noch nicht in dem Maße gelebt werden, wie das in einem *APM*-Projekt der Fall ist, können an diesen Schnittstellen massive Reibungsverluste entstehen. Auch hierfür gilt es, gemeinsam mit den Stakeholdern an den Projektschnittstellen Lösungen zu entwickeln und umzusetzen.

15.5 Mit Reserven umgehen

15.5.1 Am effizientesten: keine Reserven einplanen

Wie wir bereits in Abschnitt 10.6.1 gesehen haben, lässt sich aus den agilen Werten und Prinzipien heraus kein Grund ableiten, explizite Reserven in der Projektplanung vorzusehen. Wir entwickeln in einer Iteration die Inhalte, die aktuell am wichtigsten und ausreichend inhaltlich geklärt sind. Über das Projektcontrolling mit Burndown-Diagrammen extrapolieren wir mögliche End- bzw. Releasetermine. Wenn der hochgerechnete Termin für den Kunden nicht passt, steuern wir über den geplanten Umfang den Restaufwand unseres Projekts derart, dass wir zum Wunschtermin fertig sind. Der erste und wichtigste Hebel zur Termin- oder Kostenzielerreichung ist stets der Umfang des Projekts (Abschnitt 15.1.1 und Abb. 15.1).

Von daher ist es zur Minimierung der Kosten am besten, explizit keine Reserven einzuplanen. Wir sparen uns den Aufwand zur Verwaltung der Reserven und arbeiten stets mit voller Kraft am Fortschritt unseres Projektergebnisses. Über das Weglassen oder in die Zukunft verschobene Anforderungen untergeordneter Priorität steuern wir das Erreichen von Termin- oder Kostenzielen. Über die konsequent am Geschäftswert und Aufwand-Nutzen-Verhältnis ausgerichtete Reihenfolge der Aufgaben im Backlog unseres Produkts liefern wir den jeweils nach einer Iteration erreichten Stand der Entwicklung stets in der erforderlichen Qualität zum damit schnellstmöglichen Termin bzw. zum geringsten Aufwand. Im Idealfall arbeiten wir in *APM* daher ohne explizite Reserven.

15.5.2 Reserven nutzen, um Termine abzusichern

Wenn wir größere Risiken im Projekt zu bewältigen und gleichzeitig feste Terminvorgaben zu erfüllen haben, kann es sinnvoll sein, explizite Reserven zur Absicherung einzuplanen. Doch wie vermeiden wir, dass diese Reserve auch wirklich nur zielgerichtet zur Lösung unvorhergesehener Probleme genutzt wird und nicht für die Umsetzung niedrig priorisierter

Anforderungen und funktionaler Ergänzungen oder für die Durchführung unabgestimmter Experimente verschwendet wird? Die Antwort finden wir in einem interativen Umgang mit den Reserven in Kombination mit einem Lookahead (Abb. 15.8) [118].

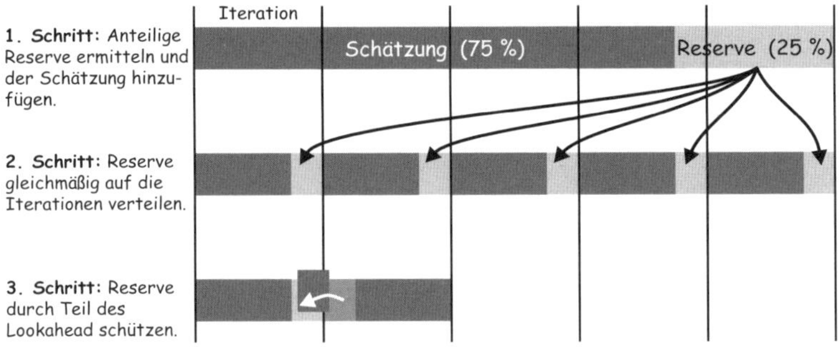

Abbildung 15.8: Explizite Reserven einplanen und schützen

Die Planung expliziter Reserven erfolgt in drei Schritten:

1. Den Umfang einer für das Projekt sinnvollen Reserve bestimmen: Ausgehend von einer Umfangsschätzung auf Basis der bekannten Anforderungen zu Beginn des Projekts am Ende der Vorbereitung kann dieser Wert 20 – 50 % der gesamten zur Verfügung stehenden Kapazität betragen. Ein Wert von ca. 25 % kann als typische Reserve bei Softwareprojekten angenommen werden, wenn aus der Risikobewertung keine Besonderheiten hervorgegangen sind (Abschnitt 10.6.1).
2. Die Reserve anteilig auf die Iterationen verteilen: Unerwartete Probleme können jederzeit eintreten. Wenn wir die Reserve als zeitlichen Puffer am Ende des Projekts verstehen, können wir in riskanten Projekten in den vollständig ausgeplanten Iterationen kaum eine konstante Geschwindigkeit erreichen. Damit werden aber unsere Hochrechnungen in den Burndown-Diagrammen schwierig und wir gefährden die termingerechte Lieferung. Daher verteilen wir die Reserve anteilig auf jede Iteration, damit sie zur Verfügung steht, wenn wir sie benötigen und schnell eine konstante Velocity erreichen möchten.
3. Die Reserve einer Iteration durch vorgezogene Tasks schützen: Die Natur verabscheut ein Vakuum. Daher haben Reserven, die uns zur Verfügung stehen, die Tendenz, auf jeden Fall verbraucht zu werden, also auch wenn keine oder nur geringe Probleme aufgetreten sind. Daher schützen wir sie, indem wir den Umfang der Reserve durch Tasks aus der Folgeiteration auffüllen. Eine explizite Reservenplanung erfordert

also auch ein Lookahead, was bei besonders riskanten Projekten sowieso Best Practice ist und gemacht werden sollte.

Wenn wir explizite Reserven einplanen und mit diesem Mechanismus verteilen, beeinflusst das unsere Planung und das Controlling des Projekts. Jedes Teammitglied wird daher über dieses Vorgehen von Beginn an informiert. Anderenfalls kann durch das Überplanen der Reserven in Schritt 3 ein enormer Druck auf die Teams aufgebaut werden, der eine nachhaltige Entwicklung mit konstanter Velocity verhindert. Im Burndown-Diagramm taucht unsere Reserve als Markierung auf der Zeitachse auf (Abb. 15.9). Solange unsere Hochrechnungen über den Restaufwand und die Velocity innerhalb dieses Korridors liegen, ist alles in Ordnung.

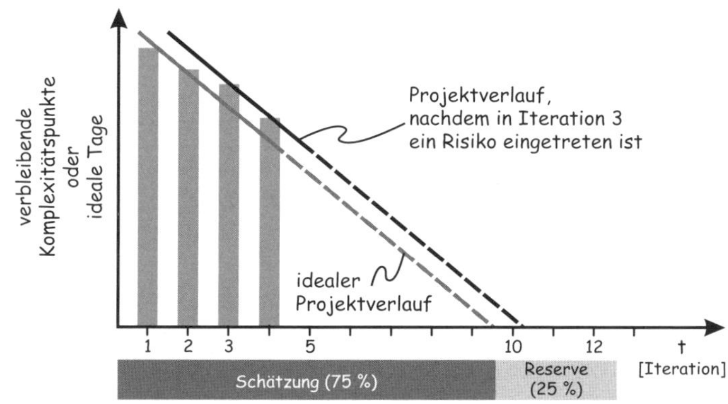

Abbildung 15.9: Burndown-Diagramm mit der expliziten Reserve als zeitlichem Zielkorridor

In agilen Projekten ohne explizite Reservenplanung erfolgen die Schritte 2 und 3 implizit. Durch den Fokus auf eine konstante Velocity und die kleinteilige Zerlegung von Aufgaben werden auch die Risiken über die Zeit verteilt. Die Velocity ist also etwas langsamer, als sie bei einem optimal verlaufenden Projekt ohne eintreffende Risken wäre. Dafür haben wir ein Ergebnis, das stets auf dem angestrebten Qualitätsniveau ist und dessen inhaltliche Ausrichtung von Iteration zu Iteration an die aktuellen Gegebenheiten angepasst wird. Wir optimieren in *APM* unser Projektergebnis und nicht die Auslastung der Mitarbeiter. Nachhaltigkeit in der Entwicklung ist essenziell, um über eine möglichst lange Lebensdauer einer Software wirtschaftlich erfolgreich zu sein. Eine Vollauslastung der Entwickler mit neuen Entwicklungsaufgaben ist daher zu vermeiden. Wenn kurzzeitig hohe Lasten auftreten, sind diese sofort sowohl unter den Entwicklern wie auch im in dieser Zeit erstellten Code und in anderen Artefakten zu kompensieren. Ansonsten werden uns die technischen Schulden sowie eine starke Fluktuation bzw. ein hoher Krankenstand den langfristigen Projekterfolg weitgehend zerstören [177].

15.5.3 Verschiedene Arten von Reserven bei mehreren Teams

Eine Projektreserve, wie wir sie im vorherigen Abschnitt nutzen, sichert einen Liefertermin vor einer zu optimistischen Terminplanung ab. Es kann allerdings in Projekten mit mehreren parallel arbeitenden Teams noch zu anderen Arten von Absicherungen kommen, um unnötige Wartezeiten zu vermeiden. Bevor wir darauf genauer eingehen, werfen wir einen kurzen Blick auf Ideen aus dem *Critical-Chain-Projektmanagement* nach Eliyahu M. Goldratt (1948 – 2011) und seiner Theory of Constraints. Betrachten wir dazu drei auch für agile Projekte wertvolle Aspekte:

- Multitasking einzelner Mitarbeiter oder ganzer Teams ist generell zu vermeiden und die Anzahl parallel laufender Projekte ist zu minimieren, um den Gesamtfortschritt und den Wirkungsgrad der Projektteams zu optimieren.
- Eine Aufgabe wird zum spätestmöglichen Zeitpunkt begonnen, um die Bearbeitung der Aufgabe auf Grundlage der umfassendsten und aktuellsten Informationen durchführen zu können. Wenn eine Aufgabe erledigt wird, deutlich bevor das Ergebnis weiterverwendet oder benutzt wird, sind häufig Nacharbeiten notwendig, um das Ergebnis an den aktuellen Stand der Informationen anzupassen.
- Wenn wir in unserem Entwicklungsprozess an einer Stelle einen Engpass haben, nützt es für den Gesamtfortschritt nichts, wenn wir an anderen Stellen Optimierungen vornehmen. Der Engpass gibt letztendlich unsere Geschwindigkeit vor. Daher ist es essenziell, Engpässe frühzeitig zu erkennen und diese entweder zu lösen oder, wenn das nicht möglich ist, die Mitarbeiter, die an dieser Engstelle arbeiten, so gut wie möglich vor Ablenkungen zu schützen, damit sie sich voll auf ihre Arbeit konzentrieren können.

Die Dauer zur Umsetzung aufeinanderfolgender Aufgaben, die nicht weiter im Team oder zwischen Teams verteilt und parallelisiert werden können, definiert den frühestmöglichen Liefertermin. Aufgrund der Verteilung und des Umfangs der Aufgaben gibt es eine Abfolge von Aufgaben, die den Liefertermin konkret festlegt. Diese Abfolge bezeichnet Goldratt als kritische Kette (Critical Chain) [104].

Betrachten wir dazu das schematisches Beispiel aus Abbildung 15.10 mit zwei parallel arbeitenden Teams A und B in unserem Projekt. Die beiden grauen Bahnen definieren die Kapazität von A bzw. B. Wir betrachten in dem Beispiel nur die wichtigen Aufgaben 1 bis 5. Andere, geringer priorisierte Aufgaben werden nicht dargestellt und in den Lücken bearbeitet. Zwischen den Aufgaben bestehen folgende Abhängigkeiten:

- Die Aufgaben 1 und 4 müssen vor Aufgabe 5 fertiggestellt sein.
- Die Aufgabe 5 muss vor Aufgabe 3 fertiggestellt sein.
- Die Aufgabe 2 ist von den anderen vier Aufgaben unabhängig.

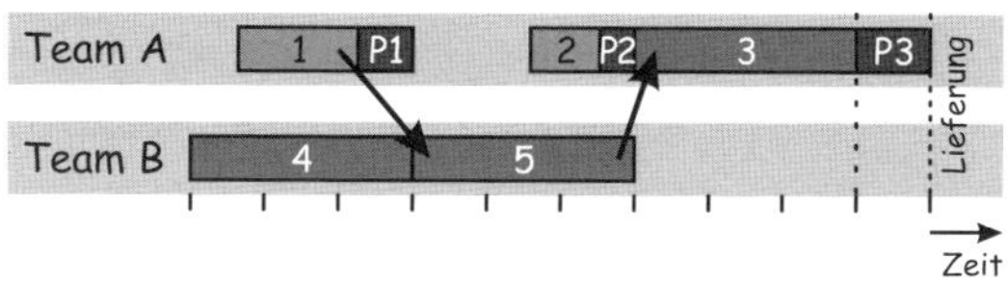

Abbildung 15.10: Absicherung der Aufgaben 4, 5 und 3 in der kritischen Kette durch Reserven P1 bis P3 [104]

Aufgrund des Umfangs der Aufgaben bilden 4, 5 und 3 die kritische Kette. Wenn bei der Bearbeitung dieser drei Aufgaben Probleme auf- und Risiken eintreten, verschiebt sich sofort der frühestmögliche Liefertermin (linke senkrechte gestrichelte Linie in Abbildung 15.10). Wenn wir einen zugesagten Liefertermin fest einhalten müssen, benötigen wir dafür eine Absicherung durch die Reserve P3. P3 wird im Critical-Change-Projektmanagement auch als Project oder Deadline Buffer bezeichnet.

Es tauchen in Abbildung 15.10 noch zwei weitere Reserven auf. Mit P1 schützen wir die Aufgabe 5 vor Verzögerungen, obwohl wir mit der Umsetzung von Aufgabe 1 möglichst spät beginnen. P1 wird auch als Feeding Buffer bezeichnet. Durch das Einfügen der Reserve P2 schützen wir die Aufgabe 2 davor, nicht fertiggestellt zu werden, sobald die kritische Aufgabe 3 begonnen werden kann. P2 wird auch als Resource Buffer bezeichnet.

Dieses Verfahren aus dem Critical-Chain-Projektmanagement kann uns dabei helfen, parallel arbeitende Teams besser zu koordinieren. Wir betrachten dafür nur einen kurzen Zeitraum von einer Iteration plus Lookahead. Hier wird auch das Problem des traditionellen Critical-Chain-Projektmanagements deutlich. Um die kritische Kette vollständig identifizieren zu können, müssten wir das ganze Projekt detailliert durchplanen. In *APM* erreichen wir diese notwendige Detaillierungstiefe jedoch nur für ein bis zwei Iterationen im Voraus. Bei der Koordination parallel arbeitender Teams kann uns diese Technik jedoch helfen, für die nächsten ein bis zwei Iterationen eine bessere Verteilung der Aufgaben auf die Teams zu finden. Wir stellen eine Hypothese über die kritische Kette auf und zerlegen die davon betroffenen Aufgaben ggf. weiter, um sie dann zu verteilen oder mit zeitlichen Reserven zu versehen, sodass die Teams möglichst ungestört arbeiten können. Wartezeiten auf Ergebnisse anderer Teams können so vermieden werden, was uns dabei hilft, Releasetermine besser einzuhalten.

16 Regelmäßige hochwertige Releases

16.1 Die Macht des Rhythmus

Die Überschrift dieses Abschnitts bezieht sich auf einen Artikel von Bernd Oestereich aus dem Jahr 2000, in dem er u. a. inkrementell-iteratives Vorgehen und das Prinzip der Timebox erklärt [116]. Die Wirkung, die ein iteratives Vorgehen sowohl auf die beteiligten Personen wie auf das Produkt hat, ist kaum zu überschätzen. Feste Rhythmen geben Sicherheit und bilden die Basis des agilen Controllings, auf das wir in Kapitel 17 noch eingehen werden.

Die festen Rhythmen beginnen bei den täglichen Standup-Meetings und hören bei den fest eingeplanten Meetings einer Iteration wie Planung, Review und Retrospektive noch nicht auf. Ganz im Gegenteil verschenken wir viel Wirkung des Vorgehens mit *APM*, wenn wir nicht auch die Releases in möglichst kurzen, festen Abständen liefern.

16.1.1 Freigaben und Abnahmen werden Normalität

In *APM* gehen wir davon aus, dass wir alle ein bis vier Iterationen unser Produkt so ausreichend inkrementell erweitert haben, dass unser Kunde bzw. die Anwender es gerne nutzen möchten. Daher liefern wir es dann aus. Da ein modernes Softwareprodukt nach so kurzer Zeit noch nicht abschließend fertig ist, entwickeln wir es inkrementell weiter und liefern diese weiteren Inkremente in der Folge regelmäßig aus.

Unser Kunde bekommt frühzeitig einen Gegenwert für seine Investition geliefert und wir erhalten eine qualifizierte Rückmeldung über unser Produkt von den Anwendern. Auch Fehlerkorrekturen kommen auf diesem Weg schneller und kontrollierter zum Kunden und wir minimieren außerplanmäßige Hotfix-Aktionen. Last, but not least nehmen wir darüber auch den Termindruck aus den meisten Features heraus. Wenn ein gewünschtes und entsprechend priorisiertes Feature in dieser Lieferung leider nicht enthalten ist, weil es z. B. noch nicht fertig geworden ist, kommt es mit dem nächsten Release. Dieser Termin steht schon lange fest und ist wie alle geplanten Releasetermine verlässlich. Nur der genaue Umfang eines Releases ist noch etwas unklar.

Leider haben wir wie so oft für diese Vorteile auch einen Preis zu zahlen. So ist die Erstellung eines Releases mit zusätzlichem Aufwand verbunden, der ebenfalls regelmäßig anfällt. Dazu kommt, dass Freigaben und Abnahmen für die Beteiligten häufig Stress bedeuten. Am schwerwiegendsten ist oft, dass wir ab der ersten Lieferung in den produktiven Betrieb unseres Projektergebnisses mit den Wartungs- und Betriebsaspekten konfrontiert sind. Trotzdem sieht *APM* vor, so oft und regelmäßig wie möglich ein Release auszuliefern. Was steckt dahinter? Gehen wir die drei wesentlichen Gegenargumente der Reihe nach durch.

Aufwand, ein Release zu erstellen

Eine Releaseerstellung ist mit gewissem Aufwand verbunden. Das lässt sich kaum leugnen. Dieser Aufwand fällt auch in traditionellen Projekten an und wird dadurch minimiert, dass er nur einmal am Ende des Projekts auftritt. Doch bekanntermaßen sind *Schweine hinten am dicksten*. Der Releaseaufwand ist dann erschreckend hoch und kaum planbar, da wir keine Vorerfahrung in diesem Projekt damit haben. Es fehlen Routinen in der Auslieferung und Inbetriebnahme. Das wird durch massiven personellen Einsatz wettgemacht.

Da wir davon ausgehen, dass unsere Software lange im Einsatz bleiben und fortlaufend weiterentwickelt wird, lohnt es sich im Hinblick auf den Aufwand und die Planbarkeit, auch im Kontext eines Releases Routine aufzubauen. Wenn es darauf ankommt, darf eben nichts schiefgehen. Wiederkehrende Arbeiten können jetzt automatisiert werden, was die Hürde, ein Release auszuliefern, weiter senkt.

Auch eine Feuerwehreinheit übt regelmäßig, damit im Ernstfall jeder Handgriff sitzt und die Kommunikationswege eingeschliffen sind. Genau so gibt uns ein regelmäßiges Release die Möglichkeit, jedes Mal unsere Freigabe- und Auslieferungsprozesse zu üben. Daher üben wir auch die Releases bei jeder passenden Gelegenheit.

Der Aufwand für ein Release ist damit bekannt, was die Releases gut planbar macht. Durch die regelmäßig erweiterte Automatisierung der Abläufe wird der einzelne Aufwand sogar langfristig abnehmen. Es stellt sich Routine ein.

Stress bei Freigaben und Abnahmen

Wenn wir uns durch eine Aufgabe besonders unter Druck gesetzt fühlen, ist unser erster Impuls, diese Aufgabe zu vermeiden. Doch irgendwann müssen wir ein Release ausliefern und dann rächen sich unsere Versäumnisse besonders stark. Wir stehen unter enormem Stress. Doch es gilt der folgende Merksatz: »If something hurts do it more often!«, wie er z. B. auch bei Martin Fowler zu finden ist [54].

Diese Leitlinie steht auch hinter *Continuous Integration* und damit hinter unserem Umgang mit Auslieferungen. Auch wenn ein *Continuous Delivery* für viele Projekte bzw. Produkte noch Zukunftsmusik ist, können wir durch regelmäßige Releases auch den Stressfaktor, der mit Auslieferungen verbunden ist, deutlich minimieren.

Die beteiligten Personen lernen sich so kennen und lernen, miteinander zu arbeiten. Die Besonderheiten bei einer Auslieferung werden erkannt und entsprechend bei den folgenden Auslieferungen berücksichtigt. Auch mit Freigaben verbundene Audits oder extern durchgeführte Prüfungen verlieren so nach und nach ihren Schrecken. Regelmäßige Lieferungen reduzieren für alle Beteiligte den damit verbundenen Stress.

Wartung und Betrieb

Die Aufgaben aus Wartung und Betrieb der Software sind leider in Entwicklerkreisen nur gering angesehen. Dem *Maintenance-Team* wird oft nur wenig Respekt entgegengebracht. Die damit verbundenen Aufgaben nerven doch nur *richtige* Entwickler, obwohl sie sehr anspruchsvoll sind und ein ausgesprochen tiefes Verständnis der eingesetzten Konzepte und Technologien voraussetzen.

Doch machen wir uns nichts vor. Die meiste Zeit ihres Lebenszyklus wird unsere Software im Wartungs- und Betriebsmodus sein. Zumindest wenn wir ein erfolgreiches Projekt durchführen. Daher ist es von besonderer Bedeutung sowohl für die technischen wie auch betriebswirtschaftlichen Aspekte der Weiterentwicklung, dass die Wartung und der Betrieb der Software effizient und effektiv erfolgen kann.

Da sich Abläufe und Werkzeuge in der Softwareentwicklung immer dann schnell und zielführend weiterentwickeln, wenn die Entwickler selbst direkt davon betroffen sind, ist es also ebenfalls wertvoll, sich bereits im Projektverlauf mit den Wartungs- und Betriebsaspekten zu befassen. Ein zusätzliches technisch motiviertes Argument liegt auch in der Softwarearchitektur des Produkts begründet. Wartungs- und Betriebsaspekte sind häufig deshalb so schwer nachträglich zu verbessern, weil sie eng an Architekturaspekte der Software geknüpft sind. Als Beispiel sind die Update- oder Backup- und Restore- bzw. Archivierungsfunktionalitäten unseres Produkts im laufenden Betrieb genannt. Fragen zur Downtime von Softwaresystemen stellen sich nicht, solange wir nicht ausgeliefert haben. Es gehört also zur Projektentwicklung dazu, sich auch aus den Projektteams heraus mit der Wartung und dem Betrieb zu befassen. Regelmäßige Releases unterstützen diesen Effekt nicht nur, sondern ermöglichen ihn erst.

16.1.2 Den passenden Release-Rhythmus finden

Als Faustformel sollte der Rhythmus für die Releases dauerhaft fest sein und zwischen ein bis maximal vier Iterationen dauern. Damit hängt der konkrete Rhythmus direkt von der Iterationsdauer ab. Die Iterationsdauer wählen wir bei *APM* im Rahmen zwischen zwei und vier Wochen in Abhängigkeit vom erwarteten Bedarf an Projektsteuerung und -kontrolle. Damit kommen wir auf einen Bereich von ca. drei bis fünfundzwanzig Releases pro Jahr. Das lässt doch reichlich Spielraum.

Da wir idealerweise ohne interne Releases, wie sie im nächsten Abschnitt beschrieben werden, arbeiten möchten, können wir zuerst herausfinden, ob wir in unserem Projektumfeld mindestens drei Releases pro Jahr durchführen können. Daran können wir uns dann problemlos orientieren.

Neben der rein technisch-organisatorischen Betrachtung spielt der durch ein Release manifestierte Veränderungsprozess für die Anwender und unter Umständen auch für die Betreiber bzw. Administratoren der Software die wesentliche Rolle bei der Bestimmung des Releaserhythmus. Wie oft können wir diesen Stakeholdern ein neues Release zumuten?

Wenn sich für die Stakeholder Vorteile für ihre tägliche Arbeit ergeben, stellt sich diese Frage nicht. Was machen wir aber, wenn sich keine Vorteile, aber zusätzlicher Aufwand oder einfach nur ein Umgewöhnen ergibt? Wie gehen wir mit dem zu erwartenden Widerstand um? Auch hier gilt, was wir bereits oben diskutiert haben. Durch regelmäßige Releases werden sich auch bei den Administratoren und Anwendern Eingewöhnungen und Routinen ergeben. Wichtig ist dabei, dass die Probleme früh identifiziert und angegangen werden. Welche Anforderungen an unser Softwareprodukt ergeben sich aus diesem Blickwinkel? Wie kann unser Produkt auch in dieser Hinsicht schrittweise besser werden? Was brauchen die Administratoren und Anwender wirklich? Die Antworten auf diese Fragen geben uns einen guten Anhaltspunkt dafür, einen geeigneten Releaserhythmus zu finden und zufriedene Anwender bzw. Administratoren zu bekommen.

16.1.3 Interne und externe Releases

Wenn wir jedoch nur selten oder unregelmäßig echte Releases durchführen können, haben wir ein Problem. Das ist z. B. der Fall, wenn für die Inbetriebnahme eines neuen Releases eine mehrtägige Downtime erforderlich ist oder bei der Veränderung eines bestehenden Produktivsystems umfangreiche Sicherheitsprüfungen, offizielle Abnahmen oder Audits notwendig sind.

Diese einschränkenden Rahmenbedingungen entbinden uns nicht von der Einführung eines engen regelmäßigen Releasezyklus. Wir führen dann interne Releases ein, die weitgehend echten Releases gleichen und anspruchsvolle Schritte, die nicht wirklich durchgeführt werden können, simulieren. Um den Sinn und Zweck dieser Vorgehensweise zu verstehen, kehren wir noch einmal zum oben bereits genannten Beispiel der Feuerwehrübungen zurück. In diesen Übungen wird so realistisch wie möglich der Ernstfall simuliert und geübt. Metriken geben dabei den Stand der Feuerwehrleute wieder. Es wird so lange trainiert, bis die Werte von den verantwortlichen Führungskräften akzeptiert werden. Deshalb können wir uns im Ernstfall auch auf die Kompetenz im Erkennen und Handeln der Feuerwehr verlassen.[1]

Übertragen wir dieses Beispiel in unseren Kontext, so ist das echte, externe Release der Ernstfall und die internen Releases sind unsere Übungseinheiten. Wir können jedes interne Release analysieren und messen, sodass wir ebenfalls daraus lernen und uns von Release zu Release verbessern können, bis ein akzeptables Qualitätsmaß erreicht ist.

Gerade wenn wir nur selten ein Release wirklich durchführen können, sind die internen Releases als Simulationsübungen besonders wertvoll. Wir können uns im *Ernstfall* keine Fehler erlauben, weil die Zeit bis zur nächsten Korrekturmöglichkeit so lang ist. Die internen Releases ermöglichen uns damit die positiven Effekte, die in Abschnitt 16.1.1 beschrieben sind, auch in schwierigen Releaseumgebungen nutzen zu können.

16.2 Releases schneiden und erstellen

16.2.1 Releases schneiden

Die Definition des Umfangs eines Releases ist ein Aushandeln zwischen Stakeholdern wie Produktmanagern, dem Projektleiter und den Featureteams aus der Entwicklung. Dabei wird ein- bis zweimal ein Wechselspiel durchlaufen, an dessen Ende die Produktverantwortlichen die Kosten und erwarteten Nutzen bzw. Werte ausreichend betrachten können, um eine Roadmap mit den Releaseschwerpunkten erstellen und den inhaltlichen Umfang des anstehenden Releases definieren zu können.

In dieser Verhandlung erfolgen die Schätzungen über das Team Estimation Game, das wir bereits in Abschnitt 10.2.3 kennengelernt haben. Aufgrund des oft noch recht hohen Abstraktionsniveaus der Anforderungen sind die so ermittelten relativen Größen nur zur Bewertung der Anforderungen zu nutzen und stellen noch keinen Bezug zu den späteren Schätzungen im Backlog auf Basis von Story Points her. Dazu müssten die dafür genutzen Referenzstories hinzugezogen werden, was meist nicht sinnvoll ist, da dann die meisten der für das Release zu schätzenden Features im Bereich zwischen 20 und 100 Story Points liegen würden. Damit könnte aber

[1]Die Anregung zu diesem Vergleich stammt von Udo Wiegärtner [179].

die Aufgabe der Releaseplanung nicht erfüllt werden. Erst wenn die nach diesem Prozess identifizierten Features in User Stories zerlegt werden und in das Backlog unseres Produkts kommen, werden sie neu und in Bezug zu den bisherigen Backlog-Einträgen geschätzt. Die Releaseplanung erfolgt auf Basis einer Story Map (Abschnitt 5.2.3). Ein solcher Releaseplanungs- und Schätzzyklus durchläuft dann folgende Phasen (Abb. 16.1):

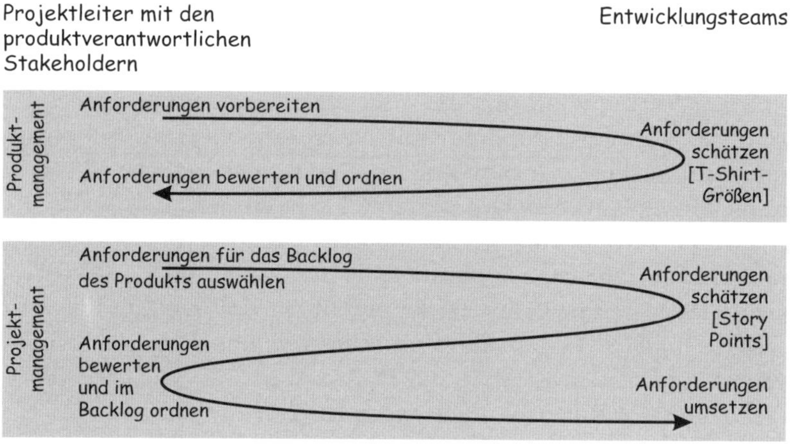

Abbildung 16.1: Die Verhandlung über den Releaseumfang erfolgt im Wechselspiel zwischen Produktverantwortlichen und der Entwicklung, in dessen Kern immer wieder dieselbe Schleife durchlaufen wird, bis die Anforderungen umgesetzt werden.

1. Die möglichen Themen werden so weit durchdrungen, dass sie der Entwicklung in wenigen Sätzen erläutert und aus Managementsicht betrachtet werden können.
2. Die Entwicklung prüft kurz, ob die Erläuterungen für sie ausreichend sind, um eine relative Schätzung der einzelnen Themen zueinander vornehmen zu können.
3. Die möglichen Themen werden nach strategischen und wirtschaftlichen Aspekten durch den Projektleiter in enger Abstimmung mit den produktverantwortlichen Stakeholdern wie z. B. Produktmanagern oder Auftraggebern in einer Liste geordnet, damit eine sinnvolle Untermenge als erster Kandidat für das Release und für die Schätzung durch die Entwicklung ausgewählt werden kann.
4. Die Entwicklung führt einen Schätzworkshop in einer Timebox von typischerweise 60 Minuten nach dem Team Estimation Game durch, wobei der Projektleiter und ggf. ein weiterer Stakeholder mit Produktver-

antwortung anwesend sind und für die Schätzung notwendige Fragen klären können. Damit eine klare Trennung zwischen den Schätzungen für das Produktmanagement (Abb. 16.1, oben) und später im Projekt (Abb. 16.1, unten) unterstützt wird, empfiehlt es sich, unterschiedliche Einheiten in den beiden Schätzworkshops zu wählen. So können die meist nur recht groben Schätzungen im Produktmanagementzyklus z. B. in T-Shirt-Größen erfolgen, während im Projekt mit Story Points gearbeitet wird (siehe Kasten auf Seite 264).
5. Mit den Ergebnissen der relativen Schätzung kann der Projektleiter in Zusammenarbeit mit den projektverantwortlichen Stakeholdern ggf. zu *teure* Anforderungen in mehrere Teile zerlegen, die erneut entsprechend dem Ergebnis des Team Estimation Game durch die Entwicklung geschätzt werden. Nun kann die Reihenfolge der möglichen Anforderungen für das Release festgelegt werden.
6. Die Entwicklung schätzt die für das Release möglichen Themen im Kontext des Backlogs für das Produkt.
7. Der Projektleiter kann nun eine erste Betrachtung und Hochrechnung des Releaseumfangs durchführen und kommunizieren. Gegebenenfalls erfolgen weitere Zerlegungen und damit verbundene Repriorisierungen durch den Projektleiter, bis die jeweilige Iteration mit dem Planungsworkshop beginnt.

In der Entwicklung möchten wir uns auf das Release konzentrieren. Gleichzeitig möchten wir in der Planung und Zusammenstellung eines Releases eine ausreichende Sicherheit bieten. Damit beide Ziele erreicht werden, um ein Release zu einem Erfolg zu machen, gilt es, die *nicht getane Arbeit zu maximieren*. Den Satz kann man ruhig zweimal lesen. Wir möchten keine unnötigen Arbeiten erledigen und eine Verschwendung im Entwicklungsprozess vermeiden. Für die konkrete Planung eines Releases gibt es daher drei mögliche Entscheidungen für ein Feature:

- Ein Feature kommt vollständig in das anstehende Release.
- Ein Feature kommt nicht in das anstehende Release.
- Ein Feature wird weiter zerlegt und Teile davon kommen in das anstehende Release.

Die ersten beiden Optionen sind klar. Spannend ist die letzte Idee. Hier kommen wir zu den Splitting Patterns zurück. In Abschnitt 15.3 haben wir diese Patterns im Kontext von User Stories betrachtet. Sie lassen sich ebenso im Zusammenhang mit der Planung von Releases einsetzen. Zusätzlich können wir bei der Betrachtung von Releaseumfängen auch auf die übergreifendere Ebene der Use Cases gehen. In der Ablaufbetrachtung eines

Relatives Schätzen mit T-Shirt-Größen

Mit dem Schätzen mit Story Points oder über ideale Tage haben wir uns bereits befasst. Reicht das nicht aus? Meistens ja, doch manchmal kann ein kleiner methodischer Wechsel eine Reihe von Problemen lösen. Vom Prinzip her ist eine T-Shirt-Skala eine recht anschauliche Alternative zu den Story Points nach der angepassten Fibonacci-Reihe. Es kann mit drei bis neun Größenkategorien gearbeitet werden, je nachdem, welche Genauigkeit leistbar ist. Im einfachsten Fall haben wir also S, M und L, gebräuchlich sind XS, S, M, L, XL, XXL und es kann hinauf- bzw. heruntergehen bis XXXL und XXXS.

Wenn es in früheren Phasen in den Diskussionen zwischen dem Projektleiter und Stakeholdern wie einem Produktmanager nur um eine erste grobe Einschätzung von Anforderungen geht, kann es hilfreich sein, mit fünf- bis neunstufigen T-Shirt-Größen zu arbeiten. Sie fühlen sich für die beteiligten Personen greifbar an und werden oft auch von Stakeholdern wie Produktmanagern schneller akzeptiert als Story Points. Natürlich lassen wir gleichzeitig mehr Ungenauigkeiten zu, da das Verhältnis zwischen zwei T-Shirt-Größen nicht so klar ist wie zwischen Story Points. In frühen Planungsschritten reichen die T-Shirt-Größen jedoch aus, da wir noch eine hohe Ungenauigkeit in unseren Schätzungen haben.

Ein zusätzlicher Vorteil einer zweiten Schätzskala liegt darin, bei Schätzungen mit unterschiedlichen Bezugspunkten keine Verwirrungen zu stiften. Wenn wir in frühen Planungsphasen noch verschiedene Themen und Featureblöcke strukturieren, bewegen wir uns in deutlich größeren und abstrakteren Bereichen als später bei der Schätzung verschieden großer User Stories im Backlog. Es ist, als ob wir die Einheiten von Meter in Zentimeter wechseln. Wenn wir nur die Zahlenwerte ohne ihre Einheiten betrachten, passen sie nicht zusammen und wir stiften Verwirrung. Davor kann uns die explizite Unterscheidung zwischen T-Shirt-Größen und Story Points bewahren.

Use Case aus unserem Fallbeispiel, z. B. in einem Aktivitätsdiagramm, lassen sich Hauptablauf, Varianten und Ausnahmebehandlungen identifizieren (Abb. 16.2, links). Sie bieten uns einen guten Einstieg in die Zerlegung von Features.

Bei der Zerlegung ist darauf zu achten, dass die Teile voneinander weitgehend unabhängig sind oder Abhängigkeiten sofort ableitbar sind und daher vom Projektleiter in der Reihenfolge in Backlog einfach zu berücksichtigen sind. In der Regel ist nur der Hauptablauf zuerst zu erstellen und dann können die anderen Teile meist in der Reihenfolge nach ihrem Nutzen ergänzt werden. Die zerlegten Anforderungen können einzeln bewertet

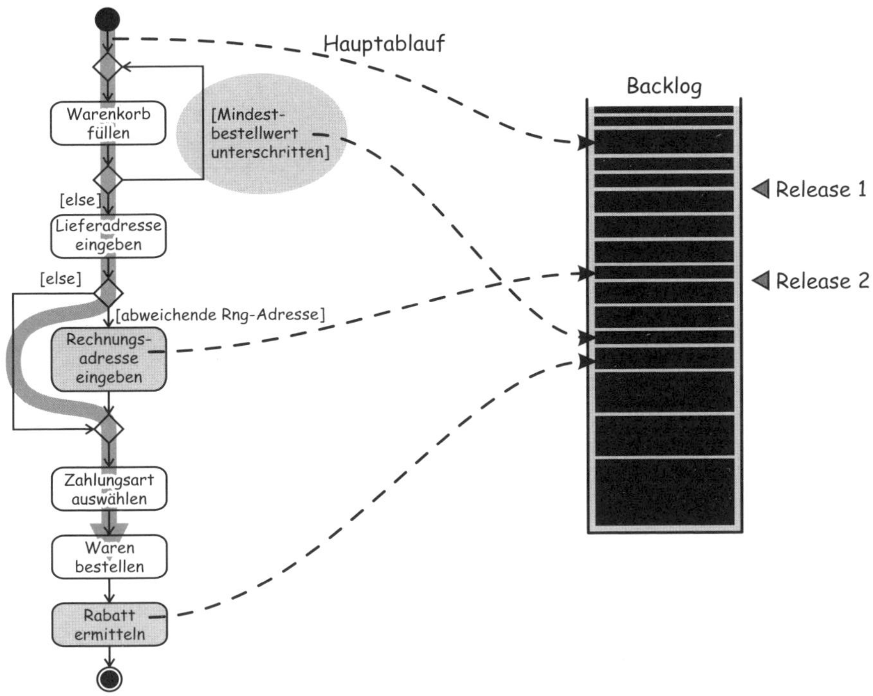

Abbildung 16.2: Use Cases können in ihrem Ablauf nach Hauptablauf, Varianten und Ausnahmebehandlungen zerlegt werden (links). Die einzelnen User Stories können dann nach Nutzen im Backlog auf die Releases verteilt werden (rechts).

und entsprechend in das Backlog eingeordnet werden. Sie können damit auch auf verschiedene Releases verteilt werden (Abb. 16.2, rechts).

16.2.2 Releases erstellen

Ein Release zu erstellen, bedeutet zusätzliche Arbeit für das Entwicklungsteam. Je nach Projektumfeld bieten sich drei grundsätzliche Wege an: das kontinuierliche, das regelmäßige und das ausgelagerte Release (Abb. 16.3).

In Wartungsprojekten oder kleinen Entwicklungsprojekten kann nach jeder Iteration das aktuelle Inkrement ausgeliefert werden. Diese Arbeiten finden dann in den ersten Tagen der Folgeiteration statt, sodass ein bis drei Tage nach Iterationsende das aktuelle Inkrement als Release bereitsteht.

In den meisten Entwicklungsprojekten braucht es zwei bis vier Iterationen, um den Releaseumfang erstellen zu können. Dann erfolgen die Releases in regelmäßigen Rhythmen. Häufig bietet sich dafür eine quartalsweise Lieferung an. Die Arbeiten für das Release erfolgen in der letzten

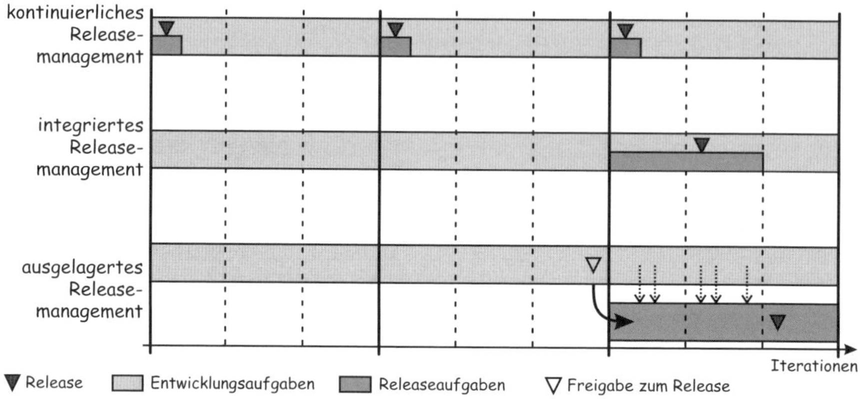

Abbildung 16.3: Drei Möglichkeiten für die Durchführung von Releaseaufgaben (dunkel) am Beispiel von drei Iterationen mit jeweils drei Wochen Dauer: kontinuierlich in jeder Iteration (oben), integriert im Rahmen der einem Release folgenden Iteration (Mitte) oder ausgelagert durch eigene begleitende Arbeiten im Rahmen einer parallelen Iteration (unten)

Iteration vor dem Liefertermin auf Basis des letzten aktuellen Inkrements. Meist kümmern sich nur einige Mitglieder des Teams um ein Release, sodass mit reduzierter Geschwindigkeit parallel am nächsten Inkrement gearbeitet wird. Die Arbeiten benötigen für das Release in dieser Variante ein bis zwei Wochen. Im Extremfall kann es zu einer reinen Release-Iteration kommen, in der sich alle Teammitglieder ausschließlich um die Erstellung des Releases kümmern. Der Bedarf dafür hängt von den zusätzlich notwendigen Arbeiten für ein Release ab. Eine solche Release-Iteration kann in der Jahresplanung bereits vorgesehen und nach den Erfahrungen auch mit verkürzter Dauer eingeplant werden.

Sind z. B. im regulierten Umfeld sehr viele unterstützende Aktivitäten von Personen zu erbringen, die nicht direkt zu den Entwicklungsteams gehören wie z. B. Build- oder Qualitätsmanager und technische Autoren, so können die Releasearbeiten parallel ausgelagert werden (Abb. 16.3, unten rechts). Bei der Betrachtung der Velocity ist zu bedenken, dass es fortlaufend unterstützende Arbeiten für das Releaseteam durch die Entwicklung geben wird (gestrichelte Pfeile in Abbildung 16.3 unten rechts).

16.3 Produktqualität als permanentes Ziel

Damit wir in möglichst kurzen Intervallen regelmäßig unsere Software freigeben und in Betrieb nehmen können, brauchen wir ein hohes Maß an und hohe Kontinuität in der Qualität unserer Software. Diese hohe Qualität ist einerseits Ursache und gleichzeitig Wirkung in einer agilen Vorgehensweise. Wir brauchen den möglichst kurzen Rhythmus an Releases, um aussagekräftige Rückkopplungsschleifen aufzubauen, die uns eine optimale Kalibrierung unseres Produkts sowie unseres Entwicklungsprozesses ermöglichen. Gleichzeitig funktioniert ein solches Vorgehen am Markt nur, wenn wir auch eine ausreichende Produktqualität liefern können.

16.3.1 Qualität von Software

Was ist Softwarequalität genau? Es lohnt sich dafür, einen weiteren Blick auf die einzelnen Aspekte aus Abbildung 12.4 zu werfen. Wir haben uns dort bereits mit der Wechselwirkung von Architektur und Qualitätsaspekten befasst. Doch was steckt hinter den dort aufgezeigten Begriffen [167]?

Funktionalität: Damit sind alle Charakteristiken gemeint, die die geforderten Fähigkeiten eines Systems beschreiben. Das sind im Einzelnen:

- Angemessenheit: Wie geeignet ist die Realisierung der Anforderungen für die spezifizierten Anforderungen wie z. B. die Zerlegung in Schritte oder Teilfunktionalität?
- Richtigkeit: Erfolgt eine korrekte Realisierung gemäß der Spezifikation insbesondere bezogen auf Genauigkeiten berechneter Werte, Toleranzen gemessener Werte und andere *Spielräume*?
- Interoperabilität: Erfolgt ein korrektes Zusammenspiel des Testsystems mit anderen, vorgegebenen Systemen oder Subsystemen?
- Ordnungsmäßigkeit: Werden anwendungsspezifische Normen, gesetzliche Bestimmungen oder sonstige Vereinbarungen wie Branchen- oder Firmenstandards ausreichend erfüllt?
- Sicherheit: Wird eine ausreichende Zugriffs- und Datensicherheit gegenüber versehentlichem oder vorsätzlichem, unberechtigtem Zugriff erreicht?

Zuverlässigkeit: Hiermit wird die Bewahrung eines spezifizierten Leistungsniveaus unter festgelegten Bedingungen über einen definierten Zeitraum hinweg beschrieben. Auch dieses Merkmal wird weiter unterteilt:

- Reife: Wie häufig erfolgt ein Versagen der Software durch Fehlerzustände?
- Fehlertoleranz: Wie stabil und determiniert verhält sich das System, nachdem ein Problem zu einer Fehlerwirkung geführt hat?

- Wiederherstellbarkeit: Wie einfach und schnell kann das geforderte Leistungsniveau nach einem Versagen oder Ausfall wiederhergestellt werden?

Benutzbarkeit: Darunter versteht man, die Aufwände für die Benutzung der Software durch die einzelnen Benutzergruppen mit ihren Teilaspekten zu berücksichtigen.

- Verständlichkeit: Wie aufwendig ist es für den Nutzer, das Konzept und die Anwendung der Software zu verstehen?
- Erlernbarkeit: Wie aufwendig ist es für den Nutzer, die Bedienung der Software zu erlernen?
- Bedienbarkeit: Wie aufwendig ist es für den Nutzer, die Software zu bedienen?
- Attraktivität: Wie anziehend ist die Anwendung der Software für den Nutzer gestaltet?

Effizienz: Das sind Tests messbarer Ergebnisse zur Erfüllung der Aufgabe. Häufig werden diese Eigenschaften auch als *Leistung* bzw. *Performanz* bezeichnet. Die Effizienz beschreibt das Verhältnis zwischen Leistung und den eingesetzten Betriebsmitteln unter definierten Rahmenbedingungen. Relevante Messgrößen sind:

- Zeitverhalten: Wie lang dauern Antwort- bzw. Verarbeitungszeiten? Welchen Durchsatz erreicht die Software unter Last?
- Verbrauchsverhalten: Welche Betriebsmittel werden in welcher Anzahl über welche Dauer von der Software benötigt, um ihre Aufgaben zu erfüllen? Hierbei geht es um Arbeitsspeichernutzung, Anzahl genutzter CPUs und ihre Nutzungsdauer, Festplattenzugriffe, Netzbandbreiten bzw. Netzlast usw.

Änderbarkeit bzw. Wartbarkeit: Damit wird der effiziente Einsatz über einen langen Zeitraum hinweg beschrieben. Welchen Aufwand benötigt die Durchführung von Anpassungen wie Korrekturen, Verbesserungen oder Aufgaben aufgrund von Änderungen im Umfeld?

- Analysierbarkeit: Wie hoch ist der Aufwand, um Mängel oder Ursachen von Problemen zu analysieren und zu ändernde Teile, Module und Komponenten zu identifizieren?
- Modifizierbarkeit: Wie hoch ist der Aufwand, um Verbesserungen, Korrekturen oder Anpassungen an veränderte Umgebungen umzusetzen?

- Stabilität: Wie hoch ist die Wahrscheinlichkeit, dass unerwartete Auswirkungen oder Seiteneffekte nach Änderungen bzw. Anpassungen erfolgen?
- Prüfbarkeit: Wie hoch ist der Aufwand, das veränderte Produkt gemäß den Testanforderungen zu prüfen?

Übertragbarkeit: Wie leicht ist der Betrieb unter verschiedenen Betriebssystemen, auf unterschiedlichen Hardwareplattformen oder in verschiedenen Umgebungen möglich? Dabei können neben Hard- und Softwareumgebungen auch organisatorische Aspekte relevant sein. Die folgenden Faktoren spielen in diesem Zusammenhang eine Rolle:

- Anpassbarkeit: Wie aufwendig ist es, die Software an verschiedene Umgebungen anzupassen?
- Installierbarkeit: Wie hoch ist der Aufwand, das Produkt bei einem Kunden zu installieren?
- Austauschbarkeit: Wie aufwendig ist es, das Produkt in einer anderen Umgebung einzusetzen?
- Koexistenz: Wie gut kann unser Produkt neben anderen Produkten mit ähnlicher oder gleicher Funktion arbeiten?
- Konformität: Wie gut stimmten die Umsetzung, Protokolle, Schnittstellen usw. mit aktuell gültigen Regeln, Vorschriften, Anweisungen und als üblich anzusehenden Best Practices überein?

Das sollte für einen ersten Blick auf die sechs einzelnen Qualitästaspekte ausreichen. Für jeden Hauptpunkt bzw. Ast aus der Abbildung 12.4 gilt zusätzlich die Forderung nach Konformität, also die Definition des Grads der Ausprägung der einzelnen Unterpunkte gemäß den Standards, Normen, Vereinbarungen usw. Wie umfangreich oder genau sollen bzw. müssen die entsprechenden Qualitätskriterien für unser Produkt eingehalten oder befolgt werden? So kann es z. B. im regulierten Umfeld Projekte geben, die einen explorativen Charakter haben und nicht direkt auf die spätere Marktfähigkeit zielen. Die Konformität wird sich dann nur auf für die Erforschung relevante Bereiche beziehen und andere mehr oder weniger außer Acht lassen dürfen.

16.3.2 Quality in Use – die Nutzungsqualität

Neben den einzelnen Aspekten von Softwarequalität wie Funktionalität, Zuverlässigkeit, Benutzbarkeit, Effizienz, Änderbarkeit und Übertragbarkeit ist der Nutzen bzw. Wert von Software in den unterschiedlichen Einsatzszenarien, also die Nutzungsqualität (engl.: Quality in Use), für den

Projekterfolg essenziell. Generell wird zwischen drei verschiedenen aufeinander aufbauenden Sichten auf Qualität unterschieden, die miteinander interagieren (Abb. 16.4) [167]:

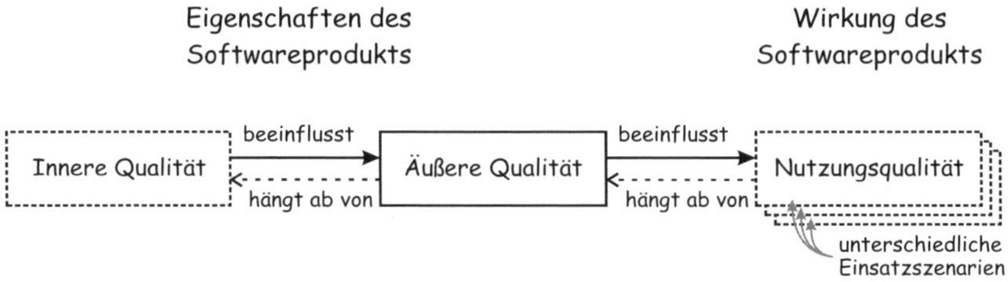

Abbildung 16.4: Wechselwirkung zwischen innerer und äußerer Qualität mit der Nutzungsqualität (Quality in Use) [167]

Innere Qualität: Sie betrifft zwei Bereiche: Software und die Hardware, auf der sie läuft. Für die Software sind dies die statischen Eigenschaften des Codes, die durch Codereviews oder statische Analysen ermittelt werden können.

Äußere Qualität: Sie ergibt sich im dynamischen Zusammenspiel von Software und Hardware und kann von außen z. B. über das Messen des Antwortzeitverhaltens oder das Durchlaufen fachlicher Testszenarien ermittelt werden.

Nutzungsqualität (Quality in Use): Hier werden die Auswirkungen in den verschiedenen Einsatzszenarien im Betriebsumfeld ermittelt, um festzustellen, inwieweit die Anforderungen und Erwartungen der Anwender, Kunden und weiterer Stakeholder erfüllt werden.

Die äußere Qualität entsteht als kombiniertes Ergebnis des Verhaltens der Software auf der Hardware und des Verhaltens der Hardware an sich. Sie bildet eine vergleichsweise klare Grenze und lässt sich an dieser gut messen und überprüfen. Die Nutzungsqualität ergibt sich über die Effektivität, Produktivität und Erfüllung der Anwenderbedürfnisse in den unterschiedlichen Einsatzszenarien.

Damit hängt die Nutzungsqualität zum großen Teil von der äußeren Qualität ab, umfasst jedoch deutlich mehr (Abb. 16.4). Neben der Benutzbarkeit bzw. Usability sind z. B. das Zusammenspiel und die Integration in die vorhandenen oder parallel entwickelten Umfeldsysteme und deren Wechselwirkungen ebenso maßgeblich für die Wirkung, Produktivität und Erfüllung der Erwartungen der Kunden. Des Weiteren steht die Unterstützung der Arbeitsprozesse der Anwender im Fokus und geht damit weit über die reine Benutzbarkeit hinaus.

16.3.3 Wege zum Erreichen der angestrebten Qualität

Um für unser Produkt das angestrebte Qualitätsniveau zu erreichen, bündeln wir in *APM* eine Reihe von Maßnahmen. Den grundlegenden Rahmen dafür bilden die auf verschiedenen Ebenen in den Entwicklungsprozess integrierten Rückkopplungsschleifen von Unit Tests bis zu den regelmäßigen Releases mit Abnahmen und einem frühzeitigen produktiven Betrieb erster Ausbaustände des Produkts. Damit alle Beteiligten wissen, worauf sie dabei zu achten haben, definieren wir eine Reihe qualitätsrelevanter Parameter. Dabei unterscheiden wir allgemeinere Aspekte von speziellen, einer Anforderung zugeordneten Parametern. Daher finden wir qualitative Anforderungen an mindestens vier Stellen:

- Akzeptanzkriterien an User Stories und Qualitätsszenarien, wenn ein Qualitätsaspekt einer User Story zugeordnet wird
- Q-Stories (Qualitätsgeschichten aus Abschnitt 12.4.1)
- Beschreibung von Randbedingungen z. B. in der Definition of Done
- Personas und in übergreifenden Einsatzszenarien

Auf die ersten drei Themen sind wir bereits in Abschnitt 12.4 eingegangen. Zu Personas und Einsatzszenarien kommen wir in Abschnitt 20.4 noch zurück. So können wir unsere qualitativen Anforderungen festhalten, abbilden und in der Übersicht behalten. Doch wir brauchen noch mehr qualitätssichernde Maßnahmen, um ein qualitativ hochwertiges Produkt zu entwickeln. Das Zusammenspiel der einzelnen agilen Testaktivitäten innerhalb der Entwicklung eines Inkrements wird anschaulich durch die Testquadranten definiert (Abb. 16.5). Wir erkennen daraus auch den hohen Grad an Automatisierung und Werkzeugunterstützung für die verschiedenen Tests in den einzelnen Quadranten [37].

Das agile Testen und die Testquadranten sind von Lisa Crispin und Janet Gregory bekannt gemacht worden, wobei die vier Testquadranten auf Brian Marick zurückgehen, einen weiteren Erstunterzeichner des Agilen Manifests. Die agilen Testquadranten beschreiben den integrierten Testprozess in einer agilen Entwicklung, bevor es ggf. zu formalen Abnahmen kommt. Jeder Quadrant fokussiert dabei auf bestimmte Ziele und hat typische Rollen sowie eine spezifische Art der Umsetzung oder technischen Werkzeugunterstützung.

Die Quadranten ergeben sich aus einer Kombination von jeweils zwei Testschwerpunkten. Im Einzelnen sind dies [37]:

1. Technische Umsetzung – Rückmeldung an das Team
   Hier erfolgen im Rahmen des testgetriebenen Vorgehens automatisierte Tests durch die Entwickler in Form von Unit Tests und Komponententests.

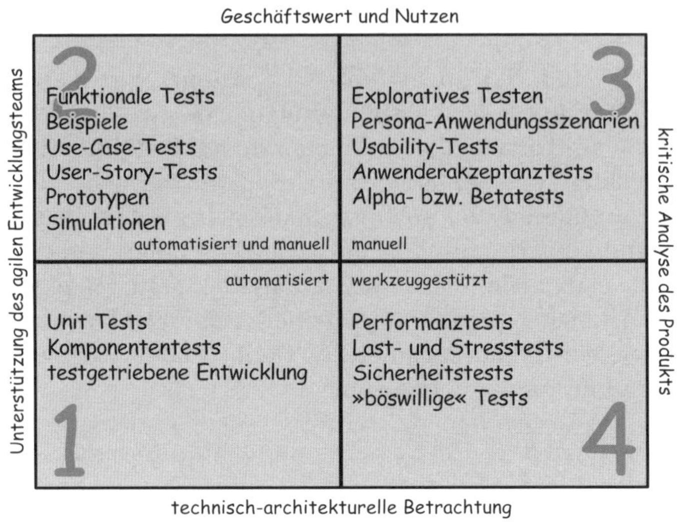

Abbildung 16.5: Die agilen Testquadranten [37]

2. Rückmeldung an das Team – fachliche Anforderungen
Hier werden sowohl automatische als auch manuelle Tests durch Entwickler mit Unterstützung durch und in enger Abstimmung mit dem Tester in folgenden Formen durchgeführt:
   - Funktionale Tests
   - Beispieldurchläufe
   - Tests von User Stories über deren Akzeptanzkriterien bzw. Akzeptanzszenarien
   - Prototypen
   - Simulationen
3. Fachliche Anforderung – kritische Produktprüfung
Hier erfolgen überwiegend manuelle Tests durch den Tester mit Unterstützung ausgewählter Anwender wie:
   - Exploratives Testen
   - Szenariobasierte Tests, die aus Persona-Analysen abgeleitet werden (im Unterschied zu Akzeptanzszenarien aus dem zweiten Quadranten)
   - Usability-Tests
   - Anwenderakzeptanztests
   - Alpha- und Betatests

4. Kritische Produktprüfung – technische Umsetzung
   Hier erfolgen werkzeugunterstützte Tests durch Tester mit enger Unterstützung durch die Entwickler in Form von:
   - Performanztests
   - Last-, Volumen- und Stresstests
   - Test der sogenannten Software»ilities«[2] wie z.B.:
     - Benutzbarkeit
     - Wartbarkeit im Sinne der Testbarkeit und Änderbarkeit
     - Skalierbarkeit
     - Zuverlässigkeit im Sinne der Verfügbarkeit
     - Erweiterbarkeit
     - Sicherheit
     - Übertragbarkeit

In jeder Iteration sind Tests aus allen vier Quadranten durchzuführen. In der Definition of Done sind für die Stufe des Inkrements dafür die entsprechenden Kriterien festzulegen. Das bedeutet nicht, dass die ganze Palette an möglichen Tests durchzuführen ist, sondern dass eine dem Projekt und angestrebten Produkt angemessene Auswahl zu treffen und deren notwendige Durchdringung zu definieren ist.

16.3.4 Technische Metriken wider die Softwareerrosion

Der Begriff *Softwareerrosion* sagt es ja bereits aus, was er zu beschreiben versucht. Software braucht keine Wartung, weil sie nicht verschleißen kann. Wir müssen keinen Ölwechsel durchführen wie bei einem Auto. In der Softwarewartung tauschen wir auch keine Bremsflüssigkeit aus, sondern korrigieren Fehler, führen funktionale Erweiterungen oder qualitative Verbesserungen durch.

Dennoch kann Software errodieren. Die ursprünglichen Designideen und -konzepte sind nicht mehr eindeutig in den Modellen oder im Code erkennbar. Ebenso kann die ursprüngliche Architektur unseres Systems *verwaschen* und durch spätere Umsetzungen überdeckt, aufgebohrt und durch andere Ansätze ergänzt werden. All diesen Effekten ist eines gleich: Es bleiben eine Reihe Bad Smells zurück.

In der Konsequenz wird unsere Software fehleranfälliger und unsere automatisierten Tests verlieren an Aussagekraft, wenn wir nicht regelmäßig gegen die Softwareerrosion ankämpfen. Wie können wir in einem

[2] Die meisten englischen Begriffe für diese Testaspekte enden auf *ility* wie usability, scalability usw.

komplexen Projekt die Durchdringung automatisierter Tests und technische Aspekte wie Abhängigkeiten oder Bad Smells über einfache Metriken überwachen? Eine Reihe von Werkzeugen steht uns am Markt dafür zur Verfügung. Sie lassen sich in den automatisierten Build-Prozess integrieren und zeigen damit tagesaktuell und meist recht übersichtlich den aktuellen Stand von Unit-Test-Überdeckungen, Abhängigkeiten oder Komplexitätsmetriken für Module und das ganze Produkt an.

Diese Werkzeuge wie z. B. SonarQube und das Rough Auditing Tool for Security (RATS) oder kommerzielle Tools wie die Bauhaus Suite oder AppScan[3] geben regelmäßig über ein zusammenfassendes *Dashboard* eine Übersicht der statischen Analysen, technischen Schulden bzw. Bad Smells und Testüberdeckungen sowie Sicherheitsaspekte.

Ein einzelner *Schnappschuss* hat kaum Aussagekraft. Deshalb wenden wir ein solches Werkzeug, das in den Build integriert ist, regelmäßig an und analysieren Trends, die wir im zeitlichen Verlauf erkennen. Verbessern oder verschlechtern sich bestimmte Parameter? Wie ist das zu interpretieren? Der Architekt diskutiert diese Beobachtungen regelmäßig mit den Entwicklern im Team, um gemeinsam notwendige Konsequenzen abzuleiten, mit denen der Softwareerrosion begegnet werden kann. Die daraus abgeleiteten technischen Tasks werden dann zeitnah in einer Iteration im Rahmen der regelmäßigen Wartungsarbeiten oder bei umfangreicheren Aufgaben in der nächsten Refactoring-Phase umgesetzt.

[3]Die genannten Werkzeuge stehen exemplarisch für diese Art von Programmen und stellen keine Empfehlung für eines der Produkte dar.

17 Projektcontrolling und -steuerung

17.1 Grundprinzipien des agilen Projektcontrollings

Agile Projekte betreiben kontinuierlich einen hohen Aufwand, um ein für den Kunden zufriedenstellendes Ergebnis zum gewünschten Termin oder zu den geplanten Kosten zu erreichen. Aufgrund der hohen Transparenz aller relevanten Aspekte können tagesgenau aktualisierte *Hochrechnungen* erfolgen. Werfen wir nun einen genaueren Blick auf das Controlling, das uns die Steuerung des Projekts erst ermöglicht.

17.1.1 Abgeschlossene Aufgaben und Restaufwand

Das agile Projektcontrolling beruht ausschließlich auf zwei Faktoren:

- Funktionierende Software als Maß für den Fortschritt
- Restaufwandsbetrachtungen über relative Schätzungen

Andere Betrachtungen des Projektfortschritts als über fertiggestellte Software haben eine zu geringe Aussagekraft und können daher vernachlässigt werden. Damit ein agiles Projektcontrolling funktioniert, sind einige für *APM* wichtige agile Best Practices konsequent umzusetzen:

- Die Anforderungen werden in kleine Teile zerlegt, die für sich bereits einen Mehrwert für den Kunden schaffen, und um Akzeptanzkriterien ergänzt. Damit sind die einzelnen Aufgaben testbar und wir erreichen drei Dinge:
  - Einzelne Aufgaben können und werden bereits in der ersten Iteration umgesetzt. Das auf ihrer Fertigstellung basierende Projektcontrolling funktioniert daher ab der ersten Iteration.
  - In einer Iteration werden viele Aufgaben umgesetzt und somit zahlreiche einzelne Messpunkte definiert, sodass das Controlling nicht von der Umsetzung weniger oder bestimmter Aufgaben abhängt.
  - Durch die Definition von Akzeptanzkriterien wird die äußere Produktqualität festgelegt. Damit ist klar definiert, was *fertiggestellt* und *funktionierend* aus Kundensicht bedeutet.

Das Konzept der User Story erfüllt diese Anforderungen. Daher basiert das Controlling in *APM* auf fertiggestellten User Stories. Für das Backlog unseres Produkts bedeutet das, dass dort eingestellte Aufgaben in der Regel erst weiter zerlegt werden müssen, bevor die zerlegten Teile einen ausreichend geringen Umfang und die Kriterien einer User Story erreicht haben.

- Damit nicht nur die äußere Qualität über Akzeptanzkriterien beschrieben wird, sondern auch die innere Qualität unserer Software angemessen ist sowie unsere Prozessqualität den Ansprüchen genügt, definiert eine detaillierte Definition of Done die allgemeinen Qualitätsanforderungen an die einzelnen Entwicklungsschritte. Die Definition of Done, die Akzeptanzkriterien der einzelnen User Stories und ggf. für mehrere User Stories zusammenfassende Q-Stories definieren den Grad der inneren, äußeren und Nutzungsqualität (Abschnitt 16.3). Diese Produktqualität muss erreicht werden, um eine Aufgabe als *fertig* einzustufen.
- Es gibt aus Sicht des Projektcontrollings für eine User Story kein *teilfertig* bzw. teilweise fertiggestellt. Nur abgeschlossene Aufgaben werden berücksichtigt. So vermeiden wir einen unbegründeten Optimismus, was den Fertigstellungsgrad angefangener Aufgaben betrifft. Zusätzlich unterstützen wir dadurch die Entwicklungsteams dabei, sich auf die Fertigstellung von Aufgaben zu fokussieren und nicht zu viele Aufgaben gleichzeitig anzufangen.

Die Festlegung des gewünschten Niveaus für die Produktqualität ist essenziell für das Projektcontolling. Es basiert auf der Messung fertiger Teile und des Restaufwands. Daher sind alle Formen von Prototyping oder konzeptioneller Arbeit für die Fortschrittsmessung irrelevant. Sie sollten sich daher stets auf das absolut notwendige Minimum beschränken.

17.1.2 Konstante Velocity und technische Schulden

Als Velocity haben wir die durchschnittlich in einer Iteration umgesetzten Story Points bzw. idealen Tage definiert. Ihr Wert wird am Ende jeder Iteration nach dem Ergebnisreview für jedes Entwicklungsteam durch den agilen Coach aktuell berechnet. Damit die Prognosen, die wir gleich im Anschluss betrachten, ausreichend aussagekräftig sind, dürfen sich die einzelnen Werte für jede Iteration nur wenig voneinander unterscheiden. Idealerweise haben wir in unserem Projekt eine konstante Velocity.

Die Abweichungen von Iteration zu Iteration dürfen nur gering sein, solange keine unvorhergesehenen Probleme wie eine Grippeepedemie oder verlorene bzw. zerstörte Hardware eingetreten sind. Leichte Schwankungen von bis zu $\pm 10\,\%$ sind hingegen normal und unproblematisch (Korridor in

Abbildung 17.1). Die Konstanz der Velocity genießt höchste Priorität und ist noch wichtiger als die absolute Höhe bzw. die Steigerung der Velocity.

Auch am Umgang mit der Velocity eines Teams erkennen wir eines der zentralen Grundprinzipien agilen Vorgehens wieder: Wir optimieren die Ergebnisse und nicht die Auslastung! Doch wovon hängt die Konstanz der Velocity ab? Zum einen ist der bereits im vorherigen Abschnitt genannte Aspekt maßgeblich, eine eher große Anzahl klein zerlegter, weitgehend voneinander unabhängiger Anforderungen in jeder Iteration umsetzen zu wollen. Wir erhalten so eine Vielzahl an Messpunkten, sodass die Variation der Velocity in einer Iteration nur wenig von der Umsetzung einzelner Anforderungen abhängt. Haben wir hingegen nur fünf ungefähr gleich große Anforderungen für die Umsetzung in einer Iteration geplant, so macht bereits das Fehlen einer Anforderung eine Reduktion der Velocity um ca. 20 % aus. Werden hingegen fünf von 50 geplanten User Stories nicht in der Iteration umgesetzt, so reduziert sich unsere Velocity nur um ca. 10 %. Natürlich ist im ersten Beispiel von der fehlenden fünften Aufgabe ein Teil bereits vom Team umgesetzt worden. Wir messen jedoch nur fertig umgesetzte und abgenommene Aufgaben und damit fehlt sie völlig in den Berechnungen.

In die nächste Iteration geht eine solche Aufgabe dann nur mit ihrem Restaufwand in die Kapazität der Iteration ein, bringt am Ende aber ihre volle Punktzahl in die Berechnung der Velocity. Das führt dann dazu, dass wir einen deutlich höheren Wert erreichen und unsere Velocity über die Iterationen um so stärker schwankt. Prognosen sind damit kaum aussagekräftig. Die Lösung dieses Problems ist die feine Zerlegung der Aufgaben und **nicht** die Einführung einer zusätzlichen Bewertung teilfertiger Aufgaben. Das Entwicklungsteam könnte sonst nur zu leicht den Fokus auf die Fertigstellung angefangener Aufgaben verlieren und wir lügen uns mit fortschreitendem Projekt mit unserem Controlling in Bezug auf den wirklichen Fortschritt und seine tatsächliche Geschwindigkeit mehr und mehr in die Tasche, ohne an Aussagekraft zu gewinnen.

Natürlich steht die Velocity und ihre Konstanz in einem engen Zusammenhang zum Entwicklungsteam und seiner Zusammensetzung. Folgende Punkte sind dabei besonders zu beachten:

- Je größer der Anteil eher universell einsetzbarer Mitarbeiter im Team ist, desto besser kann auf Probleme reagiert werden und damit die Velocity konstant gehalten werden.
- Die Personen in einem Team sind fest und ausschließlich einem Projekt zugeordnet. Jeder Mitarbeiter konzentriert sich auf eine Aufgabe zur Zeit in einem einzigen Projekt, um die aufwendigen geistigen Rüstzeiten beim Wechsel zwischen verschiedenen Kontexten zu vermeiden.
- Je kürzer die Zeit zwischen der Fertigstellung und der Abnahme einer User Story oder aussagekräftiger Teile davon ist, desto geringer sind die

eventuell notwendigen Korrekturzyklen. Auch diese enge Zusammenarbeit reduziert geistige Rüstzeiten und stabilisiert damit die Velocity.

Es gibt noch einen zweiten, langfristig wirkenden Effekt auf die Konstanz der Velocity: technische Schulden [185]. Wir sind auf diese Metapher bereits in Abschnitt 12.2.4 eingegangen. Nun betrachten wir ihre langfristige Wirkung auf die Velocity (Abb. 17.1).

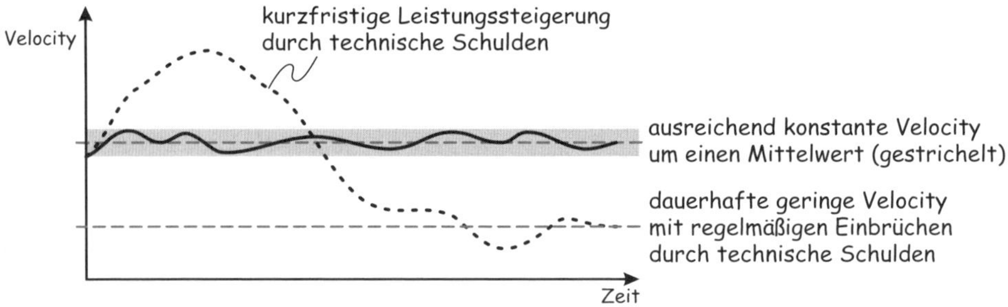

Abbildung 17.1: Die negative Wirkung technischer Schulden auf die langfristige Velocity [185]

Technische Schulden führen dazu, dass sich die Software schnellen Änderungen und Anpassungen gegenüber immer *zäher* verhält, als es sich durch den fachlich getriebenen Zuwachs an Funktionalität und anderen Anpassungen alleine ergeben würde. Die Software wird schwerer wartbar, weil die Zeit zum Nachvollziehen und Verstehen für die Entwickler immer länger dauert und sich immer mehr unerwartete Seiteneffekte und Fehler einstellen, die zusätzlich ausgebaut werden müssen. Damit werden auch die Aufgaben zur Beseitigung der technischen Schulden immer umfangreicher und riskanter. Das alles reduziert die Velocity dauerhaft (Abb. 17.1). Dazu kommt der Effekt, dass es immer wieder Iterationen gibt, die unter einem starken Einbruch der Velocity leiden, weil mehrere technische Risiken eingetreten sind. Die Velocity wird also durch technische Schulden, die zu lange im System verbleiben und sich weiter vermehren, nicht nur unnötig reduziert, sondern auch zwangsläufig unkonstant.

Wie bereits in Abschnitt 12.2.4 beschrieben, dürfen wir im Projekt immer wieder technische Schulden eingehen, um ein anstehendes Problem zu lösen. Wir müssen aber gleichzeitig dafür sorgen, dass sie kurzfristig wieder abgebaut werden, damit sich die Schulden nicht anhäufen und vermehren. Wir dürfen uns von einer kurzfristigen hohen Geschwindigkeit durch schnell gemachte technische Schulden nicht blenden lassen (Abb. 17.1, oben links). Sonst zahlen wir später zu viele Zinsen in Form einer unnötig niedrigen und immer wieder einbrechenden Velocity (Abb. 17.1, unten rechts).

17.1.3 Prognosen und die lineare Hochrechnung

Die Konstanz der Velocity ist für unsere Prognosen essenziell. Ähnlich, wie ein Navigationsgerät aus den durchschnittlichen Geschwindigkeiten im Stadtverkehr, auf Landstraßen oder Autobahnen unsere Ankunftszeiten berechnet, können wir durchschnittliche Kapazitäten einer Iteration, für ein Release oder den bekannten Restaufwand bestimmen, solange die durchschnittliche Velocity mit der Realität ausreichend übereinstimmt. Die Velocity entspricht der Kapazität einer Iteration.

Das Prinzip der linearen Hochrechnung ergibt sich aus dem Burndown-Diagramm, wie in Abschnitt 10.4.2 bereits beschrieben (Abb. 10.5 und 17.2). Wir können es mit einer Hochrechnung vergleichen, deren Ergebnisse wir bei Wahlen von den entsprechenden Forschungsinstituten bereits wenige Minuten nach Schließung der Wahllokale erhalten. Das typische Wählerverhalten in den Wahlkreisen ist aus Analysen der letzten Wahlen bekannt und in Relation zueinander gebracht worden. Sobald einige Wahllokale erste Auszählungsergebnisse liefern, kann über die ermittelten Zusammenhänge zwischen den Wahlkreisen auf das Wählerverhalten aller Wahlkreise geschlossen werden. Die erste Hochrechnung stabilisiert und verbessert sich mit jedem neu hinzukommenden Auszählungsergebnis.

Ähnlich verhält es sich mit unseren Hochrechnungen. Alle Aufgaben im Backlog für unser Produkt sind relativ zueinander geschätzt und in Story Points oder idealen Tagen vermerkt worden. Diese Werte stellen den Bezug zwischen den einzelnen Aufgaben her. Für einzelne Aufgaben, die weiter zerlegt und dabei neu geschätzt werden, kann sich durch neue Erkenntnisse aus dem laufenden Projekt und bei der Analyse für die Zerlegung dieser Bezug verändern. Sobald wir die erste Iteration abgeschlossen und erste Ergebnisse abgenommen haben, wissen wir, wie groß unsere Velocity derzeit ist. Um bei unserem Vergleich zu den Wahlen zu bleiben: Der erste Wahlkreis ist ausgezählt. Jetzt können wir über die ermittelte Velocity hochrechnen, wie sich unser Projektverlauf darstellt. Mit jeder weiteren abgeschlossenen Iteration verbessert sich unsere Datenlage und damit die Bestimmung der Velocity. Damit unsere Hochrechnung so einfach bleibt, braucht es zwei Voraussetzungen:

- Die Dauer einer Iteration ist stets gleich lang.
- Die Velocity ist ausreichend konstant.

Dann ist unsere Hochrechnung über den linearen Zusammenhang zwischen Velocity und Story Points bzw. idealen Tagen einfach zu berechnen bzw. grafisch in den Burndown-Diagrammen anzugeben. Wir brauchen dann keine aufwendige Statistik, wie sie Wahlforschungsinstitute einsetzen müssen, um ihre genauen Prognosen erstellen zu können.

17.2 Projektcontrolling – Story Points und Tasks

Das Controlling eines Projekts nach *APM* erfolgt also über Story Points bzw. ideale Tage. Aussagen zu Terminen bzw. dem funktionalen Umfang, der bis zu einem Termin vermutlich erreicht wird, basieren auf einer Trendanalyse. Um Trends erkennen zu können, nutzen wir verschiedene, aufeinander aufbauende Visualisierungen.

17.2.1 Trends erkennen – Burnup- und Burndown-Diagramm

Auf das Burndown-Diagramm im Allgemeinen sind wir bereits mehrfach eingegangen. Betrachten wir nun einige typische Effekte und das Zusammenspiel mit der Darstellung in Burnup-Diagrammen. Ein typisches Burndown-Diagramm sehen wir in Abbildung 17.2. Wir erkennen darin fünf interessante Besonderheiten:

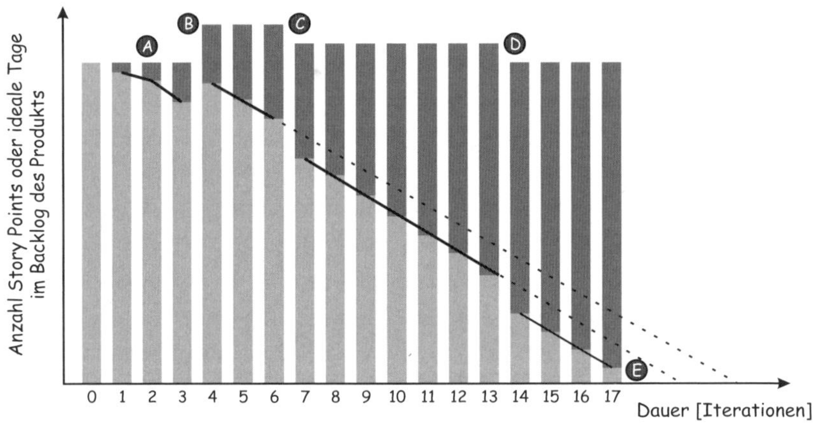

Abbildung 17.2: Effekte und Trendbetrachtungen an einem Burndown-Diagramm für ein Projekt über 17 Iterationen innerhalb eines Jahres. Auf die Punkte A bis E wird im Text eingegangen.

A: Zu Beginn in den ersten zwei bis drei Iterationen schwankt die Velocity meist noch stärker als gewünscht. Das Projekt schwingt sich ein. Die einzelnen Teammitglieder lernen das Projekt kennen und passen sich den aktuellen projektspezifischen Gegebenheiten an. Spätestens zur fünften Iteration sollte sich ein Projekt eingeschwungen haben oder etwas Grundsätzliches läuft schief.

B: Der Umfang nimmt zu. Dafür können zwei Gründe verantwortlich sein. Vielleicht hat der Kunde bemerkt, dass wichtige Anforderungen fehlen, und ergänzt diese kurzfristig, sodass sich der Umfang der Aufgaben und damit auch die Summe der Story Points bzw. idealen Tage erhöht. Eine Vermehrung des Umfangs kann es aber auch nach der Zerlegung größerer Aufgaben geben. Bei der Zerlegung erfolgen analytische Betrachtungen, die zur Folge haben können, dass die Summe der Story Points bzw. idealen Tage der zerlegten Aufgaben größer ist als der Schätzwert für die ursprüngliche große Aufgabe. Beide Effekte führen zu einer Vergrößerung des Umfangs.

Die Gerade der Velocity verschiebt sich dadurch etwas nach oben, obwohl das Entwicklungsteam in der Iteration 4 weitere Aufgaben umgesetzt hat. Der Endtermin verschiebt sich dadurch automatisch weiter nach hinten (obere gestrichelte Linie in Abbildung 17.2).

C: Der Umfang kann sich auch verringern, wenn z. B. nach einer Zerlegung erkannt wird, dass sich Zusammenhänge einfacher darstellen als gedacht. Dann wird die Summe der Einzelschätzungen über die zerlegte Aufgabe kleiner ausfallen als die ursprüngliche Schätzung. Die Linie der Velocity schiebt sich etwas nach unten und der erwartete Fertigstellungstermin rückt näher (untere gestrichelte Linie in Abbildung 17.2).

D: Wenn sich im letzten Drittel in der Hochrechnung des geplanten Projektverlaufs zeigt, dass der geplante Umfang nicht bis zum gewünschten Termin umgesetzt werden kann, handelt der Projektleiter mit dem Kunden aus, wie damit umzugehen ist. Meist genießt der Termin Priorität, sodass an den geplanten Aufgaben Abstriche gemacht werden. Um die Einschnitte so gering wie möglich zu halten, werden die Kandidaten im Backlog dafür weiter zerlegt, damit weniger wichtige oder kaum benötigte Teile aus dem Backlog herausdefiniert werden können. Dadurch reduziert sich der Umfang und die Gerade der Velocity rutscht weiter nach unten.

E: Am Ende des Projekts bleiben oft noch ein paar Aufgaben unerledigt. Diese haben jedoch so geringe Priorität für den Kunden, dass sie entweder leicht in ein Folgeprojekt verschoben werden können oder ganz wegfallen. Damit ist der Termin eingehalten und das Maximum an wertvoller Funktionalität geliefert, was in diesem Projekt zu diesem Zeitpunkt möglich war.

Eine Trendbetrachtung über ein Burndown-Diagramm ist schwierig, wenn sich die Umfänge von Iteration zu Iteration stark verändern. Die Velocity ist nicht mehr offensichtlich, da es Sprünge in der Kurve der Velocity gibt, obwohl das Entwicklungsteam durchgängig gearbeitet hat. Abhilfe kann da eine Variation schaffen: das Burnup-Diagramm (Abb. 17.3).

Im Burnup-Diagramm tragen wir zwei Kurven auf: den Umfang der fertiggestellten Aufgaben und den Gesamtumfang des Projekts. Der Abbildung 17.3 liegen dieselben Daten zugrunde wie dem Burndown-Diagramm in Ab-

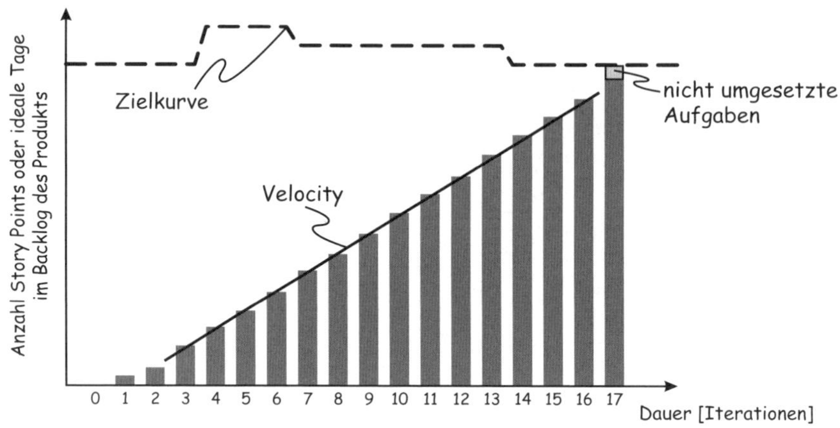

Abbildung 17.3: Die Werte aus Abbildung 17.2 als Burnup-Diagramm dargestellt

bildung 17.2. Wir erkennen jetzt sofort, dass ab der dritten Iteration bis zum Ende des Projekts die Velocity recht konstant ist. Der Gesamtumfang des Backlogs für unser Produkt über die Iterationen aufgetragen bildet eine Zielkurve für unser Projekt. Die Einhaltung des Endtermins stellen wir dadurch sicher, dass wir am Zielumfang Veränderungen vornehmen.

Das Burnup-Diagramm ist eine sinnvolle Ergänzung zum Burndown-Diagramm. Obwohl es auf demselben Datenmaterial beruht, können wir die Velocity besser visualisieren. Beide Diagramme liefern uns eine gute Basis, um Trends in unserem Projekt früh zu erkennen und die Wirkung von Maßnahmen schnell zu überprüfen.

17.2.2 Cumulative-Flow-Diagramm und Trendanalysen

Aus dem Kanban kommt eine andere wertvolle Darstellung, die uns eine weitere Trendanalyse ermöglicht: das Cumulative-Flow-Diagramm (Abb. 17.4). Dabei schichten wir die Aufgaben aus dem Backlog nach ihrem Bearbeitungszustand. Die unterste Fläche, die sich dabei ergibt, entspricht dem Burnup-Diagramm (*geliefert* in Abbildung 17.4). Darüber kommen dann die in Arbeit befindlichen Aufgaben und darüber die zur Bearbeitung bereitgestellten und bereits entsprechend zerlegten Aufgaben.

Auf der Y-Achse werden wieder die Summen in Story Points oder idealen Tagen oder auch nur die Anzahl der Aufgaben aufgetragen. Verbindet man die so entstandenen Messpunkte, ergeben sich die drei Flächen in Abbildung 17.4, die bei den Trendbetrachtungen die zentrale Rolle spielen. In Punkt **F** sehen wir eine Vergrößerung der in Arbeit befindlichen Aufgaben. In der zweiten Iteration sind zu viele Aufgaben begonnen, aber nicht fertig-

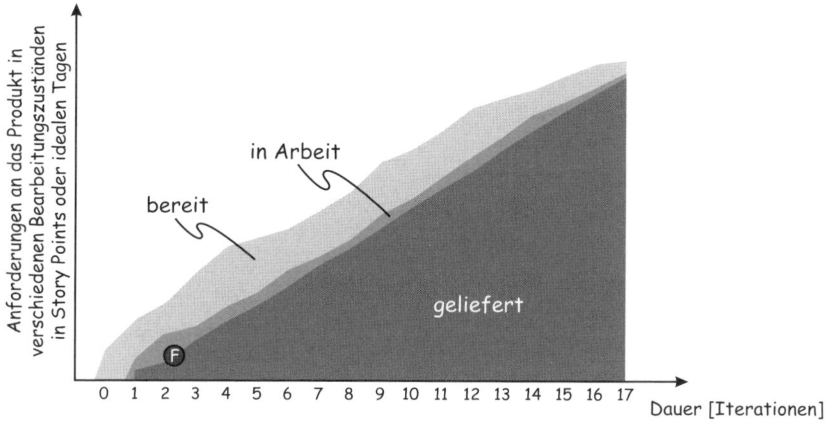

Abbildung 17.4: Schema eines Cumulative-Flow-Diagramms als Beispiel mit den Werten aus Abbildung 17.3. Der Punkt F wird im Text erläutert.

gestellt worden. Dieser negative Trend ist erkannt und sofort angegangen worden.

Da wir auch andere Zustände von Aufgaben betrachten, erkennen wir Aspekte des gesamten Entwicklungsprozesses im Cumulative-Flow-Diagramm wieder. Wir sehen, ob ausreichend, zu wenige oder eine Halde zu vieler Aufgaben bereit ist für die Umsetzung, wie das Verhältnis offener zu abgeschlossener Aufgaben ist und die Velocity mit ihren Variationen. In Abschitt 18.4 kommen wir auf das Cumulative-Flow-Diagramm zurück.

In *APM* setzen wir alle drei Visualisierungen ein, um Trends früh erkennen und Prognosen durchführen zu können. Die Darstellungen sind schnell zu erfassen und allen Stakeholdern schnell erläutert. Die Visualisierung von Trends kann uns dabei helfen, in schwierigen Situationen gegenüber anderen Stakeholdern zu argumentieren und gemeinsam Lösungen zu finden, wenn wir z. B. den geplanten Umfang reduzieren möchten, um einen Liefertermin einzuhalten.

17.2.3 Verfügbare Kapazität und das Wetter von gestern

Die Velocity ist einheitenlos und wird in Story Points pro Iteration bzw. idealen Tagen pro Iteration gemessen. Sie hat den Charakter einer Geschwindigkeit. Gleichzeitig können wir sie auch als Kapazität einer Iteration betrachten. In einer Iteration können so viele User Stories umgesetzt werden, wie es die Velocity als Kapazität einer Iteration zulässt. Wir dürfen nicht mehr in einer Iteration planen, als das Entwicklungsteam zu leisten imstande ist. Durch die Transparenz des Projektcontrollings wird das Entwicklungsteam in Planung-II-Meeting bereits von selbst darauf achten.

Wir streben eine konstante Velocity an, obwohl es verschiedene Effekte gibt, die zu Schwankungen führen. Zum einen wird ein Team in den ersten Iterationen meist etwas schneller werden, weil sich die Zusammenarbeit verbessert und sich die einzelnen Personen besser kennenlernen. Ob dieser Effekt eintritt, kann jedoch nicht vorhergesehen oder gar geplant werden.

Von daher schauen wir, ob er eintritt, aber wir berücksichtigen ihn nicht bei frühen Aussagen zur Velocity oder zu Terminen. Die Ermittlung der Velocity aus den abgeschlossenen Iterationen ist eine defensive Vorgehensweise, die uns vor überzogenem Optimismus schützt. Sie basiert auf der *Yesterdays weather rule* oder auf Deutsch der Wetter-von-gestern-Regel [13]. Sie sagt aus, dass das Wetter morgen genau so sein wird wie heute. In Mitteleuropa hat man damit eine Erfolgsquote von ca. 70 %, da sich das Wetter statistisch etwa alle drei Tage ändert.[1] Wenn das Team nun wirklich etwas schneller wird, werden wir etwas schneller fertig werden als ursprünglich ermittelt oder können mehr Funktionalität umsetzen. Alles in allem ergibt sich daraus kein Problem für uns.

Nun können Entwickler auch mehrere Tage wegen Krankheit ausfallen. Doch wie stark ist der Effekt wirklich? Am Ende der Iteration wissen wir, was uns dieser Ausfall gekostet hat. Je flexibler unser Entwicklungsteam aufgestellt ist, desto geringer wird der Einbruch der Velocity ausfallen. Und sobald wieder alle an Bord sind, wird auch schnell wieder die ursprüngliche Geschwindigkeit erreicht werden. Da wir Krankheiten kaum vorab planen können, können wir weiter in der Zukunft liegende Zusagen zur Sicherheit auf Basis der etwas reduzierten Geschwindigkeit unter durchschnittlicher Krankheitsrate bestimmen, wenn wir es für notwendig halten.

Auch wenn die Mitarbeiter nicht über die Team-Velocity einzeln beurteilbar sind, können wir geplante längere Urlaube mit einer durchschnittlich ermittelten Personengeschwindigkeit berücksichtigen. Je kleiner unser Entwicklerteam, desto stärker wird ein Urlaubseffekt sichtbar werden. Wenn wir also eine Velocity von 70 haben bei sieben Personen im Entwicklungsteam und einer Iterationsdauer von vier Wochen, so können wir bei einem dreiwöchigen Urlaub eines Teammitglieds die Kapazität der Iteration für die Planung in Planung I um einen entsprechenden Wert reduzieren. Die Kapazität beträgt dann nur noch $70 - (\frac{3}{4} \times 10)$ also ungefähr 63. Da bei längeren Projekten alle Mitarbeiter früher oder später ihren Urlaub nehmen werden, können wir mit einer Mittelung dieses Effekts rechnen und auch hier die tatsächlich ermittelte Velocity als Bezugspunkt verwenden, da der Urlaub darin basierend auf Durchschnittswerten berücksichtigt ist. Es läuft also im Großen und Ganzen immer wieder auf die Wetter-von-gestern-Regel hinaus. Wir werden in der nächsten Iteration so viele Punkte bzw.

[1] Das bedeutet, dass die ganzen Anstrengungen der Meterologen dazu dienen, mit ihren Aussagen eine deutlich höhere Wahrscheinlichkeit als 70 % zu erreichen.

ideale Tage umgesetzt bekommen, wie wir in der letzten Iteration geschafft haben. Nicht viel mehr, aber auch nicht viel weniger.

17.2.4 Der Weisheit der Menge

Das Projektcontrolling erfolgt über die Story Points bzw. idealen Tage, die Aufgaben zugeordnet sind, die im Laufe einer Iteration abgeschlossen wurden. Damit ist die relative Schätzung, wenn eine Aufgabe in das Backlog unseres Produkts aufgenommen wird oder in Teilaufgaben zerlegt wird, von besonderer Bedeutung. Wir nutzen dafür die Intelligenz unseres Entwicklungsteams zum relativen Schätzen.

Dieses Vorgehen funktioniert, weil Schätzungen statistische Verfahren sind, wie wir in Abschnitt 10.5.2 bereits gesehen haben. Diese Entdeckung ist bereits über 100 Jahre alt [158]. Der Engländer Francis Galton (1822 – 1911) befasste sich bereits in den 70er- und 80er-Jahren des 19. Jahrhunderts intensiv mit Statistik und führte u. a. die Methode der Regression ein. Im Jahr 1906 kam er bei einer regionalen Messe auf die Idee, zu zeigen, dass Experten der gemeinen Menge deutlich überlegen sind. Er fand die Anregung dazu in einem Schätzwettbewerb, bei dem es galt, das Gewicht eines ausgeweideten Ochsen zu schätzen. Fast 800 Personen nahmen daran teil, darunter Experten wie Metzger und Landwirte, aber auch viele Laien, die über kein spezielles Wissen zu diesem Thema verfügten. Galton ließ sich nach dem Ende des Wettbewerbs die Karten der Teilnehmer geben und wertete sie statistisch aus.

Nach Auswertung der 787 lesbaren Karten kam er jedoch zu einem für ihn sehr überraschenden Ergebnis. Der Mittelwert der Schätzungen aller Teilnehmer lag mit 1197 englischen Pfund nur um ein Pfund neben dem tatsächlichen Wert von 1198 englischen Pfund. Zahlreiche Wiederholungen dieses Experiments bestätigen seitdem das Ergebnis.

Meist ist das Gruppenergebnis sogar besser als die beste Einzelschätzung. Wenn dies mal nicht der Fall ist, so liegt der Gruppenwert dennoch sehr nah am Ergebnis und liefert einen mehr als brauchbaren Schätzwert [158]. Die Teamschätzungen sind nicht nur verlässlich, sondern das beste bekannte Schätzverfahren, das durch die Anwendung bestimmter Methoden wie der Dreipunktschätzung oder der doppelten Mittelwertbildung noch weiter gesteigert werden kann. Obwohl sich die einzelnen Schätzungen deutlich voneinander unterscheiden, ist ein Gruppenergebnis meist hervorragend nutzbar. Warum diskutieren wir dann unsere Schätzungen im Team Estimation Game oder Planning Poker, anstatt die Werte einfach zu mitteln? Weil wir bei unseren Schätzungen nur fünf bis zehn Personen in der Gruppe haben und keine 800 und in der Diskussion die Experten besser einbinden können. Am Beispiel der doppelten Mittelwertbildung kann dies verdeutlicht werden.

Die doppelte Mittelwertbildung als Gruppenschätzverfahren

Wie die Dreipunktschätzung ist auch die doppelte Mittelwertbildung ein Schätzverfahren, das in der Vorbereitungsphase des Projekts für erste Gesamtschätzungen zum Einsatz kommen kann. Die einzelnen Mitglieder unserer Schätzgruppe schätzen unter Leitung eines Moderators einen Wert für eine Aufgabe, ohne miteinander zu diskutieren. Nach einer ausreichenden Zeit sammelt der Moderator die einzelnen Werte ein, die jeder auf ein Stück Papier geschrieben hat, und bildet ihren Mittelwert.

Nun veröffentlicht der Moderator den berechneten Mittelwert sowie die beiden extremen Schätzwerte, also den niedrigsten und den höchsten Wert. Die Personen, die diese Werte aufgeschrieben haben, werden nun gebeten, zu begründen, warum sie so geschätzt haben. Danach erfolgt eine Diskussion der relevanten Faktoren für die Schätzung, die vom Moderator geleitet wird. Nachdem alles Wichtige gesagt wurde, erfolgt ein zweiter, geheimer Schätzdurchgang. Der aus diesen einzelnen Schätzwerten berechnete Mittelwert ist das Gruppenschätzergebnis.

In kleineren Gruppen, deren Anzahl an Mitgliedern ca. 20 Personen unterschreitet, können die statistischen Gruppeneffekte noch nicht voll zur Geltung kommen, da die Menge der *Schätzpunkte* zu gering für eine statistische Untersuchung ist. Dennoch versuchen wir, diese Gruppeneffekt nutzbar zu machen. Ein wichtiger Aspekt dabei ist, dass die Teilnehmer an der Schätzung sich über ihre Schätzprämissen und Annahmen austauschen.

Ein Problem bei dieser Interaktion ist die ungewollte gegenseitige Beeinflussung durch Personen, die die Gruppe dominieren. Daher ist die geheime Abgabe der Schätzergebnisse unter Umständen wichtig bzw. beim Planning Poker das gleichzeitige Aufdecken der Karten. Auch ist es meist hilfreich, wenn der agile Coach als Moderator fungiert. Er kann darauf achten, dass die Diskussion konstruktiv bleibt sowie beabsichtigte oder unbeabsichtigte Beeinflussungen durch einzelne Personen minimiert werden.

Dreipunktschätzung in der Gruppe

Natürlich können wir auch eine Dreipunktschätzung in einer Gruppe vornehmen. Dabei werden die einzelnen drei Punkte von der Gruppe geschätzt. Dazu könnte auch jeweils eine doppelte Mittelwertbildung genutzt werden. Wenn nur der 50 %-Wert von Interesse ist, könnte auch jeder Teilnehmer seine eigene Dreipunktschätzung vornehmen und seinen 50 %-Wert bestimmen. Diese Werte werden dann vom Moderator eingesammelt und die Extremata sowie der Mittelwert veröffentlicht. Die Teilnehmer können daraufhin ihre Schätzprämissen und Annahmen diskutieren und sich entweder auf einen Wert einigen oder einen zweiten Durchgang vornehmen analog zur doppelten Mittelwertbildung.

17.3 Eine Iteration über das Taskboard steuern

Bislang haben wir das Projektcontrolling auf der Ebene der Iterationen und Releases betrachtet. Aber auch die Iteration selbst kann über analoge Mechanismen gesteuert werden. Zentrale Elemente dabei sind das Taskboard und ein Task-Burndown-Diagramm.

Eine User Story oder andere Aufgabe, die in einer Iteration umgesetzt werden soll, wird in Planung II vom Entwicklungsteam in einzelne Tasks zerlegt. Das einzige Kriterium bei der Zerlegung ist, dass die Tasks eine ungefähre Umsetzungsdauer von wenigen Stunden bis maximal ca. einem Arbeitstag haben. Dadurch sollten sich auf dem Taskboard täglich Veränderungen derart ergeben, dass Taskkarten von links nach rechts entlang der Prozessschritte wandern.

Dazu pflegt jedes Mitglied des Entwicklungsteams mindestens einmal am Tag das Taskboard bezüglich der Tasks, an denen es gearbeitet hat. Der beste Zeitpunkt für diese Aktualisierung ist kurz von dem Daily-Standup-Meeting. Wenn diese Fortschrittsanzeige nicht ausreicht, um eine Übersicht zu gewinnen, kann der agile Coach auch zusätzlich ein Task-Burndown-Diagramm erstellen und tagesaktuell pflegen.

17.3.1 Task-Burndown-Diagramm

Ein Task-Burndown-Diagramm ist ein Burndown-Diagramm, an dessen Y-Achse die Anzahl der noch offenen Tasks abgebildet werden anstatt der Story Points oder idealen Tage. Da die Tasks relativ klein sind, brauchen hierfür keine Schätzwerte oder echte Aufwandszahlen berücksichtigt zu werden, sondern es reicht aus, die noch offenen Tasks einmal am Tag durchzuzählen.

Direkt vor dem Daily-Standup-Meeting kann der agile Coach den Tageswert bestimmen und kurz auftragen. Die Task-Velocity in Tasks pro Tag sollte ebenfalls eher konstant gehalten werden, um frühzeitig Probleme mit der Zielerreichung für die Iteration erkennen zu können. So kann das Entwicklungsteam gemeinsam mit dem Teamprojektleiter rechtzeitig nach Lösungen suchen.

Um einen Task als *fertig* zu definieren, nimmt der Empfänger des Taskergebnisses dieses ab, indem er es begutachtet. Dabei kann der Empfänger auch der Erzeuger des Ergebnisses sein, wenn er damit weiterarbeitet. Falls es zu viele Qualitätsprobleme mit der Taskergebnisqualität gibt, kann ein breiterer Einsatz von Pair Working bzw. Pair Programming helfen. Falls ein Task der letzte Task einer User Story oder anderen Aufgabe ist, so gilt er als fertig, wenn die User Story oder Aufgabe entsprechend der Definition of Done abgenommen wurde. Für bestimmte Tasks können auch in der DoD allgemeine Fertigstellungskriterien definiert werden.

17.3.2 WIP – Work in Progress

Auch wenn wir beim Thema Kanban in Kapitel 18 noch genauer darauf eingehen werden, so ist ein kurzer Vorgriff auf die Limitierung der laufenden Arbeit wertvoll, weil sie auch für das Controlling wichtig ist. Mit *Work in Progress* meinen wir Aufgaben, die innerhalb eines Entwicklungsschritts parallel in Arbeit sind. Auf dem Taskboard sehen wir die Anzahl solcher Tasks über die Anzahl der Taskkarten in einer Spalte des Taskboards.

Wir können bei unseren Analysen des Taskboards schnell erkennen, ob eine Spalte mehr und mehr überläuft, weil in den Schritten davor reichlich gearbeitet wird, und die Menge der Ergebnisse nicht ebenso schnell abgearbeitet werden kann. Damit in den vorhergehenden Schritten nicht unnötig viel auf Halde gearbeitet wird, ohne dass diese rechtzeitig in der Iteration wieder abgearbeitet werden kann, können wir auf einzelne Spalten ein sogenanntes WIP-Limit setzen. Damit limitieren wir die Anzahl der Karten in einer Spalte und vermeiden unnötiges Multitasking. In Abschnitt 18.3.2 gehen wir darauf genauer ein. In Abbildung 14.2 auf Seite 205 ist bereits dargestellt worden, wie verschiedene WIP-Limits als Zahlen im Spaltenkopf aussehen können.

Ebenso können wir am Taskboard erkennen, wenn eine Spalte droht leerzulaufen und der Entwicklungsprozess deswegen ins Stocken gerät. Auch hier kann das Problem rechtzeitig erkannt werden und das Entwicklungsteam verteilt seine Arbeitsschwerpunkte entsprechend, dsoass die betroffenen Spalten wieder in kurzer Zeit ausreichend gefüllt sind.

17.4 Metriken und KPI

17.4.1 Grundlegende Definitionen

Metriken sind mit Projektmanagement so eng verbunden, wie es die Mathematik mit der Physik ist. Sie stellen für uns ein essenzielles Werkzeug zur Steuerung dar. Bevor wir jedoch in das Thema *agiler Metriken* tiefer eintauchen, gilt es, drei Begriffe zu klären. Wir unterscheiden dabei Metriken, Key Performance Indicators (KPI) und Diagnostiken [67, 70]:

Metrik: Eine Metrik ist eine Messung oder Kombination von Messungen für quantitative Bewertungen, Steuerung oder Verbesserung eines Prozesses, Produkts oder Teams.

KPI: Ein Key Performance Indicator (KPI) ist eine quantifizierbare Metrik, die die Performanz einer Organisation in Bezug auf das Erreichen von Zielsetzungen und Planungszielen widerspiegelt.

Diagnostik: Eine Diagnostik ist eine Metrik, die zur Diagnose und Verbesserung von Prozessen eingesetzt wird, die Geschäftswert erzeugen. Was dabei gemessen wird, braucht jedoch nicht von direktem Wert für den Kunden zu sein.

Beim Einsatz von Metriken dürfen wir nicht außer Acht lassen, dass es sich bei allem, was wir messen können, stets um mehr oder weniger indirekte Indikatoren handelt. Metriken sind daher mit Vorsicht einzusetzen und zu interpretieren. Sie können auf keinen Fall den direkten Kontakt zwischen Projektleitern und Teams ersetzen.

17.4.2 Absicht und Bedeutung agiler Metriken

Auch wenn Metriken zum Teil in Verruf geraten sind oder zumindest sehr differenziert betrachtet werden[2], gehören sie im Kern zu einer agilen Softwareentwicklung. Metriken dienen uns dabei, Rückkopplungsschleifen aufzubauen, um damit komplexe Abläufe besser steuern zu können. Jede Metrik muss sich an diesem Ziel messen lassen.

Relevante Metriken fokussieren daher auf wirtschaftlich bedeutsame Aspekte und Zusammenhänge. Das klingt einfach, ist es aber nicht. Nehmen wir z. B. den *Aufwand*. Für sich allein genommen sagt ein Aufwandswert für eine Aufgabe nichts aus. Welche Bedingungen waren gegeben? Wie erfahren war der Entwickler mit der Aufgabe? Wie stabil war das System, in dem er die Aufgabe umgesetzt hat? Es wird klar, dass ein Wert für sich genommen keine Bedeutung hat, obwohl der Aufwand zur Umsetzung von Aufgaben ganz erheblich zu den Kosten eines Projekts beiträgt.

Wir brauchen daher Metriken, die auf viele einfachen Messungen basieren, um statistische Betrachtungen durchführen zu können. Ein weiterer Grund dafür liegt in der grundsätzlichen Messungenauigkeit, die jede Messung durch die Art ihrer Erhebung und die Wahl der Einheit hat. Wenn Zeiten nur auf 15 Minuten genau erfasst werden, kann die Genauigkeit $\pm$ 15 Minuten, also eine halben Stunde, nicht unterschreiten.[3] Auf das Thema der *Einheiten* sind wir bereits in Abschnitt 10.2.1 eingegangen. Wenn wir also zahlreiche Messungen brauchen, um überhaupt die Basis für aussagekräftige Metriken legen zu können, müssen die einzelnen Messungen einfach zu erfassen sein, um keinen Overhead zu erzeugen.

Dabei können wir allerdings einen grundlegenden Vorteil von sinnvollen Metriken nutzen. Da wir sie stets im Rahmen von Trendanalysen zu

[2]Als ein Beispiel für viele sei hier auf den Artikel *Wer viel misst, misst viel Mist* aus dem Magazin *Brand Eins*, Ausgabe 08 aus dem Jahr 2002 hingewiesen (http://www.brandeins.de/archiv/2002/modern/wer-viel-misst-misst-viel-mist.html). Reinhard Sprenger blickt darin differenziert auf Möglichkeiten und Probleme des Messens in Organisationen.

[3]Wir kennen dieses Problem aus der Nachrichtentechnik als Nyquist-Shannon-Abtasttheorem.

interpretieren haben, ist eine hohe Genauigkeit bei den Messungen meist nicht notwendig. Aus einer geeigneten Metrik sind dennoch relevante Informationen abzuleiten. Ungenauigkeiten und Grauzonen können bewusst zugelassen werden.

Bis jetzt haben wir eine einzelne Messung bzw. Metrik betrachtet. Die meisten Metriken und Trendbetrachtungen basieren aber auf Vergleichen. Dabei setzen wir zwei oder mehrere einzelne Metriken in Bezug zueinander. Der einfachste Bezug ist das Verhältnis, also um bei unserem Aufwandsbeispiel zu bleiben $\frac{Aufwand}{StoryPoint}$ oder ähnliche Brüche. Auch ein solches einzelnes Ergebnis hat für sich noch keine Aussagekraft, kann aber über die Zeit betrachtet werden. Solange die Referenzstory gleich bleibt, können wir den Trend des Aufwands pro Story Point z. B. über die Iterationen hinweg betrachten. Diese Messung ist dann wieder einfach, da wir nur zwei Messwerte benötigen: den Aufwand, der in einer Iteration erbracht wurde, und die Summe der gelieferten und abgenommenen Story Points. Die beiden Messwerte sind ja bereits verdichtet.

An diesem einfachen Beispiel erkennen wir bereits, dass sich sinnvolle Metriken in *APM* oft um die Velocity drehen bzw. die Velocity oft in die Bestimmung der Metrik einfließt. Bevor wir weitere Ideen für nützliche Metriken betrachten, gilt es, ihre Risiken in den Griff zu bekommen.

17.4.3 Dysfunktionale Aspekte von Metriken

Zwei Aspekte im Zusammenhang mit Metriken sind für *APM* besonders wichtig und können alle diesbezüglichen Aktivitäten ad absurdum führen. Zum einen können Metriken leicht manipuliert werden und damit so weit an Aussagekraft verlieren, dass sie sogar kontraproduktiv werden. Zum anderen sind Metriken stets zu interpretieren und dürfen auf keinen Fall unreflektiert und nicht ausreichend hinterfragt als Entscheidungsgrundlage hinzugezogen werden.

Eine Metrik ist kein Selbstzweck. Sie darf nicht dazu verkommen, dass Mitarbeiter primär eine Metrik erfüllen, anstatt Wert zu schaffen. Nicht die Metrik steht im Vordergrund, sondern die Rückkopplung von Information und deren Interpretation. Metriken sind Hilfswerkzeuge, die als Indikatoren oder Frühwarnsysteme fungieren können. Die Erfüllung einer Metrik kann daher kein wirtschaftliches Ziel sein. Eine nützliche Metrik beschreibt einen Aspekt des Istzustands, der stets geprüft und interpretiert werden muss. Insbesondere darf eine Metrik nicht zur Bewertung von Mitarbeitern herangezogen werden. Führung erfolgt im direkten Kontakt und nicht über abstrakte Zahlen.

Der zweite Punkt setzt bei der Interpretation von Metriken auf. Was bedeutet eine Verringerung des Aufwands pro Story Point wirklich? Ist das Entwicklungsteam schneller geworden oder wird nicht mehr so genau und aufwendig geschätzt? Machen sich Effekte aus dem letzten großen Refactoring positiv bemerkbar oder sind die User Stories einfach nur den vorherigen sehr ähnlich, sodass sich eine kurzfristige Beschleunigung ergibt? Wir sollten also nicht zu viel messen und daraus nur Indikatoren ableiten, die uns warnen, wenn wir uns bei der Entwicklung nicht mehr auf einem sinnvollen Weg befinden.

Aufgrund ihrer dysfunktionalen Risiken haben viele Mitarbeiter eine hohe Resistenz gegenüber Metriken entwickelt, was selbst wiederum ein Risiko darstellt. Werden Metriken nicht als Indikatoren und Frühwarnsysteme geschätzt, werden die ihr zugrunde liegenden Daten oft nicht sinnvoll erfasst. So ergibt sich eine selbsterfüllende Prophezeiung. Weil die Entwickler glauben, dass Metriken nichts taugen, erheben sie die Daten grob, spät und zu ungenau, woraufhin über die Metrik keine belastbaren Schlüsse gezogen werden können.

17.4.4 The map is not the territory

»Die Landkarte ist nicht die Landschaft, aber wenn die Landkarte brauchbar ist, ist sie der Struktur der Landschaft ähnlich.«[4] Dieser bekannte Satz trifft auch auf Metriken zu. Begehen wir daher nicht den Verwechslungsfehler, unsere ausgefeilten Metriken mit der Projektrealität zu verwechseln.

Metriken sind Indikatoren, die uns auf Dysbalancen oder Probleme hinweisen können. Wie eine Landkarte kann eine Metrik nur bestimmte Relationen in einer bestimmten Auflösung darstellen. Ob wir die richtige Karte dabei haben, merken wir meist erst, wenn wir uns verlaufen haben und wir auf sie angewiesen sind. Auf unserer Wanderung durch unbekanntes Gebiet, das wir *Projekt* nennen, nehmen wir daher einen Satz unterschiedlicher Karten mit. Sie sollten möglichst leicht sein, um unsere Wanderung nicht zu belasten. Wir warten auch nicht, bis das erste Problem in voller Wirkung eingetreten ist, um unsere Karten aus dem Rucksack zu holen, sondern orientieren uns in regelmäßigen Abständen, die wir Iterationen nennen, an ihnen. So finden wir schnell heraus, welche Karten brauchbar sind. Auch notieren wir unsere aktuellen Entdeckungen in den Karten und aktualisieren sie damit regelmäßig in den Retrospektiven.

Ähnlich, wie Sie eine Wanderung kaum aus einer Karte heraus bewerten können, lassen dies auch Metriken nicht zu. Wir müssen dazu den Weg selbst gehen und mit Menschen sprechen, die ihn gegangen sind. Dazu erleben wir die Teams bei ihrer Arbeit und reden mit den Personen, um sie beurteilen zu können. The map is not the territory!

---

[4]Dieses Zitat geht auf Alfred Korzybski (1879 – 1950) zurück [8].

17.5 Metriken für agile Projekte

Wie können nun sinnvolle und nützliche Metriken im Rahmen eines nach *APM* gesteuerten Projekts aussehen? Agile Metriken fokussieren auf Werte, die für den Kunden relevant sind und direkt bzw. indirekt sichtbar sind. Metriken für die Qualität des Produkts basieren zum einen auf äußeren Qualitätsfaktoren wie Fehlern und betrachten zum anderen die innere Qualität der Software bzw. die Testqualität. Beispiele dafür sind:

- Fehleranzahl in der laufenden Entwicklung auf den verschiedenen Teststufen. Diese Werte sind besonders interessant in Bezug auf Escaped Defects.
- Escaped Defects bzw. Fault-slip-through sind die Fehler, die beim Kunden ankommen und dort von den Anwendern entdeckt werden. Aus den Betrachtungen können Thesen über die Qualität und Aussagekraft der Tests in den Entwicklungsteststufen abgeleitet werden. Darüber kann dann die Testqualität und damit in der Folge auch die Produktqualität erhöht werden. Unser besonderes Augenmerk gilt dabei Tests, die besonders früh und nah an der Entwicklung die Produktqualität sicherstellen. Hier lassen sich dann auch gute Kandidaten für die Testautomatisierung finden.
- Fehlerinjektion ist eine Technik, die Qualität von automatisierten oder manuellen Testfällen zu prüfen. Dabei wird eine Reihe typischer Fehler manuell oder über ein Werkzeug in die Software eingebaut und ins Verhältnis zu den über die Tests gefundenen Fehlern gesetzt [167]. Je näher dieses Verhältnis bei 1 liegt, desto größer ist die Aussagekraft der bisherigen Tests und damit in der Regel auch die Qualität des Produkts.
- Technische Schulden weisen auf Aspekte der inneren Qualität unseres Produkts hin. Häufig wird hier der Keim für spätere Probleme in der Wartung und Erweiterung der Software gelegt. Die regelmäßige Prüfung mit speziellen Analysewerkzeugen kann wertvolle Hinweise liefern, worauf wir die nächsten Refactorings fokussieren sollten.

Die Prozessqualität bzw. Vorhersagbarkeit von Terminen oder des inhaltlichen Umfangs eines Releases basieren auf Folgendem:

- Velocity als Fortschrittsgeschwindigkeit eines Entwicklungsteams ist ein recht zeitnaher Indikator für Probleme in der Entwicklung. Gemeinsam mit den obigen Qualitätsmetriken können wir Aussagen zur Dringlichkeit von Redesigns und Refactoring machen.
- Automatisierte Testüberdeckungen werden regelmäßig für alle automatisierten Tests mit einem Werkzeug ermittelt. Wenn die Aussagekraft mit regelmäßigen Fehlerinjektionen hoch bleibt und ist, sagt diese Me-

trik etwas über die Testbarkeit und damit über die Stabilität nach Änderungen aus. Beide Faktoren beeinflussen direkt die Vorhersagbarkeit.

- Metriken aus dem Lean Management, die sich aus dem Cumulative-Flow-Diagramm ableiten lassen, wie:
  - Durchlaufzeit (Lead Time), also die Dauer *from concept to cash*
  - Entwicklungsdauer (Cycle Time)
  - Work in Progress (WIP)
  - Länge von Schlangen

  Auf das Cumulative-Flow-Diagramm gehen wir in Abschnitt 17.5.2 noch genauer ein.

Bei unseren Betrachtungen zu Metriken dürfen wir die beteiligten Personen nicht vergessen. Regelmäßig werden in den Retrospektiven jedes Teams dazu individuelle Abfragen durchgeführt, deren Ergebnisse nach außen anonymisiert und als Trends im Vergleich über die Zeit visualisiert werden können. Ebenfalls werden Verbesserungsideen, Motivatoren und Demotivatoren erhoben, indem z. B. vier Fragen gestellt werden [68]:

1. Auf einer Skala von 1 bis 4 (oder 6): Wie zufrieden bist du jetzt hier?
2. Wie können wir diesen Wert verbessern oder stabilisieren?
3. Was ist jetzt gerade das Beste?
4. Was ist jetzt gerade das Schlimmste?

Das klassische Thema für Metriken sind natürlich die laufenden Kosten. Hier können wir Aspekte über die Projektlaufzeit betrachten wie z. B. die durchschnittlichen Kosten pro Funktion oder den Aufwand pro Story Point.

Der Wert bzw. Nutzen für den Kunden, den wir liefern, steht im Vordergrund agiler Entwicklungsprozesse. Wir können hierfür z. B. Kundenzufriedenheitsstudien durchführen. Besonders aussagekräftig wird die Kombination aus geschaffenem Wert und den dafür notwendigen Kosten in einer agilen Earned-Value-Analyse.

17.5.1 Agile Earned-Value-Analyse

Agile Verfahren wie *APM* sind dafür prädestiniert, Liefertermin und Kosten im Griff zu haben. Dann müsste sich das für ein geplantes Release auch visualisieren und überprüfen lassen. In vielen Projekten wird dazu die *Earned-Value-Analyse* (EVA) herangezogen. Da wir in *APM* fortlaufend Wert schaffen, ergeben sich daraus für eine Earned-Value-Analyse zwei Vorteile, die sie für agile Projekte besonders attraktiv macht. Zum einen ist ihre Aussagekraft bei einem inkrementell-iterativen Vorgehen wesentlich effektiver und zum anderen können wir in agilen Projekten einige Vereinfachungen vornehmen, um die Werte schneller erheben zu können (siehe Kasten auf dieser Seite) [64, 140, 157].

Der Wertbegriff in Metriken für agile Projekte

Die agile Earned-Value-Analyse trägt den Begriff *Wert* bereits im Namen. Wie verhält sich dieser Wertbegriff zu den agilen Werten aus dem Agilen Manifest? Welche Aussage hat die Wertbetrachtung in agilen Metriken für den Wert, der für den Kunden wichtig ist und geschaffen werden soll? Hier gilt es, klar zu differenzieren.

Agile Metriken beziehen sich über die Betrachtung von Story Points auf sogenannte *Werte*, die geschaffen werden. Da eine Metrik etwas Messbares braucht, bieten sich für *APM* Story Points sinnvollerweise an. Der Begriff *Wert* in agilen Metriken bezieht sich also auf geschaffene, überprüfbare Funktionalität bzw. Qualität in dem betrachteten Inkrement unseres Softwareprodukts. Nicht mehr und nicht weniger.

Wie viel dieses Inkrement dem Kunden wirklich nutzt, also Wert ist, kann darüber nicht betrachtet werden. Auch unterliegen die agilen Werte aus dem Agilen Manifest [12] bei den agilen Metriken keiner direkten Betrachtung, sondern bieten wie bei jeder Technik in *APM* den Prüfstein, ob eine konkrete Technik zu *APM* passt oder nicht. Eine agile Metrik unterstützt daher die agilen Werte in Bezug auf die Rückkopplungsschleifen unseres Entwicklungsprozesses.

Das regelmäßige agile Controlling über die Velocity und Burnup-Diagramme legt bereits den Grundstein für eine agile Earned-Value-Analyse. Der Verlauf des Burnup-Diagramms ist äquivalent zum traditionellen EVA-Begriff des *Earned Value* [140]. Im Wesentlichen brauchen wir also nur den idealen linearen Verlauf des Projekts mit dem Verbrauch an Budget und den umgesetzten und abgenommenen Aufgaben zu vergleichen. Wir können das im Takt der Iterationen auf Basis der gelieferten Story Points machen oder auch innerhalb einer Iteration auf Basis der Tasks. So können wir frühzeitig erkennen, ob das Projekt aus dem Ruder läuft und wo wir am Ende des betrachteten Zeitraums, also Releaselieferung oder Iterationsende, wohl stehen werden, wenn es so weiterläuft wie bisher.

Das Einzige, was wir brauchen, um kompatibel zu traditionellen EVA zu sein, ist eine Story-Point-basierte Umfangsschätzung für das anstehende Release [140]. Da alle Einträge im Backlog geschätzt sein sollen, schätzen wir diesen Wert. Im Gegensatz zum traditionellen Upfront-Schätzen der Anforderungen liegen die Aufgaben im Backlog mit unterschiedlichem Detaillierungsgrad vor und lassen eine entsprechende Unschärfe bewusst zu. Da umfangreiche detaillierte Vorabschätzungen zwar eine Genauigkeit angeben, die sie im späteren Projektverlauf in der Regel nicht erreichen, steht ein *APM*-Projekt hier ebenso gut da wie andere Vorgehensweisen. Ein wesentlicher Unterschied liegt jedoch darin, dass der betrachtete Zeitraum für ein Release in agilen Projekten meist deutlich kürzer ist als in traditionellen Projekten.

Um die genauen Zusammenhänge besser nachvollziehen zu können, betrachten wir ein einfaches Beispiel über ein kurzes Projekt mit neun geplanten Iterationen mit einer Dauer von jeweils drei Wochen und einer Lieferung am Projektende. Unser Projektteam besteht aus insgesamt acht Personen, die Vollzeit dem Projekt zugeordnet sind. Das initiale Backlog für das Produkt ist vom Team auf insgesamt 290 Story Points geschätzt worden. Alle Kosten werden in Personentagen (PT) betrachtet. Der geplante Aufwand für das Release liegt damit bei 1080 PT ($9 \times 3 \times 5 \times 8$). Die für die agile EVA relevanten Begriffe und Berechnungen sind in Tabelle 17.1 zu finden [157].

Abk.	Bedeutung	Berechnung
BAC	budget at completed	bereitgestelltes Budget in PT oder €
AC	actual cost for completed work	bislang aufgelaufene Kosten in PT oder €
PRSP	planned story points for release	Umfang des Releases laut Backog für das Produkt in Story Points
EPC	expected percentage completed	= aktuell beendete Iterationsnummer / Anzahl der geplanten Iterationen
APC	actual percentage completed	= Umfang der fertiggestellten Aufgaben in Story Points / PRSP
PV	planned value	= BAC × EPC
EV	earned value	= BAC × APC
CPI	cost performance index (Kosteneffizienz)	= EV / AC
CSPI	scheduled CPI (Zeiteffizienz)	= EV / PV
NSPA	net story points added	zusätzliche oder reduzierte Story Points des gesamten Backlogs in einer Iteration

Tabelle 17.1: Begriffe in der agilen EVA [157]

Betrachten wir nun unser Beispielprojekt nach vier Iterationen, die nicht ganz so wie geplant gelaufen sind. So konnte die geplante Kapazität von 120 Personentagen je Iteration in keiner Iteration erreicht werden, da es zu krankheitsbedingten Ausfällen kam und in den ersten beiden Iterationen auch noch Restarbeiten für andere Themen bei einigen Teammitgliedern anstanden, die sich nicht vermeiden ließen. Allein dadurch liegt die Velocity des Teams unter den Erwartungen. Dazu kommt noch ein Eingewöhnungseffekt zu Beginn von Projekten, der die Velocity in den ersten zwei bis drei Iterationen oft noch unter den Erwartungen liegen lässt. Jedes Projekt hat einen individuellen Charakter, der auch für bereits erfahrene Teams eine zusätzliche Orientierung zu Beginn notwendig macht.

Ein weiterer Effekt hat sich in der dritten Iteration eingestellt: Der Umfang des Backlogs ist gewachsen. Im Rahmen der iterativen Zerlegung von Aufgaben im Backlog hat sich durch die neuen Schätzungen der zerlegten User Stories der Gesamtumfang im Backlog erhöht. Es sind neue Story Points hinzugekommen. Durch die zusätzlichen Story Points ergeben sich jetzt zwei Bezugspunkte für unsere Betrachtungen: der initiale und der aktuelle Umfang des gesamten Backlogs. Die Werte für die ersten vier Iterationen sind in Tabelle 17.2 abgebildet und die entsprechende Trendvisualisierung ist in Abbildung 17.5 dargestellt.

I.	PRSP	NSPA	AC	EPC	APC	PV	EV	CPI	CSPI	SP
1	290	0	100	11,11 %	6,90 %	120	74	0,74	0,62	20
2	290	0	210	22,22 %	15,52 %	240	168	0,80	0,70	25
3	300	10	325	33,33 %	25,00 %	360	270	0,83	0,75	30
4	300	0	440	44,44 %	35,67 %	480	385	0,88	0,80	32

Tabelle 17.2: Beispiel der ersten vier Iterationen eines Releases mit den Berechnungen der Werte einer agilen EVA mit BAC = 1080 PT, I. als Iterationsnummer und SP als gelieferte Story Points (Tab. 17.1)

In Abbildung 17.5 sehen wir den Verlauf von drei Kurven, den geplanten Verlauf (PV, gestrichelt), den Verlauf der Kosten (AC, grau) und des gelieferten Werts (EV, schwarz). Wenn das Projekt wie geplant verläuft, liegt die Kurve des gelieferten auf der des geplanten Werts und die Kostenkurve verläuft darunter. In unserem Beispiel sehen wir, dass im Projektverlauf bezogen auf die initiale Planung bereits deutliche Probleme aufgetreten sind. Es wurde zu wenig Wert geschaffen (CSPI < 1) und die Kosten dafür lagen zu hoch (CPI < 1). Wir können dies auch Tabelle 17.2 und den eigenen Darstellungen für CSPI und CPI entnehmen (Abb. 17.6).

Der Scheduled Cost Performance Index (SCPI) gibt wieder, wie sich die Planung mit der Umsetzungsrealität in Übereinstimmung befindet. Der Cost Performance Index (CPI) zeigt an, wie weit sich die geplanten Kosten mit den Istkosten decken. Bei negativen Differenzen passen wir die Planung wieder an die Realität an, um belastbarere Aussagen zum Umfang des Releases und den Kosten machen zu können.

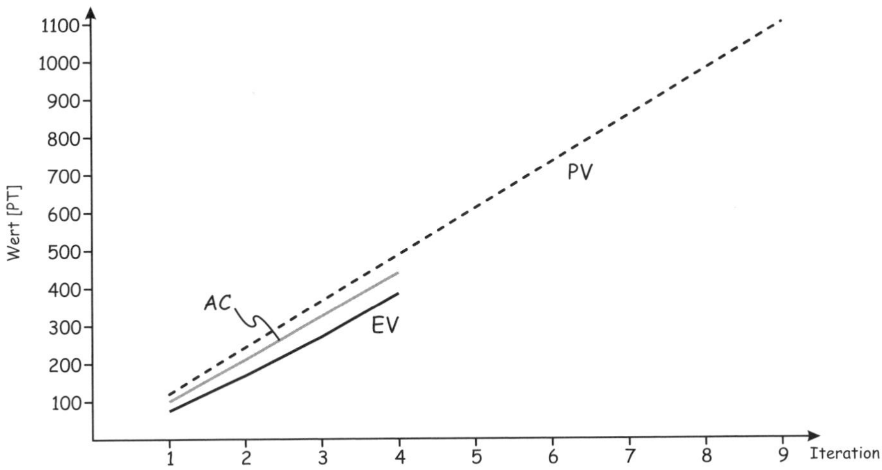

Abbildung 17.5: Beispielhafte Trenddarstellung von akkumulierten Kosten (AC) bzw. Aufwand und erbrachtem Wert (EV) gegenüber der Planung (PV)

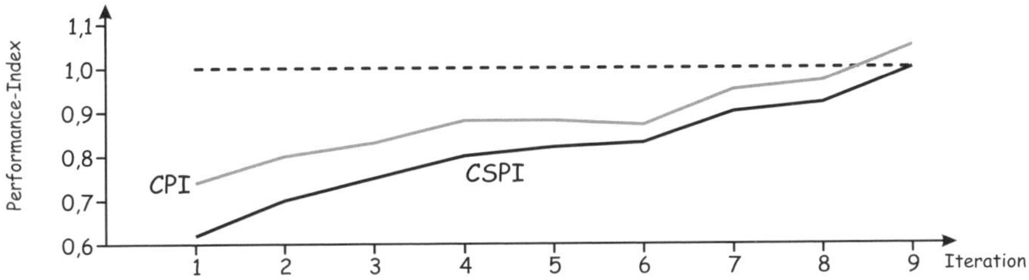

Abbildung 17.6: CPI (grau) und CSPI (schwarz) in Bezug auf den Indexwert von 1 (gestrichelt) für das aus dem Ruder gelaufene Beispielprojekt

Zwei Gründe für die Probleme in dem Beispiel sehen wir im Burnup-Diagramm (Abb. 17.7). Die Velocity ist geringer als gedacht. Dazu kommt, dass sich unser Backlog-Umfang zur dritten Iteration durch neue Schätzungen nach notwendigen Zerlegungen von Aufgaben erhöht hat. Dadurch verschiebt sich unser Bezugspunkt für den Umfang des Releases (PRSP). Wenn wir den gelieferten Wert weiterhin auf den Ursprungsumfang beziehen, sehen unsere Kurven bzw. CSPI und CPI *zu gut* aus. Daher beziehen sich die Berechnungen zu einer Iteration auf den Umfang des Backlogs zum Zeitpunkt der Iteration bzw. ihres Endes, da wir diese Berechnungen stets am Ende einer Iteration durchführen.

Alle drei Trends weisen bereits früh auf Probleme im Projekt hin. Wir müssen uns also mit entsprechenden Maßnahmen befassen. Zum einen

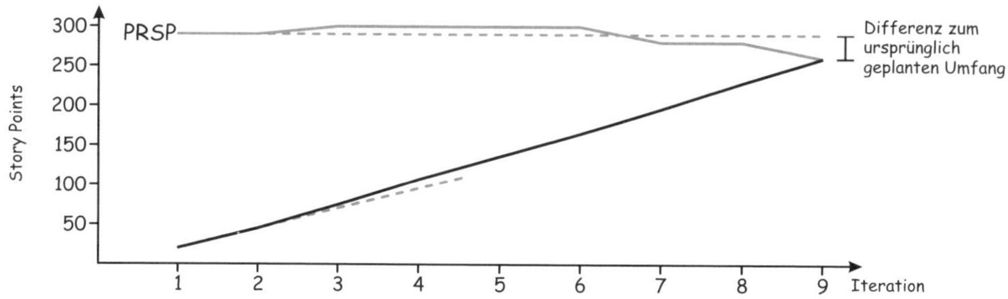

Abbildung 17.7: Burnup-Diagramm für das Beispiel über alle neun Iterationen

sollte sich das Projektteam besser auf seine Arbeit konzentrieren können. Hierfür sind in einer Retrospektive Maßnahmen festzulegen und der agile Coach kümmert sich um die Minimierung der damit im Zusammenhang stehenden Hindernisse. In den weiteren Iterationen sehen wir in den Kurven eine Verbesserung, die jedoch nicht ausreichen wird, den Verzug bis zum Releasetermin auszugleichen. Daher bereitet der Projektleiter durch seine Reihenfolge der Aufgaben im Backlog auch die vermutlich notwendige Verringerung des Releaseumfangs vor. In den Iterationen sieben und neun sind diese dann erfolgt, um ein für den Kunden nützliches und in sich geschlossenes Release liefern zu können (Abb. 17.7 und 17.8).

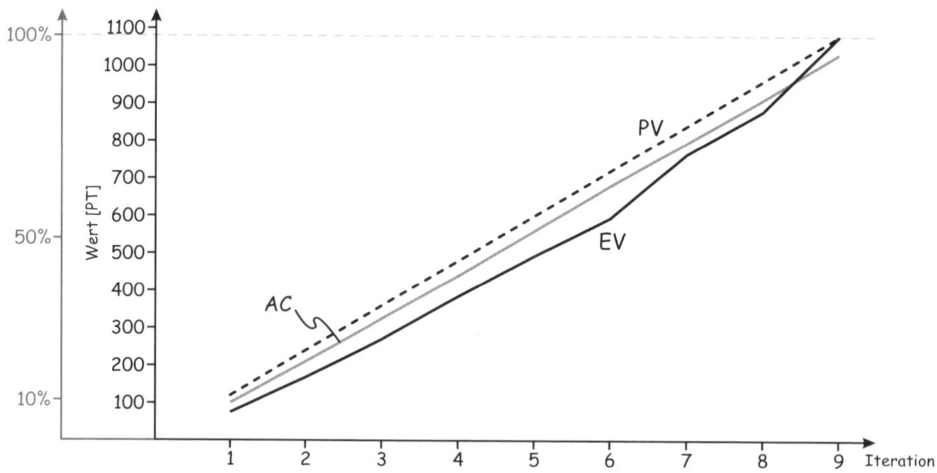

Abbildung 17.8: Vollständige Darstellung über die gesamte Releasedauer des Beispiels aus Abbildung 17.5. Links befindet sich zusätzlich die allgemeinere Darstellung in % anstatt der Werte in PT (BAC = 1080 PT).

In der Kommandozentrale des Projekts sind die aktuellen Kurven zu Burnup, Earned Value und Kosten sowie CSPI und CPI immer zu sehen. So können eine Fokussierung auf die wirtschaftliche Sicht des Projekts unterstützt und Probleme frühzeitig sichtbar gemacht werden. Gegenmaßnahmen werden durchdachter und in ihren Konsequenzen akzeptabler sein, als wenn wir erst kurz vor Releasetermin merken, dass noch zu viel fehlt.

Die agile Earned-Value-Analyse dient also im Wesentlichen dem Scope Management und unterstützt uns mit ihren Trendbetrachtungen dabei, den inhaltlichen Umfang so zu gestalten, dass die Termin- und Kostenziele erreicht werden. Damit setzen wir die Aspekte agilen Vorgehens um, die in Abbildung 15.1 auf Seite 220 über die Darstellung des Teufelsquadrats hervorgehoben werden. Der Umfang ist unser kraftvollster Hebel, um Terminziele, einen Kostenrahmen und definierte Qualitätsziele zu erreichen.

17.5.2 Das Cumulative-Flow-Diagramm: Basis für Metriken

Ein Cumulative-Flow-Diagramm ist, wie wir bereits in Abschnitt 17.2.2 gesehen haben, die akkumulierte Darstellung der aktuellen Arbeitsstände über die Zeit (täglich oder wöchentlich). Betrachtet werden dabei typischerweise der Umfang des Backlogs ab einer bestimmten Detaillierungstiefe (User Story mit allen erfüllten Kriterien der Definition of Ready), die konkreten Entwicklungsschritte, Übergabe bzw. Testschritte und die Auslieferung. Die einzelnen Metriken und Trendanalysen sind der Abbildung 18.6 zu entnehmen. Im Einzelnen sind das:

- Die Durchlaufzeit (Lead Time) als gesamte Dauer des Prozesses, ab wann ein Eintrag in das Backlog kommt bis zu seiner Inbetriebnahme bzw. der Dauer »from concept to cash«
- Die Entwicklungsdauer (Cycle Time) als Dauer aller relevanten Entwicklungsschritte
- Work in Progress (WIP) als Summe aller Aufgaben, die gleichzeitig in Arbeit und noch nicht in Betrieb genommen sind
- Der Umfang des Backlogs (Backlog Size) als Summe aller Einträge im Backlog für das Produkt und in den Team-Backlogs

Auf dieser Basis kann die Prozessqualität verfolgt und dann kontinuierlich verbessert werden. Der besondere Vorteil des Cumulative-Flow-Diagramms liegt darin, die Übersicht über den gesamten Entwicklungsprozess mit allen vor- und nachbereitenden Schritten zu erhalten. So kann der Fokus besser auf der übergreifenden Gesamtoptimierung gehalten werden und Ablenkungen durch einfache, aber für den gesamten Prozess wenig wirksame, lokale Optimierungen vermieden werden.

17.5.3 Diagnostik

Eine Diagnostik bezieht sich meist auf Fehler, Mängel oder Probleme, die gehäuft auftreten und denen ein oder mehrere Ursachenmuster unterstellt werden. Mit einer Diagnostik wird versucht, die Grundlageninformationen über diese Muster für die Lösung der Probleme zu ermitteln. Der Bezug zwischen diesem Ziel und der Diagnostik erfolgt über Fragen. Am Beispiel einer Fehlerdiagnostik wird dieser Bezug offensichtlich.

Wir gehen davon aus, dass nach einem Release eine erhöhte Anzahl von schwerwiegenden Fehlern im Betrieb aufgetreten ist. Die Anzahl der Escaped Defects ist also deutlich gestiegen. Wir möchten daher als *Ziel* der Diagnostik die wesentlichen Ursachen für die Qualitätsprobleme verstehen. Da wir ein Muster vermuten, lautet die erste analytische *Frage* dazu, welche Komponenten unseres Produkts besonders fehleranfällig sind?

Die daraufhin entwickelte Diagnostik untersucht daher die Fehlerverteilung bzw. komponentenbezogene Fehlerdichten für Escaped Defects. Dazu wird aus den Fehlerkorrekturen der Entwickler ermittelt, in welchen Komponenten die Ursachen für die Escaped Defects lagen. Diese Zuordnung ist nicht für jeden Fehler eindeutig zu leisten. Wenn jedoch wirklich ein Muster hinter den Fehlerursachen steckt, sollten sich Fehlercluster finden lassen, wie sie schematisch in Abbildung 17.9 dargestellt sind.

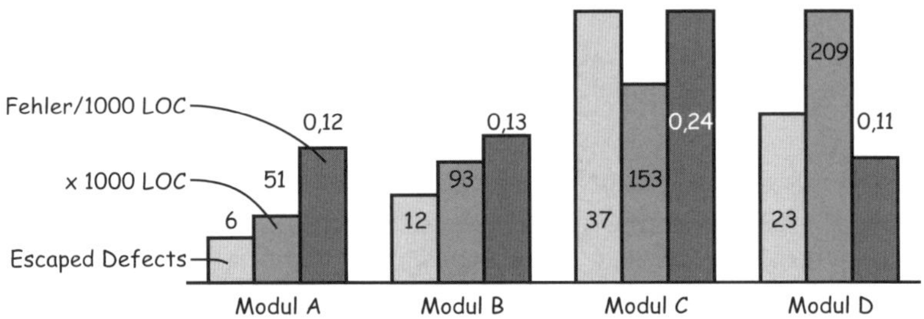

Abbildung 17.9: Schematisches Beispiel einer Fehlerverteilung über Komponenten einer Software sowie der jeweiligen Fehlerdichten

Eine Diagnostik geht jedoch über die reine Analyse hinaus. Wir möchten die Anzahl der Escaped Defects für das nächste Release wieder auf das gewünschte Normalmaß sinken lassen. Dazu müssen wir lernen, wie wir es besser machen können. Daher lautet die nächste Frage, wie bzw. durch welchen Testschritt sich die Fehler frühestens hätten aufdecken lassen? Dazu betrachten wir, auf welcher Teststufe wir die Escaped Defects sinnvollerweise hätten finden können (Abb. 6.4 auf Seite 79). Wir versuchen dazu als *Diagnostik* die Verteilung der Escaped Defects auf die Teststufen vorzunehmen und darzustellen. Auch hierbei kann es eine Grauzone geben von

Fehlern, die sich in mehreren Teststufen oder unter den aktuellen Rahmenbedingungen auch gar nicht hätten finden lassen können. Eine mögliche schematische Darstellung ist in Abbildung 17.10 zu sehen.

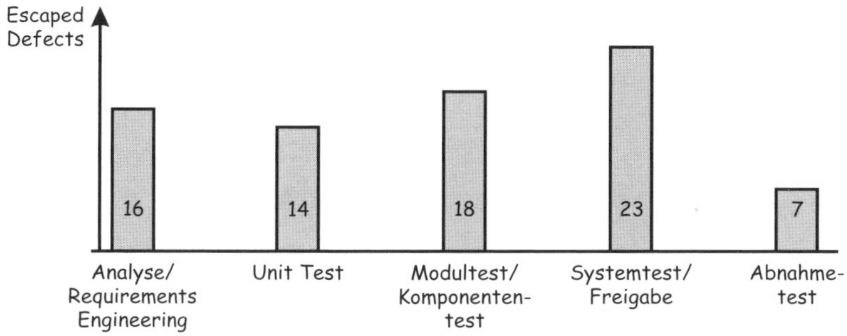

Abbildung 17.10: Schematisches Beispiel der Verteilung der Fehler auf die Testschritte, in denen sie hätten gefunden werden können.

Ausgerüstet mit diesen Informationen kommen wir nun zur letzten *Frage*: Was sind die Hauptursachenkategorien für die Escaped Defects? Wir haben Informationen über die technische Verteilung und unseren gesamten Testprozess gesammelt. Nun können wir versuchen, Muster in den grundlegenden Ursachen zu finden. Diese können in der Entwicklung, in den qualitätssichernden Maßnahmen oder einer Kombination beider Bereiche liegen. Wir versuchen erneut die Ergebnisse der Analyse zu gruppieren, um gezielt besonders wirkungsvolle Maßnahmen und eine Reihenfolge für deren Umsetzung ableiten zu können. Die dabei unterstützende *Diagnostik* ist eine Darstellung der Ursachenverteilung, wie sie schematisch in Abbildung 17.11 angedeutet ist.

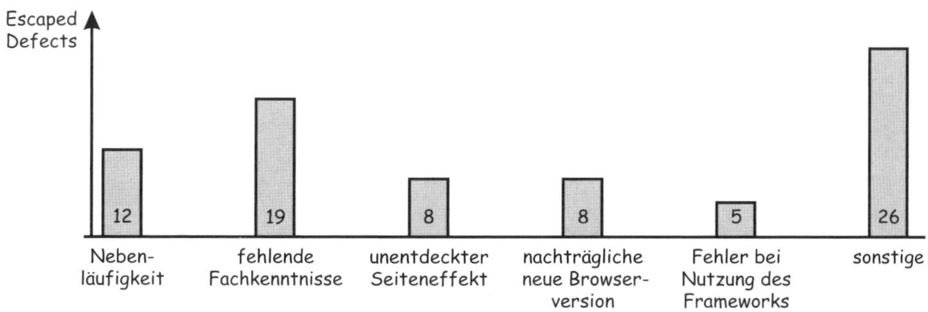

Abbildung 17.11: Schematisches Beispiel der Verteilung der Fehler auf Ursachenkategorien

Eine solche mehrstufige Diagnostik unterstützt das gesamte Team dabei, zu lernen, wie es in Zukunft noch qualitativ besser arbeiten kann. Wir können Diagnostiken immer dann einsetzen, wenn wir Muster, Kategorien oder andere Gemeinsamkeiten als Problemursachen vermuten. Wenn sich diese These bestätigt, können wir mit wenigen Maßnahmen eine Reihe sichtbarer und langfristiger Verbesserungen erreichen.

In dem Beispiel kann die Aussagekraft der Diagnostiken durch ergänzende Informationen aus statischen Analysen weiter erhöht werden. Betrachtungen zu den technischen Schulden oder zur Komplexität der Komponenten sind dafür typische zusätzliche Aspekte.

17.5.4 Gefährliche Metriken

Die Gefahr von Metriken liegt darin, dass sie das Verhalten der Mitarbeiter ungünstig verändern können. Dies geschieht dann, wenn die Optimierung einer Metrik im Mittelpunkt steht, anstatt sie nur als das zu nehmen, was sie ist: ein möglicher Indikator. Das Verhalten kann dann zwar die Metrik gut aussehen lassen, aber dennoch kontraproduktiv sein. Ein typisches Beispiel dafür sind Metriken auf die Schätzgenauigkeit.

Sicher kann in vielen Projekten die Schätzmethodik weiter verbessert werden. Dennoch sind Metriken dabei oft eher schädlich. Schätzungen sind immer ungenau und mit Risiken behaftet. Wenn versucht wird, die vermeintliche Schätzgenauigkeit über das Treffen der Prognosen zu messen, treten oft zwei Phänomene auf:

- Die Schätzungen werden aufgebläht und mit großen, heimlichen Reserven versehen.
- Der Schätzvorgang verlängert sich enorm, weil in den Analysen bereits die technische Implementierung detailliert vorweggenommen wird.

Ein Schätzgenauigkeitsmetrik liefert dann zwar brilliante Werte. Dennoch verzögert sich das Projekt unnötig und verteuert sich damit. Natürlich kann und sollte in den Retrospektiven versucht werden, systematische Schätzfehler zu erkennen und Lösungen dafür aufzusetzen. Eine rückblickende Betrachtung von *problematischen* Schätzungen ist dafür sicher hilfreich. Dennoch sind permanent laufende Schätzmetriken in der Regel eher gefährlich und kontraproduktiv.

Eine zweite typische Gefahr ist der Missbrauch von Velocity-basierten Metriken zur Bewertung von Teams oder einzelner Entwickler. Wir hatten bereits diskutiert, dass Einzelbewertungen von Teammitgliedern nicht über Metriken funktionieren. Velocity-basierte Metriken dienen ausschließlich der Planbarkeit und zur Absicherung von Terminaussagen. Eine Metrik ist dem Tachometer in einem Auto vergleichbar. Wenn wir unterwegs sind, können wir darüber eine Hochrechnung durchführen, wann wir wohl an einem bestimmten Ort sein werden. Über unsere Fähigkeit, ein Auto zu fahren, werden wir darüber kaum etwas erfahren. Dafür müssen wir unser Verhalten in verschiedenen konkreten Situationen betrachten.

Warum können wir über die Velocity keine Teams miteinander vergleichen? Dies funktioniert aus zwei Gründen nicht. Zum einen verwenden die Teams unterschiedliche Referenzen für ihre relativen Schätzungen. Jedes Team hat also seinen eigenen Maßstab, der sich nicht mit anderen Maßstäben vergleichen lässt. Zum anderen sind die Individuen in den Teams unterschiedlich. Dieselbe User Story wird je nach Erfahrung und Kenntnissen der Teammitglieder unterschiedlich geschätzt werden. Fünf Punkte bedeuten daher in jedem Team etwas anderes.

Selbst wenn Sie die Idee hätten, die Velocities der Teams in der ersten Iteration dadurch zu *eichen*, dass alle dieselben Aufgaben umsetzen, würden sich die Teams danach durch die unterschiedlichen Aufgaben, an denen sie arbeiten, unterschiedlich weiterentwickeln. Schon nach wenigen Iterationen hätten sich die Maßstäbe wieder verschoben. Ganz abgesehen davon, dass die erste Iteration eine enorme Verschwendung darstellen würde. Metriken sind wichtig zur Projektsteuerung, aber nur in Maßen und mit Sinn und Verstand eingesetzt!

17.6 »Caves and Common« und Selbststeuerung

Bislang könnte man die Steuerung des Projekts als eine alleinige Aufgabe des Projektleiters und seiner Teamprojektleiter sehen. Viele Teamprojektleiter wären mit diesen Aufgaben bereits stark ausgelastet. Dem ist jedoch keinesfalls so, denn das Entwicklungsteam übernimmt gemeinsam mit dem agilen Coach viele der Steuerungsaufgaben selbst und die Teamprojektleiter können sich ihren zentralen Aufgaben ausreichend widmen.

Der Planungs- und Steuerungsaufwand in agilen Projekten ist meist höher als bei einer traditionellen Projektdurchführung. Durch die Verteilung auf viele Schultern ist die relevante Information stets bei den Personen, die sie auch benötigen, und die Überlastung einzelner Rollen wird vermieden.

17.6.1 Steuerung, Selbststeuerung und Information Radiators

Die Steuerung des Projekts beruht auf dem Zusammenspiel verschiedener Faktoren. Der Projektleiter bzw. die Teamprojektleiter geben die fachlichen Aufgaben und deren Priorität vor. Für eine Iteration wird daraus ein Iterationsziel abgeleitet. Am Iterationsziel und der Reihenfolge der User Stories bzw. Aufgaben orientieren sich nun die Mitglieder des Entwicklungsteams bei ihrer Umsetzung.

Während des gesamten Entwicklungsprozesses steht allen Beteiligten eine Reihe unterschiedlicher Informationsquellen als Information Radiators tagtäglich aktuell zur Verfügung. Das ermöglicht es den Beteiligten, Probleme früh zu erkennen. Sie stehen dann in der Verantwortung, sich um deren Lösung zu kümmern bzw. eine Lösung in die Wege zu leiten. Ein Entwicklungsteam steuert sich daher innerhalb der Zielvorgaben über die Information Radiators weitgehend selbst, wobei es intensiv vom agilen Coach unterstützt wird. Ein Großteil der Selbstorganisation eines Entwicklungsteams ist also eher eine *Selbststeuerung*. Versuchen wir beide Begriffe klarer zu definieren und voneinander abzugrenzen [153]:

Selbstorganisation bezeichnet den Prozess der unvorhersehbaren, aber im Nachhinein nachvollziehbaren Ordnungsbildung in Gruppen bzw. Systemen. Bis zu einem gewissen Grad findet daher Selbstorganisation in jeder Gruppe automatisch statt. Ob diese Selbstorganisation zweckdienlich ist und uns unsere Ziele erreichen lässt, ist jedoch nicht sichergestellt.

Selbststeuerung bezeichnet die Fähigkeit eines Systems bzw. einer Gruppe, einen Regelkreis aufzubauen und in ihm die Ergebnisse des Verhaltens der Gruppe in Bezug zu einem Ziel zu setzen und als Ausgangspunkt für neues oder verändertes Verhalten zu machen. In der Gruppendynamik bezeichnet *Selbststeuerung* die Fähigkeit einer Gruppe, einen internen Austausch über Vorgänge und Ergebnisse der eigenen *Selbstorganisation* zu führen und diese durch bewusste Entscheidungen und Maßnahmen zielgerecht zu gestalten.

Ein Entwicklungsteam kann sich daher nur insoweit selbst steuern, wie die Mitglieder ihr eigenes Verhalten reflektieren können und zur Kommunikation darüber fähig sind. Dem agilen Coach fällt daher bei der Selbststeuerung seines Entwicklungsteams die Bedeutung zu, diese Fähigkeiten im Team kontinuierlich aufzubauen und weiterzuentwickeln. Ansonsten fällt ein agiles Projektcontrolling schnell in sich zusammen oder bleibt brach liegen.

17.6.2 Arbeitsumgebung – Caves and Common

Der Gestaltung der Arbeitsplätze bzw. der Arbeitsumgebung eines agilen Entwicklungsteams kommt eine besondere Bedeutung zu. Sie soll gleichermaßen eine durchgängige, direkte Kommunikation und ausreichende Selbststeuerung ermöglichen sowie ein konzentriertes Arbeiten. Die Lösung dafür lautet *Caves and Common*, also ein direktes Nebeneinander von Rückzugsgebieten für besondere Aufgaben und gemeinsamen Gruppenarbeitsbereichen.

Damit wird auf keinen Fall eine Lanze für die unsäglichen Cubicles oder Großraumbüros gebrochen. Beide Konzepte reduzieren nachweislich die Produktivität von Wissensarbeitern, wie wir sie in Entwicklungsteams ausschließlich finden (siehe Kasten auf dieser Seite). Es geht vielmehr um einen Spagat zwischen ausreichender Nähe und notwendiger Distanz, um konzentriert arbeiten zu können, also eine konstruktive Kolokation.

Die negative Wirkung von Lärm auf die Produktivität

Jeder, der schon einmal in einem Großraumbüro Software entwickelt hat, wird sicherlich den störenden Effekt der Ablenkungen und des hohen Geräuschpegels auf seine Arbeit bemerkt haben. Doch wie groß ist dieser Effekt wirklich? Darüber gibt es mittlerweile einige interessante Untersuchungen [57, 156].

So verdoppelt sich bei anspruchsvoller Tätigkeit, die unsere geistige Arbeit meist darstellt, die Anzahl fehlerhafter Entscheidungen, wenn wir anstatt eines ruhigen Arbeitsplatzes einem Geräuschpegel von 50 – 60 dB(A) ausgesetzt sind. Eine hoch konzentrierte Arbeit wird bereits durch Geräusche von 40 dB(A) stark beeinträchtigt. Zum Vergleich: Eine normale Unterhaltung in einem Meter Abstand hat ca. 55 – 60 dB(A) und ein Unterschied von 10 dB entspricht einer Verdoppelung der Lautstärke. Wenn wir bei 70 bis 80 dB(A) geistig arbeiten müssen, reduziert sich der Quotient aus Ertrag zu Zeitaufwand um fast 40 % verglichen mit Arbeit bei Ruhe.

Zu einem gewissen Grad können wir den Lärm im Kopf ausblenden. Doch das kostet Kraft. So erhöht sich unsere Erholungszeit von ca. 16 Minuten nach der Arbeit bei 40 dB(A) auf gut 19 Minuten bei 70 dB(A). Wir ermüden schneller und brauchen mehr Pausen, wenn es um uns herum zu laut ist.

Andersherum kann die Reduktion von Lärm die Produktivität steigern. So konnte in einem Fernmeldeamt mit einer Ausgangslautstärke von 65 db(A) nach einer Reduktion um 9 dB(A) eine Leistungssteigerung von 17 % festgestellt werden. Es lohnt sich also, die Arbeitsbedingungen für die Teams zu optimieren.

Den gemeinsamen Arbeitsbereich regeln

Damit ein gemeinsamer Arbeitsbereich mit Rechnerarbeitsplätzen, Testmöglichkeiten und möglichst vielen Information Radiators wirklich funktioniert, darf der Geräuschpegel nicht zu hoch werden. Jedes Team hat seine eigenen Regeln zu finden, wie dies erreicht werden kann. In den Retrospektiven geht es daher immer wieder um die Verbesserung der Arbeitsmöglichkeiten im gemeinsamen Arbeitsbereich.

Jedes Entwicklungsteammitglied hat dort seinen Arbeitsplatz, sodass sich bis zu neun Personen die Fläche teilen. Orientieren wir uns als Faustregel an den Standards für Großraumbüros[5], so gilt, dass pro Person inklusive Verkehrs- und Möbelflächen 12 – 15 m^2 zur Verfügung stehen. Die Ausrichtung der Schreibtische sollte so geschehen, dass von jedem Platz aus möglichst viele andere Arbeitsplätze und Information Radiators wahrgenommen werden können.

Henrik Kniberg schlägt als Aufteilungsidee zwei rechtwinklig angeordnete Wandflächen als Designecke um eine Freifläche vor, an die sich die Arbeitsplätze anschließen (Abb. 17.12, links) [88]. Die Anordnung von Schreibtischen kann dabei je nach Raumangebot und technischen Rahmenbedingungen nebeneinander, gegenüber oder seitlich versetzt sein (Abb. 17.12, rechts).

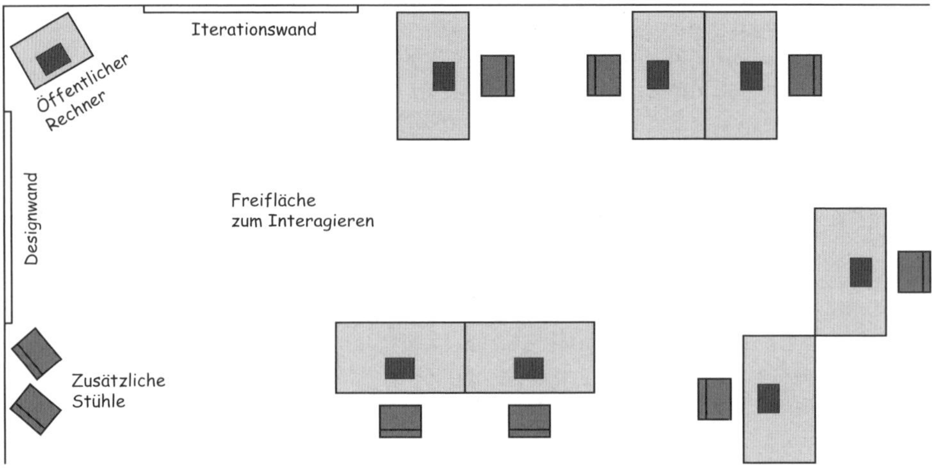

Abbildung 17.12: Schemabeispiel einer *agilen* Raumaufteilung

Neben der Struktur ist die Art der Zusammenarbeit auf der gemeinsamen Fläche der wesentliche Erfolgsfaktor. Es gilt zu klären, wie Probleme diskutiert oder Klärungen herbeigeführt werden, um sich möglichst wenig zu stören. An diesen Regeln kann das Team immer wieder arbeiten und seine Zusammenarbeit weiter optimieren.

Die osmotische Kommunikation nutzen

Vollständige Ruhe ist auf der gemeinsamen Arbeitsfläche kaum möglich und auch nicht gewünscht. Der Effekt der osmotischen Kommunikation

[5]Technische Regel für Arbeitsstätten ASR A1.2, Ausgabe vom September 2013.

könnte sich sonst nicht einstellen [64]. Damit ist gemeint, dass wir um uns herum wahrnehmen, was bei Kollegen passiert. Information wandert durch den Raum und erreicht auch Kollegen, die nicht direkt an der Diskussion beteiligt sind. Auch so wird Information verteilt und Kollegen können ggf. darauf reagieren.

Die Reichweite der osmotischen Kommunikation ist gering und umfasst nur wenige Personen in direkter Nähe. Auch lässt sie sich kaum bewusst steuern. Osmotische Kommunikation ist ein Informationsgrundrauschen, das, wenn die allgemeinen Kommunikationsregeln des Teams eingehalten werden, kaum stört, aber ohne Mehraufwand Information verteilt. Die Kollegen im direkten Umfeld wissen dadurch viel von der Arbeit ihres Kollegen und können ihn ggf. besser bei Abwesenheit vertreten oder bei Problemlösungen helfen.

Rückzugsgebiete schaffen

Wenn es dann doch lauter wird, weil Telefonate zu führen sind oder mehrere Personen einen Aspekt diskutieren, sind die Rückzugsgebiete ebenso gefordert, wie wenn eine einzelne Person für eine begrenzte Zeit in völliger Ruhe konzentriert arbeiten möchte. Direkt neben der gemeinsamen Arbeitsfläche befinden sich daher die *Höhlen* in Form kleiner separater Räume. Einige bieten Telefonanschlüsse, zusätzliche Arbeitstische und Whiteboards.

Diese kleinen Arbeitsräume stehen einem Entwicklungsteam permanent zur Verfügung und müssen nicht vorab reserviert werden. So kann jedes Teammitglied sich bei Bedarf zurückziehen, um ungestört nachdenken, gemeinsam diskutieren oder ein ansonsten störendes Telefonat führen zu können. Ein solcher Raum darf nicht zum Einzelbüro einer Person werden, sondern wird stets nur temporär genutzt. Die Teammitglieder stimmen sich miteinander über die Nutzung ab.

17.6.3 Projektsteuerung in der Kommandozentrale

Sowohl die Steuerung des Projekt- bzw. Teamprojektleiters als auch die Selbststeuerung des Entwicklungsteams basieren darauf, dass alle wichtigen Informationen sofort sichtbar sind. Dazu dienen die zahlreichen Information Radiators an Wänden und auf Monitoren oder anderen Anzeigegeräten. Damit diese bei Bedarf zur Verfügung stehen und auch einfach aktualisiert werden können, stehen diese Werkzeuge möglichst nah beieinander und bilden die Kommandozentrale, auf die wir in Abschnitt 9.2.3 bereits eingegangen sind. Die besondere Bedeutung der Kommandozentralen für das Projektcontrolling soll hier noch einmal kurz hervorgehoben werden.

Eine Kommandozentrale kann ein eigener Raum sein. Meistens ist es jedoch ein Bereich auf der gemeinsamen Teamarbeitsfläche, vor dem etwas Platz für die Standup-Meetings ist. Diskussionen oder Entscheidungen können dort auf Basis der aktuellen Informationen geführt werden. Auch die Aktualisierung der manuellen Information Radiators vereinfacht sich dadurch, da nur kurze Wege zu gehen sind und alles im Blick ist. Der ideale Ort für die Kommandozentrale ist nahe des Eingangsbereichs auf der Teamfläche, damit man beim Rein- bzw. Rausgehen daran vorbeikommt und so daran erinnert wird, ggf. Aspekte zu aktualisieren, oder es einfach ist, beim Reinkommen den neuesten Stand zu erfassen.

Bei großen Projekten ist es sinnvoll, mehrere Kommandozentralen einzurichten. Sowohl jedes Team hat seine eigene Teamkommandozentrale wie auch der Projektleiter zusammen mit seinen Teamprojektleitern eine eigene Fläche besitzt, auf der die Steuerung des Gesamtprojekts erfolgt. Dort finden wir auch die übergreifenden Informationen zur Architektur, Test usw.

In der Projektkommandozentrale werden eigene Informationszusammenstellungen gepflegt und Übersichtsinformationen über die Teamstände zusammengetragen und keine Information Radiators aus den Teamkommandozentralen dupliziert. Eine Doppelung von manuellen Information Radiators ist zu vermeiden, da die Stände kaum übereinstimmen werden. Auch elektronische Mittel basieren stets auf einer einzigen Datenbasis, die über verschiedene Monitore angezeigt werden kann.

Jede Kommandozentrale ist so anzulegen, dass sie offen sichtbar und jederzeit für jedes Teammitglied und jeden Stakeholder zugänglich ist. Das hat zur Folge, dass bei manuellen Information Radiators regelmäßig z. B. nach dem Daily-Standup-Meeting durch den agilen Coach eine *Sicherung* per Foto durchzuführen ist und generell bei der Gestaltung der Wände usw. auf Stabilität und Haltbarkeit geachtet wird. Es ist sehr ärgerlich, wenn die Hälfte der Karten beim ersten Windzug oder beim Verschieben der Wände durch Reinigungskräfte zu Boden fällt.

17.6.4 Erreichtes würdigen

Die Zusammenarbeit und das Projektcontrolling sind stets in die Zukunft gerichtet. Dort liegen die Aufgaben und die zu bewältigenden Probleme. In den Retrospektiven blicken wir zwar zurück, doch auch hier ist das Ziel, die weitere Zusammenarbeit zu optimieren. Wenn unser Blick jedoch nur auf die Lösung von Problemen gerichtet ist, kann das die Menschen in den Teams auf Dauer belasten.

Daher ist es wichtig, regelmäßig das Erreichte angemessen zu würdigen. Dazu halten wir mit allen Projektmitgliedern und den relevanten Stakeholdern für ein paar Minuten den Projektfortschritt an und widmen diese Zeit den aktuellen Erfolgen. Diese kleinen Meetings kennt man unter vierschiedenen Namen wie z. B. Prosecco-Event. Organisatorisch ist es oft am einfachsten, diese Würdigung direkt im Anschluss an ein Review-Meeting im Kreise der anwesenden Personen auszusprechen.

Wenn verantwortliche Personen im Arbeitsalltag ihre Wertschätzung für etwas ausdrücken möchten, gelingt dies am einfachsten dadurch, dass wir den entsprechenden Kollegen, Mitarbeitern und anderen Stakeholdern das Wertvollste geben, was wir in einem Projekt haben: Zeit. Diese 15 Minuten sind gut investiert. Wertschätzung für die eigene Arbeit und Leistung gezeigt zu bekommen, ist enorm wichtig für die eigene Motivation. Auch stärkt ein Blick auf das Erreichte die Zuversicht, zukünftige Probleme lösen zu können. Hektik und Angst verlieren dadurch ihre zerstörerische Wirkung und es geht etwas leichter voran. Als Zusatznutzen erhalten kundenseitige Stakeholder weitere Hinweise auf den Projektfortschritt [171].

17.7 Anforderungsänderungen willkommen heißen

Ein traditionelles Projektcontrolling basiert auf einer ausreichenden Stabilität, die wir jedoch in Projekten kaum vorfinden werden. Agiles Projektmanagement ist darauf ausgelegt, mit Veränderungen zeitnah umgehen zu können. Dennoch brauchen wir auch in agilen Projekten eine stabile Entwicklungsbasis, um nicht ins Chaos zu fallen.

In *APM* lösen wir diesen scheinbaren Widerspruch durch ein eindeutig definiertes Zusammenspiel von wiederkehrenden stabilen Phasen und Änderungsphasen. Die Grundregel lautet:

> Sobald eine Iteration in Planung I und II geplant ist, bleiben die zugeordneten Anforderungen für diesen Zeitraum stabil. Natürlich können weitere Verfeinerungen und Klärungen im Rahmen der direkten Gespräche zwischen Entwicklern, Testern und Kundenvertretern erfolgen, jedoch sollten diese den geschätzten Umfang nicht stark verändern. Weder die Zuordnung noch der Umfang zugeordneter Aufgaben für spätere Iterationen ist dagegen fest und kann jeweils bis zum Beginn der nächsten Iteration verändert werden.

Dieses Zusammenspiel ist in Abbildung 17.13 schematisch dargestellt. Dieses Prinzip hat Auswirkungen auf die Länge der Iterationen. Ihre Dauer hängt im Wesentlichen vom Steuerungsbedarf unseres Projekts ab.

Ein Aspekt dafür ist die Anpassungshäufigkeit bzw. die Dauer, über die wir gegenüber unseren Kunden die Aufgaben unserer Projektteams stabil halten können. Je explorativer und damit empirischer der Projektcharakter ist, desto kürzer werden die Iterationen sein, um eine ausreichende Flexibilität zu gewährleisten. Umgekehrt können wir in einem eher stabilen oder stärker regulierten Umfeld mit längeren Iterationen arbeiten. Wohlgemerkt

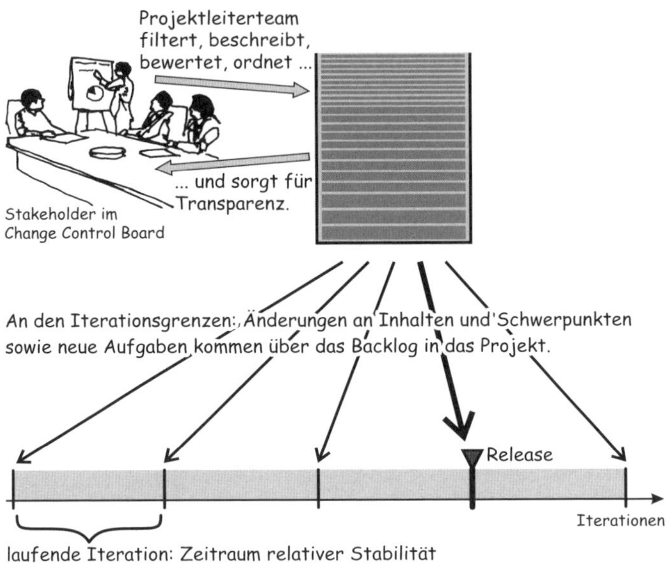

Abbildung 17.13: Änderungen und neue Anforderungen an Iterationsgrenzen kontrolliert in das Projekt einfließen lassen.

beträgt der Spielraum für die Dauer der Iterationen nur zwei Wochen, da Iterationen in *APM* nur zwischen zwei und vier Wochen dauern sollten.

Ein Zeitpunkt, zu dem es sich besonders eignet, die Anforderungen und Aufgaben im Kontext des bisherigen Projektstands und der aktuellen Situation zu betrachten, ist nach einem Release (Abb. 17.13, dicker Pfeil rechts unten). Mit einem Release liefern wir zusammengehörende Funktionalität aus und widmen uns danach dem nächsten größeren Block von Anforderungen, die wir dem nächsten Release zugeordnet haben. Zu diesem Zeitpunkt können größere Weichenstellungen und Veränderungen an der Priorität der Anforderungen erfolgen, die sofort am nächsten Releaseinhalt sichtbar werden. Diese Anpassungen des Releaseplans finden zu diesem Zeitpunkt auf der aktuellst möglichen Informationsbasis statt, weshalb sie besondere Bedeutung genießen. Entsprechende Meetings mit den Stakeholdern sind daher rechtzeitig zu planen und zu organisieren, damit alle wichtigen Beteiligten auch teilnehmen können.

17.7.1 Ein agiles Change Control Board

Das klingt eher traditionell als agil: Change Control Board (CCB). Richtig um- und eingesetzt steckt dahinter ein sehr wertvolles Hilfsmittel, um einen intensiven Kontakt zu den Stakeholdern zu halten. Und das ist doch ganz im Sinne agiler Projekte!

Das Board unter Leitung des Projektleiters tritt regelmäßig zusammen, um auf Basis des Backlogs die Priorität und Reihenfolge der darin festgehaltenen und geordneten Aufgaben zu diskutieren und zu bewerten. Besonders wichtig sind dabei neu hinzukommende Themen wie Fehlermeldungen, Variationen von Anforderungen, die beim Zerlegen der User Stories entstanden sind, oder neue Fragestellungen, die in den Diskussionen mit den Stakeholdern aufgekommen sind.

Die beiden Ziele des Meetings sind zum einen, dass der Projektleiter eine für die aktuelle Situation angemessene Reihenfolge der Einträge im Backlog für das Produkt festlegen kann. So kann die nächste Iteration den besten Nutzen für den Kunden liefern. Zum anderen werden darüber alle Stakeholder sehr gut über den aktuellen Projektstand informiert und können ihre Sichten angemessen einbringen. Der Projektleiter hat damit eine ausgezeichnete Entscheidungsbasis. Ein CCB-Meeting findet daher mindestens einmal pro Iteration im letzten Drittel statt, damit die Vorbereitung des Planung-I-Meetings durch den Projektleiter und seine Teamprojektleiter auf Basis der neuesten Stände erfolgen kann. Bei Projekten, deren Produkte bereits in Betrieb sind, kann auch ein wöchentlicher Rhythmus sinnvoll sein, um z. B. die Fehlermeldungen im Kontext der Wünsche und Änderungen gemeinsam bewerten zu können.

17.7.2 Ultima Ratio: Iteration abbrechen

Als *Ultima Ratio* (lat.) bezeichnet man gemeinhin den letzten Ausweg aus einem Problem, wenn alle andere Lösungsideen nicht gegriffen haben. Wenn sich die Rahmenbedingungen unseres Projekts derart geändert haben, dass der Sinn und Zweck des zu entwickelnden Produkts nicht mehr gegeben ist, müssen wir sofort handeln. Solche Ereignisse sind z. B. Gesetzesänderungen, die das Geschäftsmodell grundsätzlich untersagen, oder Änderungen an der Firmenstruktur wie die Übernahme durch ein anderes Unternehmen, sodass das Projekt nicht mehr sinnvoll ist. Dann brechen wir sofort das Projekt und die laufende Iteration ab. Die aktuellen Stände werden gesichert und abschließend dokumentiert, bevor wir eine Neubewertung und neue Ausrichtung der Softwareentwicklung vornehmen.

Ansonsten wird eine Iteration auch bei größeren Problemen zu Ende gebracht, solange das Projektziel noch gegeben ist. Probleme wie der Diebstahl von Hardware oder der langfristige Ausfall wichtiger Personen stellen keinen Grund für einen Iterationsabbruch dar. Erinnern wir uns: Die Iterationen wirken wie ein Prüfraster auf unser Projekt, damit wir zu definierten Zeitpunkten wissen, wo wir stehen. Gerade bei großen Problemen ist dieses Wissen besonders wichtig, sodass der Iterationstakt bestehen bleibt.

Die Entscheidung über einen Abbruch der Iteration trifft der Projektleiter in Abstimmung mit seinen Teamprojektleitern. Auch wenn das Projekt gleich wieder neu aufgesetzt werden soll, ist die Entscheidung zu treffen, ob die laufende Iteration beendet werden soll oder nicht. So kann es sinnvoll sein, keine Zeit zu verschwenden und alle Aktivitäten sofort zu stoppen. Ebenso kann die Restdauer der laufenden Iteration uns den Rücken frei halten, das Neuaufsetzen des Projekts ausreichend vorzubereiten. Eine solche Entscheidung ist daher situativ zu treffen.

18 Kanban und Lean Management

Die Werkzeugkästen, aus denen sich *APM* bedient, fallen nicht nur in die Kategorien Agilität und Softwareprojektmanagement. Zu agilen Konzepten passt das Lean Management und insbesondere dessen Umsetzung mit Kanban ausgezeichnet. Die grundlegenden Aspekte aus Kanban, die wir in *APM* wiederfinden, betrachten wir in diesem Kapitel. Bevor wir die einzelnen Konzepte tiefer durchleuchten, fassen wir zuerst den Kern der Arbeitsorganisation über ein Kanban-Board kurz zusammen [3, 15, 105, 119]. Wer sein agiles Projektmanagement darüber hinaus weiterentwickeln möchte, wird sicher im Lean Management und Kanban noch weitere interessante Anregungen finden.

18.1 Kanban kurz und knapp

18.1.1 Grundidee

Obwohl Kanban aus dem Toyota-Produktionssystem stammt, um mit ihm kostenintensive Lagerbestände zu minimieren sowie einen gleichmäßigen Fertigungsfluss zu erreichen, kommt es auch in der Softwareentwicklung zum Einsatz. Wir möchten damit erreichen, dass die Menge an paralleler Arbeit (Work in Progress, WIP) minimiert, schnellere Durchlaufzeiten in der Bearbeitung von User Stories erreicht und Engpässe im Prozess früh erkannt werden. Mit der Reduktion des WIP vermeiden wir ein Verzetteln bei der Bearbeitung von Aufgaben. Kanban kann daher in jeder Situation nützlich sein, in der wir die Anzahl von Dingen innerhalb eines Systems beschränken und einen kontinuierlichen Fortschritt erreichen wollen.

Die anfallenden Arbeiten und Aufgaben werden für alle sichtbar auf einer Wand, dem sogenannten Kanban-Board, visualisiert. Ganz links auf dem Kanban-Board ist der gemeinsame Aufgabenpool als Backlog zu finden. Die Schritte bzw. Zwischenergebnisse des Arbeitsprozesses werden als Spalten auf dem Board daneben von links nach rechts dargestellt. Einzelne Arbeiten und Aufgaben werden jeweils auf einer Karte bzw. Haftnotiz notiert und zuerst im Backlog abgelegt. Diese Signalkarten[1] durchlaufen

[1]kan (jap.): Signal, ban (jap.): Karte.

entsprechend ihrem Bearbeitungsstand die Spalten des Prozesses auf dem Kanban-Board. Dabei darf eine Karte nur von links nach rechts wandern. Ein Zurücksetzen ist explizit untersagt.

Die Anzahl der Karten, die in einem Arbeitsschritt (Spalte) gleichzeitig bearbeitet werden dürfen, wird durch ein Limit für die Spalte angegeben (WIP-Limit). Dabei wird eine Karte nicht einfach weitergeschoben, wenn ein Arbeitsschritt beendet wurde, sondern sie wird durch den Bearbeiter des folgenden Arbeitsschritts dann weitergezogen, wenn dieser mit der Arbeit beginnt (Pull-Prinzip). Ein Arbeitssystem nach dem Pull-Prinzip kann daher nicht überlastet werden, aber Engpässe werden durch die Visualisierung sofort sichtbar.

Probleme im Arbeitsablauf wie Engpässe werden nicht verwaltet, sondern sofort behoben. Dafür können fortlaufend Verbesserungen[2] am Ablauf vorgenommen werden, um die Durchlaufzeit der Aufgaben durch den Prozess von links nach rechts zu minimieren. Dieses Ziel der kurzen Durchlaufzeiten geht jedoch nicht zulasten der Qualität. Die einzelnen Arbeitsschritte erfolgen stets nach den Anforderungen der späteren Produktqualität, um Ausschuss und teure Nacharbeiten zu vermeiden.

18.1.2 Aufbau einer Karte

Die Karten auf einem Kanban-Board haben stets denselben Aufbau aus drei Elementen:

- Der Titel der Karte und ggf. ein paar erläuternde Stichworte stehen in der Mitte der Karte.
- Das Eintrittsdatum einer Aufgabe in die äußerste linke Spalte des Kanban-Boards (Aufgaben-Backlog) wird unten links auf der Karte vermerkt.
- Falls es einen festen End- bzw. Liefertermin gibt, wird dieser oben rechts notiert.

Über das Eintrittsdatum ist das Alter einer Karte jederzeit sichtbar und eine Durchlaufzeit kann nach Lieferung berechnet bzw. vermerkt werden. Bei Bedarf kann auch ein FIFO-Algorithmus[3] verwendet werden. Zusätzlich können Vermerke an den Karten angebracht werden, um z. B. auf Terminüberschreitungen hinzuweisen oder Prioritäten auszudrücken. Grundsätzlich kann die Priorität einer Aufgabe im Backlog über die Ordnung von oben nach unten ausgedrückt werden.

---

[2] kaizen (jap.): Verbesserungsprozess.

[3] FIFO: First in, first out.

18.1.3 Serviceklassen

Idealerweise werden alle Karten gleich behandelt und in der Reihenfolge ihres Eintreffens bearbeitet. Da ein solcher FIFO-Ansatz sich weder mit internen Abhängigkeiten zwischen den Aufgaben noch mit vorgegebenen Prioritäten vereinen lässt, können Serviceklassen definiert werden wie z. B.:

Standard: Hier gilt der FIFO-Ansatz.

Beschleunigt: So kennzeichnen wir eine hohe Priorität. Die Anzahl so markierter Karten wird auf einen kleinen Wert begrenzt und dabei oft auf WIP = 1 gesetzt.

Fester Termin: Diese Karten genießen Vorrang vor Standardaufgaben. Der Liefertermin wird dazu oben rechts vermerkt. Sie stehen von der Priorität her jedoch unter den *beschleunigten* Aufgaben.

Vage: Diese Karten werden nachrangig bearbeitet, weil notwendige Vorbedingungen nicht erfüllt sind und ihr Geschäftswert vage ist. Auch hier ist eine Limitierung auf einen kleinen Wert sinnvoll.

Die Serviceklasse einer Karte kann über die Kartenfarbe oder farbige Markierungen visualisiert werden. Eine entsprechende Legende ist dafür auf dem Kanban-Board zu vermerken.

18.1.4 Personal Kanban

Neben der Projektplanung und -koordination auf einem gemeinsamen Kanban-Board kann jeder Mitarbeiter ein eigenes Kanban-Board für die Planung seiner Aufgaben führen. Der zeitliche Fokus liegt dabei in der Regel auf maximal vier Wochen.

Das Board lässt sich einfach an die persönlichen Bedürfnisse anpassen und hilft dabei, parallel laufende Arbeiten zu minimieren. In einem festen Rhythmus etwa einmal pro Woche werden die Inhalte der Spalten geprüft und aktualisiert. Damit hilft ein Personal-Kanban-Board dabei, die Übersicht über anstehende Aufgaben und ihre Prioritäten zu wahren. Die Koordination der kleinteiligen, täglichen Aufgaben und Termine erfolgt weiterhin über entsprechende Werkzeuge wie Kalender und To-do-Listen.

So, nach diesem Schnelldurchgang auf knapp drei Seiten haben wir einen Überblick gewonnen, den wir nun in den restlichen Abschnitten dieses Kapitels vertiefen möchten.

18.2 Lean Management

Sowohl das Lean Management als auch die konkrete Umsetzung mit Kanban gehen auf den Automobilbauer *Toyota* und Taiichi Ohno (1912 – 1990) zurück [119]. Das von ihm entwickelte *Toyota-Produktionssystem* legte den Grundstein für den lang anhaltenden wirtschaftlichen Erfolg von Toyota und wurde in den 1990er-Jahren von den Konkurrenten übernommen.

Vereinfacht ausgedrückt verhält sich der Bezug zwischen Lean Management und Kanban ebenso wie der zwischen Agilität und *APM*: Lean Management ist das Konzept und Kanban eine Form der Umsetzung. Für uns reichen die beiden folgenden Definitionen aus [180]:

Lean Management hat zum Ziel, Werte ohne Verschwendung zu schaffen, indem die einzelnen Schritte der Wertschöpfungskette optimal aufeinander abgestimmt werden.

Kanban ist eine Methode der Produktionsprozesssteuerung, die sich am tatsächlichen Verbrauch von Materialien am Bereitstellungs- und Verbrauchsort orientiert und so die Zwischenlagerung von Vorprodukten minimiert.

Was hat das mit Softwareentwicklung zu tun? Ein Massenprodukt wie ein Automobil zu bauen, lässt sich wohl kaum mit der Entwicklung von Individualsoftware oder eines Softwareprodukts vergleichen. Und doch können wir von den Autobauern lernen. Mary und Tom Poppendieck haben mit als Erste die Konzepte in die Softwareentwicklung übertragen [130, 131]. Ihr Transfer des Lean-Management-Konzepts in die Softwareentwicklung, das Lean Software Development, beruht auf sieben Prinzipien.

18.2.1 Die sieben Prinzipien des Lean Software Development

Gehen wir die Prinzipien der Reihe nach kurz durch [131]:

1. Beseitige Ausschuss und Verschwendung
   Um die Durchlaufzeit von einer Idee bis zum ausgelieferten Produkt zu verkürzen, wird der Entwicklungsprozess auf die reinen, wertschöpfenden Schritte minimiert. Artefakte, die in einem Schritt erzeugt, aber nicht weiter benötigt werden, späte Korrekturen an Artefakten, die als fertig galten, oder erzeugte Ergebnisse, die nicht ausgeliefert werden (können), sind Beispiele für Ausschuss und Verschwendung im Entwicklungsprozess.
2. Baue Qualität ein
   Qualität wird von Beginn an in das Produkt eingebaut. Es wird nicht versucht, Qualität nachträglich in das Produkt *hineinzutesten*. Das würde lange dauern und dennoch nicht zufriedenstellend funktionieren.
3. Erzeuge Wissen
   Softwareentwicklung ist ein Prozess, der fortlaufend Wissen über unser Produkt, seine konkreten Anforderungen und Einsatzmöglichkeiten erzeugt. Daher können die Anforderungen, die Softwarearchitektur,

das Softwaredesign usw. **auf keinen Fall** vorweg vollständig bzw. konkret durchdacht und konzipiert werden. Der Entwicklungsprozess ist ein Lernprozess und das fortlaufende, gemeinsame Lernen wird daher in den Entwicklungsprozess integriert.

4. Verschiebe Festlegungen
   Entscheidungen werden zu dem Zeitpunkt getroffen, zu dem wir sie spätestens treffen müssen, um die bestmögliche Wissensbasis zu haben. Dafür müssen wir uns im Klaren sein, bis wann eine Entscheidung zu treffen ist. Hilfreich ist es dafür auch, große Entscheidungen in mehrere kleine zu zerlegen, die jeweils eigene späteste Zeitpunkte zur Entscheidung haben. Dafür ist der Prozess des Planens wichtig, um diese Zerlegungen und Zeitpunkte zu erkennen. Der Plan selbst ist ein weniger wichtiges Artefakt, das einem stetigen Wandel unterliegt.
5. Liefere schnell
   Wir liefern die Software so schnell, dass unsere Kunden keine Zeit haben, ihre Meinungen zu ändern. Das ist nicht zum Nachteil des Kunden, denn die meisten neuen Ideen, die in der langen Wartezeit in den Köpfen unserer Kunden entstehen, machen das Release nur umfangreicher und damit seine Lieferung noch langsamer, anstatt die Ideen in kleine Schritte zu zerlegen, diese umzusetzen und schnell nutzbar zu machen. Viele *Nice-to-have*-Ideen, die viel Geld kosten und wenig Nutzen bringen, können vermieden werden, wenn wir die Rückkopplungsschleife nur kurz genug halten.
6. Respektiere die Menschen
   Es gibt nicht einen besten Weg, eine Aufgabe umzusetzen, den eine einzelne Person vorab planen kann, sondern viele verschiedene Möglichkeiten. Ein allgemeiner Plan mit vernünfigen Zielen bildet den Rahmen für selbsorganisierte und selbststeuernde Teams, damit diese einen angemessenen Weg finden. Die Mitarbeiter in den Featureteams sind Experten für ihre Arbeit und wissen, was sie tun. Die Führung stellt sicher, dass solche engagierten Personen in ihren Teams arbeiten, und fokussiert deren Anstrengungen auf großartige Produkte.
7. Optimiere das Ganze
   Es ist ein Irrglaube, zu denken, dass eine feine Zerlegung eines Entwicklungsprozesses in Teilschritte eine bessere Optimierung des Prozesses ermöglicht. Die hohe Spezialisierung der einzelnen Schritte und der dafür notwendigen Personen oder Maschinen bzw. Programme macht einen solchen Prozess anfällig gegenüber kleinsten Veränderungen. Lokale Optimierungen bringen den gesamten Prozess nur selten weiter. Die Flexibilität im Prozess und damit die Flexibilität der beteiligten Mitarbeiter und Maschinen bzw. Programme ist zu erhöhen, um unter verschiedenen Bedingungen und Einflüssen hervorragende Ergebnisse zu liefern. Dabei ist stets der ganze Entwicklungsprozess zu beachten.

Rückblickend finden wir einen Großteil dieser Prinzipien in *APM* bereits wieder. Ein agiler Entwicklungsprozess, der stets darauf fokussiert, in einer kurzen Iteration auslieferbare Ergebnisse zu produzieren, erfüllt das erste Prinzip. Auch passen z. B. eine testgetriebene Vorgehensweise, Akzeptanzkriterien in Form von Szenarien oder die Definition of Done sehr gut zum zweiten Prinzip. Die Information Radiators in den Kommandozentralen oder Retrospektiven sind Beispiele, die zum dritten Prinzip passen. Die Idee des Last Responsible Moment ist ebenso eine Manifestierung des vierten Prinzips wie der iterative Planungsprozess auf verschiedenen Detaillierungsgraden und mit daran angepassten Zeithorizonten. Die kurzen Iterationen und damit verbundenen Releasezyklen setzen das fünfte Prinzip um. Die starke Einbindung der Kundenvertreter wie auch der Entwicklungsteams zum einen und die Rahmenbedingungen zur Selbstorganisation und Selbststeuerung der Entwicklungsteams zum anderen sind Beispiele für die Realisierung des sechsten Prinzips.

Einzig das letzte Prinzip ist bislang noch zu kurz gekommen. Umso wichtiger ist es, dass wir bei der Skalierung zu Großprojekten und bei der Koordination mehrerer Featureteams besonders darauf achten. Werfen wir jetzt einen ersten Blick darauf.

18.2.2 From concept to cash

Der Claim *from concept to cash* verdeutlicht das siebte Prinzip anschaulich. Wenn wir unseren Entwicklungsprozess nach *APM* verbessern und optimieren wollen, so müssen alle Ideen dazu die Dauer vom Konzeptionieren einer umzusetzenden Aufgabe bis zu dessen Lieferung verkürzen. Alles, was uns dabei hilft, unsere Entwicklungszeit von der Idee bis zur Lieferung einer wertvollen Umsetzung dieser Idee zu verkürzen, führt uns weiter.

Wir merken dabei sofort, dass uns eine lokale Optimierung in der Entwicklung z. B. durch ein neues Softwarewerkzeug dabei kaum weiterhilft, wenn die Tester und Kundenvertreter nicht auch in der Lage sind, Zwischenergebnisse schneller abzunehmen. Ein zeitlicher Gewinn an einer Stelle im Prozess nützt uns nichts, wenn es später noch zu einem großen Stau kommt. Wir behalten stets den gesamten Prozess mit allen inneren und äußeren Faktoren im Auge, wenn wir die Durchlaufzeit *from concept to cash* verringern wollen.

Ein wichtiger Aspekt dabei ist die Unterscheidung zwischen *Deliverables* und *Consumables*. Das scheint doch das Gleiche zu sein? Ist es aber nicht! Der Fokus ist grundlegend anders. Bei einem Deliverable, also etwas Auslieferbarem, blicke ich als Produzent eines Artefakts auf das Ergebnis und produziere möglichst viele solcher Artefakte. Anders bei einem Consumable. Dort nehme ich den Blick des Nutzers eines Artefakts ein. Ist das

Artefakt fertig für mich, sodass ich es benutzen bzw. konsumieren kann? Nur das zählt für den Nutzer!

Im schlimmsten Fall *mülle* ich meine Entwicklung mit zahlreichen Deliverables zu, ohne Consumables zu liefern. In *APM* fokussieren wir uns daher auf Consumables und versuchen die Anzahl der Deliverables in Form von Zwischenergebnissen, Prototypen oder nur temporär notwendiger Dokumentation zu minimieren.

18.3 Die drei Kanban-Prinzipien

Kanban bedeutet aus dem Japanischen übersetzt *Karte* oder *Beleg*. In einem Produktionsprozess wie dem Automobilbau begleitet eine Karte einzelne Bauteile oder Teilgruppen. In der Softwareentwicklung finden die Karten ihren Platz an einer Wand. Auf dieser Wand wird der Entwicklungsprozess visualisiert, indem die einzelnen Schritte nebeneinander dargestellt werden. Karten wandern auf einer Wand entlang der Schritte eines visualisierten Prozesses. Wir haben diese Idee bereits beim Taskboard zur Steuerung einer Iteration kennengelernt.

Eine der Stärken von Kanban ist, dass es sofort eingesetzt werden kann. Kanban beginnt mit der Visualisierung des aktuellen Entwicklungsprozesses. Es braucht keine weiteren Vorbedingungen, außer dass es eine Bearbeitungskette gibt. Alles andere entwickelt sich aus Kanban heraus. Kanban zeichnet sich neben den drei Begriffen Karte, Wand und Prozess durch drei Prinzipien aus, mit denen deren Zusammenspiel geregelt wird [3, 105].

18.3.1 Den Arbeitsfluss sichtbar machen

Als Erstes gilt es, den Arbeitsfluss und die Bearbeitungskette an einer Wand, dem Kanban-Board, zu visualisieren. Das bildet den Ausgangspunkt aller weiteren Schritte (Abb. 18.1).

Die Aufgabensammlung kommt als Spalte ganz nach links außen, dann folgt von links nach rechts für jeden Schritt aus der Bearbeitungskette eine eigene Spalte und am Ende sammeln wir die Karten für die fertig umgesetzten Aufgaben in einer Spalte rechts außen. Als Ausgangspunkt kann der aktuelle Prozess genommen werden, selbst wenn er so einfach gehalten ist wie in Abbildung 18.1.

Die Dynamik des Prozesses wird nun sichtbar gemacht, indem je eine Karte für die zu erledigenden Aufgaben erstellt und diese entsprechend ihrem Bearbeitungsschritt von links nach rechts über die Wand wandern. Die Entwickler im Team sind dazu angehalten, zum einen die Karten der Aufgaben, die sie erledigen, selbst am Board umzuhängen, und zum anderen, dies zeitnah mit einer Veränderung des Bearbeitungsschritts zu tun.

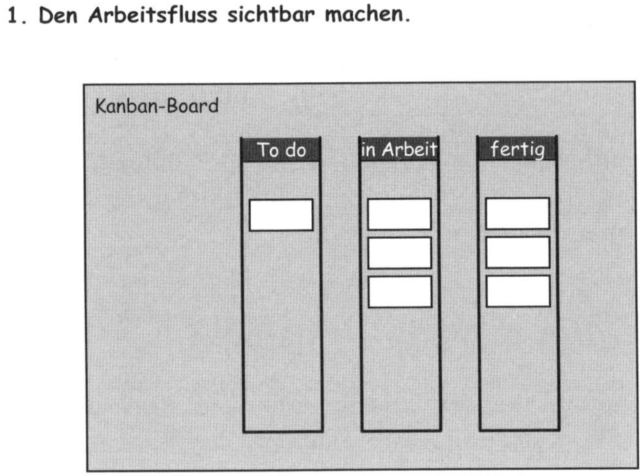

Abbildung 18.1: Das erste Prinzip aus Kanban

Kommt eine neue Aufgabe hinzu, wird sie auf eine neue Karte geschrieben und links in die Prozesskette eingestellt. Wenn es eine Priorität oder Reihenfolge bzw. implizite Ordnung zwischen den Aufgaben gibt, kann diese durch die Höhe der Karte, auf der sie auf dem Board in einer Spalte platziert wird, ausgedrückt werden. Jetzt haben wir den Istzustand abgebildet.

18.3.2 Angefangene Arbeit limitieren

Wenn wir jetzt erkennen, dass einzelne Spalten mit Karten überlaufen und diese kaum mehr zeitnah abgearbeitet werden können, können wir für diese Spalte ein WIP-Limit setzen und so die maximale Anzahl an Karten in dieser Spalte begrenzen. Auf das Limitieren der *Work in Progress* (WIP) sind wir bereits in Abschnitt 17.3.2 kurz eingegangen. In Abbildung 18.2 ist ein WIP-Limit für alle drei Spalten gesetzt worden.

Damit die angefangenen Aufgaben fokussiert beendet werden, kann als Faustformel für ein WIP-Limit ein Wert zwischen der Hälfte und der doppelten Anzahl der für den Entwicklungsschritt zur Verfügung stehenden Personen gewählt werden. Möchten wir Pair Working forcieren, so kann das WIP-Limit kleiner als die Anzahl der Entwickler für diesen Schritt sein. Um die angefangene Arbeit wirklich zu minimieren und kein ineffizientes paralleles Bearbeiten von Aufgaben zuzulassen, liegt die Obergrenze bei der doppelten Anzahl der Personen. So lassen wir ein sinvolles Verschachteln zweier Aufgaben zu, wenn es z. B. Wartezeiten gibt.

Wie wichtig es ist, die angefangene Arbeit zu minimieren, ist Abbildung 18.3 zu entnehmen. Wenn wir versuchen, mehr als zwei Aufgaben parallel

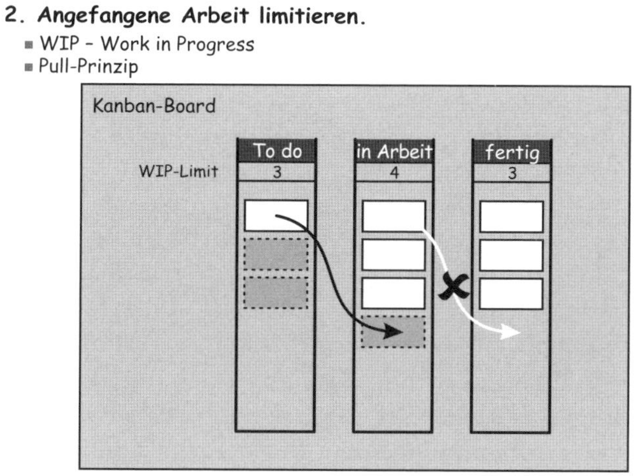

Abbildung 18.2: Das zweite Prinzip aus Kanban

abzuarbeiten, verlieren wir zu viel Zeit und Energie bei den Taskwechseln und werden insgesamt langsamer [28, 170].

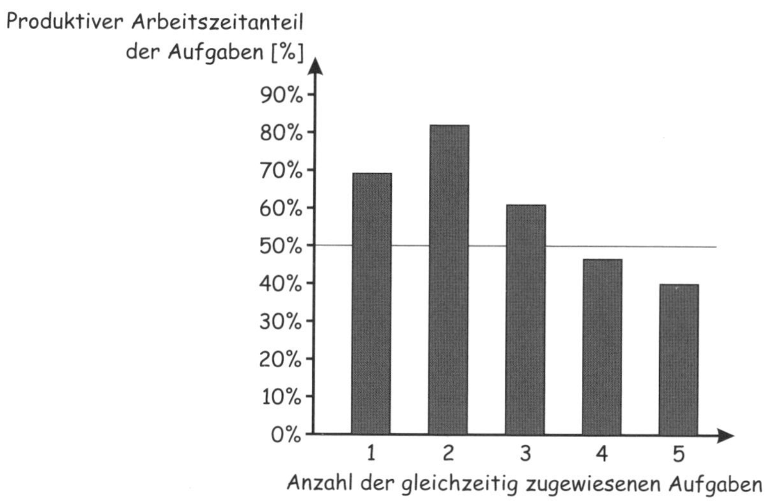

Abbildung 18.3: Die Produktivität nimmt bei mehr als zwei parallelen Aufgaben rapide ab (nach Clark und Wheelwright, 1993) [28, 170].

Nur wenn eine der Aufgaben für die betroffene Person reine Routine darstellt, kann eine parallele Bearbeitung effizient sein. Auf anspruchsvolle

Aufgaben sollte man sich jedoch konzentrieren und Unterbrechungen minimieren. Das wird durch ein passend gewähltes WIP-Limit unterstützt.

Im Zusammenhang mit dem WIP-Limit steht noch ein zweiter essenzieller Aspekt in Kanban: das Pull-Prinzip. Eine Aufgabe wird nicht einer Person in der nächsten Spalte zugewiesen, sobald sie für den nächsten Schritt bereit ist, sondern sie verbleibt in ihrer Spalte in einer Warteposition. Erst wenn eine Person bereit ist, den nächsten Schritt durchzuführen, greift sie sich eine der fertigen Aufgaben aus der vorherigen Spalte und zieht sie in die nächste Spalte herüber. Das geht natürlich nur, solange das WIP-Limit der neuen Spalte nicht überschritten ist (Pfeile in Abb. 18.2).

Das Pull-Prinzip stellt sicher, dass es zu keinen Überlastungen bei einem Bearbeitungsschritt kommt. Aufgaben werden daher nicht zugewiesen, sondern aktiv genommen. Auch dieses Prinzip haben wir bereits auf Seite 66 kurz kennengelernt.

18.3.3 Kümmere dich um den Arbeitsfluss

Über das Kanban-Board wird eine große Transparenz über den Entwicklungsprozess hergestellt. So können wir auf verschiedene Indikatoren achten, die in Abbildung 18.4 exemplarisch dargestellt sind.

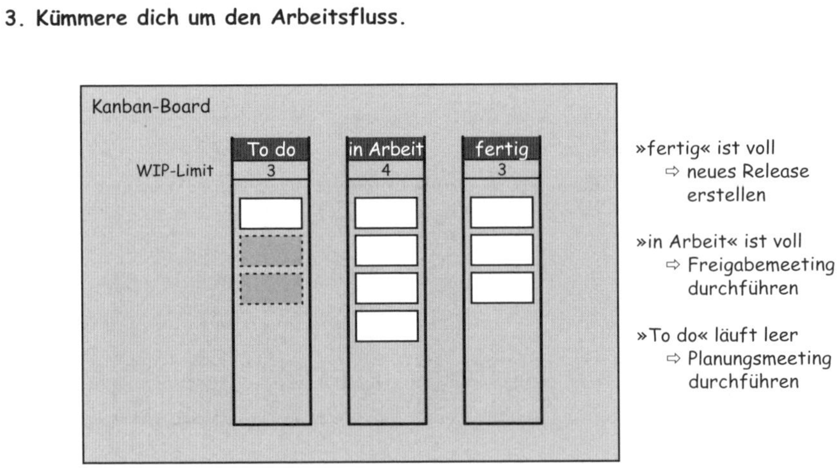

Abbildung 18.4: Das zusammengefasste dritte Prinzip aus Kanban

Wir sehen, dass die Spalte *fertig* voll ist, da dort ein WIP-Limit von drei gesetzt ist. Es wird daher dringend Zeit, diese fertiggestellten Ergebnisse den Anwendern bereitzustellen und ein Release durchzuführen. Die Spalte *fertig* ist dann wieder leer.

Die Spalte *in Arbeit* ist ebenfalls voll, weshalb wir als Nächstes ein Freigabemeeting durchführen sollten, damit die Tester die Karten von geprüften Ergebnissen eine Spalte weiter ziehen können. So füllt sich die Spalte *fertig* wieder für ein nächstes Release.

In der Spalte *To do* liegt dagegen eine andere Situation vor. Diese Spalte droht leerzulaufen, sobald die beiden vorherigen Aktionen durchgeführt sind. Es fehlt an weiteren vorbereiteten Aufgaben. Wir brauchen daher dringend ein Planungsmeeting, um die nächsten Aufgaben zu schneiden.

Reines Kanban ist ereignisgetrieben, wie es in den drei obigen Aktionsbeispielen angedeutet ist. Natürlich passen diese Ideen auch zu einer iterativen Vorgehensweise und können kombiniert werden.

18.4 Mit Kanban steuern

Einige Aspekte aus Kanban zur Steuerung des Entwicklungsprozesses sind auch für ein agiles Projektmanagement von Bedeutung. Es lässt sich alternativ zum reinen ereignisgesteuerten Vorgehen in festen Zeitintervallen mit einem Kanban-Board arbeiten, um Indikatoren zu prüfen, Planungen vorzunehmen und Feedback zum Prozess zu geben.

Die Begrenzung einzelner oder aller Spalten über WIP-Limits hat das Ziel, die Durchlaufzeit für eine Aufgabe durch den Entwicklungsprozess von links nach rechts möglichst kurz zu halten. So verringern wir die Dauer *from concept to cash*. Dies hat u. a. fast automatisch zur Folge, dass die Aufgaben so gestaltet werden, dass sie schnell umzusetzen sind. Umfangreichere Aufgaben werden dazu in mehrere kleinere zerlegt, bevor sie in den Entwicklungsprozess einfließen. Auch dieser Effekt ist in *APM* gewünscht, um die Projektsteuerung zu vereinfachen.

Kanban funktioniert sowohl zur teaminternen Steuerung als auch zur Koordination mehrerer Teams. Wir finden in *APM* daher das Werkzeug des Kanban-Boards sowohl in den einzelnen Featureteams als Backlog für die Iteration als auch als Information Radiator in der Projektkommandozentrale, damit der Projektleiter und seine Teamprojektleiter die Verteilung des Backlogs für das gesamte Produkt auf die einzelnen Featureteams übersichtlich vornehmen können. Dazu wird dieses Kanban-Board entweder um farbige Karten mit einer festen Zuordnung von Farbe und Featureteam oder um Teamspalten ergänzt (Abb. 18.5) [89].

In Abbildung 18.5 sehen wir auch die Idee einer Überholspur (engl.: fast lane). Dort werden Aufgaben eingestellt, deren Bearbeitung besondere Priorität und Dringlichkeit haben. Dies sind meist Meldungen über schwere Fehler, die im Betrieb der Software oder kurz vor dem Release noch unbedingt behoben werden sollen. Auf Karten, die in die Überholspur kommen, wird auf jeden Fall der Eintrittstermin vermerkt sowie die maximal zuläs-

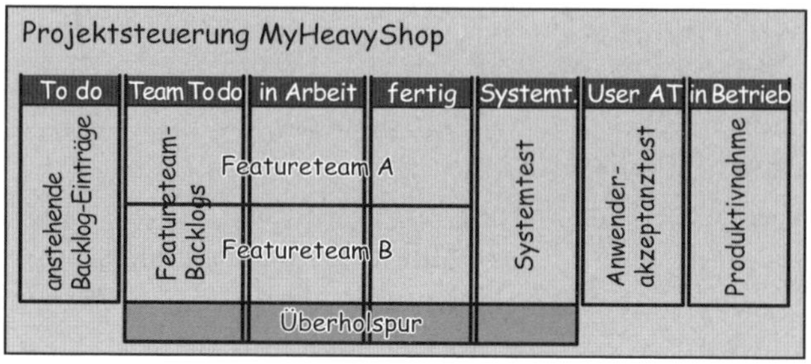

Abbildung 18.5: Schematische Darstellung eines Kanban-Boards als Projektsteuerungswand mit Erweiterungen um Teamspalten und Überholspur

sige Durchlaufzeit bis zur Erledigung der Aufgabe. Die Überholspur läuft nur für die Schritte bzw. zu den Spalten parallel, die für die bevorzugte Bearbeitung der Aufgaben relevant sind. Auch für die Überholspur kann ein WIP-Limit gesetzt werden. Sinnvollerweise ist dieses Limit dann sehr niedrig und liegt oft sogar bei 1.

Kanban ergänzt *APM* hervorragend, da es die agile Projektsicht erweitert. Die zentrale Kenngröße der Velocity in agilen Verfahren wie Scrum oder *APM* beantwortet über ein Burndown-Diagramm die Frage, wie lange es dauert, bis ein Bündel an Aufgaben oder ein Release fertig ist. Kanban fokussiert über die Aspekte des *Work in Progress* (WIP) und der Durchlaufzeit (Lead Time), wie sie über ein Cumulative-Flow-Diagramm ermittelt werden können (Abb. 18.6), stärker darauf, wie schnell auf Anforderungen, Fehlermeldungen oder Änderungswünsche reagiert werden kann.

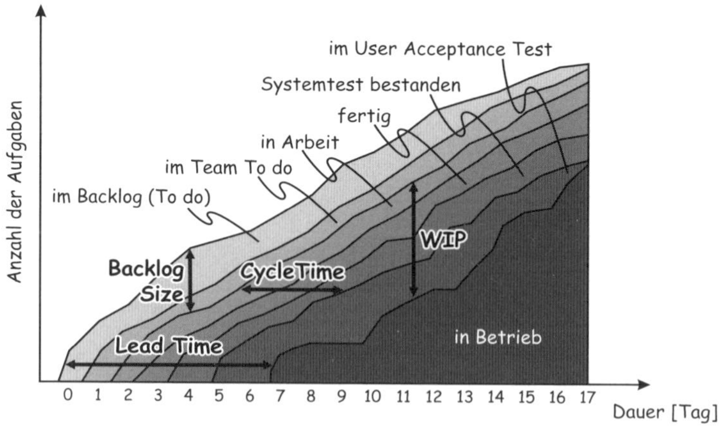

Abbildung 18.6: Work in Progress und die Durchlaufzeit von Aufgaben sind direkt aus dem Cummulative Flow-Diagramm abzulesen [89] (Abb. 17.4).

In Abbildung 18.6 sehen wir im Unterschied zu Abbildung 17.4 auf Seite 283 auf der X-Achse die Dauer in Tagen und auf der Y-Achse die Anzahl der Aufgaben eingetragen. In dieser für Kanban typischen Darstellungsform des Diagramms ist dann auch die *Work in Progress* sowie die Durchlaufzeit in Tagen sofort ersichtlich [89].

18.5 Multitasking bei Projekten vermeiden

In Abschnitt 18.3.2 und Abbildung 18.3 haben wir bereits gesehen, dass es weder effizient noch effektiv ist, Aufgaben parallel zu bearbeiten. Erneut gilt es zu bedenken, dass wir in *APM* die Ergebnisse optimieren und nicht die Auslastung einzelner Mitarbeiter.

Was für Aufgaben in einem Projekt gilt, lässt sich auch auf die Ebenen des Portfolio- und Programmmanagements übertragen (Abb. 15.5 auf Seite 230). Es ist dort nur noch ungünstiger. Gerald Weinberg hat bezogen auf Projekte einen viel stärkeren Effekt der parallelen Arbeit herausgefunden, als wir es in Abschnitt 18.3.2 für parallele Aufgaben bereits gesehen haben (Abb. 18.7) [175]. Die Konsequenz ist eindeutig: Ein Mitarbeiter gehört genau zu einem Projekt! Die Verteilung von mehreren Projekten auf dasselbe Team oder dieselben Personen führt im Endeffekt zu verlängerten Projektlaufzeiten und überzogenen bzw. nur schwer abschätzbaren Terminen.

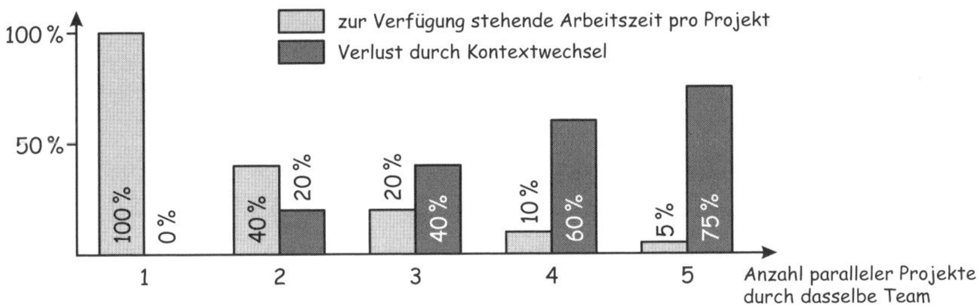

Abbildung 18.7: Der Verlust an Produktivität bei parallelen Projekten durch dasselbe Team [39, 175]

Vergleichen wir den Ablauf von drei gleich umfangreichen Projekten A, B und C bei einer parallelen mit einer seriellen Umsetzung, so ergeben sich zwei negative Effekte bei der parallelen Bearbeitung (Abb. 18.8). Zum einen verlängert sich nach den Untersuchungsergebnissen aus Abbildung 18.3 bzw. 18.7 bei der parallelen Umsetzung mit einem Team die Projektlaufzeit um ca. 10 – 40 %, da die geistigen Rüstzeiten für die hohe Anzahl an Taskwechseln die Produktivität um diesen Wert reduzieren (Abb. 18.8, oben). Zum anderen können alle drei Projektergebnisse erst gemeinsam am Ende der gesamten Laufzeit eingesetzt werden. Werden hingegen die drei Projekte nacheinander durchgeführt, so nähert sich nicht nur die gesamte Laufzeit für die drei Projekte dem möglichen Ideal, sondern die Ergebnisse des ersten und auch des zweiten Projekts stehen nach einem bzw. zwei Dritteln der gesamten Projektlaufzeit bereit. Der Return on Investment erfolgt für zwei der drei Projekte deutlich früher.

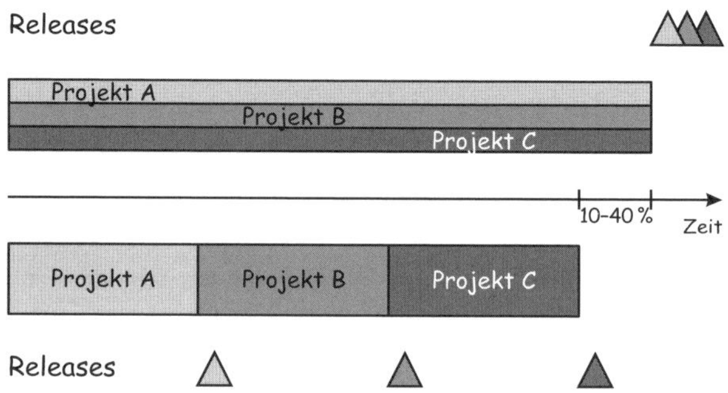

Abbildung 18.8: Parallel laufende Projekte (oben) vs. serieller Projektabfolge (unten)

Erfolgreiches Projektmanagement und Portfolio- bzw. Programmmanagement hängen davon ab, wie gut wir Prioritäten setzen und eindeutige Reihenfolgen finden können. Auch wenn der Prozess des Priorisierens schmerzhaft ist, so lohnt er sich und stellt eine der Schlüsselfähigkeiten der Projekt- und Teamprojektleiter sowie Portfolio- und Programmmanager dar.

18.6 Value Stream Map

18.6.1 Prozessanalyse mit der Value Stream Map

Zwar ist *from concept to cash* eine schöne Leitlinie, doch wie setzen wir sie um? Hierbei kann uns eine Value Stream Map helfen. Dazu tragen wir zu unseren einzelnen Prozessschritten zwei Zeiten auf (Abb. 18.9) [131]:

- die tatsächliche Bearbeitungsdauer, also die Nettoarbeitszeit der bearbeitenden Person für diesen Schritt, und
- die Verweildauer der Aufgabe in diesem Schritt, also die Differenz zwischen dem Eintrittszeitpunkt (die bearbeitende Person hat sich die Aufgabe genommen und die Karte zeitnah auf dem Board in die entsprechende Spalte weitergezogen) und dem Austrittszeitpunkt (die Karte ist in die nächste Spalte hinübergezogen worden).

Jetzt können wir zwei Zeiten bestimmen und ins Verhältnis setzen: die Nettobearbeitungsdauer für die gesamte Umsetzung einer Aufgabe und die gesamte Zeit, die die Aufgabe im Prozess verweilt. Dieses Verhältnis sagt etwas über die Umsetzung der Leitlinie *from concept to cash* aus.

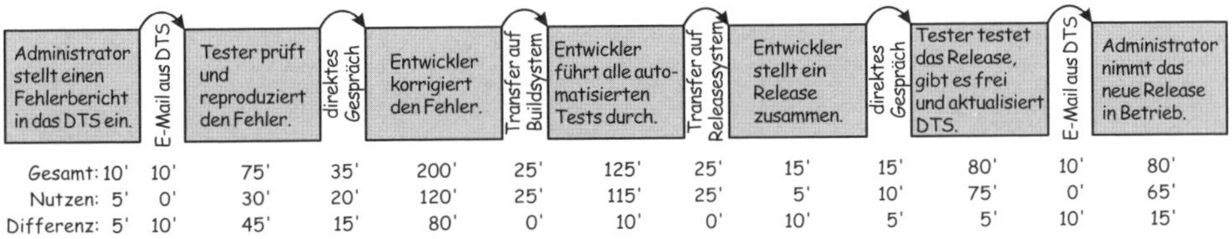

Abbildung 18.9: Schema einer Value Stream Map (DTS = Defect Tracking System (Fehlerverwaltung)) [131]

Wir können dieses Verhältnis statistisch für die Umsetzung der geplanten Aufgaben in einer Iteration betrachten und für spezielle Abläufe wie die Behandlung hoch priorisierter Fehler aus dem Betrieb unseres Produkts auf der Überholspur unseres Kanban-Boards ermitteln. Letzteres ist in Abbildung 18.9 erfolgt. Dort sehen wir als Beispiel die Sonderbehandlung bei einem schwerwiegenden Fehler in ausgelieferter Software.

In der ersten Zeile in Abbildung 18.9 finden wir die Dauer für die einzelnen Schritte und Übergaben. Sie summieren sich auf 705 Minuten. Addieren wir die gesamte Nutzdauer, so kommen wir auf 495 Minuten Arbeitszeit. Daraus ergibt sich eine Differenz von 210 Minuten, die als Verschwendung angesehen werden kann. Der Quotient $\frac{Nutzdauer}{Gesamtdauer}$ kann als *Effizienz* betrachtet werden. Sie beträgt für das Beispiel aus Abbildung 18.9 hervorragende 70 %.

18.6.2 Prozessverbesserungen anstoßen

Untersuchen wir das Beispiel aus Abbildung 18.9 z. B. in der Retrospektive genauer, können trotz der bereits hohen Effizienz interessante Ideen zur Verbesserung des Fehlerbehandlungsprozesses betrachtet werden. Hierbei sind die Schritte oder Übergänge von besonderem Interesse, die eine große Differenz aufweisen. Hier kann es merkliche Fortschritte geben. So ist die E-Mail-Kommunikation vielleicht auch durch ein direktes Gespräch zu ersetzen und der Mehrwert des Defect-Tracking-Systems für diesen Sonderfall ist auch nicht ersichtlich. Dennoch ist hier kaum etwas zu holen, da der Aufwand bereits recht gering ist.

Spannender sind da die Schritte zwei und drei, in denen erst der Tester und dann der Entwickler sich die entsprechende Infrastruktur aufbauen müssen, um den Fehler nachzustellen bzw. korrigieren zu können. Hier kann u. U. durch einen höheren Automatisierungsgrad oder eine bessere

Standardisierung noch reichlich Zeit eingespart und Effizienz gewonnen werden, die sich durch eine noch schnellere Reaktionszeit bemerkbar machen würde.

Bei solchen Sonderfällen wie in Abbildung 18.9 können entsprechend hohe Beträge für die Effizienz erreicht werden. Die normale Entwicklung wird da meist deutlich schwächere Werte liefern. Gute Werte liegen hier zwischen 30 und 50 %. Prozesse, die häufig durchlaufen werden und eher schwache Effizienzwerte aufweisen, verdienen unsere besondere Beachtung. Hier können wir durch entsprechende Verbesserungen die Effizienz unserer Entwicklung spürbar erhöhen.

18.6.3 Service Level Agreements

In einem Service Level Agreement treffen wir Vereinbarungen mit unseren Kunden über die Güte einer Dienstleistung, wobei häufig Verfügbarkeiten von Ansprechpartnern und Reaktionszeiten für Problemlösungen festgelegt werden. Eine Value Stream Map liefert uns die Basis für die Parameter eines Service Level Agreements. Nur durch solche Messungen wissen wir, was für Reaktionszeiten wir z. B. für Fehlerkorrekturen oder neue Features vertraglich zusagen können.

Im Beispiel aus Abbildung 18.9 sehen wir sofort, dass wir trotz der hohen Effizienz und der guten Fokussierung der Entwickler bzw. Tester auf solche Problemfälle etwa zwei Arbeitstage benötigen, um einen Fehler im Produktivsystem zu beseitigen. Zwar beträgt die reine Nutzzeit nur gute acht Stunden, doch dauert der gesamte Prozess etwa zwölf Stunden. Dabei kann die Dauer zum Nachstellen und Korrigieren eines Fehlers auch noch deutlich über den Werten aus dem Beispiel liegen.

Zeitliche Zusagen in Service Level Agreements oder ähnlichen Verträgen sollten nur auf verlässlichen Prozessanalysen über Value Stream Maps erfolgen. Ansonsten drohen unnötige Probleme und nachträglich nur schwierig zu korrigierende Verträge mit unseren Kunden, die die Kundenzufriedenheit nicht verbessern werden.

Wir erkennen an diesen Betrachtungen erneut, von welch großer Bedeutung die Konstanz der Velocity ist. Zu große Schwankungen lassen auch hier aussagekräftige Prozessanalysen nicht zu. Wenn für den Kunden definierte Reaktionszeiten besonders wichtig sind, reicht es nicht aus, zufällig einmal besonders schnell gewesen zu sein, sondern es ist wichtig, dauerhaft einen zugesicherten Wert nicht zu unterschreiten.

In diesem Zusammenhang ist auch die Menge an technischen Schulden relevant, da sie die Velocity langfristig und dauerhaft schädigt. Wenn unsere Produkte und unsere Entwicklung anspruchsvolle Anforderungen bezüglich der Reaktionszeit zu erfüllen haben, sind alle Parameter, die unsere Velocity beeinflussen, von besonderer Wichtigkeit.

18.7 Kanban in der Entwicklung nutzen

Die Ideen, auf denen Kanban beruht, sind für die Softwareentwicklung und das agile Projektmanagement wertvoll. Sechs Aspekte sind dabei für *APM* besonders relevant, auf die wir jetzt eingehen werden [89, 131].

18.7.1 Angefangene und halbfertige Arbeit minimieren

Darunter fallen ausgefeilte Konzepte und Modelle, die dann doch nicht umgesetzt werden. Es reicht meist, ein Konzept nur grob zu erarbeiten, um nächste Schritte ableiten zu können. Sich wochenlang zurückzuziehen, um den großen Wurf zu machen, wird nicht funktionieren.

Nicht nur Konzepte oder Modelle, sondern auch Code kann betroffen sein. Code, der nicht eingecheckt oder synchronisiert ist, oder ungetesteter Code ist einfach noch nicht fertig. Wenn die letzten Schritte nicht erfolgen, lohnen sich die vorherigen nicht. So gut wie jeder nicht produktiv gegangene Code lohnt sich nicht. Die darin investierte Arbeit zahlt sich nicht oder zu wenig aus. Das bedeutet auf keinen Fall, das Prototypen produktiv gehen sollen, sondern dass wir in *APM* mit so wenig Prototyping wie möglich arbeiten und uns stets an der angestrebten Produktqualität orientieren.

18.7.2 Überflüssige Features identifizieren und aussortieren

Wir haben in Kapitel 3 bereits gesehen, wie teuer Code wird, mit dem Anforderungen umgesetzt wurden, die dann doch nicht gebraucht wurden. Circa 45 % der Funktionalität von Software wird nicht oder kaum benutzt. Das kostet doppelt Geld. Einerseits war deren Implementierung unnötig. Noch viel teurer wird aber oft der negative Einfluss, den dieser Code auf die Wartbarkeit und Erweiterbarkeit der Software in ihrem Lebenszyklus hat.

Ein Hauptgrund für überflüssige Features sind die umfangreichen Vorabspezifikationen der Anforderungen. So kann nur noch schwer bis gar nicht auf Veränderungen reagiert werden. Der Kanban-Weg, mit dieser Problematik umzugehen, ist es, die Durchlaufzeiten für den Weg von einer Anforderungsidee bis zu deren Nutzbarkeit zu minimieren. Das vereinfacht ein inkrementell-iteratives Vorgehen, wie es auch *APM* zugrunde liegt.

18.7.3 Wissen aufbauen und Re-Learning vermeiden

Agile Vorgehensweisen sind explorativ und empirisch. *APM* baut deshalb auf einem integrierten Lernprozess auf, der in Lernschleifen erfolgt, wie in den Abbildungen 2.1 auf Seite 14 und 2.3 auf Seite 20 dargestellt. Das in diesem Lernprozess aufgebaute Wissen wird so erzeugt, dass es den anderen Mitarbeitern der Organisation auch zur Verfügung steht. In den regelmäßigen Meetings in *APM* tauschen wir uns darüber aus, was wie gelernt wurde, und in den Retrospektiven verfeinern und verbessern wir den dauerhaften Umgang damit und dessen Dokumentation.

Dazu sind zwei Grundregeln von besonderer Bedeutung. Zum einen braucht eine Dokumentation stets einen klaren Zweck und mindestens einen, besser mehrere spätere Leser. Das kann natürlich auch der Verfasser einer Dokumentation selbst sein. Zum anderen haben wir die richtigen Leute an den Meetings und dem Verbesserungsprozess zu beteiligen. Die klare Meetingstruktur mit ihren Teilnehmergruppen hilft uns dabei. Andererseits wissen die Entwickler und Stakeholder oft selbst ganz gut, was sie wie und wann benötigen. Daher führen wir mit den verschiedenen Gruppen regelmäßig Retrospektiven durch, um sie intensiv einbinden zu können.

18.7.4 Übergaben minimieren

Wir versuchen, den Entwicklungsprozess mit möglichst wenigen Übergaben an Prozessschritten umzusetzen. Solche Übergaben zwischen Personen bringen zwei Nachteile mit sich. Zum einen geht dabei stets ein Teil des Wissens verloren. Zum anderen brauchen Übergaben Zeit und verzögern damit den Entwicklungsprozess.

Der Aufbau und Einsatz von Featureteams ist der Lösungsansatz von *APM*. Dabei ist darauf zu achten, dass der Anteil der eher universell aufgestellten Mitarbeiter möglichst hoch ist. Solche T-Shapes erhöhen die Flexibilität des Teams und minimieren Übergaben zwischen Personen mit unterschiedlichen Rollen (Abb. 4.1). Dazu passt auch das Konzept der Kolokation, also der räumlichen Nähe der Mitarbeiter eines Featureteams, wie bereits in Abschnitt 17.6.2 erläutert.

18.7.5 Verzögerungen und Fehler minimieren

»Die meiste Zeit des Lebens wartet der Mensch vergebens!« reimt der Volksmund ganz treffend. Während das Warten auf einen sich verspätenden Freund meist nur ärgerlich ist, kosten uns Wartezeiten im Projekt viel Geld. Wir warten auf Entscheidungen oder Konzepte bzw. Anforderungen, die wir gemeinsam priorisieren möchten, oder auf die Implementierungen bzw. Tests von Kollegen.

Werden solche Wartezeiten zu lang oder treten sie zu oft auf, beginnen wir mit der Umsetzung einer anderen Aufgabe und erhöhen so die Zeitverluste durch Kontextwechsel. Verzögerungen kosten also doppelt Zeit und damit Geld! Durch das Konzept der Limitierung der WIP gibt uns Kanban ein Werkzeug an die Hand, diese Wartezeiten sichtbar zu machen. Nun können wir uns in der nächsten Retrospektive an die schrittweise Lösung des Problems machen.

Ebenso verhält es sich mit Fehlerkorrekturen. Sie brauchen Zeit. Je länger es bis zur Entdeckung eines Fehlers dauert, um so aufwendiger wird seine Korrektur [167]. Dazu kommt, dass Fehler eher an schwierigen und komplexen Stellen im Code gemacht werden, wodurch die erste Fehlerkorrektur häufig unvollständig ist. Das führt zu erneuten Korrekturen mit den ganzen daran angeschlossenen Testabläufen.

Fehlerkorrekturen kosten uns Kapazität, um neue Features umzusetzen, und reduzieren damit unsere Velocity. Daher ist es langfristig sinnvoller, von vornherein nur wenige Fehler zu machen und sich stets an der gewünschten Produktqualität zu orientieren. Das testgetriebene Vorgehen, automatisierte Unit Tests und Systemtests sowie eine effektive Definition of Done sind die Schlüsselelemente für die Garantie der Produktqualität von Anfang an.

18.7.6 Paare und Swarming

Wenn wir ein WIP-Limit dafür nutzen, die Menge der gleichzeitig angefangenen Arbeit zu minimieren, damit der Fokus im Team stets darauf liegt, Aufgaben schnell abzuschließen, kommen wir zu interessanten Arbeitsformen. Das Pair Programming bzw. Pair Working ist eine weitverbreitete Arbeitsform und die in *APM* bevorzugte Variante. Dabei bilden zwei Entwickler ein festes Paar und bearbeiten eine Aufgabe gleichzeitig und gemeinsam, wobei einer die Arbeit ausführt und der andere daneben sitzt und die Arbeit nachvollzieht. Wichtig ist es, dass die beiden Rollen des Ausführenden und des Nachvollziehenden alle paar Minuten gewechselt werden. Dabei erfolgen eine Diskussion über die Arbeitsweise, ein impliziter Informationsaustausch und ein Ergebnisreview automatisch [11].

Sicherlich sind es nicht alle Aufgaben wert, im Paar bearbeitet zu werden. Doch oft kann das auch ein Hinweis darauf sein, dass die Aufgabenzerlegung zu einer Reihe von Trivialaufgaben geführt hat, die auch im Rahmen anderer Aufgaben mit erledigt werden können. Insofern wird die meiste Arbeit in der Regel durch ein Bearbeiterpaar erledigt und es muss auch niemand gefunden werden, der sich mit langweiligen Trivialaufgaben befasst. Wir forcieren diese Arbeitsweise durch ein WIP-Limit in Höhe von 50-70 % der Anzahl der Teammitglieder.

Wenn wir diese Idee weiter denken und die Minimierung gleichzeitig angefangener Aufgaben weiter reduzieren möchten, kommen wir zu Subteams, die eine Aufgabe erledigen. Im Extremfall bearbeitet das ganze Team eine Aufgabe. Wir sprechen dann von *Swarming* [125].

Blicken wir zu den Anfängen von Lean Management und Kanban zurück, finden wir bereits bei Taiichi Ohno die Idee, dass das ganze Team gemeinsam Aufgabe für Aufgabe abarbeitet [119]. Abhängigkeiten und andere Probleme, Aufgaben zu parallelisieren, fallen dabei weg. Sobald man sich diesem aus traditioneller Sicht radikal ungewöhnlichen Ansatz etwas genähert hat, werden die Vorteile deutlich. Swarming ist die absolute Fokussierung auf den kontinuierlichen Arbeitsfluss. Eine Menge organisatorischer Overhead wird überflüssig oder zumindest deutlich minimiert [36].

Damit ein Swarming funktioniert und sich die Entwickler nicht gegenseitig im Weg stehen, ist eine Reihe von Rahmenbedingungen einzuhalten. Im Wesentlichen braucht es einen dafür geeigneten Zuschnitt der Aufgaben und ein von den Fähigkeiten her sehr heterogenes Team. Unter diesen Bedingungen sichert Swarming nicht nur einen regelmäßigen Fluss an brauchbaren Ergebnissen mit der damit verbundenen, belastbaren Prognose für Liefertermine, sondern ist auch ein besonders wirkungsvolles Verfahren, da sich die unterschiedlichen Teammitglieder laufend Rückmeldung und Feedback über ihre Arbeit geben. Die Qualitätssicherung ist damit allgegenwärtig.

Dennoch stellt Swarming aus *APM*-Sicht eher eine Ausnahme denn die Regel dar [30]. Die obigen Voraussetzungen sind nur selten gegeben. Im Sinne einer Abhängigkeiten entkoppelnden Architektur und einer testgetriebenen Entwicklung mit einer entsprechenden Entkopplung über Interfaces und Mocks stellen die Abhängigkeiten zwischen Aufgaben oft auch kein Problem dar. Das Erweitern des Pair Programming bzw. Pair Working zu einer gemeinsamen Aufgabenbearbeitung in kleinen Subteams bis hin zu Teamaufgaben stellt jedoch eine wertvolle Alternative für unsere Arbeit in den Iterationen dar. Es lohnt sich, damit zu experimentieren.

19 Der agile Coach im täglichen Einsatz

Bislang lagen die Planung und Steuerung eines agilen Projekts im Zentrum unserer Aufmerksamkeit. Die Featureteams und die Projektleiter arbeiten dabei Hand in Hand. Zu kurz gekommen ist dabei die Sicht auf die Rolle des agilen Coaches. Wie trägt er zur Wertschöpfung bei? Welche Anforderungen werden an diese Rolle gestellt? Was bedeuten Coaching, Mentoring und Moderation genau?

19.1 Aufgaben eines agilen Coaches

Die Rolle des agilen Coaches zu beschreiben ist schwierig, weil sie so viele einzelne Rollen beinhaltet. Lyssa Adkins nennt z. B. [1]:

- Moderator
- Coach
- Lehrer und Wissensmanager
- Mentor
- Ermöglicher
- Förderer der Zusammenarbeit
- Problemlöser
- Konfliktmoderator und Mediator

Und diese Liste ist noch nicht einmal vollständig, sondern benennt nur die zentralen Aufgaben. Werfen wir einen genaueren Blick darauf und beginnen mit der offensichtlichsten Rolle.

19.1.1 Moderator

Der Ursprung des Begriffs Moderator kommt aus dem Lateinischen:

moderare: mäßigen, steuern, lenken
moderator: Lenker, Leitung, »der Einhalt gebietet«

Ein Moderator fasst die Beiträge der Teilnehmer zusammen und visualisiert die Inhalte z. B. auf einem Whiteboard, damit sie für alle sichtbar sind, und lenkt bzw. steuert eine Diskussion, sodass die Ziele der Veranstaltung durch die Teilnehmer erreicht bzw. erarbeitet werden können. Die Rolle des Moderators leistet dabei jedoch *keine* inhaltliche Mitarbeit [169].

Ein Moderator sorgt für Klarheit, Transparenz und Stimmigkeit. Weiß jeder über das Thema Bescheid und sind die notwendigen und nur die notwendigen Personen anwesend? Im Großen und Ganzen sind die konkreten Teilnehmer bereits in der Workshop-Vorbereitung gefunden und eingeladen worden. Der Moderator klärt zu Beginn der Veranstaltung dann nur noch ab, ob die Zusammensetzung der Teilnehmer immer noch passend und stimmig ist. Nach der Klärung dieser Fragen beginnt die eigentliche Moderation. Damit ein Moderator moderieren kann, sind vier Techniken besonders nützlich [169]:

- Kontakt schaffen durch Blickkontakt und eine offene Körperhaltung, Gestik, Mimik und Stimmführung
- Die Gruppe begleiten und wenn sich bei der Diskussion ein schwieriger Sachverhalt ergibt, das Tempo aus der Kommunikation nehmen und genau hinschauen. So geben Sie Missverständnissen keine Chance und achten auf die Befindlichkeiten der Teilnehmer, wenn kritische Themen zur Sprache kommen.
- Dazu ist die Technik *Aktives Zuhören* besonders wertvoll und dient zum Vermeiden von Missverständnissen. Alle paar Sätze stoppen wir den Sprecher und fassen für alle zusammen, was wir verstanden haben. Sobald wir so sichergestellt haben, alles Wichtige verstanden zu haben, können wir diesen Aspekt z. B. am Flipchart visualisieren.
- Das Gespräch steuern durch gezielte Fragen. Dabei kommen mindestens die folgenden vier Grundfragetechniken zum Einsatz [169]:
  - In die Breite fragen: Zuerst klären wir, was alles im Betrachtungsbereich zu einem Thema liegt und was nicht. Typische Fragen lauten z. B.: »Welcher Ansprechpartner gehört noch dazu?« oder »Was gehört thematisch noch dazu?«.
  - In die Tiefe fragen: Nachdem der Umfang geklärt ist und die einzelnen Punkte priorisiert sind, dringen wir in die Details der einzelnen Aspekte vor. Passende Fragen dazu sind: »Was genau läuft in dem Prozessschritt ab?« oder »Wer führt dabei welche Schritte im Einzelnen durch?«.
  - Perspektivwechsel: Mit Fragen, bei deren Beantwortung die Angesprochenen ihre Perspektive wechseln, können wir oftmals einen kreativen Stillstand unserer Teilnehmer aufbrechen. Wir wechseln dazu die zeitliche Perspektive, die betrachtende Person oder blicken vom geplanten Ergebnis zurück. Fragen dazu lauten z. B.: »Wie sind Sie früher mit einem ähnlichen Problem umgegangen?« oder »Woran

können Sie erkennen, dass Sie das Projektziel erreicht haben?« bzw. »Was würde Ihr Chef auf diese Frage antworten?« oder »Woran würden Ihre Familie und Ihre Freunde merken, dass dieses Projekt in Schwierigkeiten geraten ist?« bzw. »Angenommen das Projekt wäre bereits erfolgreich abgeschlossen, was würden Sie in der Retrospektive als zentrale Erfolgsfaktoren nennen?«.

- Prozessfragen: Hier geben wir die Verantwortung für die Lösungsfindung an die Person weiter, die das Problem hat und damit auch der Problemexperte ist. Wir lassen sie dabei jedoch nicht allein und gehen Schritt für Schritt vor. Typische Prozessfragen sind: »Was brauchst du, um ab morgen pünktlich zum Daily-Standup-Meeting zu sein?« oder »Was brauchst du als ersten Schritt, um der Lösung des Problems näher zu kommen?«.

Mit der letzten Fragetechnik haben wir bereits den Übergang zum Coaching geschaffen. Wie ein Coach verfolgt auch der Moderator bei seiner Arbeit keine inhaltlichen Ziele, sondern ist ausschließlich für den Prozess, also den Ablauf der Moderation bzw. des Coachings, verantwortlich.

19.1.2 Coach

Mit Coaching bezeichnet man eine Art Hilfe zur Selbsthilfe, in dessen Ablauf bislang verdeckte Ressourcen erkannt, benannt, entwickelt und ausgebaut werden. Der *Coach* begleitet dabei den *Coachee* in eher beobachtender Position. Der Coachee entwickelt im Rahmen des Coachingprozesses seine individuelle Lösung selbst [170]. Einzelne Coachingtechniken von grundlegenden Fragetechniken bis zu komplexen Selbsterkenntnisübungen sind dabei in einen Prozess wie z. B. GROW nach John Whitmore eingebettet [97, 178]. Dieser unterliegende Coachingprozess gibt einem Coaching die zielführende Struktur (siehe Kasten auf Seite 337). Ein agiler Coach kennt neben zahlreichen Coachingtechniken mindestens einen solchen Prozess.

Neben dem Coaching einzelner Personen kann auch eine Gruppe durch einen Coach begleitet werden. Beide Ansätze finden durch den agilen Coach Anwendung, wobei sich die beiden Vorgehensweisen in der zeitlichen Abfolge abwechseln. Das Wechselspiel zwischen Team- und Individualcoaching ist Abbildung 19.1 zu entnehmen. Die Punkte A bis G markieren typische Stellen im Verlauf einer Iteration. Im Einzelnen bedeuten sie Folgendes [1]:

- Teamcoaching:

  A: In den Lookahead-, Planung-I- und Planung-II-Meetings übernimmt der agile Coach neben der Moderation auch das Coaching der Gruppe. Durch das Coaching soll eine Verbesserung der Vorhersagequalität für die geplanten User Stories und andere Aufgaben erreicht

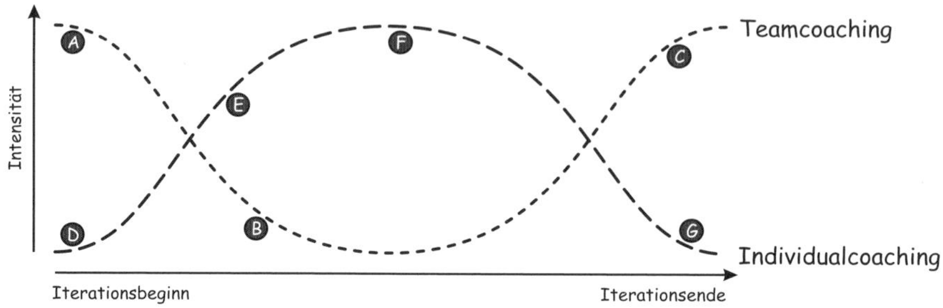

Abbildung 19.1: Wechsel zwischen Team- und Individualcoaching im Laufe einer Iteration. Die Punkte A bis G werden im Text erläutert [1].

werden. Dabei wird u. a. die Zerlegung in die Tasks betrachtet und fortlaufend von Iteration zu Iteration verbessert.

Ein weiteres Ziel des Coachings ist es, die Anzahl an Lösungsideen und möglichen Ansätzen in der Diskussion zu vergrößern. Damit wird die Wahrscheinlichkeit erhöht, angemessene Wege für die Lösung eines Problems zu finden.

B: Nach den gemeinsamen Meetings fällt der Anteil des Teamcoachings meist stark ab und findet nur noch im Zusammenhang mit den Daily Standups statt. Die Mitglieder im Featureteam können sich so voll und ganz auf die Umsetzung ihrer Aufgaben konzentrieren. Der agile Coach hält sich der Gruppe gegenüber eher zurück.

C: Am Ende einer Iteration steht in der Retrospektive die wohl anspruchsvollste Moderation und das spannendste Teamcoaching an. Das Ziel in den Retrospektiven ist es, dass die Teilnehmer lernen, wie sie besser voneinander lernen können, um die Zusammenarbeit, die Abläufe und die Ergebnisqualität kontinuierlich zu verbessern.

- Individualcoaching:

D: Zu Beginn einer Iteration tritt das individuelle Coaching in den Hintergrund, bis die gemeinsamen Abstimmungen und Planungen abgeschlossen sind. Der agile Coach ist auch ganz in die Moderation und in das Coaching seines Teams eingebunden, sodass er auch kaum Zeit für individuelle Maßnahmen hätte.

E: Im ersten Drittel der Iteration bringen typischerweise einige Teammitglieder Probleme in der Abstimmung und Zusammenarbeit oder Konfliktfälle beim agilen Coach vor. Der Coach begleitet diese Teammitglieder durch den Lösungsprozess.

F: Sobald die Anlaufprobleme gelöst sind, fokussiert das Coaching einzelner Teammitglieder auf die Verbesserung der Umsetzung der agilen Werte und Prinzipien. Der agile Coach bietet dazu Techniken und Werkzeuge an, mit denen ein Teammitglied seine Probleme selbst lösen kann oder zumindest einen Schritt weiterkommt.

G: Zum Ende der Iteration läuft das individuelle Coaching aus und der agile Coach bereitet die Retrospektive vor. Dazu entwickelt er Ideen, wie die Teilnehmer nicht nur Symptome, sondern auch die zugrunde liegenden Ursachen von Problemen herausarbeiten können. Bei Bedarf bereitet er vor, wie die Belange einzelner Teammitglieder angemessen zur Sprache gebracht werden können.

GROW – Coaching als Prozess

Die vier Buchstaben aus GROW stehen für die vier Schritte, in denen dieser Coachingprozess abläuft. Im Einzelnen sind dies [170, 178]:

Goal setting: Definition der Ziele. Hierbei gilt es zusätzlich, drei weiterführende Fragen zu klären: Kann der Coachee das Erreichen der Ziele brauchbar beeinflussen? Welche anderen Ziele stehen hinter den offensichtlichen Zielen? Gibt es Zielkonflikte?

Reality Check: Wo steht der Coachee heute und was wurde bereits getan?

Options: Alternative Handlungsweisen finden. Hier werden vorerst ohne eigene Bewertung durch den Coach oder Coachee die verschiedenen Möglichkeiten zusammengetragen. Ziel ist es dabei, möglichst viele Alternativen zu finden, mit denen dann im nächsten Schritt gearbeitet werden kann.

What, when, who, will: Es wird der konkrete Handlungsplan aufgestellt, der klärt, was zu tun ist, um das Ziel zu erreichen. Dabei wird ein möglichst genauer Arbeitsplan erstellt, in dem detailliert festgehalten wird, bis wann mit wem was gemacht wird. Dabei hat der Coachee die Wahlfreiheit, die einzelnen Schritte zu definieren, und steuert so selbst seine Verhaltensänderung. Weiterhin wird diskutiert, wer den Coachee wie unterstützen kann und wie wahrscheinlich die Umsetzung des Plans aus Sicht des Coachees ist und wie hoch seine Motivation ist.

19.1.3 Lehrer und Wissensmanager

Manchmal geht es auch einfach nur darum, gezielt Wissen zu vermitteln. Dies kann sich auf konkrete Techniken oder Artefakte beziehen wie die

Lookahead-Planung oder die Definition of Done, oder auf die Art und Weise, wie die Teammitglieder Wissen sammeln und untereinander austauschen können.

Die möglichst kurz und knapp gehaltenen Informationen, die direkt vermittelt werden, sind festzuhalten und zu dokumentieren. So können die Teammitglieder jederzeit darauf zugreifen und damit weiterarbeiten. Der agile Coach ist also auch dafür verantwortlich, dass für sein Projekt auch ein angemessenes Wissensmanagement aufgebaut und eingeführt wird. Dazu werden entsprechende Werkzeuge wie ein Wiki und passende Ablage- und Suchstrukturen aufgebaut.

Der agile Coach achtet darauf, dass diese Werkzeuge und Strukturen zum Wissensmanagement gepflegt werden und nicht zu einer bloßen *Datensenke* verkommen. Ein von Teammitgliedern häufig und vielleicht auch mit ironischem Unterton gesagter Satz wie »Das steht im Wiki!« weist darauf hin, dass im Team nicht mehr sinnvoll gearbeitet wird oder werden kann. Auf jeden Fall besteht Handlungsbedarf für den agilen Coach, die Teammitglieder auf den angemessenen Gebrauch der Mittel hinzuweisen oder sie dafür auszubilden.

19.1.4 Mentor

Mit Mentoring bezeichnen wir die Tätigkeit einer erfahrenen Person als Mentor, die ihr Wissen, ihre Werte und Fähigkeiten an eine noch eher unerfahrene Person, den Mentee, mit dem Ziel weitergibt, dessen persönliche und berufliche Entwicklung zu fördern. Der Mentor nimmt dabei keine neutrale Position ein und zeichnet sich durch ein besonderes persönliches Engagement aus [170].

Mentoring kann also auch dazu dienen, den Druck auf einzelne Mitarbeiter zu mindern. Mentoring kann darüber hinaus noch mehr. Es ist eine gezielte Förderung von Mitarbeitern außerhalb des üblichen Vorgesetzter-Untergebener-Verhältnisses. Wir können so z. B. [38]:

- informelle und implizite Regeln vermitteln,
- jemanden in bestehende Netze einführen,
- praktische Tipps für konkrete Situationen geben,
- langfristige Karrieren fördern und die Mitarbeiter so an unser Unternehmen binden.

Ein wesentlicher Unterschied zum Coaching liegt darin, dass ein Mentor keine neutrale Position einnimmt, sondern sich durch starkes inhaltliches Engagement und eine persönliche Bindung an den Mentee auszeichnet [38].

19.1.5 Ermöglicher

Bei dieser Aufgabe geht es darum, den passenden Rahmen zu schaffen, damit ein Team optimal die anstehenden Probleme lösen kann. Auch wenn ein agiler Coach vielleicht selbst ein Problem schnell bearbeiten kann, ist es mittelfristig wichtiger, dass er als Ermöglicher dafür sorgt, dass sich die Teammitglieder diese Fähigkeiten selbst aneignen und damit das Team als Ganzes flexibler und tatkräftiger wird. Dazu schafft er den Rahmen, in dem einzelne oder mehrere Teammitglieder Neues ausprobieren und eigene Erfahrungen sammeln können. Das können Schulungen oder Workshops sein. Oft sind projekt- und teamspezifische Maßnahmen passender, in denen z. B. ein in einer Technik unerfahrenes Teammitglied vom agilen Coach oder einem erfahrenen Teammitglied im Pair Working begleitet wird, bis die neue Technik von ihm sicher eingesetzt werden kann.

Als Ermöglicher unterstützt der agile Coach die Realisierung von Ideen aus dem Team. Wenn z. B. eine Abstimmung zu einem bestimmten Thema zwischen mehreren Teams erfolgen soll, kümmert er sich um die Terminkoordination. Er kann auch das Meeting moderieren, damit die neu zusammenkommende Gruppe optimal arbeiten kann. Solche internen Dienstleistungen ermöglichen es dann den einzelnen Teammitgliedern und damit auch dem Team, problemorientiert und fokussiert zu arbeiten.

19.1.6 Förderer der Zusammenarbeit

Hierbei steht weniger das einzelne Teammitglied im Fokus als die soziale Gruppe und die Art der Interaktionen im Team, also der Kommunikation und des sozialen Verhaltens untereinander und mit Stakeholdern. Die einzelnen Individuen bringen ihre eigenen Stärken und Fähigkeiten mit, jedoch entsteht der Wert eines agilen Entwicklungsteams in der Zusammenarbeit untereinander, mit dem Teamprojektleiter und mit seinem Umfeld.

Wie in jedem System finden wir auch innerhalb eines Teams eine Reihe von Rückkopplungen vor, die verstärkend oder dämpfend wirken können. Bei diesen Rückkopplungen stehen nicht die beteiligten Individuen im Fokus der Betrachtungen, sondern die Art der Interaktion. Einfache Kausalketten werden wir auch dabei kaum finden und damit auch keine einfachen Lösungen [9, 110].

Die Frage lautet daher, wie das Umfeld geschaffen sein muss, damit möglichst wertvolle Interaktionen entstehen bzw. gefördert werden. Verdeutlichen wir uns das am Beispiel der Daily-Standup-Meetings. Stellen wir uns vor, dass sich im Laufe der Iterationen ein gewisser Trott eingestellt hat. Insbesondere bemerken wir, dass sich, wenn ein Teilnehmer ein Problem nennt, das ihn gerade behindert, die anderen im Meeting sich mit ihren Reaktionen zurückhalten und nur noch ein Teammitglied dazu Stellung nimmt. Nehmen wir an, es handelt sich dabei um den erfahrensten Entwickler im Team, den wir Klaus nennen.

Wenn wir nun versuchen, Klaus darauf anzusprechen, dass er die Gruppe bei Problemlösungen dominieren würde, so reagiert er nicht einsichtig, sondern irritiert. Nicht er würde die Gruppe dominieren, sondern die Gruppe zöge sich zurück und er fühle sich dann so unter Druck, eine Lösung anzuregen, dass er dann die Stille beendet. Fragen wir hingegen ein anderes Teammitglied, so äußert es sich dahingehend, dass Klaus ihm keinen Raum ließe, zu antworten, weil er immer gleich vorpresche.

Die Ursachen und Wirkungen sind miteinander verwoben und haben auf Klaus eine verstärkende und auf die anderen im Team eine dämpfende Wirkung. Hier gilt es, die Interaktionen im Team zu verändern und nicht auf einzelne Personen einzuwirken. Die freie Diskussion scheint dafür keine geeignete Form zu sein, da sie zu diesem Kreislauf geführt hat. Jedem Leser fallen sicherlich eigene Ideen ein, was wir verändern könnten. Eine Möglichkeit wird im Folgenden kurz skizziert.

Um die Zusammenarbeit zu fördern, moderieren wir das Daily-Standup-Meeting dahin gehend, dass Probleme nur identifiziert werden und Reaktionen, Hinweise oder Lösungsideen nicht mehr angesprochen werden. Dafür folgt bei Bedarf direkt im Anschluss ein kurzer Workshop, bei dem jeder Teilnehmer mindestens zwei und maximal vier Ideen oder Lösungsansätze auf je eine Karte schreibt. Auch Klaus nimmt an dieser Übung teil. Die Karten werden danach eingesammelt und Klaus überreicht. Dieser sortiert und gruppiert die Karten und bringt sie gut sichtbar an einer Pinnwand an. Jetzt kann er gezielt zu einzelnen Karten Fragen stellen und so eine Diskussion in Gang bringen. Auch können die anderen Teilnehmer durch die vielen Ideen auf den Karten zu neuen Lösungsansätzen angeregt werden, die dann ebenfalls aufgeschrieben und von Klaus an der Wand angebracht werden.

Durch solche oder ähnliche Interventionen wird die Interaktion und Kommunikation in der Gruppe verändert, die ungewünschte Rückkopplung aufgebrochen und die Zusammenarbeit gefördert. So kann sich das Team als Gruppe weiterentwickeln und jedes Mitglied ist aktiv eingebunden. Die Lösung unseres Problems findet auf der Ebene des Teamsystems statt und nicht in der Diskussion mit einzelnen Teammitgliedern, da es sich auch um eine Dynamik im Teamsystem gehandelt hat.

19.1.7 Problemlöser

In jeder Retrospektive werden Hindernisse (engl.: impediments) gesammelt, die das Team bei der Arbeit behindern. Einen Teil dieser Probleme kann und wird das Team oder einzelne Teammitglieder selbst lösen. Bei Bedarf kann der agile Coach dabei als Problemlöser unterstützen. Andere

Hindernisse können jedoch nicht innerhalb des Teams gelöst werden, weil ihre Ursachen oder entsprechende hinderliche Rahmenbedingungen nicht in der Verantwortung des Teams liegen. Um die Lösung dieser Probleme kümmert sich der agile Coach selbst.

Meist können diese Problemursachen oder Rahmenbedingungen nicht sofort abgestellt bzw. verändert werden. Daher pflegt der agile Coach als Problemlöser eine Hindernisliste, in der die Probleme eindeutig geordnet gesammelt werden. Nun kann er sich regelmäßig um die Lösung der wichtigsten oder dringlichsten Fragen kümmern. Dies erfolgt aufgrund der Art der Probleme mit Kollegen oder Stakeholdern außerhalb seines Projektteams und dauert meist seine Zeit. Ein agiler Coach, der seine Arbeit ernst nimmt, lässt sich jedoch nicht entmutigen und bleibt ausdauernd am Ball.

Wenn das Projekt so groß ist, dass mehrere Teams parallel arbeiten, ist es nützlich, dass sich die agilen Coaches der Teams regelmäßig treffen und gemeinsam über die Lösung dieser Probleme nachdenken. So können Aufgaben verteilt und effektivere Wege gefunden werden, die ein einzelner agiler Coach nicht leisten kann.

19.1.8 Konfliktmoderator und Mediator

Projekte erzeugen per Definition Konflikte, weil sie begrenzt sind und dennoch ein Optimum als Ergebnis entstehen soll. Im Rahmen jedes Projekts ist also eine Reihe von Konflikten zu lösen. Der Unterschied zwischen unterschiedlichen Projekten entsteht nicht durch die Art, Menge oder Schärfe der Konflikte, sondern im Umgang mit den Konflikten.

Der agile Coach unterstützt die Teammitglieder untereinander und bei Konflikten mit Außenstehenden, indem er im Konflikt vermittelt und moderiert. Wichtig ist es dabei, dass die Konfliktbeteiligten ihre eigene Lösung finden und der agile Coach keine Lösung vorgibt. Er begleitet die Beteiligten durch den Konfliktlösungsprozess. Dabei stellt er durch geschickte Fragen und aktives Zuhören in seiner Konfliktmoderation sicher, dass sich zuerst die Beteiligten gegenseitig verstehen, um auf dieser Basis gemeinsam nach Lösungen zu suchen [171]. Wir sind darauf kurz in Abschnitt 19.1.1 zu Beginn dieser Betrachtungen eingegangen.

Der Kern einer Konfliktmoderation besteht aus zwei Schritten (Abb. 19.2) [171]. Dabei hört der agile Coach erst den Beteiligten selbst aktiv zu, um selbst ein Verständnis der Sichten und Situation zu erlangen. Gleichzeitig hören der oder die anderen beteiligten Personen dabei natürlich mit. Oft ist dies das erste Mal, dass sie die Aussagen von einem neutralen Dritten hören. Danach versucht der agile Coach den passenden Zeitpunkt zu finden, wann er die Beteiligten selbst in ein gegenseitiges aktives Zuhören moderiert. Diese Vorgehensweise ist sehr kleinschrittig, um Missverständnisse sofort zu erkennen und auszuräumen. So wird die Basis dafür gelegt, dass die Beteiligten sich gegenseitig ausreichend verstehen, um dann gemeinsam den Konflikt zu lösen.

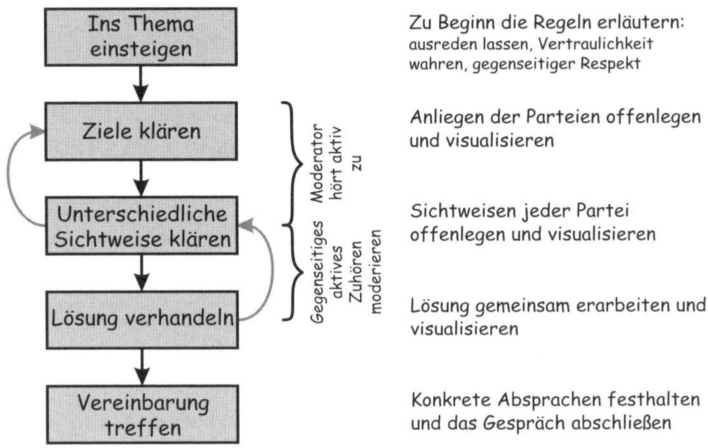

Abbildung 19.2: Kern der Struktur einer Konfliktmoderation [171]

Die Struktur aus Abbildung 19.2 kann nur einen Rahmen geben. Durch die beiden möglichen Rücksprünge zum zweiten bzw. dritten Schritt ist bereits angedeutet, dass sich in einer Moderation nicht alles vorher planen lässt. Für eine tragfähige Lösung sind jedoch alle aufgezeigten Schritte notwendig. Es hat sich auch gezeigt, dass eine minimale Schriftlichkeit beim Treffen der Vereinbarung wertvoll ist. Jeder beteiligten Person muss am Ende der Moderation klar sein, was sie bis wann zu erledigen hat und dieses auch jederzeit nachschauen können.

19.2 Teams aufbauen

Es reicht leider nicht aus, einfach die besten Entwickler in einem angemessenen Arbeitsumfeld zusammenzubringen, um ein erfolgreiches Entwicklungsteam aufzubauen. Wenn Menschen zusammenkommen und gemeinsam etwas erreichen wollen, werden wir zwangsläufig mit gruppendynamischen Effekten konfrontiert.

19.2.1 Gruppe oder Team?

Was unterscheidet eine Gruppe von Personen von einem Team? Eine Gruppe von Menschen haben wir automatisch, sobald zwei oder mehr Personen zusammenkommen. Meist meinen wir mit dem Begriff *Gruppe* jedoch mehr, nämlich dass sich die Personen untereinander gut kennen.[1] Eine solche Gruppe macht aber noch mehr aus. Es gibt eine Ausrichtung auf eine gemeinsame Aufgabe oder ein Ziel und es besteht die Möglichkeit zur direkten Kommunikation zwischen allen Gruppenmitgliedern. Des Weiteren hat eine Gruppe eine gewisse Lebensdauer, die von wenigen Stunden bis zu mehreren Jahren reichen kann. Gruppen entwickeln darüber hinaus im Laufe der Zeit ein Gefühl des Zusammenhalts und der Zusammengehörigkeit, das Wir-Gefühl.

Damit in Zusammenhang steht die Ausprägung gemeinsamer Normen und Werte, die die Grundlage der Kommunikation und Zusammenarbeit darstellen. Außerdem bilden sich typische, aufeinander bezogene Rollen innerhalb der Gruppe aus, die von Einzelnen oder mehreren dauerhaft oder nur zeitweise wahrgenommen werden [91]. Eine Gruppe schafft damit die Verbindungen einzelner Personen mit ihrer relevanten Umwelt (Abb. 19.3).

Abbildung 19.3: Eine Gruppe hat zwei Schnittstellen: die innere Umwelt zum Individuum und die äußere Umwelt zur relevanten gemeinsamen Umwelt der Gruppe (nach [91] aus [170]).

Jedes Team ist eine Gruppe, doch nicht jede Gruppe bildet ein Team! Mit dem Begriff *Team* werden arbeits- und aufgabenbezogene Gruppen bezeichnet, deren Mitglieder kooperieren müssen, um das gemeinsame Ziel zu erreichen. Dazu benötigt ein Team einen Handlungsspielraum, d. h., ein Team kann selbst seine Handlungen planen, darüber entscheiden und durchführen, um das Ziel zu erreichen [91]. Im Detail lässt sich ein Team durch fünf Merkmale beschreiben [189]:

- Ein ausgeprägter innerer Zusammenhalt und Engagement für die Leistungsziele und den Existenzzweck des Teams. Diesen Zweck definiert das Team im Rahmen seiner Vorgaben und seines Spielraums selbst.
- Ein gemeinsamer Arbeitseinsatz und eine gemeinsame Kontrolle des Arbeitsablaufs

[1] In der Psychologie heißen solche Gruppen *Primärgruppen* [90].

- Ein ganzheitlicher Arbeitszuschnitt und eine kollektive Selbstregulierung. Eine Trennung zwischen vordenkenden, entscheidenden und ausführenden Personen wird aufgehoben.
- Ein gleichberechtigtes Nebeneinander mit wechselseitiger Verantwortung
- Das Nutzen von Synergien, um als Team mehr zu erreichen, als es der Summe der Einzelnen möglich wäre

Neben dieser eher statischen Sicht finden wir in Gruppen und damit auch in Teams eine typische Dynamik vor. Diese Gruppendynamik stellt den agilen Coach vor besondere Aufgaben bei seiner Arbeit.

19.2.2 Gruppendynamik

Eine Gruppe von Personen stellt ein komplexes System dar, wie wir es bereits in Abschnitt 2.1 definiert haben. Die Gruppendynamik geht daher davon aus, dass die Eigenschaften einer Gruppe mehr sind als die Summe der Einzeleigenschaften ihrer Mitglieder. In Gruppen ergeben sich also eigene Dynamiken, die sich nicht auf eine einzelne Person zurückführen lassen.

Bruce Tuckman hat bereits in den 1960er-Jahren ein anschauliches Modell entwickelt, um gruppendynamische Phasen darzustellen. In Abschnitt 13.2.2 haben wir es bereits kennengelernt. In seiner *Teamuhr* beschreibt er typische gruppendynamische Schritte bei der Bildung und Entwicklung eines Teams (Abb. 13.2 auf Seite 194) [165].

Aspekte der Gruppendynamik sind für einen agilen Coach im laufenden Entwicklungsprozess von hoher Bedeutung. Es gilt, sie wahrzunehmen und ggf. darauf angemessen reagieren zu können. Gerade die Teambildung ist davon besonders betroffen.

19.2.3 Teambildung und Teamfähigkeit

Teams bestehen aus Menschen. Jeder Einzelne bringt sich dabei in sein Team ein. Dazu braucht ein Teammitglied gewisse soziale Kompetenzen ([170] nach [180, 189]):

Teamfähigkeit beschreibt die Handlungskompetenz, sich einer Gruppe anderer Menschen anzuschließen. Sie beschreibt die Fähigkeit, mit anderen gemeinsam sozial zu agieren und dabei seine Fertigkeiten bei der Bewältigung von Gruppenaufgaben optimal einzubringen.

Kooperationsfähigkeit beschreibt das Zusammenwirken unserer einzelnen Handlungen und schafft so den Rahmen für eine Zusammenarbeit Einzelner oder Gruppen. Dabei wird aus Teilen wie einzelnen Personen oder Gruppen ein neues, zielgerichtet agierendes System gebildet. Kooperationen sind dabei häufig zeitlich begrenzt.

Konfliktfähigkeit beschreibt die Fähigkeit, eine Auseinandersetzung aufzunehmen, konstruktiv zu bewältigen und wenn möglich bereits im Vorfeld zu vermeiden. Dies beinhaltet die Suche nach angemessenen, dauerhaft tragfähigen Lösungen. Als Grundlagen dafür dienen das Schaffen belastbarer Beziehungen sowie die Stärkung von Toleranz und Offenheit. Dazu ist es vor allen Dingen notwendig, keine Scheu vor Konflikten zu haben, um sie frühzeitig und aktiv angehen zu können.

Kommunikationsfähigkeit ist die Fähigkeit und Bereitschaft, konstruktiv, effektiv, effizient und bewusst zu kommunizieren.

Aus den obigen eher allgemeinen Definitionen lassen sich für unsere Arbeit fünf ganz konkrete Regeln ableiten, mit denen wir das Umfeld und die Voraussetzungen für eine effiziente Teamarbeit schaffen können [189]:

- Die Gruppe sollte klein sein (idealerweise fünf bis sieben Mitglieder).
- Die Mitglieder haben unterschiedlich ausgeprägte Kompetenzen, um diese in den jeweils unterschiedlichen Aspekten der Gruppenaufgabe zur Geltung zu bringen. Gemeinsam ist ihnen das Interesse an der Gesamtaufgabe und das Gesamtziel.
- Die Gruppenmitglieder sprechen die gleiche Sprache. Dies betrifft im IT-Umfeld sowohl die Projektsprache wie etwa Deutsch oder Englisch als auch die Modellierungsergebnisse z. B. in UML 2 sowie die branchenspezifische Fachsprache, z. B. bei Banken oder Versicherungen.
- Die interpersonalen Beziehungen sollten frei von Belastungen sein. Auftretende Spannungen werden sofort und konstruktiv gelöst.
- Das Team hält sich an Regeln, für die es einerseits Vorgaben erhalten hat und die andererseits die Mitglieder selbst aufgestellt haben.

Was leitet sich daraus für die Arbeit als agiler Coach ab? Der Auswahl der Teammitglieder fällt bereits eine besondere Rolle zu. Es gibt dabei nicht *gute* oder *schlechte* Mitarbeiter, sondern mehr oder weniger passende. Dabei ist es auch nur von untergeordneter Bedeutung, welches Fachwissen und welche Erfahrung eine Person mitbringt. Viel stärker sind die intrinsische Motivation und der Wille bzw. das Potenzial zur eigenen Weiterentwicklung zu bewerten. Auch ist es für die Teamfähigkeit in agilen Teams von besonderer Bedeutung, dass jedes Teammitglied die Heterogenität der Gruppe als essenziellen Erfolgsfaktor für das Projekt sieht. Darüber wird die Basis für funktionierende Featureteams gelegt.

Leider ist die Zusammenstellung der Teams in vielen Projektumfeldern eine rein anzahl- bzw. Hard-Skills-getriebene Aufgabe. Hier kann sich ein agiler Coach bereits für das Projekt wertvoll einbringen und die Auswahl und Zusammenstellung der Teams begleiten und beeinflussen. Er wird dabei mit jedem Teammitglied die oben genannten Punkte und Zusammenhänge klären, damit jedes Teammitglied weiß, was von ihm erwartet wird.

Wenn die Teams dann feststehen, gilt es, ein angemessenes und die Zusammenarbeit förderndes Umfeld zu schaffen. Spätestens jetzt durchläuft das Team die gruppendynamischen Phasen, die wir bereits in Abschnitt 13.2.2 kennengelernt haben. Als agiler Coach achten wir dabei besonders auf das *Storming*. Soziale Störungen haben stets Vorrang und deren Aufarbeitung wird vom agilen Coach gefördert, ggf. initiiert und begleitet. Ansonsten wird das Team immer wieder durch aufbrechende Konflikte aus dem *Norming* in das *Storming* zurückfallen und die *Performance* nicht oder zu selten erreichen. Die regelmäßige Retrospektive am Ende jeder Iteration ist dabei das kraftvollste Werkzeug des agilen Coaches.

19.3 Anforderungen an einen agilen Coach

Beim agilen Coach liegen also wesentliche Aufgaben, die einer modernen Führung zugeschrieben werden. Worauf greift ein agiler Coach in seiner Arbeit aber nun genau zurück?

19.3.1 Erfahrung aus agilen Projekten

Ein agiler Coach kennt agile Techniken aus eigener Erfahrung. Er weiß, wie ein agiles Team aufgebaut und ein agiles Projekt gestartet werden. Neben den konkreten Techniken mit all ihren Details und Variationen, wie sie z. B. für *APM* beschrieben sind, kommt auch Wissen und Erfahrung bei der Einführung neuer und Weiterentwicklung bestehender Techniken hinzu [1].

Gerade bei der Weiterentwicklung kommt ein essenzieller Aspekt hinzu. Der agile Coach bildet alle Techniken und Entscheidungen zum Vorgehen auf die agilen Werte aus dem Agilen Manifest ab. Unterstützt eine Idee, Entscheidung, Technik usw. die agile Balance zwischen den vier Wertepaaren? Ist die Idee konform zu den agilen Prinzipien aus dem Agilen Manifest? Diese Fragen stellt sich der agile Coach stets zuerst, um dann entsprechend der Antwort darauf zu reagieren. Dabei stellt er stets die Ideen aus dem Team über seine eigenen Vorschläge, weil erstere die höhere Umsetzungs- und Erfolgswahrscheinlichkeit besitzen, solange sie konform zu den agilen Werten und Prinzipien sind [1].

19.3.2 Moderation und Coaching

Eine solide Ausbildung in Moderationstechniken sowie im Einzel- und Gruppencoaching ist unabdingbar. Natürlich wird ein agiler Coach zu Beginn seiner Karriere dies noch nicht oder nur lückenhaft besitzen, doch kann er durch ein Mentoring oder Coaching durch einen erfahrenen agilen Coach durchaus wertvolle erste Schritte und Erfahrungen in der Rolle eines agilen Coaches sammeln. Entsprechende Weiterbildungen werden für seine weitere Arbeit und Wirkung schnell an Bedeutung gewinnen.

Das Coaching betrifft einerseits Einzelpersonen und andererseits Gruppen. Die Moderation bezieht sich dagegen fast immer auf Gruppen [1]. Sowohl für das Coaching als auch für die Moderation ist eine Reihe von Techniken und Werzeugen hilfreich. Ein großer Werkzeugkasten hilft uns auf zwei Weisen. Je mehr unterschiedliche Werkzeuge uns zur Verfügung stehen, desto differenzierter können wir eines auswählen und intervenieren. Daneben bewahrt er die Gruppe vor unnötiger Langeweile und Abnutzungserscheinungen bei den wiederkehrenden Veranstaltungen im Rahmen des iterativen Vorgehens. Bevor sich ein ungewünschter Trott einschleicht, können wir durch eine abwechslungsreiche Gestaltung der Veranstaltungen die Teilnehmer immer wieder neu anregen, sich motiviert einzubringen.

Neben den Entwicklern hat ein agiler Coach noch weitere Rollen bzw. Personen, mit denen er aktiv interagiert. Der Teamprojektleiter bzw. Projektleiter oder der Qualitätsmanager sind auch Bestandteile der Entwicklung und arbeiten regelmäßig sowohl mit den Entwicklern als auch mit Vertretern der Kundenseite aktiv zusammen. Ein agiler Coach hat daher auch in diesem Umfeld bis hin zum Kunden zu wirken.

Im weiteren Verlauf seiner Arbeit wird ein konstruktives Konfliktmanagement durch den agilen Coach benötigt. Eine entsprechende Ausbildung z. B. zum Mediator ist hierfür besonders nützlich.

19.3.3 Gruppendynamik und Führung

Die Dynamik in seinem Team und Servant Leadership machen den Großteil der Arbeit eines agilen Coaches aus. Daher sollte er sich mit den dafür relevanten Konzepten auskennen. Im Rahmen dieses Buchs können wir dazu nur Andeutungen machen und die relevanten Themen anreißen. Auf die Gruppendynamik sind wir in den Abschnitten 13.2.2 und 19.2.2 kurz eingegangen. Das Thema Führung werden wir in Abschnitt 19.4 betrachten.

Entsprechende Weiterbildungen in Gruppendynamik, systemischem Denken und Handeln oder in modernen Führungskonzepten können sicherlich hilfreich sein. Ein passendes Seminar zu finden kann allerdings schwierig sein, da sowohl IT-bezogene Seminare wie auch das Thema *Servant Leadership* in Deutschland noch gering verbreitet sind.[2]

19.3.4 Selbstreflexion und Weiterentwicklung

Sich selbst und sein Handeln zu hinterfragen, ist eine der, wenn nicht die zentrale Fähigkeit eines agilen Coaches, um sich weiterzuentwickeln. Dar-

[2] Die oose Innovative Informatik eG (www.oose.de) bietet Seminare dazu an.

aus ergeben sich die hilfreichsten Impulse. Unterstützt wird die Selbstreflexion durch Kollegen, die auch als agile Coaches oder Scrum Master arbeiten. In gemeinsamen Workshops können leichter anstehende Themen identifiziert und mögliche Lösungsansätze entwickelt werden. Die unterschiedlichen Erfahrungen der beteiligten Personen bilden dafür eine nützliche Grundlage.

Eine Möglichkeit, die Selbstreflexion anzuregen, ist es, eine Fragestellung in verschiedene Kontexte zu transferieren und darüber neue Einsichten zu gewinnen [9]. Die meisten Probleme haben einen starken Kontextbezug, sodass ein solcher Transfer nicht nur anregend ist, sondern auch mögliche Lösungsansätze offenbaren kann.

Wenn wir z. B. ein Teammitglied haben, das sich in den gemeinsamen Workshops und Meetings stets schweigsam und still zeigt, so können wir uns die Arbeit als agiler Coach leicht machen und einfach sagen, dass dieses Teammitglied extrem introvertiert und ruhig ist. Wir schreiben ihm damit eine Eigenschaft zu. Diese Denkweise hilft uns beim Coaching eines Systems *Team* allerdings nicht weiter, da die typischen Lösungsansätze sich meist darin zeigen, das Teammitglied aufzufordern, aktiver zu sein, was jedoch kaum eine langfristige Wirkung hinterlässt.

Wenn wir das Team als ein *System* verstehen, in dem Interaktionen wie Kommunikation und Zusammenarbeit Eigenschaften des Systems und nicht einzelner Personen sind, kommen wir zu interessanteren Fragestellungen, die den Kontext des Kommunikationsverhaltens betreffen, wie z. B.:

- Wie könnten Kontexte aussehen, in denen das Teammitglied aktiver kommuniziert?
- Welcher Art könnte diese Kommunikation in diesen Kontexten sein?
- In welchen Kontexten wären weitere Teammitglieder ebenfalls still?
- Was ist schlimm daran, dass das Teammitglied still ist?
- Wie könnten nützliche Formen der Ruhe aussehen?

Einmal in diese Denkrichtung gebracht, werden einem agilen Coach und seinen Kollegen noch eine Reihe weiterer solcher Fragen in den Sinn kommen. Dann setzen sie sich in dem Workshop mit möglichen Antworten auseinander. Dabei werden die Workshop-Teilnehmer viel über sich selbst in Bezug auf bestimmte Kontexte lernen und oft auf interessante Ansätze zum Umgang mit der Ausgangssituation kommen. Vielleicht ist es auch völlig in Ordnung und O.K., dass dieser Mitarbeiter so ist, wie er ist.

19.3.5 Technisches Verständnis

Prinzipiell könnte ein agiler Coach nur mit methodischem Wissen und agiler Projekterfahrung mit seinem Team arbeiten, ohne einen programmiertechnischen Hintergrund zu haben. Natürlich ist ein technisches Verständnis zur eigenen Beurteilung von Situationen und Optionen hilfreich. Die Verantwortung für technische Themen und die Umsetzung liegt jedoch ausschließlich bei den Entwicklern und anderen technischen Rollen. Der agile Coach bringt sich selbst inhaltlich nicht in technische Themen ein.

Der wesentliche Grund, warum ein agiler Coach auch eine technische Expertise aufweisen sollte, liegt in der Akzeptanz durch das Team und den Projektleiter. Dafür ist es nicht notwendig, besonders umfangreiche oder hochwertige programmiertechnische Erfahrung vorweisen zu können. Ehemalige Entwickler, die bereits lange Jahre als Scrum Master oder agile Coaches arbeiten, können technisch kaum mehr auf dem neuesten Stand sein. Dennoch ist es wichtig für die Akzeptanz durch das Team, die Sprache der Entwickler zu verstehen und Aussagen schnell selbst einordnen zu können. Mehr wird kaum notwendig sein.

Wenn in kleinen Projekten die Rolle des agilen Coaches durch einen Entwickler mit übernommen wird, sind allerdings besondere Randbedingungen zu beachten. Die Aufgaben für die Rolle des agilen Coaches sind stets höher zu priorisieren als Entwicklungsaufgaben. Daher kann ein Entwickler in dieser Doppelrolle keine kritischen Entwicklungsaufgaben übernehmen, ohne das Projekt übermäßig zu gefährden. Wenn also der erfahrenste und technisch versierteste Entwickler diese Rolle mit übernehmen möchte, ist äußerste Vorsicht geboten. Die Rolle des agilen Coaches wird dann kaum wirkungsvoll und zeitnah übernommen werden können.

19.4 Führung in agilen Projekten

Die Art der Führung in agilen Projekten wird einerseits als adaptiv und andererseits als dienend bezeichnet. Adaptiv klingt ja noch logisch, aber was soll denn *Servant Leadership* sein?

19.4.1 Adaptive Leadership

Eine adaptive Führung steht im Gegensatz zum *Scientific Management* bzw. *Taylorismus*, der auf Frederick Taylor (1856 – 1915) zurückgeht. Scientific Management bezeichnet das Prinzip einer Prozesssteuerung von Arbeitsabläufen, die aus entsprechenden Untersuchungen abgeleitet, detailliert vorbereitet und beschrieben worden sind. Es setzt ein traditionelles Umfeld voraus, wie es zu Beginn des 20. Jahrhunderts weitverbreitet anzutreffen war. Dabei sind die Märkte im Gleichgewicht und Veränderungen stellen die Ausnahme dar. Wandel erfolgt daher nur zu bestimmten Zeitpunkten und ein Veränderungsmanagement wird daher nur selten benötigt. Auch steht eine Vielzahl an einfachen Arbeitskräften günstig zur Verfügung. Henry

Ford (1863 – 1947) begründet seine erfolgreiche industrielle Autoproduktion auf der Kombination von Taylors Ansatz mit dem Konzept des Fließbands [148, 180].

Doch in der zweiten Hälfte des 20. Jahrhunderts haben sich die Rahmenbedingungen massiv verändert. Veränderungen auf den Märkten sind die Regel und ein längeres Gleichgewicht stellt eine Ausnahme dar. Der Wandel in den Unternehmen erfolgt daher mehr oder weniger kontinuierlich oder zumindest in kurzen Intervallen. Veränderungsmanagement wurde damit von einer Randdisziplin zu einer Kernkompetenz im Management. Es lohnt sich, die Zeit seit 1945 etwas genauer zu betrachten, um den Nutzen adaptiver Führung besser zu verstehen.

Der Zeitraum von 1945 bis 1975 war eine Periode stabilen Wachstums. Umsatzwachstum und Risikostreuung waren die vorrangigen Unternehmensziele, die durch eine Expansionsstrategie erreicht wurden. Prägende Managementmodelle waren wachstumsunterstützende Sichten wie z. B. die Produkt-Markt-Matrix nach Harry Ansoff (1918 – 2002). Es folgte die Periode des Wettbewerbs von 1975 bis 1995, die sich durch zyklisches Wachstum und eine starke Wettbewerbsorientierung auszeichnete. So wurde das Überleben und die Profitabilität des Unternehmens gesichert. Die logische Konsequenz war die Ausrichtung nach dem *Shareholder Value*, der durch Restrukturierungen, Fokussierungen auf das Kerngeschäft und Merger bzw. Akquisitionen gesichert werden sollte. Prozessmanagement und Lean Management waren prägende Modelle.

Auch wenn einige Unternehmen noch so aufgestellt sind, so leben wir seit 1995 in einer anderen Periode, die den Wettbewerbscharakter deutlich verändert hat und daher als *Hyperwettbewerb* bezeichnet wird. Revolutionäre Veränderungen und Globalisierung prägen das wirtschaftliche Umfeld. Flexibilität und ein erfolgreicher Umgang mit unvorhersehbaren Entwicklungen sind daher primäre Ziele, die durch regelmäßige Neudefinitionen von Branchengrenzen und des eigenen Geschäfts sowie ein intensives Beziehungsmanagement zu Partnern zu erreichen versucht werden. Prägende Managementmodelle beruhen auf der Chaos-, Spiel- und Evolutionstheorie [148]. Und hier kommen wir nach unserem kleinen geschichtlichen Exkurs wieder auf unser Thema des agilen Projektmanagements und der adaptiven Führung zurück. Wir können uns nicht an einem Führungsmodell orientieren oder eine erfolgreiche Idee einfach kopieren. Unsere Führung passt sich fortlaufend an die Situation an und versucht die Entscheidungen möglichst nah zu den Personen zu bringen, die für Umsetzung oder Durchführung direkt verantwortlich sind, und Führungskräfte unterstützen ihre Mitarbeiter bei dieser Aufgabe.

Unter dem Begriff Adaptive Leadership werden Praktiken zusammengefasst, Menschen dazu zu bewegen, die Probleme und Herausforderungen eines Projekts in Angriff zu nehmen und bei deren Bewältigung Erfolg zu haben. Das adaptive Konzept ist dabei der Biologie entliehen und hat drei charakteristische Merkmale [71]:

- Die essenziellen Elemente werden bewahrt und geschützt.
- Nicht mehr nützliche Elemente werden umgebaut oder freigegeben.
- Neue Zusammenstellungen werden erzeugt, die die Fähigkeit auf neuen Wegen oder in noch herausfordernderen Umfeldern erweitern.

Eine adaptive Führung fokussiert stets darauf, Erfolgsmöglichkeiten zu stärken und auszubauen. Dabei setzt sie auf dem bestehenden und bewährten Umfeld auf und entwickelt es evolutionär weiter. Alte Aspekte werden daher nur selten als Balast wahrgenommen, der über Bord geworfen werden kann, sondern eher als Basis zur Weiterentwicklung. Organisatorische Änderungen werden eher als Experimente betrachtet und aufgesetzt, aus denen aktiv in Schleifen gelernt wird. Dabei ist eine adaptive Führung auf die Unterschiedlichkeit in den Teams angewiesen, da nur so die Wahrscheinlichkeit für angemessene Lösungen bei unvorhersehbaren Problemen erhöht werden kann. Diese Anpassung benötigt etwas Zeit und wird daher inkrementell-iterativ durchgeführt. Das Konzept der *Adaptive Leadership* beschreibt so ausgezeichnet, wie wir in *APM* oder anderen agilen Frameworks arbeiten.

19.4.2 Servant Leadership

Agile Führungsrollen erfüllen primär eine dem Entwicklungsteam dienende Funktion. Das bedeutet nicht, dass aktive Führungsimpulse verboten sind. Es gibt aber eine klare Reihenfolge. Servant Leadership ist eine partizipative Führung, die in erster Linie dienend ist, und nur nachrangig und in besonderen Situationen in die explizite Führung geht.

Jede Person in einer der Rollen in *APM* und dabei im Besonderen ein agiler Coach und ein Architecture Owner helfen dem Entwicklungsteam dabei, Hindernisse zu beseitigen, damit die ergebnisorientierte Arbeit optimal voranschreiten kann. Dieser Aspekt ist primär mit *dienend* gemeint.

Die Ermächtigung für eine solche Führungsrolle kommt nur zu einem geringen Anteil aus der Hierarchie einer Organisation heraus. Im Wesentlichen entsteht die Macht einer solchen Führungsperson durch die Zustimmung der *geführten* Mitarbeiter. Ein *Servant Leader* schreitet daher weniger voran, als dass er das Team dabei unterstützt, den für das Produkt langfristig sinnvollsten Weg für das Team zu finden.

Für einen agilen Coach ist das recht offensichtlich, doch wie verhält sich das bei den anderen Rollen? Ein Architecture Owner balanciert die Anforderungen an die Architektur des Softwareprodukts hinsichtlich verschiedener Aspekte aus. Dazu moderiert er die entsprechenden Workshops und arbeitet heraus, was für das nächste Release an Anpassungen und Weiterentwicklungen der Architekturaspekte notwendig wird, lässt dabei andere an seiner Erfahrung teilhaben, verliert die Weiterentwicklung der Teammitglieder zu Architektur- und Softwaredesignthemen nicht aus dem Auge und stellt ein langfristig wartbares Softwaresystem sicher, mit dem die Entwickler nicht grundlos überfordert werden. Viel zu oft verkommt ansonsten Softwarearchitektur zu einer geistigen Selbstbefriedigung weniger Experten in einem Elfenbeinturm, die die Entwicklung eher behindert als fördert. Insofern ist auch ein Architecture Owner ein *Servant Leader*. Doch wie viel kann ich den Teams zumuten und wie gehe ich mit den Unterschieden zwischen den Entwicklern um?

19.4.3 Die Kunst des Delegierens

Wenn wir mit einzelnen Menschen zusammenarbeiten und Aufgaben verteilen, können wir oft nicht alle gleich behandeln, sondern gehen angemessen mit den einzelnen Personen im Team und auch mit den Teams als Ganzes um. Ein wichtiger Aspekt dabei ist der Delegationslevel bzw. *Level of Authority* [5].

Wir brauchen diese unterschiedlichen Ebenen, weil unsere Kollegen und Mitarbeiter für bestimmte Aufgaben auf einen unterschiedlichen Erfahrungsschatz zurückgreifen können und auch grundsätzlich an Aufgaben unterschiedlich herangehen. Betrachten wir kurz die sieben Ebenen [5]:

1. **Ansagen** Die Führung trifft alle Entscheidungen und sagt den Mitarbeitern, was sie zu tun haben.
2. **Verkaufen** Die Führung trifft die Entscheidungen und versucht, die Zustimmung durch die Mitarbeiter dadurch zu erhalten, dass sie ihre Ideen und Entscheidungen z. B. mit rhetorischen Mitteln verkauft.
3. **Konsultieren** Die Führung diskutiert den Sachverhalt mit den Mitarbeitern und berücksichtigt die Informationen bei ihrer Entscheidung. Dennoch ist es klar, dass die Führung die Entscheidungen trifft.
4. **Zustimmung** Die Führung lädt die Mitarbeiter zur Diskussion ein und versucht, zu einem Konsens zu gelangen. Die Führungskräfte haben dabei formal kein stärkeres Gewicht als jeder andere Teilnehmer.
5. **Beraten** Das Team entscheidet eigenverantwortlich, nachdem die Führungskräfte aus einer Beraterrolle heraus versucht haben, das Team dabei zu beeinflussen.
6. **Nachfragen** Das Team entscheidet eigenständig und eigenverantwortlich. Danach versucht es, die Führungskräfte von ihrer Entscheidung zu überzeugen, was jedoch ohne Konsequenzen bleibt.
7. **Delegieren** Das Team entscheidet und handelt eigenständig und eigenverantwortlich. Es bindet die Führung zu keiner Zeit ein.

Wie treffen wir die Wahl für einen dieser Level? Dafür gibt es keine goldene Regel. Es hängt von der Aufgabe und der Person ab. Da wir in agilen Projekten eher mutig agieren, probieren wir möglichst hohe Level aus. Meist gelingt dies überraschend gut. Eine Aufgabe kann jedoch im Einzelfall scheitern oder einen Mitarbeiter überfordern. Auch dann ist es wichtig, nicht nach Schuld zu fragen, sondern herauszufinden, was jetzt noch getan werden muss, um das Problem zu lösen, und wie wir in Zukunft mit solchen Aufgaben umgehen wollen.

19.4.4 Agil handeln oder agil sein?

In einem agil durchgeführten Projekt wird *agil gehandelt*. Das ist nicht überraschend. Dabei orientieren sich die Featureteams oft an drei agilen Handlungsweisen:

- Die Nutzungsqualität wird vorangetrieben und dabei insbesondere die innere Qualität der Software im Auge behalten. Dabei entstehende technische Schulden werden z. B. regelmäßig wieder abgebaut.
- Der Fokus wird darauf gesetzt, die richtigen Dinge zu tun, und alle unnötigen Schritte wegzulassen. Diese Optimierung betrifft sowohl die einzelnen Schritte oder Aufgaben an sich wie auch deren Ausgestaltung. Weniger ist in agilen Projekten oft mehr. Wir maximieren die nicht getane Arbeit.
- Daher schaffen wir schnell und kontinuierlich nutzbaren Wert. Dieses Konzept wird auch als *Speed to Value* bezeichnet [73].

Um als einzelnes Team oder ganze Organisation auch *agil zu sein*, bedarf es mehr. In den Teams fördern wir dazu deren emergente Ordnung und unterstützen lokale Anpassungen. Kommen die passenden Menschen zum richtigen Zeitpunkt zusammen? Wie kann das aus dem Team heraus besser gesteuert bzw. initiiert werden? Diese Art von Fragen gilt es dafür im Team immer wieder angepasst an die aktuelle Situation zu beantworten.

Auf eine Organisation bezogen bedeutet agil zu sein, dass der kulturelle Rahmen für ein agiles Arbeiten aktiv gefördert wird. Nicht nur die Entwicklung und die direkt angrenzenden Bereiche und Stakeholder arbeiten nach agilen Prinzipien zusammen, sondern die ganze Organisation von Management über Marketing, Vertrieb, Finanzen usw. handeln aufeinander abgestimmt nach den agilen Werten und Prinzipien.

19.5 Die agilen Werte zum Leben bringen

Werte sind wichtig! Das ist ein Allgemeinplatz, der in Diskussionen mit Kollegen gerne genannt, aber leider nur selten in den Handlungen von Führungskräften und Mitarbeitern gelebt wird. Worin liegt der Wert von Werten und wie können wir konkret unser Handeln danach ausrichten?

Versuchen wir zunächst, den Begriff *Wert* zu definieren. Werte sind etwas, was ein einzelner Mensch als wichtig und lohnend einzuschätzen lernt. Ein Wert kann ein Lebensprinzip sein oder etwas, was man erreichen oder erhalten möchte [189]. Werte sind also Konzepte oder Überzeugungen, die auf wünschenswerte Zielzustände oder Verhaltensweisen ausgerichtet sind. Sie wirken dabei nicht spezifisch für eine konkrete Situation, sondern übergreifend und leiten unsere Wahl bzw. Bewertung von Verhalten und Ereignissen grundsätzlich. Des Weiteren sind Werte nach der ihr beigemessenen Bedeutung geordnet [145]. Unsere Werte bilden damit sozusagen das Schmiermittel innerhalb sozialer Gruppen.

19.5.1 Wertepaare

Ein Wert wie z. B. Ehrlichkeit für sich alleine kann aber noch keine wirkliche Kraft entfalten. Wenn wir kompromisslos zu jedermann ehrlich wären, wären wir vermutlich sehr allein. Wir können also Ehrlichkeit nur in Kombination mit Höflichkeit durch unser konkretes Handeln zum Leben erwecken. Aus dieser Erkenntnis leiten sich zwei wichtige Thesen ab.

These 1: Jeder Wert kann nur seine volle konstruktive Wirkung entfalten, wenn er sich in einer kontinuierlichen und angemessenen Spannung zu einem konstruktiven Gegenwert befindet.

These 2: Die Steigerung eines Werts gelingt nur gemeinsam mit seinem Gegenwert.

Wir betrachten also Werte paarweise wie z. B. Sparsamkeit–Großzügigkeit. Es gibt eine Reihe offensichtlicher Gründe, warum wir im beruflichen Alltag sparsam sein sollten. So sichern wir beispielsweise unseren Cashflow und die finanzielle Flexibilität für Investitionen oder zur Überwindung von Krisen. Gleichzeitig gibt es auch gute Gründe, in bestimmten Situationen großzügig zu sein, wenn es z. B. um Kulanz für einen guten Kunden geht, um die Kundenbeziehung für die Zukunft zu sichern.

Wertepaare bestehen also aus zwei konstruktiven Werten. Sie bilden damit ein »sowohl ... als auch ...« und explizit kein »entweder ... oder ...«. Es gibt aber sehr wohl eine gewichtete Beziehung zwischen den beiden Werten eines Wertepaars. Wir können einen der beiden Werte als Zielwert und den anderen als unterstützenden Wert verstehen. Für die vier Wertepaare aus dem Agilen Manifest bedeutet das Folgendes: Unsere Prozesse und Werkzeuge im Projekt sollen die Menschen und ihre direkte Zusammenarbeit optimal unterstützen. Unsere Dokumentation soll die Wartbarkeit und Änderbarkeit der laufenden Software sicherstellen. Wir regeln vertraglich, wie wir optimal, intensiv und möglichst direkt mit Kundenvertretern zusammenarbeiten. Und zu guter Letzt planen wir regelmäßig mit unterschiedlichen zeitlichen Horizonten und daran angepasster Detailtiefe, um neue Erkenntnisse oder veränderte Rahmenbedingungen sofort an der richtigen Stelle im laufenden Projekt einfließen zu lassen.

19.5.2 Das Wertequadrat

Um in einer konkreten Situation über sein Handeln oder eine gewünschte Reaktion entscheiden zu können, kann es uns helfen, die Schattenseiten, also die destruktiven Gegenpositionen, zu beleuchten. Dazu beantworten wir die Frage, was die negative Übertreibung eines Werts aus unserem Wertepaar darstellt. So gelangen wir zu vier Polen, die wir in einem Wertequadrat visualisieren können (Abb. 19.4) [142].

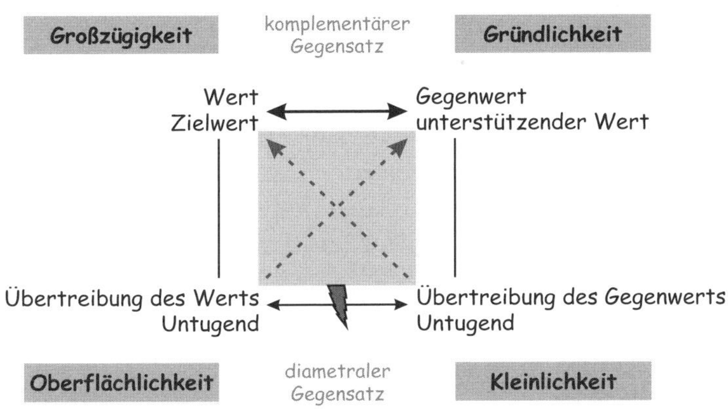

Abbildung 19.4: Das Wertequadrat

Während unser ursprüngliches Wertepaar einen komplementären, also sich ergänzenden Gegensatz darstellt, so bilden die beiden Übertreibungen einen diametralen, also unvereinbaren Gegensatz. In Wertekonflikten, wie sie z. B. in frühen Projektphasen bei Architekturentscheidungen auftreten oder sich in Konflikten zwischen Projektleitern und Testern kurz vor Auslieferungen manifestieren, kann uns diese Sichtweise helfen, wieder konstruktiv aufeinander zuzugehen. Betrachten wir dazu ein Beispiel, wie es in der Zusammenarbeit von Entwicklern und Testern oft vorkommt.

»Deine kleinliche Art blockiert uns!« »Nur weil du so schludrig bist, müssen nicht alle so fehlerträchtig arbeiten!« Dieser Beispieldialog spielt sich im Wertequadrat in den Übertreibungen, also im diametralen Gegensatz, ab (Abb. 19.4, unten). Auf dieser Ebene werden wir kaum zu einer Lösung kommen, sondern die gegenseitigen, abwertenden Vorwürfe nur weiter steigern.

Die Lösung kann darüber erfolgen, dass wir uns wieder auf das positive Wertepaar, insbesondere auf den im Quadrat gegenüberliegenden, konstruktiven Wert, besinnen (Abb. 19.4, oben und gestrichelte Pfeile). Wo kann uns Großzügigkeit helfen und an welchen Stellen sollten wir gründlich sein, um das Projekt zum Erfolg zu führen? Über diese Fragen an die beiden Streithähne können wir wieder auf die konstruktive Ebene von Zielwert und seinem unterstützenden Wert gelangen und wir können eine aktuelle Balance aushandeln. Welche Unit Tests müssen noch auf den neuesten Stand gebracht und welcher Teil der Dokumentation muss auf jeden Fall noch aktualisiert werden? Und gleichzeitig klären wir, für welche Bereiche diesmal ein zeitlich fest umrissener, explorativer Test auch ausreicht. Wo genau die Balance liegt, ist von Projekt zu Projekt unterschiedlich und kann sich auch im Projektverlauf ändern. Es ist daher Teil unserer täglichen Führungsarbeit, bei der Findung der Balance aktiv zu unterstützen.

Nur über unser Handeln als Vorbild erreichen wir es, Werte zu leben. Diese oft implizit gelebten Werte sind stärker als jedes Lippenbekenntnis [170]. Daher ist jeder Mitarbeiter und Kollege in seinen tagtäglichen Entscheidungen gefordert, die aktuelle Wertebalance bewusst einzupendeln und langfristig immer weiter in Richtung des Zielwerts zu schieben. Nur so bleibt das Ziel klar und es können Ausnahmen dann bewusst als Ausnahmen gesehen und wahrgenommen werden, ohne den Zielwert zu gefährden.

19.5.3 Die vier agilen Wertequadrate

Nach diesen grundlegenden Betrachtungen wenden wir das Konzept der Wertequadrate auf die agilen Werte an. Dazu fragen wir uns als Erstes, wie das komplementäre Zusammenspiel der Wertepaare erfolgen kann. Als Nächstes stellen wir uns die Frage, was die jeweiligen Übertreibungen, also die Untugenden, der jeweils zwei komplementären Werte aus dem Agilen Manifest sind. Gehen wir die vier Wertepaare dazu durch.

Menschen und Zusammenarbeit über Prozesse und Werkzeuge

Eine der großen Stärken agiler Vorgehensweisen ist, dass die Arbeits- und Rahmenbedingungen genau analysiert und dahin gehend optimiert werden, dass die direkte Zusammenarbeit der beteiligten Personen bestmöglich unterstützt wird. Der Mensch steht dabei in mehrerlei Hinsicht im Mittelpunkt: als Auftraggeber, Anwender, Entwickler und Betreiber von Software. Die direkte Zusammenarbeit wird so gestaltet, dass sich hinsichtlich Aufwand und Nutzen optimal kurze Rückkopplungsschleifen zur Steuerung der komplexen Produktentwicklung ergeben.

Die Eigenverantwortlichkeit jedes Projektbeteiligten bildet die Basis dafür, dass er seine Kompetenz am richtigen Ort und zur richtigen Zeit einbringen kann. Dabei unterstützen sich alle Projektbeteiligten gegenseitig. Insbesondere den Rollen Projektleiter, Architekt bzw. Architecture Owner und agiler Coach fällt hierbei eine besondere Unterstützungsfunktion zu.

Die Prozesse werden genau mit diesem Ziel ausgewählt und im laufenden Projekt iterativ an die jeweils aktuelle Lage angepasst. Den Werkzeugen kommt dabei eine besondere Bedeutung zu. Einige grundlegende Praktiken lassen sich nämlich ohne eine intensive und durchgängige Werkzeugunterstützung nicht umsetzen. Prüfungen des Codes durch die IDE, Unit Tests, Continuous Integration und automatisierte Systemtests sind da nur die Spitze des Eisbergs und bilden die notwendige, aber meist noch nicht hinreichende Basis eines agil durchgeführten Projekts.

Genau deshalb besteht auch in agilen Projekten die Gefahr, dass sich die Prozesse *verselbstständigen* und eine anfällige, kaum noch wartbare Werkzeugkette aufgebaut wird. Dadurch wird dann das Ziel, die Zusammenarbeit zu unterstützen, nicht nur nicht erreicht, sondern sogar aktiv verhindert. Wir entfremden uns dann immer weiter von unseren Kunden, Produkten und letztendlich auch Kollegen (Abb. 19.5, oben links).

Abbildung 19.5: Die Wertequadrate für die vier agilen Werte

Gleichzeitig besteht die Gefahr, es mit der Zusammenarbeit zu übertreiben. Wir klüngeln dann im Team oder mit einzelnen Vertretern des Kunden. Konflikte können folglich nicht mehr offen diskutiert und gelöst werden, da wir ja alle immer harmonisch zusammenarbeiten. So entstehen dann aber leider auch keine zufriedenstellenden oder gar herausragenden Lösungen.

Um uns wieder auf die Werte zu besinnen und Übertreibungen zu vermeiden, fokussieren wir auf den im Wertequadrat diametral gegenüberliegenden, komplementären Wert. Mit direkter regelmäßiger Zusammenarbeit entgegnen wir einer Entfremdung. Vielleicht bedarf es bei diesen Treffen einer Moderation durch den agilen Coach? Durch die Prozesse, wie sie für *APM* in diesem Buch beschrieben sind, begegnen wir möglichem Geklüngel und behandeln die Konflikte, die sich stets in einem Projekt ergeben. Deren konstruktive Lösung ist ein wesentlicher Erfolgsfaktor für unser Projekt.

Lauffähige Software über umfassende Dokumentation

Dass neue Inkremente im Kontext der bisherigen Software jederzeit laufen und funktionieren, ist in mehrfacher Hinsicht essenziell für agile Projekte. So können wir besonders aussagekräftige Rückkopplungsschleifen für die Kommunikation zwischen Anforderungsgebern, Analytikern, Entwicklern und Testern aufbauen. Erst wenn Anwender die Software auf den Rechnern ausprobieren, können oft die nächsten Schritte belastbar geklärt werden. Auch die meisten Architekturaspekte lassen sich erst durch Analysen der laufenden Software beurteilen. Und das Projektcontrolling z. B. über Burndown-Diagramme basiert auch auf fertig bearbeiteten und abgenommenen Entwickleraufgaben.

Wozu braucht es jetzt noch eine Dokumentation? Auf die Art von Dokumentation, in der Informationen abgelegt werden müssen, damit später andere Personen mit ihren Arbeiten darauf aufsetzen können, können wir in agilen Projekten in der Tat weitgehend verzichten. Auch eine Analyse auf Vorrat werden wir in *APM* nicht finden. Das würde nur in einen produktiven Stillstand führen (Abb. 19.5, oben rechts).

Was muss dann noch dokumentiert werden? Eine agile Dokumentation stellt sicher, dass unsere Software auch in den nächsten Jahren noch läuft! Sie dient den Aspekten Wartbarkeit und Änderbarkeit. Dabei fällt eine Reihe von Artefakten bereits in der Entwicklung automatisch an. Der in Refactorings immer wieder *aufgeräumte* Code selbst, seine Unit Tests und die Use Cases bzw. User Stories mit Akzeptanzkriterien bilden einen brauchbaren Ausgangspunkt.

Dazu kommen dann noch getroffene Entscheidungen aus den Architekturworkshops, einige gezielt erstellte UML-Modelle, um spezielle Fragen zu klären, eingescannte Wireframes und automatisierte Akzeptanztests auf Systemebene. Bei Bedarf kann diese Liste beispielsweise noch um branchenspezifische Dokumentationsartefakte ergänzt werden, z. B. bei der Entwicklung von Medizingeräten. Mit dieser agilen Dokumentation sichern wir langfristig die Investition in die Entwicklung eines Softwareprodukts. Wir vermeiden es so, in die Untugend des VHIT-Hackertums (Vom Hirn ins Terminal) zu verfallen (Abb 19.5, oben rechts).

Zusammenarbeit mit dem Kunden über vertragliche Regelungen

Auch agile Projekte basieren auf Verträgen. Damit die vertraglichen Regelungen uns nicht so stark einengen, dass wir in eine inhaltliche Starre verfallen und die vielleicht vor Jahren festgelegten Anforderungen nicht mehr an die aktuellen Gegebenheiten anpassen können, vermeiden wir unnötige vertragliche Festlegungen (Abb. 19.5, unten links).

Damit wir aber gleichzeitig nicht in der Entwicklung von einem chaotischen »Wunschkonzert« getrieben werden, und so kein zufriedenstellendes Ergebnis liefern können, brauchen wir bestimmte vertragliche Regelungen. Diese Regelungen betreffen unsere Zusammenarbeit zwischen Kundenseite und Entwicklung. Was können wir da regeln? Die Rhythmen von Meetings, Entscheidungsverfahren inkl. ihrer Dauer, Eskalationsstufen und die Verfahren zur Abnahme von Ergebnissen sind nur Beispiele für hilfreiche Ideen. Wir regeln vertraglich, wie wir zusammenarbeiten wollen. So unterstützen wir eine agile Entwicklung.

Das Bedürfnis nach Sicherheit auf Kundenseite ist nachvollziehbar, wird aber in agilen Projekten nicht vertraglich, sondern anders behandelt. Eine vertragliche Sicherheit z. B. bei Festpreisverträgen ist auch nur eine scheinbare Sicherheit. Was nützen einem Kunden eingenommene Konventionalstrafen, wenn er das Produkt doch nicht einsetzen kann und schlimmstenfalls der Dienstleister auch noch deswegen in Konkurs gegangen ist? Die Sicherheit wird über die regelmäßigen Lieferungen an den Kunden und seine Einbindung in Reviews und Abnahmen in der wohl denkbar belastbarsten Form gegeben. Häufig ist dies jedoch auf Kundenseite ein Lernprozess.

Reaktion auf Veränderung über Befolgen eines Plans

Planen ist eine der wichtigsten Aktivitäten in einem Projekt. Der aktuelle Plan ist allerdings weniger wichtig. Er ändert sich fortwährend, um den aktuellen Stand angemessen zu repräsentieren. Tatsächlich ist der Planungsaufwand in agilen Projekten eher höher als in traditionell durchgeführten. Wir vermeiden jedoch das sture Verfolgen eines realitätsfern gewordenen Basisplans, indem wir verschiedene Planungshorizonte betrachten und die Planung flexibel und regelmäßig evolutionär an die Gegebenheiten anpassen. Dies funktioniert, weil wir wenig *auf Vorrat* produzieren.

Wenn wir jetzt dem Kunden allerdings völlig unreflektiert und ohne zeitliche Verzögerung mit der Entwicklung auf allen seinen Gedankenwegen folgen, rennen wir auch in ein Problem. Es resultiert alles in einer Beliebigkeit und unsere Reviews haben kaum noch Aussagekraft. Die Lösung liegt auch hier darin, die Planung auf verschiedenen Abstraktionsstufen vorzunehmen. Auf der untersten Ebene sind wir konkret bei den Aufgaben für die einzelnen Entwickler. Hier liegt der zeitliche Horizont auf ein bis zwei Iterationen. Für diesen Zeitraum halten wir den Plan stabil. Änderungen können zwischen den Iterationen in die Planung einfließen. So bleiben wir in der Entwicklung flexibel, ohne in die Falle der Beliebigkeit zu tappen (Abb. 19.5, unten rechts).

19.5.4 Werte, Prinzipien und Praktiken zusammenführen

Werte sind also Lebensprinzipien, Konzepte oder Überzeugungen, die situationsübergreifend unser Handeln oder die Bewertung von Ereignissen lenken. Prinzipien leiten sich aus unseren Werten ab und sind damit etwas konkreter. Ein agiles Prinzip beschreibt einen Zusammenhang, der in einem Kontext interpretiert und als Entscheidungsbasis herangezogen werden kann. Eine Praktik ist nun die konkrete Umsetzung eines Prinzips.

An einem Beispiel wird dieses Zusammenspiel deutlich. Beginnen wir mit dem agilen Wertepaar *lauffähige Software* ↔ *umfassende Dokumentation*. Wenn wir nun diskutieren, welche Dokumentationsartefakte wir in einem Projekt haben möchten, betrachten wir mögliche Artefakte und damit in Zusammenhang stehende Praktiken. Als Praktiken kommen *testgetriebenes Vorgehen mit Unit Tests*, *UML-Modellierung*, *Automatisierung von Systemtests* und ein komplettes agiles *Requirements Engineering* infrage. Als typische Artefakte werden Wireframes, *User Stories* bzw. *Use Cases mit Akzeptanzkriterien*, ausgefüllte *Architekturtemplates* usw. in Betracht gezogen. Doch erst mithilfe eines agilen Prinzips können wir eine Auswahl treffen oder eine Gewichtung festlegen.

Als Prinzip kommt hier Travel-light infrage, also mit *minimalem Gepäck zu reisen*. Danach wählen wir den kleinstmöglichen Umfang an Dokumentationsartefakten und Praktiken aus, mit dem wir das Ziel erreichen, langfristig lauffähige, wartbare und erweiterbare Software zu erhalten. Mit diesem Prinzip in der Hand kommen schnell Assoziationen zu den einzelnen Punkten hoch. Auf Unit Tests und den Test-First-Ansatz bzw. eine testgetriebene Entwicklung (TDD) wird hoffentlich niemand verzichten wollen. Ebenso gehören User Stories mit Akzeptanzkriterien zur Basis und werden durchgängig durchgeführt. Eine Mindesttestabdeckung für die Unit Tests ist in der Definition of Done festzuhalten.

In welchem Umfang Use Cases hinzukommen, hängt vom Projekt ab. Auch bei der Architekturdokumentation und ergänzenden UML-Modellen findet eine spezifische Auswahl statt. Automatisierte Akzeptanztests auf Systemebene sind immer eine gute Idee. Sie werden jedoch meist nicht flächendeckend, sondern gezielt für bereits stabile und häufig genutzte Teile oder andere Risikofaktoren eingesetzt. Was noch aus einem agilen Requirements-Engineering-Werkzeugkoffer zum Einsatz kommt, wird genauestens geprüft und nur bei erheblichem Bedarf eingesetzt.

Teil V

Agile Großprojekte

20 APM für große Projekte skalieren

APM ist ein bereits vorskaliertes agiles Framework speziell für mittelgroße Softwareprojekte mit zwei bis fünf parallel arbeitenden Featureteams, das sich bis zu einer Projektgröße von bis zu 200 beteiligten Personen erweitern lässt. Betrachten wir nun die Konzepte, um *APM* zu skalieren.

20.1 Featureteams und Teamprojektleiterstruktur

Vom Prinzip her wird das bewährte Scrum-of-Scrums-Konzept auch in *APM* angewendet. Scrum of Scrums geht ursprünglich auf Ken Schwaber zurück und ist von Mike Cohn detailliert publiziert worden [29]. Bevor wir uns die *APM*-Variation dieses Konzepts näher anschauen, werfen wir erst einen Blick auf das Original.

20.1.1 Scrum of Scrums

Die Idee hinter Scrum of Scrums ist das Delegationsprinzip. Jedes Team entsendet einen Vertreter in ein übergeordnetes Abstimmungs- und Koordinationsgremium. Ein Scrum of Scrums lässt sich bei sehr großen Projekten auch rekursiv auf einer weiteren Ebene durchführen.

In Abbildung 20.1 sehen wir zwei Teilprojekte mit sechs (weiß) bzw. vier (schwarz) einzelnen Scrum-Teams. Jedes Scrum-Team hat zwischen sechs und neun Mitgliedern, Product Owner und Scrum Master eingeschlossen. Aus jedem Teilprojekt nimmt ein Vertreter (hellgrau) am jeweiligen Scrum of Scrums eines Teilprojekts teil, wobei die Product Owner und Scrum Master in der Regel nicht als Stellvertreter agieren, sondern diese Rolle von den Entwicklern wahrgenommen wird. Die Abstimmung zwischen den beiden Teilprojekten erfolgt durch rekursives Anwenden dieses Vorgehens im *Scrum of Scrums of Scrums* mit jeweils einem Vertreter aus den beiden Scrum-of-Scrums-Teams (dunkelgrau). Für die Product Owner und die Scrum Master gibt es jeweils ein analoges Scrum-of-Scrum-Konstrukt, um die Backlogs der Teams bzw. die Entwicklungsprozesse aufeinander abzustimmen und gemeinsam Probleme zu lösen.

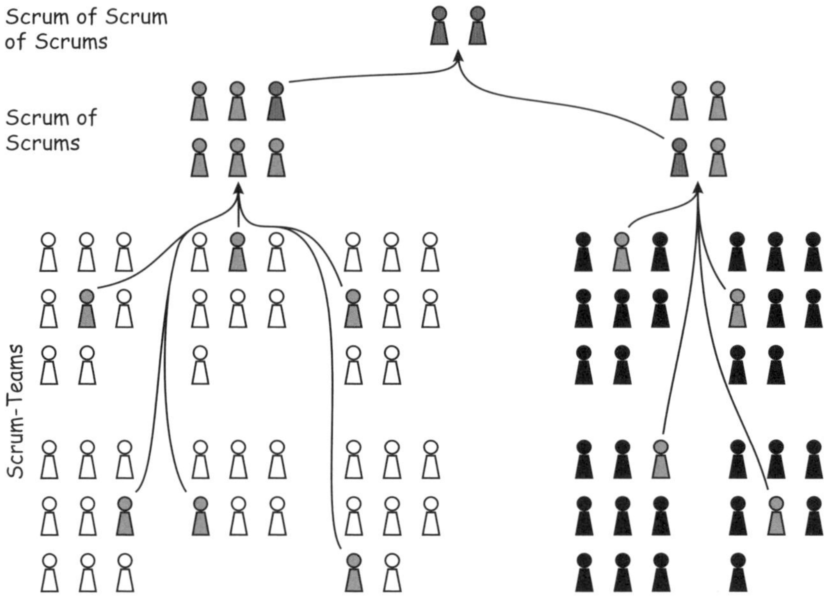

Abbildung 20.1: Prinzip des Scrum of Scrums für große Projekte [29]

Warum ist für das Beispiel in Abbildung 20.1 bereits die Scrum-of-Scrums-of-Scrums-Ebene notwendig? Dies könnte einen projektorganisatorischen Grund haben, weil eine Organisation in zwei Teilprojekte z. B. fachlich oder technisch sinnvoll ist. Tatsächlich ist aber bereits die skizzierte Größe nicht mehr ohne die dritte Ebene zu bewältigen, wenn wir keine Teamgrößen über neun Personen zulassen. Da die Zusammenarbeit in einem Team mit zehn oder mehr Personen deutlich nachlässt, gibt es keinen Grund, von der von Mike Cohn vorgeschlagenen Weise eines Scrum of Scrums abzuweichen. Unser Beispielprojekt besteht aus zehn Teams und damit zehn Vertretern auf der Scrum-of-Scrums-Ebene.

Rein rechnerisch lassen sich mit einem solchen Konzept Projekte bis zu 81 Neun-Personen-Teams koordinieren und abstimmen. Das Scrum-of-Scrums-of-Scrums-Team bestünde dann aus neun Vertetern der neun Scrum-of-Scrums-Teams. Mit $9^3 = 729$ Personen haben wir sicherlich mit diesem Konzept eine enorme Projektgröße abgedeckt. Aber selbst unser Beispiel aus Abbildung 20.1 ist mit 78 Personen bereits von beachtlicher Größe.

20.1.2 Struktur von Projekten mit mehreren Featureteams

In *APM* wird das Scrum-of-Scrums-Konzept weitgehend übernommen (Abb. 20.2). Einzige Ergänzung ist die Hinzunahme des Projektleiters für das gesamte Projekt, der gemeinsam mit seinen Teamprojektleitern das übergreifende Projektleitungsteam bildet. Die weiteren notwendigen Team-Sync-Meetings werden bei kleineren Projekten mit einer Ausnahme ohne zusätzliche Personen nur mit Vertretern der Featureteams besetzt. Die Ausnahme bezieht sich auf die Tester, die meist durch einen Qualitätsmanager übergreifend koordiniert werden (Abb. 20.2, unten rechts).

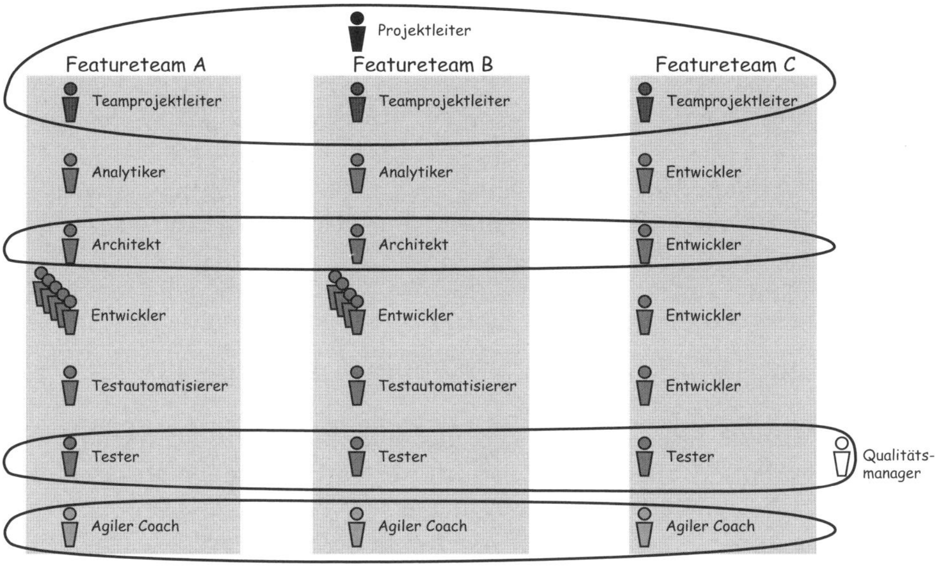

Abbildung 20.2: Struktur der Featureteams und der beispielhaften übergreifenden Kommunikation in einem Großprojekt

Ab ca. vier bis fünf parallel arbeitenden Featureteams kann es weitere Ausnahmen geben, wenn sich ein entsprechender Bedarf ergibt. Typischerweise kommt dann häufig ein übergreifend moderierender und koordinierender Systemarchitekt für das Team-Sync-Meeting zur Abstimmung von Architekturaspekten hinzu. Dies kann auch dann notwendig werden, wenn sich die Entwickler nur unzureichend mit Architekturaspekten auskennen. Welche Team-Sync-Meetings es in welchen Rhythmen gibt, entscheiden die Teams selbst. Die vier typischen Bereiche dafür sind in Abbildung 20.2 exemplarisch eingezeichnet.

Das Konzept des Scrum of Scrums of Scrums wird in *APM* fast analog umgesetzt. Einzige Ergänzung ist ein Programmmanager, der ähnlich dem Projektleiter eine Ebene tiefer das oberste Leitungsteam, das Programmmanagementteam, steuert und für das Gesamtergebnis verantwortlich ist (Abb. 20.3). So wird auch das fachliche Steuerungs- und Analysekonzept aus Abbildung 15.5 auf Seite 230 in der Projektleitungsstruktur umgesetzt.

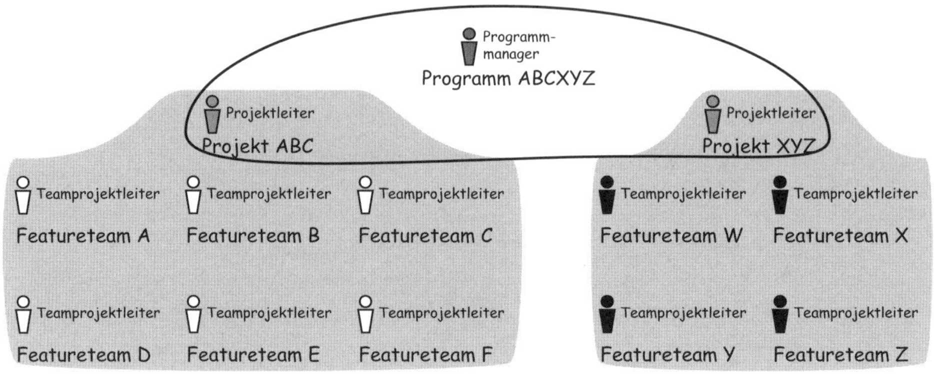

Abbildung 20.3: Schema der Führungsteamstruktur in Großprojekten mit zwei Projektleitungsteams (grau hinterlegt) und einem Programmmanagementteam (schwarze Linie)

20.1.3 Hierarchische Backlog-Struktur und Velocity

Die wesentliche Konsequenz, die sich aus einer solchen Projektstruktur in *APM* ergibt, ist ein hierarchisch strukturiertes Backlog für das Produkt. Das einzelne Backlog wird aufgeteilt und jedes Featureteam pflegt ein eigenes Backlog für das Produkt (Abb. 15.5 auf Seite 230). Der Projektleiter ist für das Backlog des gesamten Produkts verantwortlich und zerlegt es gemeinsam mit den Teamprojektleitern für die anstehenden zwei Iterationen im Lookahead in einzelne Featureteam-Backlogs, die dann weiter verfeinert und umgesetzt werden (Abschnitt 5.4.1 auf Seite 63).

Wichtig ist bei dieser Aufteilung, dass jedes Team eigene Features umsetzt und keine Aufteilung nach technischen Schichten oder technischen Spezialisten erfolgt, die den Projektfortschritt verlangsamen und schwer steuerbar machen würden. Die Velocity des gesamten Projekts ergibt sich aus der Summe der fertiggestellten Story Points auf Ebene des gesamten Backlogs für das Produkt. Für jedes Featureteam kann eine eigene Velocity auf Basis des Featureteam-Backlogs ermittelt werden. Wichtig ist dabei, dass nur die einzelnen Trends übergreifend betrachtet werden, aber auf keinen Fall absolute Werte verglichen werden. Die Velocity der einzelnen Featureteams sind weder direkt vergleichbar noch aufeinander abbildbar.

Die Übersicht über die Featureteam-Backlogs und den Zusammenhang zum Backlog für ein Produkt lässt sich an einer großen Wand mit selbstklebenden Karten darstellen. Die Zeitachse läuft von links nach rechts, sodass die anstehenden beiden Iterationen für jedes Featureteam ganz links zu finden sind. Dort sehen wir die Aufteilung der User Stories auf die Teams für die aktuelle Iteration und den Lookahead. Weiter rechts stehen die noch etwas größeren User Stories aus dem Gesamt-Backlog, die noch nicht auf die einzelnen Featureteams verteilt sind. Je weiter wir nach rechts, also in die Zukunft, blicken, desto umfangreicher werden die Einträge auf einer Karte. Über die Use Cases als Klammern um eine Gruppe zusammenhängender User Stories bzw. Themenblöcke kommen wir über einzelne Features ganz rechts zu den Epen (Abb 20.4).

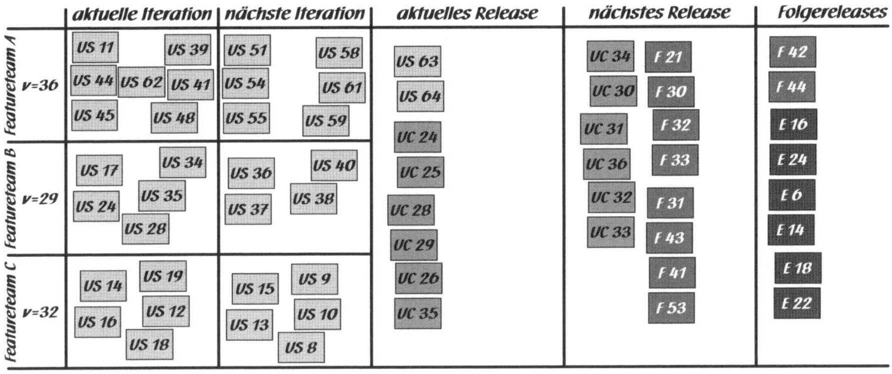

Abbildung 20.4: An einer Wand in der Projektkommandozentrale lässt sich die Backlog-Hierarchie im Überblick mit selbstklebenden Karten darstellen. Um eine erste Verteilung von User Stories auf Featureteams vornehmen zu können, ist links die durchschnittliche Velocity für jedes Featureteam notiert (US = User Story, UC = Use Case, F = Feature, E = Epos).

Jeder Eintrag auf der Wand ist in Story Points geschätzt, wobei es bei den Epen einen Einheitenwechsel geben kann, um nicht nur undifferenziert 100er-Werte zu haben. Durch eine andere Kartenfarbe oder -größe kann dies angezeigt werden, um keine Verwechslungen zu bekommen. Um eine einheitliche Prognose über die Velocity machen zu können, nehmen wir für große Epen auch Werte über 100 an bzw. brechen diese grob herunter, bis wir ungefähr auf dem Vergleichsniveau von 100 Story Points angelangt sind. Wir können so einen Zeitraum von 12 bis 18 Monaten gut betrachten. Wenn eine Karte von rechts nach links wandert, wird sie dazu in mehrere detaillierte Anforderungen zerlegt. Dabei werden die neuen Karten relativ zu den anderen Karten auf diesem Abstraktionsniveau neu geschätzt. Darüber hinaus werden Prognosen extrem unsicher. Wir können dazu Betrachtungen auf Ebene von Features bzw. Epen vornehmen. Um das Abstraktionsniveau der Schätzung zu verdeutlichen, verwenden wir keine Story Points, sondern T-Shirt-Größen (siehe Kasten auf Seite 264).

Bei allen Zerlegungen und den damit verbundenen Schätzungen sind Vertreter aus allen Featureteams anwesend und unterstützen die Projektleiter maßgeblich. Insbesondere die Schätzungen werden dabei von den

Entwicklern vorgenommen. Die Projektleiter erstellen dann gemeinsam die zeitliche Ordnung, also die Reihenfolge im Backlog. Die Schätzungen erfolgen stets relativ zu den anderen Vergleichskarten. Auf keinen Fall dürfen dabei Optimierungen unter bestimmten Annahmen erfolgen, wie z. B. welches Featureteam oder gar welcher Entwickler eine Aufgabe später übernimmt. Das ist nicht planbar und würde die Flexibilität unnötig einschränken. Die erste konkrete Zuordnung erfolgt in den Planungsmeetings zu Beginn einer Iteration nach dem Zerlegen in Tasks selbstorganisiert durch jedes Featureteam. Die weiteren Zuordnungen ergeben sich dann durch die Entwickler, nachdem die ersten Tasks fertiggestellt sind. Es erfolgt **kein** Mikromanagement von Aufgaben oder Anforderungen.

20.1.4 Visualisierung des Projektfortschritts

Bei der wichtigen Aufgabe, die Übersicht über ein Projekt mit mehreren Featureteams zu behalten, stellt sich das Problem, den Fortschritt und Stand des Projekts klar und übersichtlich zu präsentieren. Ein Burndown-Diagramm wird dafür nicht ausreichen. Wir können zwei weitere verbreitete Darstellungen dafür verwenden: das Parkplatzdiagramm (Abb. 20.5) und ein daraus abgeleitetes Balkendiagramm (Abb. 20.7).

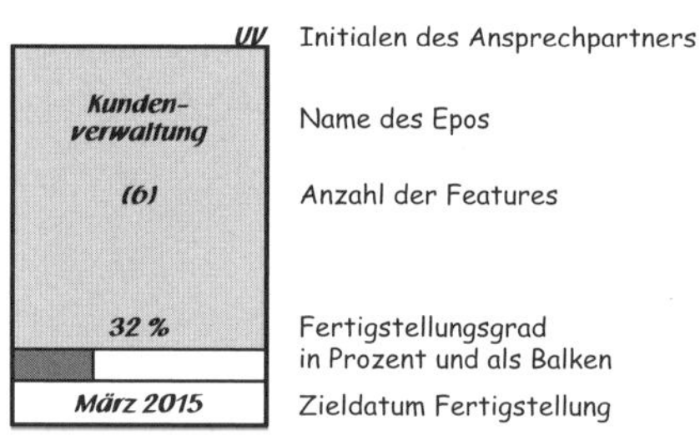

Abbildung 20.5: Struktur eines Parkplatzes für das Parkplatzdiagramm

Das Parkplatzdiagramm (engl.: Parking Lot Diagram) kommt aus dem Feature Driven Development (FDD), das von Jeff De Luca und Peter Coad in den 1990er-Jahren entwickelt wurde [123]. Wir ordnen dazu jedem Epos, das wir betrachten, einen rechteckigen Parkplatz zu. Jeder Parkplatz hat dieselbe Struktur und über einen einfachen Farbcode können die aktuellen Stände sofort erfasst werden (Abb. 20.5). Dabei kann die große Hauptfläche eines Parkplatzes vier Farben annehmen:

Weiß: noch nicht angefangen
Gelb: in Arbeit
Grün: fertig
Rot: Achtung – Probleme oder Zeitverzug

Die kleine Fläche mit dem Datum im unteren Teil eines Parkplatzes ist entweder weiß oder grün eingefärbt, je nachdem, ob das Epos fertig ist oder nicht. An der rechten oberen Ecke kann das Namenskürzel einer Ansprechperson eingetragen werden. Für jedes zu betrachtende Epos wird ein eigener Parkplatz erstellt. Die Parkplätze werden neben und untereinander angeordnet und liefern so schnell einen Gesamtüberblick. Optional kann die Größe der Fläche des rechteckigen Parkplatzes mit der Anzahl der Features korrelieren (Abb. 20.6). Werkzeuge wie Excel können dabei nützlich sein.

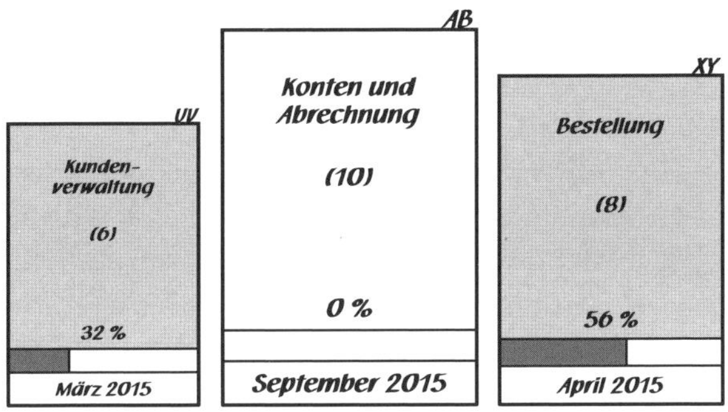

Abbildung 20.6: Schematisches Beispiel eines Parkplatzdiagramms

Aus dem Parkplatzdiagramm kann auch ein Balkendiagramm abgeleitet werden, mit dem wir den aktuellen Projektstatus visualisieren können (Abb. 20.7). Die Länge der Balken ist proportional zur Anzahl der Features und der Fertigstellungsgrad wird als Linie innerhalb eines Balkens dargestellt. Die Farbgebung der Balken entspricht der Farbe der Hauptfläche des jeweiligen Parkplatzes [186].

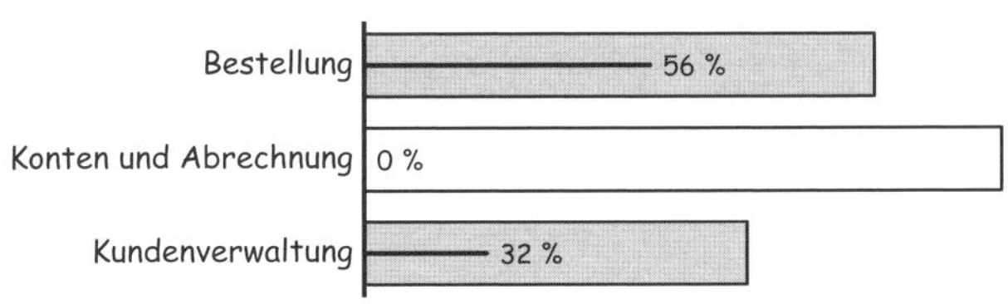

Abbildung 20.7: Aus einem Parkplatzdiagramm abgeleitetes Balkendiagramm zur Visualisierung der Projektübersicht

Diese und ähnliche Visualisierungen helfen uns dabei, schnell und übersichtlich den aktuellen Stand des gesamten Projekts zu visualisieren. Die Darstellungen helfen uns sowohl in der Kommunikation innerhalb des Projekts wie auch mit den Stakeholdern von außerhalb.

20.1.5 Den Takt vorgeben

Wenn mehrere Featureteams parallel auf Basis aufeinander abgestimmter Team-Backlogs arbeiten und übergreifende Themen in Team-Sync-Meetings zeitnah abstimmen, ist es wichtig, dass die Rhythmen der Teams zueinander passen. Am besten arbeiten alle Teams mit der gleichen Iterationsdauer und beginnen am selben Tag.

Bei reinen Softwareprojekten ist dieser Weg auch oft der praktikabelste. Die Teams einigen sich auf einen sinnvollen Rhythmus zwischen zwei und vier Wochen und beginnen mit der ersten Iteration am selben Tag. Baut sich ein Projekt im Laufe der Zeit weiter aus und neue Teams kommen hinzu, hängen die sich in den bestehenden Rhythmus ein.

Probleme entstehen, wenn z. B. bei einem integrierten Hard- und Softwareprojekt die Rhythmen für bestimmte Teams aufgrund äußerer Bedingungen nicht in einen Rahmen von maximal vier Wochen passen. Bei Teams, die die Hardware für Embedded Systems erstellen, kann das der Fall sein, weil das Herstellen und Ätzen der Platinen in der Regel fremd vergeben ist und oft mehrere Wochen dauert. Wenn hier keine brauchbare Simulationsumgebung läuft, kann das zum Problem werden.

Die Lösung liegt dann darin, passende Vielfache des Iterationstakts von zwei bis vier Wochen zu finden, mit denen alle Teams regelmäßig überprüfbare Ergebnisse liefern können. Meist bietet sich eine Drei-Wochen-sechs-Wochen-Taktung an, wie es in Abbildung 20.8 schematisch dargestellt ist. Die Teams, die mit einer kürzeren Iterationsdauer arbeiten können, haben dann den doppelten Takt der Teams, die unbedingt den längeren Takt benötigen. Alle übergreifenden Tätigkeiten und Abstimmungen lassen sich so wieder aufeinander abstimmen.

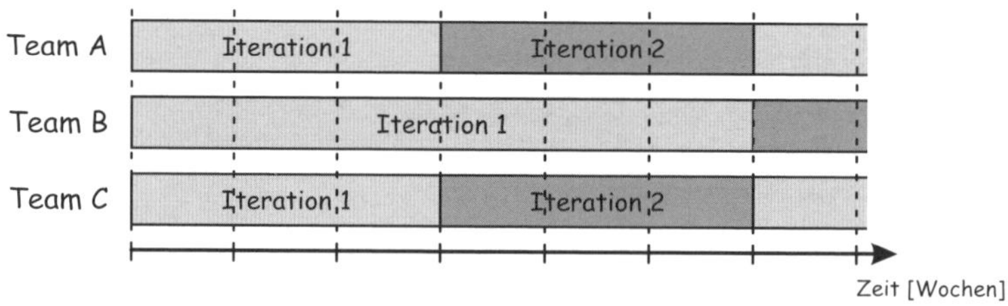

Abbildung 20.8: Wenn einzelne Teams eine längere Iterationsdauer benötigen, werden die Iterationsrhythmen über Iterationsstart und -ende aufeinander abgestimmt.

Damit bei größeren Projekten die Kommunikation aus und in die Featureteams bei einer aufeinander abgestimmten Taktung der Iterationen auch praktisch erfolgen kann, um z. B. die Team-Backlogs mit den Erkenntnissen aus den Ergebnisreviews zu aktualisieren und die Projekt-Velocity zu bestimmen, ist es ab einer gewissen Anzahl von Featureteams sinnvoll, dafür entsprechende Zeit vorzusehen. Wir unterteilen dann unsere Iteration intern in einen relativ langen Fortschrittsteil und einen kurzen Orientierungsteil am Ende einer Iteration.

20.1.6 Horizontale und vertikale Skalierung

Wenn wir eine Skalierung agilen Vorgehens vornehmen, verändern wir schrittweise unser Unternehmen hin zu einer lernenden Organisation. Ein grundlegendes Prinzip hinter einer solchen Skalierung, die zwangsläufig zu einer Organisationsentwicklung führt, ist das Wechselspiel zwischen horizontaler und vertikaler Skalierung [137]. Auf daraus resultierende Aspekte der Organisationsentwicklung gehen wir in Abschnitt 20.3 und Kapitel 23 noch tiefer ein.

Unter der horizontalen Skalierung verstehen wir die Vergrößerung unseres gesamten Projektteams über zusätzliche Featureteams. Dabei deckt jedes Featureteam denselben Ausschnitt aus der Wertschöpfungskette ab. Jedes Featureteam operiert so weit wie möglich entkoppelt von den anderen Featureteams und setzt seine Aufgaben weitgehend autark und vollständig um. Ein Featureteam ist dabei für seine umgesetzten Features vollständig verantwortlich. Es liefert also *Consumables* und keine aus Nutzersicht unfertigen Teilergebnisse, die sogenannten *Deliverables* (Abschnitt 18.2.2).

Um dieses wertvolle Ziel der Lieferung von *Consumables* zu erreichen, setzt ein Featureteam weite Teile der Wertschöpfungskette um. Im Kern wird ein Featureteam Software entwickeln und testen. Wenn wir jedoch echte *consumables* liefern wollen, erweitert sich die Wertschöpfungskette zwangsläufig, weil wir innerhalb eines Featureteams mehr Verantwortung für weitere Prozessschritte übernehmen. So wird die Schnittstelle zum Betrieb immer enger und im Team werden sowohl die Entwicklung wie auch der Betrieb der Software verantwortlich durchgeführt, es werden also Zwitter aus Entwicklungs- und Betriebsteams, die sogenannten DevOps, gebildet.

Wir werden die Wertschöpfungskette auch nach vorne erweitern, um flexiblere Featureteams zu schaffen, und Geschäftsprozessanalysen oder Usability-Design ebenfalls in die einzelnen Featureteams verschieben. Diese Erweiterung der umzusetzenden Wertschöpfungskette innerhalb eines Featureteams bezeichnen wir als vertikale Skalierung.

Die horizontale und vertikale Skalierung interagieren miteinander, sodass sich ein Wechselspiel ergibt. Mal steht der horizontale Aspekt stärker im Vordergrund und wir vergrößern das gesamte Projektteam und mal werden wir die Leistungsfähigkeit des Projektteams durch die Übernahme von mehr Verantwortung durch die Featureteams erhöhen. Die horizontale

Skalierung führt dazu, dass mehr Personen in *APM* eingebunden werden, und die vertikale Skalierung entwickelt die einzelnen Teams weiter. Beides führt, wie bereits erwähnt, zu einer Organisationsentwicklung. Mit der Einführung von *APM* wechselt man nicht einfach eine Projektmanagementmethode, sondern leitet einen Organisationsentwicklungsprozess ein.

20.1.7 Ziele hinter einer agilen Skalierung

Horizontale und vertikale Skalierung beschreiben das Grundprinzip der Skalierung selbst. Beide Sichten passen gut zum Featureteam-Gedanken. Eine Skalierung in einem agilen Kontext hat aber weitere Orientierungspunkte, die sich aus den agilen Werten und Prinzipien ableiten. Stefan Roock nennt dazu fünf Prinzipien agiler Skalierung [137]:

Begeisterte Kunden sind das Ziel einer agilen Entwicklung. Der wirtschaftliche Erfolg wird sich dann einstellen[1]. Jedem Teammitglied muss daher einerseits klar sein, was *Wert* für den Kunden bedeutet, und andererseits brauchen wir kurze Releasezyklen, um einerseits diese Information auch zu erhalten und andererseits den Kunden mit aktuellen Lieferungen zufriedenzustellen.

So autark Featureteams auch agieren, es braucht stets die Sicht auf das gesamte Projektergebnis. Wir stellen dies in agilen Projekten durch Continuous Integration über alle Featureteams eines Projekts hinweg sicher. Dies kann je nach Kundenkontext bis hin zu einem Continuous Delivery gehen inklusive einer durchgängig automatisierten Testkette.

Zufriedene, produktive Mitarbeiter bilden den Kern einer kreativen und leistungsfähigen Softwareentwicklung. Wenn wir eine horizontale Skalierung vornehmen, achten wir darauf, dass wir diesen Wert nicht schmälern, weil bei der personellen Vergrößerung und der dabei irgendwann notwendigen Verteilung der Mitarbeiter auf mehrere Räume, Gebäude, Firmenteile oder Firmen für die einzelnen Mitarbeiter der Sinn ihrer Arbeit verloren geht. Der Sinn und Zweck der Arbeit sowie die Möglichkeit, die Arbeit eigenständig zu gestalten und dabei weder über- noch unterfordert zu werden, bilden den Schlüssel für zufriedene produktive Mitarbeiter.

Wir unterstützen dies in *APM* durch die Arbeit in Featureteams und eine diese Arbeit unterstützende, modulare Softwarearchitektur, die teamübergreifend gestaltet wird. Dabei fällt den grundlegenden agilen Meetings Review und Retrospektive eine zentrale Bedeutung zu.

---

[1]Fokussieren wir dagegen primär auf den Umsatz, wird ein Kostencontrolling das Projektgeschäft beherrschen. Kosteneinsparungen erfolgen dabei meist nur in einem lokalen Kontext, sodass z. B. die Service- oder Produktqualität darunter leidet. Das wird aber zu unzufriedenen Kunden führen.

Eine globale Optimierung wird mit zunehmender Größe immer komplexer und es wird schwieriger, den Kundennutzen im Vordergrund zu halten. Die viel einfacheren lokalen Optimierungen z. B. innerhalb eines Featureteams sind leichter zu erkennen, werden in *APM* jedoch durch die zahlreichen Team-Sync-Meetings regelmäßig im Kontext des ganzen Projekts betrachtet. Dieses Werkzeug, um Transparenz unter allen Projektbeteiligten herzustellen, wird um so wertvoller, aber auch aufwendiger, je weiter unsere horizontale und vertikale Skalierung fortschreitet.

Servant Leadership bildet sowohl die Basis für die Orientierung gebende Führung als auch für die Weiterentwicklung der einzelnen Mitarbeiter und Teams. So agieren z. B. die Projektleiter oder Architekten als fachliche Mentoren und die agilen Coaches arbeiten in der Vielfalt ihrer methodisch unterstützenden Rolle für die Teams und einzelnen Teammitglieder. Trotz der zunehmenden Größe und der damit vergrößerten Abstände im direkten Kontakt zu vielen Kollegen dominiert gegenseitiges Vertrauen die Zusammenarbeit.

Kontinuierliche Verbesserung des Produkts und der Entwicklungsprozesse ist ein grundlegendes Prinzip in *APM*. Wenn wir ein Projekt skalieren, berühren wir dabei auch die Unternehmensstrukturen und unterstützenden Prozesse. Wie bereits mehrfach erwähnt, entwickeln wir bei der Einführung und Skalierung von *APM* unsere ganze Organisation weiter.

Nach diesen grundsätzlichen Betrachtungen widmen wir uns den konkreten Aspekten bei der Skalierung von *APM*. Die Organisationsentwicklung betrachten wir in Abschnitt 20.3 und Kapitel 23 noch näher.

20.2 Fortschritt und Orientierung in einer Iteration

Scrum verfügt bereits über eine Unterteilung des Sprints in Fortschritts- und Orientierungsteil. Der Orientierungsteil beginnt mit dem Review und endet mit der Retrospektive, die direkt aufeinanderfolgend stattfinden.

In *APM* verhält es sich genauso. Nur ist es bei Projekten mit mehreren Featureteams und Projektleitungsteams ab einer bestimmten Größe praktisch nicht mehr durchführbar, die Reviews und Retrospektiven direkt hintereinander an einem Tag durchzuführen und gleichzeitig die Informationsflüsse abzustimmen. Der Orientierungsteil erstreckt sich dann über einige Tage. Er beginnt mit dem ersten Review und endet mit der letzten Retrospektive eines Teams (Abb. 20.9).

Der Sinn von Ergebnisreview und Retrospektive liegt ja darin, das Projekt kurz anzuhalten, um festzustellen, wo wir genau stehen, und daraus die nächsten konkreten Schritte abzuleiten. Im Review betrachten wir dazu den Projektfortschritt und in der Retrospektive unsere Zusammenarbeit

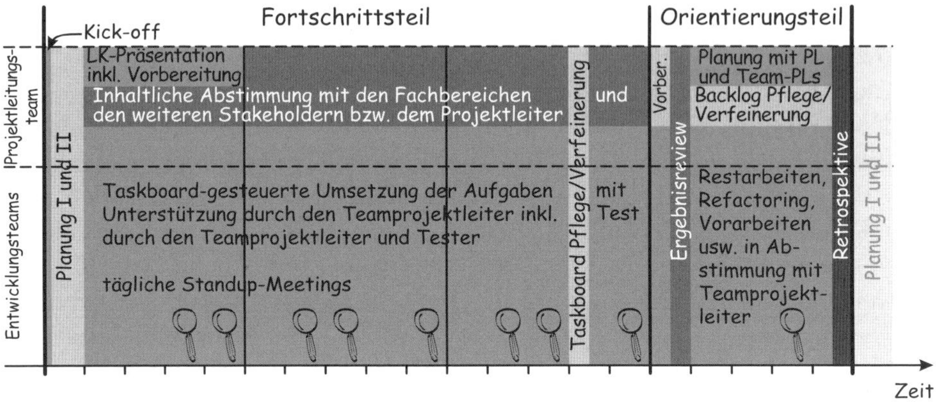

Abbildung 20.9: Fortschritts- und Orientierungsteil einer Iteration in Großprojekten (LK: Lenkungskreis, PL: Projektleiter)

und Prozesse. Das bleibt auch mit einem expliziten Orientierungsteil so bestehen. Wir bringen nur die einzelnen Reviews, die planerischen Abstimmungen des Projektleitungsteams und die Retrospektiven aus organisatorischen Gründen in eine sequenzielle Reihenfolge.

Ein wichtiger Effekt ist mit der expliziten Unterteilung in Fortschritts- und Orientierungsteil verbunden: Die oberste Priorität verschiebt sich. Im Fortschrittsteil hat der Projektfortschritt die oberste Priorität, d. h., die Abarbeitung der Tasks steht im Vordergrund. Im Orientierungsteil stehen dagegen der Informationsgewinn und Anpassungen bzw. Veränderungen im Mittelpunkt. In Scrum kommt dabei der Fortschritt komplett zum Erliegen. Mit einem mehrere Tage dauernden Orientierungsteil ist das nicht unbedingt der Fall. Freiräume werden von den Teams genutzt, um Restarbeiten, Refactorings usw. durchzuführen. Die Priorität im Orientierungsteil liegt auf dem Informationsgewinn am Ende jeder Iteration, dem sich in diesen wenigen Tagen der Projektfortschritt unterordnet (Abb. 20.9, rechts).

20.2.1 Organisation der Meetings

Der Orientierungsteil beginnt mit der Vorbereitung der Ergebnisreviews und der Durchführung der Reviews. Da viele Stakeholder an allen bzw. den meisten der Reviews teilnehmen möchten, finden sie nacheinander statt.

Bei großen Projekten kommen schnell 30 Personen zu einem Review-Meeting zusammen. Die Moderation solcher Veranstaltungen kann die agilen Coaches besonders fordern. Um alle Aspekte im geplanten Zeitrahmen angemessen demonstrieren zu können, kann es hilfreich sein, längere Diskussionen ans Ende der Veranstaltung zu verschieben. Dazu wird der

Aspekt schriftlich für alle sichtbar festgehalten und dann im letzten Drittel des Review-Meetings meist in etwas kleinerer Runde diskutiert.

Die Ergebnisse der Reviews werden dann vom Planungsteam verdichtet und bewertet. Jetzt werden bei Bedarf in einem oder wenigen abschließenden Planungsmeetings die Team-Backlogs für die nächste Iteration an die neuesten Erkenntnisse angepasst. Erst danach können die Retrospektiven stattfinden, damit auch die Teamprojektleiter bei ihren Teams dabei sein können. Die Retrospektiven können parallel erfolgen, solange sichergestellt ist, dass in jeder Retrospektive ein agiler Coach moderiert. Bei Urlaubsvertretungen, Krankheit oder sehr erfahrenen Teams, bei denen ein agiler Coach zwei Gruppen betreut, finden die betroffenen Veranstaltungen nacheinander statt.

Solange keine dritte Projektebene (Scrum of Scrums of Scrums) notwendig ist, reichen meist zwei bis drei Tage für den Orientierungsteil aus. Bei einer dritten Ebene und/oder verteilten Featureteams können dagegen bis zu fünf Tage Orientierungsteil notwendig werden. Bei einer dritten Projektleitungsebene liegt diese Verlängerung daran, dass die verdichteten Ergebnisse noch auf einer weiteren Ebene kommuniziert und entsprechende Rückmeldungen erneut überprüft und eingearbeitet werden. Wenn wir uns die Kommunikationswege und Veranstaltungen bei einem sehr großen Projekt über diese drei Ebenen vom ersten Review bis zu den Planungsmeetings und ggf. der Information von Aufsichtsräten oder Lenkungskreisen (Abb. 20.9, links oben) betrachten, kommen wir zu einem N-förmigen Verlauf, wie er in Abbildung 20.10 dargestellt ist. Unter solchen extremen Rahmenbedingungen ist es in *APM* erlaubt, die Iterationsdauer auf fünf bzw. maximal sechs Wochen auszudehnen. Doch dies ist auch bei großen Projekten nur selten notwendig.

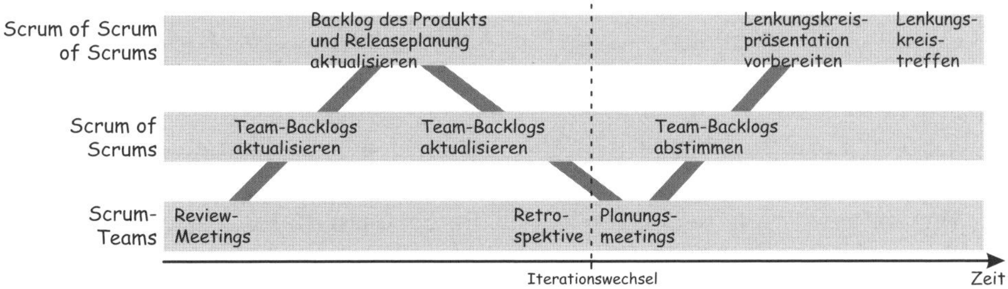

Abbildung 20.10: Kommunikationswege in sehr großen Projekten

Anhand der notwendigen Kommunikationswege lässt sich die Dauer des Orientierungsteils bestimmen. Auch externe Projektdarstellungen z. B. einem Lenkungskreis gegenüber können in dieses Konzept integriert werden.

Planen Sie auf jeden Fall ausreichend Zeit ein, solche Präsentationen vorzubereiten. Ähnlich wie bei den Ergebnisreviews geben Sie dabei die Visitenkarte des Projekts ab.

20.2.2 Planerischer Umgang mit dem Orientierungsteil

Wir haben doch sowieso schon so viel Verlust. Typischerweise können nur maximal etwa 75-80 % der zeitlichen Kapazität im Fortschrittsteil effektiv genutzt werden. Als Faustformel sind damit nur etwa sechs Stunden von einem Acht-Stunden-Arbeitstag nutzbare Kapazität, wie wir bei der Diskussion um ideale Tage bereits in Abschnitt 10.3 gesehen haben [28, 82, 113]. Und jetzt verschwenden wir noch mehr teure Entwicklerzeit in einem Orientierungsteil?

Der Orientierungsteil ist ein entscheidendes Element agiler Vorgehensweisen. Ebenso wie sich der letzte Tag eines Sprints in Scrum mit Review und Retrospektive für das Projektergebnis auszahlt, verhält es sich auch in *APM*. Für große Projekte dauert der Orientierungsteil einige Tage, jedoch sitzen die Entwickler in dieser Zeit nicht permanent in verschiedenen Meetings.

Es reihen sich zwar an den Tagen im Orientierungsteil Reviews, Planungsmeetings und Retrospektiven fast nahtlos aneinander, jedoch nimmt ein Entwickler nur an maximal drei dieser Veranstaltungen teil: dem Review und der Retrospektive seines Teams und ggf. noch einem Planungsmeeting mit seinem Teamprojektleiter. Und diese Meetings dauern eben in Summe etwa einen Tag. Daran verändert sich auch bei großen Projekten nichts. Die restliche Zeit des Orientierungsteils kann ein Entwickler produktiv nutzen, indem er z. B. verschobene Refactorings durchführt, bereits angefangene Arbeit fortsetzt oder Kollegen dabei unterstützt, in den Reviews gefundene Fehler korrigiert oder eine neue User Story nachzieht und beginnt, diese umzusetzen. Letzteres funktioniert nur, wenn es noch offene User Stories auf dem Taskboard gibt. Daher sollte ein Teamprojektleiter im letzten Drittel einer Iteration stets dafür sorgen, dass es bei Bedarf noch neue Stories am Taskboard gibt, die nachgezogen und umgesetzt werden können.

Im Gegensatz zur geplanten Arbeit im Fortschrittsteil verläuft die Entwicklungstätigkeit im *Orientierungsteil* ungeplant und kann daher nur pauschal mit typischerweise 30 - 50 % bezogen auf die gesamte Kapazität des Orientierungsteils abgeschätzt werden. Ergebnisse dieser Arbeiten fließen in der Regel in die Velocity der nachfolgenden Iteration ein. Fielen in der Iteration Überstunden an, können sie jetzt ausgeglichen werden.

Der wesentliche Unterschied zwischen den beiden Teilen einer Iteration liegt in der obersten Priorität. Im Fortschrittsteil steht die Umsetzung der Aufgaben im Vordergrund. Andere Aktivitäten ordnen sich dieser Priorität unter. Im Orientierungsteil steht der Informationsgewinn im Mittelpunkt. Die Teilnahme an Meetings oder Vorbereitungen bzw. Zuarbeiten dafür genießen höchste Priorität. Entwicklungstätigkeiten oder das Ausgleichen von Überstunden dürfen diese zentrale Aufgabe in den letzten Tagen einer Iteration nicht negativ beeinflussen.

20.2.3 Druckverlauf

Darauf, dass wir unter Druck nicht besser arbeiten, sondern nur schneller, hat bereits Tom DeMarco hingewiesen [40]. Technische Schulden und Qualitätseinbußen sind die Folge, die den vermeintlich erreichten Zeitgewinn sofort wieder vernichten. Iterative Vorgehensweisen wie Scrum oder *APM* erzeugen jedoch einen gewissen Ergebnisdruck auf die Entwickler. Die zeitnahe Planung führt auch zu Zeitnot unter den Projektleitern und erzeugt damit Druck. Das liegt daran, dass Projekte bei ihrer Umsetzung Druck auf die beteiligten Personen ausüben, wenn Unvorhergesehenes eintritt oder erwartete Risiken eintreffen. Es gilt also, konstruktiv und angemessen mit den Drucksituationen im Projekt und durch das iterative Vorgehen umzugehen.

Dabei sind zwei Aspekte von besonderer Bedeutung. Die regelmäßig mit der Realität abgeglichene Planung ist nach bestem Wissen realistisch. Terminprobleme werden über die Definition des Projektumfangs gelöst und frühzeitig an alle Stakeholder kommuniziert (Abb. 15.1 auf Seite 220). Dem Druck, der durch das inkrementell-iterative Vorgehen erzeugt wird, begegnen wir mit einer gezielten Steuerung von Belastung und Entlastung im Laufe einer Iteration (Abb. 20.11).

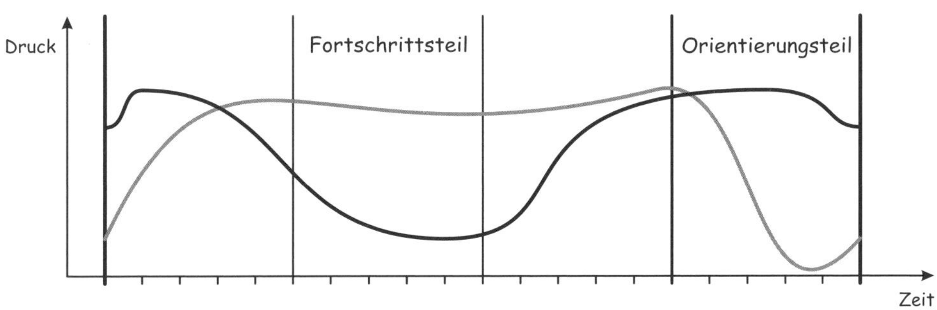

Abbildung 20.11: Schematischer zeitlicher Verlauf des gefühlten Drucks im Entwicklungsteam (grau) und im Projektleitungsteam (schwarz)

Der gefühlte Druck, Ergebnisse zu erreichen, der durch eine Timebox gesetzt wird, hilft allen Beteiligten dabei, sich auf die wesentlichen Aufgaben zu konzentrieren. Dabei ist es für die agilen Coaches wichtig, immer wieder zu betonen, dass eine Timebox nur ein Prüfraster darstellt. Das Ziel ist es, zum Ende der Timebox (oder vorher) entweder das gewünschte Resultat erreicht oder ausreichend belastbare Zwischenergebnisse erarbeitet zu haben, sodass das weitere Vorgehen besser abgeschätzt und geplant werden kann. Eine Timebox soll beim Fokussieren helfen und keinen negativen Stress erzeugen.

Wie in Abbildung 20.11 zu erkennen ist, schwankt der gefühlte Druck im Laufe einer Iteration und verläuft auch für Entwickler und Projektleitungsteam unterschiedlich. Dabei ist es weniger wichtig, wie die Schwankungen wirklich verlaufen, als dass es zu einem Wechsel von Spannung und Entspannung innerhalb jeder Iteration kommt. Nur so kann die Wirkung der Timebox fokussierend sein und nicht schädlich. Permanent hoher Druck wird zu Normalität und hat nur noch negative Auswirkungen.

Wenn also z. B. Überstunden anfallen, um einen Termin zu halten, so sind diese idealerweise in der laufenden oder nächsten Iteration sofort wieder abzubauen. Spätestens pro Quartal sollten Überstunden wieder ausgeglichen sein. Nur so kann dauerhaft auf hohem Niveau entwickelt werden.

20.2.4 Featureteams und eine gemeinsame Architektur

Das Ideal der Featureteams lässt sich in Großprojekten oft nicht durchgängig umsetzen. Es werden dann Kompromisse und individuelle Lösungen notwendig [101, 126]. Eine weitverbreitete Idee ist ein Frameworkteam neben den Featureteams. Wichtig ist dabei, den Grundgedanken der Featureteams so gut wie möglich umzusetzen.

Je mehr Featureteams am Projekt beteiligt sind, desto stärker wächst der Abstimmungs- und Kommunikationsoverhead. Wir haben bereits in Abschnitt 10.5.3 gesehen, dass sich dieser Effekt nicht linear verhält, sondern quadratisch anwächst. Dort haben wir einzelne Personen innerhalb eines Teams betrachtet. Doch die Gesetzmäßigkeit lässt sich auf die Kommunikationsschnittstellen zwischen Teams übertragen. Daher sind regelmäßige Aufwand-zu-Nutzen-Betrachtungen äußerst sinnvoll. Am Beispiel des DRY-Prinzips[2] wird dies deutlich.

Wenn wir in einem Projekt dem DRY-Prinzip folgen, vermeiden wir redundante Stellen im Code und Design sowie in der Architektur einer Softwarerealisierung. Damit minimieren wir die Kosten aufgrund redundanter Teile in der späteren Wartung und Erweiterung des Systems. Um diesen Zustand zu erreichen, erhöhen wir gleichzeitig den Abstimmungsaufwand zwischen den Featureteams und den Entwicklern. Um extreme und damit für das Projekt schädliche Lösungen zu vermeiden, werden wir einen Aus-

[2] Don't Repeat Yourself.

gleich zwischen dem Kommunikationsaufwand und den zusätzlichen Kosten aufgrund von Redundanzen anstreben. Das bedeutet aber gleichzeitig, dass in den Abstimmungen zwischen und innerhalb der Teams geklärt wird, an welchen Stellen das DRY-Prinzip dominiert und wo Redundanzen nicht nur akzeptiert, sondern vielleicht sogar erwünscht sind.

Damit die einzelnen Featureteams möglichst unabhängig voneinander arbeiten können, kann das bei Großprojekten dazu führen, dass es eine gut abgestimmte übergreifende Siloarchitektur gibt mit eindeutig geklärten Schnittstellen, die Featureteams innerhalb eines Silos jedoch autark arbeiten und ihre Entscheidungen treffen. Diese Siloarchitektur ist dann in ein Basisframework eingehängt, worüber übergreifende Grundfunktionalität bereitgestellt wird. Damit haben sich die Gemeinsamkeiten der Featureteams bereits erschöpft. Man kann dies auch als eine an *Design by Contract* angelehnte Umsetzung betrachten, wobei die Interfaces und Fassaden bzw. Boundaries an den Silogrenzen die Verträge darstellen. Die *Verträge* werden zuerst zwischen den Featureteams ausgehandelt, die danach eigenständig und entkoppelt arbeiten. Damit es keine Test- und Timing-Probleme gibt, werden dafür zuerst Mocks oder Simulationen als Realisierungen der Interfaces oder Boundaries entwickelt, um danach den eigentlichen Nutzcode zu schreiben. So bleiben auch innerhalb der Featureteams der Test-First-Ansatz und eine testgetriebene Entwicklung möglich. Innerhalb eines Silos herrscht damit eine hohe Kohäsion und zwischen den Silos eine lose Kopplung. So werden die einzelnen Prinzipien wie im obigen Beispiel DRY sowie *Kohäsion und Kopplung* gegeneinander abgewogen und in ein definiertes Zusammenspiel gebracht.

Die Architektur in Großprojekten kann also bewusst und wirtschaftlich begründet einige der für kleine und mittlere Projekte äußerst sinnvolle Regeln zumindest teilweise anders bewerten. Inwieweit eine konkrete Idee für eine Skalierung eines Projekts sinnvoll oder problematisch ist, lässt sich kaum vorab abschätzen. Auch dafür nutzen wir den Inspect-and-adapt-Verbesserungsprozess mit seinen Retrospektiven. In Großprojekten kommen dafür die Meta-Retrospektiven hinzu.

20.2.5 Meta-Retrospektiven

Retrospektiven sind das wesentliche Mittel der kontinuierlichen Prozessverbesserung und konkreten Problemlösung für die Featureteams. Deshalb ist es nur logisch und konsequent, dieses Werkzeug auch für die übergeordnete Zusammenarbeit der Teams und der Arbeit in den Team-Sync-Meetings einzusetzen. Im Prinzip gilt weiterhin alles, was zur übergeordneten Zusammenarbeit in Team-Sync-Meetings und zu Retrospektiven diskutiert wurde. Ein paar Besonderheiten kommen allerdings hinzu [59].

Für jede hierarchische Ebene oberhalb der operativen Ebene gibt es eine eigene Meta-Retrospektive, an der Vertreter aus den Teams der direkt darunter liegenden Ebene teilnehmen. In Ausnahmefällen wie besonders wichtigen und alle Personen direkt betreffenden Themen kann es auch Retrospektiven mit allen Teilnehmern der darunter liegenden Ebene geben. Dabei ist jedoch zu bedenken, dass mehrere Moderatoren benötigt werden und eine ausreichende Zeit von ein bis zwei Tagen durchgängig zur Verfügung steht. In der Regel finden Meta-Retrospektiven wie auch Team-Sync-Meetings mit Vertretern aller Teams der darunter liegenden Ebene statt.

Boris Gloger weist dabei auf ein paar Besonderheiten hin, die es zu beachten gilt [59]. Sobald nicht mehr alle Projektmitglieder an einer Meta-Retrospektive teilnehmen können, gewinnt die Protokollierung und Kommunikation der Ergebnisse rapide an Bedeutung. Die agilen Coaches als Moderatoren sind u. a. auch dafür da, bereits in dem Meeting erzeugte Artefakte auf Flipcharts, Whiteboards oder an Wänden direkt protokollierbar zu erstellen, damit ein Fotoprotokoll zeitnah alle anderen Personen im Projekt informieren kann. In sehr großen Projekten können zusätzliche Protokolle und Dokumente erforderlich werden.

Dabei unterliegt die Form der Kommunikation auch der Meta-Retrospektive und wird regelmäßig hinterfragt, verbessert und an veränderte Rahmenbedingungen angepasst. Das Problem bei Meta-Retrospektiven ist, dass es für einen großen Teil der Projektmitglieder kein Lernen im direkten Austausch und Diskutieren mit anderen mehr gibt. Schriftliche Kommunikation kann dafür nur ein begrenzter Ersatz sein. Daher bedarf es hierbei einer besonderen Aufmerksamkeit, damit dieser Kanal so wirksam wie möglich gestaltet wird. Das Großprojekt lernt dabei, wie es mit dieser Form der Kommunikation wirksam umgeht.

Hier liegt ein wichtiger Unterschied zu *normalen* Featureteam-Retrospektiven vor: Es werden bewusst und gezielt Informationen nach außen gegeben. Neben den teambezogenen Resultaten einer Retrospektive gibt es in einer Meta-Retrospektive daher noch zwei weitere Ergebnistypen [59]:

Teambezogene Ergebnisse verbleiben stets innerhalb des Teilnehmerkreises einer Retrospektive. Dabei ist es egal, ob wir eine Featureteam-Retrospektive oder eine Meta-Retrospektive betrachten. Diese Resultate können z. B. zur Nachbetrachtung in Folgemeetings dokumentiert werden, sind aber nur für den direkten Teilnehmerkreis bestimmt.

Projektbezogene Ergebnisse beziehen sich auf gemeinsame Arbeitsabläufe bzw. Schnittstellen, verwendete Werkzeuge oder Infrastruktur sowie strukturelle Aspekte der Projektorganisation. Ergebnisse darüber sind gezielt zu kommunizieren, wobei eine schriftliche Kommunikation sinnvollerweise durch direkte mündliche Erläuterungen über die Vertreter in der Meta-Retrospektive an ihre Teams detailliert erklärt wird.

Organisatorische Ergebnisse beziehen sich auf Rahmenbedingungen, organisatorische Gegebenheiten und vergleichbare strukturelle Themen. Meist genügt dazu eine mit ausreichend Zeit formulierte schriftliche Kommunikation.

Ein wichtiges Thema von Meta-Retrospektiven sind typischerweise der Einsatz und die Interpretation von Metriken bzw. die individuelle Sicht auf die vertretenen Teams. Wichtig ist es dabei, stets methodisch klar vorzugehen und die quantitativen Aussagen nicht mit echter objektiver Beurteilung zu verwechseln. Metriken sind Anzeigen, die als Indikatoren auf Probleme hinweisen können. In den Meta-Retrospektiven kann es dann darum gehen, eine notwendige Ursachenanalyse durchzuführen und ggf. daraus Maßnahmen abzuleiten. Eine noch so geschickte Metrik ersetzt nicht den eigenen detaillierten Blick auf das Ursache-Wirkungs-Geflecht. Genau dafür sind Retrospektiven da.

20.2.6 Konstante Velocity!?

Bislang wurde stets betont, wie wichtig es ist, die Velocity zu stabilisieren, bevor wir über Optimierungen und Effizienzsteigerungen nachdenken. Eine konstante Velocity ist wie ein geeichter Tachometer ein hervorragender Indikator für Probleme oder wirkungsvolle umgesetzte Maßnahmen. In größeren Projekten mit mehreren parallel arbeitenden Featureteams treten jedoch unter Umständen Effekte auf, die eine konstante Velocity zumindest teilweise verhindern und im schlimmsten Fall sogar eine scheinbar höhere Velocity suggerieren.

In Abbildung 11.2 auf Seite 157 haben wir bereits eine Konsequenz aus der Norden-Rayleigh-Verteilung gesehen, die zu zeitlichen Verschiebungen und negativen Kosteneffekten führen kann. Offensichtlich und sicherlich auch aus der Erfahrung zahlreicher Projektleiter belegt ist ein Einschwingen des Projektfortschritts zu Beginn (Abb. 20.12, unten links).

Solange wir später im laufenden Projekt im Wesentlichen Funktionalität nacheinander umsetzen, ist die Velocity häufig konstant, weil alle Teammitglieder eingearbeitet sind und auf die Ergebnisse fokussiert arbeiten können. Gegen Ende des Projekts sind noch einige wesentliche Aufgaben zu beenden, aber kaum noch routinemäßige Arbeiten vorzunehmen. Unsere Entwickler können nicht mehr so viel umsetzen, wie sie vorher geschafft haben, weil es kaum noch gut zu parallelisierende Arbeiten gibt. Die Velocity nimmt zwangsweise ab (Abb. 20.12, oben rechts) [17].

Ein besonderes Problem ergibt sich aus einer erhöhten Schein-Velocity durch das nicht lineare Verhalten der Velocity-Kurve. Es besteht die Gefahr, im hochproduktiven Teil des Projekts zu optimistische Abschätzungen über den Endtermin zu machen (Abb. 20.12, oben mittig). Es ist ausgespro-

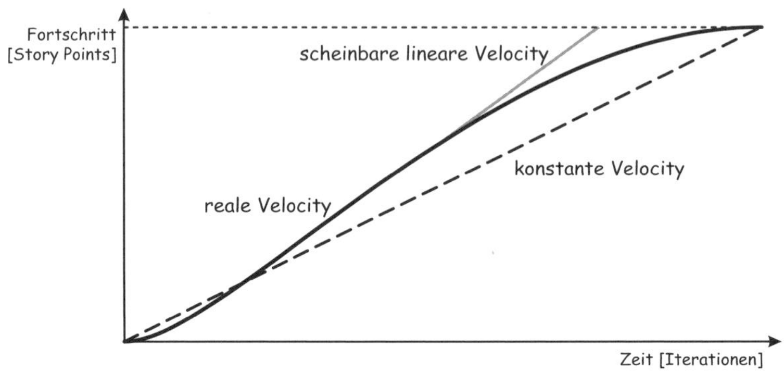

Abbildung 20.12: Typischer Verlauf der Velocity für ein Projekt mit mehreren Featureteams und einer Einschwingphase (links unten) sowie einer Übergangsphase am Ende (rechts oben)

chen schwierig, die Abflachung der Velocity am Ende eines Großprojekts abzuschätzen. Je mehr Personen und Teams beteiligt sind, desto stärker kann dieser Effekt eintreten. Achten Sie daher bitte im letzten Viertel eines Projekts auf Indizien für diesen Effekt. Sie können ihn unter Umständen sogar nutzen, um die Kosten zu minimieren, indem Sie ausgewählte Teams oder Entwickler bereits zu den letzten Iterationen für andere Aufgaben einteilen, wenn diese kaum noch einen positiven Beitrag für Ihr Projekt leisten können. Häufig ist ja auch das Folgeprojekt bereits vorzubereiten.

20.3 Community of Practice

Das einzelne Individuum hat stets die Möglichkeit, aus seinen Erfahrungen zu lernen. Doch wie lernt eine Organisation? Auf diese Frage haben Jean Lave und Étienne Wenger bereits 1991 eine interessante Antwort gegeben und das Konzept der *Community of Practice* (CoP) entwickelt [100]. Auf Seite 80 haben wir uns damit bereits kurz befasst. Die Umsetzung erfolgt wieder nach dem Delegationsprinzip, das wir bereits in Abschnitt 20.1.1 beim Thema Scrum of Scrums kennengelernt haben. Nun wird es Zeit, dass wir uns etwas tiefer mit dieser Idee befassen.

20.3.1 Die lernende Gruppe

Solange wir unser Projekt mit einem Entwicklungsteam durchführen können, braucht uns eine CoP nicht weiter zu interessieren. Das Team arbeitet eng zusammen und tauscht sich regelmäßig über aktuelle Erfahrungen und Probleme aus. Doch wie erreichen wir z. B. eine durchgängige Architektur oder einen aufeinander abgestimmten Freigabetest in einem selbstorganisierten Projekt mit mehreren Teams, ohne auf traditionelle Architekten oder Testmanager zurückzugreifen und damit die Selbstorganisation aufzugeben? Die einfache Antwort darauf lautet, dass die Teams diese Aufgaben selbst übernehmen. Doch es ist ineffizient und unpraktikabel, mit 30 Entwicklern an zwei Standorten alle Architekturfragen zu klären. Wir brauchen also ein Vertreterkonzept.

Eine Community of Practice wird durch eine Gemeinschaft von Personen gebildet, die informell miteinander verbunden sind, in ihrer Arbeit ähnlichen Aufgaben gegenüberstehen und ihre Methoden, damit umzugehen, praxisbezogen weiterentwickeln möchten. Anders als z. B. bei einer Arbeitsgemeinschaft geht es weniger um die konkrete Lösung einer Aufgabe, sondern darum, die individuellen Lernprozesse, die in einer größeren Organisation an verschiedenen Stellen erfolgen, offenzulegen, die Konsequenzen daraus zu betrachten und Wege zur methodischen Weiterentwicklung der Organisation abzuleiten. Eine CoP kann also dann sinnvoll sein, wenn es ein gemeinsames Unterfangen gibt, an dem mehr als ein Team beteiligt ist und diese Teams eine gemeinsame Menge an Methoden und Werkzeugen als hilfreich ansehen und gemeinsam erarbeiten möchten. Die Mitglieder einer CoP finden sich durch die konkreten Tätigkeiten, die diese Personen ausüben, und nicht über Rollen, die sie wahrnehmen.

20.3.2 Dynamik einer Community of Practice

Eine Community of Practice bildet sich berdarfsorientiert und kann einen eigenen Lebenszyklus von wenigen Monaten bis mehreren Jahren durchlaufen. Étienne Wenger hat diesen Zyklus in fünf Schritten zusammengefasst [176]:

1. Potenzial entdecken: Eine oder mehrere Personen entdecken die Möglichkeit und den Mehrwert, den ein übergeordneter Austausch für eine bestimmte Thematik hätte, und nehmen sich dieser Thematik an.
2. CoP bilden: Die Grundstruktur der CoP wird gebildet, in der ihre Ziele, Aufgaben und Kommunikationswege initial beschrieben werden. Ein erster Rhythmus der Treffen wird festgelegt.
3. Reifung: Die eigentliche Arbeit der CoP erfolgt. Erfahrungen der einzelnen Teilnehmer werden ausgetauscht, um daraus gemeinsames Wissen abzuleiten. Regelmäßig werden in Retrospektiven die Ziele, Aufgaben und Kommunikationswege betrachtet und ggf. durch die Mitglieder der CoP verändert bzw. weiterentwickelt. Interne Moderatorenrollen prägen sich aus und werden situativ durch einzelne Mitglieder der CoP besetzt.

4. Verwaltung: Für die meisten Mitglieder der CoP ist ein zufriedenstellender Stand erreicht und es wird kaum noch Bedarf für weitere Aktivitäten gesehen. Es kommen kaum noch neue Informationen oder Erkenntnisse hinzu. Die Situation hat sich stabilisiert und die bereitgestellten Informationen dienen nur noch als Wissenspool.
5. Umwandlung: Die CoP verliert ihre zentrale Rolle als Informationsknotenpunkt, weil entweder die Thematik an Bedeutung bzw. Dynamik verloren hat oder andere Informationsquellen als wertvoller betrachtet werden.

Auch wenn es bei einer CoP um den Aufbau und die Verteilung von Wissen geht, so ist dieses Konzept nicht mit Knowledge Management gleichzusetzen. Knowledge Management fasst alle strategischen oder operativen Aktivitäten und Managementaufgaben zusammen, die auf einen bestmöglichen Umgang mit Wissen abzielen, wie es z. B. Ikujiro Nonaka und Hirotaka Takeuchi, die Mitbegründer des Wissensmanagements und Urväter von Scrum, aufzeigen [114]. Eine CoP zielt stärker auf die Effekte einer Gruppe beim Lernen bzw. sich daraus ergebender gemeinsamer Lernkonzepte. Étienne Wenger hat dazu eine Reihe von grundlegenden Aktivitäten aufgestellt, mit denen die Zusammenarbeit und die Lernprozesse einer CoP regelmäßig gepflegt und weiterentwickelt werden können [176]:

- Permanente Veränderung: Eine stetige Veränderung der Struktur einer CoP und ihrer Vorgehensweisen ist essenziell für ihre Wirkung. So ändert sich durch neue Mitglieder, die die Gruppe vergrößern oder bisherige Mitglieder ersetzen, immer wieder ihre Zusammensetzung. Auch verändern sich im Laufe der Zeit die Problemlagen und Fragestellungen, die für die CoP relevant sind. Damit ändern sich oft auch die Vorgehensweisen innerhalb der CoP. Diese Veränderungen sind notwendig, um eine CoP nicht nur am Leben zu erhalten, sondern auch ihren Wert für das Projekt und Unternehmen dauerhaft sicherzustellen.
- Offener Austausch mit den Sichten anderer Personen und Gruppen außerhalb der CoP: In diesem Dialog zeigt sich der Wert einer CoP. Schafft sie es, in ihrem konkreten Umfeld eine hilfreiche Weiterentwicklung und den dazu notwendigen Lernprozess zu gestalten und zu etablieren oder nicht?
- Verschiedene Arten der Mitarbeit: Neben dem Kernteam einer CoP sind viele verschiedene Arten der Mitarbeit möglich, um z. B. potenzielle neue Mitglieder einzuführen und für ihre Mitarbeit aufzubauen oder den Austausch mit anderen Gruppen zu forcieren. Die Vielfalt der sich daraus ergebenden Blickwinkel ist für eine CoP besonders wertvoll.
- Plenum und Untergruppen: Eine CoP kann Untergruppen bilden, die unabhängig von den aktuell zu behandelnden Themen andere Aspekte

betrachten. Oft werden so neue Themen durchdrungen und reifen heran, bis sie für die ganze CoP relevant werden.

- Auf den Nutzen fokussieren: Eine CoP ist kein Selbstzweck, sondern unterstützt die Mitarbeiter einer Organisation, notwendiges Wissen aufzubauen und nutzbar zu machen. Die Aktivitäten einer CoP haben sich stets daran zu messen.
- Lebendige Moderation: In der Zusammenarbeit gibt es eine Reihe von Routinen, die nicht zum Selbstzweck verkommen darf. Daher kommen durch die Moderatoren immer wieder neue oder abgewandelte Praktiken und Methoden zum Einsatz.
- Die Macht des Rhythmus: Die Treffen und andere Tätigkeiten unterliegen einem selbst gewählten, festen Rhythmus. Diese Regelmäßigkeit unterstützt die Zusammenarbeit der einzelnen Mitglieder. Der Rhythmus selbst kann von täglich über einmal pro Woche oder einmal pro Iteration bis zu einmal pro Release gewählt werden. Der konkrete Wert hängt von der Dynamik der Themen und der notwendigen Entscheidungen ab und ist möglichst lange konstant zu halten.

Jetzt wissen wir, was eine Community of Practice ist und wie sie aufgebaut und gepflegt werden kann. Werfen wir nun einen Blick auf typische Themen einer CoP in *APM*.

20.3.3 Typische CoP in APM

Drei Themen fallen bei *APM* sofort ins Auge, die teamübergreifend abgestimmt werden sollten:

- Softwarearchitektur,
- Testkonzept und Testplan sowie
- die agile Vorgehensweise mit *APM* selbst.

Hier finden wir die typischen Domänen der Communities of Practice in großen Projekten. Bei der Architektur-CoP treffen sich Vertreter aus jedem Entwicklungsteam, um übergreifende Architekturaspekte zu durchdringen und passende Richtlinienentscheidungen im Konsens zu treffen. Die Tester und ihre Testmanager bilden ebenfalls eine CoP, um die übergreifenden Testaspekte zu beleuchten und gemeinsam abzustimmen. Ebenso treffen sich die agilen Coaches regelmäßig, um über *APM* und andere agile Aspekte sowie die Zusammenarbeit im Projekt innerhalb und vor allem zwischen den Teams zu diskutieren und Best Practices auszutauschen. Diese CoP fokussiert vor allen Dingen auf die Implementierung und Weiterentwicklung von *APM* in den Teams und im Projekt.

Daneben kann es eine Reihe weiterer Communities of Practice geben, die meist projekt- oder Skill-spezifisch sind. So können z. B. die Softwareentwicklungsumgebung, technische Aspekte wie Frameworks oder Datenbanken oder der Umgang mit regulatorischen Anforderungen in der Entwicklung übergreifend behandelt werden.

20.4 Arbeiten mit Persona-Beschreibungen

Ein Problem, unter dem so gut wie alle Großprojekte leiden, ist die große Distanz zwischen den Entwicklern und Anwendern. Häufig kennen die Entwickler weder das Arbeitsumfeld noch die besonderen Arbeitsbedingungen der späteren Anwender ihrer Arbeitsergebnisse. Entsprechend gering fällt dann die Akzeptanz von Benutzerschnittstellen oder implementierten Arbeitsschritten aus.[3]

In agilen Projekten können solche Probleme bereits in den Ergebnisreviews erkannt werden, doch haben wir bei Großprojekten oft auch dort viel zu wenig direkten Kontakt zwischen Anwendern und Entwicklung. Wie können wir am besten an diese Aufgabe organisatorisch herangehen? Lösungsideen sind z. B.:

- Viele bis alle Projektmitarbeiter, also Entwickler, Tester, Projektleiter usw., bei typischen Kunden hospitieren lassen
- Ausreichend Fachexperten in der Entwicklung platzieren
- Regelmäßige und aktive Teilnahme von Anwendern an allen Reviews

Wenn es uns nicht gelingt, dieses Problem organisatorisch zu lösen, haben wir ein Problem. Eine der besten Näherungen an den direkten Kontakt stellen Personas und Einsatzszenarien dar [135, 168].

20.4.1 Persona

Das Persona-Konzept geht auf Alan Cooper zurück, der es Ende der 1990er-Jahre für die Softwareentwicklung entworfen hat [34] und das seitdem breite Verwendung in den Bereichen Usability Engineering [135] und Produktmanagement gefunden hat. Auch Microsoft wendet dieses Konzept seit einigen Jahren im UI-Design an, wie Charles Kreitzberg und Ambrose Little 2009 im MSDN Magazine beschrieben haben [94]. Außerhalb des UI-Designs haben sich Personas zum Beispiel im agilen Testen etabliert, um Testszenarien abzuleiten [37].

Bei Personas geht es um die Beschreibung verallgemeinerter Anwendertypen der zu erstellenden Software. Das gebräuchlichste Instrument

[3] So ist z. B. eine Touchscreen-Bedienung auf einem kleinen mobilen Endgerät eine attraktive Idee, solange die Anwender nicht permanent Arbeitshandschuhe tragen müssen.

hierfür sind Anwendungsfälle und Akteure aus der UML, auf die wir bereits in den Abschnitten 5.2.4 und 15.2.2 kurz eingegangen sind. Sie haben sich als überaus hilfreiches Instrument erwiesen, um Anforderungen zu erfassen und zu modellieren. Mit ihrer Hilfe lassen sich sehr gut die Anforderungen bei Software erfassen, die beim Kunden Geschäftsprozesse unterstützen soll, die in der Regel stark schematisch ablaufen. Verwaltungs- oder Abrechnungssysteme sind dafür gängige Beispiele. Etwas anders liegt der Fall bei Anforderungen an ein Produkt mit stärkerem *Werkzeugcharakter*, wenn z. B. eine Textverarbeitung zu erfassen und zu analysieren und daraus Testfälle abzuleiten sind. Solche Software hat eher den Charakter einer Werkzeugkiste, die sehr flexibel für die unterschiedlichsten Anwendungen eingesetzt werden kann. Hier können bei der Analyse Personas die Anwendungsfälle ergänzen. Generell eignen sich Personas und daraus abgeleitete Einsatzszenarien gut, wenn es darum geht, Form und Verhalten des zu erstellenden Produkts explizit zu erfassen. Sie erweitern so den Use-Case-Ansatz [35].

Personas beschreiben konkrete Vertreter dieser Typen so plastisch und lebendig, als ob wir gestern erst mit ihnen über ihre Anforderungen an das Projekt gesprochen hätten. So verstärken sie den Blick auf die gedachten Anwender und betonen gleichzeitig bestimmte typische funktionale und qualitative Anforderungen. Die Personas sind die Akteure, aus deren Sicht die Einsatzszenarien darzustellen sind. Für die Beschreibung einer konkreten Persona durchläuft man die folgenden Schritte [135]:

1. Allgemeine Nutzertypen definieren und daraus Kategorien bilden: In unserem Fallbeispiel MyHeavyShop sind das z. B. private Käufer oder Teilnehmer an einer Auktion und kommerzielle Händler.
2. Kategorien nach Priorität ordnen: Wir entscheiden z. B., dass uns die Käufer wichtiger sind als Teilnehmer an einer Auktion.
3. Kategorien miteinander verbinden bzw. *ausmultiplizieren*: Das führt zut privaten Käufern, kommerziellen Käufern, privaten Verkäufern und kommerziellen Verkäufern usw.
4. Personas klassifizieren:
   - Primäre Persona: Nach ihren Bedürfnissen und Anforderungen wird das Produkt optimiert und die Benutzerschnittstelle erstellt.
   - Sekundäre Persona: Ihre Bedürfnisse sind bereits zum größten Teil durch die primäre Persona abgedeckt. Es sind daher nur kleinere Ergänzungen oder Abweichungen notwendig.
   - Ergänzende Persona: Ihre Bedürfnisse sind durch eine primäre und/oder sekundäre Persona bereits vollständig abgedeckt.
   - Non-Persona: Diese Persona wird explizit nicht berücksichtigt.

5. Persona für jede Kategorie so konkret und realistisch wie möglich beschreiben und dabei Widersprüche auflösen. Die folgenden Punkte werden dafür explizit beschrieben:
   - Ziele der Persona
   - Beruf, Funktion, Verantwortlichkeiten und Aufgaben
   - Fachliche Ausbildung, Wissen und Fähigkeiten
   - Verhaltensmuster und Vorgehensweisen
   - Werte, Ängste, Sehnsüchte und Vorlieben
   - Allgemeine Computerkenntnisse
   - Kenntnisse über verwandte Produkte, Vorgängersysteme und Konkurrenzprodukte
   - Verbesserungspotenzial in der aktuell eingesetzten Lösung aus der Sicht der Persona
   - Erwartungen an die neue Lösung

Die Persona wird dann *zum Leben erweckt*, indem die Beschreibung um Name, Alter, Geschlecht, die markanten Charakterzüge, ein Foto, passende Zitate aus den fiktiven Analyseinterviews und den typischen Tagesablauf im Leben der Persona ergänzt wird. So entsteht z. B. ein einprägsamer Charakter für unser Fallbeispiel (Abb. 20.13).

Peter

Techniker in der IT-Abteilung eines großen Konzerns
36 Jahre alt, seit 14 Jahren in der Firma tätig
verheiratet mit Petra und Familienvater mit
zwei Kindern (6 und 3 Jahre)

Er baut ein Einfamilienhaus am Stadtrand von Hamburg und bringt dabei aus finanziellen Gründen viel Eigenleistung ein.

Er benutzt MyHeavyShop regelmäßig aus zwei Gründen:
- *Er sucht günstige Angebote an Material zum Ausbau von Haus und Garten.*
- *Er braucht eine einfache Lieferung bis hinter die Haustür bzw. in den Garten.*

Er ist erfahren im Umgang mit Webshops und kennt die typischen Nutzerkonzepte. Aufgrund seiner hohen zeitlichen Belastung nutzt er einen schnellen, einfachen und klar aufgebauten Webshop und verlässt sich bei den Verkäufern und Lieferanten auf zuverlässige, bewährte Dienstleister. Eine Bewertungsfunktion ist ihm besonders wichtig, um die Erfahrungen anderer Kunden zu nutzen.

Zitat: „So wird das Haus auch wirklich so, wie wir es haben wollen!“

Abbildung 20.13: Beispiel der Kurzfassung einer Persona

Ausdrucke und einseitige Kurzfassungen jeder Persona gehören zu den Information Radiators und hängen stets einsehbar in den Kommandozentralen der Teams. Sie werden regelmäßig diskutiert bzw. mit dem aktuellen

Stand der Software abgeglichen. So kann ein besseres Verständnis für die Anwender in der Entwicklung erreicht werden, auch wenn der direkte Kontakt kaum realisierbar ist.

20.4.2 Einsatzszenarien

Besonders wichtige funktionale und nicht funktionale Anforderungen an die Bedienung der Software gehen bereits aus der Persona-Beschreibung hervor. In einem Einsatzszenario wird dies noch plastischer beschrieben und herausgearbeitet. Dabei werden meist mehrere Use Cases miteinander verbunden und gleichzeitig die umgebenden Abläufe und Prozesse, die nicht Teil unserer Software sind, skizziert. Dies vereinfacht es weiter, sich in typische Anwendersituationen hineinzuversetzen. Gleichzeitig bieten Einsatzszenarien einen hervorragenden Ausgangspunkt, um entsprechende Testfälle daraus abzuleiten (Abb. 16.5 auf Seite 272 oben rechts).

Jetzt taucht der Begriff Szenario bereits zum wiederholten Mal auf. Wir bezeichnen damit unterschiedliche Abläufe. Gehen wir die in diesem Zusammenhang wesentlichen Begriffe der Reihe nach durch.

Einsatzszenarien sind die zusammenfassendste Szenariosicht. Wir beschreiben mit ihnen Abläufe aus dem Einsatz der Software im Alltag der Anwender meist über mehrere Use Cases hinweg. Sie beinhalten unter anderem fachliche Ablaufs- sowie Qualitätsinformationen.

Architekturbewertungsszenarien dienen zur Beurteilung unterschiedlicher Architekturideen und fokussieren primär auf qualitative, also nicht funktionale Anforderungen an das System.

Qualitätsszenarien dienen als übergreifende Beschreibung qualitativer Anforderungen und bilden die Basis zur Ableitung von Testszenarien.

Testszenarien bilden das konkrete Gerüst für Testfälle. Sie basieren auf den Qualitätsszenarien.

Akzeptanzszenarien sind die konkrete Formulierung von Akzeptanzkriterien einer User Story. Sie ergeben sich als kleinste Szenariobausteine aus einer szenariobasierten Architektur.

Ein Einsatzszenario ist also eine realistische Beschreibung, wie ein Benutzer bzw. eine Persona mit dem zukünftigen System umgehen wird. Es beschreibt wie ein detailliertes Verlaufsprotokoll alle Einzelheiten. Dabei verwendet es möglichst einfache Sätze, damit es sofort zu erfassen ist. Mögliche Schwächen hinsichtlich der formalen Korrektheit sind dabei gestattet, solange die richtigen Aussagen getroffen werden.

Oft wird am Ende der Szenariobeschreibung noch dargestellt, wie der ganze Prozess nach dem Schließen der Software zu Ende gegangen ist. Damit wird versucht, ein möglichst plastisches Bild des Arbeitsumfelds der

Anwender zu geben, in das sich Entwickler gut hineinversetzen können. So kann der zeitliche Druck oder das Improvisationsvermögen der Persona erfahrbar gemacht werden. Der Anfang eines möglichen Einsatzszenarios der Persona Peter für unser Fallbeispiel könnte folgendermaßen aussehen.

> Peter kommt gegen 15 Uhr extra früher von der Arbeit nach Hause, um die abschließenden Arbeiten der Gartenbauer abzunehmen. Er trifft sich mit dem Gartenbauer und seiner Frau hinter dem Haus. Dabei bemerkt er, dass ein kleiner aufgeschobener Hang aufgrund der Erdmenge doch steiler geworden ist als gedacht. Sie beschließen zu dritt, dass eine Abstützung mit Steinen erfolgen soll. Peter wird diese dringenden Arbeiten selbst durchführen.
>
> Peter geht schnell mit seiner Frau ins Haus, um mit dem Tablet-PC passende Steine auszuwählen und zu bestellen. Er weiß, dass eine Lieferung noch in der laufenden Woche erfolgt, wenn die Bestellung bis 16 Uhr getätigt ist. Beide lassen sich eine Reihe von Angeboten in der ausgewählten Preiskategorie anzeigen.
>
> Angebote ohne Bild sortieren beide sofort aus, weil sie sich nicht auf blumige Beschreibungen verlassen möchten. Von den verbleibenden fünf Angeboten sortieren sie wiederum zwei Anbieter aus, zu denen es keine Bewertungen gibt. Ein weiteres Produkt fällt aus der Betrachtung, weil es derzeit nicht lieferbar ist. Die verbleibenden beiden Angebote werden jetzt genau geprüft. Mit Zollstock bewaffnet gehen sie zum Hang, um eine abschließende Entscheidung zu treffen. Nach kurzer Diskussion erfolgt um 15:55 Uhr die Bestellung. Eine Minute später liegt die Bestellbestätigung vor und gibt einen Liefertermin in drei Tagen an. Über die Bestätigungs-E-Mail nimmt er Kontakt zum Lieferanten auf, um die Lieferdetails zu klären ...

Aus einem Szenario lässt sich schnell und bildlich die spätere Anwendung der Software mit relevanten fachlichen und qualitativen Anforderungen erfassen. So funktioniert die Anwendung auf mobilen Endgeräten und wir erkennen, welches Antwortverhalten für den Kunden akzeptabel ist und wie wichtig bestimmte Informationen für Kunden sind, wie die eingestellten Fotos, die Bewertungen der Lieferanten durch Kunden oder die aktuelle Verfügbarkeit der Ware. Neben den reinen Aussagen werden mit Persona- und Szenariobeschreibungen aber auch der Grund und die Motivation für bestimmte Anforderungen deutlich. Damit können Defizite in der Abstimmung der Detailanforderungen von den Entwicklern sinnvoll ergänzt werden oder aber sinnvolle und Erfolg versprechende Vorschläge durch das Featureteam erstellt werden.

20.4.3 Persona und User Story

Wenn wir mit Personas und User Stories arbeiten, liegt es nahe, beide Konzepte zusammenzubringen [127]. Eine Persona als Rolle einer User Story bietet sich geradezu an. Wenn wir über Personas auf Szenarien blicken und dann User Stories ableiten, gewinnen wir jedoch deutlich mehr als nur einen Namen für die Rolle in einer User Story. Eine Persona gibt auch Aufschluss über ihre Ziele. Mit dieser Information können wir User Stories ableiten und priorisieren.

Der Wert der Arbeit mit Personas ergibt sich in der Klarheit der Sicht auf den Kunden und Anwender unserer Software. Neben den ganzen Details, die diese künstlich geschaffene Figur menschlich und *anfassbar* machen, sind die herausgearbeiteten Ziele der Kern einer Persona. Dazu beantworten wir typische Fragen nach den Zielen einer Persona wie z. B.:

- Warum sollte die Persona unser Produkt kaufen, einsetzen oder benutzen wollen?
- Welche Probleme der Persona löst unser Produkt?
- Welchen Vorteil, Gewinn oder Nutzen erzielt die Persona durch den Einsatz unseres Produkts?

Dieser Ausgangspunkt kann uns bereits in frühen Projektphasen helfen, Struktur und Reihenfolge in Epen bzw. Themen zu bekommen. Über diesen gedanklichen Weg kommen wir dann direkt zu den zentralen User Stories. Eine Strukturierung über eine Story Map bietet sich dafür geradezu an.

Über die Trennung der User-Story-Rollen nach Personas können wir auch widersprüchliche Ziele elegant auflösen. Sie fallen unterschiedlichen Personas zu. Die Rolle *Anwender* zerfällt dann z. B. in den *erfahrenen Power User* und den *Gelegenheitsbenutzer*. Für jede der beiden Personas gibt es dann ein eigenes Bedienkonzept, das den Bedürfnissen und Zielen ihrer Persona gerecht wird. Die User Stories wie auch die qualitativen Anforderungen bzw. Akzeptanzkriterien sind so eindeutig motiviert und logisch nachvollziehbar. Das User-Story-Muster aus Abbildung 5.3 auf Seite 47 wird über die Personas differenziert und lautet dann:

- <Titel>
- Als ein <Persona> kann ich
- <Funktion>,
- um <Ziel> zu erreichen.
- <Demonstration>
- <Akzeptanzkriterien>

Das Konzept von Persona und Szenario passt also hervorragend zur Ableitung und Erstellung von User Stories. Bei Projekten mit mehreren Featureteams ist es essenziell, User Stories und Personas kombiniert einzusetzen. So können wir die Zerlegung und Priorisierung von Anforderungen angemessen durchführen und ein ausreichendes Verständnis für die späteren Anwender in den Teams erreichen. Damit sind Personas ein zentrales Element bei der Skalierung von *APM*.

Das bedeutet nicht, dass Sie bei kleineren Projekten auf den Einsatz von Personas und Szenarien verzichten sollen. Sie können auch dort sehr wertvoll sein. Bei der Skalierung von *APM* auf mehrere Featureteams ist die Umsetzung dieses Konzepts mehr als nur eine Best Practice. Personas helfen uns, die Kommunikation in und zwischen den Teams im Sinne der agilen Werte zu gestalten. Damit erreicht unser Produkt eine größere Akzeptanz bei den Anwendern und führt zu zufriedeneren Kunden.

21 Verteilte Teams

21.1 Herausforderungen und Konsequenzen

21.1.1 Arten von Verteilung

Wenn wir an verteilte Teams denken, denken wir oft zuerst an global verteilte Projekte und Outsourcing. Natürlich fällt das auch in diese Kategorie. Verteiltes Arbeiten fängt aber bereits viel früher an.

In *APM* sprechen wir von verteilten Teams, sobald sich das Caves-and-Common-Konzept aus Abschnitt 17.6.2, also eine *Kolokation* aller Teammitglieder, nicht mehr dauerhaft umsetzen lässt. Ab einer bestimmten Anzahl von Projektmitgliedern werden wir aus organisatorischen Gründen nicht mehr um einen gewissen Grad von Verteilung herumkommen. Werfen wir einen kurzen Blick auf die verschiedenen Verteilungsstufen.

In der einfachsten Form sitzen die Teammitglieder nicht mehr in räumlicher Nähe, sondern sind durch längere Korridore oder verschiedene Stockwerke voneinander getrennt. Es mag seltsam klingen, hier bereits von verteilten Teams zu sprechen, doch stellen sich oft bereits bei dieser geringen Trennung die störenden Kommunikationsblockaden ein, die Verteilung zu einem Problem machen können. In größeren Firmen kann sich diese *lokale* Verteilung über verschiedene Gebäude auf dem Firmengelände erstrecken.

In der Zusammenarbeit mit externen Partnern oder bei mehreren Firmenstandorten innerhalb derselben Stadt ergibt sich die nächste Verteilungsstufe, bei der sich die Trennung der Mitarbeiter über einige Kilometer erstreckt. Auch Home-Office-Konzepte fallen in diese Kategorie. Im Gegensatz zur lokalen Verteilung, wo der Weg zwischen den einzelnen Gruppen nur wenige Minuten dauert, zeichnet sich die *Home-Office-Verteilung* durch typische Wegezeiten zwischen 30 und 60 Minuten oder mehr aus.

Liegen mehrere Entwicklungsstandorte innerhalb einer Region oder eines Landes vor, sprechen wir von einer *regionalen bzw. landesweiten Verteilung*. Bei Firmen mit mehreren Standorten in Deutschland oder regionalen Firmenpartnerschaften weisen Projekte oft eine solche Verteilung auf. Hierbei sind aber noch keine Sprachbarrieren zu überwinden, sondern nur Reisezeiten von mehreren Stunden, was im Fall der direkten Zusammenarbeit auch zu außerhäusigen Übernachtungen und somit zu Hotelkosten führt.

Treffen wir auf Sprachbarrieren und die verteilten Standorte liegen noch im Umkreis weniger 100 Kilometer, sprechen wir von einer *internationalen Verteilung*. Spätestens jetzt werden Telefonkonferenzen problematischer, weil meist auf Englisch und nicht mehr in jeder Muttersprache gesprochen wird.

Beim *Nearshoring* und *Offshoring* werden ganze Arbeitspakete oder Projekte bei einer Partnerfirma realisiert, die im Ausland, meist in Billiglohnländern, sitzt. Der Unterschied ist nur der räumliche Abstand. Beim Nearshoring liegen alle beteiligten Firmen noch nah genug beieinander, dass sich z. B. keine oder nur eine geringe Differenz in der Ortszeit ergibt. Ein Offshoring kann irgendwo auf der Welt stattfinden. Häufig sind die Differenzen in den Tagessätzen ein zentrales Argument für Near- oder Offshoring. Mit Outsourcing gehen nicht automatisch Kostensenkungen einher, sondern im Gegenteil oft sogar höhere Kosten. Meist wird der hohe Aufwand für die Schnittstelle zwischen Auftraggeber und Outsourcing-Partner deutlich unterschätzt [26, 183].

21.1.2 Verteilt oder verstreut?

Jutta Eckstein unterscheidet in ihren Betrachtungen zwischen verteilten und verstreuten Teams und beschreibt damit zwei grundlegende Verteilungsprinzipien. Was steckt hinter dieser Sicht? Eckstein definiert beide Begriffe folgendermaßen [46]:

Verteilte Teams: »Verschiedene Teams (nicht Teammitglieder) sitzen an verschiedenen Standorten. Alle diese Teams arbeiten zusammen am gleichen Projekt/Produkt.«

Verstreutes Team: »Die Mitarbeiter des gleichen Teams sitzen an verschiedenen Standorten.«

Wir erkennen sofort das unterschiedliche Risikopotenzial der beiden Ansätze. Auch ist der Grad der Steuerung bzw. Planung oft ein anderer. Verteilte Teams erfordern in der Regel eine längere Vorbereitung und Abstimmung. Ein verstreutes Team ergibt sich meist aus bestimmten Rahmenbedingungen wie dem Bedarf an bestimmten Spezialisten oder dem Mangel an geeigneten oder zur Verfügung stehenden Entwicklern an einem Standort.

Die zusätzlichen Schwierigkeiten, die sich bei verstreuten Teams ergeben können, sind offensichtlich. Neben den Kommunikationshürden ist ein mangelndes Teamgefühl und damit eine fehlende Identifikation mit dem Projekt eine permanente Gefahr. Wir steuern dem entgegen, indem wir der täglichen direkten Kommunikation besondere Aufmerksamkeit schenken. Zusätzlich bedarf es oft einer mehr oder weniger umfangreichen schriftlichen Vor- und Nachbereitung. Auch sollten wir zeitlichen Freiraum einplanen, um einen rein persönlichen, informellen Kontakt sicherzustellen. So können wir das gemeinsame Teamgefühl unterstützen [46].

Aber auch verteilte Featureteams können besondere Probleme aufwerfen. Da jedes Featureteam wie ein Projekt im Projekt läuft, kann eine hohe Identifikation mit dem eigenen Team und Teilprojekt bei übergreifenden Problemen zu einer Abwertung der anderen Teams führen[1]. Die Problemursache und die Verantwortung für deren Lösung werden dann oft einem anderen Team zugeschoben, ohne selbst aktiv zu werden.

Wie so oft erkennen wir auch hier, dass kein *Entweder-oder*, sondern ein *Sowohl-als-auch* eine flexible und robuste Lösung darstellt. Verteilte Featureteams können von einigen verstreuten Entwicklern profitieren.

21.1.3 Sind verteilte Teams ein Problem?

Bevor wir uns mit Ideen zur Lösung von Problemen bei verteilter Projektarbeit befassen, klären wir zuerst, ob die Verteilung in unserem Projekt überhaupt ein Problem darstellt. Und wenn ja, ob wir vorher andere, wichtigere Probleme zu lösen haben.

Bei einer agilen Vorgehensweise ist es essenziell, stets genau auf die konkrete Situation zu schauen und diese gemeinsam im Team zu analysieren. Wir spulen nicht einfach ein festes Standardprogramm an Maßnahmen ab. Projekte sind individuell und so sehen auch unsere Projektorganisationen aus. Wir sind in Abschnitt 4.1 bereits darauf eingegangen, dass Agilität eng damit verbunden ist, die richtigen Fragen zum passenden Zeitpunkt zu stellen.

Wir betrachten dabei genau den Trend der Velocity und andere Information Radiators. Wir verfolgen, welche Probleme in den Retrospektiven genannt werden und wie unsere daraus abgeleiteten Maßnahmen greifen. Erst dann können wir wirklich beurteilen, welchen Effekt die Art der Verteilung auf unser Projekt hat, und Ideen sammeln, wie wir damit umgehen wollen. Wir betrachten die Veränderungen in unserem Projekt aus der Kanban-Sicht: Wir beginnen bei dem Stand, den wir aktuell erreicht haben, und messen und verbessern dann schrittweise unsere Abläufe.

Häufig sind Projekte, die eine starke Verteilung aufweisen, noch einer Reihe weiterer schwieriger Rahmenbedingungen ausgesetzt. Hier heißt es, den Überblick zu bewahren und die Probleme der Reihe nach anzugehen. Dabei kann es sich ergeben, dass andere Probleme wichtiger oder schneller zu lösen sind. Nutzen Sie die agilen Mechanismen, um die passenden Fragen und Antworten zu finden.

---

[1] In der Transaktionsanalyse beschreibt man eine solche Kommunikation plakativ mit »Ich bin O.K., mein Teamkollege ist O.K., aber das andere Team ist nicht O.K.« [171].

21.1.4 Vorteile und Risiken

Die Risiken verteilter Teams gerade in einer kommunikationszentrierten Arbeitweise, wie sie in agilen Projekten notwendig ist, sind offensichtlich. Softwareentwicklung ist Wissensarbeit und die Elemente, die in den Arbeitsprozessen ausgetauscht und schrittweise mit Mehrwert versehen werden, sind Informationen. Zugegeben, das ist eine sehr abstrakte Sichtweise auf ein Softwareprojekt. Sie kann uns aber dabei helfen, die Probleme und mögliche Lösungen zu verstehen und zu bewerten.

Wenn wir diese Informationen, die wir im Allgemeinen als Wissen bezeichnen, genauer betrachten, so stellt das explizite, durch Worte und Zahlen beschreibare Wissen nur einen kleinen Teil des Wissens in einer Organisation dar. Der implizite Teil lässt sich weiter in eine technische und eine kognitive Dimension unterteilen (Abb. 21.1) [114].

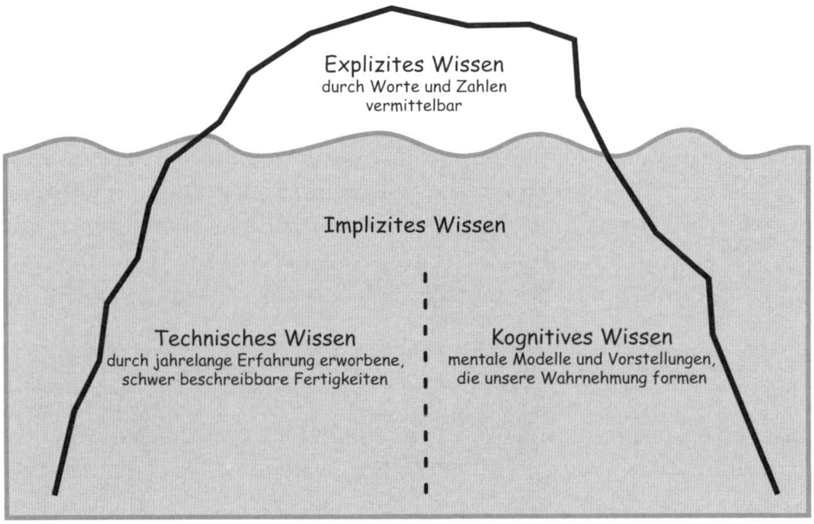

Abbildung 21.1: Arten von Wissen als Eisbergmodell [114]

Gut austauschen bzw. kommunizieren lässt sich das explizite Wissen. Zahlen, Daten und Fakten in Form von Prozessbeschreibungen, Entwurfsmustern, Programmierrichtlinien oder Rollenbeschreibungen sind Beispiele dafür. Hierbei stört eine Verteilung von Teams nur marginal. Problematisch sind alle Arbeiten und Aufgaben, die auf implizites Wissen zurückgreifen. Räumliche oder zeitliche Trennungen stellen nur schwer überwindbare Hürden dar. Die konkreten Risiken verteilter Teams wie nicht zusammenpassende Arbeitsergebnisse lassen sich immer wieder auf dieses Grundproblem zurückführen.

Mit diesem Modell im Hinterkopf können wir aber auch Vorteile nutbar machen. So können wir durch das Einbinden eines bereits bestehenden Teams mit implizitem Wissen über ein Thema, das bislang noch nicht in unseren Featureteams ausreichend vorhanden ist, konkrete Probleme konstruktiv lösen. Ein Team vor Ort beim Kunden mit viel Erfahrung im fachlichen Kontext des Kunden ist dafür ebenso ein Beispiel wie ein Team mit jahrelanger Erfahrung mit einem Framework, das für die anderen Featureteams neu ist. Da wir Menschen nicht wie Schachfiguren versetzen können und wollen, ist verteiltes Arbeiten die Folge der Verteilung des impliziten Wissens. Angemessen umgesetzt kann uns die Hinzunahme eines verteilten Teams im Projekt also deutlich voranbringen.

21.1.5 Warum sind Sprachbarrieren problematisch?

Wenn wir uns über explizites Wissen austauschen, schwingen dabei auch stets Teile unseres impliziten Wissens mit. Bestimmte Fertigkeiten setzen wir voraus und unsere Kommunikation bzw. die Bewertung der wahrgenommenen Information hängt von unseren mentalen Modellen ab. Unsere Muttersprache prägt dabei unsere inneren Modelle mit. So fällt die Interpretation von Aussagen in einer Sprache für Muttersprachler anders aus als für Menschen mit einer anderen Muttersprache [14]. Die Folge ist eine Reihe von Interpretations- und Übertragungsfehlern in unserer Kommunikation, obwohl doch alle Beteiligten Englisch können.

Je unterschiedlicher die mentalen Modelle im kognitiven Wissen der Teilnehmer von nicht muttersprachlich geführten Abstimmungen und Besprechungen sind, desto gravierender können die unterschiedlichen Interpretationen ausfallen. Dazu kommt, dass eine Sprachbarriere nicht nur für die Verständigung, sondern auch für die gemeinsame Identifikation als Projektteam oft ein Problem darstellt. Die Distanzen zwischen den Teams sind damit deutlich größer als die Entfernung zwischen den Standorten.

Wir brauchen zusätzlich zur technischen Ausrüstung für unsere direkte Kommunikation weitere alternative Kommunikationskanäle, um zumindest Interpretationsfehler zu erkennen. Eine gemeinsame schriftliche Basis, die vorab allen Teilnehmern zugesendet wird, kann z. B. helfen. Auch unterstützende Englischkurse oder ein immer wieder zusammenfassender Moderator sind Ideen, die Sprachbarriere zu verringern. Selbst englische Muttersprachler haben Verständigungsprobleme untereinander, wenn z. B. Briten und US-Amerikaner zusammentreffen: »UK and US – divided by the same language.«

Auch innerhalb von Deutschland und seiner deutschsprachigen Nachbarn treffen wir auf unterschiedliche Arten, Sachverhalte in der Kommunikation darzustellen oder Entscheidungen abzustimmen. Aktives Zuhören hilft uns z. B., unser Verständnis über die Sachverhalte abzugleichen.

21.2 Vorgehensweisen und Strategien

21.2.1 Vermeiden und Reorganisieren

Da Trennungen jeglicher Art grundsätzlich die Kommunikation behindern, versuchen wir als Erstes, räumliche und zeitliche Trennung durch organisatorische Maßnahmen zu vermeiden. Häufig wird aus Bequemlichkeit oder firmenpolitischen Gründen eine Verteilung hingenommen. Wenn Sie ein Alternativkonzept ohne oder mit einer geringeren Verteilung umsetzen können, ist das prinzipiell von Vorteil.

So haben wir vielleicht nicht den Topexperten für ein Thema in unserem Team, aber wir vermeiden den Aufwand für den kommunikativen Overhead. Diese Kapazitäten nutzen wir sinnvoller, indem wir an unserem Standort einen Experten für das Thema selbst aufbauen, auch wenn wir dadurch Redundanzen schaffen.

Eine hohe technisch-fachliche Flexibilität und Teamfähigkeit unter den Mitarbeitern vereinfacht uns daher die Minimierung verteilter Teams und von verteiltem Arbeiten. Auch ist es im Sinne der Erfolgswahrscheinlichkeit von Projekten eine gute Idee, die Personalstärke in unseren Projekten so klein wie sinnvoll möglich zu halten [154]. Auch so verringern wir den Druck, verteilt entwickeln zu müssen.

Wir erkennen an dieser Diskussion auch, warum es so wichtig ist, im Topmanagement ein tiefes Verständnis agiler Werte und Prinzipien zu verankern. Wenn wir firmenpolitisch motivierte Verteilungen vermeiden möchten, brauchen wir oft die Durchsetzungsfähigkeit eines Machtpromotors und überzeugten Agilisten im Hintergrund.

21.2.2 Featureteams an jeweils einem Standort

Kommen wir nun zu den beiden grundsätzlichen Verteilungsmodellen für Projekte. Für *APM* liegt die Verteilung von Featureteams auf der Hand. Hierbei tritt meist die geringste Anzahl an Problemen auf. Dabei ist es wichtig, dass alle definierten Rollen an jedem Standort in jedem Featureteam wahrgenommen werden [46].

Da die Hauptkommunikation innerhalb eines Featureteams stattfindet, sind nur die Abstimmungen in den Team-Sync-Meetings von der Verteilung betroffen (Abb. 21.2). Wichtig ist es dabei, die Team-Sync-Meetings auch wirklich in einem engen Rhythmus regelmäßig durchzuführen und nicht aus Bequemlichkeit einschlafen zu lassen. Durch eine räumliche Verteilung ist der Rhythmus der Team-Sync-Meetings besser enger als weiter zu wählen, um Missverständnisse früh aufdecken zu können.

Bei einer solchen Verteilung können weitgehend unabhängig voneinander durchführbare Aufgaben ohne großen Kommunikationsoverhead inner-

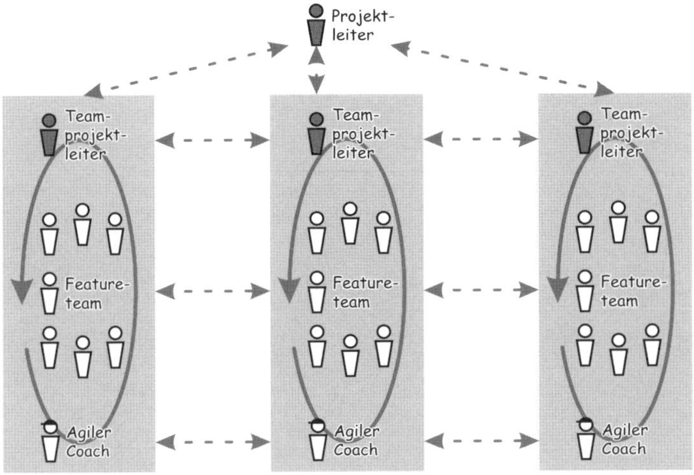

Abbildung 21.2: Schema der Kommunikationswege innerhalb und zwischen Featureteams (primäre Kommunikation: durchgezogene kreisförmige Pfeile, sekundäre Kommunikation: gestrichelte Doppelpfeile)

halb der einzelnen Teams umgesetzt werden. Dieser Ansatz ist daher oft ein guter Ausgangspunkt für die Organisation eines verteilten Projekts.

Das übergreifende Projektleitungsteam aus dem Projektleiter und den Teamprojektleitern kann sich bei jedem einzelnen Team-Sync-Meeting treffen. So sehen die anderen Teamprojektleiter jeweils ihre unterschiedlichen Situationen und können voneinander lernen. Auch gewinnt der Projektleiter ein realistisches Bild von den Featureteams und der jeweiligen Situation vor Ort. Aufgrund der engen Abstimmungen im Projektleitungsteam können auch Urlaubs- und Krankheitsvertretungen problemlos erfolgen.

21.2.3 Verteilte Expertenteams

Eine häufig anzutreffende, aber meist kontraproduktive Organisationsform der Verteilung orientiert sich an den Schritten des Entwicklungsprozesses wie Analyse und Entwicklung oder technischen Schichten wie Front- bzw. Backend. Solche und ähnliche Verteilungsformen brechen den Featureteam-Gedanken auf und führen zu einer primären Kommunikation zwischen den verteilten Teams (Abb. 21.3).

Da sich kein Team an einer effektiven Definition of Done orientieren kann, führen solche Verteilungen schnell zu Projektverzug und Qualitätsproblemen. Eine solche Organisationsform behindert die Kommunikation bzw. schafft einen enormen Kommunikationsoverhead, der die Velocity spürbar verlangsamt.

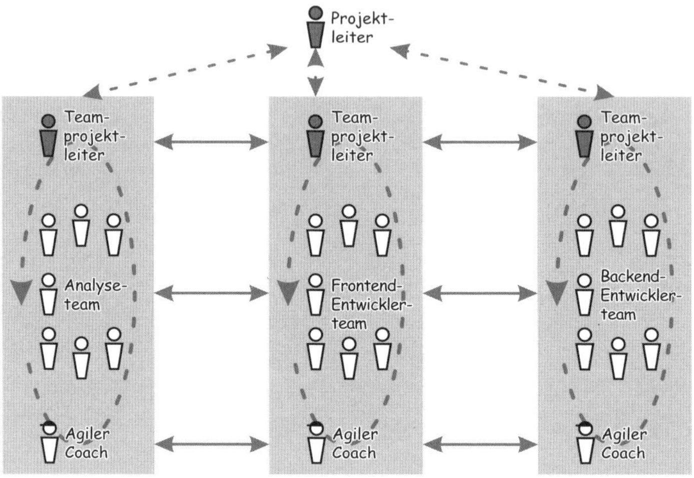

Abbildung 21.3: Ungünstige Verteilungsformen anhand von Entwicklungsschritten und technischen Schichten (primäre Kommunikation: durchgezogene Doppelpfeile, sekundäre Kommunikation: gestrichelte Pfeile)

21.2.4 Virtuelle Teams

Ein virtuelles Team ist ein Team, das physisch nicht mehr im selben Raum zusammenkommt, sondern bereits prinzipiell verteilt arbeitet. Die Kommunikation und Abstimmung unter den Teammitgliedern erfolgt ausschließlich über technische synchrone und asynchrone Kommunikationsmedien wie Telefon oder E-Mail [47].

Auch beim Einsatz von synchronen Medien wie einem Videokonferenzsystem ist der Kontakt nicht vollständig direkt. Diesem Verlust an Effizienz und Effektivität der Kommunikation steht eine Reihe möglicher Vorteile entgegen. So können wir bestimmte Experten in ein Team einbinden, obwohl sie nicht an einem gemeinsamen Standort arbeiten. In virtuellen Teams fließen bestimmte übergreifende Informationen schneller in verteilte Standorte als zwischen eher voneinander abgeschottet arbeitenden, standortbezogenen Teams. Inwieweit virtuelle Teams funktionieren und leistungsfähig sind, hängt von der Identifikation jedes einzelnen Teammitglieds mit der gemeinsamen Aufgabe ab. So manches Open-Source-Projekt hat bereits gezeigt, dass so durchaus erfolgreich gearbeitet werden kann.

21.2.5 Mischformen

Da Projekte hochgradig individuell verlaufen und organisiert sind, gibt es eine Reihe möglicher Mischformen, die durchaus sinnvoll sein können.

Wenn z. B. für die Umsetzung eines besonderen technischen Aspekts nur wenige Entwickler mit dem notwendigen Wissen zur Verfügung stehen, können wir diesen Teil von der Architektur entkoppeln und dessen Umsetzung in ein eigenes Featureteam verlagern. Wichtig es es dabei, die technische Trennung über Interfaces bzw. Boundaries von den Abhängigkeiten vollständig zu entkoppeln und die Arbeitsfähigkeit gegen diese Schnittstellen durch Simulationen sicherzustellen.

Falls Sie in Ihrem Projekt auf einem selbst entwickelten Framework aufsetzen, ist die Frameworkentwicklung ebenfalls ein Kandidat für ein eigenes Featureteam. Wohlgemerkt raten wir in *APM* davon ab, eigene Frameworks zu früh zu entwickeln. Bevor genügend Erfahrung für die Entwicklung eines eigenen Frameworks gesammelt ist, sollten in mindestens drei Projekten die technischen Fragen direkt und ohne eigenes Framework realisiert werden. Die meisten Eigenentwicklungen von Frameworks, die uns seit den 2000er-Jahren begegnet sind, wurden auf Basis von zu wenig technischer Erfahrung aufgesetzt. Sie schaffen damit zu spät zu wenig Wert für das Projekt und liegen vom Aufwand her um ein Mehrfaches über der ursprünglichen Schätzung bzw. dem vorgegebenen Budget. Für die meisten Problemstellungen gibt es mittlerweile entsprechende kommerzielle oder Open-Source-Frameworks.

Andere Mischformen können daraus bestehen, in die verteilten Teams jeweils einen *Brückenkopf als Verbindungsoffizier* einzubringen, der mit einem besonderen fachlichen oder technischen Hintergrund ausgestattet ist und das Team mit diesen Informationen direkt versorgt. Wichtig ist dabei, dass eine solche Idee der Wissensverteilung und dem Informationsfluss dient und nicht der Bespitzelung und Kontrolle des Teams durch einen Vertrauten der Projektleitung.

Es gibt eine Reihe unterschiedlicher praktischer Umsetzungen. Ob sich eine Idee als hilfreich erweist, zeigt die Praxis. Wenn wir lernen wollen, wie unser verteiltes Projekt wirklich funktioniert, müssen wir ausprobieren und experimentieren. Das Prinzip *Inspect and adapt* ist bei verteilten Teams noch wichtiger geworden.

21.2.6 Die Verteilung regelmäßig anpassen

Die interne Organisationsform eines verteilten Projekts unterliegt wie alles andere auch dem kontinuierlichen Verbesserungsprozess. Wenn wir in den Retrospektiven Hindernisse herausarbeiten, deren Ursachen in der Art bzw. der Umsetzung der Verteilung liegen, haben die agilen Coaches die Aufgabe, für Verbesserungen zu sorgen.

Um Lösungsideen gemeinsam zu erarbeiten, können wir eine übergeordnete Meta-Retrospektive durchführen, wie wir sie in Abschnitt 20.2.5 bereits kennengelernt haben und an der alle oder zumindest eine ausreichende Anzahl von Teamvertretern teilnimmt. Solche speziellen Meta-Retrospektiven werden von mehreren agilen Coaches vorbereitet und moderiert, um die Teilnehmer optimal zu unterstützen. Wir können jetzt schrittweise unsere Struktur an die Projektgegebenheiten anpassen. Da Projekte individuell sind, ist es auch die Organisationsstruktur. Wir nutzen in *APM* die agilen Mechanismen, um uns auch hier schrittweise zu verbessern. Wie bei jeder Retrospektive geht es hier darum, konkrete und sofort umsetzbare Maßnahmen zu identifizieren. Wenn wir auf größere Hindernisse bzw. Impediments stoßen, werden sie in eine projektweite Hindernisliste aufgenommen und dem Projektleiter bzw. den agilen Coaches zur Bearbeitung übergeben.

Lassen Sie sich nicht von vorgegebenen Strukturen in ihrem Denken einengen. Häufig ist mehr möglich, als wir uns ursprünglich zugestehen. Gerade verteilte Projekte profitieren von *APM* besonders, da wir so einen definierten Weg haben, die Strukturen permanent zu verbessern.

22 Besonderheiten im regulierten Umfeld

22.1 FDA, GMP und das ganze Alphabet

Ein agiles Vorgehen im Kontext regulierter Entwicklungs- und Prüfprozesse mag für viele Leser entweder nach einem Widerspruch oder nach Wunschdenken klingen. Tatsächlich hat die agile Softwareentwicklung in den letzten Jahren aber auch in dieser Domäne Einzug gehalten. Daran kann man ablesen, dass agile Vorgehensweisen zuverlässig und etabliert sind.

22.1.1 Regularien und agile Vorgehensweisen

An zwei Beispielen können wir erkennen, wie diese Annäherung bislang erfolgt ist. Die bereits erwähnte FDA unterstützt den Leitfaden *Guidiance on the use of AGILE practices in the development of medical device software*[1] als sogenannten *recognized standard*. Im Kontext der *Good Manufacturing Practice* (GMP) behandelt der GAMP-Leitfaden[2] zur Computersystemvalidierung in der Version 5, wie agile Entwicklung in das Risikomanagement vollständig integriert werden kann und damit konform zu einem entsprechenden Qualitätsmanagement bzw. Prozessbeschreibungen ist.

AAMI TIR45 – Software für Medizinprodukte

Die Association for the Advancement of Medical Instrumentation, abgekürzt AAMI, gibt eine Reihe technischer Berichte heraus, die *Technical Information Reports* (TIR). Im Jahr 2012 wurde die *Guidiance on the use of AGILE practices in the development of medical device software* veröffentlicht und ist 2013 von der FDA entsprechend gelistet worden.

Im Zusammenhang mit der TIR45 ist die IEC 62304[3] *Medical device software – Software life cycle processes* von Relevanz. Agile Konzepte werden in der TIR45 auf die IEC 62304 abgebildet, um den Rahmen für eine

[1] AAMI TIR45, 2012.
[2] GAMP: Good Automated Manufacturing Practice.
[3] IEC: International Electrotechnical Commission.

agile Softwareentwicklung abstecken zu können. Dabei gestaltet sich diese Abbildung im Kern recht geradlinig und ist in Abbildung 22.1 dargestellt.

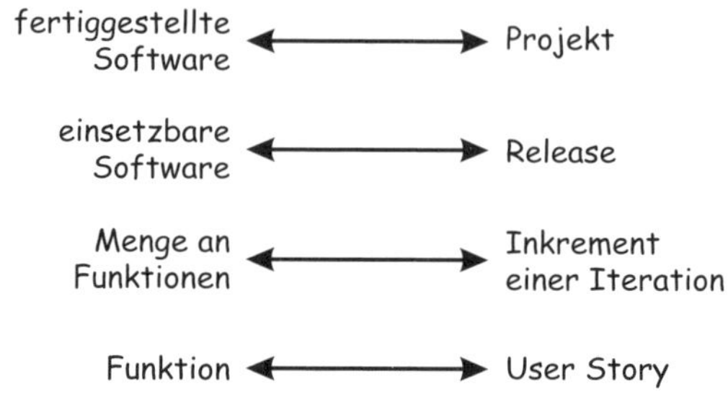

Abbildung 22.1: In der TIR45 werden agile Konzepte (rechts) auf die IEC-62304-Stufen (links) abgebildet.

Die TIR45 ist eine Richtschnur, was und wie in regulierten Umfeldern Software agil entwickelt werden kann. Auf dieser Basis können wir höhere Qualitätsansprüche und regulatorische Bedingungen bzw. Einschränkungen in ein agiles Vorgehen integrieren.

GAMP 5 – gute Manieren beim Produzieren

Die *Good Manufaturing Practice* (GMP) sind Richtlinien zur Qualitätssicherung der Abläufe und Umgebung in der Produktion von Arzneimitteln und Wirkstoffen, Kosmetika sowie Lebens- und Futtermitteln [180]. Da das Ergebnis eines Produktionsprozesses in der Regel ein Massenprodukt ist, kann nicht für jedes einzelne Teil dessen Korrektheit geprüft werden. Die späteren Anwender können jedoch auch nicht die Korrektheit eines Präparats vor Gebrauch prüfen[4] und verlassen sich daher auf einen korrekten Produktionsprozess. GMP regelt daher den Produktionsprozess und die Prüfung seiner Inputparameter. Die Überprüfung der Korrektheit erfolgt durch eine lückenlose Dokumentation aller Inputparameter und Produktionsschritte (Abb. 22.2).

Es gibt eine Reihe von Unterrichtlinien, die als *GxP* zusammengefasst werden. Für unseren Kontext ist die *Good Automated Manufacturing Practice* (GAMP) in der aktuellen Version 5 relevant. GAMP 5 ist ein anerkannter Leitfaden und keine behördliche Richtlinie. Dennoch bildet er bei Audits von Softwareproduktionsprozessen meist die Grundlage [77].

In GAMP 5 werden die agilen Methoden Scrum und eXtreme Programming sowie Model Driven Architecture und Rapid Prototyping betrachtet

[4]Genau dieses Problem öffnet Arzeimittelfälschungen Tür und Tor.

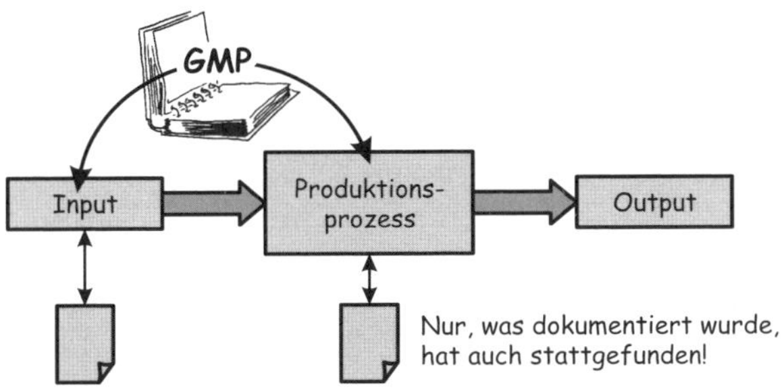

Abbildung 22.2: Das Prinzip hinter GMP

und konkrete Techniken wie Test Driven Development bzw. Unit Tests genannt. Es wird ein risikobasierter Ansatz beschrieben, der sich pragmatisch und vollständig mit agilen Verfahren wie *APM* umsetzen lässt. Damit einher geht auch die zulässige Möglichkeit, Anforderungen inkrementell zu verfeinern und nicht mehr vorab vollständig erstellt haben zu müssen. Die Anforderungen des GAMP an die Struktur der Dokumentation in der User Requirements Specification und der Functional Specification (Anhänge D1 und D2 des GAMP 5) sind dazu auf das Backlog für das Produkt und die Featureteam-Backlogs auf den Taskboards abzubilden. Im Ergebnisreview am Ende jeder Iteration erfolgt dann die Requirements Verification nach GAMP 5 [19].

Die Integration der Verifikation und Validierung in den Entwicklungsprozess ist von besonderer Bedeutung. So wird nicht nur die Qualität der Software verbessert, da von vornherein weniger Fehler über längere Zeit in der Software verbleiben und damit eine stabilere und belastbarere Entwicklung erfolgt, sondern es wird zusätzlich meist auch nur noch ein spürbar geringeres Budget für den gesamten Testprozess benötigt.

Einziges Manko ist wohl die im Anhang D1 des GAMP 5 beschriebene User Requirements Specification, die für diesen Zweck viel zu detailliert ist. GAMP 5 ist ein Leitfaden, in dem viele gute Ansätze beschrieben sind, der aber die eigene Arbeit an den Entwicklungs- und Qualitätsmanagementprozessen nicht ersetzen kann und will.

22.1.2 Zusätzliche Flaschenhälse

Die Erfüllung aufwendiger Regularien ist notwendig, um mit einem Produkt bestimmte Märkte adressieren zu können. Nach dem Kano-Modell aus Abschnitt 15.2.4 liegen die Anforderungen zur Erfüllung der Regularien bei den Basis- und eindimensionalen Anforderungen.

In der Konsequenz können die notwendigen Reviews und andere zusätzliche Prozessschritte dazu führen, dass bestimmte Rollen nach *APM* überlastet werden können. Insbesondere die (Team-)Projektleiter sind dieser Gefahr ausgesetzt, wenn es ihnen nicht gelingt, die zusätzliche Arbeitslast sinnvoll zu verteilen. Eine Möglichkeit dafür ist es, je Entwicklerteam mit zwei Testern zu arbeiten, die sich neben zeitnahen Tests der laufenden Entwicklung um weite Teile der durch die Regularien entstandenen Aufgaben kümmern. Insbesondere Reviews können so für den Entwicklungsprozess effektiv und zeitnah durchgeführt werden. Die (Team-)Projektleiter können sich so weiterhin ausreichend um ihre Aufgaben bei der fachlichen Aufbereitung und Priorisierung der Anforderungen kümmern.

Es kann also sinnvoll sein, pro Team eine weitere Arbeitskraft einzuplanen, um den Anforderungen eines regulierten Umfelds so zu entsprechen, dass nicht nur die Regularien formal erfüllt werden, sondern die Qualität des Entwicklungsprozesses und des im Projekt entwickelten Produkts davon profitieren. Die Fähigkeit der (Team-)Projektleiter, Aufgaben vollständig zu delegieren, ist dafür allerdings essenziell. Das gilt jedoch grundsätzlich für ein agiles Vorgehen.

22.1.3 Warum sind diese Regularien wertvoll?

Die meisten Entwickler, die zum ersten Mal mit regulierten Verfahren in Kontakt kommen, sind wohl von den zahlreichen, mehr oder weniger konkreten Regeln und Vorgehensweisen eher abgeschreckt. Zum Teil lassen sich in den aktuellen Fassungen der Vorschriften die Ursprünge aus dem eher traditionellen Wasserfallvorgehen nicht leugnen. Im Kern finden wir jedoch in Standards wie TIR45 oder GAMP 5 äußerst sinnvolle Konzepte.

Regularien gelten für bestimmte Software, bei denen Probleme weitreichende und für Menschen drastische Konsequenzen haben können. Damit wird deutlich, warum hierbei Sicherheit an oberster Stelle stehen muss. In GAMP 5 wird daher auch in vier verschiedene Kategorien von Software unterschieden, je nach möglichen Konsequenzen. Für jede Kategorie gelten unterschiedlich starke Anforderungen.

Grundsätzlich sind dabei für unsere Softwareentwicklung drei Aspekte von besonderer Bedeutung, die hervorragend zu *APM* und seinen Werten passen, wie wir bereits in Abschnitt 2.2.4 gesehen haben:

- Disziplin innerhalb der Teams und bei jedem einzelnen Projektmitglied, also z. B. Regeln sinnvoll weiterentwickeln und durchgängig einhalten.
- Definition of Done und qualitätsbewusstes Vorgehen, d. h., eine Aufgabe wird stets vollständig und gemäß der Definition of Done umgesetzt und abgenommen, sodass wir stets auf der bestmöglichen und stabilsten Basis weiterentwickeln und keine technischen Schulden anhäufen.
- Risikobasiertes Vorgehen, worauf wir in Abschnitt 22.3 noch zurückkommen werden.

22.2 Traceability – Nachvollziehbarkeit herstellen

Ein immer wiederkehrender Merksatz, mit dem man in Audits konfrontiert wird, lautet: »If it is not documented, it is not done!« (Abb. 22.2). Diese Regel beinhaltet auch, dass die Zusammenhänge zwischen der Umsetzung und ihrer Dokumentation eindeutig und nachvollziehbar sind.

22.2.1 Analyse-, Planungs- und Testartefakten

In Abbildung 22.3 sind die relevanten Artefakte aus den Phasen Analyse, Planung und Test als UML-Klassendiagramm in einem Begriffsmodell dargestellt. Dabei sind die Artefakte als Klassen mit Rechtecken und zwei Beziehungsarten über einen Strich bzw. eine Pfeil modelliert [117]:

Klasse □ **:** Über eine Klasse beschreiben wir eine in sich geschlossene Einheit aus Informationen und Operationen mit einer eigenständigen inhaltlichen bzw. fachlichen Verantwortung.

Assoziation — **:** Eine Assoziation drückt eine enge Beziehung zwischen zwei Klassen aus, in der beide gegenseitig Zugriff aufeinander haben. Umgangssprachlich lässt sich diese Beziehung als *hat*- oder *benutzt*-Relation ausdrücken. An ihren beiden Enden lassen sich die Mengengerüste modellieren, wobei * für *beliebig viele* steht.

Generalisierung —▷ **:** Über das Generalisierungskonzept drücken wir hierarchische Bezüge aus, die vom Allgemeinen (Pfeilspitze) zum Spezielleren (Pfeilende) verlaufen und eine *ist-eine-Art-von*-Relation bilden.

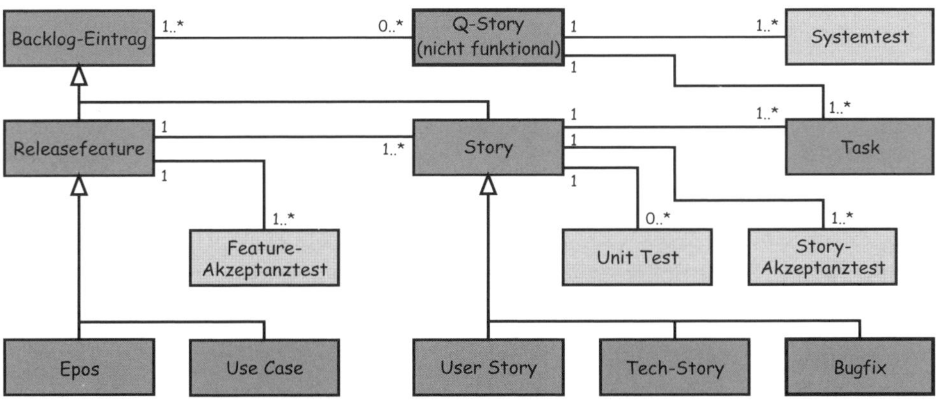

Abbildung 22.3: Begriffsmodell der Bezüge zwischen Analyse-, Planungs- und Testartefakten als UML-Klassendiagramm (modifiziert, nach [102])

Was genau drückt das Modell aus Abbildung 22.3 aus? Zum einen finden wir unsere möglichen Backlog-Einträge in den dunkleren Rechtecken wieder. Diese sind mit den möglichen Tests in den helleren Rechtecken in Bezug gesetzt. Wir finden auf der linken Seite die noch weiter zu zerlegenden, umfangreicheren Backlog-Einträge als Releasefeatures vor wie Epen und Use Cases. Diese Releasefeatures haben alle mindestens einen Akzeptanztest, der sich auf die gewünschten Abläufe im Feature bezieht.

Im Zentrum des Modells finden wir die verschiedenen Stories als über zugeordnetete Tasks konkret umsetzbare Backlog-Einträge. Unabhängig davon, ob wir User Stories, Tech-Stories oder zu korrigierende Fehler (Bugfixes) betrachten, haben alle über den Bezug zur generalisierten Klasse Story mindestens einen Akzeptanztest und mögliche Unit Tests.

Einen Sonderfall stellen die Q-Stories dar, die keine Spezialisierung von Story sind, sondern eher nicht funktionalen Anforderungen entsprechen. Sie werden zwar ebenfalls über Tasks umgesetzt, haben aber keine Akzeptanztests und nicht notwendigerweise Unit Tests zur Folge. Sie werden über Systemtests geprüft.

Wenn wir die vier Testartefakte betrachten, erkennen wir, dass darüber zwei Ebenen von Tests abgebildet werden. Über die Story-Akzeptanztests und Unit Tests prüfen wir die lokale neue, geänderte oder korrigierte Funktionalität aus einer Story. Mit den Feature-Akzeptanz- und Systemtests prüfen wir das Systemverhalten und übergreifende Abläufe auf ihre Korrektheit. Erstere erfolgen in der Regel durch die Entwickler, letztere durch die Tester.

Durch die Beziehungen zwischen den Klassen erreichen wir die Traceability entlang dieser Stränge, wenn wir sie in einem Werkeug oder in Dokumenten vermerken. Wir können nachvollziehen, mit welchen Teilen (Stories) eine Anforderung (Releasefeature) umgesetzt wurde und wie diese Realisierungen getestet wurden.

22.2.2 Die Traceability-Matrix

Eine Übersicht der Traceability zur tatsächlichen Nachvollziehbarkeit erfolgt über eine Traceability-Matrix. Darin wird vermerkt, welche Anforderung durch welche Tests nachgewiesen wurde (Abb 22.4). Die Traceability-Matrix bildet damit die Basis für die Nachvollziehbarkeit und ist damit ein zentrales Artefakt bei der Softwareentwicklung in regulierten Umfeldern.

Wenn wir die Bezüge aus Abbildung 22.3 in einem UML-Modellierungs- oder Requirements-Engineering-Werkzeug darstellen, lässt sich eine solche Matrix aus diesen Informationen generieren. Nach Bedarf und Möglichkeit können in den Zellen zusätzliche Informationen angegeben werden. Wertvoll sind dabei der Name des Testers, der Zeitpunkt und das Ergebnis des Tests sowie Vermerke, wo das Testprotokoll abgelegt wurde.

	User Story 005	User Story 035	Bugfix 002	Epos 003	Q-Story 011	...
Story-Akzeptanztest 013	x					
Story-Akzeptanztest 014		x				
Unit Test 034	x					
Unit Test 035	x					
Unit Test 036			x			
Performanztest 007					x	
Systemtest 014				x		
Systemtest 015				x		
...						

Abbildung 22.4: Schema einer Traceability-Matrix

22.3 Risikobasiertes Entwickeln und Testen

Wir haben uns bereits ausführlich mit dem Risikomanagement in Abschnitt 9.5 auseinandergesetzt. Wenn wir jetzt noch einmal darauf zurückkommen, mag es überraschen, dass sich aus Sicht des GAMP ein relativ einfacher Zusammenhang darstellt, der sich auf jedes Projekt sinnvoll übertragen lässt. Statistische oder wahrscheinlichkeitsbasierte Techniken im Risikomanagement, wie sie in der Produktion oder anderen Ingenieurdisziplinen sinnvoll sind, lassen sich nämlich gar nicht auf Softwareprodukte übertragen.

22.3.1 Produkt- und Prozessrisiko

Bislang haben wir nicht zwischen Risiken im Prozess und durch das Produkt unterschieden. Das holen wir nun nach. In der Softwareentwicklung ist die Unterscheidung zwischen Prozess- und Produktrisiken von besonderer Bedeutung, weil das Produkt eines Softwareentwicklungsprozesses sich anders verhält als *harte* Produkte. Softwareprodukte haben einen sehr individuellen Charakter, was mit der Einmaligkeit von Projekten zusammenhängt. Damit können wir ein Softwareprodukt jedoch nicht wie ein Massenprodukt betrachten. Insbesondere greifen keine statistischen Ansätze bei der Risikoanalyse.

Wenn wir ein Massenprodukt wie einen Zahnriemen in einem Automobil betrachten, so gibt es je nach Hersteller unterschiedliche Richtlinien, wann dieser im Rahmen einer Inspektion zu wechseln ist. Ein Zahnriemen unterliegt einem Verschleiß, der proportional zu den gefahrenen Kilometern ist, sodass die Wechselintervalle in Laufleistung angegeben werden. Bei anderen Produkten wie z. B. den Reifen ist neben der Kilometerleistung auch das Alter maßgeblich für die Wechselintervalle, da sowohl Sonnenlicht wie andere äußere Einflussfaktoren das Material altern lassen[5]. Zahnriemen wie auch Autoreifen sind in hoher Stückzahl im Einsatz, sodass jeder Hersteller eigene Statisiken über Ausfälle und Probleme führt und daraus seine Richtlinien ableitet. Wenn die Wahrscheinlichkeit für das Reißen eines Zahnriemens z. B. bei 120 000 km deutlich ansteigt, so wird ein Wechsel bei 80 oder 100 000 km vorgeschrieben, um den hohen Schaden, den ein gerissener Zahnriemen verursachen würde, zu vermeiden. Da lohnen sich selbst die hohen Kosten eines regelmäßigen Austauschs.

Bei Massenprodukten können wir also eine Risikobetrachtung über Wahrscheinlichkeiten machen, die wir aus Messungen und Statistiken ableiten. Damit steht die ganze Palette an wahrscheinlichkeitsbasierten Risikomanagementmethoden offen. Das gilt aber leider nicht für ein Softwareprodukt. Hier können wir keine Statistiken heranziehen, um Risiken zu bewerten. Deshalb gehen wir bei Produktrisiken einer Software grundsätzlich anders vor, wir testen.

Haben wir ein Softwareproduktrisiko erkannt, können wir uns alle weiteren Risikobetrachtungen schenken und sofort mit der einzig sinnvollen Gegenmaßnahme loslegen. Wir testen die Software in Bezug auf das erkannte Produktrisiko. Was aber sind nun genau Produkt- und was Prozessrisiken [167]?

Prozessrisiko: Damit beschreiben wir Risiken, die aus den Abläufen, in der Zusammenarbeit oder in der Art der Softwareerstellung liegen. Kommen die *richtigen* Stakeholder zu den Ergebnisreviews und wir damit an die *wertvollen* Informationen? Schaffen wir es, die Velocity stabil zu halten, um aussagekräftige Prognosen erstellen zu können? Macht die neue Version des eingesetzten Frameworks wirklich keine Probleme? Liefert ein Zulieferer wie geplant und in der erforderlichen Qualität? Solche und ähnliche Fragen betreffen Abläufe und weisen auf Prozessrisiken hin.

Produktrisiko: Hier geht es um Risiken aus dem Einsatz und der Anwendung des Softwareprodukts selbst. Stimmen die Berechnungen? Verhält sich unsere Software im Fehlerfall wie definiert? Entstehen Missverständnisse bei den Anwendern durch verwirrende Informationen? Häufig steht diese Art von Risiken auch im Zusammenhang mit Problemen bei der Umsetzung qualitativer Anforderungen.

[5] Auch Zahnriemen altern, was aber für unser Beispiel irrelevant ist.

Produktrisiken beziehen sich also auf die Datenverarbeitung selbst, d. h. im Wesentlichen auf Schreib- und Lesezugriffe, die Darstellung von Informationen, die Informations- und Datenflüsse an Schnittstellen, Berechnungen bzw. Algorithmen und Architekturaspekte wie Nebenläufigkeit, Antwortzeitverhalten und Speicher- bzw. Bandbreitenbedarf. Erkennen wir z. B. für komplexe Berechnungen ein erhöhtes Risiko für Fehler, so werden wir diesen Aspekt in unserer Software intensiv testen. Ein Prozessrisiko bezieht sich auf die Entwicklungsabläufe, beteiligte Personen und deren Zusammenarbeit. So könnte ein Prozessrisiko in dem Zusammenhang die stark eingeschränkte Verfügbarkeit eines Fachexperten für die Berechnung sein, die in unserer Software umgesetzt wird. Hierfür können wir Hypothesen über verfügbare Kapazitäten und das zeitliche Zusammenspiel aufstellen und mit Eintrittswahrscheinlichkeiten arbeiten.

Wir könnten nun naiv annehmen, dass wir unser Softwareprodukt nur vollständig zu testen haben, um alle Produktrisiken ausschließen zu können. Theoretisch mag dies interessant sein, praktisch ist es leider aufgrund der astronomisch großen Anzahl dafür notwendiger Tests nicht umsetzbar. Das Testen einer Software basiert daher stets auf einer Auswahl bzw. Stichprobe an möglichen Tests [167]. Bei der Auswahl dieser Stichprobe sind unsere Betrachtungen zu den Produktrisiken essenziell. Ergänzt werden diese Betrachtungen durch Qualitätsmetriken wie Fehlerdichten[6] für Module bzw. Komponenten, um die Stichprobe noch wirkungsvoller zu gestalten. Damit sind die statistischen Möglichkeiten aber meist bereits ausgeschöpft, was die Bedeutung der Risikobetrachtungen nur unterstreicht. In *APM* koppeln wir daher stets die Risikobetrachtungen mit der Teststrategie und Testauswahl, um die Produktrisiken angemessen zu adressieren.

Für Prozessrisiken gilt, was wir über Risikomanagement in Abschnitt 9.5 diskutiert haben. Zur Prävention steht uns der gesamte Maßnahmenkatalog zur Verfügung. Bei Produktrisiken können wir die Konsequenzen bei Eintritt eines Risikos ebenfalls bewerten. Die Prävention erfolgt jedoch einzig über Tests. Verhält sich unsere Software wie gewünscht?

22.3.2 Präventive Architekturmaßnahmen

Natürlich ist diese Schwarz-Weiß-Sicht nicht ganz korrekt. Wir können für bereits erkannte Risiken entsprechende Strukturen und Abläufe in unserer Software vorsehen. Dabei handelt es sich um Maßnahmen, die aus erkannten Produktrisiken abgeleitet werden können. In der ISO 26262-6 zur funktionalen Sicherheit werden für diese Risiken zwei Kategorien funktionaler Anforderungen an unsere Software benannt:

[6] Anzahl bekannter Fehlerursachen pro 1000 Lines of Code.

- Mechanismen zur Fehlererkennung
- Mechanismen zur Fehlerbehandung

Letztendlich handelt es sich um Anforderungen an unsere Software, die wir über User Stories beschreiben. Prüfen können wir sie nur über Tests.

Worin liegt genau der Unterschied zwischen einer Software und einem Stoßdämpfer im Auto? Zum einen verschleißt Hardware in der Anwendung und zum anderen vergleichen wir ein Massenprodukt (Stoßdämpfer) mit einer Individualentwicklung, deren Vervielfältigung über binäre Kopien entsteht. Für einen Stoßdämpfer können wir Statistken führen und daraus eine Vorschrift ableiten, wann er ausgetauscht werden soll, um kein Sicherheitsrisiko zu werden. Unsere Software weist in einer bestimmten Konstellation einen Fehler auf oder nicht. Software errodiert, aber sie verschleißt nicht, wie wir in Abschnitt 16.3.4 gesehen haben.

22.3.3 Vereinfachte Risikoanalyse für Softwareprodukte

Eine Risikoanalyse für ein Softwareprodukt ist also genauso binär wie unser Kompilat: Wenn ein Softwarerisiko besteht, dann testen wir! Wir können hier also in anderen Kontexten bewährte Techniken wie z. B. FMEA[7] oder auf Wahrscheinlichkeiten bzw. Statistiken beruhende Analysen getrost vergessen. Wenn wir ein Risiko durch unser Produkt erkennen, müssen wir daraufhin testen.

Natürlich ist ein vollständiger Test einer komplexen Software nicht möglich [167]. Wir definieren daher aussagekräftige Stichproben. Diese Auswahl treffen wir auf Basis von Risikobetrachtungen. Wenn wir jedoch ein Risiko erkennen, müssen wir auch entsprechend testen. Wir werden also im regulierten Umfeld stets eine relativ hohe Testabdeckung erreichen.

Wir können daraus direkt den enormen Druck ableiten, durchgängig Tests von Unit Tests bis zu UI-Tests sowie Last- und Nebenläufigkeitstests zu automatisieren. Da die inkrementellen Veränderungen an unserer Software im regulierten Umfeld zu einer großen Anzahl an Regressionstests führen können, werden manuelle Tests schnell unökonomisch und langweilig für die Tester, wodurch dann auch oft Fehler übersehen werden. Ein durchgängiges Testautomatisierungskonzept ist also Pflicht in der Softwareentwicklung im regulierten Umfeld.

22.3.4 Erweiterte Risikobewertung – die Erkennbarkeit

Wenn ein risikozentrierter Ansatz so im Mittelpunkt des Vorgehens steht, ergeben sich auch noch methodische Ergänzungen. Eine der interessantes-

[7] FMEA: Failure Mode and Effects Analysis.

ten ist die Betrachtung der Erkennbarkeit (engl.: detectability) eines Risikos. Dabei geht es darum, wie groß die Wahrscheinlichkeit ist, dass der Anwender bzw. Kunde das Eintreten eines Risikos auch bemerkt [76].

Wenn ein zusammenfassender Bericht nicht gedruckt wird, so hat dies sicher eine hohe Erkennbarkeit gegenüber dem Anwender. Die erwarteten Seiten liegen nicht im Drucker. Befindet sich hingegen ein geringer, aber nicht zu vernachlässigender Rechenfehler in einem Algorithmus, kann es für den Anwender bei der Abarbeitung der entsprechenden Schritte unter Umständen gar nicht möglich sein, dieses Problem zu erkennen.

Für unsere Risikobewertung bedeutet das, dass ein Risiko mit einer geringen Erkennbarkeit eher kritischer zu betrachten ist, weil sein Eintreten übersehen wird, als ein mögliches Problem, dessen Auftreten sofort bemerkt werden muss, weil z. B. die Software abstürzt oder eine Maschine still steht.

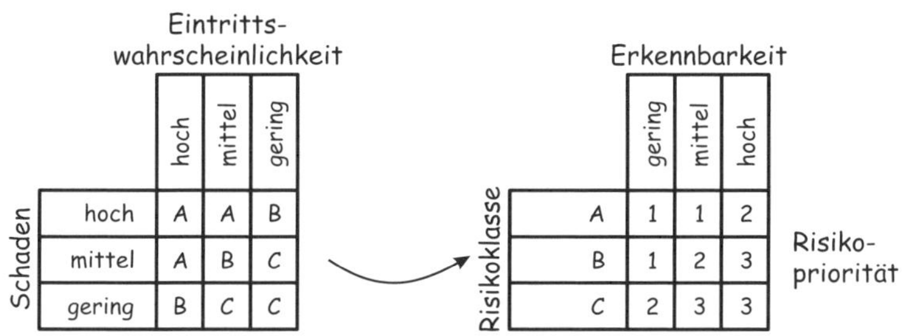

Abbildung 22.5: Der Aspekt der Erkennbarkeit wird in die Risikobewertung eingebaut.

Methodisch erweitern wir die Bestimmung der Priorität der Risiken. Aus dem möglichen Schaden und der Eintrittswahrscheinlichkeit ermitteln wir nicht mehr direkt die Priorität (Abschnitt 9.5.3), sondern nur die Risikoklasse (Abb. 22.5, links). Aus der Risikoklasse wird dann in Kombination mit der Bewertung der Erkennbarkeit des möglichen Problems über das gleiche Verfahren die Risikopriorität bestimmt (Abb. 22.5, rechts). In dem Beispiel wird mit jeweils drei Stufen gearbeitet. Das Prinzip lässt sich aber natürlich auch auf differenziertere Einteilungen analog abbilden.

22.3.5 Das Risikoboard und technische Risikokategorien

Es ist also wichtig, in der Entwicklung stets eine gute Übersicht der aktuellen Risiken und entsprechender Tests zu haben. Über Risikokategorien können wir gefundene Risiken strukturieren. Geschickt definierte Kategorien helfen uns darüber hinaus in unserer täglichen Entwicklungsarbeit. Eine Risikokategorie fasst eine Gruppe ähnlicher Risiken zusammen bzw.

beschreibt ein häufig anzutreffendes Risiko mit seinen typischen Prüfungen auf bestimmten Entwicklerteststufen. Für verschiedene Bereiche ergeben sich z. B. folgende Risikokategorien:

- User-Interface-Überarbeitung
  - Funktionsinvariante Transformation des Layouts
  - Mehrere alte Funktionen in einem UI-Element zusammengefasst
  - Alte Funktion auf mehrere neue UI-Elemente verteilt
  - Ein neues UI-Element ersetzt alte Darstellungsformen
  - Wiederverwendbare Basisfunktionalität auf UI-Ebene
    - Erstmalige Nutzung in einer User Story
    - Weitere Nutzung im Kontext anderer User Stories
- Funktionalität
  - Neue Funktionalität
  - Erweiterung einer bereits bestehenden Funktionalität
  - Veränderung einer bereits bestehenden Funktionalität
  - Entfernen einer bereits existierenden Funktionalität
  - Verschieben einer Funktionalität in einen anderen Bereich
  - Refactoring
    - Einfaches Refactoring
    - Patterns mit Informationsredundanz wie Datentransferobjekte (DTO) oder Proxy
    - Steuerungs-Patterns wie das Statepattern oder Statecharts
    - Factory-Patterns
- Persistenz
- Datenbankschema-Änderung
  - Änderung an den Zugriffsfunktionen
  - Änderung der Verteilung von Daten
  - Dopplung von Daten
- Architektur und Design
  - Sicherheit
  - Exception Handling
  - Monitoring
  - Messaging
  - Update-Konzept
  - Backup-Konzept

Auf dem Risikoboard können die einzelnen Risiken über die Farben der Karten den Risikokategorien zugeordnet werden. So können wir die Kategorien mit dem aus Abschnitt 9.5.2 bekannten Risikoboard zusammenbringen.

22.4 Dokumentenreviews? Pair Working!

22.4.1 Vier Augen sehen mehr als zwei

Das Vieraugenprinzip ist ein grundlegendes Konzept im regulierten Umfeld. Wir haben uns in Abschnitt 15.1.2 bereits kurz damit befasst. In *APM* sehen wir Pair Programming für Codereviews bzw. für nicht programmiertechnische Arbeiten Pair Working als grundsätzliche Arbeitsweise, um das Vieraugenprinzip sicherzustellen. Im Gegensatz zur Durchführung von Ergebnisreviews und dokumentenbasierten Reviews ergeben sich zahlreiche Vorteile. So wird z. B. in der Zusammenarbeit die Ergebnisqualität meist höher sein, zwischen den paarweise arbeitenden Personen erfolgt auch ein Austausch und Abgleich der Arbeitsweisen und die Qualität des dabei implizit ablaufenden Reviews ist sehr hoch.

Das Review scheint von der aufgewendeten Zeit her effizienter zu sein, was aber oft ein Trugschluss ist. Da Reviews meist unter Zeitdruck erfolgen und bei vielen Mitarbeitern unbeliebt sind, werden sie dann in minimaler Zeit nur zur Befriedigung der formalen Anforderungen durchgeführt. So kann sich aber der qualitätssichernde Effekt kaum einstellen. Umfangreiche Nacharbeiten werden früher oder später die Folge sein. Pair Programming bzw. Pair Working sind hier meist die sinnvollere Alternative.

Natürlich gibt es Situationen, in denen ein meist dokumentenbasiertes Review unerlässlich ist. So können Abnahmen durch bestimmte Rollen vorgeschrieben sein, die entweder im Pair Working zum Engpass für andere Reviews werden würden oder wo die Fähigkeiten der prüfenden Person z. B. ein Pair Programming nicht erlauben. Wir halten uns dann aber stets vor Augen, dass solche Ergebnisreviews geplant und mit ausreichendem Freiraum durchgeführt werden, damit sie ihre qualitätssichernde Wirkung auch erzielen.

22.4.2 Dokumentenbasierte Reviews durchführen

Wie sieht ein solcher Reviewablauf aus? Damit wir diese Stärken erreichen können, ist es sinnvoll, sich an die fünf Phasen des Reviewprozesses zu halten [56, 171]:

Planung: Was ist der Reviewumfang bzw. -inhalt? Welche Ziele verfolgt das Review? Ist das Dokument überhaupt in einem reviewfähigen Zustand?

Wer soll daran beteiligt sein? Welche Aufwände entstehen z. B. für die Gutachter? Wann soll das Review erfolgen?

Organisatorische Vorbereitung: Stellen Sie die Motivation für das Review heraus. Verteilen Sie das Reviewdokument mit notwendigen Informationen und gegebenenfalls weiterem Hintergrundwissen an alle Beteiligten. Meist ist es sinnvoll, ein Review vorher auf bestimmte Aspekte festzulegen bzw. zu beschränken. Dies erfolgt oft im Rahmen einer Vorbesprechung. Hinzu kommt noch die ganze organisatorische Arbeit wie Einladungen versenden, Raum buchen usw.

Individuelle Vorbereitung: Die Gutachter prüfen das Dokument und erstellen ihre Kommentare. Bitte planen Sie dafür ausreichend Zeit ein.

Reviewsitzung: Gemeinsam gehen alle Beteiligten das Dokument durch und kommentieren es. Abschließend wird das Reviewdokument bewertet. Es ist sinnvoll, eine Reviewsitzung vorher auf einen festen Zeitraum zu begrenzen, der im Rahmen von zwei Stunden liegen sollte. Bei zeitlich darüber hinausgehenden Sitzungen sind längere Pausen zwischendurch zu empfehlen.

Nachbereitung: Die Kommentare werden in der Verantwortung des Verfassers des Dokuments geprüft und eingearbeitet. In seltenen Fällen ist ein Folgereview anzusetzen.

Dieser Prozess beinhaltet auch einige Rollen. Zwei sind offensichtlich: Es gibt den Verfasser des Reviewdokuments und dessen Gutachter. Zwei weitere Rollen sind genauso wichtig: der Organisator des Reviews und der Moderator der Reviewsitzung. Der Organisator des Reviews kann problemlos der Verfasser oder einer der Gutachter sein. Die Moderation kann in der Regel keiner der direkt Beteiligten übernehmen und erfolgt durch einen agilen Coach. Neben einer mangelhaften individuellen Vorbereitung ist das Fehlen eines Moderators vermutlich der Hauptgrund für ineffiziente Reviews. Während der Reviewsitzung kommt noch eine fünfte Rolle hinzu: der Protokollführer, der die Ergebnisse festhält. Häufig kann diese Aufgabe vom Verfasser selbst wahrgenommen werden.

Der Organisator ist häufig der Manager, der in Streitfällen übergeordnete Entscheidungen treffen kann, wenn die Entscheidungskompetenz des Verfassers des Dokuments überschritten wird. In der Regel kann der Verfasser jedoch Differenzen mit den Gutachtern selbst beilegen. Das Dokument liegt in seinem Verantwortungsbereich, womit er das letzte Wort hat.

22.5 Besonderheiten bei automatisierten Tests

Die Automatisierung von Tests sowohl über Unit Tests als auch über UI- und andere Systemschnittstellen ist nicht nur erlaubt, sondern auch empfohlen. Damit einher geht der Test-First-Ansatz als Best Practice, der auch zum Kern von *APM* gehört. Ein paar Anforderungen sind dabei jedoch zu beachten [77, 78].

So sind die eingesetzten Werkzeuge zur Testautomatisierung im Konfigurationsmanagement zu verwalten und in ihrer konkreten Version zu validieren. Idealerweise unterstützen diese Werkzeuge elektronische Unterschriften. Ihr Einsatzbereich und die Art und Weise der Durchführung automatisierter Tests sind in der Teststrategie bzw. im Testplan festzulegen. Neben der Vorgehensweise und der Erstellung der automatisierten Tests werden auch Standards für die Namensgebung von Variablen, Funktionen, Testskripten und -daten usw. in einer Standard Operation Procedure (SOP) analog zur Entwicklung des Nutzcodes festgelegt.

Die Testskripte und die Testdaten unterliegen der Versionskontrolle. Die Testdaten werden unabhängig von den Skripten verwaltet und erzeugt, sodass auch ein datengetriebenes Testen möglich ist. Das Format der Testskripte ist so zu wählen, dass Reviews und Freigaben durch Fachexperten möglich sind, die keinen programmiertechnischen Hintergrund haben. Die Testskripte laufen vollständig automatisch und ohne manuelle Interaktion ab und können jederzeit gestartet werden.

Jeder Testdurchlauf wird automatisch in einem Logfile protokolliert. Diese Logfiles sind Teil der zu archivierenden Testdokumentation, und es muss sichergestellt werden, dass sie nicht nachträglich verändert werden können. Im Header jedes Logfiles ist folgende Information zu finden:

- Eindeutige Identifikation des Logfiles
- Ausführungsdatum und -uhrzeit
- Name und Version des zugrunde liegenden Testskripts
- Eindeutige Identifikation des verantwortlichen Testers
- Eindeutige und ausreichende Information über die Testumgebung

Ansonsten gelten alle *Best Practices* für das automatische Testen natürlich auch im regulierten Umfeld. Insbesondere ist die Testautomatisierung ein eigenes kleines Softwareprojekt im Rahmen unserer Entwicklung. Um ihre volle Wirkung zu entfalten, bedarf sie einer kontinuierlichen Pflege und Weiterentwicklung durch Testautomatisierer, die sich ausschließlich dieser Aufgabe widmen [78, 167].

22.6 Die Teamstärke und Rollen anpassen

Zum Abschluss unseres Ausflugs in die Welt der regulierten Entwicklung betrachten wir die Konsequenzen für die Teamaufstellung, die sich unter regulierten Anforderungen ergeben. Dabei ist die Frage zu klären, welche

Rollen die zusätzlichen Aufgaben übernehmen, die sich in regulierten Umfeldern ergeben. Hier entstehen die kritischen Engpässe.

Leider findet sich dieses zusätzliche Engpassrisiko an denselben Stellen wieder, bei denen wir bereits im nicht regulierten Kontext häufig auf Probleme stoßen, nämlich bei den Teamprojektleitern, Analytikern und Testern. Hier können wir mit zusätzlichem Bedarf rechnen.

Diesen Bedarf decken wir jedoch nicht vorab auf Vorrat, sondern ermitteln in unserem konkreten Projekt, wo der Mehrbedarf wirklich liegt und wie wir ihn am besten erfüllen. Ein agiler Ansatz wie *APM* bedeutet, im konkreten Projekt fortlaufend zu lernen, wie wir die Vorgaben optimal umsetzen. Wir können also durchaus mit der Standardbesetzung beginnen und dann sukzessive und bedarfsgerecht unser Team anpassen. Die Möglichkeiten dazu sollten allerdings in der Vorbereitung geschaffen und insbesondere Reserven in den Budgets dafür vorgesehen werden.

Besondere Bedeutung fällt im regulierten Umfeld auch der Rolle des Qualitätsmanagers zu. Da wir hohe Anforderungen an die Nachvollziehbarkeit und Reproduzierbarkeit des Entwicklungsprozesses und seiner Ergebnisse haben, werden wir auf diese Rolle nicht verzichten können. Er gibt dem Team laufend Rückmeldung darüber, inwieweit die Prozessqualität erreicht ist und wo Veränderungen notwendig sind. Insbesondere werden zu den internen Releases möglichst alle für eine tatsächliche Freigabe notwendigen Schritte und Prozesse regelmäßig durchlaufen. Diese Rückkopplungsschleifen lassen die Produktfreigaben ihren Schrecken verlieren, den sie oft in traditionellen Umfeldern haben. Wir lernen im Team, was wir in welcher Ausprägung wirklich benötigen, und können Defizite schrittweise abbauen.

23 Agilität im Unternehmen einführen

Die Einführung agiler Verfahren wird von manchen Führungskräften als simple Ergänzung des Werkzeugkastens ihrer Projektleiter angesehen. Demgemäß wird es häufig als reine Maßnahme der Personalentwicklung betrachtet. Eine solche Sichtweise lässt aber wesentliche Aspekte außer Acht. Vielmehr wird durch die Einführung agiler Verfahren meist ein Wandel der Unternehmenskultur zu einer Arbeitsweise mit erweiterten Handlungs- und Entscheidungsspielräumen induziert (Abb. 4.2 auf Seite 38). Daher empfiehlt es sich, die Einführung von agilem Projektmanagement als Organisationsveränderungsprojekt bzw. als Organisationsentwicklung anzugehen und auch die organisatorische Veränderung hin zu agilem Projektmanagement nach agilen Prinzipien zu organisieren. Die gezielte Ausbildung von Multiplikatoren im mittleren Management ist dabei ein Erfolgsfaktor.

23.1 Organisationsentwicklung auf zwei Ebenen

Eine Stärke agiler Verfahren liegt darin, dass sie zum einen ein Mindestmaß an Struktur bieten, um im Rahmen einer Organisationsveränderung zeiteffizient zum Ziel zu kommen, und zum anderen genügend Offenheit haben und Gestaltungsspielraum aufweisen, um die betroffenen Mitarbeiter zu Beteiligten der Veränderung zu machen. Dieses Prinzip der Organisationsentwicklung, Betroffene zu Beteiligten werden zu lassen, wird auch für die Einführung agiler Verfahren zweckmäßigerweise angewendet. Eine vielfach eingesetzte Projektkonstellation besteht somit aus mindestens zwei Projekten, die in etwa zeitgleich starten (Abb. 23.1):

- einem Organisationsentwicklungsprojekt als Transformationsprojekt zur Organisationsveränderung sowie
- einem oder mehreren Softwareentwicklungsprojekten auf operativer Ebene, in denen agile Verfahren pilotiert werden.

Auch für die Organisationsveränderung gelten die Kriterien, die eine Anwendung agiler Verfahren angeraten sein lassen: Es wird Neuland betreten und die Zeit bis zur *Marktreife* ist knapp [159]. Was liegt also näher, als auch das Organisationsveränderungsprojekt mithilfe von agilem Projektmanagement durchzuführen. Dazu werden die Rollen, Meetings und Artefakte in geeigneter Weise adaptiert.

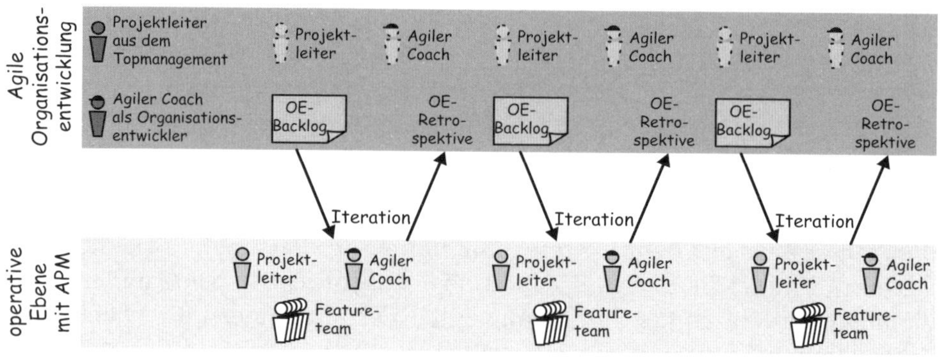

Abbildung 23.1: Verzahnung des Organisationsentwicklungsprojekts mit der operativen Ebene: Die Projektleiter und agilen Coaches aus der operativen Ebene mit *APM*-Projekten (unten) sind die Teammitglieder im agilen Organisationsentwicklungsprojekt (oben) [169].

Wir benötigen hier somit auch Iterationen mit verwendbaren Zwischenergebnissen sowie eine regelmäßige Reflexion des Vorgehens und der Zusammenarbeit auf organisatorischer Ebene. Zur allgemeinen Orientierung der organisationalen Prioritäten dient das Organisationsverbesserungs-Backlog. Statt eines implementierten und getesteten Softwaremerkmals basiert ein Inkrement der Organisationsveränderung auf implementierten und pilotierten Arbeitsweisen. Dazu gibt es zwei verschiedene Ansätze:

- Ein Projektmanagement-Governance-Team und ein Rollout-Team für die Verbreitung der agilen Arbeitsweise werden aufgesetzt [169].
- Eine Enterprise Transition Community wird implementiert und von inhaltlich fokussierten Improvement Communities unterstützt [31].

Beide Ansätze empfehlen ein definiertes Transformationsteam für die Koordination der Organisationsveränderung, das ergänzt wird durch zuarbeitende Teams, die inhaltliche Schwerpunkte setzen (Abb. 23.1). Diese unterstützenden Teams arbeiten einzelne Einträge des Backlogs der Organisationsveränderung (OE-Backlog) ab, indem sie organisatorische Rahmenbedingungen schaffen oder verändern. So können z. B. die systematische Etablierung von Kompetenzen im automatisierten Testen, die Schaffung agiler Rollen analog zum *APM*-Rollenmodell oder die Definition von Kriterien der Mitarbeiterbewertung für agile Teams erfolgen. Solche unterstützenden

Teams oder auch Improvement Communities sind für die organisatorische Veränderung ein Analogon zu den Featureteams in *APM*.

23.2 Die Verbreitung auf der operativer Ebene

23.2.1 Teilen und herrschen

Im Zusammenspiel der beiden Ebenen aus Abbildung 23.1 haben Sie mindestens ein Pilotprojekt, das Erfahrungen mit *APM* sammelt und diese für das Transformationsprojekt bereitstellt. Durch das Transformationsprojekt werden nach und nach dann die Voraussetzungen für die weitere Organisationsentwicklung im Unternehmen geschaffen. Es stellt sich dann die Frage, wie und auf welche Weise die Ergebnisse in die Breite getragen werden. Wie lernen die anderen operativen Projektteams, agil zu arbeiten? Grundsätzlich finden sich in der Praxis dazu zwei verschiedene Muster:

- Nach und nach (start small): systematische Verbreitung der Erfahrungen aus einem oder mehreren Pilotprojekten
- Alle gemeinsam: Big Bang

Beiden Vorgehen gemeinsam ist die Empfehlung, die Einführung durch erfahrene Experten begleiten zu lassen. Schauen wir uns diese beiden Muster genauer an.

23.2.2 Vom Kleinen zum Großen: schrittweise Einführung

Für die schrittweise Etablierung auf der operativen Ebene schlägt Mike Cohn verschiedene Muster der Verbreitung agilen Vorgehens vor [31]:

- Teilen-und-säen,
- Wachsen-und-teilen,
- internes Coaching.

Das Muster *Teilen-und-säen* weist Ähnlichkeiten mit dem von Uwe Vigenschow und Björn Schneider empfohlenen Vorgehen auf, in dem ein Start-up-Team gebildet wird, das aus erfahrenen agilen Coaches besteht und um die zukünftigen Projektleiter des Unternehmens ergänzt wird [169]. Die Projektleiter und agilen Coaches bilden schließlich nach anfänglicher Schulung die Multiplikatoren für ein Verbreitung von agilem Projektmanagement in die operativen Teams.

Diese Ansätze weisen zahlreiche Gemeinsamkeiten auf. Im Wesentlichen sind das:

- Es erfolgt eine Trennung von operativer Projektebene und Organisationsveränderungsebene.
- Bei der Einführung werden die agilen Prinzipien, Praktiken und Prozesselemente auf den Veränderungsprozess selbst angewendet.
- Der Veränderungsprozess wird über ein Transformations-Backlog gesteuert.
- Der erste konkrete Schritt wird von einem Pilotprojekt gemacht, in dem viel über die spezifischen Eigenschaften der Organisation bei der Einführung und Durchführung des agilen Vorgehens gelernt wird.

Wie sieht das im Detail aus? Als Beispiel nehmen wir das bei Vigenschow und Schneider etwas konkreter als bei Cohn beschriebene Vorgehen [169]. Wir betrachten zwei Ebenen bei einem Organisationsentwicklungsprojekt: die Veränderungsebene (Abb. 23.2, oben) und die operative Ebene (Abb. 23.2, unten). In der Abbildung ist auch eine mögliche Verteilung unterstützender Berater auf der Veränderungsebene des Organisationsentwicklungsprojekts und der operativen Ebene des Pilotprojekts zu sehen.

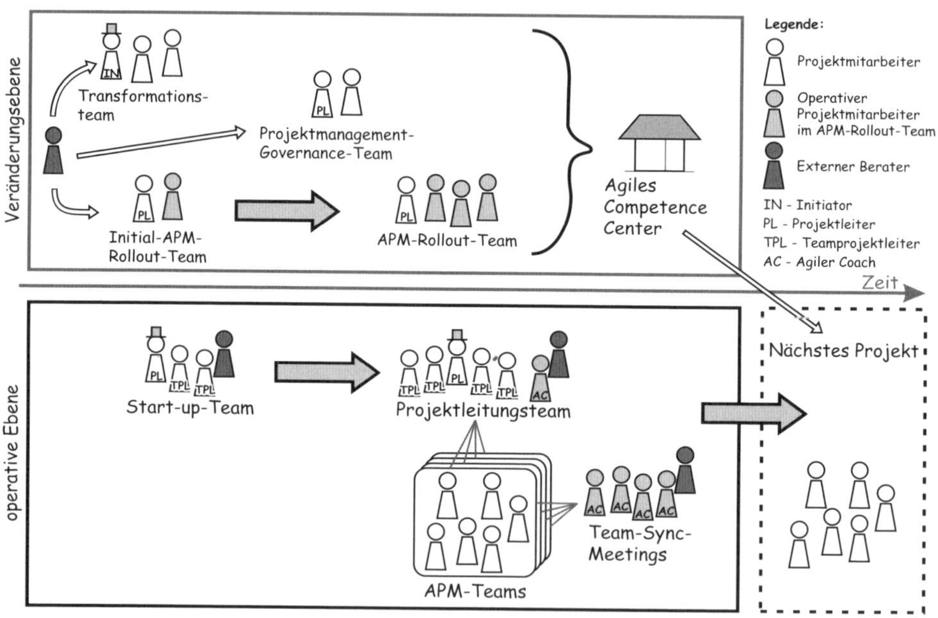

Abbildung 23.2: Schema einer schrittweisen Einführung von *APM* [169]

Wir beginnen mit unseren Maßnahmen auf der Veränderungsebene, um dort die Rahmenbedingungen für ein erstes agiles *APM*-Pilotprojekt zu setzen. Dazu initiieren wir ein Team aus hochrangigen Führungskräften aus der Organisation, um den begleitenden Veränderungsprozess zu steuern. In Abbildung 23.2 wird dieses Team als *Transformationsteam* bezeichnet. Es bildet das oberste Entscheidungsgremium für das Organisationsentwicklungsprojekt.

Um den Veränderungsprozess als eigenes Projekt ebenfalls nach *APM* durchzuführen, bedarf es neben diesem Steuerungsteam noch weiterer Teams mit eigenen, klar getrennten Verantwortungsbereichen. An diesen Teams orientiert sich der begleitende Veränderungsprozess mit der folgenden Struktur:

Im Transformationsteam sitzen neben dem Initiator weitere zentrale Linienführungskräfte, die in den Veränderungsprozess eingebunden sind bzw. für dessen erfolgreiche Umsetzung wichtig sind.

Das Projektmanagement-Governance-Team steht stellvertretend für eine entsprechende Organisationseinheit im Unternehmen. Im Governance-Team werden die allgemeinen Vorgehensweisen in den Projekten, der Entwicklungsprozess mit seinen Templates und die Vorgehensstandards wie Reporting, Gremien oder feste Rahmenbedingungen wie z. B. Genehmigungs- oder Abnahmeverfahren festgelegt. Unter Governance verstehen wir die generelle Steuerung und Regelung einer Organisationseinheit. Als die vier Grundprinzipien einer Governance, die im Veränderungsprozess erhalten oder sogar ausgebaut werden, gelten Rechenschaftspflicht, Verantwortlichkeit, Offenheit und Transparenz von Prozessen und Strukturen sowie Fairness [180].

Das APM-Rollout-Team setzt den Veränderungsprozess als eigenständiges Projekt um. Es hat einen eigenen Projektleiter für den Veränderungsprozess und besteht überwiegend aus den agilen Coaches des Pilotprojekts. Die Arbeit des *APM*-Rollout-Teams wird durch das **Initial-*APM*-Rollout-Team** dahingehend vorbereitet, z. B. die Veränderungsprojektvision zu schärfen und ein erstes Backlog für das Veränderungsprojekt zu erstellen.

Auf der operativen Ebene geht es um die Durchführung eines ersten agilen Pilotprojekts. Dabei werden konkrete Erfahrungen gesammelt und in Zusammenarbeit mit den Teams auf der Veränderungsebene als zukünftige Vorgehensweise für andere Projektteams nutzbar gemacht. In dem Pilotprojekt finden wir daher folgende Teams:

Das Start-up-Team bereitet das konkrete Projekt vor und führt die ersten Schritte durch. Dabei entwickelt es die Vision für das Projektergebnis und füllt das Backlog für das Produkt.

In den einzelnen APM-Teams erfolgt die Umsetzung des konkreten Entwicklungsprojekts, das aufgrund der Größe in diesem Beispiel mit mehreren Teams und mit einem Projektleiterteam realisiert wird.

Das Zusammenspiel dieser Teams innerhalb einer Iteration ist in Abbildung 23.3 dargestellt. Das Veränderungsprojekt ist dabei mit der gleichen Iterationsdauer wie das Pilotprojekt auf der operativen Ebene getaktet, um die Arbeitsergebnisse der einzelnen Teams aufeinander abstimmen zu können.

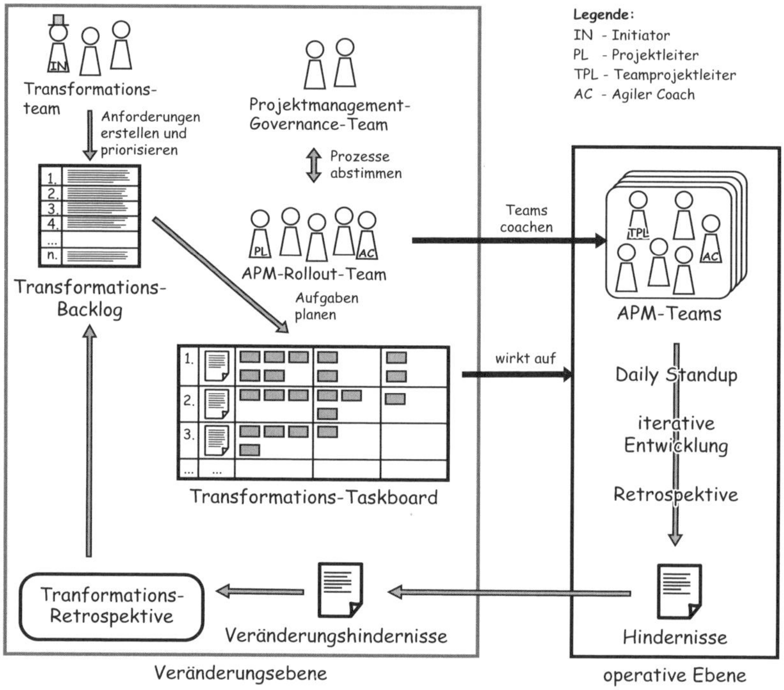

Abbildung 23.3: Schema der Prozesse bei einer *APM*-Einführung [169]

Die operative Ebene ist schnell beschrieben. Hier findet die agile Softwareentwicklung statt und das Produkt wird nach den Regeln und Prinzipien von *APM* entwickelt. Doch so einfach ist das leider nicht. Es gibt eine Reihe Entscheidungen über den konkreten Entwicklungsprozess zu treffen. Genau hier kommt die Veränderungsebene ins Spiel. In deren Transformations-Backlog (Abb. 23.3, links oben) stehen die Aufgaben zur Einführung von *APM* im Unternehmen. Dazu gehört es auch, die konkreten Rahmenparameter zu bestimmen. Das *APM*-Rollout-Team (Abb. 23.3, Mitte) legt dazu erste Startwerte und Umsetzungen fest, mit denen die Projektteams dann ihre Arbeit aufnehmen (Abb. 23.3, rechts).

Nach jeder Iteration kommt aus den Projektteams über deren Retrospektiven eine Rückmeldung an die Veränderungsebene (Abb. 23.3, unten). Wir erkennen dort, was gut funktioniert hat und an welchen Rahmenbedingungen wir Veränderungen ausprobieren können. Nach einer Retrospektive auf der Veränderungsebene wird das Transformations-Backlog und darauf aufbauend das Veränderungs-Taskboard mit den Aufgaben auf der Veränderungsebene für die nächste Iteration auf operativer Ebene erarbeitet.

Auf der Veränderungsebene werden alle übergreifenden Aufgaben benannt und die aktuellen Rahmenbedingungen festgelegt. Dies betrifft sowohl so offensichtliche Themen wie die Iterationsdauer als auch die einzelnen Schritte im Veränderungsprozess. Typischerweise wird mit einem *APM out of the book* in seiner einfachsten Implementierung von *APM* begonnen. So kann dann der Veränderungsprozess dahingehend gesteuert werden, dass z. B. festgelegt wird, wann mit mit welchen Team-Sync-Meetings begonnen wird und wie zusätzliche Featureteams eingeführt werden.

Die Trennung zwischen der Veränderungs- und der operativen Ebene ist rein methodisch und behindert die Projektentwicklung normalerweise nicht, weil das *APM*-Rollout-Team mit Vertretern aus den Entwicklungsteams besetzt wird. Nur der Projektleiter des *APM*-Rollout-Teams ist eine höhergestellte Führungskraft und nicht direkt an der Entwicklung beteiligt. Die anderen Mitglieder nehmen zentrale Rollen in ihren Entwicklungsteams ein und können als eine Art interne Coaches fungieren und so den Veränderungsprozess steuern. Durch die direkte Kommunikation in den Teams und deren Besetzung mit verschiedenen Vertretern auch aus anderen Teams findet ein regelmäßiger Abgleich statt, der eine hohe Transparenz für alle Beteiligten erzeugt. Jeder kann sich einbringen und ist aktuell informiert.

In größeren Entwicklungseinheiten finden wir häufig kleine Organisationseinheiten, die oft als Stabsstellen aufgehängt, die Aufgabe haben, sich um die grundlegenden Vorgehensweisen in der Entwicklung und deren Abstimmung mit äußeren Rahmenbedingungen wie externen Abnahmekriterien z. B. durch TÜV oder FDA zu kümmern. Wir bezeichnen diese Aufgaben als *Projektmanagement-Governance* und die entsprechende Organisationseinheit als Projektmanagement-Governance-Team (Abb. 23.3, oben Mitte). Das *APM*-Rollout-Team stimmt sich in jeder Iteration mit dem Projektmanagement-Governance-Team ab, damit auch deren Prozesse und Anforderungen in der Veränderung berücksichtigt werden können und Anforderungen bzw. Veränderungen aus den Entwicklungsteams in die Projektmanagement-Governance einfließen.

23.2.3 Den Hebel umlegen: Alle starten gemeinsam

Es kann sich lohnen, doch einen genaueren Blick auf den seltener eingesetzten Big-Bang-Ansatz zu werfen. Er sieht vor, dass sämtliche Teams gemeinsam mit Scrum starten. Eine solche Vorgehensweise hat verschiedene Vorteile und birgt erhebliche Risiken. Im Allgemeinen wird daher davon abgeraten, Agilität im Big-Bang-Ansatz einzuführen. Es sind jedoch erfolgreiche Big-Bang-Einführungen von Scrum bekannt und dokumentiert [74]. Die Chancen eines Big-Bang-Ansatzes sind:

- Die Organisationsveränderung ist im Allgemeinen schneller als bei einem Start-small-Ansatz.
- Es gibt keine Zweifel über das Maß der Verbindlichkeit der Organisationsveränderung, wenn alle Betroffenen gemeinsam und gleichzeitig ihre Arbeitsabläufe auf Scrum umstellen.
- Es gibt keine *Heldenteams*, die bereits mit den neuen Verfahren nach *APM* arbeiten dürfen, und *Verliererteams*, die noch nach den herkömmlichen Verfahren arbeiten müssen.
- Es ist kein Aufwand notwendig, zwei Verfahren der Projektdurchführung (agil und traditionell) nebeneinander zu führen und geeignete Schnittstellen und Abbildungen zu entwickeln und zu pflegen. Es funktioniert nicht, von *APM* zu verlangen, sich in die bestehenden Verfahren zur Anforderungserhebung, zum Projektreporting, zur Inbetriebnahme von Projektergebnissen zu integrieren. Im Gegenteil ist an diesen Stellen eine Anpassung der etablierten Schnittstellen notwendig, um *APM* wirksam nutzen zu können.
- Falls elektronische Werkzeuge zum Projektmanagement genutzt werden, so mindert sich bei einem Big-Bang-Ansatz auch hier der Aufwand, parallel mehrere Werkzeuge zu pflegen.

Worauf sollten Sie genau achten, wenn Sie diesen riskanteren Weg einschlagen? Behalten Sie die Erfolgsfaktoren eines Big-Bang-Ansatzes im Auge:

- Wesentlich ist der Rückhalt im mittleren und oberen Management. Die klare Position für die Einführung von *APM* muss wiederholt ins Unternehmen kommuniziert werden.
- Eine kritische Menge an Mitarbeitern, also etwa 1/3, muss vor der Einführung intensiv in *APM* geschult worden sein.
- Ganz wichtig: Man sollte der Versuchung widerstehen, vorab die einzig richtige Variation von *APM* zu definieren und diese dann nur noch auszurollen. Vielmehr ist es erforderlich, dass sich alle Beteiligten bewusst sind, dass es im ersten Jahr nach der Einführung von *APM* immer wieder zu Konflikten und Problemen kommen wird, um eine passende Implementierung von *APM* zu finden. Mit anderen Worten: Wenn dem Big-Bang-Ansatz eine iterative Verbesserung der *APM*-Implementierung folgt, kann er eine erwägenswerte Alternative zum verbreiteten Start-small-Ansatz sein.

Unabhängig davon, wie Sie bei der Einführung von *APM* vorgehen wollen, empfehlen wir die entsprechende weiterführende Literatur wie [109, 169, 170] und die Begleitung durch erfahrene agile Coaches.

Abschlussbemerkung und Literaturtipps

Wir sind am Ende unserer Reise durch das agile Projektmanagement angekommen. Auf diesem Weg haben wir eine Vielzahl von Konzepten, Praktiken und Ideen betrachtet und ein Sammelsurium ineinander greifender und zusammenspielender Techniken beleuchtet. Dennoch ist dieses Buch kein Rezeptbuch, nach dem Sie sofort Ihre agilen Projekte *backen* können. Und diese Bemerkung gilt wohl grundsätzlich für jedes Buch über Agilität.

Nach den agilen Werten leben und erleben wir Projekte in ihrer ganzen Individualität, die Projekte per definitionem haben. Wir sind daher auf die Wahrnehmung und Ideen jedes einzelnen Projektmitglieds und Stakeholders angewiesen, um unseren Weg durch das einmalige Projekt zu finden. *APM* hilft Ihnen dabei, die Weggabelungen in diesem komplexen Dschungel zu identifizieren, gemeinsam zu lernen und die jeweils bestmöglichen Entscheidungen zu treffen.

Was bedeutet Agilität für APM

Agilität ist kein Prozess, sondern eine Haltung. Im Agilen Manifest sind die anzustrebenden Werte und zwölf zentrale Prinzipien beschrieben [12]. *APM* ist ein Framework, in dem ein bestimmter Weg zur Durchführung komplexer Softwareentwicklungsprojekte beschrieben ist und der Ihnen dabei hilft, Ihre Ziele zu erreichen. Wir raten dazu, zuerst *APM* anzuwenden und dabei das Zusammenspiel der Praktiken und das Handeln nach agilen Werten genau zu verstehen, und erst danach, eigene Erweiterungen und Anpassungen vorzunehmen. *APM* ist so umfangreich und flexibel, dass dieser Ansatz mit hoher Wahrscheinlichkeit funktionieren wird. Ihr eigener Entwicklungsprozess wird sich dann entwickeln und er wird dauerhaft auf Agilität beruhen.

Projekte nach einem agilen Framework wie *APM* durchzuführen, ist anspruchsvoll. Wir werden uns schnell unserer Grenzen bewusst. *APM* beschreibt einen empirischen Prozess, in dem Sie lernen können, wie Sie Begrenzungen überwinden können. Auch wenn *APM* ein eher fortgeschritteneres agiles Konzept beschreibt, so kann es nur den Ausgangspunkt bilden oder Anregungen geben. Gleichermaßen wie Ihr Projekt voranschreitet, entwickelt sich auch Ihre Methodik innerhalb des Projekts weiter. Ein agiles

Vorgehen hilft Ihnen dabei, immer wieder die passenden, weiterführenden Fragen zu stellen. *APM* möchte Ihnen bei den Antworten helfen und die Bandbreite an Ideen vergrößern. Im Zusammenspiel mit den Teammitgliedern werden daraus dann die konkreten Lösungen erwachsen. Dabei orientieren wir uns an agilen Prinzipien. Auf dieser Weiterentwicklung beruht der Erfolg von Agilität bei der Umsetzung komplexer, anspruchsvoller Projekte.

Für APM wichtige agile Prinzipien und Praktiken

Zu Beginn in Abschnitt 2.2 haben wir uns bereits ausführlich mit agilen Werten und Prinzipien und dem Agilen Manifest beschäftigt. Zum Abschluss möchten wir unseren Blick noch einmal darauf richten, da uns diese Prinzipien in konkreten Entscheidungen als Richtschnur dienen. Was ist uns in *APM* wichtig?

- Wir können die Bearbeitung komplexer Aufgaben nicht angemessen und vollständig vorab planen. Genau diese Eigenschaft definiert komplexe Aufgaben. Deshalb haben wir uns für ein agiles Vorgehen zur Bewältigung dieser Aufgaben entschieden.
- Wir planen daher für verschiedene Zeithorizonte mit unterschiedlichem Detaillierungsgrad. Die detaillierten Planungen erfolgen regelmäßig für einen kurzen Zeitraum von ein (oder zwei) Iterationen. Dabei reagieren wir auf die neuesten Erkenntnisse und versuchen stets, die für den Projekterfolg besten nächsten Schritte zu finden.
- Wir lernen tagtäglich in einem Projekt Neues. Bei Problemen untersuchen wir diese, um sie zu lösen und daraus zu lernen. So werden wir im Projektverlauf kontinuierlich besser.
- Probleme gehen wir früh an. Dabei werden wir oft scheitern, aber lernen daraus am meisten über unser Projekt und können die nächsten Schritte besser wählen.
- Entscheidungen treffen wir erst dann, wenn der Zeitpunkt dafür gekommen ist. So basieren diese Entscheidungen auf der bestmöglichen Erfahrungs- und Wissensgrundlage.
- Wenn wir Annahmen treffen, versuchen wir, diese so schnell wie möglich zu überprüfen.
- Wir verbessern bewusst und regelmäßig unsere Zusammenarbeit und erweitern unser Wissen.

Natürlich gibt es eine Reihe weiterer wichtiger agiler Prinzipien. Die obigen scheinen uns aber besonders wertvoll für *APM* zu sein. Daher verdeutlichen wir sie uns immer wieder.

Zur Umsetzung dieser Prinzipien dient uns eine Reihe agiler Praktiken. *APM* ist ein inkrementell-iteratives Vorgehen. Die Planung erfolgt für verschiedene Zeithorizonte auf unterschiedlichem Detaillierungsgrad und wird regelmäßig an den neuesten Erkenntnisstand angepasst. Reviews und Retrospektiven am Ende jeder Iteration liefern dazu die belastbaren Informationen für das weitere Vorgehen im Projekt. Die Umsetzung erfolgt architekturzentriert und nach dem Test-First-Ansatz. Und als wohl wesentlichstes Erfolgskriterium erfolgt die Kommunikation aller Stakeholder direkt und regelmäßig im festen Rhythmus des Projekts.

Wie gehen wir mit Problemen um?

Was machen wir, wenn *APM* nicht so funktioniert, wie wir es uns vorstellen? Wir beobachten zuerst genau, was das Problem ist, und wenden nicht mechanisch Regeln an, die uns im Augenblick sinnvoll erscheinen. Zur Problemlösung brauchen wir die Sichten aller beteiligten Personen. Es kommt immer auf den Kontext an, ob eine Praktik wertvoll oder störend ist.

Wir probieren Ideen aus und experimentieren, wie wir gemeinsam den besten oder zumindest einen brauchbaren Weg finden. Die Grundidee ist dabei, Rückkopplungsschleifen aufzubauen und bestehende zu verkürzen. Lassen Sie sich gerne durch Ideen anderer anregen, doch übernehmen Sie nicht einfach blind etwas, ohne es vorher gemeinsam an den Kontext und die Bedürfnisse im Projekt anzupassen [5].

Literaturtipps – Themen vertiefen

In diesem Buch werden über 190 Bücher, Artikel oder andere Quellen referenziert. Die unserer Meinung nach wertvollsten Tipps für eine Vertiefung der Themen sind im Folgenden aufgeführt.

Scrum von Boris Gloger geht tiefer als viele Scrum-Einführungen und ist gleichzeitig umfassend und aktuell [59].

Agile Project Management von Jim Highsmith kommt *APM* am nächsten und steckt voller Ideen und Anregungen [72].

Agiles Produktmanagement mit Scrum von Roman Pichler vertieft die Rolle des Product Owner und lässt sich gut auf *APM* übertragen [128].

User Stories von Mike Cohn, die Übersetzung von *User Stories Applied* [27], schafft ausführliche Grundlagen auch für *APM*.

Agile Estimating and Planning ebenfalls von Mike Cohn ist ein Standardwerk, das auf keinem Schreibtisch fehlen darf [28].

eXtreme Programming ist eine praxisnahe Einführung in XP von Henning Wolf, Stefan Roock und Martin Lippert [184].

Agile Software Requirements von Dean Leffingwell ist voller anregender Ideen zum Anforderungsmanagement in größeren Projekten [103].

Requirements Engineering für die agile Softwareentwicklung von Johannes Bergsmann passt inhaltlich und methodisch sehr gut zu *APM* [16].

Implementing Lean Software Development von Mary und Tom Poppendieck ist ein unverzichtbares Grundlagenwerk zum Thema *Lean und IT* [131].

Kanban in der IT von Klaus Leopold und Siegfried Kaltenecker ist wohl eines der anregendsten Bücher zu diesem Thema [105].

Disciplined Agile Delivery von Scott Ambler und Mark Lines ergänzt agiles Projektmanagement um technisch-architekturelle Sichten [2].

Vorgehensmuster für Softwarearchitektur von Stefan Toth befasst sich ausschließlich und innovativ mit Agilität und Architektur [162].

Clean Code von Robert Martin ist »A Handbook of Agile Software Craftsmanship«, nicht mehr und nicht weniger [112].

Effectives Arbeiten mit Legacy Code von Michael Feathers bildet die Basis zum meist notwendigen Umgang mit bestehender Software [49].

Coaching Agile Teams von Lyssa Adkins bildet für jeden agilen Coach oder Scrum Master die Grundlage [1].

Soft Skills für Softwareentwickler von Uwe Vigenschow, Björn Schneider und Ines Meyrose betrachtet die notwendigen *weichen* Faktoren [171].

Agile Retrospectives von Esther Derby und Diana Larsen widmen sich der permanenten Verbesserung [43], wobei sich auch [4] und [107] lohnen.

Scaling Lean & Agile Development von Craig Larman und Bas Vodde ist ein inspirierendes Buch voller Werkzeuge und Ideen [99].

Agile Softwareentwicklung mit verteilten Teams von Jutta Eckstein fokussiert auf verteilte Projekte [46] und bildet gemeinsam mit ihrem Buch

Agile Softwareentwicklung in großen Projekten eine solide, anregende und umfassende Sicht auf große und damit oft verteilte, agile Projekte [47].

Succeeding with Agile ist das dritte Buch von Mike Cohn, das wir empfehlen, weil es die Einführung und Skalierung praxisnah beschreibt [31].

The Software Project Manager's Bridge to Agility von Michele Sliger und Stacia Broderick zeigt die Unterschiede zwischen traditionellem und agilem Vorgehen auf [149].

Diese Auswahl ist natürlich unsere subjektive Sicht. Außerdem gibt es keinen besseren Lehrmeister als die Praxis. Wir wünschen Ihnen viel Freude, Spaß und Erfolg bei Ihrer Interpretation von *APM*.

Referenzen und weiterführende Literatur

[1] Lyssa Adkins. *Coaching Agile Teams – A Companion for ScrumMasters, Agile Coaches, and Project Managers in Transition*. Addison-Wesley, 2010.

[2] Scott W. Ambler und Mark Lines. *Diciplined Agile Delivery – A Practitioner's Guide to Agile Software Delivery in the Enterprise*. Addison-Wesley Longmann (IBM Press), 2012.

[3] David J. Anderson. *Kanban – Evolutionäres Change Management für IT-Organisationen*. dpunkt.verlag, 2011.

[4] Judith Andresen. *Retrospektiven in agilen Projekten – Ablauf, Regeln und Methodenbausteine*. Hanser, 2014.

[5] Jurgen Appelo. *Management 3.0 – Leading Agile Developers, Developing Agile Leaders*. Addison-Wesley, 2011.

[6] Helmut Balzert. *Lehrbuch der Software-Technik – Software-Management, Software-Qualitätssicherung, Unternehmensmodellierung*, Band 2. Spektrum Akademischer Verlag, 1998.

[7] Len Bass, Paul Clements und Rick Kazman. *Software Architecture in Practice*. Addison-Wesley Longman, 3. Auflage, 2012.

[8] Gregory Bateson. *Ökologie des Geistes – Anthropologische, psychologische, biologische und epistemologische Perspektiven*. suhrkamp taschenbuch wissenschaft, 1981.

[9] Gregory Bateson. *Geist und Natur – Eine notwendige Einheit*. suhrkamp taschenbuch wissenschaft, 1987.

[10] Kent Beck. *Test-Driven Development by Example*. Addison-Wesley, 2002.

[11] Kent Beck und Cynthia Andres. *Extreme Programming Explained – Embrace Change*. Addison-Wesley, 2. Auflage, 2004.

[12] Kent Beck et al. *Manifesto for Agile Software Development*. www.agilemanifesto.org, 2001.

[13] Kent Beck und Martin Fowler. *Planning eXtreme Programming*. Addison-Wesley, 2000.

[14] Hans-Peter Beck-Bornholdt und Hans-Hermann Dubben. *Der Hund, der Eier legt – Erkennen von Fehlinformation durch Querdenken*. Rowohlt Taschenbuch, 1997.

[15] Jim Benson und Tonianne DeMaria Barry. *Personal Kanban – Visualisierung und Planung von Aufgaben, Projekten und Terminen mit dem Kanban-Board*. dpunkt.verlag, 2013.

[16] Johannes Bergsmann. *Requirements Engineering für die agile Softwareentwicklung*. dpunkt.verlag, 2014.

[17] Andy Berner. *Constant Velocity Is a Myth*. http://www.qsm.com/articles/constant-velocity-myth, Dezember 2013.

[18] Steve Blank. *The Four Steps to the Epiphany – Successfull Strategies for Products that Win*. K & S Ranch, 5. Auflage, 2013.

[19] Rolf Blumenthal, Heinrich Hambloch et al. *Alternative Software Development Models and Methods in GxP Environments*. *Pharmaceutical Engineering – The Official Magazine of ISPE*, 32(1):16 – 24, Januar/Februar 2012.

[20] Steve Bockman und Shane Duan. *Team Estimation Game*. http://agileworks.blogspot.de/2008/01/team-estimation-game-by-steve-bockman.html, Januar 2008.

[21] Barry Boehm und Richard Turner. *Balancing Agility and Discipline A Guide for the Perplexed*. Addison-Wesley, 2004.

[22] Barry W. Boehm. *Software Engineering Economics*. Prentice Hall, 1981.

[23] Barry W. Boehm. *A Spiral Model of Software Development and Enhancement*. *ACM Sigsoft*, Seiten 14 – 24, August 1986.

[24] Grady Booch. *The Accidential Architecture*. *IEEE Software*, Seiten 9 – 11, May/June 2006.

[25] Frederick P. Brooks. *Vom Mythos des Mann-Monats – Essays zum Software-Engineering*. mitp, 2003.

[26] Heike Bruch. *Outsourcing – Konzepte und Strategien, Chancen und Risiken*. Gabler, 1998.

[27] Mike Cohn. *User Stories Applied*. Addison-Wesley, 2004.

[28] Mike Cohn. *Agile Estimating and Planning*. Prentice Hall, 2006.

[29] Mike Cohn. *Advice on Conducting the Scrum of Scrums Meeting*. http://www.scrumalliance.org/community/articles/2007/may/advice-on-conducting-the-scrum-of-scrums-meeting, Mai 2007.

[30] Mike Cohn. *Should a Team Swarm on to One Backlog Item at a Time?* http://www.mountaingoatsoftware.com/blog/should-a-team-swarm-on-to-one-backlog-item-at-a-time, Oktober 2008.

[31] Mike Cohn. *Succeeding with Agile – Software Development Using Scrum*. Addison-Wesley, 2010.

[32] Mike Cohn. *Agile Succeeds Three Times More Often Than Waterfall*. http://www.mountaingoatsoftware.com/blog/agile-succeeds-three-times-more-often-than-waterfall, 2012.

[33] Larry L. Constantine. *Building Structured Open Teams to Work*. In: *Software Development '91 Proceedings*. Miller Freeman, 1991.

[34] Alan Cooper. *The Inmates are Running the Asylum – Why High-Tech-Products Drive Us Crazy and How to Restore the Sanity*. Sams, 2. Auflage, 2004.

[35] Alan Cooper, Robert Reimann und David Cronin. *About Face – Interface and Interaction Design*. mitp, 2010.

[36] Jim Coplien. *An Alternative to Kanban: One Piece Continuous Flow*. http://scrum.jeffsutherland.com/2011/11/alternative-to-kanban-one-piece.html, November 2011.

[37] Lisa Crispin und Janet Gregory. *Agile Testing – A Practical Guide for Testers and Agile Teams*. Addison-Wesley, 2009.

[38] Thomas J. DeLong, John J. Gabarro und Robert J. Lees. *Warum Mentoring so wichtig ist. Harvard Business Manager Magazin*, Seiten 90 – 100, Mai 2008.

[39] Tom DeMarco, Peter Hruschka, Tim Lister, Steve McMenamin, James Robertson und Suzanne Robertson. *Adrenalin Junkies & Formular Zombies – Typisches Verhalten in Projekten*. Hanser, 2007.

[40] Tom DeMarco und Timothy Lister. *Wien wartet auf Dich!* Hanser, 2. Auflage, 1999.

[41] Tom DeMarco und Timothy Lister. *Bärentango – Mit Risikomanagement Projekte zum Erfolg führen*. Hanser, 2003.

[42] Mark Denne und Jane Cleland-Huang. *Software by Numbers – Low-Risk, High-Return Development*. Prentice Hall, 2003.

[43] Esther Derby und Diana Larsen. *Agile Retrospectives – Making Good Teams Great*. The Pragmatic Bookshelf, 2006.

[44] Avenash Dixit und Barry Nalebuff. *Spieltheorie für Einsteiger – Strategisches Know-how für Gewinner*. Schäffer-Poeschel, 1997.

[45] Rolf Dobelli. *Die Kunst des klugen Handelns – 52 Irrwege, die Sie besser anderen überlassen*. Hanser, 2012.

[46] Jutta Eckstein. *Agile Softwareentwicklung mit verteilten Teams*. dpunkt.verlag, 2009.

[47] Jutta Eckstein. *Agile Softwareentwicklung in großen Projekten – Teams, Prozesse und Technologien*. dpunkt.verlag, 2. Auflage, 2012.

[48] George Fairbanks. *Just Enough Softwar Architecture – A Risk Driven Approach*. Marshall & Brainerd / CRC Press Inc, 2010.

[49] Michael C. Feathers. *Effektives Arbeiten mit Legacy Code – Refactoring und Testen bestehender Software*. mitp, 2011.

[50] Hans-Joachim Flechtner. *Grundbegriffe der Kybernetik*. dtv, 5. Auflage, 1984.

[51] Martin Fowler. *Refactoring – Wie Sie das Design vorhandener Software verbessern*. Addison-Wesley, 2000.

[52] Martin Fowler. *The XP 2002 Conference*. http://www.martinfowler.com/articles/xp2002.html, 2002.

[53] Martin Fowler. *Who Needs an Architect? IEEE Software*, Seiten 2 – 4, July/August 2003. http://www.in-ag.eu/uploads/media/whoNeedsArchitect.pdf.

[54] Martin Fowler. *Frequency Reduces Difficulty*. http://martinfowler.com/bliki/FrequencyReducesDifficulty.html, July 2011.

[55] Martin Fowler. *Purpose of Estimation*. http://martinfowler.com/bliki/PurposeOfEstimation.html, Februar 2013.

[56] Karol Frühauf, Jochen Ludewig und Helmut Sandmayr. *Software-Prüfung – Eine Anleitung zum Test und zur Inspektion*. vdf, 4. Auflage, 2000.

[57] Bundesamt für Arbeitsschutz und Arbeitsmedizin. *Gesundheitsschutz 4 – Lärmwirkungen: Gehör, Gesundheit, Leistung*. 11. Auflage, 2004. http://www.baua.de/de/Publikationen/Broschueren/Gesundheitsschutz/Gs04.html.

[58] Erich Gamma, Richard Helm, Ralph Johnson und John Vlissides. *Entwurfsmuster – Elemente wiederverwendbarer objektorientierter Software*. Addison-Wesley, 3. Auflage, 1996.

[59] Boris Gloger. *Scrum – Produkte zuverlässig und schnell entwickeln*. Hanser, 4. Auflage, 2013.

[60] Boris Gloger. *Wie schätzt man in Agilen Projekten – oder wieso Scrum-Projekte erfolgreicher sind*. Hanser, 2014.

[61] Boris Gloger und André Häusling. *Erfolgreich mit Scrum – Einflussfaktor Personalmanagement*. Hanser, 2011.

[62] GTB Working Party Glossary. *ISTQB / GTB Standardglossar der Testbegriffe*. http://www.german-testing-board.info/downloads/pdf/CT_Glossar_DE_EN_V21.pdf, September 2010. Version 2.1.

[63] Nils Göde und Rainer Koschke. *Frequency and Risks of Changes to Clones*. In: *Proceedings of the International Conference on Software Engineering*, Seiten 311 – 320. ACM Press, 2011.

[64] Mike Griffiths. *PMI-ACP Exam Prep*. RMC Pubns Inc, 2012.

[65] Jean Claude Grosjean. *Agile Risk Board*. http://www.agile-ux.com/2009/07/23/agile-risk-board/, Juli 2009.

[66] Mayank Gupta. *Definition of Done: a Reference*. http://www.scrumalliance.org/community/articles/2008/september/definition-of-done-a-reference, 2008.

[67] Johan Gustafsson. *Model of Agile Software Management: A Case Study*. Master's thesis, Chalmers University of Technology, Göteborg, Sweden, June 2011.

[68] Marcus Hammarberg. *Some thoughts on KPIs in agile organizations*. http://www.marcusoft.net/2012/02/some-thoughts-on-kpis-in-agile.html, Februar 2012.

[69] Jan Harder und Rebecca Tiarks. *A Controlled Experiment on Software Clones*. In: *Proceedings of the International Conference on*

Program Comprehension, Seiten 219 – 228. IEEE Computer Society Press, 2012.

[70] Deborah Hartmann und Robin Dymond. *Appropriate Agile Measurement: Using Metrics and Diagnostics to Deliver Business Value*. In: *AGILE 06 Proceedings of the conference AGILE 2006*, Seiten 126 – 134, 2006.

[71] Ronald A. Heifetz, Marty Linsky und Alexander Grashow. *The Practice of Adaptive Leadership – Tools and Tactics for Changing Your Organization and the World*. Harvard Business Press, 2009.

[72] Jim Highsmith. *Agile Project Management – Creating Innovative Products*. Addison-Wesley, 2. Auflage, 2010.

[73] Jim Highsmith. *Speed to Value*. http://jimhighsmith.com/speed-to-value/, März 2011.

[74] Michael Hofmann und Meino von Spreckelsen. *Einführung von Scrum im Großen – ein Praxisbericht*. 30. Internationales Projektmanagement Forum, Oktober 2013.

[75] Herbert Hörz (Hrsg.). *Selbstorganisation sozialer Systeme – Ein Verhaltensmodell zum Freiheitsgewinn*. LIT-Verlag, 1994.

[76] International Conference on Harmonisation of Technical Requirements for Registration of Pharmaceuticals for Human Use. *ICH Harmonised Tripartite Guideline – Quality Risk Management 09*. http://www.ich.org/products/guidelines/quality/article/quality-guidelines.html, November 2005.

[77] ISPE. *GAMP 5 – A Risk-Based Approach to Compliant GxP Computerized Systems*. ISPE, 2008.

[78] ISPE. *GAMP Good Practice Guide – A Risk-Based Approach of Testing GxP Systems*. ISPE, 2. Auflage, 2012.

[79] Ivar Jacobsen, Grady Booch und James Rumbaugh. *The Unified Software Development Process*. Addison-Wesley, 1999.

[80] Ron Jeffries. *Essential XP: Card, Conversation, Confirmation*. http://xprogramming.com/articles/expcardconversationconfirmation/, August 2001.

[81] Capers Jones. *Applied Software Measurement – Assuring Productivity and Quality*. McGraw-Hill, 2. Auflage, 1996.

[82] Capers Jones. *Estimating Software Costs – Bringing Realism to Estimation*. McGraw-Hill, 2. Auflage, 2007.

[83] Elmar Jürgens, Florian Deissenböck, Benjamin Hummel und Stefan Wagner. *Do Code Clones Matter?* In: *Proceedings of the International Conference on Software Engineering*, Seiten 485 – 495. ACM Press, 2009.

[84] George L. Kelling und James Q. Wilson. *Broken Windows – The police and neighborhood safety*. *The Atlantik*, März 1982.

[85] Michael Kennedy. *Product Development for the Lean Enterprise – Why Toyota's System is Four Times More Productive and How You Can Implement It*. Oaklea Press, 2010.

[86] Norman L. Kerth. *Project Retrospectives – A Handbook for Team Reviews*. Dorset House, 2001.

[87] Norman L. Kerth. *Post Mortem – Projekte erfolgreich auswerten*. mitp, 2005.

[88] Henrik Kniberg. *Scrum and XP from the Trenches – How we do Scrum*. C4Media, 2007.

[89] Henrik Kniberg. *Lean from the Trenches – Managing Large-Scale Projects with Kanban*. Pragmatic Bookshelf, 2011.

[90] Ludwig Knoll. *Lexikon der praktischen Psychologie*. Gondrom, 1997.

[91] Oliver König und Karl Schattenhofer. *Einführung in die Gruppendynamik*. Carl-Auer, 2. Auflage, 2007.

[92] Rainer Koschke. *Bad Smells und Refactoring – Wie sorge ich für sauberen Code?* ESE – Embedded Software Engineering Kongress, Dezember 2013.

[93] Hartmut Krasemann. *Makro-Schätzen von Projekten*. *Objektspektrum*, (4), Juli-August 2005.

[94] Charles B. Kreitzberg und Ambrose Little. *The Power of Personas*. *MSDN Magazine*, April 2009. http://msdn.microsoft.com/en-us/magazine/dd569755.aspx.

[95] Dietmar Kropfitsch und Uwe Vigenschow. *Das Fehlermodell: Aufwandsschätzung und Planung von Tests*. *Objekt Spektrum*, Seiten 30 – 35, November/Dezember 2003.

[96] Philippe Kruchten. *Der Rational Unified Process – Eine Einführung*. Addison-Wesley, 1999.

[97] Max Landsberg. *The Tao of Coaching*. Profile Books, 2003. Aktuelle Ausgabe des Buchs von 1996.

[98] Craig Larman und Vic Basili. *Iterative and Incremental Development: A Brief History*. *Computer*, 36(6):47 – 56, Juni 2003.

[99] Craig Larman und Bas Vodde. *Scaling Lean & Agile Development – Thinking and Organizational Tools for Large-Scale-Scrum*. Addison Wesley, 2009.

[100] Jean Lave und Étienne Wenger. *Situated Learning – Legitimate peripherical participation*. Cambridge University Press, 1991.

[101] Dean Leffingwell. *Scaling Software Agility – Best Practices for Large Enterprises*. Addison-Wesly, 2007.

[102] Dean Leffingwell. *Agile Software Development with Verification and Validation in High Assurance and Regulated Environments*. *Whitepaper auf www.rallydev.com*, Oktober 2011.

[103] Dean Leffingwell. *Agile Software Requirements – Lean Requirements Practices for Teams, Programs, and the Enterprise.* Addison-Wesley, 2011.

[104] Oliver F. Lehmann und Bernd Oestereich. *Projektmanagement der kritischen Kette: Critical-Chain-Projektmanagement. Objektspektrum*, (6):24 – 27, November/Dezember 2007.

[105] Klaus Leopold und Siegfried Kaltenecker. *Kanban in der IT – Eine Kultur der kontinuierlichen Verbesserung schaffen.* Hanser, 2012.

[106] Wei Li und Raed Shatnawi. *An empirical study of the bad smells and class error probability in post-release object-oriented system evolution. Journal of System and Software*, 80(7):1120 – 1128, 2007.

[107] Marc Löffler. *Retrospektiven in der Praxis – Veränderungsprozesse in IT-Unternehmen effektiv begleiten.* dpunkt.verlag, 2014.

[108] William A. Madden und Kyle Y. Rone. *Design, Development, Integration: Space Shuttle Primary Flight Software System. Communications of the ACM*, 27(9):914 – 925, September 1984.

[109] Mary Lynn Manns und Linda Rising. *Fearless Change – Patterns for Introducing New Ideas.* Addison-Wesley, 2005.

[110] Edmond Marc und Dominique Picard. *Bateson, Watzlawick und die Schule von Palo Alto.* Hain, 1991.

[111] James March und Herbert Simon. *Organizations.* Blackwell, 2. Auflage, 1993.

[112] Robert C. Martin. *Clean Code – A Handbook of Agile Software Craftsmanship.* Prentice Hall, 2009.

[113] Steve McConnell. *Aufwandschätzung bei Softwareprojekten.* Microsoft Press, 2006.

[114] Ikujiro Nonaka und Hirotaka Takeuchi. *Die Organisation des Wissens – Wie japanische Unternehmen eine brachliegende Ressource nutzbar machen.* Campus, 1997.

[115] Dan North. *Behavior Modification – The Evolution of Behavior-Driven Development. Better Software Magazine*, Seiten 26 – 31, March 2006.

[116] Bernd Oestereich. *Die Macht des Rhythmus – Das OEP-Time-spacing-Verfahren. Objektspektrum*, (2):57 – 60, März-April 2000.

[117] Bernd Oestereich und Axel Scheithauer. *Analyse und Design mit der UML 2.5 – Objektorientierte Softwareentwicklung.* Oldenbourg, 2013. Unter Mitarbeit von Stefan Bremer.

[118] Bernd Oestereich und Christian Weiss. *APM – Agiles Projektmanagement – Erfolgreiches Timeboxing für IT-Projekte.* dpunkt.verlag, 2008. Unter Mitarbeit von Oliver F. Lehmann und Uwe Vigenschow.

[119] Taiichi Ohno. *Das Toyota-Produktionssystem.* Campus, 1993.

[120] Steffen Olbrich, Daniela S. Cruzes, Victor Basil und Nico Zazworka. *The evolution and impact of code smells: A case study of two open source systems*. In: *Proceedings of the Empirical Software Engineering and Measurement*, Seiten 390 – 400. IEEE Computer Society Press, 2009.

[121] Andreas Opelt, Boris Gloger, Wolfgang Pfarl und Ralf Mittermayr. *Der agile Festpreis – Leitfaden für wirklich erfolgreiche IT-Projekt-Verträge*. Hanser, 2012.

[122] Alexander Osterwalder und Yves Pigneur. *Business Model Generation – Ein Handbuch für Visionäre, Spielveränderer und Herausforderer*. Campus, 2011.

[123] Stephen R. Palmer und John M. Felsing. *A Practical Guide to Feature-Driven Development*. Prentice Hall, 2002.

[124] Jeff Patton. *The new user story backlog is a map*. http://www.agileproductdesign.com/blog/the_new_backlog.html, Oktober 2008.

[125] Tom Perry. *What is Swarming?* http://agiletools.wordpress.com /2007/12/03/what-is-swarming/, Dezember 2007.

[126] Roman Pichler. *Scrum – Agiles Projektmanagement erfolgreich einsetzen*. dpunkt.verlag, 2008.

[127] Roman Pichler. *10 Tips for Writing Good User Stories*. http:// www.romanpichler.com/blog/10-tips-writing-good-user-stories/, Oktober 2010.

[128] Roman Pichler. *Agiles Produktmanagement mit Scrum – Erfolgreich als Product Owner arbeiten*. dpunkt.verlag, 2. Auflage, 2013.

[129] Roman Pichler. *A Template for Formulating Great Sprint Goals*. http://www.romanpichler.com/blog/sprint-goal-template, März 2014.

[130] Mary Poppendieck und Tom Poppendieck. *Lean Software Development – An Agile Toolkit for Software Development Managers*. Addison-Wesley, 2003.

[131] Mary Poppendieck und Tom Poppendieck. *Implementing Lean Software Development – From Concept to Cash*. Addison-Wesley, 2007.

[132] Roger S. Pressman. *Software Engineering – A Practitioner's Approach*. McGraw Hill, 7. Auflage, 2009.

[133] Project Management Institute. *A Guide to the Project Management Body of Knowledge (PMBOK Guide)*. Project Management Institute, 4. Auflage, 2008.

[134] Doug Putnam. *How much software can be developed in a year?* http://www.qsm.com/resources/research/research-articles-papers, March 2002.

[135] Michael Richter und Markus Flückiger. *Usability Engineering kompakt – Benutzbare Software gezielt entwickeln*. Spektrum Akademischer Verlag, 2. Auflage, 2010.

[136] Stefan Roock. *Darf's ein bisschen mehr sein? (Ver-)Schätzen in der Softwareentwicklung. agile review – Das Kundenmagazin von it-agile*, (2):38 – 45, 2013.

[137] Stefan Roock. *Prinzipien agiler Skalierung. agile review – Das Kundenmagazin von it-agile*, (1):4 – 9, 2014.

[138] Gerhard Roth. *Persönlichkeit, Entscheidung und Verhalten – Warum es so schwierig ist, sich und andere zu ändern*. Klett-Cotta, 4. Auflage, 2008.

[139] Winston W. Royce. *Managing the Development of Large Software Systems. IEEE WESCON*, Seiten 1 – 9, August 1970. Nachdruck in: Proceedings of the 9th International Conference of Software Engineering, Seiten 328 – 338, Monterey, CA, 1987.

[140] John Rusk. *Earned Value for Agile Development. Journal of Software Technology*, 12(1):20 – 27, April 2009.

[141] Elmar Sauerwein, Franz Bailom, Kurt Matzler und Hans H. Hinterhuber. *The Kano Model: How to Delight Your Customers. IX. International Working Seminar on Production Economics*, Seiten 313 – 327, Februar 1996.

[142] Friedemann Schulz von Thun. *Miteinander reden 2 – Stile, Werte und Persönlichkeitsentwicklung*. Rowohlt, 38. Auflage, 2003.

[143] Ken Schwaber. *Agiles Projektmanagement mit Scrum*. Microsoft Press Deutschland, 2007.

[144] Ken Schwaber und Jeff Sutherland. *The Scrum Guide – The Definitive Guide to Scrum: The Rules of the Game*. www.scrum.org/scrumguides, Juli 2013.

[145] Shalom H. Schwartz und Wolfgang Bilsky. *Toward a universal psychological structure of human values. Journal of Personality and Social Psychology*, (53):550 – 562, 1987.

[146] James Shore und Shane Warden. *The Art of Agile Development*. O'Reilly, 2008.

[147] Johannes Siedersleben. *Moderne Softwarearchitekturen – Umsichtig planen, robust bauen mit Quasar*. dpunkt.verlag, 2004.

[148] Walter Simon. *Managementkonzepte von A bis Z – Managementtheorien, Führungsstrategien, Führungstools*. Gabal, 2. Auflage, 2009.

[149] Michele Sliger und Stacia Broderick. *The Software Project Manager's Bridge to Agility*. Addison-Wesley, 2008.

[150] Harry M. Sneed. *Software Management*. Rudolf Müller, 1987.

[151] Harry M. Sneed. *Software-Projektkalkulation*. Hanser, 2005.

[152] Software Engineering Institute Carnegie Mellon University. *Glossary*. http://www.sei.cmu.edu/architecture/start/glossary/index.cfm.

[153] Eberhard Stahl. *Dynamik in Gruppen – Handbuch der Gruppenleitung*. Beltz PVU, 2002.

[154] Standish Group. *Chaos Report*. http://www.standishgroup.com/chaos.html, 1998.

[155] Gernot Starke. *Effektive Softwarearchitekturen – Ein praktischer Leitfaden*. Hanser, 5. Auflage, 2011.

[156] Beat Staubli. *Belästigender Lärm am Arbeitsplatz*. http://www.ergo-online.de/html/service/download_area/Laerm-Suva.pdf, 2006.

[157] Tamara Sulaiman. *AgileEVM: Measuring Cost Efficiency Across the Product Lifecycle*. http://www.infoq.com/articles/agile-evm, Oktober 2007.

[158] James Surowiecki. *Die Weisheit der Vielen – Warum Gruppen klüger sind als Einzelne*. Goldmann, 2007.

[159] Hirotaka Takeuchi und Ikojiro Nonaka. *The New New Product Development Game*. *Harvard Business Review*, Seiten 137 – 146, January-February 1986.

[160] Dave Thomas. *CodeKata – How to Become a Better Developer*. http://codekata.pragprog.com/, 2007.

[161] Stefan Toth. *Des Pudels Kern – Qualitätsanforderungen machen Architektur zum agilen Freundkörper*. *Objektspektrum*, (3):32 – 38, 2010.

[162] Stefan Toth. *Vorgehensmuster für Softwarearchitekturen – Kombinierbare Praktiken in Zeiten von Agil und Lean*. Hanser, 2014.

[163] Stefan Toth und Uwe Vigenschow. *Architektur und Agilität – so passt das zusammen*. *HMD – Praxis der Wirtschaftsinformatik*, (290):44 – 55, April 2013.

[164] Stefan Toth, Uwe Vigenschow und Markus Wittwer. *1. Ergebniszusammenfassung der Studie Einfluss klassischer und agiler Techniken auf den Erfolg von IT-Projekten*. http://www.oose.de/projektmanagement/pm-studie.html, Juli 2009.

[165] Bruce W. Tuckman. *Developmental sequence in small groups*. *Psychological Bulletin*, 63:384 – 399, 1965.

[166] Rudi van der Made. *Scrum is fun*. http://agilethings.nl/scrum-is-fun/, März 2013.

[167] Uwe Vigenschow. *Testen von Software und Embedded Systems – Professionelles Vorgehen mit modellbasierten und objektorientierten Ansätzen*. dpunkt.verlag, 2. Auflage, 2010.

[168] Uwe Vigenschow. *Personas und Szenarien – Anwendersichten auf die Anforderungen*. *dotnetpro*, (12):135 – 139, 2011.

[169] Uwe Vigenschow und Björn Schneider. *Soft Skills für IT-Berater – Workshops durchführen, Kunden methodisch beraten und Veränderungen aktiv gestalten*. dpunkt.verlag, 2012. Unter Mitarbeit von Ines Meyrose.

[170] Uwe Vigenschow, Björn Schneider und Ines Meyrose. *Soft Skills für IT-Führungskräfte und Projektleiter – Softwareentwickler führen und coachen, Hochleistungsteams aufbauen*. dpunkt.verlag, 2. Auflage, 2012.

[171] Uwe Vigenschow, Björn Schneider und Ines Meyrose. *Soft Skills für Softwareentwickler – Fragetechniken, Konfliktmanagement, Kommunikationstypen und -modelle*. dpunkt.verlag, 3. Auflage, 2014.

[172] Uwe Vigenschow, Stefan Toth und Markus Wittwer. *Agil auf breiter Front – Techniken für eine erfolgreiche Projektsteuerung*. *dotnetpro*, (10):136 – 139, 2010.

[173] William C. Wake. *INVEST in Good Stories and SMART Tasks*. http://xp123.com/articles/invest-in-good-stories-and-smart-tasks/, August 2003.

[174] Tim Weilkiens, Christian Weiss und Andrea Grass. *Basiswissen Geschäftsprozessmanagement – Aus- und Weiterbildung zum OMG Certified Expert in Business Process Management (OCEB) – Fundamental Level*. dpunkt.verlag, 2010.

[175] Gerald M. Weinberg. *Systemdenken und Softwarequalität*. Hanser, 1994.

[176] Étienne Wenger, Richard McDermott und William M. Snyder. *Cultivating Communities of Practice*. Harvard Business School Press, 2002.

[177] Ralf Westphal. *Der Wahnsinn Vollauslastung*. *dotnetpro*, (7):120 – 121, 2014.

[178] John Whitmore. *Coaching für die Praxis – Wesentliches für jede Führungskraft*. allesimfluss-Verlag, 3. Auflage, 2006.

[179] Udo Wiegärtner. *Die Agilität ist irgendwo da draußen, oder?* Keynote auf der Manage Agile Konferenz, Berlin, Oktober 2013.

[180] Wikipedia. *Die freie Enzyklopädie*. http://de.wikipedia.org/wiki/Hauptseite.

[181] Marcus Winteroll. *Geschichtenerzähler – Übersichtliche Anforderungen mit Story Maps*. *iX*, (5):104 – 107, 2011.

[182] Markus Wittwer. *Entscheiden im Konsens – Soziokratische Wahl*. http://www.oose.de/blogpost/entscheiden-im-konsens-teil-4-soziokratische-wahl/, 2011. Vierteiliger Blog-Artikel.

[183] Gerhard Wohland und Matthias Wiemeyer. *Denkwerkzeuge der Höchstleister*. Murmann, 2007.

[184] Henning Wolf, Stefan Roock und Martin Lippert. *eXtreme Programming – Eine Einführung mit Empfehlungen und Erfahrungen aus der Praxis*. dpunkt.verlag, 2. Auflage, 2005.

[185] Eberhard Wolff. *Der Umgang mit technischen Schulden – Wie Teams und Projektleiter Qualität gemeinsam managen können. Business Technology*, (2):18 – 22, 2013.

[186] Kulawat Wongsaroj. *Visualizing the Big Picture of your Agile Project*. http://www.infoq.com/articles/visualize-big-picture-agile, Dezember 2012.

[187] Raymond Young und Edward Jordan. *Top management support: Mantra or necessity? International Journal of Project Management*, 26(7):713 – 725, 2008.

[188] Raymond Young und Simon Poon. *Top management support – almost always necessary and sometimes sufficient for success: Findings from a fuzzy set analysis. International Journal of Project Management*, 31(7):943 – 957, 2013.

[189] Philip G. Zimbardo und Richard J. Gerrig. *Psychologie*. Springer-Verlag, 7. Auflage, 1999.

[190] Stefan Zörner. *Softwarearchitekturen dokumentieren und kommunizieren – Entwürfe, Entscheidungen und Lösungen nachvollziehbar und wirkungsvoll festhalten*. Hanser, 2012.

[191] Stefan Zörner. *arc42-Starschnitt: Gradle*. http://update.hanser-fachbuch.de/tag/arc42-starschnitt, 2013–2014. 8-teilige Artikelserie.

Index